Mathematik im Kontext

Herausgeber:
David E. Rowe
Klaus Volkert

Frauke Böttcher

Das mathematische und naturphilosophische Lernen und Arbeiten der Marquise du Châtelet (1706–1749)

Wissenszugänge einer Frau im 18. Jahrhundert

 Springer Spektrum

Frauke Böttcher
Frankfurt am Main
Germany

ISSN 2191-074X
ISBN 978-3-642-32486-4
DOI 10.1007/978-3-642-32487-1

ISSN 2191-0758 (electronic)
978-3-642-32487-1 (eBook)

Mathematics Subject Classification (2010): 01-02, 01A50, 01A70, 97-03, 97A30

Die Deutsche Nationalbibliothek verzeichnet diese Publikation in der Deutschen Nationalbibliografie; detaillierte bibliografische Daten sind im Internet über http://dnb.d-nb.de abrufbar.

Springer Spektrum
© Springer-Verlag Berlin Heidelberg 2013

Einbandentwurf: deblik

Gedruckt auf säurefreiem und chlorfrei gebleichtem Papier

Springer Spektrum ist eine Marke von Springer DE.
Springer DE ist Teil der Fachverlagsgruppe Springer Science+Business Media
www.springer-spektrum.de

Vorwort

„Si je ne dois pas réussir du moins à être médiocre, je voudrais
n'avoir jamais rien entrepris."
(*Émilie du Châtelet, 1706–1749*)

Die vorliegende Biographie über die mathematischen und naturphilosophischen Bildungswege und Wissenszugänge der Marquise du Châtelet fand ihren Anfang in meinem Erstaunen über die völlige Abwesenheit von Frauen auf einem historischen Plakat über bedeutende Mathematiker und Physiker: Wo waren sie, die Mathematikerinnen und Physikerinnen? Unglaublich, dass es sie nicht gegeben haben soll!

Mit diesem Staunen begann meine Auseinandersetzung mit der Geschichte der Frauen, der Wissenschaften und der wissenschaftlichen Bildung. Schon bald begegnete mir Gabrielle Émilie le Tonnelier de Breteuil, die spätere Marquise du Châtelet-Laumont, genannt Mme du Châtelet (1706–1749), eine Gelehrte des 18. Jahrhunderts, die, verzweifelt über ihre langsamen Fortschritte beim Erlernen des Kalkulus, den obigen Satz schrieb. Übersetzt lautet er: „Wenn es mir nicht gelingt, wenigstens mittelmäßig zu sein, wünschte ich, niemals etwas begonnen zu haben."[1] Hier spricht eine ehrgeizige Lernende der Mathematik und Naturphilosophie. Von ihr wollte ich wissen, wie sie sich Zugang zum Wissen der Fachgebiete verschafft hat. Schließlich lebte sie in einer Zeit, in der diese Disziplinen noch nicht in Schulen und Universitäten etabliert waren, Frauen der Zugang zu diesen Bildungsinstitutionen verschlossen war und man allgemein von einer Nichtbildung der Frauen sprach.

Nun ist meine Biographie von du Châtelet abgeschlossen. Meine Forschungsfragen habe ich beantwortet, obgleich es offene Fragen gibt, die zu vertiefen sich lohnen würde.

Danken möchte ich Herrn Prof. Dr. Klaus Volkert für die wissenschaftliche Betreuung der Arbeit. Er hat mir großes Vertrauen entgegengebracht, indem er mich mein Forschungsthema eigenständig hat finden und entwickeln lassen. Außerdem hat er mir einen wissenschaftlichen Freiraum gewährt, der mir einerseits die Verantwortung für meine Arbeit vollständig überließ; mir andererseits erlaubte, meinem Forschungsinteresse nachzukommen. Er hat mich beständig in der Relevanz meines Themas bestärkt. Herrn Prof. Dr. Friedrich Steinle danke ich für das Zweitgutachten. Sein Zugang als Physikhistoriker zu dem Thema hat meinen wissenschaftlichen

---

[1] Du Châtelet an Maupertuis, 20. Juni 1739, Bestermann, 1958, Bd. 1, Brief 216, S. 369.

Blick erweitert und mir aufgezeigt, welche Fragestellungen es für mich in der Zukunft zu vertiefen gibt.

Ein Kennzeichen der Zeit, die ich für die Erstellung meiner Arbeit benötigt habe, ist das beruflicher und privater Diskontinuität. So gibt es wenige Konstanten und viele Menschen, die meine Dissertation ein Stück ihres Weges begleitet haben. Den Start in die historische Forschung ermöglichte mir eine Anschubfinanzierung durch das Cornelia Goethe Centrum für Frauenstudien und die Erforschung der Geschlechterverhältnisse, an der Johann Wolfgang Goethe Universität in Frankfurt, für deren Gewährung ich mich an dieser Stelle bedanke. Besonders wichtig in dieser Phase war die Begegnung mit Prof. Dr. Rita Casale. Von den fachlichen Diskussionen mit ihr habe ich besonders profitiert. Die Fortsetzung meiner historischen Arbeit erlaubte mir eine Anstellungen am Rechenzentrum und mein dortiger Vorgesetzter PD. Dr. Hansjörg Ast. Schließlich führte mein Arbeitsweg in die Didaktik der Mathematik an der Johann Wolfgang Goethe Universität und der Universität zu Köln. Am Lehrstuhl von Prof. Dr. Klaus Volkert fand ich nicht nur die Unterstützung für meine Forschung, sondern lernte auch unglaublich viel über das ‚Wie' mathematischer Wissensvermittlung. In diese Phase fällt auch ein Stipendium des DAAD, das mir einen Forschungsaufenthalt in Paris ermöglichte, damit ich in der Bibliothèque Nationale de France in Paris die Manuskripte von du Châtelet und diverse Lehrbücher des 18. Jahrhunderts einsehen konnte. 2009 führte mein Arbeitsweg in die Schule. Die schulische Lehrtätigkeit begleitete die letzten Schritte auf dem Weg zur Fertigstellung der Arbeit. In dieser Zeit war es vor allem mein Lebensgefährte Klaus Osenbrügge, der mir half meine Bandwurmsätze zu zähmen und mich zu mehr Klarheit zwang, was ich ihm sehr danke.

Frankfurt, den 11. Juli 2012   Frauke Böttcher

Inhaltsverzeichnis

Abbildungsverzeichnis

Kapitel 1
Einleitung

„Une femme savante doit cacher son savoir, ou c'est une
imprudente. "
(Philippe Néricault, genannt Destouches, 1680–1754)

„Daher kommt es, dass bei der Lektüre historiographischer
Werke über weite Zeitläufe hinweg von den Spuren der Frauen
nicht mehr erscheint als von den Spuren eines Schiffes im Meer.
(Anna Maria von Schürmann, 1607–1678)

Gabrielle Émilie le Tonnelier de Breteuil, die spätere Marquise du Châtelet-Laumont, genannt Mme du Châtelet (1706–1749) fehlt heute in keiner Genealogie gelehrter Frauen. Vielen ist sie als Geliebte Voltaires (1694–1778) ein Begriff. In der Wissenschaftsgeschichte hat sie als Naturphilosophin einen Namen, da sie das Hauptwerk von Isaac Newton (1643–1727), die *Philosophiæ naturalis principia mathematica* (1687), ins Französische übersetzte und kommentierte.

Sie hat das Werk des englischen Naturphilosophen nicht nur ins Französische übertragen. Sie hat es auch mit einem Kommentar versehen, in dem sie geometrische Beweise Newtons in analytische umgewandelt hat. Um diese zweifache Übersetzungsarbeit leisten zu können, musste sie über weitreichende Kenntnisse der modernen Geometrie und Analysis verfügen. Außerdem musste sie die im 18. Jahrhundert wirksamen naturphilosophischen Wissenschaftsparadigmen kennen, die Mechanik und Dynamik beherrschen und über zahlreiche physikalische Experimente Bescheid wissen.

Fragestellungen

Meine Bekanntschaft mit du Châtelet und ihrer Geschichte zog zahlreiche Fragen an ihr mathematisches und naturphilosophischen Lernen und Arbeiten nach sich, die für mich erkenntnisleitend waren: Wie hatte sich du Châtelet das mathematische und naturphilosophische Wissen in einer Zeit angeeignet, in der Frauen der Zugang zu den höheren, wissenschaftlichen (Bildungs)Institutionen verwehrt war? Welche Wege zum Wissen hat sie beschritten? Welche Zugänge zum Wissen haben sich ihr wie eröffnet und/oder verschlossen? Wohin, zu welchen Inhalten führten sie ihre Bildungswege? Und war sie tatsächlich als mathematisch und naturphilosophisch gebildete Frau die Ausnahmeerscheinung, als die man sie schon zu ihren Lebzeiten betrachtete?

F. Böttcher, *Das mathematische und naturphilosophische Lernen und Arbeiten der Marquise du Châtelet (1706–1749)*, DOI 10.1007/978-3-642-32487-1_1,
© Springer-Verlag Berlin Heidelberg 2013

Ziele

Durch den historischen und fokussierten Blick auf Émilie du Châtelets mathematische und naturphilosophische Bildungswege und Wissenszugänge unterscheidet sich die vorliegende Arbeit von den bekannten Biographien von Vaillot (1978), Badinter (1983) und Zinsser (2006).

Vaillot hat eine Biographie Émilie du Châtelets verfasst, die das Leben dieser Frau unter keiner bestimmten Fragestellung betrachtet. Dadurch bleibt seine Lebensgeschichte du Châtelets seltsam unreflektiert und losgelöst vom kulturellen, sozialen und wissenschaftlichen Kontext des 18. Jahrhunderts.

Die Philosophin und Historikerin Badinter hat die wissenschaftliche Ambition du Châtelets als lebensprägende Eigenschaft in das Zentrum ihrer Betrachtung gestellt. Unter ihrem Blickwinkel entwickelt sich das Bild einer Frau, die ihren Ambitionen alles unterordnet.

Die Historikerin Zinsser erzählt das Leben der französischen Marquise vor dem Hintergrund der aristokratischen Kultur und Sozialstruktur. Den wissenschaftlichen Lern- und Arbeitsprozessen und den mathematischen und naturphilosophischen Inhalten von du Châtelets Lernen und Arbeiten bietet ihre Biographie keinen besonderen Raum.

Jede dieser Biographien leistet ihren Beitrag zur Geschichte der Gelehrten. Dennoch konnte keine meine Fragen bezüglich der mathematischen und naturphilosophischen Bildungswege und Wissenszugänge beantworten. Mit meinen Fragen stieß ich gewissermaßen auf einen blinden Fleck in der Forschung, den ich mit dem vorliegenden Buch schließe.

Dieses Buch ist als mathematische und naturphilosophische Bildungs- und Lernbiographie von Émilie du Châtelet zu verstehen. Dabei geht es weniger um die von Shortland und Yeo (1996) genannten feinen Strukturen wissenschaftlicher Kreativität,[1] als um die intellektuellen, populären, wissenschaftlichen und institutionellen und informellen Aspekte des Lernens und wissenschaftlichen Arbeitens meiner Protagonistin. Mit ihnen ist zu verstehen, wie du Châtelets Denken geprägt und gelenkt wurde. Die Denktraditionen und Denkstile in denen sich du Châtelet bewegte werden dabei ebenso deutlich, wie der Einfluss durch soziale und kulturelle Normen, die durch Geschlechterbilder und -stereotype sowie Kultur- und Wissensideale bestimmt werden. Mit der Erforschung von du Châtelets inhaltlichen Auseinandersetzungen und ihren persönlichen Beziehungen zu Frauen und Männern ihrer Zeit sowie Lehrern, Mentoren und Gelehrten aus ganz Europa entsteht im Verlauf des Buches ein sprechendes Bild von du Châtelets mathematischen und naturphilosophischen Lern- und Arbeitsprozessen.[2]

Obwohl es sich bei dieser Biographie um die einer Einzelperson handelt, erlaubt deren mathematisches und naturphilosophisches Lernen und Arbeiten Rückschlüsse auf die Bildungswege und Wissenszugänge zu den Fachgebieten der Mathematik

---

[1] Vgl. Shortland und Yeo, 1996, S. 5.

[2] Vgl. Shortland und Yeo, 1996, S. 36.

und Naturphilosophie im 18. Jahrhundert im Allgemeinen.[3] Schließlich liegt der Erkenntniswert der Gelehrten- und Wissenschaftlerbiographien nach Evelyn Fox-Keller im Einfangen des Geistes einer wissenschaftlichen Ära:

> Nachdem wir begriffen haben, daß wir den Geist einer wissenschaftlichen Ära nicht bloß aus der Fachliteratur oder den historischen Berichten jener Zeit erahnen können, müssen wir einfach mehr über das Leben und die Persönlichkeiten jener Frauen und Männer erfahren, die diese Wissenschaft geschaffen haben.[4]

Forschungsperspektive

Für die Rekonstruktion und Beschreibung von du Châtelets mathematischen und naturphilosophischen Bildungswegen und Wissenszugängen, haben sich, angeregt durch die Ansätze von Terrall (1995b) und Petrovich Crnjanski (1999), die Begriffe ‚Weg' und ‚Zugang' als produktive Analyseinstrumente erwiesen. Neben den beiden Forschungskategorien Geschlecht und Schichtzugehörigkeit ermöglichen mir die Bilder vom Bildungsweg und Wissenszugang vor dem Hintergrund der damaligen Wissenskulturen und dem damaligen Wissen eine facettenreiche Untersuchung des wissenschaftlichen Lernens, Lehrens und Arbeitens.

Von zentraler Bedeutung für den Bildungsweg und die Wissenszugänge von du Châtelet sind ihr Frausein und ihre Zugehörigkeit zum französischen Hochadel. Es war ihr Geschlecht, das du Châtelet an die historisch wirksamen Geschlechterbilder und Geschlechterstereotype band. Sie bestimmen den wertenden Blick der anderen (Gelehrten, Freunde, Bekannte, Gesellschaft u. ä.) auf du Châtelet als wissenschaftlich interessierte und ambitionierte Frau und auf du Châtelets wissenschaftliches Arbeiten. Aber das Verhalten du Châtelets selbst, sei es als Lernende, als Lehrende und als Gelehrte, war ebenfalls von den sozialen und gesellschaftlichen Erwartungen an die Geschlechter beeinflusst und geprägt. Die Kategorien Geschlecht und Schicht beeinflussten die Curricula, bestimmten und begründeten Zugänge zum Wissen und zur Bildung auf institutioneller und informeller Ebene. So war es nicht nur das Individuum du Châtelet, das mit seinem ausgeprägten Willen zum Wissen, seine Lern- und Arbeitsbiographie bestimmte.

Die Bilder von Bildungswegen und Wissenszugängen haben es mir erlaubt, die vielen Seiten von du Châtelets Lernen und Arbeiten zu betrachten. Bildungswege können geradlinig, kurvenreich und/oder verzweigt sein. Man kann sie beschreiten, durchwandern und verlassen. Der Wissenszugang ist wie eine Tür, die man nach einem langen Weg erreicht oder über die man zu einem Weg gelangt. Zugang zum Wissen kann beispielsweise durch Erziehung, Eltern, Freunde, Lehrer und Mentoren ermöglicht werden. Der Zugang kann aber auch über formelle und informelle Bildungs- und Wissenschaftsinstitutionen erfolgen. Einen je eigenen Zugang zum

---

[3] Vgl. hierzu Shortland und Yeo, 1996, S. 6 u. Shapin, 1994.
[4] Fox Keller, 1995, S. 31.

Wissen geben die verschiedenen Formen der Wissensdarstellungen und ihre Medien. Mit ihnen sind Wissenskulturen und Wissenstraditionen verbunden. Auch sie bestimmen Bildungswege.

Ist eine Person einen Bildungsweg gegangen und ist aus der Unwissenden eine Wissende geworden, so kann die Rolle des Lernenden gegen die des Lehrenden eingetauscht werden. Als Wissensvermittler kann sie nunmehr anderen Zugänge zum Wissen eröffnen. Sie kann Bildungswege begleiten.

Das Erreichen eines bestimmten Bildungsziels, sei es selbstdefiniert oder durch andere markiert, kennzeichnet das Ende eines Bildungsweges. Im Falle du Châtelets habe ich die Fertigstellung der Übersetzung und Kommentierung von Newtons *Philosophiae Naturalis Principia Mathematica* (1687) als Ende und Ziel ihres mathematischen und naturphilosophischen Lernens und Arbeitens bestimmt. Traurigerweise fällt sie mit dem Lebensende der französischen Gelehrten am 10. September 1749 zusammen.

Die vorher von du Châtelet durchlaufenen mathematischen und naturphilosophischen Bildungswege führen, wie sollte es anders sein, von ihrer Kindheit über ihre Jugend hin zum Erwachsenenalter. Inhaltlich hat sie sich auf diesen Wegen Zugang zur analytischen Geometrie[5] und der Infinitesimalrechnung verschafft. Sie hat sich die Tür zu den Naturphilosophien Descartes, Newtons, Leibniz' und Wolffs geöffnet.[6]

Wichtige Wegmarken waren in ihrem Leben die Erziehung im elterlichen Haus, die höfischen Wissenschaften, die Akademie der Wissenschaften in Paris und ihre Schriften, mathematische und naturphilosophische Lektüren, Freundinnen, Lehrer und Mentoren sowie weitverzweigte Kontakte innerhalb der europäischen Gelehrtenrepublik. Das Ergebnis ihrer hartnäckigen Auseinandersetzungen mit der damals modernen Mathematik und den naturphilosophischen Fragestellungen der Zeit war schließlich du Châtelets eigener, dezidierter, naturphilosophischer Standpunkt. Ihn legte sie in ihren wissenschaftlichen Texten dar und ihr Wissen und eine bestimmte Form des naturphilosophischen Wissens machte sie mit ihrem Lehrbuch einem breiten Publikum zugänglich.

---

[5] Analytische Geometrie ist eine moderne Bezeichnung. Im 18. Jahrhundert verstand man darunter eine Form der Algebra oder Analysis, die auf die *Géométrie* (1637) von René Descartes (1596–1650) zurückgeht (siehe hierzu Abschn. 8.2.2).

[6] Der Begriff Naturphilosophie ist heute im Zusammenhang mit mathematischen Theorien und Beweisen sowie physikalischen Experimenten nicht mehr gebräuchlich. Im 18. Jahrhundert jedoch wurden die Begriffe Naturphilosophie und Physik synonym verwandt (vgl. Diderot und Alembert, 1765a, Bd. 12, Artikel: Physico-Mathématiques). Die scharfe Unterscheidung zwischen der philosophischen Betrachtung der Natur und der Wissenschaft, welche die Natur experimentell und mathematisch beweisend ergründet, bestand zu Lebzeiten du Châtelets noch nicht. Sie selbst differenzierte auch nicht zwischen einer philosophischen und physikalischen Form der Naturwissenschaft, wie die *Institutions de physique* (1740) belegen. Aus diesem Grund spreche ich in dieser Arbeit durchweg von der Naturphilosophie und der modernen Naturphilosophie, die experimentell und/oder mathematisch arbeitet. Wenn in dieser Arbeit die Bezeichnung Physik verwendet wird, so ist damit die heutige theoretische, mathematisch-experimentelle Form dieser Wissenschaft gemeint.

Forschungsstand

Aus dieser bildungshistorischen Perspektive ist das Leben von Émilie du Châtelet noch nicht betrachtet worden. Dabei hat das Interesse an ihrem Leben schon kurz nach ihrem Tod eingesetzt und ist bis heute ungebrochen. Eine erste Erinnerung an sie hat ihr langjähriger Lebenspartner Voltaire mit der *Éloge historique de Madame la Marquise du Châtelet* (1752) verfasst. Sie steht du Châtelets Übersetzung der *Principia* voran. Seit dieser Lobrede ist viel über du Châtelet geschrieben und spekuliert worden.

Die Romanciers griffen besonders die Liebesgeschichte zwischen du Châtelet, der Mathematikerin und Naturphilosophin, und Voltaire, dem Literaten und Philosophen, auf. Zuletzt erschien 2007 der biographische Roman *Passionate Minds: Emilie Du Châtelet, Voltaire, and the Great Love Affair of the Enlightenment* von David Bodanis.

Aber auch die Historiker begeisterten sich für das Liebesleben du Châtelets. Sie sagten ihr viele Liebesaffairen nach. Wade (1969) unterstellte ihr Promiskuität.[7] Rullmann (1993) bezeichnete sie als „feurig sinnliche Marquise".[8] Die Historiographie wendete ihren Blick aber auch auf andere Aspekte von du Châtelets Leben und die Erkenntnis des Historikers Maugras (1904) setzte sich durch: du Châtelets Ehe und Beziehungspraxis kann nicht aus der bürgerlich, moralisierenden Perspektive betrachtet werden, da die eheliche Treue für die Aristokraten des 18. Jahrhunderts keinen moralischen Wert darstellte.[9] Seit dem Ende des vergangenen Jahrhunderts und mit dem Beginn diesen Jahrtausends heben Studien wie die von Kawashima (1990), Oakes (2002) und Zinsser (1998) du Châtelets Mut und Besonderheit hervor, sich als Frau im Zentrum der wissenschaftlichen Debatten ihrer Zeit zu bewegen und aktiv an diesen teilzunehmen.

Nicht immer war der Blick auf du Châtelet derart positiv und wohlwollend. Im 19. Jahrhundert schrieb der französische Historiker und Biograph Jean-Baptiste Honoré Raymond Capefigue (1801–1872) die Studie *La Marquise Du Châtelet et les amies des philosophes du XVIIIe* (1868). Sie zeichnet sich durch den misogynen Blick des 19. Jahrhunderts auf die gelehrte Frauen aus. Wertfrei versuchte Anfang des 20. Jahrhunderts der Historiker Gaston Maugras die Geschichte du Châtelets am Hof von Lunéville in *La Cour de Lunéville au XVIIIe siècle: les marquises de Boufflers et Du Châtelet, Voltaire, Devau, Saint-Lambert, etc.* (1904) darzustellen. Selbiges tat die 1911 erstellte Biographie von Frank Hamel, *An Eighteenth-Century Marquise: A Study of Emilie du Châtelet and her Times*. Sie nimmt du Châtelet als eine eigenständige Persönlichkeit des 18. Jahrhunderts wahr und ernst. Anders als André Maurel in *La Marquise Du Châtelet, amie de Voltaire* (1930) betrachtete Hamel du Châtelet nicht als ‚Satellit Voltaires'.

Im 20. Jahrhundert erschien neben den bereits erwähnten Biographien von Vaillot und Badinter eine weitere von Ehrmann (1986). Ehrmann sieht in *Mme Du Châtelet.*

---

[7] Vgl. Wade, 1969, S. 269.

[8] Rullmann, 1993, S. 205.

[9] Vgl. Maugras, 1904, S. 222–254.

Scientist, Philosopher and Feminist of the Enlightenment du Châtelet als Feministin des 18. Jahrhunderts.

Neben den umfangreichen biographischen Arbeiten haben zu Beginn des 21. Jahrhunderts zahlreiche Einzelstudien das Leben und Werk du Châtelets im Kontext der Wissenschaftsgeschichte untersucht. Hervorzuheben sind die Sammlungen von de Gandt (2001), Zinsser und Hayes (2006) sowie Kölving und Courcelle (2008). Die Studien in de Gandt (2001) entwerfen ein Bild du Châtelets im Kontext des französischen Newtonianismus. Die Arbeiten in Zinsser und Hayes (2006) zeigen ein noch facettenreicheres Bild der Gelehrten. Sie weisen die Bezüge zum Leibnizianismus und Wolffianismus von du Châtelet aus. Erweitert wird dieses Bild in dem Sammelband von Kölving und Courcelle (2008). Darin werden die musischen Seiten von du Châtelet angesprochen und ihre Übersetzungstätigkeit gezeigt.

Verschiedene Untersuchungen befassen sich auch mit du Châtelets wissenschaftlicher Tätigkeit und Wirkung. Ihre Rolle im Streit um das Kraftmaß bewegter Körper ist der bekannteste und am besten erforschte Aspekt ihrer wissenschaftlichen Arbeit. Die Geschichte des Kraftmaßes selbst ist von Pulte (1989) ausführlich erzählt worden. Die Forschungen zu du Châtelet und dem Kraftmaß stammen von Iltis (1977), Kawashima (1990), Walters (2001), Terrall (2004) und Reichenberger (im Druck). Die Studien von Klens (1994) und Kawashima (2005) befassen sich mit du Châtelets Abhandlung über die Natur des Feuers von 1737.

Émilie du Châtelet ist als Wissenschaftlerin immer wieder in Frage gestellt worden. Die Geschichte ihres Lehrbuches ist daher auch die Geschichte der Plagiatsvorwürfe, die ihr ehemaliger Lehrer, Johann Samuel König (1712–1757), gegen sie erhob. Die Untersuchungen zu dem Lehrbuch begleitet meist die Frage, inwiefern du Châtelet mathematisch und naturphilosophisch kompetent war. Dabei ist das Lehrbuch auch interessant, weil mit ihm die Philosophie Leibniz' und Wolffs in Frankreich eingeführt wurde. Mit dem Lehrbuch befassen sich Barber (1967), Gardiner Janik (1982) und Hutton (2004). Du Châtelets Leibnizianismus untersucht Rey (2008). Mit der Rezeptionsgeschichte und der deutschen Übersetzung beschäftige ich mich in Böttcher (2008). Die Erforschung der italienischen Übersetzung des Lehrbuches steht noch aus.

Wenig Aufmerksamkeit haben die Historiker du Châtelets Übersetzung der *Principia* geschenkt. Mit der Enstehungsgeschichte und der Publikation befassen sich Debever (1987) und Zinsser (2001). Emch-Dériaz und Emch (2006) untersuchen die mathematische Bearbeitung.

Als Sensation kann der Fund von Nagel gelten, der du Châtelets *Essai sur l'optique* im Nachlass Johann II Bernoullis gefunden hat. Nagel (im Druck) hat diese wissenschaftliche Abhandlung anlässlich einer Tagung zum 300. Geburtstag der Gelehrten in Potsdam vorgestellt.

Selten haben die Studien zu du Châtelet ihr Leben und ihr Arbeiten aus der Perspektive der Geschlechterforschung untersucht. Lediglich Terrall (1995a), Zinsser (1998, 2005) und Kawashima (1995, 2005) haben Gender als Analyseinstrument verwendet. Terall zeigt, dass du Châtelet Geschlechterrollen und -bilder brach und als Wissenschaftlerin eine aktive Rolle einnahm.

Die bildungshistorische Perspektive hat noch keine Studie systematisch eingenommen. Wenige Einzelstudien sprechen Aspekte des Lernens und der Vermittlung an. So etwa Bonnel (2000) der den Charakter von du Châtelets Briefen untersucht und du Châtelet als Lernende im Briefwechsel mit Maupertuis identifiziert. Den Lehrern und Mentoren du Châtelets widmet sich Zinsser (2007) in einer Studie. Allerdings verzichtet sie auf eine detaillierte Darstellung der Lehrverhältnisse.

Quellenlage

Aufgrund der guten Quellenlage konnte ich die Biographie von du Châtelets mathematischen und naturphilosophischen Bildungswegen und Wissenszugängen rekonstruieren. Als wichtigste historische Quelle sind ihre Briefe, die *Lettres de la Marquise du Châtelet* (1958), anzusehen Sie hat Bestermann (1958) in zwei Bänden herausgegeben. Sie zeigen die vielfältigen und verzweigten Kontakte du Châtelets. Mit ihrer Hilfe lassen sich Lehrverhältnisse, Mentorenbeziehungen und Freundschaften untersuchen. In den Briefen sind auch Informationen über die mathematischen und naturphilosophischen Werke, die du Châtelet besaß, las und suchte enthalten. Desweiteren findet man in der Korrespondenz Teile der naturphilosophischen Auseinandersetzungen von du Châtelet.

Die Informationen aus den Briefen du Châtelets ergänzen und erweitern die Korrespondenzen ihrer Zeitgenossen. Zu ihnen gehören die Briefe von Françoise d'Issembourg d'Happoncourt de Graffigny (1695–1758), Voltaire und Luise Adelgunde Victorie Gottsched (1713–1762).[10] Leider existieren einige der Korrespondenzen, die hier von Interesse wären nicht mehr. Unglücklicherweise ist der Briefwechsel von du Châtelet und Voltaire verbrannt. Auch die Korrespondenz zwischen Christian Wolff und dem Grafen von Manteufel über du Châtelet ist nicht mehr auffindbar. Aber dank der Arbeit des Historikers Droysen ist sie in Teilen überliefert.[11]

Peiffer (1998) hat betont, wie wichtig die Korrespondenzen der Gelehrten als wissenschaftshistorische Quellen sind. Durch sie lassen sich vor allem Formen mathematischer und naturwissenschaftlicher Kommunikation rekonstruieren. So sind sie nicht nur als individueller Ausdruck der Briefeschreiber anzusehen, sondern auch als Repräsentanten der intellektuellen, kulturellen und sozialen Diskurse der jeweiligen Zeit.[12] Dies ist auch an den Briefen du Châtelets sichtbar.[13]

---

[10] Vgl. Dainard, 1985, Dainard, 1989, Gottsched, 1771 u. Gottsched, 1999.

[11] Vgl. Droysen, 1910.

[12] Vgl. Peiffer, 1998, S. 145–146.

[13] Eine interessante Randnotiz ist, dass die Realität der brieflichen Unterweisung, wie sie du Châtelet durch Maupertuis erfuhr, im literarischen Genre des Briefromans bzw. des Lehrbuches in Form von Briefen wiederzufinden ist. Als Fiktion und Idealisierung unterscheiden sich die literarischen Korrespondenzen allerdings von den tatsächlichen brieflichen Unterweisungen. Der Autor fungiert als Wissensvermittler, der Leser ist der Lernende. Die Form der brieflichen Unterweisung ist, im Gegensatz zum literarischen Dialog, meist systematisch. Eines der bekanntesten Lehrbüchern in Briefform sind Leonhard Eulers *Lettres à une princesse d'Allmagne sur divers sujets de physique*

Für die Rekonstruktion der mathematischen und naturphilosophischen Lern- und Arbeitsprozesse sind die Texte und Textsorten der sogenannten Erinnerungsliteratur eine wichtige Quelle. Gerade die autobiographischen *Souvenirs* und *Mémoires* geben idividuelle Erinnerungen an das Lernen und Arbeiten preis und liefern wertvolle Informationen über das mathematische und naturphilosophisce Lernen und Lehren im 18. Jahrhundert. Die Erinnerungen von Créqui (1834), Launay (1829) und Formey (1789) sind hierfür Beispiele.

Für die historische Kontextualisierung verwendet die vorliegende Arbeit auch Bildquellen. Durch sie wird die Geschichte der wissenschaftlichen Bildungswege im 18. Jahrhundert anschaulich. So illustriert das Bildnis der Newton lesenden Mlle Ferrand in Abb. 5.2 das Interesse der Damen an der Naturphilosophie. Die Astronomiestunde der Duchesse du Maine in Abb. 3.3 zeigt, dass sich adelige Damen in Fach Astronomie unterrichten ließen. Ein Teil der Abbildungen dient aber lediglich der Illustration er im Text erwähnten Personen.

Die bedeutendste Quelle für die Darlegung der Inhalte von du Châtelets mathematischen und naturwissenschaftlichen Bildungswegen und Wissenszugängen sind die Lehrbücher. Sie erlauben Rückschlüsse auf den Umfang von du Châtelets mathematischen und naturphilosophischen Kenntnissen. Ihre didaktischen Konzepte geben einen Eindruck davon, welche Wissenszugänge du Châtelet bei der Aneignung des Wissens nutzte. Neben der knappen Präsentation der Lehrwerke in den Kapiteln 8 und 9 ist die genauere didaktische und inhaltliche Betrachtung der folgenden Lehrwerke von besonderem Interesse für die Wissenszugänge von du Châtelet:

* Populäres, allgemeinverständliches Lehrbuch:
  Fontenelle *Entretiens sur la pluralité des mondes* (1686)
* Lehrbuch der analytischen Geometrie:
  Nicolas Guisnées *Application de l'algèbre à la géométrie* (1705)
* Allgemeinverständliches Lehrbuch der kartesianischen Naturphilosophie:
  Noël Regnault *Les entretiens physiques d'Ariste et d'Eudoxe ou la physique nouvelle en dialogues* (1729)
* Standardlehrbuch der kartesianischen Naturphilosophie:
  Jacques Regnault *Traité de physique* (1671)
* Einführendes Lehrbuch in die Naturphilosophie:
  Émilie du Châtelet *Institutions de physique* (1740).

Für die rezeptionsgeschichtliche Aufarbeitung der von du Châtelet konsultierten Lehrwerke sind die historischen (Rezensions)Zeitschriften aussagekräftige Quellen. Zu ihnen gehören u. a. das *Journal des sçavans* und die *Göttingische Zeitungen von gelehrten Sachen.*

& *de philosophie* (1768–1774). Weitere Beispiele sind De Rancys *Essai de physique en forme de lettres à l'usage des jeunes personnes de l'un et de l'autre sexe* (1768), Jean Jacques Rousseaus *Lettres élémentaire sur la Botanique à Madame De L***** (1789), John Bonnycastles *Introduction to astronomy, in a series of letters* (1786) und Louis Aimé Martins *Lettres à Sophie sur la physique, la chimie et l'histoire naturelle* (1842).

Gliederung

Auf der Basis der historischen Quellen sowie der historischen Forschungsliteratur folgt die vorliegende Biographie über Émilie du Châtelets mathematisches und naturphilosophisches Lernen und Arbeiten einer Chronologie, die durch Kindheit, Jugend und Erwachsenenalter bestimmt ist.

Kapitel 2, das an diese Einleitung anschließt, beschreibt zunächst die Erziehungs- und Bildungssituation, in die eine Tochter des französischen Adels Anfang des 18. Jahrhunderts hineingeboren wurde. Dazu gehen die Unterkapitel auf die Bildungssituation zu Zeiten du Châtelets ein, weisen die Bedeutung der Hauserziehung auf, die insbesondere den Mädchen Bildungschancen und damit Bildungszugänge ermöglichte, und diskutieren die Rolle und Bilder der Hauslehrer im 18. Jahrhundert. In weiteren Abschnitten dieses Kapitels werden die Bildungsinstitutionen Kloster, Ritterakademie und Kollegium dargestellt, in denen der Adel seine Töchter und Söhne unterbringen konnte. Schließlich wird auf die Situation des Mathematikunterrichts eingegangen, der noch weniger als der naturphilosophische in den Bildungscurricula der Zeit verankert war. Demzufolge erfolgte der Zugang zur Mathematik im 18. Jahrhundert oft über die Autodidaxe. Das Kapitel schließt, wie jedes weitere Kapitel der Arbeit, mit einer Zusammenfassung der wichtigsten Einsichten in du Châtelets Bildungswege und Wissenszugänge.

Kapitel 3 befasst sich mit der Grundbildung du Châtelets, zu der die Elemente des Wissens gehören, die eine Adelige in ihrem Elternhaus vermittelt bekam bzw. bekommen konnte. Auf der Basis der einflussreichen Erziehungsschrift des englischen Philosophen John Locke (1632–1704) rekonstruieren die acht Unterkapitel das Curriculum du Châtelets. Darin ist die Beschreibung ihres elementaren Zugangs zur Mathematik und Naturphilosopie enthalten.

In Kap. 4 werden die höfische Naturphilosophie und die astronomischen Mitteilungen der Pariser Akademie der Wissenschaften dargestellt. Sie boten du Châtelet als junger Frau zwei unterschiedliche Zugänge zur Naturphilosophie. Sie werden als Form von du Châtelets naturphilosophischer Weiterbildung nach dem Ende des häuslichen Unterrichts betrachtet. Die Aspekte der höfischen Wissenschaften werden in vier Abschnitten anhand Fontenelles unterhaltendem Lehrbuch zur kartesianischen Naturphilosophie erörtert. Hinzu kommt ein Unterkapitel zu den akademischen Mitteilungen, die du Châtelet den Weg zur akademischen und damit wissenschaftlichen Astronomie bereiteten.

Mit den Zugängen zum wissenschaftlichen Wissen, die du Châtelet offen standen oder verschlossen waren, beschäftigt sich Kap. 5. Es behandelt die (Un)Möglichkeiten ihrer wissenschaftlichen Teilhabe. Dazu wird zuerst rekonstruiert, wie sich du Châtelets Wunsch nach intellektueller Teilhabe manifestiert und sie nach ihrer Heirat wieder beginnt, sich mit der Mathematik und der Naturphilosophie zu befassen. Die folgenden Abschnitte zeigen, dass ihr die Universität und Akademie den direkten Zugang zu den Wissenschaften verwehrten. Aber auch die informellen Bildungsinstitutionen, wie Kaffeehaus und Salongesellschaft, boten ihr nur graduell Zugang zu den Wissenschaften. Wie sie sich schließlich ihren eigenen Zugang zur

Mathematik und der Naturphilosophie auf ihrem Landschloss organisierte, zeigt der letzte Abschnitt dieses Kapitels.

Da du Châtelet die institutionalisierten Bildungswege verschlossen bleiben, musste sie sich, um diese Widrigkeiten zu umgehen, in bestimmter Weise verhalten. Diese präsentiert Kap. 6. Die Kapitelabschnitte zeigen das Bild einer Lernenden außerhalb der Bildungsinstitutionen, der es an Gleichgesinnten mangelte. Sie thematisieren, dass du Châtelets Frausein auf den Bildungswegen manifest wird. Wie sie mit dem Bewusstsein umging, dass ihr als Frau manche Bildungstür verschlossen ist, wird hier dargelegt. Wie sie aus Bildungssackgassen herauskam und wie sie sich neue Bildungswege und Wissenszugänge suchte zeigt der Abschnitt über ihre Freiräume und der über ihre Eigenschaften als Lernende und ihr Oszillieren zwischen der Geheimhaltung ihrer wissenschaftlichen Arbeit und Arbeiten sowie ihrem Wunsch nach Publizität.

In Kap. 7 werden die Lehrer, Mentoren und Briefpartner du Châtelets vorgestellt. Sie eröffneten ihr auf unterschiedlichen Wegen Zugänge zum mathematischen und naturphilosophischen Wissen der Zeit, den Wissenschaftsinstitutionen und den zeitgenössischen Wissenskulturen (akademische und höfische Wissenschaft). Wie unterschiedlich die Beziehungen zu den Gelehrten und Akademikern Pierre-Louis Moreau de Maupertuis (1668–1759), Johann Samuel König (1712–1757), Johann II Bernoulli (1710–1790), Alexis Claude Clairaut (1713–1765), Jean-Jacques d'Ortous de Mairan (1678–1771) und Francesco Algarotti (1712–1764) waren, macht dieses Kapitel deutlich.

Mit welchen mathematischen Inhalten sowie Lehr- und Lernmitteln sich du Châtelet den Weg zu und durch die moderne, mathematische Naturphilosophie bahnte, legt Kap. 8 dar. Hier werden ihre Mathematiklehrbücher vorgestellt und ihr Zugang zur analytischen Geometrie durch das Lehrbuch von Nicolas Guinsée ausführlich besprochen.

Ihre naturphilosophischen Lektüren in Form von Lehrbüchern, Abhandlungen, Artikeln und wissenschaftlichen Zeitschriften gibt Kap. 9 kursorisch an. In sechs Abschnitten werden sie vorgestellt und weisen auf die Breite und Tiefe von du Châtelets naturphilosophischer Wissensaneignung hin. Lediglich das damalige Standardlehrwerk der Naturphilosophie, der *Traité de physique* von Jacques Rohault (1618–1672), das sich du Châtelet für ihr eigenes Lehrbuch zum Vorbild nahm, ist hinsichtlich der konzeptuellen und didaktischen Bedeutung der Mathematik etwas ausführlicher vorgestellt.

Ihre Auseinandersetzung mit den unterschiedlichen naturphilosophischen Problemen behandelt Kap. 10. Seine vier Abschnitte liefern einen Eindruck von ihren Fragen an diese Probleme und die Lösungen derselbigen durch die Gelehrten der Zeit. So setzte sie sich mit metaphysischen Fragen zur Materie, Newtons Optik und den Widersprüchen der Farbenlehren auseinander. Sie bezog Stellung zum wahren Kraftmaß bewegter Körper und diskutierte mit Maupertuis die Gesetze der Anziehung.

Wie du Châtelet durch ihr Lehrbuch, die *Institutions de physique* (1740) anderen einen Zugang zur modernen Naturphilosophie bot, beschäftigt Kap. 11. Darin ist die Editions- und Enstehungsgeschichte dargestellt und ein kurzer Abschnitt geht

auf die Buchgestaltung ein. Mehr Raum nehmen die Einflüsse von naturphilosophischer Lehrtradition, anderen Lehrbüchern und der Naturphilosophen Christian
Wolffs und Jacques Rohaults ein. Ein Abschnitt analysiert du Châtelets didaktisches
Konzept und die Bedeutung der Mathematik für die Darstellung der naturphilosophischen Inhalte. Da du Châtelets Raumauffassung die philosophische Debatte über
den Raum im 18. Jahrhundert für einen Moment beeinflusste, geht ein gesonderter
Abschnitt auf sie ein.

Das letzte Kapitel befasst sich mit der deutschen Rezeption der *Institutions de
physique*. Die deutschen Wolffianer sahen in dem Lehrbuch einen wichtigen Zugang zu Wolffs philosophischen System. Sie erhofften sich von ihm eine gewisse
Breitenwirkung. Wie sich du Châtelets Lehrbuch verbreitete, welche Reaktionen es
in Brandenburg-Preußen hervorrief und bei Christian Wolff selbst, ist Thema der
Abschnitte dieses Kapitels.

Schließlich sei an dieser Stelle folgendes zu der Zitierweise angemerkt. Die Or-
thographie der Originalzitate wurde beibehalten, so dass sie an vielen Stellen mit
der moderne Schreibweise nicht übereinstimmt. Dies gilt sowohl für französisch-,
englisch- als auch deutschsprachige Zitate. Englische Zitate wurden von mir nicht
übersetzt, wohingegen ich, wegen der geringeren Verbreitung von Französisch-
kenntnissen, die französischen Zitate ins Deutsche übertragen habe. Die französischen Originalzitate sind jeweils in den Fußnoten abgedruckt.

Im Folgenden zeigen die einzelnen Kapitel dieses Buches die facettenreichen
mathematischen und naturphilosophischen Bildungswege und Wissenszugänge von
Émilie du Châtelet. Wie eingangs geschrieben mündeten sie in der beeindruckenden
Leistung, die *Principia* von Isaac Newton ins Französische übersetzt und kommen-
tiert zu haben.

Kapitel 2
Educanda: Erziehungs- und Bildungssituation

„J'ai toujours pensé que le devoir le plus sacré des Hommes
étoit de donner à leurs Enfans une éducation qui les empêchât
dans un âge plus avancé de regreter leur jeunesse, qui est le seul
tems où l'on puisse véritablement s'instruire."
(Émilie du Châtelet, 1706–1749)

„Par une bizarrerie philosophique, le père de la marquise,
M. de Breteuil, lui avait fait apprendre le latin, le grec, les
mathèmatiques et la chimie, éducation qui laissait son esprit
sans croyance, son âme sans chaleur."
(Jean-Baptiste Capefigue, 1802–1872)

Der Weg durch Émilie du Châtelets mathematische und naturphilosophische Lern- und Arbeitsbiographie beginnt mit einer Annäherung an ihre Erziehungs- und Bildungssituation.

Die Quellenlage dazu ist dürftig, weswegen sich diese Geschichte nur bruchstückhaft rekonstruieren lässt. Allerdings kann mit Hilfe der Bildungs- und Erziehungsgeschichte des 17. und 18. Jahrhunderts, sowie den bildungsbiographischen Hinweisen von und über Zeitgenossinnen du Châtelets ein Bild von ihrer Bildungs- und Ausbildungssituation entworfen werden. Es zeigt eine Erziehung und Ausbildung, die für eine Tochter aus adeligem Haus nicht so ungewöhnlich war, wie gemeinhin behauptet wird. Durch die folgende Betrachtung kann das zum Teil verzerrte, zuweilen phantastische und überzogene Bild von du Châtelets Erziehung entzerrt werden.[1]

Die folgenden Abschn. 2.1–2.6 zeigen mit Blick auf du Châtelet, wo im 18. Jahrhundert eine kognitiv und intellektuell anspruchsvolle weibliche Bildung stattfinden konnte und tatsächlich auch stattfand. Abschnitt 2.1 skizziert die Bildungssituation zu Zeiten du Châtelets allgemein, während die Abschn. 2.2 und 2.3 auf die häusliche Erziehung eingehen. Mit der institutionellen Bildung adeliger Mädchen und Jungen in Klöstern, Ritterakademien und Kollegien befassen sich die Abschn. 2.4 und 2.5. Abschnitt 2.6 umreißt die Geschichte des Mathematikunterrichts im 17. und 18. Jahrhundert. Dieser Exkurs dient dazu, die immer wieder hervorgehobene gute mathematische Bildung du Châtelets historisch zu fassen und inhaltlich besser einordnen zu können.

2.1 Bildung: Historische Situation

Gemeinhin wird du Châtelets Erziehung als außergewöhnliches Ergebnis einer engen Vater-Tochter-Beziehung dargestellt. Diese Einschätzung geht auf die Histori-

---

[1] Vgl. hierzu obige Marginalie aus Capefigue, 1868, S. 58.

F. Böttcher, *Das mathematische und naturphilosophische Lernen und Arbeiten*
der Marquise du Châtelet (1706–1749), DOI 10.1007/978-3-642-32487-1_2,
© Springer-Verlag Berlin Heidelberg 2013

ker Vaillot (1978) und Badinter (1983) zurück.[2] Erst vor kurzem hat Zinsser (2006) in ihrer Biographie der französischen Gelehrten diese These revidiert. Sie kontextualisiert du Châtelets Erziehung mit der Geschichte der Preziosität und der ,querelle des femmes'. Dadurch schwächt sie die Superlative ab, mit denen du Châtelets Erziehung zumeist belegt wird. Zugleich hinterfragt Zinsser (2006) die These, dass in der Neuzeit eine gelehrte Frau ihre intellektuelle und kognitive Entfaltung in der Regel ihrem Vater verdankte.[3]

Bezogen auf die Gesamtbevölkerung, sowie auf einen Teil des Adels, ist es unbestritten, dass du Châtelet eine gute und anspruchsvolle Ausbildung genossen hat. Ansonsten wäre sie kaum in der Lage gewesen, jene mathematischen und wissenschaftlichen Fähigkeiten auszubilden, die sie zu einer eigenständigen, die moderne Mathematik und Naturphilosophie beherrschenden Gelehrten gemacht haben.

Zinsser (2005) konstatiert für das 18. Jahrhundert, dass sich die Inhalte der Ausbildung von Mädchen und jungen Frauen nicht grundlegend von denen der Männer unterschieden, sofern im elterlichen Haus Wert auf (weibliche) Bildung gelegt wurde.[4] Daher haben du Châtelets Grundkenntnisse denen geähnelt, die in der wissenschaftlichen Propädeutik jungen Männern vermittelt wurde.[5] Diese Propädeutik ermöglichte den Zugang zur damaligen Gelehrten- und Wissenschaftskultur, zu der schließlich auch du Châtelet – wenn auch beschränkt – Zutritt hatte. Es war die Hochkultur des Wissens ihrer Zeit.

Das ist ein neuer Blick auf die Mädchenerziehung des 18. Jahrhunderts – zumindest die der Aristokratie und des Großbürgertums. Mit ihm stellt sich die Frage, ob die These von einer intellektuell und kognitiv anspruchslosen weiblichen Erziehung in ihrem pauschalisierenden Allgemeingültigkeitsanspruch haltbar ist.

Die Vorstellung von einer intellektuellen und wissenschaftlichen Nichtbildung adeliger Mädchen und Frauen hat sich durch die historische Bildungsforschung etabliert. Diese konzentriert sich auf die Geschichte der institutionellen Bildung, in der die Mädchen- und Frauenbildung bis weit ins 20. Jahrhundert kaum mehr als eine Randbemerkung ist.[6] Im Kontext der Institutionengeschichte, zumal der der höheren Bildungeinrichtungen, ist die Geschichte der weiblichen Bildung nämlich die des institutionellen Ausschlusses.

Um allerdings die Geschichte der höheren, weiblichen Bildung zu rekonstruieren, muss man den Blick wenden. Nicht die Institutionen sind hier von Interesse, vielmehr ist die Geschichte der weiblichen Bildung mit der Geschichte der informellen und nichtinstitutionalisierten Lehr- und Lernprozesse verbunden, die viel schwieriger zu erforschen sind.[7]

---

[2] Vgl. hierzu Vaillot, 1978, S. 31–35 u. Badinter, 1983, S. 68.

[3] Vgl. Zinsser, 2006, S. 26–31.

[4] Vgl. Zinsser, 2005, S. 52. Siehe auch das Zitat aus Bathsua Makins Essay in Abschn. 3.9.

[5] Vgl. hierzu Kap. 3.

[6] Vgl. u. a. die Geschichten von Dolch, 1959, Schöler, 1970 u. Snyders, 1971.

[7] In diesem Sinne haben Meyer (1955), Phillips, 1990 u. Schiebinger, 1993 wichtige Beiträge zur Erforschung der Geschichte wissenschaftlicher Bildung von Frauen geleistet.

Ebenso wie Zinsser schätzte schon Snyders (1971) die historische Situation bezüglich der Inhalte der weiblichen Bildung ein. In seiner Studie verweist er auf den curricularen Einfluss der höheren, formalen und formellen Erziehung der Jungen:[8]

> Trotz den sichtbaren Unterschieden in Breite, Dauer und Tiefe, die die Mädchenerziehung von der Knabenerziehung trennt, möchten wir behaupten, daß sie gleichen Geistes ist und daß man in gewissen Hinsichten in der Frauenerziehung gewisse Züge, die uns für das herkömmliche Kollegium charakteristisch erschienen waren, deutlich ablesen kann.[9]

Als du Châtelet 1706 geboren wurde, hatte sich im französischen Adel die Einsicht durchgesetzt, dass eine standesgemäße Erziehung und gute geistige Ausbildung der eigenen Kinder eine wichtige Aufgabe ist. Die Eltern sollten sie erfüllen, um dem Adel wichtige staatliche, geistige, militärische und gesellschaftliche Positionen zu sichern.[10] Außerdem war die Adelserziehung ein Mittel der gesellschaftlichen Distinktion, da man sich nicht mit dem aufstrebenden Bürgertum gemein machen wollte. Um das Studium für den Adel attraktiv zu machen, stellten es viele Lehrwerke als ein adäquate Beschäftigung des Müßiggängers dar. Schließlich war der Müßiggang dem Adel vorbehalten und Arbeit, auch die geistige Arbeit, war ihm verboten.[11] Den Söhnen sollte die standesmäßige Erziehung Amt, Würden und Karrieren eröffnen; den Töchtern den gesellschaftlichen Aufstieg ermöglichen bzw. den gesellschaftlichen Abstieg abwenden.

Bei du Châtelet vermischten sich diese Erziehungsmotive mit einem persönlichen und individuellen Anliegen. Sie verknüpfte eine gute, möglichst frühe Erziehung mit der Möglichkeit, ein glückliches, unabhängiges und emanzipiertes Leben zu führen. Ihrer Ansicht nach befähigt nur die Beschäftigung mit geistigen und wissenschaftlichen Dingen den Menschen – besonders die Frauen –, Unabhängigkeit von anderen zu erlangen und ein glückliches Leben zu führen:

> Je weniger unser Glück von anderen abhängig ist, desto leichter gelingt es uns, glücklich zu sein. Fürchten wir nicht, uns darauf allzu sehr zurückzuziehen, denn es wird stets noch genug von ihnen abhängen. Aus diesem Grund, der Unabhängigkeit nämlich, ist auch die Liebe zur Wissenschaft unter allen Leidenschaften die, welche am meisten zu unserem Glück beiträgt. In der Liebe zur Wissenschaft findet sich eine Leidenschaft eingeschlossen, von der keine edlere Seele ganz frei ist: die für den Ruhm; ihn zu erlangen, gibt es für die Hälfte der Menschheit sogar nur diese eine Möglichkeit, und gerade dieser Hälfte werden durch die Erziehung die nötigen Mittel vorenthalten und der Geschmack daran unmöglich gemacht.[12]

Gerade während der Kindheit und Jugend, so du Châtelet, sollten die kognitiven Fähigkeiten ausgebildet werden, weil in dieser Lebensphase die Grundlagen für jedwede weitere geistige Beschäftigung gelegt würden. Als Mutter einer Tochter und eines Sohnes schrieb sie 1740 im Vorwort ihres Physiklehrbuchs sogar von einer heiligen Aufgabe der Eltern:

---

[8] Vgl. auch Snyders, 1971, Kap. 9, S. 126–133.

[9] Snyders, 1971, S. 128.

[10] Vgl. hierzu Elias, 1999, Kap. 7, S. 222–320 u. Altmayer, 1992, Kap. 2.

[11] Vgl. zu diesem Aspekt Eamon, 1994, Kap. 9.

[12] Châtelet, 1999, S. 36–37.

Ich habe immer gedacht, dass es die heiligste Aufgabe der Menschen[13] sei, ihren Kindern eine Erziehung zu geben, die verhindert, dass sie im Alter ihre Jugend bedauern, die die einzige Zeit ist, während der man sich wirklich bilden kann.[14]

Das Üben, was durchaus als eine Form der geistigen Arbeit angesehen werden kann, ist für sie ein wichtiger Aspekt der Erziehung und Ausbildung:

Noch so vernünftige Überlegungen geben einer Seele nicht die Flexibilität als fehlende Übung ihr nimmt, wenn man seine erste Jugend hinter sich hat.[15]

Für du Châtelet bedeutete demnach Erziehungsverantwortung der Eltern vor allem Verantwortung für die kognitive Erziehung der Kinder. Ohne Zweifel lag die Erziehungs- und Bildungsverantwortung im 18. Jahrhundert generell vollständig in der elterlichen Hand. Erziehung und Ausbildung waren, anders als heute, noch nicht durch gesamtgesellschaftliche oder staatliche Interessen geleitet. So war es oft sehr individuell, wie Mutter und Vater der Erziehungsaufgabe nachkamen.

Du Châtelet selber führte nicht aus, wie die Eltern die Aufgabe der Erziehung ausfüllen sollten. Mit Blick auf ihre eigene Lebensgeschichte meinte sie vermutlich nicht, dass die Eltern ihre Kinder unbedingt selbst unterrichten sollten.[16] Eine gute Erziehung zu ermöglichen, kann schließlich auch bedeuten, die Kinder auf eine gute Schule zu schicken oder von qualifizierten Lehrern zu Hause unterrichten zu lassen.

Art und Inhalt der Erziehung unterlagen dennoch bestimmten historischen Gegebenheiten, die durch die soziale Herkunft, die finanzielle Situation und das Geschlecht bestimmt waren. Für die Adelserziehung im 18. Jahrhundert hieß das, dass sie für die Jungen und Mädchen in erster Linie standesgemäß sein sollte und sich an der zukünftigen gesellschaftlichen Position und Funktion des männlichen und weiblichen Zöglings orientierte. Die akademische Ausbildung, die heute als besonders wichtig gilt, war eher zweitrangig.[17]

Die klassische Standeserziehung adeliger Töchter umfasste u. a. den Unterricht in der Kunst der Konversation, im Tanz und in Musik. Die Annahme, dieser Unterricht sei in der Regel inhaltsleer gewesen, ist falsch. Damit die jungen Damen sich in der guten Gesellschaft adäquat bewegen konnten, mussten sie zumindest über grundlegende Kenntnisse in Philosophie, Literatur und den Wissenschaften verfügen. Dazu gehörte oftmals auch das Erlernen mehrerer Fremdsprachen.[18]

Außerdem hatte sich im 18. Jahrhundert die Bildungssituation der Mädchen und Frauen verbessert. Dank des Einflusses der kartesianischen Anthropologie auf den

---

[13] Ich habe „hommes" mit Menschen übersetzt, weil Du Châtelet im Manuskript zu den *Institutions de physique* das Begriffspaar „père et mère" verwendet. Dies deutet darauf hin, dass sie tatsächlich beide Elternteile meint.

[14] „J'ai toujour pensé que le devoir le plus sacré des Hommes étoit de donner à leurs enfans une éducation qui les empêchât dans un âge plus avancé de regreter leur jeunesse, qui est le seul tems où l'on puisse véritablement s'instruire;" Châtelet, 1988, Vorwort, S. 1–2.

[15] „Des reflections si sensées, ne rendent pas à l'ame, cette flexibilité que le manque d'exercice lui otte quand on a passé la premiere ieunesse." Châtelet, 1947, S. 131.

[16] Siehe auch Abschn. 2.3.

[17] Zur Geschichte der Standeserziehung vgl. Motley, 1990 u. Pravicini und Wettlaufer, 2002.

[18] Zu den Fremdsprachen siehe auch Abschn. 3.2.

Bildungsdiskurs sprach man ihnen die Bildungsfähigkeit nicht mehr grundsätzlich ab. Gerade die kartesianische Vorstellung von der Geschlechtslosigkeit des Verstandes hatte die Forderungen der Preziösen in der ‚querelle des femmes‘ nach einer besseren geistigen Bildung unterstützt. Nicht wenige wurden dadurch zur aktiven Teilnahme an den philosophischen und wissenschaftlichen Debatten der Zeit ermutigt.[19] Die institutionalisierte, gelehrte und wissenschaftliche Ausbildung blieb den Mädchen und Frauen zwar nach wie vor verwehrt, dennoch hatten sie leichter Zugang zu den Wissenschaften, da sich die Widerstände gegen die wissenschaftliche Bildung des weiblichen Geschlechts verringerten.[20]

Als ein besonderes Merkmal dieser Entwicklung entstand neben dem Typus der ‚femme d'esprit‘ der der ‚femme savante‘. Er bezeichnete die gut ausgebildete, gelehrte und wissenschaftlich aktive Frau.[21]

Im Hinblick auf die Ausbildung der männlichen Nachkommen des Adels, ist zwischen dem Erstgeborenen und den Zweit- oder Drittgeborenen zu unterscheiden. Während der erstgeborene Sohn und Erbe meist angelehnt an die ‚septem artes probitates‘ zu Hause oder in einer Ritterakademie erzogen wurde,[22] erhielten die nachgeborenen Söhne die weniger prestigeträchtige Ausbildung zum Gelehrten. Diese orientierte sich an den ‚septem artes liberales‘.[23] Diese Ausbildung ermöglichte die Aufnahme eines Studiums, oft mit dem Ziel, eine Laufbahn als Geistlicher einzuschlagen.

Das von du Châtelet im obigen Zitat in Abschn. 2.1 beklagte und existierende Ungleichgewicht der inhaltlichen Ausbildung von Mädchen und Jungen hing also einerseits mit der zukünftigen, sozialen und gesellschaftlichen Rolle zusammen, die der Zögling später zu erfüllen hatte;[24] andererseits auch mit der den Mädchen verwehrten Möglichkeit einer systematischen, klassischen Ausbildung in einer der höheren Bildungseinrichtungen, die den Jungen vorbehalten waren.

Trotz des im 18. Jahrhundert spürbaren Mentalitätswandels bezüglich einer guten, inhaltlichen Ausbildung, blieb diese – nicht nur für Mädchen – meist zufällig.[25] Die Erziehung war eben neben den zeitgenössischen Bildungs- und Kulturidealen auch von Familieninteressen, Schichtenzugehörigkeit und herrschende Geschlechterrollen und -bildern beeinflusst.[26]

---

[19] Zu diesem Aspekt der Geschichte der Frauen vgl. Harth, 1992; zur Preziosität und ihrer Bedeutung für die Frauenbildung vgl. Baader, 1986.

[20] Zur Geschichte der Frauen und Wissenschaften vgl. Schiebinger, 1993 u. Schiebinger, 1996.

[21] Vgl. Bonnel und Rubinger, 1994, Meyer, 1955 u. Phillips, 1990; zur Situation der Gelehrten in Deutschland vgl. Brokmann-Nooren, 1994, Kap. 1, S. 21–42. Zum Niedergang des Ideals der Gelehrten, an deren Stelle das „gefühlvollen Seelchen" Mitte des 18. Jahrhunderts trat, vgl. Bovenschen, 1979.

[22] Siehe Abschn. 2.5.

[23] Siehe Abschn. 2.5 u. Kap. 3.

[24] Zu du Châtelets Kritik an der Mädchenerziehung siehe auch du Châtelets Einleitung ihrer Übersetzung der Bienenfabel von Mandeville in Wade, 1947.

[25] Brockliss, 1987 schreibt in seiner Geschichte der höheren Bildungsinstitutionen Frankreichs, dass etwa 10% der Männer im 17. und 18. Jahrhundert eine klassische, gelehrte Ausbildung erhielten.

[26] Vgl. u. a. Bovenschen, 1979, Steinbrügge, 1982 u. Steinbrügge, 1992.

Über die Zufälligkeit der Ausbildung bestimmten auch die Erziehungsorte, denn nicht jeder Haushalt, nicht jede Bildungseinrichtung bildete in gleicher Weise und Qualität aus. Neben dem elterlichen Haus, in dem Knaben und Mädchen gleichermaßen unterrichtet werden konnten, gab es für die Jungen ab dem siebten Lebensjahr Ritterakademien oder Kollegien, viele Mädchen gingen in die Obhut einer Klosterschule über.

2.2 Hauserziehung: Bildungschancen für Mädchen

Im 18. Jahrhundert war es in den meisten Ständen selbstverständlich, dass die Kinder im elterlichen Haus erzogen und zum Teil auch ausgebildet wurden.[27]

Die Bedeutung dieser Hauserziehung ist erst durch die historische Frauenforschung in den 1990er Jahren ins Blickfeld der Bildungsforschung geraten, weil sie sich mit der Mädchen- und Frauenbildung befasst.[28] Zuvor wurde Mädchenerziehung als Negativ der Jungen- und Männerbildung dargestellt oder geschlechtlich undifferenziert in einer als allgemein geltenden Bildungsgeschichte übergangen.[29]

Dabei waren es gerade die Dynamiken und Prozesse der informellen, familiengestützten und oftmals autodidaktischen Wissensaneignung und Wissensvermittlung zu Hause, die den Mädchen und Frauen die Chancen auf eine umfassende, systematische, klassisch-gelehrte Bildung eröffnete.[30] Die wohl wichtigste Erkenntnis der historischen Untersuchungen weiblicher Bildungsforschung ist, dass das elterliche Haus in der Neuzeit ein wichtiger Ort weiblicher Erziehung und Bildung war. Dort konnte sich die Tür zu gelehrter und wissenschaftlicher Bildung leichter öffnen als im Kloster, der Bildungsinstitution für Mädchen und Frauen in der Neuzeit.[31]

Neben den Kulturtechniken Lesen, Schreiben und Rechnen, die Jungen wie Mädchen gleichermaßen zu Hause erlernten, sind Religion, Hauswirtschaftslehre, Nadelarbeit, Arzneikunde, Tanz und Musik typische Inhalte und Bereiche der weiblichen häuslichen Erziehung. Ab dem 17. Jahrhundert ergänzte der Sprachunterricht in Latein, Griechisch und mindestens einer lebendigen Sprache diese Fachgebiete. Mit dem Erstarken der Naturwissenschaften und der Mathematik während der ‚wissenschaftlichen Revolution‘ bereicherten Philosophie, Geometrie, Geographie und Astronomie immer öfter das häusliche Curriculum. Der rationalen Welterkenntnis wurde immer größere Bedeutung zugemessen.[32]

---

[27] Zur Bedeutung der Hauserziehung in der Geschichte der Gentlemanerziehung vgl. Stille, 1970. Zur Hauserziehung in der neuzeitlichen Adelserziehung in Frankreich vgl. Motley, 1990 u. Pravicini und Wettlaufer, 2002.

[28] Zur Geschichte der Mädchen- und Frauenbildung vgl. Kleinau und Opitz, 1995 u. Leduc, 1997.

[29] Vgl. Snyders, 1971, Kap. 9, S. 126.

[30] Vgl. Kleinau und Opitz, 1995, Bd. 1, S. 9.

[31] Vgl. Kleinau und Opitz, 1995, Bd. 1, S. 9.

[32] Vgl. King, 1993, S. 197–225 u. im 17. u. 18. Jahrhundert Sonnet, 1987 u. Sonnet, 1994, S. 129–131.

Viele Mädchen, von denen man weiß, dass sie zu Hause ein an der gelehrten Bildung angelehntes Curriculum durchliefen, erhielten diesen Unterricht gemeinsam mit ihren Brüdern oder Geschwistern. Zu ihnen gehörte du Châtelet. Sie wurde zusammen mit ihrem jüngeren Bruder Élisabeth-Théodore Le Tonnelier de Breteuil (1710–1781) im elterlichen Haus unterrichtet. Die beiden älteren Brüder hatten das Elternhaus schon verlassen. Élisabeth-Théodore sollte Geistlicher werden.[33] Damit ist eine Erklärung dafür gefunden, warum du Châtelets Unterricht sich nach allem, was man weiß, an den ‚septem artes liberales' orientierte.[34]

Die berühmte Übersetzerin Anne Le Fèvre Dacier (1651–1720) ist eine weitere Gelehrte, die ihre gute Ausbildung zu Hause erhielt. Sie wuchs in einem humanistischen Haushalt auf. Ihr Vater schrieb den Sprachen Griechisch und Latein einen hohen Bildungswert zu und wollte, dass ihr Bruder sie erlerne. Der erwies sich als unbegabt, während die Tochter, Mme Dacier, großes sprachliches Talent zeigte. Angeblich konzentrierte der Vater seine Bildungsbemühungen deswegen auf die Ausbildung seiner Tochter.[35]

Ebenso wie du Châtelet und Mme Dacier unterrichtete man die niederländische Schriftstellerin Isabelle de Charrière (1740–1805) und die Gräfin Louise Marie Victorine de Chastenay (1771–1855) zusammen mit ihren Geschwistern. Sicher ist, dass die drei (du Châtelet, de Charrière und de Chastenay) in Mathematik und der Naturphilosophie unterwiesen wurden.[36]

Bei du Châtelet stellt sich die Frage, ob sie ihre gute Ausbildung nur wegen ihres Bruders erhalten hat, oder ob die Eltern sie auch ohne die Perspektive auf Élisabeth-Théodores berufliche Karriere in Latein, Griechisch sowie den Fächern der Artistenfakultät hätten unterrichten lassen.

Folgendes lässt sich feststellen: Die Familie de Breteuil entstammte dem französischen Hochadel und besaß enge Beziehungen zum französischen Hof. Die Familie war äußerst standesbewusst und legte großen Wert auf die standesgemäße Erziehung und geistige Bildung ihrer Kinder.[37] Badinter (1983) berichtet, dass die Eltern du Châtelets, Louis Nicolas Le Tonnelier de Breteuil (1648–1728) und Gabrielle Anne de Froulay (unbekannt–1740), ihrer Tochter und den drei Söhnen die Tür zur intellektuellen Welt ihrer Zeit öffneten, indem sie Hauslehrer sorgfältig auswählten und den Kindern Zugang zu der umfangreichen privaten Bibliothek jederzeit erlaubten. Sobald die Kinder alt genug waren, ließen sie sie auch an dem geselligen und gesellschaftlichen Leben im Haus teilnehmen, zu dem der Besuch von Akademikern und Gelehrten selbstverständlich gehörte.[38] Das Elternhaus eröffnete du Châtelet somit die Welt des Lernens und des Wissens, die in den folgenden Kapiteln beschrieben wird.

---

[33] Vgl. Zinsser, 2006, S. 28.

[34] Siehe Kap. 3.

[35] Vgl. Farnham, 1976, Kap. 2, S. 26–47.

[36] Zu du Châtelet siehe Kap. 3, zu de Charriére vgl. Strien-Chardonneau, 1997, S. 216–217 u. zu de Chastenay vgl. Sonnet, 1994, S. 131.

[37] Vgl. Vaillot, 1978, Kap.1, S. 23–32 u. Badinter, 1983, S. 65–70.

[38] Vgl. Badinter, 1983, S. 65–70.

Abb. 2.1 *Die Gouvernante* (1740) von Jean Baptiste Simeon Chardin

2.3 Hauslehrer und -lehrerinnen: Rollen und Bilder

Im 18. Jahrhundert war es die Aufgabe der Hauslehrer und Gouvernanten, die Kinder des Adels standesgemäß zu erziehen. Die Vermittlung der Kulturtechniken Lesen, Schreiben und Rechnen war die Minimalanforderung an ihre Arbeit. Eine idealisierte Vorstellung von der Unterweisung zeigt das zeitgenössische Bild *Die Gouvernante* (1740) des Malers Jean Baptiste Simeon Chardin (1699–1779) in Abb. 2.1.

Auch im Hause der de Breteuils und später dem du Châtelets waren Präzeptoren und Gouvernanten angestellt.[39] Die Eltern de Breteuil übernahmen, wenn überhaupt, nur einen kleinen Teil der Ausbildung ihrer Kinder.[40]

Später, als sie selbst Mutter war, übernahm du Châtelet ebenfalls die Erziehungsverantwortung für ihre Kinder Florent-Louis Marie (1727–1793) und Françoise Gabrielle Pauline (1726–1754). In ihren Briefen erwähnt sie immer wieder, dass sie einen geeigneten Hauslehrer für Florent sucht, um ihm eine standesgemäße Erzie-

---

[39] Vgl. Badinter, 1981, S. 91–112 u. allgemeiner zur Anstellung der Hauslehrer Stille, 1970.

[40] Vgl. Zinsser, 2006, S. 14–19.

hung zu Teil werden zu lassen. Mit ihr wollte sie Florent auf seinen Eintritt in die Gesellschaft vorbereitet wissen.[41] Von Florent weiß man, dass er das Haus seiner Mutter mit 14 Jahren verließ und eine militärische Ausbildung begann. Mit 18 Jahren trat er den königlichen Musketieren bei. Auch während seiner militärischen Ausbildung und Karriere unterstützte ihn seine Mutter mit ihren sehr guten gesellschaftlichen Verbindungen.[42]

Du Châtelet suchte für Florent einen Hauslehrer, der ihn bis zu seinem Eintritt in die Miltitärakademie begleiten sollte.[43] Unter dieser Vorgabe gab du Châtelet die Präzeptorenstelle in Cirey, wo sie ab 1735 mit ihrem Sohn und ihrem Lebensgefährten Voltaire lebte, dem jungen Schriftsteller Nicolas-Michel Linant (1709–1749). Er unterrichtete Florent zwischen Juni 1735 und November 1737.[44]

Du Châtelet hatte sehr um Linant geworben, da Cirey, anders als Paris, für den jungen Mann als Wohnort nicht attraktiv war. Sie hatte Linant viele, in den Quellen nicht näher ausgeführte, Annehmlickeiten in Aussicht gestellt und einen guten Verdienst versprochen, „wenn er meinen Sohn, eine recht hübsche kleine Seele zum Kultivieren, gut erzieht".[45] Später bot sie dem Schweizer Mathematiker Johann Samuel König (1712–1757) ebenso gute Konditionen und noch bessere dem Mathematiker und Naturphilosophen Johann II Bernoulli (1710–1790). Sie wollte sie als Lehrer für sich und ihren Sohn gewinnen. Bernoulli versprach sie sogar eine Gehaltszahlung über ihren Tod hinaus. Er sollte außerdem über eine Kutsche frei verfügen, jeweils in einem eigenen Appartement in Cirey, Brüssel und Paris untergebracht werden und seine Zeit frei einteilen können. Außerdem sollte ihm ein Diener zur Verfügung stehen.[46]

Mit den Hauslehrern, die für du Châtelet wissenschaftlich und intellektuell interessant waren, verbrachte sie viel Zeit. Mit König, der tatsächlich eine Zeit lang in Cirey unterrichtete, studierte sie Wolffs und Leibniz' Metaphysik. Von ihm ließ sie sich auch den leibnizschen Kalkulus erklären. Mit Linant hingegen, der sie nicht interessierte, traf sie selten zusammen. Seine Aufgabe sah sie ausschließlich in der Erziehung ihres Sohnes. Viele Stunden des Tages verbrachten Linant und sein Zögling Florent gemeinsam, einschließlich der Mahlzeiten. Zusammenkünfte mit du Châtelet oder dem berühmten Literaten und Philosophen Voltaire waren für den jungen Lehrer rar:[47] Du Châtelet bemerkte dazu:

> Ein Präzeptor verbringt auf dem Land die Hälfte des Tages mit der Hausdame Piquet zu spielen, aber mich sieht man nur selten und fast immer beschäftigt.[48]

---

[41] Vgl. Bestermann, 1958, Bd. 1, Brief 112, S. 203.

[42] Vgl. Alder, 1998.

[43] Vgl. Bestermann, 1958, Bd. 1, Brief 107 u. 109, S. 196 u. S. 110.

[44] Vgl. Dainard, 1985, S. 412.

[45] „s'il élève bien mon fils, une assez joli petite âme à cultiver" Bestermann, 1958, Bd. 1, Brief 112, S. 203.

[46] Zu König und Bernoulli siehe Kap. 7.

[46] Siehe Abschn. 7.2.

[47] Vgl. Bestermann, 1958, Bd. 1, Brief 112, S. 202–205.

[48] „Un précepteur pase à la campagne la moitié de la journée à jouer au piquet avec la maîtresse de la maison mais moi on ne me voit que rerement et presque toujours en affaire." Du Châtelet an Thieriot, Cirey, um den 10. Januar 1738, Bestermann, 1958, Bd. 1, Brief 115, S. 209.

Für den Schriftsteller Linant war dies eine unbefriedigende Situation und sicherlich der Grund, warum er sich hinter dem Rücken seiner Geldgeberin um einen neue Anstellung bemühte. Dies verärgerte du Châtelet. Zudem kursierte in Paris ein du Châtelet kompromittierender Brief von Linants Schwester; Ende 1737 kündigte die Marquise Linant.[49]

Die Geschichte Linants ist nicht ungewöhnlich. In der Regel, anders als du Châtelets obiges Zitat suggeriert, konzentrierte sich das Leben eines Präzeptors auf seinen Zögling. Oftmals war dieser in einem Adelshaushalt der einzige Gesprächspartner des Lehrers. Dadurch konnte sich eine sehr enge Beziehung zwischen Lehrer und Schüler entwickeln. Im Zusammenspiel mit den Idealen der humanistischen Bildungs- und Gelehrtentradition entstand das Ideal vom Lehrer als väterlicher Freund und Begleiter. Besonders idealisiert wurde der Vater als Lehrer und Erzieher seiner Kinder. Dieses Bild prägt auch die Erziehungsgeschichte du Châtelets. Voltaire zeichnete das Bild von du Châtelets Vater als deren Lateinlehrer.[50] Belegt ist dies nicht. Insbesondere die Erinnerungen der Cousine du Châtelets deuten daraufhin, dass die Mutter für du Châtelets intellektuellen Weg eine sehr viel größere Bedeutung hatte.[51]

Nach dem Ideal des väterlichen Erziehers und Lehrers soll das Lehrverhältnis durch väterliche Zuneigung und Autorität auf Seiten des Lehrers sowie Respekt und Zuneigung auf der des Schülers geprägt sein.[52] Es war Jean Jacques Rousseau (1712–1778), der in *Émile, ou l'éducation* (1762) schließlich den Erzieher als eine väterliche Figur par excellence entwarf und damit Einfluss auf den pädagogischen Diskurs über den Lehrer nahm.

Dieses Vater-Sohn-Ideal des Lehrer-Schüler-Verhältnisses war im 18. Jahrhundert auch als didaktische Konstellation wirksam. In verschiedenen naturwissenschaftlichen Lehrtexten ist es zu finden. Als Beispiele sei hier auf Aimé-Henri Paulians *La physique à la portée de tout le monde* (1791[2]) und J.-F. Dubrocas *Entretiens d'un père avec ses enfans sur l'histoire naturelle* (1797) verwiesen.

In vielen Fällen war der Vater tatsächlich der Erzieher seiner Kinder. So unterrichtete ein Kollege Isaacs Newtons an der englischen Münzanstalt seine Tochter, die englische Newtonianerin und Dichterin Elizabeth Tollet (1694–1754) – die zu den wenigen weiblichen Bekannten Newtons gehörte – in Mathematik und der modernen Naturphilosophie.[53] Die Schwester Blaise Pascals (1623–1662), Gilberte Périer, geborene Pascal (1620–1687), erinnert sich in ihrer Biographie des Bruders an den Vater Etienne Pascal (1581–1651). Dieser unterrichtete seine Kinder im Sinne des humanistischen Bildungsideals. Der Schwerpunkt seines Unterricht lag auf den Sprachen Latein und Griechisch, die er nach einem festen Stundenplan lehrte. Logik, Physik, Naturphilosophie und Rechnen vermittelte er im freien Gespräch.

---

[49] Vgl. du Châtelet an Unbekannt, Cirey, 26. Januar 1738, Bestermann, 1958, Bd. 1, Brief 116, S. 210 u. du Châtelet an Thieriot, Cirey, um den 10. Januar 1738, Bestermann, 1958, Bd. 1, Brief 115, S. 209. Zu dem kompromittierenden Brief vgl. Dainard, 1985, S. 333 u. S. 429.

[50] Siehe hierzu das Zitat in Abschn. 3.2.

[51] Siehe das Zitat in Abschn. 2.3.

[52] Vgl. hierzu Locke, 1910, S. 89.

[53] Vgl. Fara, 2002, S. 172.

Von der Geometrie wollte er seinen Sohn sogar fern halten, weil er glaubte, dass sie den Geist vernebele.[54]

Im Falle du Châtelets scheint das Bild vom Vater, der seiner Tochter den Weg zur Mathematik und den Naturwissenschaften bereitet, nicht der Realität zu entsprechen. Schon Zinsser (2006) hat die These Badinters widerlegt, dass in erster Linie du Châtelets Vater die Tochter intellektuell unterrichtete und förderte. Durch ihre Beschreibung des Tagesablaufs des Baron de Breteuil mit seinen vielfältigen Verpflichtungen am Hof wird deutlich, dass er keine Zeit hatte, sich der Ausbildung seiner Tochter persönlich zu widmen. Daher war wohl nicht der Vater du Châtelets Lateinlehrer und er vermittelte ihr auch nicht die Grundlagen der Mathematik und modernen Naturphilosophie, die nach Mme de Créqui, der Cousine du Châtelets, nicht zu seinen Interessensgebieten zählten.[55]

In der Realität glückte das emotional bindende, väterliche Verhältnis zwischen Lehrer und Zögling nicht immer. Im Gegensatz zu einem lehrenden Vater konnte ein Lehrer kündigen. So stellte die Kündigung Linants du Châtelet vor Probleme. Sie musste einen neuen qualifizierten Ausbilder für ihren Sohn suchen. Weil sie einen wollte, der auch die moderne höhere Mathematik vermitteln konnte, war ihre Suche erschwert. In Samuel König fand sie schließlich einen fachlich geeigneten Lehrer für ihren Sohn und für sich. Er kam in Begleitung seines jüngeren Bruders, der etwa das Alter von Florent hatte, nach Cirey.[56] Du Châtelet wünschte, dass die beiden Jungen gemeinsam unterrichtet würden. Sie hoffte, dass der junge Schweizer motivierend auf Florent wirkte:

> Ich hoffe, dass er [Königs Bruder, FB] meinem Sohn Geschmack an der Mathematik und dem Studium vermittelt.[57]

Zu du Châtelets Leidwesen blieb König nur wenige Monate in Cirey und sie musste sich erneut nach einer Lehrperson für Florent und sich umsehen.

Vergeblich bat sie den deutschen Philosophen Christian Wolff (1679–1754) um Hilfe bei ihrer Suche.[58] Einen geeigneten Lehrer fand sie nicht mehr. Damit ist wahrscheinlich, dass sie Florent schließlich bis zu seinem Eintritt in die Militärakademie selbst unterrichtete, wie Zinsser (2006) schreibt und Voltaire in seiner Rezension von du Châtelets späteren naturphilosophischem Lehrbuch behauptet.[59] Der Biograph Florents, Alder (1998), hebt gerade dessen sehr gute Ausbildung im Hause seiner Mutter hervor, die den Ideen der Aufklärung verpflichtet gewesen sei.[60]

Über die Ausbildung von du Châtelets Tochter Pauline ist noch weniger bekannt als über die Florents. Nach Mme Graffigny, die eine gewisse Zeit als Gast in Cirey

---

[54] Vgl. Böttcher, 2003.

[55] Vgl. Créqui, 1834, Bd. 1, S. 106.

[56] Vgl. du Châtelet an Johann Bernoulli am 28. April 1739 Bestermann, 1958, Bd. 1, Brief 211, S. 363 u. am 7 September 1739 Bestermann, 1958, Brief 221, S. 377.

[57] „J'espère qu'il inspirera le goût des mathématiques et de l'étude à mon fils." Du Châtelet an Johann Bernoulli, Cirey, 28. April 1739, Bestermann, 1958, Bd. 1, Brief 211, S. 363.

[58] Vgl. Wolff an Manteuffel am 3. April 1740 in Droysen, 1910, S. 229 u. du Châtelet an Wolff, Brüssel, 22. September 1741 Bestermann, 1958, Bd. 2, Brief 281, S. 73.

[59] Vgl. Zinsser, 2006, S. 42.

[60] Vgl. Alder, 1998, S. 5 u. Fußnote 20.

bei du Châtelet weilte, war sie ein intelligentes Mädchen mit sehr guten Lateinkennt-nissen.[61] Möglicherweise eiferte Pauline, wie Graffigny andeutet, dem Vorbild ihrer Mutter nach.

Gemeinhin begegnet einem die Frau als intellektuelle Wegbereiterin und -beglei-terin in den Arbeiten der Bildungsforschung nicht. Sie tritt eher als mütterliche Er-zieherin auf, als Pendant zum männlichen Erzieher. Das Bild von ihr ist eng mit dem Topos der edlen Weiblichkeit verbunden.[62] Zu diesem Bild will die Vorstellung, dass eine Gouvernante, Hauslehrerin oder Mutter die als männlich geltenden exakten und rationalen Wissenschaften vermittelt, nicht so recht passen. Der Stereotyp von der mütterlichen Erzieherin beschränkt den weiblichen Aufgabenbereich auf das Lesen, Schreiben und Rechnen und das elementare Weltwissen.[63]

Sowohl literarisch als auch in der Historiographie tritt meist der Vater als der-jenige auf, der dem Sohn und/oder der Tochter den Weg in die Gelehrtheit ebnet. In Johann Heinrich Samuel Formeys (1711–1797) philosophischem Roman *La bel-le Wolffienne* (1741–1753) ermutigt ein Vater seine Tochter, sich mit der rationalen Philosophie Wolffs auseinanderzusetzen. Die Mutter wird als diejenige dargestellt, die das intellektuelle Interesse der Tochter bremsen will. Sie weiß, Wissen und Ge-lehrtheit einer Frau verletzen das gängige Geschlechterideal und erschweren da-durch das Leben einer Frau.[64]

Erst Ende des 18. und zu Beginn des 19. Jahrhunderts entstanden literarische Bilder, in denen Frauen als Wissensvermittlerinnen von Mathematik und den Na-turwissenschaften zu sehen sind. Margaret Bryans (1795–1816) entwarf eines in *A Compendious System of Astronomy in a Course of Familiar Lectures* (1797). In Abb. 2.2 ist ein Frontispiz zu sehen, der eine junge Lehrerin mit ihren Schülerinnen zeigt, die umgeben sind von astronomischen Instrumenten. Eine andere englische Lehrbuchautorin, Jane Marcet (1769–1858), präsentiert in ihrer *Conversation on Chemistry* (1806) und ihrer *Conversation on Natural Philosophy* (1819) eine Leh-rerin im Gespräch mit ihren Zöglingen über Chemie und Naturphilosophie.

Wegen der geschlechtlichen Stereotypisierung erschien es selbstverständlich, dass es der Vater war, der du Châtelet intellektuell förderte. Dabei gibt es einige Hinweise darauf, dass es die Mutter, Gabrielle Anne de Froulay, gewesen ist, die für ihre Tochter Émilie intellektuelles Vorbild und zugleich geistige Förderin war. Von Badinter (1983) wird sie als strenge und disziplinierte Frau beschrieben, die ih-rer Tochter „den Geschmack an der Anstrengung, der Strenge und der Disziplin"[65] vermittelte.[66] Diese These wird durch die Erinnerungen der Cousine du Châtelets,

---

[61] Vgl. Dainard, 1985, Bd. 1, Brief 62, S. 213 Zu Pauline siehe auch Abschn. 2.4.

[62] Vgl. Becker-Cantarino, 1989, S. 189–192. Zur Geschichte der Hauslehrerinnen im 19. Jahrhun-dert vgl. Hardach-Pinke, 1993.

[63] Vgl. hierzu auch das Zitat von Locke in Abschn. 3.3.

[64] Vgl. Formey, 1741–1753, S. 9.

[65] „le goût de l'effort, de la rigueur et de la discipline" Badinter, 1983, S. 48.

[66] Die Beziehung zwischen Mutter und Tochter de Breteuil beschreibt Badinter als distanziert, wohingegen sie das Verhältnis zum Vater als innig bezeichnet (vgl. Badinter, 1983, S. 52). Auf-grund der dürftigen Quellenlage erscheint dieser Rückschluss auf das emotionale Verhältnis von du Châtelet zu ihren Eltern als gewagt.

Abb. 2.2 Margaret Bryan *A Compendious System of Astronomy* (1797)

Mme de Créqui, gestützt. Sie beschreibt ihre Tante als eine außergewöhnlich gebildete Frau, die sich für Astronomie und Theologie interessierte:

> Sie war unglaublich gebildet und die beiden Gebiete des Wissens, auf denen meine Tante brillierte, waren vor allem die Theologie und die Astronomie. Sie spottete häufig über ihren Gefallen an den beiden Wissenschaften, den männlichsten, wie sie sagte, da diese die höchsten wären. Ich glaube gern, dass Madame du Châtelet über Astronomie nur das gewusst hat, was ihre Mutter während der Konversation vor ihr hat fallen lassen.[67]

---

[67] „Elle était prodigieusement instruite, et les deux parties du savoir où ma tante excellait, étaient surtout la théologie et l'astronomie. Elle se raillait souvent de son goût pour les deux sciences les plus masculines, disait-elle, puisqu'elles étaient les plus élevées. Je crois bien que Madame du Châtelet n'a jamais su d'astronomie que ce que sa mère en avait laissé tomber dans la conversation devant elle." Créqui, 1834, Kap. 3.

In ihren Lebenserinnerungen erzählt Créqui von einer Situation, in der die Mutter als Lehrerin ihrer Tochter auftritt. Du Châtelet wandte sich mit ihren Fragen zu den biblischen Geschichten an ihre Mutter. Sie fand die biblischen Erzählungen unrealistisch, woraufhin die Mutter ihrer Tochter die Bedeutung und den Sinn biblischer Gleichnisse erklärte.[68]

Wie wichtig Mütter für die intellektuelle Entwicklung ihrer Töchter sein konnten, zeigt beispielsweise die Bildungsbiographie der britischen Mathematikerin Ada Lovelace (1815–1852). Lovelaces Mutter, Lady Anne Isabella Byron, geborene Milbanke, (1792–1860), war selbst philosophisch, mathematisch und naturwissenschaftlich interessiert. Daher gab ihr ihr Ehemann, Lord Byron, den Spitznamen „Princess of Parallelograms". Der Lehrer von Lady Byron war der Mathematiker und Freund der Familie William Frend (1757–1841).[69] Lady Byron unterrichtete ihre Tochter Ada, die nie eine Schule besuchte, anfänglich selber in Mathematik und den Naturwissenschaften.[70] Auf Betreiben der Mutter erhielt Ada später ebenfalls Unterricht durch Frend. Zu ihren Lehrern gehörten außerdem Charles Babbage (1791–1871), Mary Somerville (1780–1872) und Augustus de Morgan (1806–1871).[71]

Ein weiteres Beispiel für den Einfluss der Mütter auf die intellektuelle Bildung ihrer Töchter ist Catherine Parthenay, Dame de Rohan (1554–1631). Sie wurde von François Viète (1540–1603) in Mathematik unterrichtet. Diesen Unterricht verdankte sie der Förderung durch ihre Mutter.[72] Viète unterrichtete Catherine Parthenay in der von ihm entwickelten Algebra. Aus diesem Unterricht gingen die *In Artem Analyticem Isagoge* (1591) hervor, die Viète seiner begabten Schülerin widmete.[73]

In den Memoiren aus dem 18. Jahrhundert findet man weitere Beispiele dafür, dass Frauen für Frauen intellektuelle Vorbilder waren. Marguerite de Launay (1684–1750), eine Dame aus dem Umfeld du Châtelets und Gesellschafterin der Duchesse du Maine (1676–1753), erinnert sich an eine Mlle de Silly. De Silly las mit ihr die *Recherche de la Vérité* (1674/75) von Nicolas Malebranches (1638–1715), machte sie mit der kartesianischen Philosophie vertraut und führte sie in die analytische Geometrie Descartes ein.[74]

Badinter (1981) betrachtet die Preziösen des 17. Jahrhunderts als die Wegbereiterinnen der Gelehrtinnen des 18. Jahrhunderts:

> Ihre Töchter wurden Gelehrte, und um das zu erreichen, nutzten sie alle erdenklichen Gelegenheiten. Da sie weder zu Hause noch im Pensionat irgend etwas lernten, verließen sie es bei der ersten Gelegenheit, um Frauen zu begegnen, die in dieser Hinsicht mehr Glück gehabt hatten.[75]

---

[68] Vgl. Créqui, 1834, Kap. 3.

[69] Vgl. Stein, 1999, S. 3.

[70] Vgl. Stein, 1999, S. 31–34.

[71] Vgl. Stein, 1999, Kap. 2, S. 49–104.

[72] Vgl. Ogilvie und Harvey, 1999, S. 985.

[73] Vgl. Böttcher, 2003, S. 196.

[74] Vgl. Launay, 1829, S. 225.

[75] Badinter, 1981, S. 83.

Allerdings ist Badinters Urteil über das Haus und die Klosterschule als bildungsferne Orte zu pauschal. Wie in diesem Abschnitt zu lesen war, bot die häusliche Erziehung den Damen durchaus Bildungsmöglichkeiten. Und auch die Klosterschule konnten Orte sein, an denen Frauen eine klassische Ausbildung erhielten.

2.4 Kloster: Schule der Mädchen

Émilie du Châtelet verbrachte nur wenige Wochen ihrer Kindheit im Kloster. Vermutlich sollte sie dort auf die Heilige Kommunion vorbereitet werden, wie etwa ein Drittel der Aristokratinnen, die nur zu diesem Zweck ein Kloster besuchten.[76] Ihre Cousine dagegen blieb viele Jahre im klösterlichen Pensionat und lernte ihren Vater und Bruder erst als junge Erwachsene kennen.[77]

Die Klosterschule war nicht immer nur eine Verwahranstalt für junge Aristokratinnen. Dies belegt die Geschichte von du Châtelets Cousine. Mme de Créqui verbrachte ihre gesamte Kindheit im Kloster von Montivilliers. Sie lernte dort Kirchengeschichte, Theologie, Geschichte allgemein, Latein, Griechisch und Italienisch sowie Geographie und Literatur.[78] Über ihre Ausbildung schrieb sie:

> Ich wollte unbedingt Latein lernen, nach dem Vorbild meiner Tante, die es ausreichend verstand, ebenso fast alle Würdenträgerinnen der Kongregation. Obwohl man mir die Reputation einer Gelehrten hat geben wollen, muss ich Ihnen sagen, dass es mir scheint, als sei ich niemals eine bessere Latinistin gewesen, als ein Schüler der Dritten.[79]

Im 18. Jahrhundert war das Kloster neben dem elterlichen Haus die klassische schulische Einrichtung für Mädchen. Die Aristokratie brachte ihre Töchter selbstverständlich im Kloster unter.[80] Meist kamen die Mädchen mit sieben Jahren dort an und blieben bis sie mit 13 oder 14 heiratsfähig waren. Nicht wenige verbrachten wie Mme de Créqui ihre gesamte Kindheit und Jugend bis zur Heirat dort. Nicht selten nahmen die, für die kein Ehemann gefunden wurde, den Schleier.[81]

Für du Châtelets intellektuelle Entwicklung war ihr kurzer Klosteraufenthalt ein glücklicher Zufall. Nur wenige dieser Mädchenschulen legten so viel Wert auf eine klassische, gelehrte Ausbildung wie das Kloster in Montivillier.

Das primäre Ziel der klösterlichen Erziehung war die Vorbereitung junger Mädchen auf ein Leben als Dame von Stand. Dazu mussten sie einen großen Haushalt leiten und gepflegt und kunstvoll Konversation betreiben können. Auf dem klösterlichen Lehrplan standen neben der religiösen Erziehung daher ganz oben Etikette,

---

[76] Vgl. Zinsser, 2006, S. 27–28 u. Vaillot, 1978, S. 31.

[77] Vgl. Créqui, 1834, Bd. 1, S. 32–33.

[78] Vgl. Créqui, 1834, Bd. 1, S. 32–33.

[79] „Je voulus absolument apprendre le latin, à l'exemple de ma tante, qui le comprenait suffisamment, ainsi que presque toutes les dignitaires de sa congrégation; mais bien qu'on m'ait voulu donner la réputation d'une femme savante, je vous dirai que je n'ai jamais été meilleure latiniste qu'un écolier de troisiéme, à ce qu'il m'a semblé." Créqui, 1834, Bd. 1, 32 u. 33.

[80] Vgl. Badinter, 1981, S. 82.

[81] Vgl. auch die Beschreibungen von Maugras, 1904, S. 35–36.

Handarbeiten, sowie Tanz und Musik.[82] Fehlte es an geistiger Auseinandersetzung, hieß dies für einige intelligente und wissbegierige junge Damen intellektuelle Langeweile. Vom Eindruck der geistigen Langeweile sind die Erinnerungen Mme de Launays geprägt:

> Ich habe seitdem häufig den Verlust der fünf oder sechs geeignetsten Jahre zur Kultivierung des Geistes beklagt, die ich verbrachte, ohne etwas zu lernen, außer dem, was man gewöhnlich jungen Mädchen zeigt, wie die Musik, den Tanz, das Cembalo spielen. Alles Dinge, an denen ich weder Gefallen, noch für die ich Talent hatte und in denen ich keinerlei Fortschritt machte.

> Meine Äbtissin und ihre Schwester hatten mir jegliche Kultur gegeben, die ein Kind erhalten kann; aber sie hatten nicht das, was notwendig war, um mich weiter zu bringen; und ich wäre auf diesem Weg geblieben, wenn Fräulein De Silly mir nicht ein neues Gebiet eröffnet hätte. [83]

Gegen eine Unterbringung ihrer Tochter Françoise Gabrielle Pauline in einer Klosterschule hatte du Châtelet keine Einwände. Die Schule, die Pauline zeitweise besuchte, befand sich in der Nähe von Joinville unweit von Cirey. Nach Zinsser (2006) hielt sich Pauline dort während zweier kurzer Aufenthalte 1733/34 und 1738/39 auf.[84]

Über Paulines Internatsaufenthalt ist nichts bekannt. Möglicherweise hat sie dort ihre Lateinkenntnisse erworben, von denen Mme Graffigny (1695–1758) in ihren Briefen erzählt. Graffigny berichtet, dass die zwölfjährige Pauline am 14. Dezember 1738 für eine Woche nach Cirey kam, um mit ihrer Mutter und deren Gästen Theater zu spielen:[85]

> Das kleine Fräulein ist diesen Abend angekommen. Man hat sie geholt, um die Rolle des Marders zu spielen. Ich habe sie einen Augenblick gesehen. Sie ist so groß wie Minete war, als ich sie ins Kloster gab. Sie ist nicht hübsch, aber sie spricht wie ihre Mutter und so geistvoll, wie es nur möglich ist. Sie lernt Latein, sie liebt zu lesen, sie verleugnet ihr Blut nicht.[86]

Aber Zinsser (2006) belegt auch, dass du Châtelet ihre Kinder, ungewöhnlich für die damalige Zeit, mit auf Reisen nahm.[87] Daher liegt nahe, dass Pauline das Kloster,

---

[82] Vgl. Becker-Cantarino, 1989, S. 161–170 u. Sonnet, 1994, S. 132–133 u. 141–144.

[83] „J'ai depuis souvent déploré la perte de cinq ou six années les plus propres à cultiver l'esprit, que je passai sans rien apprendre que ce qu'on montre ordinairement à de jeunes filles, comme la musque, la danse, à jouer du clavecin, toutes choses pour lesquelles je n'avois ni goût ni talent, et où je ne fis aucun progrès.
Mon abbesse et sa sœur m'avoient donné tout la culture que peut recevoir un enfant; mais elles n'avoient pas ce qu'il falloit pour me mener plus loin; et j'étois demeurée en chemin, lorsque mademoiselle de Silly m'ouvrit un nouveau champs." Launay, 1829, S. 224–225.

[84] Vgl. Zinsser, 2006, S. 40.

[85] Vgl. Dainard, 1985, Bd. 1, Brief 62, S. 213 u. Showalter, 2004, S. 40.

[86] „La petite demoiselle est arrivée ce soir; on l'a envoyé chercher pour jouer marte. Je l'ai voir un moment. Elle est grande comme Minete etoit quand je l'ai mise en couvent. Elle n'est pas jolie, mais elle parle comme sa mere et avec tout l'esprit possible. Elle aprends le latin, elle aime a lire, elle ne mentira pas son sang." Dainard, 1985, Bd. 1, Brief 63, Cirey, Sonntag, 14. Dez. 1738, 221. Im gleichen Brief erwähnt Mme Graffigny Minete, vermutlich ihre Tochter, die sie ebenfalls in ein Kloster zur Erziehung geschickt hat.

[87] Vgl. Zinsser, 2006, S. 42–43.

ähnlich wie du Châtelet, zur religiösen Ausbildung besuchte und du Châtelet auch Pauline zumindest auf den Reisen unterrichtete. Allerdings fällt der Name Paulines in den Briefen du Châtelets nie im Zusammenhang mit Bildungs- oder Erziehungsfragen. Dass sich du Châtelet aber auch um Paulines Zukunft kümmerte, zeigt die Tatsache, dass sie die 17 Jahre alte Tochter 1743 mit dem sehr viel älteren italienischen Adeligen Alphonse Caraffe d'Espina, Duc de Monténegro, verheiratete. Pauline ging nach Neapel und brachte 1745 ein Kind zur Welt.[88]

2.5 Ritterakademie und Kollegium: Schulen für Jungen

Für die Ausbildung du Châtelets haben Ritterakademien und Kollegien nur insofern Bedeutung, als ihre Curricula die Mädchenbildung inhaltlich durchaus geprägt haben. Aus diesem Grund und weil sie gewissermaßen das Pendant zu den Klosterschulen bilden, werden sie hier betrachtet.

Der Adel konnte seine Söhne mit sieben Jahren in eine Ritterakademie oder ein Kollegium schicken. Der Besuch einer dieser Einrichtungen war nicht zwingend, wie die Geschichten von du Châtelets Bruder und Sohn belegen.

Interessant sind die Curricula der Ritterakademien und Kollegien. Sie richteten sich nach den 'septem artes probitates' und den 'septem artes liberales', die die Standeserziehung des Adels, auch dessen häusliche Erziehung, nachhaltig bestimmten.[89]

Während sich im 17. Jahrhundert die Lehrpläne der Ritterakademien und Kollegien noch deutlich unterschieden, näherten sie sich im 18. Jahrhundert einander an. Ursprünglich bereitete die Ritterakademie die Knaben auf eine Militärkarriere oder auf das Leben als Hofmann vor, um administrative und diplomatische Aufgaben zu übernehmen. Die Kollegien bildeten die Jungen für ein Studium an einer der Fakultäten (Theologie, Medizin und Jura) aus und legten den Grundstein für ein Leben als Gelehrter.

Die ‚septem artes probitates' umfassten die Fächer Reiten, Schwimmen, Pfeilschießen, Fechten, Jagen, Schach spielen und Verskunst. Noch im 17. Jahrhundert lag der Schwerpunkt auf der körperlichen Ertüchtigung. Gegen Ende des 17. Jahrhunderts wurde der Fächerkanon um die mathematisch-technisch ausgerichtete Kriegs- und Befestigungswissenschaft sowie um Politik erweitert. Außerdem kam die Vermittlung der modernen Sprachen hinzu. Diese fachliche Erweiterung sollte die jungen Adeligen besser auf eine Karriere als Militär, Politiker oder Diplomat vorbereiten. Der Unterricht in höherer Mathematik und moderner Naturphilosophie war allerdings selten vertieft.[90]

Die Ritterakademie wurde meist von den Erstgeborenen besucht, die Kollegien, die die Jesuiten, Oratorianer und Benediktiner führten, vorzugsweise von den zweit- und drittgeborenen Söhnen. Die Kollegien sollten die nicht erbberechtigten Söhne

---

[88] Vgl. Badinter, 1983, S. 125–126 u. Bestermann, 1958, Bd. 2, Brief 347, S. 143.

[89] Vgl. Snyders, 1971 u. Dolch, 1959. Zum Einfluss der Lehrpläne auf die häusliche Erziehung vgl. Locke, 1980.

[90] Vgl. Conrads, 1982 u. Dolch, 1959, S. 292–293.

auf eine Laufbahn als Geistlicher, Mediziner oder Jurist vorbereiten, um sie ökonomisch abzusichern. Die Propädeutik für das wissenschaftliche Studium vermittelten die Kollegien mit den ‚septem artes liberales'.[91] Bis weit in das 18. Jahrhundert wurden sie institutionell und inhaltlich von den Jesuiten bestimmt.[92] Die theoretische Grundlage des jesuitischen Lehrplans war die *Ratio studiorum* (1599) von Christoph Clavius (1538–1612).

2.6 Exkurs: Mathematikunterricht

Du Châtelet wird nachgesagt, dass ihr die Mathematik leicht fiel und sie einen guten Mathematikunterricht genossen hat. Was dies Anfang des 18. Jahrhunderts bedeutet, lässt sich ermessen, wenn man einen Blick auf die Geschichte des Mathematikunterrichts im 17. und beginnenden 18. Jahrhundert wirft.

Im konfessionell gebundenen pädagogischen Diskurs der Neuzeit schätzte man die Realia und die Mathematik noch gering. Das Studium der Geometrie und der Natur galt in der Erziehung des 17. Jahrhunderts als eitles Vergnügen, das nutzlose und sinnlose Kenntnisse vermittelt.[93] Diese Haltung änderte sich erst langsam zum 18. Jahrhundert hin. Mehr und mehr betrachtete man die Beschäftigung mit Mathematik und der modernen Naturphilosophie als kurios und rekreativ. Ein Bildungs- oder Erziehungswert wurde ihr aber abgesprochen.[94] Gegen den mathematischen und naturphilosophischen Unterricht sprach, dass man annahm, er gefiele den Kindern aus sich selbst heraus. Einer konfessionellen Erziehung konnte dies nicht gefallen. Ihr Ziel war Demut und Bußfertigkeit. Welterkenntnis konnte Kinder Stolz machen und ihnen ein falsches Machtbewusstsein vermitteln. Dieser Gefahr sollten die Erzieher entgegentreten, indem sie den unüberwindlichen, hypothetischen Charakter der Naturphilosophie betonten.[95]

Im Gegensatz zu dieser religiös-kirchlichen Pädagogik entwickelte sich in der aristokratisch-höfischen Kultur des 17. Jahrhunderts ein eigenständiger Bildungsdiskurs. Er idealisierte das unterhaltende und vergnügliche Lernen.[96] Zur Mathematik und modernen Naturphilosophie entwickelte die Aristokratie eine positive Einstellung. Sie hob den kuriosen Charakter der Mathematik hervor. Die methodische Strenge der Geometrie galt als gute Vorbereitung auf eine höfische Konversation:

> Die Geometrie ist die Ausbildung der ehrbaren Diskussion, das Instrument einer wirkungsvollen Kommunikation.[97]

---

[91] Vgl. Brockliss, 1987.

[92] Vgl. Costabel, 1986 u. Lemoin, 1986.

[93] Vgl. dazu die Geschichte des naturwissenschaftlichen Unterrichts von Schöler, 1970.

[94] Vgl. Schöler, 1970, Kap. 2, S. 33–40.

[95] Vgl.Snyders, 1971, S. 84–87.

[96] Siehe hierzu 4.

[97] „La géométrie est l'apprentissage de l'honnête discussion, l'instrument d'une communication efficace." Pascal zitiert nach Descotes, 2001, S. 25.

Wegen des Einflusses des aristokratischen Bildungsideals und den nicht zu ver-
kennenden Nutzen der modernen Wissenschaften, änderte sich im 18. Jahrhundert
der pädagogische Diskurs. Die Kenntnis von der Welt (Geographie), Welterkenntnis (Naturphilosophie) und mathematisches Grundwissen (Geometrie) wurden Bildungsziele. Die vorher abgewehrte Neugierde, die Physik, Geographie, Astronomie
und Naturphilosophie beim Kind angeblich evozieren, interpretierte man nunmehr
positiv. Der Geometrie sprach man sogar emanzipatorische Kraft zu. Sie sollte das
kritische Denken ausbilden und die Urteilsfähigkeit schulen. Ziele des Unterrichts
in Mathematik und moderner Naturphilosophie wurden die Freude am eigenen Wissen, am sicheren Wissen und die Beherrschung der Wahrheit.[98]

Trotz dieses Wandels, war der Unterricht in Mathematik rar. Die Bildungsinstitutionen, in denen er erteilt wurde, waren die Kollegien. Sie vermittelten die elementare, klassische Geometrie, die als mathematische Propädeutik angesehen wurde.
Grundlage des mathematischen Curriculums war die *Ratio studiorum*, die der reinen
Mathematik einen hohen Stellenwert in der Lehre zuweist.[99] Sie wurde in den Kollegien vermittelt, da die gelehrte Ausbildung anders als die Ausbildung an den Ritterakademien nicht auf Nützlichkeit ausgerichtet war. In der Gelehrtenausbildung
hatte die heute als angewandt bezeichnete Mathematik keinen hohen Stellenwert.[100]

Den Kern des mathematischen Curriculums an den Kollegien bildeten die *Opera
mathematica* (1611/12) von Clavius. Es handelt sich um ein fünfbändiges Kompen-
dium des damaligen mathematischen Wissens. Sie enthalten die ersten sechs Bücher
der *Elemente* von Euklid, Clavius' Euklidkommentar, praktische Geometrie, Arithmetik und Algebra. Ferner umfasst es Clavius' Widerlegung Joseph Justus Scaligers
(1540–1609) Cyclometrie (die Lehre von der Ausmessung des Kreises),[101] sowie
Astrolabien und einen Kommentar zum *Tractatus de Sphaera* (1220) von Johannes de Sacrobosco (um 1195–1256).[102] Desweiteren umfassen die *Opera* Texte zur
Gnomonik (die Lehre von der Sonnenuhr), der Pendeluhr und Clavius' berühmte
Arbeit zum Gregorianischen Kalender.[103]

Durch den jesuitischen Lehrplan wurden Geometrie und Arithmetik stärker in
die philosophische Ausbildung integriert. Insbesondere für Theologen wurde die
Mathematik ein verbindlicher Unterrichtsinhalt.[104]

Die Ausbildung im Kolleg dauerte maximal drei Jahre. Im ersten Jahr wurden
die Fächer des 'triviums' gelehrt: Grammatik, Rhetorik und Dialektik. Es schlossen

---

[98] Vgl. Snyders, 1971, S. 260–267 u. Schöler, 1970, Kap. 2.

[99] Die Unterscheidung zwischen reiner und gemischter bzw. angewandter Mathematik geht auf
Clavius zurück. Er zählte zur reinen Mathematik Geometrie und Arithmetik. Als gemischte oder
angewandte betrachtete er Astrologie, Perspektive, Geodäsie, Musik, praktische Arithmetik und
Mechanik.

[100] Vgl. Dear, 1995, Kap. 2.

[101] Vgl. Cantor, 1892, Kap. 68, S. 597.

[102] Darin untersucht Sacrobosco die Geometrie der Kugel mit Bezug auf die Planeten- und Himmelsbewegungen. Für den modernen Leser ist Sacroboscos Abhandlung eher ein theologisches
Werk als ein mathematisch-naturwissenschaftliches Buch, vgl. hierzu Gericke, 2003, S. 117–220.

[103] Vgl. Feldhay, 1999, S. 109–112.

[104] Vgl. Brockliss, 1987 u. Dainville, 1954.

sich die Kurse Logik und Metaphysik an. Die Fächer des sogenannten ‚quadriviums' – Arithmetik, Geometrie, Astronomie und Musik – wurden im zweiten und
dritten Jahr unterrichtet. Das ‚quadrivium' gehörte zu den verbindlichen Fächern
der Kollegiaten, die das Studium der Theologie anstrebten. Viele verließen die Artistenfakultät aber schon nach dem ersten oder zweiten Jahr, nur wenige kamen in
den Genuss einer elementargeometrischen Ausbildung.[105]

Im 17. und beginnenden 18. Jahrhundert konnte man allerdings nicht an allen
Kollegien die mathematischen Kurse besuche. Es mangelte an geeigneten Mathematiklehrern. Hinzu kommt, dass einige der Mathematiklehrer ihren Unterricht kos-
tenpflichtig als Privatunterricht anboten. Nicht alle Studenten waren bereit oder in
der Lage, diesen Preis für die Mathematik zu zahlen.[106]

Ein weiterer Grund für den geringen Umfang der mathematischen Ausbildung
der Kollegiaten ist, dass obwohl die Mathematik seit der *Ratio studiorum* theoretisch
einen großen Stellenwert im Lehrplan der Jesuiten besaß, dieser nicht von allen Jesuiten akzeptiert und umgesetzt wurde. Nach der aristotelischen Wissenschaftshierachie hatte die Mathematik nämlich nicht den Status einer Wissenschaft.[107] Sie galt
eher als geistige Unterhaltung, mit der die Kollegiaten sich während ihrer Freizeit
beschäftigen sollten.[108] Aus dieser Tradition sind die Bücher der Unterhaltungsma-
thematik hervorgegangen.

Trotz der Diskrepanz zwischen theoretischer Bedeutung und realer Verankerung
im Unterricht etablierte sich die Mathematik als Unterrichtsfach im Fächerkanon
der höheren Bildung. Bei der Etablierung des Mathematikunterrichts trugen neben
den Jesuiten auch die hier nicht weiter erwähnten religiösen Orden der Benediktiner
und Oratorianer bei.[109]

Im Kontext der Orden entstanden überall in Europa seit dem 16. Jahrhundert
mathematische Lehrbücher, die sich häufig an den mathematischen Autodidakten
richteten. Auf ihre Weise trugen sie dazu bei, dass sich mathematische Kenntnisse
auch außerhalb der religiösen Lehranstalten verbreiteten.[110]

Die heute als analytische Geometrie bezeichnete Mathematik setzte sich sich in
Frankreich beispielsweise dank der Mathematiklehrbücher der Oratorianer um Nicolas Malebranche (1638–1715) durch. Wie noch zu sehen sein wird, lernte auch du
Châtelet mit Hilfe eines dieser Lehrbücher die auf Descartes zurückgehende moderne Geometrie.[111]

---

[105] Vgl. Brockliss, 1987 u. speziell zu den mathematischen Fächern im Bildungskanon der ‚septem
artes liberales' Scriba, 1985.
[106] Vgl. Dear, 1995, Kap. 2 u. Dainville, 1964.
[107] Vgl. Dear, 1995, Kap. 2 u. Dainville, 1964.
[108] Vgl. Dainville, 1954.
[109] Vgl. Feldhay, 1999, S. 108.
[110] Vgl. Dainville, 1954.
[111] Siehe Abschn. 8.2.1.

2.7 Zusammenfassung

Trotz der wenigen Quellen, die zu du Châtelets Kindheit und Jugend existieren, konnte das vorliegende Kapitel ein eindrucksvolles Bild ihrer Erziehungs- und Bildungssituation skizzieren.

Besonders wichtig für ihre Erziehungs- und Bildungssituation war sicherlich der in Abschn. 2.1 aufgezeigte Bewusstseinswandel bezüglich der Erziehung und Ausbildung des Nachwuchses innerhalb der Aristokratie. Eine inhaltlich gute und anspruchsvolle Ausbildung wurde mehr und mehr Bestandteil einer standesgemäßen Erziehung, deren Ziel die Sicherung des sozialen und ökonomischen Status war. Dieser Wandel kam du Châtelet zugute, da sie in einem bildungsbewussten Elternhaus aufwuchs. Ihre Eltern übernahmen die beschriebene Erziehungsverantwortung und ermöglichten ihrer Tochter den Zugang zur Welt des Wissens und bereiteten dadurch den Weg der Tochter zur Gelehrten.

Die Erziehung im Hause der de Breteuils gehört zu der Geschichte der Hauserziehung, die gerade den Töchtern des Adels im 18. Jahrhundert Bildungschancen bot und auf die Abschn. 2.2 eingeht. Oftmals erhielten die Frauen, so wie du Châtelet, gemeinsam mit ihren Geschwistern zu Hause eine klassische, propädeutische Ausbildung, die den Weg zum gelehrten Wissen ebnete und erste Zugänge zu den Wissenschaften ermöglichte.

Als Mutter kümmerte sich du Châtelet ebenfalls um die standesgemäße Erziehung ihrer Kinder. Bekannt ist ihr Engagement bei der Erziehung ihres Sohnes Florent-Louis Marie, für den sie geeignete Lehrer suchte. Über Pauline, die Tochter, weiß man zumindest, dass sie in einem Kloster untergebracht war und Latein beherrschte. Die Suche nach geeigneten Lehrern für ihren Sohn verband du Châtelet mit ihrer eigenen Suche nach kompetenten Mathematiklehrern. Welche Rollen Hauslehrer und Hauslehrerinnen in den Adelshäusern spielten, zeigt Abschn. 2.3. Von besonderem Interesse sind dabei die Geschlechterbilder und -stereotype die das Bild von den Lehrern und Lehrerinnen prägten: der väterliche Erzieher und die mütterliche Gouvernante. Im Falle du Châtelets versperrten diese Vorstellungen den Blick auf die Bedeutung der Mutter für du Châtelets Bildungsweg. Die Mutter und nicht der Vater war die intellektuelle Förderin du Châtelets. Aber bisher hielt man deren außergewöhnlich gute Bildung für das Ergebnis des väterlichen Einflusses. Die historische Bildungsforschung wird durch diesen Abschnitt aufgefordert, die Geschichte von Frauen als geistige und intellektuelle Wegbereiterinnen weiblicher Gelehrtheit stärker in den Blick zu nehmen.

Wie schwierig es ist, Klosterschulen hinsichtlich der Frage, ob sie Frauen einen kognitiv und inhaltlich anspruchsvollen Bildungsgang boten, zu bewerten, zeigt Abschn. 2.4. Während du Châtelet das Kloster nur zum Zwecke ihrer religiösen Ausbildung besuchte, scheint ihrer Tochter Pauline das Kloster längere Zeit besucht und dort sogar Latein gelernt zu haben. In der historischen Forschung haftet dem Kloster der Ruf an, eher eine Verwahr- denn Bildungsanstalt für junge Aristokratinnen gewesen zu sein. Aber das Kloster konnte auch klassische Bildungsinstitution sein und den Töchtern des Adels eine klassische Ausbildung ermöglichen, wie das Beispiel Mme de Créquis zeigt. Die Cousine du Châtelets verbrachte ihre gesamte Kindheit dort und erhielt eine inhaltlich fundierte Ausbildung. Allerdings gabe es auch andere Frauen, wie de Launay, die ihre Zeit im Kloster, bezogen auf ihr Lernen, als vertane Zeit empfanden.

Der Zugang zum Wissen, der du Châtelet verschlossen blieb, waren die klassischen Bildungsorte der Söhne der Aristokratie: Ritterakademien und Kollegien. Obwohl sie in du Châtelets Erziehung als Institution keine Rolle spielten, geht Abschn. 2.5 auf sie ein. Denn die Curricula, die ‚septem artes probitates‘ und die ‚septem artes liberales‘, wirkten sich inhaltlich auf die häusliche Standeserziehung des Adels aus. Abschnitt 2.5 beschreibt in groben Züge die Struktur und Bedeutung dieser Schulen. Auf den Inhalt der klassischen Kollegiumsausbildung wird das folgende Kapitel eingehen.

Schließlich beendet ein Exkurs zum Mathematikunterricht die Betrachtung von du Châtelets Erziehungs- und Bildungssituation. Dieser kurze historische Abriss liefert Hintergrundinformationen, die mitgedacht werden müssen, wenn du Châtelets Mathematikunterricht hervorgehoben wird.

Die in Abschn. 2.6 dargestellte Situation zeigt, dass auf der theoretischen Ebene der Lehrpläne der religiösen Orden die Mathematik ein wichtiges Lehrfach war. Auch inhaltlich war das Curriculum nach der *Ratio studiorum* anspruchsvoll. Die Realität des Mathematikunterrichts sah wegen Lehrermangel und eher geringen Bedeutung der Mathematik in der aristotelischen Wissenschaftshierachie allerdings anders aus. Aus verschiedenen Gründen gab es an den Kollegien häufig keinen Mathematikunterricht. Außerdem verließen viele Kollegiaten die Schule schon vor dem Mathematikunterricht im 3. Jahr.

Die Tatsache, das du Châtelet Mathematikunterricht erhielt, ist vor diesem Hintergrund schon für sich genommen eine Besonderheit. Denn wenn in den Kollegien Mathematiklehrer fehlten, so fehlten sie, wie ja auch du Châtelets Geschichte zeigt, auch in der Hauserziehung. Mit du Châtelets Geschlecht hat der Mathematikunterricht nur insofern zu tun, als das Fach für Mädchen vielleicht noch seltener als bei Jungen in der häuslichen Erziehung Lehrfach und -inhalt war. Dies lässt sich allerdings nur schwer belegen oder widerlegen.

Kapitel 3
Grundbildung: Elemente des Wissens

> *„Curiosity in children, is but an appetite for knowledge. One great reason why children abandon themselves wholly to silly pursuits and trifle away their time insipidly is, because they find their curiosity balked, and their inquiries neglected.“*
> *(John Locke, 1632–1704)*

> *„If any desire distinctly to know what they should be instructed in? I answer, I cannot tell where to begin to admit Women, nor from what part of Learning to exclude them, in regard of their Capacities. The whole Encyclopedia of Learning may be useful some way or other to them.“*
> *(Bathsua Reginald Makin, ca. 1600–ca. 1675)*

Gegenstand dieses Kapitels sind die Elemente des Wissens, die Émilie de Breteuil, spätere Marquise du Châtelet, in ihrem Elternhaus vermittelt bekommen bzw. sich angeeignet hat.

Der hier gefallene Begriff Elemente bezieht sich im Kontext der Wissensvermittlung sowohl auf die Inhalte eines Faches oder Wissensgebietes als auch auf das Alter der Lernenden. In Deutschland bezeichnen Elementarbildung und Elementarerziehung eigentlich den vorschulischen Bildungsgang der Drei- bis Vierjährigen und bereiten das schulische Lernen in der Primarstufe vor. Als elementares Wissen kennzeichnet man hingegen die grundlegenden Inhalte eines Faches und Wissensgebietes, um die es in diesem Kapitel geht.

Im 18. Jahrhundert meint der Plural Elemente die grundlegenden Prinzipien der Wissenschaften und Techniken.[1] Viele einführende Lehrbücher der Mathematik und der Naturwissenschaften der Neuzeit tragen den Begriff Elemente im Titel. Er kennzeichnet den propädeutischen Charakter eines Buchs. Das wohl berühmteste und älteste Buch dieser Art sind die *Elemente* von Euklid.[2]

Zugang zu den Elementen des Wissens bekamen die Kinder ab dem siebten Lebensjahr. In diesem Alter gingen viele Jungen zur Ritterakademie oder zum Kollegium und viele Mädchen in ein Kloster.

Wie in Kap. 2 zu lesen war, spricht vieles dafür, dass du Châtelet neben den klassischen Fächern einer standesgemäßen Mädchenerziehung (Gesang, Tanz, Musik und Konversationskunst) auch in den mathematischen Fächern des ‚quadriviums‘ unterrichtet wurde.[3] Da bei ihrer Ausbildung auch Wert auf die Vermittlung der klassischen Sprache Latein gelegt wurde und sie Sprachkenntnisse in mindestens einer modernen Sprache erwarb, ist der Einfluss der humanistischen Bildungstradition nicht zu leugnen.

---

[1] Vgl. Böhm, 1994, S. 189.

[2] Vgl. Diderot und Alembert, 1765b, Bd. 5, Artikel: Elemens des sciences, S. 497.

[3] Vgl. Badinter, 1983, S. 65–70.

F. Böttcher, *Das mathematische und naturphilosophische Lernen und Arbeiten der Marquise du Châtelet (1706–1749)*, DOI 10.1007/978-3-642-32487-1_3,
© Springer-Verlag Berlin Heidelberg 2013

Die inhaltliche Ausbildung von du Châtelet ist ähnlich wie ihre Erziehungs- und Bildungssituation nicht in allen Einzelheiten überliefert. Setzt man allerdings die wenigen vorhandenen Informationen über die Inhalte in Beziehung mit der in Frankreich im 18. Jahrhundert ausgesprochen einflussreichen Erziehungsschrift *Some thoughts concerning education* (1692) von John Lockes (1632–1704), entsteht ein kohärentes Bild des Curriculums du Châtelets. Locke forderte beispielsweise eine frühe Einbeziehung der Kinder in das gesellige und gesellschaftliche Leben der Eltern. Von du Châtelet weiß man, dass sie schon früh am gesellschaftlichen und geselligen Leben in ihrem Elternhaus teilhaben durfte.[4] Dies weist darauf hin, dass Lockes Erziehungsentwurf die standesgemäße Erziehung und Bildung zu Beginn des 18. Jahrhunderts durchaus beschreibt. Durch die Bezugnahme auf Lockes Schrift werden die Inhalte und die Form des häuslichen Unterrichts von du Châtelet konkreter und fassbarer.

3.1 Locke: Einfluss auf die Inhalte der häuslichen Erziehung

In den Abschn. 2.4 und 2.5 klang es schon an: Qualität und Quantität des schulischen Unterrichts waren noch nicht wie heute normiert und standardisiert. Durch den Staat vorgegebene Lehrpläne gab es noch nicht. Für das 17. und 18. Jahrhundert ist daher allenfalls von curricularen Tendenzen zu sprechen, nach denen sich die Ausbildung in den formellen und informellen Bildungsinstitutionen (schulische Einrichtungen und häusliche Erziehung) richteten.[5]

Man kann davon ausgehen, dass die Erziehung und der Unterricht im Hause der de Breteuils durchaus von den Lehrplänen an Ritterakademien und Kollegien beeinflusst waren und sich der bildungsbewusste Hochadel auch an den zeitgenössischen Erziehungsschriften orientierte. Sehr wahrscheinlich hatte die jesuitische ‚Ratio Studiorum' weniger direkten Einfluss auf den häuslichen Unterricht der Aristokraten als die Erziehungsschrift *Some thoughts concerning education* (1692) von John Locke.

In Frankreich war diese Schrift überaus erfolgreich, was die zahlreichen französischen Übersetzungen belegen. Schon 1695, drei Jahre nach ihrem Erscheinen, erschien eine französische Übersetzung: *De l'education des enfans.* Insgesamt gab es zwischen 1695 und 1798 fünfzehn französische Fassungen.[6] Diese Verbreitung spricht dafür, dass diese Schrift den französischen Bildungsdiskurs des frühen 18. Jahrhunderts ungemein bestimmte. Nach Stille (1970) prägte sie die aristokratische und bürgerliche Erziehung des 18. Jahrhunderts methodisch, ideell und inhaltlich nachhaltig.[7]

Lockes Erziehungsgedanken wirkten sogar auch auf die Konzepte der populären, allgemeinverständlichen Lehrbücher. Unter ihnen befindet sich das naturphilo-

---

[4] Vgl. Zinsser, 2006, S. 30 u. Locke, 1980, §146.

[5] Zur Geschichte des Lehrplans vgl. Dolch, 1959.

[6] Vgl. die online Bibliographie unter http://www.libraries.psu.edu/tas/locke/ [08.03.2006].

[7] Vgl. Stille, 1970, S. 6.

sophische Lehrbuch John Newberys (1713–1767) alias Tom Telescope *The Newtonian System of Philosophy adapted to the capacities of young gentlemen and ladies* (1761). Es ist hier erwähnenswert, weil es Mädchen explizit in den Kreis der Leser und Lernenden einschließt und damit die These stützt, dass auch den Mädchen im 18. Jahrhundert mehr und mehr Bildungsmöglichkeiten eingeräumt wurden.[8]

Locke hatte seine Gedanken über Erziehung für einen Freund verfasst, den er in Erziehungsfragen beriet. Er formulierte, welche Inhalte und Fächer in der höheren Standeserziehung vermittelt werden sollten: Arithmetik, Geometrie, Geographie, Astronomie, Chronologie und Naturphilosophie. Darüber hinaus umfasst sein Lehrplan auch die Fächer des ‚triviums‘: Grammatik, Logik und Rhetorik. Seinem Fächerkanon fügte er aber auch Bibelkunde, Geschichte, Ethik und Recht sowie Grundkenntnisse in Ökonomie und Gartenbau hinzu.[9]

Als Anhänger Newtons nahm er auch die moderne, mathematisch-experimentelle Naturphilosophie in seinen Kanon auf. Dies ist bemerkenswert, da sie sich im schulischen Lehrplan nur zögerlich gegen die aristotelische Naturphilosophie durchsetzte. Ebenso wie die damalige Algebra, Integral- und Differentialrechnung wurden die experimentellen Naturwissenschaften erst gegen Ende des 18. Jahrhunderts schulische Unterrichtsfächer.[10]

Lockes Erziehungstext muss im Kontext des sich wandelnden Bildungsideals an der Schwelle des 18. Jahrhunderts gesehen werden. Zu dieser Zeit verbanden sich die Kulturideale der Zivilität und Soziabilität der aristokratischen, höfischen Kultur mit dem Wissenschaftsideal der Rationalität und des Realismus.[11]

Die klassische, scholastische Erziehung mir ihrem abstrakten Verbalismus wurde nunmehr als lebens- und weltfern kritisiert. Aus dieser Kritik heraus entwickelte sich der pädagogische Realismus. Sein Ziel war es, die Lernenden mit der Wirklichkeit und der Natur in Berührung zu bringen. Durch klare Begrifflichkeiten sollte die Urteilsfähigkeit ausgebildet werden. Geistige Selbständigkeit wurde das Ziel der modernen Erziehung. Mit ihr wollte man die blinde Autoritätsgläubigkeit, die der scholastischen Bildung vorgeworfen wurde, verhindern. Geometrie und die moderne Naturphilosophie erhielten als Unterrichtsfächer größere Bedeutung: Der Geometrie wurde nachgesagt, dass sie die Urteilsfähigkeit ausbilde; die moderne Naturphilosophie lobte man, weil sie sich mit der Realität und der Natur auseinandersetze.[12]

Die standesgemäße Erziehung prägten nicht nur idealistische Bildungsziele. Die Erziehung sollte den Jungen Berufskarrieren ermöglichen. Beide Geschlechter sollte sie auf das Leben in einer Gesellschaft vorbereiten, die immer mehr Wert auf Bildung legte. So sollte die Kenntnisvermittlung und die Vermittlung von Fähigkeiten die Lernenden in die Lage versetzen geistreiche und galante Unterhaltungen zu führen und einem gelehrten Gespräch zu folgen.[13] Lateinkenntnisse, Wissen

---

[8] Vgl. Stafford, 1994, S. 58–72.

[9] Vgl. Locke, 1980, § 147–§ 216.

[10] Vgl. Snyders, 1971, Kap. 4, S. 75–88, Schöler, 1970 u. Taton, 1986.

[11] Vgl. Elias, 1999 u. Habermas, 1996.

[12] Vgl. Dolch, 1959, S. 283–284. u. Eamon, 1994, Kap. 9.

[13] Siehe hierzu du Châtelets Bemerkung in Abschn. 11.5.

über Literatur, Philosophie und die modernen Wissenschaften gehörten daher zu den Grundlagen einer höheren Bildung.[14]

Dank des aristokratischen Bildungsideals, in dem die Aneignung, Vermittlung und Verbreitung der modernen wissenschaftlichen Erkenntnisse eine immer größere Rolle spielten, vergrößerte sich in den wohlhabenden Schichten die Zahl der Gebildeten in Westeuropa. Es entstand das kommunikative Netzwerk der europäischen Gelehrtenrepublik mit seinen eigenen mündlichen und schriftlichen Kommunikationsformen und -praxen. Auf ihre Weise trugen gebildete Damen wie du Châtelet mit ihrem Interesse an der Mathematik und den Wissenschaften zur Legitimierung und Etablierung der modernen Wissenschaften und des modernen Wissenschaftssystem bei.[15] Die Bedeutung der Gelehrtenrepublik und ihrer Kommunikationsstruktur für du Châtelets wissenschaftlichen Bildungsgang, die Rezeption ihres Lehrbuches und ihre Reputation als Naturphilosophin wird in den folgenden Kapiteln deutlich werden.

Doch zurück zu Lockes Wirkung. Er etablierte eine Standeserziehung, die sich methodisch und didaktisch vom Unterricht an den Kollegien und Ritterakademien unterschied. In Abgrenzung zu der als pedantisch diskreditierten Vermittlung an den Gelehrtenschulen verband er das inhaltliche Lernen mit den aristokratischen Umgangsformen, der höfischen Kultiviertheit und Geselligkeit. Im Vordergrund des Lernens sollten Freude und Unterhaltung stehen. Idealerweise sollte sich die Wissensvermittlung an den Bedürfnissen des Kindes ausrichten.[16]

Statt das Kind in eine Bildungseinrichtung zu schicken, empfahl Locke den Unterricht zu Hause durch Hauslehrer. Durch diese Empfehlung und seinen Lehrplan, in dem die moderne Naturphilosopie und die Mathematik bedeutsam sind, öffnete Locke gerade die häusliche Erziehung, im Gegensatz zur institutionellen, für die neuen Wissensformen und -gebiete. Schließlich gab es in der Hauserziehung weniger institutionelle Widerstände, da sie weniger kontrolliert und reglementiert war.

Nach Locke sollte der Unterricht mit den Kulturtechniken Lesen, Schreiben, Zeichnen, Malen, Methodik (Ordnen und Strukturieren), Tanzen, Fechten und Reiten beginnen.

3.2 Klassische und moderne Sprachen

Auf die Grundausbildung in den Kulturtechniken sollte die Sprachausbildung folgen, zu der die Vermittlung der beiden klassischen Sprachen Latein und Griechisch gehörte sowie der Unterricht in zwei lebendigen Sprachen.[17] Hiervon war die Unterweisung in Latein wohl am wichtigsten. Lateinkenntnisse waren der Schlüssel zum gelehrten Wissen der damaligen Zeit. Daher muss ihre Vermittlung auch als das wichtigste und wohl grundlegendste Element von du Châtelets häuslichem Unterricht angesehen werden.

---

[14] Vgl. Snyders, 1971, S. 56.

[15] Vgl. Schlüter, 2001 u. Goodman, 1994.

[16] Vgl. Locke, 1980, §171–§175, Böhm, 1994, S. 443 u. Brockliss, 1987, S. 3 u. Kap. 2.

[17] Vgl. Locke, 1980, §162–§167.

Aber Ausgangspunkt jeglichen Wissenserwerbs bei Locke war die Aneignung der Muttersprache. Dabei betonte Locke noch vor der Schreibkompetenz die Lesefähigkeit, die Kinder spielerisch und auf unterhaltende Weise mit Hilfe illustrierter Märchen und Fabeln erwerben sollten. Seine Lektürebeispiele sind *Aesop's Fables* und *The History of Reynard the Fox*.[18]

Das Schreiben war sowohl im Alltag als auch im Berufsleben noch nicht so bedeutsam. Dies erklärt die große Anzahl an Leuten, die zwar Lesen aber nicht Schreiben konnten. So hatte das Lesen im Lehrplan Lockes einen größeren Stellenwert. Du Châtelet jedenfalls gehörte zu denjenigen, die ihre Muttersprache in Wort und Schrift beherrschten, was die von ihr geschriebenen Texte belegen. Damit unterscheidet sie sich etwa von der Frauenrechtlerin und Schriftstellerin Olympe de Gouges (1748–1793). Diese konnte zwar lesen, aber nicht schreiben. Sie musste ihre Gedanken einem Sekretär diktieren.[19]

Was den Erwerb der modernen Fremdsprachen angeht, so eignete sich du Châtelet diese nach den Erinnerungen Voltaires primär durch Lektüre fremdsprachlicher Texte an:

> Seit ihrer zartesten Jugend hat sie ihren Geist mit der Lektüre guter Autoren in mehr als einer Sprache genährt. Sie hatte eine Übersetzung der Aeneis begonnen, von der ich mehrere Stücke gesehen habe und die angefüllt waren mit der Seele des Autors. Sie lernte Italienisch und Englisch. Tasso und Milton waren ihr ebenso vertraut wie Virgil. In Spanisch machte sie weniger Fortschritte, weil man ihr sagte, dass es in dieser Sprache nur ein einziges gefeiertes Buch gebe und das dieses Buch frivol sei.[20]

Demnach konnte du Châtelet Englisch, Italienisch und Spanisch lesen. Bei ihrem italienischen Bekannten, Francesco Algarotti (1712–1764), entschuldigte sie sich später, dass sie ihm nicht schriftlich auf Italienisch antworten könne, obgleich sie die Sprache verstehe.[21]

In Voltaires Erinnerung eignete sich du Châtelet die Sprachen methodisch durch die Lektüre und Übersetzung an. Locke bestätigt, dass diese Methoden die damalige Fremdsprachendidaktik bestimmten. Auch er betrachtet Übersetzungsübungen als wichtige Elemente des Sprachunterrichts, da der Vergleich von Originaltext und (Eigen-)Übersetzung die Eigenarten der fremden Sprache offensichtlich mache und sie dadurch leichter eingeprägt würden.[22]

Eine Sonderrolle nimmt, nach Locke, Latein als tote Sprache ein, die er als Kultursprache betrachtet. Sie vermittle die antike Literatur und schule dadurch die Sitten. Zugleich sei Latein durch seine Grammatik ein probates Mittel der Verstandesschulung.[23]

---

[18] Vgl. Locke, 1980, §148–§156.

[19] Vgl. Blanc, 1989, S. XX.

[20] „Dès sa tendre jeunesse elle avoit nourri son esprit de la lecture des bons Auteurs, en plus d'une Langue; elle avoit commencé une traduction de l'Enéide dont j'ai vû plusieurs morceaux remplis de l'ame de son Auteur: elle apprit depuis l'Italien & l'Anglais. Le Tasse & Milton lui étoient aussi familiers que Virgile: elle fit moins de progrès dans l'Espagnol, parce qu'on lui dit qu'il n'y a gueres, dans cette Langue, qu'un Livre célébre, & que ce Livre est frivole."Newton, 1966, xj.

[21] Siehe Abschn. 7.6.

[22] Vgl. Locke, 1910, §168–§169.

[23] Vgl. Locke, 1910, §168–§169.

Ganz im Sinne der heutigen, modernen Fremdsprachendidaktik betrachtete Locke die Kommunikation in der Fremdsprache als wichtigstes didaktisches Prinzip.[24] Die fremdsprachliche Kommunikationsfähigkeit werde vor allem durch die Kommunikation im bilingualen Unterricht in den Fächern Arithmetik, Geographie, Chronologie, Geschichte oder Geometrie trainiert:

> Zur gleichen Zeit, da es Französisch und Latein lernt, kann ein Kind, wie schon gesagt, auch in Arithmetik, Geographie, Chronologie, Geschichte und Geometrie eingeführt werden. Denn wenn diese Fächer in französischer oder lateinischer Sprache gelehrt werden, sobald es anfängt, eine dieser beiden Sprachen zu verstehen, wird es sich Kenntnisse in diesen Fächern aneignen und die Sprachen obendrein lernen.[25]

Dass du Châtelet Latein beherrschte, belegen ihre zahlreichen lateinischen Lehrbücher, darunter eine Vielzahl Geometriebücher.[26] Latein hatte sie als junges Mädchen gelernt. Voltaire behauptete, dass ihr Vater ihr diese Sprache beigebracht habe:

> Ihr Vater, der Baron de Breteuil, hatte ihr Latein beigebracht, das sie wie Mme Dacier beherrschte; sie kannte die schönsten Stücke des Horaz, des Virgil und Lukrez auswendig. Alle philosophischen Werke Ciceros waren ihr vertraut. Ihre alles beherrschende Vorliebe aber galt der Mathematik und der Metaphysik.[27]

Wie sehr man Voltaire hier trauen darf, ist umstritten. Dass sie aber Latein ausgesprochen gut beherrschte, darf man annehmen. Voltaire erwähnt in dem obigen Zitat Anne Le Fèvre Dacier (1651–1720), die für ihre Latein- und Griechischkenntnisse berühmt war. Für du Châtelet war die Gleichsetzung mit Dacier ein großes Kompliment, denn Dacier war eine gefeierte Übersetzerin aus dem Lateinischen und Griechischen ins Französische. Durch die Nennung Vergils und die Hervorhebung der Kenntnisse seiner Stücke stellte Voltaire du Châtelet in die unmittelbare Nachfolge der berühmten Gelehrten. Es war bekannt, dass man letztere mehrfach gebeten hatte eine Vergilübersetzung anzufertigen.[28] Möglich ist auch, dass du Châtelet Dacier noch persönlich kennengelernt hatte, da sie zu den Gästen in ihrem elterlichen Hause zählte.[29]

3.3 Geographie

Zu den naturwissenschaftlichen Fächern in Lockes Lehrplan gehörte auch die Geographie. Zu Beginn des 18. Jahrhunderts begeisterte und faszinierte sie den Adel. Es ist gut vorstellbar, dass eine wohlhabende Familie wie die de Breteuils Weltkarten,

---

[24] Vgl. Locke, 1980, §162–§167.

[25] Locke, 1980, §178, S. 224.

[26] Siehe Kap. 8.

[27] „Son père, le baron de Breteuil, lui avait fait apprendre le latin, quelle possédait comme Mme Dacier; elle savait par coeur les plus beaux morceaux d'Horace, de Virgile, et de Lucrèce; tous les ouvrages philosophiques de Cicéron lui étaient familiers. Son goût dominant était pour les mathématiques et pour la métaphysique." *Mémoires pour servier à la vie de M. de Voltaire écrits par lui-même* (erstellt 1759, publiziert 1784).

[28] Vgl. Farnham, 1976, Kap. 2, S. 26–47.

[29] Vgl. Zinsser, 2006, S. 30.

Abb. 3.1 *Die Geographiestunde* (um 1750) von Pietro Longhi

Atlanten und Globen besaß, die für andere nicht erschwinglich waren.[30] Wer es sich leisten konnte, ließ sich durchaus noch als Erwachsener in Geographie unterrichten, wie das Bild *Die Geographiestunde* von Pietro Longhi (1702–1785) in Abb. 3.1 eindrücklich zeigt.

---

[30] Vgl. Taton, 1964, Kap. 5, S. 565–578.

Abb. 3.2 Globus (1728)
von Jean-Antoine Nollet
angefertigt

Auch im näheren Umfeld du Châtelets interessierte man sich für Geographie. Der Globus in Abb. 3.2 ist ein Instrument aus dem Besitz der Duchesse du Maine.[31] Angefertigt hatte ihn der damals bekannte Instrumentenbauer Jean-Antoine Nollet (1700–1770), der auch du Châtelet belieferte. Die Kartographie stammt von dem französischen Kartographer Louis Borde (1730–1740).[32]

Du Châtelet gehörte zu den Besuchern der Duchesse und es ist durchaus möglich, dass sie den Globus bei der Duchesse bewunderte und drehte.[33]

Locke betrachtete Geographie als ein wichtiges Unterrichtsgebiet, da ein Kind unbedingt die Beschaffenheit der Erde kennen sollte. Er unterschied zwischen beschreibender und wissenschaftlicher Geographie. Während die Geographie als Wissenschaft sich mit den kausal-mechanistischen Erklärungen befasst, behandelt die

---

[31] Abb. 3.2 mit Druckerlaubnis des J. Paul Getty Museum, Los Angeles, Terrestrial Globe erstellt von Jean-Antoine Nollet; Karte von Louis Borde, französischer Kartographer, Paris, 1728. Vernis Martin auf Holz; Pappmaché; bedrucktes Papier; Bronze 3 ft. 7 in. x 1 ft. 5 1/2 in. x 1 ft. 1/2 in.

[32] Zu den wissenschaftlichen Instrumenten im Besitz der Duchesse du Maine vgl. Favreau, 2003, S. 58–63.

[33] Zu den Besuchen siehe Abschn. 6.2.

beschreibende Geographie die Lage der Länder und Kontinente, die Beschaffenheit der Erde und die örtlichen Gegebenheiten. Beide Formen sollten eine religiöse Deutung ausblenden.

Ein Kind hat, nach Locke, vor allem wegen der Anschaulichkeit der Geographie einen Zugang zu ihr. Kartenmaterial und Globen helfen, eine Vorstellung von der Erdegestalt zu entwickeln und die Lage und Form der Erdteile, Königreiche, Ländergrenzen, Gebirge, Flüsse etc. zu erinnern. Seine Vorstellung vom Geographieunterricht zeigt das folgende Zitat:

> Mit der Geographie sollte man meines Erachtens anfangen; denn die Kenntnis der Erdegestalt, Lage und Grenzen der vier Erdteile und der einzelnen Königreiche und Länder ist nur Übung des Auges und des Gedächtnisses, und ein Kind wird mit Vergnügen lernen und behalten. Das ist ganz sicher, denn ich lebe zur Zeit in einem Hause mit einem Kind, das von seiner Mutter auf diese Weise in Geographie unterrichtet worden ist; es kannte die ganzen vier Erdteile und konnte, wenn es gefragt wurde, auf Anhieb jedes Land auf dem Globus und jede Grafschaft auf der Karte von England zeigen; es kannt alle großen Flüsse, Vorgebirge, Meerengen und Buchten der Welt und konnte die Länge und Breite von jedem Ort finden, bevor es sechs Jahre alt war.[34]

Nachdem das Kind sich mit der beschreibenden Geographie beschäftigt hat, kann es, so Locke, mit zehn oder elf Jahren an die wissenschaftliche Form herangeführt werden. Zu den abstrakten, geographischen Kenntnissen zählt er das Wissen über die Längen- und Breitengrade und ihre Berechnung. Um diesen Bereich der Geographie zu verstehen, sind die Grundlagen der Arithmetik vorauszusetzen:[35]

> Wenn er addieren und subtrahieren kann, mag er in der Geographie weitergehen; wenn er mit den Polen, Zonen, Parallelkreisen und Meridianen bekannt gemacht worden ist, kann er Länge und Breite lernen und so zum Verständnis von Karten geführt werden und an den am Rand angebrachten Zahlen die jeweilige Lage der Länder erkennen und lernen, wie man sie auf dem Erdglobus aufsuchen kann.[36]

An den Lateinschulen des 18. Jahrhunderts empfahl man, ähnlich wie Locke im obigen Zitat, Arithmetik und Geographie im Wechsel zu unterrichten, um so auch die abstrakteren Geographiekenntnisse zu vermitteln.[37]

3.4 Arithmetik

In seinen Erinnerungen schrieb Voltaire 1759: „Ihre beherrschende Vorliebe galt der Mathematik"[38]. Wie der Mathematikunterricht von du Châtelet ausgesehen hat, ist unbekannt. Vermutlich begann er wie bei allen Kindern mit dem Zählen. Darauf folgte die einfache Arithmetik, nach Locke die erste und einfachste Form des ab-

---

[34] Locke, 1980, §178, S. 224–225.
[35] Vgl. Locke, 1910, §179.
[36] Locke, 1980, §180, S. 226.
[37] Vgl. Schiffler, 2004.
[38] „Son goût dominant était pour les mathématiques ..." (Voltaire, 2010).

strakten Denkens, die der menschliche Geist fast selbsttätig hervorbringe.[39] Und so beginnt der Arithmethikunterricht natürlicherweise mit dem Zählen:

> Man sollte daher mit dem Üben im Zählen beginnen, sobald und soweit er dazu imstande ist, und jeden Tag etwas darin tun, bis er die Kunst der Zahlen beherrscht.[40]

Hieran schließt die Vermittlung der beiden Grundrechenarten Addition und Subtraktion an.[41] Erstaunlicherweise erwähnt Locke nirgends die Multiplikation oder Division.

Locke führt seine Vorstellung vom Arithmetikunterricht nicht genauer aus. Ob er die Arithmetik des ‚quadriviums' umfasste? Zu ihr gehören die elementare Zahlentheorie, Folgen, Proportionen, Rechnen mit ganzen Zahlen und Bruchzahlen, Rechenregeln, wie die Dreisatzrechnung, Wurzelziehen und Quadratzahlen.[42]

Nach der Lehrtradition der Rechenmeister, die zumeist an Rechenschulen unterrichteten, gehörte auch das kaufmännische Rechnen zur Arithmetik. An den meisten Lateinschulen, deren Ziel die Ausbildung des Gelehrten war, wurde dieses berufsbezogene und praktische Rechnen nicht unterrichtet. In den auf Latein geschriebenen Arithmetiklehrbüchern kam es ebenfalls nicht vor.[43]

Du Châtelets Arithmetikkenntnisse gingen weit über die Grundrechenarten hinaus, da ihre mathematische Lektüre mindestens die arithmetischen und zahlentheoretischen Grundlagen aus den *Elementen* von Euklid umfasste.[44]

3.5 Astronomie

Für die Astronomie begeisterte sich schon du Châtelets Mutter und Kap. 4 belegt, dass sich du Châtelet intensiv mit dieser Wissenschaft befasste.[45]

Aber auch hier ist die Geschichte ihrer Elementarbildung lückenhaft. Möglicherweise lehrte man sie die Planetenkonstellationen und -bahnen anhand eines Himmelsglobus und einer geozentrischen oder heliozentrischen Armillarsphäre. Beide Instrumente führt Locke als astronomische Unterrichtsmittel an, für den Astronomie selbstverständlich zum Lehrplan gehörte.[46]

In zwei Porträts wird die Armillarsphäre später du Châtelets naturphilosophische Gelehrtheit symbolisieren und ihr Interesse an der Astronomie unterstreichen. Es handelt sich um die Gemälde von du Châtelet, die die Malerin Marianne Loir (ca. 1715–1769) und der Maler Maurice Quentin de la Tour (1704–1788) angefertigt

---

[39] Vgl. Locke, 1910, §180.

[40] Locke, 1980, §180, S. XXX

[41] Vgl. Locke, 1910, §180.

[42] Vgl. Gärtner, 2000, S. 243–244.

[43] Vgl. May, 1991, S. 293 u. Gärtner, 2000, S. 249–250.

[44] Siehe hierzu Kap. 8.

[45] Siehe Abschn. 2.3.

[46] Vgl. Locke, 1910, §180.

Abb. 3.3 *Die Astronomiestunde der Duchesse du Maine* (1702/1703) von Jean-François de Troy

haben. Auf beiden Bildern ist das astronomische Instrument im Hintergrund zu sehen.[47]

Auf dem Gemälde von Jean-François de Troy (1679–1752), das *Die Astronomiestunde der Duchesse du Maine* (um 1702/03) zeigt (siehe Abb. 3.3), sind neben der auf dem Tisch stehenden Armillarsphäre noch Karten und ein Globus als Unterrichtsmedien zu erkennen.[48]

Locke hat sich den Astronomieunterricht wie folgt vorgestellt: Nach der Einzelpräsentation der Planetenbahnen wird die Ekliptik[49] betrachtet. Mit dem Modell des Himmelsglobus vergleicht der Lernende die Sternenkonstellationen und Tierkreiszeichen am Firmament. Dies hilft, die Konstellationen zu memorieren. Durch die Verwendung der Modelle erkennt der Zögling zudem den Nutzen der Modelle im Allgemeinen und wird sich des Unterschieds zwischen Modell und Realität bewusst.[50]

---

[47] Siehe Abb. 6.5 und 6.4.

[48] Zur Duchesse du Maine siehe auch Abschn. 6.2.

[49] Die Ekliptik ist die Projektion der scheinbaren Bahn der Sonne im Verlauf, eines Jahres auf die Himmelskugel. Sie ist ein Großkreis am Himmel, der als Kugel vorgestellt wird, dessen Zentrum die Erde ist. Der Schnitt des Großkreises bestimmt eine Ebene, die Bahnebene der Erde um die Sonne, mit der Erde als Mittelpunkt.

[50] Vgl. Locke, 1980, §180.

Die Beschäftigung mit dem Planetensystem folgt im Anschluss:

Wenn das geschehen ist und er die Sternbilder unserer Halbkugel recht gut kennt, mag
es an der Zeit sein, ihm einige Begriffe von unserem Planetensystem zu vermitteln; dazu
dürfte es angebracht sein, ihm einen Skizze des kopernikanischen Systems zu entwerfen
und ihm daran die Lage der Planeten und ihre jeweiligen Entfernungen von der Sonne als
dem Mittelpunkt ihrer Umläufe zu erklären.

Das wird ihn auf dem leichtesten und natürlichsten Weg zum Verständnis der Bewegung
und der Theorie der Planeten führen. Denn da die Astronomen nicht mehr die Bewegung
der Planeten um die Sonne bezweifeln, ist es nur recht, daß er dieser Hypothese folgt, die
nicht nur die einfachste und verständlichste für einen Anfänger, sondern auch mit größter
Wahrscheinlichkeit die an sich wahre ist.[51]

3.6 Geometrie

Zu den mathematischen Fächern in Lockes Curriculum gehört die Geometrie. Die
Geometrie Euklids galt in der Neuzeit wegen ihrer Systematik, Geschlossenheit und
Gewissheit als ideale Wissensform. Sie wurde geschätzt, weil sie nicht nur Gewissheiten vermittelte, sondern auch die Methode zur Gewinnung sicheren Wissens. Euklids *Elemente* gehörten bis weit in das 19. Jahrhundert zum Standardlehrstoff des
höheren Mathematikunterrichts.[52]

In dreizehn Büchern – heute würde man sie als Kapitel bezeichnen – hat Euklid
das damalige mathematische Grundwissen zusammengetragen. Manche Ausgaben
der *Elemente* umfassen sogar 15 Bücher. Buch 14 und 15 gehörten ursprünglich
nicht dazu. Sie behandeln die regelmäßigen Körper und wurden erst in der spätanti-
ken Stereometrie hinzugefügt.[53]

Das Lehrbuch von Euklid prägte Form und Stil der abendländischen Mathematik.[54] Auch Lockes Unterrichtsvorschlag steht in seiner Lehrtradition.

Nach Locke sollte der Geometrieunterricht nach dem Unterricht in Geographie
und Astronomie beginnen. Erst dann hält er den Lernenden „vielleicht fähig, ein
wenig in Geometrie versucht zu werden."[55]

Nach Lockes Vorschlag umfasst der Geometrielehrplan die ersten sechs der dreizehn Bücher, die er inhaltlich für grundlegend und ausreichend für die mathematische Ausbildung betrachtet. Diese Meinung war noch im 18. Jahrhundert allgemein
verbreitet. Jeder, der diese sechs Bücher beherrschte, galt im 18. Jahrhundert schon
als mathematisch hochgebildet. Viele Übersetzungen, Adaptionen und Kommentare der *Elemente* beschränkten sich daher auch auf diese Bücher, wie das Buch von
Pierre Forcadel de Béziers (unbekannt–ca. 1575) beispielhaft in Abb. 3.4 zeigt.[56]

Die Realität des Mathematikunterrichts im 18. Jahrhundert belegt, das Lockes
inhaltliche Vorstellungen des Geometrieunterrichts durchaus anspruchsvoll war.

---

[51] Locke, 1980, §180, S. 226.

[52] Vgl. Blay und Halleux, 1998, S. 502.

[53] Vgl. Steck, 1981, S. 14.

[54] Vgl. Blay und Halleux, 1998, S. 502.

[55] „may be fit to be tried in a little geometry" Locke, 1910, §181.

[56] Vgl. Diderot und Alembert, 1755, Eintrag: Eléments des sciences.

Abb. 3.4 *Les six premiers livres des Elements d'Euclide* (1564, S. 109) von Pierre Forcadel de Béziers

Zumeist unterrichtete man in den höheren Bildungsinstitutionen, wegen der in Abschn. 2.6 dargelegten Situation, lediglich den Inhalt des ersten Buches der *Elemente*.[57]

Erlernt wurde die Geometrie oft im Selbststudium mit einer der zahlreichen lateinische Bearbeitungen der *Elemente*.[58] Es existierten aber auch viele französische Übersetzungen. In Abb. 3.4 ist exemplarisch die Titelseite einer frühen französischen Ausgabe zu sehen: *Les six premiers livres des Elements d'Euclide* (1564). Sie wurde von dem Mathematiklehrer am Collège Royale in Paris, Pierre Forcadel de Béziers, angefertigt. Er galt wegen seiner Übersetzung als Pionier der mathematischen Vernakularsprache. Außerdem hatte de Béziers mindestens drei französischsprachige Arithmetikbücher verfasst.

Nur ein Jahr nach der Herausgabe der ersten sechs Bücher ergänzte er seine Übersetzung mit *Les septieme huitieme et neufieme livres des Elemens d'Euclide* (1565). Eine erste vollständige französische Euklidausgabe erschien Anfang des 17. Jahrhunderts: Didier Dounot (1574–1640) *Les quinze livres des elements d'Euclide*.[59]

---

[57] Vgl. Brockliss, 1987, S. 381–383.

[58] Zu den verschiedenen Euklidausgaben und -bearbeitungen vgl. Steck, 1981.

[59] Vgl. Steck, 1981.

Es ist davon auszugehen, dass du Châtelet die Geometrie nach Euklid lernte. Sie kannte demnach die axiomatische, deduktive Methode der klassischen Geometrie. Inhaltlich hatte sie die Definitionen und Sätze zur Flächengeometrie kongruenter und ähnlicher Figuren erlernt. Zum ersten Buch gehört die Dreiecksgeometrie bis zum Satz des Pythagoras, in den folgenden Büchern wird die Geometrie der Rechtecke, der Kreise, der regelmäßigen Polygone im Kreis, die Proportionenlehre und die ebene Geometrie ähnlicher Figuren behandelt.[60]

Angesichts der Situation, in der sich der Geometrieunterricht damals befand, ist es wahrscheinlich, dass sich du Châtelet einen Teil der geometrischen Inhalte im Selbststudium angeeignet hat. Außerdem war dies im 18. Jahrhundert eine selbstverständliche Form der mathematischen Wissensaneignung. Auch Locke bemerkt lapidar, dass man sich den Stoff, der über die ersten sechs Bücher hinaus geht, autodidaktisch aneignen solle.[61]

Autodidaxe verbindet man mit der Mathematik heute eigentlich nicht mehr. Aber im 17. und 18. Jahrhundert galt Mathematik durchaus als Zeitvertreib der wohlhabenden und gebildeten Leute.[62] Daher war das mathematische Selbststudium selbstverständlicher und verbreiteter. Belhoste (1998) erwähnt in seiner Untersuchung, dass man sich in Kabinetten, Salons und geselligen Gesellschaften zusammenfand, um gemeinsam Mathematik zu betreiben, was für die Disziplin- und Fachentwicklung durchaus bedeutungsvoll war.[63]

3.7 Chronologie

Als Erwachsene befasste sich du Châtelet mit der Zeitmessung und -rechnung,[64] deren Bildungswert Locke darin sieht, dass sie das historische Verständnis entwickeln.[65] Zur Lektüre empfiehlt er das *Breviarium Chronologicum* von Aegidius Strauch (1632–1682) oder die Geschichtstafeln des Arztes Christoph von Hellwig (1663–1721).[66] Es ist gut möglich, dass du Châtelet die Grundzüge der Chronologie als junges Mädchen kennenlernte.

3.8 Naturphilosophie

Für die Geschichte du Châtelets sind Lockes Überlegungen zur naturphilosophischen Unterweisung wesentlich interessanter als die zur Chronologie.

Als Gegenstand der Naturphilosophie definiert Locke die Dinge, deren Ursachen, Eigenschaften und Wirkungsweisen. Er unterscheidet zwischen geistigen Wesen

---

[60] Vgl. Euklid, 1962.

[61] Vgl. Locke, 1910, §181.

[62] Vgl. Böttcher, 2003, S. 204–208.

[63] Vgl. Belhoste, 1998, S. 292.

[64] Siehe Abschn. 9.7.

[65] Vgl. Locke, 1910, §182–§183.

[66] Vgl. Locke, 1910, §182–§183.

und materiellen Körpern. Damit zerfällt sie in die Teilgebiete Metaphysik und Physik.[67] Eine Betrachtungsweise, die für du Châtelet ebenfalls selbstverständlich sein wird. Sie wird, wie Locke, dafür plädieren, das naturphilosophische Studium mit der Metaphysik zu beginnen. Lockes Haltung gegenüber der Naturphilosophie entspricht allerdings nicht der, die du Châtelet später vertreten wird.[68] Sie stimmt mit ihm darüber überein, dass die Naturphilosophie ein problematisches Unterrichtsfach ist, da sie weder exakt noch gewiss sei. Locke hält die Naturphilosophie für eine spekulative Wissenschaft, die keine gesicherten Erkenntnisse über die Natur liefert:[69]

> Die Werke der Natur sind von einer Weisheit ersonnen und wirken auf eine Weise, die zu entdecken unsere Fähigkeiten und die zu begreifen unsere Fassungskraft zu sehr überschreiten, als dass wir jemals imstande wären, sie in ein wissenschaftliches System zu bringen.[70]

Aber du Châtelet glaubte, wie in Kap. 11 zu sehen ist, an die Macht der mechanistischen Welterklärung. Sie nimmt damit einen gänzlich anderen Standpunkt als Locke ein, der meint, dass:

> es doch augenscheinlich [ist], daß lediglich durch Materie und Bewegung keines der großen Phänomene der Natur erklärt werden kann, zum Beispiel nicht einmal die gewöhnliche Erscheinung der Schwerkraft, die meines Erachtens unmöglich durch das natürliche Wirken der Materie oder irgendein anderes Gesetz der Bewegung erklärt werden kann, sondern nur durch den ausdrücklichen Willen und den Befehl eines höheren Wesens.[71]

Locke geht es allerdings nicht um ein tiefgründiges Studium der Natur. Sein Ziel ist die Gentlemanbildung. Der vornehme Herr sollte basale Kenntnisse von den wichtigsten naturphilosophischen Systemen haben, um in Gesellschaft nicht unwissend zu scheinen:[72]

> ob man ihm aber das System von Descartes in die Hand geben soll als das, was augenblicklich am meisten gefragt ist, oder ob man es für angebracht hält, ihm einen kurzen Überblick über dieses und verschiedene andere zu geben: meiner Meinung nach sollte man die Systeme der Naturphilosophie, die sich in unserem Teil der Welt behauptet haben, in erster Linie lesen, um die Hypothesen kennenzulernen und die Ausdrücke und die Sprache der verschiedenen Richtungen zu verstehen, und nicht so sehr in der Hoffnung, dadurch eine umfassende, wissenschaftliche und befriedigende Kenntnis von den Werken der Natur zu erhalten.[73]

Um einen Überblick über die antiken naturphilosophischen Systeme zu bekommen, empfiehlt Locke Ralph Cudworths (1617–1688) *Intellectual System* (1678).[74] Nützlicher und sogar vergnüglicher seien wegen der dargestellten Experimente und Be-

---

[67] Vgl. Locke, 1980, §190, S. 239.

[68] Siehe hierzu Kap. 11.

[69] Vgl. Locke, 1980, §193.

[70] Locke, 1980, §190, S. 239.

[71] Locke, 1980, §192, S. 241.

[72] Vgl. Locke, 1910, §193.

[73] Locke, 1980, §193, S. 242.

[74] Vgl. Locke, 1980, §193.

obachtungen aber die Lehrbücher der modernen Naturphilosophie. Deren Bildungs-wert sieht er in ihrem Bemühen, die Realität zu erfassen und den spekulativen Charakter zu überwinden:[75]

> Ich möchte aber niemand von dem Studium der Natur abschrecken, weil alle Kenntnis, die wir von ihr haben oder möglicherweise haben können, nicht in eine Wissenschaft gebracht werden kann. Es gibt vieles darin, das zu wissen für einen Gentleman angebracht und notwendig ist, und sehr vieles andere, das die Mühen eines Wissbegierigen durch Vergnügen und Nutzen reichlich belohnt. Diese Dinge, glaube ich, findet man aber eher bei den Schriftstellern, die sich mehr damit abgegeben haben rationale Experimente und Beobachtungen anzustellen als bloß spekulative Systeme zu begründen.[76]

Die zuverlässigste naturphilosophische Wissensquelle sei, so Locke, die *Philosophiae naturalis Principia Mathematica* (1686) von Newton:

> Und obwohl es nur sehr wenige gibt, die genügend mathematische Kenntnisse haben, um seine Beweise zu verstehen, verdient sein Buch doch gelesen zu werden, denn die gewissenhaftesten Mathematiker haben seine Beweise geprüft und als solche anerkannt; und alle, welche die Bewegungen, Eigenschaften und Wirkungen der großen Massen in diesem unseren Sonnensystem verstehen wollen und Newtons Schlussfolgerungen, auf die man sich als auf einwandfrei bewiesene Sätze verlassen kann, sorgfältig überdenken, werden in dem Buch Aufklärung finden und es mit Vergnügen lesen.[77]

Fast scheint es, als wäre du Châtelet diesem Hinweis Lockes gefolgt. Sie hat das kartesianische System und die kartesianische Methodik kennengelernt. Die kartesianische Denkweise prägte sie seit frühester Jugend.[78] Später hat sie sich mit der Naturphilosophie Gottfried Wilhelm Leibniz' (1646–1716) und Christian Wolffs (1679–1754) beschäftigt. Und zu ihrer Zeit gehörte sie zu den wenigen Menschen, die die *Principia* gelesen und verstanden haben.

3.9 Zusammenfassung

Obwohl die Frage, ob sich die Eltern du Châtelets bei der Erziehung ihrer Kinder auf Lockes Erziehungsschrift beriefen, unbeantwortet bleibt, lässt dieses Kapitel annehmen, dass die von ihm entworfene Adelserziehung im Hause de Breteuil umgesetzt wurde.

Nach Abschn. 3.2 beherrschte du Châtelet Latein und hatte Sprachkompetenzen in Englisch, Spanisch und Italienisch. Darüber hinaus verfügte sie über Kenntnisse in den populären naturwissenschaftlichen Fächern Geographie und Astronomie, die die Abschn. 3.3 und 3.5 behandeln.

Möglicherweise befasste sich du Châtelet schon als junges Mädchen mit der in Abschn. 3.7 erwähnten Chronologie. Sicher ist, dass sie sich mit diesem Sachgebiet als Dreißigjährige beschäftigte.[79]

---

[75] Locke, 1980, §193, S. 243.

[76] Locke, 1980, §193, S. 243.

[77] Locke, 1980, §194, S. 244.

[78] Vgl. Badinter, 1983, S. 69.

[79] Siehe Abschn. 9.7.

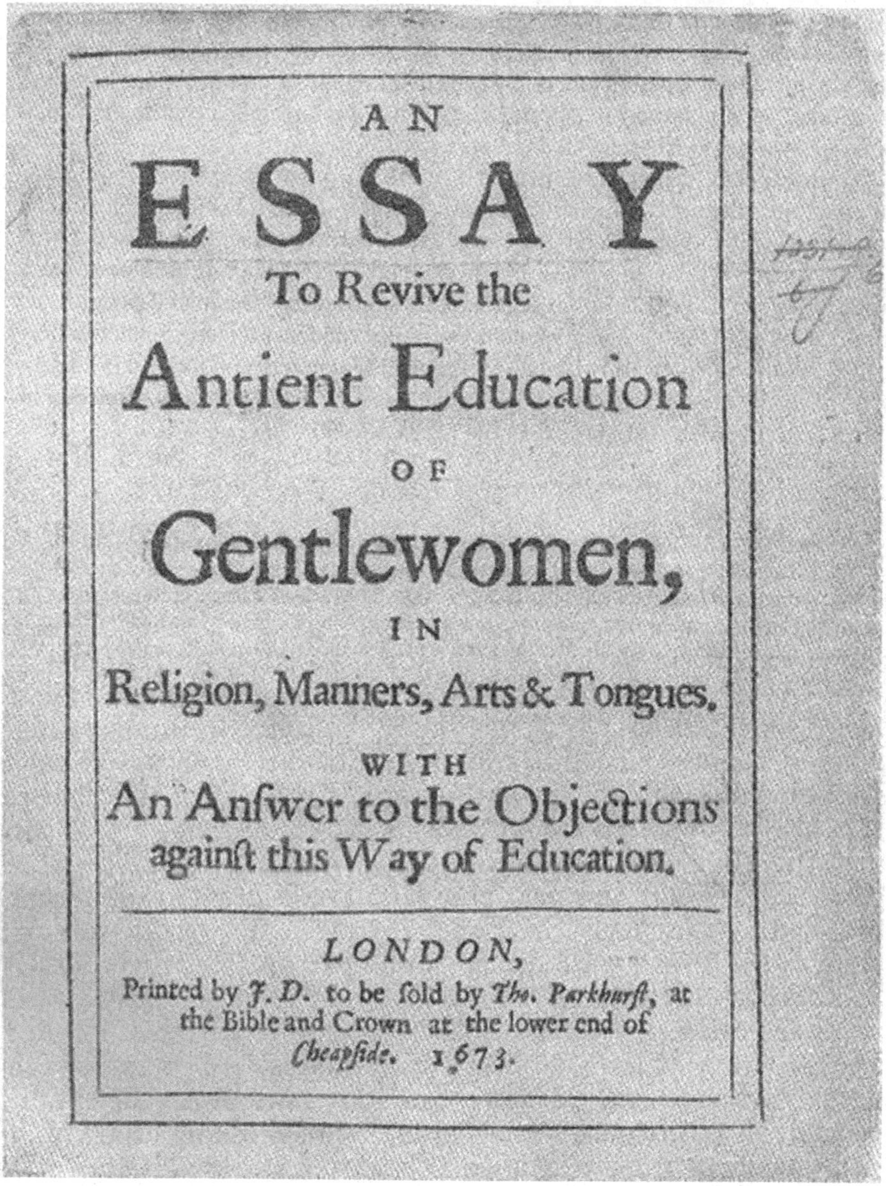

AN
ESSAY
To Revive the
Antient Education
OF
Gentlewomen,
IN
Religion, Manners, Arts & Tongues.
WITH
An Anſwer to the Objections
againſt this Way of Education.

LONDON,
Printed by *J. D.* to be ſold by *Tho. Parkhurſt*, at
the Bible and Crown at the lower end of
Cheapſide. 1673.

Abb. 3.5 Titelseite von *An Essay to revive the ancient education of gentlewomen* (1673) von Bathsua Bakin

Voltaire erinnert sich an die mathematische Begabung und das Interesse du Châtelets für Mathematik. Daher ist davon auszugehen, dass sie in den in den Abschn. 3.4 und 3.6 behandelten Fächern Arithmetik und Geometrie unterrichtet wurde. Ihre Geometriekenntnisse könnten die ersten sechs Bücher der *Elemente* umfasst haben.

Die Grundlage für du Châtelets spätere Leidenschaft für die moderne Naturphilosophie ist wohl ebenfalls in ihrem Elternhaus gelegt worden. Möglicherweise erhielt sie dort einen Überblick über die wirkmächtigen, naturphilosophischen Systeme ihrer Zeit und hörte von der mathematisch-experimentellen Naturphilosophie Newtons, von der in Abschn. 3.8 die Rede ist.

Da du Châtelet gemeinsam mit ihrem jüngere Bruder unterrichtet wurde, der auf eine Laufbahn als Geistlicher vorbereitet werden sollte, scheint eine inhaltliche Ausrichtung der Erziehung und des Unterrichtes der Marquise nach Lockes Lehrplan plausibel.[80] Vielleicht hätte sie die propädeutische Ausbildung auch ohne ihren Bruder erhalten, da die Eltern standes- und bildungsbewusst waren und es durchaus Stimmen gab, die für diese intellektuelle Form der Mädchenbildung plädierten. Eine dieser Stimmen kam aus England von Bathsua Makin (ca. 1600–ca. 1675). In *An essay to revive the ancient education of gentlewomen* (1673), dessen Titelseite in Abb. 3.5 zu sehen ist, schrieb sie über die Inhalte der Frauenerziehung:

Wünscht irgendjemand genau zu wissen, in was sie [die Frauen, FB] unterrichtet werden sollen?

Ich würde ihnen die Kenntnis der Grammatik und Rhetorik nicht verweigern, weil sie sie vorbereiten, schön zu reden. Logik muss erlaubt sein, weil sie der Schlüssel zu allen Wissenschaften ist. Physik, besonders das Sichtbare wie die Kräuter, Pflanzen, Sträucher, Arzneien etc. müssen studiert werden, weil es ihnen außerordentlich gefallen wird und sie fähig macht, anderen nützlich zu sein. Die Sprachen sollten studiert werden, insbesondere Griechisch und Hebräisch, dies befähigt zum besseren Verständnis der Heiligen Schrift.

Die Mathematik, genauer noch die Geographie, werden nützlich sein. Diese macht Geschichte lebendig. Musik, Malen, Poesie etc. sind eine große Zierde und Freude. Einige Dinge, die praktischer sind, sind nicht so erheblich, weil die öffentliche Beschäftigung im Außendienst und an den Höfen Frauen gewöhnlich verwehrt sind.[81]

---

[80] Siehe Abschn. 2.2.

[81] „If any desire distinctly to know what they should be instructed in? ... I would not deny them the knowledge of Grammar and Rhetoric, because they dispose to speak handsomely. Logic must be allowed, because it is the Key to all Sciences. Physic, especially, Visibles, as Herbs, Plants, Shrubs, Drugs, 7c. must be studied, because this will exceedingly please themselves, and fit them to be helpful to others. The Tongues ought to be studies, especially the Greek and Hebrew, these will enable to the better understanding of the Scriptures.

The Mathematics, more especially Geography, will be useful; this puts life into History. Music, Painting, Poetry, &c. are a great ornament and pleasure. Some things that are more practical, are not so material, because public Employments in the Field and Courts, are usually denied to Women." Makin, 1673, s.p.

Kapitel 4
Weiterbildung: Höfische und akademische Naturphilosophie

„J'ai voulu traiter la philosophie d'une manière qui ne fût point philosophique; j'ai tâché de l'amener à un point où elle ne fût ni trop sèche pour les gens du monde, ni trop badine pour les savants."
(Fontenelle, 1657–1757)

„Ce n'est point ici une marquise, ni une philosophie imaginaire. L'étude solide que vous avez faite de plusieurs vérités, est le fruit d'un travail respectable, ce que j'offre au public pour votre gloire, pour celle de votre sexe, et pour l'utilité de quiconque voudra cultiver sa raison et jouir sans peine de vos recherches. Toutes les mains ne savent pas couvrir de fleurs les épines des sciences"
(Voltaire, 1694–1778)

Die in den Kapiteln 2 und 3 dargestellte Erziehung und Ausbildung du Châtelets stellt die Grundlage für ihr späteres, weitgehend eigenständiges Studium der modernen Mathematik und Naturphilosophie dar. Das folgende Kapitel zeigt, mit welchen wissenschaftlichen Inhalten und in welcher Form sie dieses Studium im adoleszenten Alter begann.

Sie war fünfzehn oder sechzehn Jahren alt, als ihre Eltern sie in die Gesellschaft und bei Hofe einführten. Etwa zu dieser Zeit verließ ihr jüngster Bruder das elterliche Haus. Für beide endete die Kindheit und der angeleitete, häusliche Unterricht.[1] Du Châtelet galt nunmehr als erwachsen. Für sie begann die Zeit ihrer autodidaktischen Wissensaneignung.

Im elterlichen Salon, bei den Gesellschaften, lernte sie namhafte Gelehrte ihrer Zeit kennen. Darunter befand sich Bernard le Bovier de Fontenelle (1657–1757), genannt Fontenelle, ein bedeutender französischer (Früh-)Aufklärer. Er war von 1697 bis 1740 Sekretär der Pariser Akademie der Wissenschaften. Bekannt war er u. a. wegen seines populären Lehrbuchs zur kartesianischen Himmelsmechanik.[2]

Dieses Buch, die *Entretiens sur la Pluralité des Mondes* (1686), hatte du Châtelet als Elfjährige gelesen, nachdem sie dem Akademiker persönlich im mittwöchentlichen Salon ihrer Eltern begegnet war. Dort plauderte sie mit dem Gelehrten nach den Akademiesitzungen, die ebenfalls Mittwochs stattfanden, über das Buch, über Astronomie und Naturphilosophie im Allgemeinen.[3]

Sie beschränkte sich aber nicht auf die unterhaltsame und instruktive Lektüre populärer Lehrbücher und die gesellige Salonkonversation. Fontenelle brachte ihr

---

[1] Vgl. Zinsser, 2006, S. 30.

[2] Zu Fontenelles Vermittlungsintention vgl. obige Marginalie aus Fontenelle, 1687, s.p.

[3] Vgl. Vaillot, 1978, S. 30 u. 34, Badinter, 1983, S. 67 u. Zinsser, 2006, S. 30.

F. Böttcher, *Das mathematische und naturphilosophische Lernen und Arbeiten der Marquise du Châtelet (1706–1749)*, DOI 10.1007/978-3-642-32487-1_4,
© Springer-Verlag Berlin Heidelberg 2013

die astronomischen Mitteilungen der Pariser Akademie der Wissenschaften mit, die sich an die akademische Öffentlichkeit richteten und über Beobachtungen, Entdeckungen und Zusammenhänge berichteten.[4]

Die eigenständige naturphilosophisch-astronomische Lektüre war demnach ein Zugang zum Wissen für die junge du Châtelet. Er bestand aus unterhaltenden, populärwissenschaftlichen Lehrbüchern und wissenschaftlichen Akademienachrichten. Beide Genres stellt das vorliegende Kapitel in den Abschn. 4.1 bis 4.5 vor.

4.1 Allgemeine Wissenschaft: Populäre Astronomie

Die populären, naturphilosophischen Lehrbücher sind ein didaktisches Genre, das seit Galileo Galileis (1564–1642) *Dialogo sopra i due massimi sistemi* aus dem Jahre 1632 naturphilosohische Themen einem größeren, nicht akademisch gebildeten Publikum zugänglich machte.[5] Am Ende des 17. Jahrhunderts griff Fontenelle diese Tradition mit seinen *Entretiens sur la pluralité des mondes* auf. Er wollte mit seinen Gesprächen über die Vielheit der Welten das Weltbild René Descartes (1596–1650) verbreiten. Das Buch war überaus erfolgreich. Heute gilt es als Prototyp der populären und unterhaltenden Lehrbücher der Naturphilosophie und Naturwissenschaften.[6]

Der Erfolg der *Entretiens* steht im Kontext des ausgeprägten Interesses der französischen Öffentlichkeit an der sogenannten Himmelsmechanik und den Astronomen. Spuren davon findet man beispielsweise in den zeitgenössischen Korrespondenzen. Mme Graffigny, die ansonsten naturwissenschaftlich nicht besonders interessiert war, erwähnt in ihren Briefen das Gesuch des Astronomen Jacques Cassini (1677–1756) an die Akademie der Wissenschaften eine erneute Längengradmessung durchzuführen.[7]

Cassinis Längengradmessungen widersprachen den Messungen Pierre Louis Moreau de Maupertuis (1698–1759). Aus diesem Grund schloss Cassini auf eine andere Form der Erde als Maupertuis, der Newtons Position bestätigt hatte. Zwischen Maupertuis und Cassini kam es zu einem veritablen Streit über die Form der Erde, dessen Anfang im 17. Jahrhundert liegt. Die gebildete Öffentlichkeit verfolgte den Streit und nahm regen Anteil an den Expeditionen nach Lappland und Peru, die Maupertuis und Cassini unternahmen, um ihre Thesen experimentell zu bestätigen.[8]

Das allgemeine Interesse der gebildeten und wohlhabenden Laien an der Astronomie war mit den modernen Naturwissenschaften und der modernen Mathematik

---

[4] Vgl. Vaillot, 1978, S. 34 u. Badinter, 1983, S. 67.

[5] Zur Geschichte der allgemeinverständlichen, naturphilosophischen Dialoge vgl. Hirzel, 1895.

[6] Einen Überblick über die allgemeinverständliche, französischsprachige Wissenschaftsliteratur gibt Kleinert, 1974.

[7] Vgl. Dainard, 1989, S. 7.

[8] Vgl. Terrall, 2004, Kap. 4, S. 88–130.

Abb. 4.1 *Ein Philosoph erklärt das Modell des Sonnensystems* (1766) von Joseph Wright of Derby

entstanden. Im Kontext der modernen Wissenschaften entwickelten sich die sogenannten ‚public sciences‘. Es handelt sich um eine Wissenschaftskultur, die bestrebt
ist, einem immer größer werdenden Personenkreis das neue, moderne Wissen verständlich und zugänglich zu machen.[9]

Zu der Kultur der ‚public sciences‘ gehörten öffentliche und private Lesungen
von Naturphilosophen. Dabei erklärten die Dozenten die unterschiedlichen Weltbil-
der oder erstaunliche und eindrückliche physikalische Phänomene. Eine typische,
private Vorlesungssituation ist in Abb. 4.1 zu sehen. Der englische Maler Joseph
Wright of Derby (1734–1797) hat sie in seinem Gemälde *Ein Philosoph erklärt das
Modell des Sonnensystems* aus dem Jahr 1766 festgehalten.

Auch du Châtelet kannte derartige Vorlesungen. Zu ihren Lebzeiten strömte der
Pariser Adel und das Großbürgertum zu den populären, naturphilosophischen Vorträgen Jean-Antoine Nollets (1700–1770).[10]

Das 17. und 18. Jahrhundert war die große Zeit der Amateure, die gemeinsam
mit den Universitätsgelehrten und den Akademikern neue naturwissenschaftliche
und mathematische Erkenntnisse schufen. Mit Hilfe von Teleskopen und anderen,
einfachen astronomischen Instrumenten machten sie interessante Entdeckungen am

---

[9] Stellvertretend für die zahlreichen Studien zu dieser Kultur vgl. Schaffer, 1983, Shapin, 1990,
Stafford, 1994, Stewart, 1992 und Sutton, 1995.

[10] Siehe Abschn. 7.6.

Himmel. Für das 17. Jahrhundert spricht Taton (1964) von dem goldene Zeitalter der Astronomie. In England und Frankreich entstanden die königlichen Observatorien. Astronomen genossen hohes gesellschaftliches Ansehen, weil sie mit ihrer Forschung endlich Gewissheit über das Weltsystem zu geben schienen. Kepler und Galilei waren die ersten, die in Übereinstimmung mit ihren astronomischen Beobachtungen und Berechnungen ihr Weltsystem überzeugend begründeten.[11]

Ein Kennzeichen der neuzeitlichen Wissenschaftskultur waren die fließenden Übergänge zwischen der populären, amateurhaften, akademischen und universitären Wissenschaft. Im Gegensatz zu heute war die populäre Wissenschaftsliteratur im 17. und 18. Jahrhundert noch nicht als unseriös, vereinfachend und banalisierend stigmatisiert. Unterhaltende und unterweisende Literatur gehörte in der Gesellschaftsschicht, in der sich du Châtelet bewegte, selbstverständlich zum Lektürekanon.[12] Du Châtelet selbst betrachtet das populäre, allgemeinverständliche Lehrbuch erst kritisch, nachdem sie ein strenges, rationales Bildungs- und Wissenschaftsideal ausgebildet hatte, das ihr Physiklehrbuch prägt.[13]

Die Lektüre der allgemeinverständlichen Lehrbücher der Naturphilosophie und Mathematik war weit verbreitet. *The Guardian* (Nr. 155) berichtet am 8. Sept. 1713 von den Töchtern einer Lady Lizard, die sich die *Conversations on the Plurality of Worlds*, eine Übersetzung der *Entretiens*, während der Hausarbeit gegenseitig vorlasen.[14]

Welches naturphilosophische Wissen sich du Châtelet mit den *Entretiens sur la pluralité des mondes* aneignen konnte und wie dieses populäre Genre das Wissen präsentiert, ist Gegenstand des folgenden Abschnitts.

4.2 Fontenelle: Höfische Wissenschaft

Die didaktisch-literarischen *Entretiens sur la pluralité des mondes* gehören der höfischen Wissenschaft an, die im englischen Sprachraum als ‚polite science' bezeichnet wird.[15] Sie übernehmen nach Gipper (2002) „in einem sich konstituierenden oder bereits konstituierten wissenschaftlichen System die Funktion der Außenkommunikation".[16] Diese Vulgarisationsliteratur ist eine spezifische Form der Wissenschaftsverbreitung, die auf Unterhaltung setzt. Sie unterscheidet sich von der institutionalisierten Wissenschaftsvermittlung, die seit der Mitte des 18. Jahrhunderts explizit versucht, sich von der unterhaltenden Unterweisung abzugrenzen.[17] Neben

---

[11] Vgl. Taton, 1964, Kap. 4.

[12] Vgl. Gipper, 2002, S. 16–21.

[13] Siehe Kap. 11.

[14] Vgl. das Vortragsmanuskript von Elisabeth Strauß *Science at the tea-table: Frauen und Naturwissenschaften im 18. Jahrhundert.*

[15] Vgl. Strauss, 1996b u. Gipper, 2002.

[16] Gipper, 2002, S. 41.

[17] Siehe etwa du Châtelets Distanzierung von der höfischen Wissenschaft in Abschn. 11.5.

der Wissensvermittlung ging es den Autoren der Populärliteratur auch um die Etablierung der modernen Wissenschaften:

> Gegen Ende des Jahrhunderts modelliert die Vulgarisierungsliteratur dann einen Prozeß sozialer Nobilitierung, indem sie zeigt, wie die Wissenschaft mit viel persuasivem Geschick in die kulturell dominierende aristokratische Salonwelt eingeschleust und allmählich als Kultur der herrschenden Elite durchgesetzt wird.[18]

In der höfischen Wissenschaft verbinden sich die grundlegenden Ideen und Erkenntnisse der modernen Wissenschaften mit dem Geselligkeitsideal und dem Verhaltenskodex des Adels. Damit trug sie wesentlich dazu bei, elementare (Er)Kenntnisse der rationalen und experimentellen Naturphilosophie und – wenn auch im geringeren Umfang – der Mathematik an einen größeren, gebildeten Personenkreis zu vermitteln.[19]

Mit der höfischen Wissenschaft kam ein neuer Typus des Lernenden auf. Der sogenannte ‚virtuose‘, den Francis Bacon (1561–1626) in *Advancement of Learning* von 1605 beschreibt. Er oder sie besitzt keine universitäre oder akademische Vorbildung und bildet sich selbst. Bildung ist für diesen Lernenden ein Selbstzweck, weil er oder sie an den Nutzen und die Bedeutung der Wissenschaften für den menschlichen und gesellschaftlichen Fortschritt glaubt. Ihm oder ihr ist es wichtig und selbstverständlich die Wissenschaften in die eigene höfische Lebensart einzubeziehen.[20] Für diesen Lerntyp ist die ideale Wissensvermittlung und -aneignung unterhaltend, vergnüglich und aufmunternd.[21] Damit entstand im 17. Jahrhundert das auf Horaz zurückgehende aristokratisch-höfische Bildungsideal des ‚docere et delectare‘.[22]

Das didaktische Versprechen von Autoren der höfischen Wissenschaften an die Lernenden ist, „die Dornen der Wissenschaft in Blüten zu verwandeln".[23] Um dieses zu erfüllen, greifen sie auf die didaktischen Genres Dialog und Briefwechsel zurück. Sowohl im Dialog als auch im Briefwechsel wird immer ein Unwissender von einem Wissenden unterwiesen. Häufig begegnet man in dieser Literaturform einer unwissenden, aber wissbegierigen und intelligenten Frau und einem wissenden und galanten Philosophen. Anders als die Frage und Antwortstruktur der katechetischen Didaktik entspinnt sich zwischen der lernenden Frau und dem lehrenden Mann ein echter Dialog. Die Gesprächspartner besprechen und diskutieren wissenschaftliche Ideen, Erkenntnisse oder Standpunkte.

Diese literarische Kommunikation charakterisiert ein nicht linearer Gesprächsverlauf und eine nicht immer rationale Argumentation. Zugleich vermitteln die Autoren durch literarische Digressionen und eingestreute Bonmots den Anschein eines natürlichen Gesprächs. Mit diesen Stilmitteln nähert sich diese Literatur dem Kommunikationsideal ihrer aristokratischen Zielgruppe an.[24]

---

[18] Gipper, 2002, S. 20–21.

[19] Vgl. u. a. Klein, 1989, Klein, 1997 u. Walters, 1997.

[20] Vgl. Strauss, 1996b, S. 74–76.

[21] Vgl. Strauss, 1996b, S. 76.

[22] Vgl. Pujol, 1994.

[23] Zitiert aus Hoppe, 1989.

[24] Vgl. Pujol, 1994.

Abb. 4.2 Frontispiz der *Entretiens sur la pluralité des mondes* (1728) von Fontenelle

Aus heutiger Sicht ist besonders interessant, dass sich die Literatur der höfischen Wissenschaft explizit (auch) an Frauen wendet.[25] Dafür sind zwei Gründe ausschlaggebend: Der erste ist die zentrale und machtvolle Stellung der Frau in der höfischen Kultur des 17. und frühen 18. Jahrhunderts;[26] der zweite das Fehlen einer akademischen Bildung der adeligen Damen, so dass sie dem oben beschriebenen Typus des Lernenden entsprachen. Wegen der fehlenden gelehrten Schulbildung galt die Frau nicht als verbildet und mithin offen für den neuen Zugang zum modernen Wissen. Als Adressatin didaktisierten, wissenschaftlichen Wissens galt sie damals als ideale pädagogische Figur.[27]

In den *Entretiens sur la pluralité des mondes* inszenierte Fontenelle in abendlichen Spaziergängen und Gesprächen die grundlegenden Ideen der kartesianischen Naturphilosophie, die sich in Frankreich allgemein durchsetzte. Dieses Werk gilt als

---

[25] Vgl.Peiffer, 1991, 1992a.

[26] Vgl. Baader, 1985, 1986.

[27] Vgl. Rang, 1994.

das gelungenste Buch der höfischen Wissenschaften und der unterhaltenden Unterweisung. Obwohl es nicht nach rationalen und inhaltlich, methodischen Gesichtspunkten strukturiert war, wie die Darstellungen der Wissenschaftsakademien und der Universitäten, war das Buch diesen in seiner Wertigkeit nicht untergeordnet.[28] Für du Châtelet waren die *Entretiens* daher nicht nur Unterhaltungslektüre sondern auch ein Lehrbuch. Allerdings lernte sie durch diese Form der Wissenschaftsliteratur keine wissenschaftliche Fachsprache oder Methodik.[29] Aber die Grenzen dieses höfischen Wissenszugang waren einer Leserin wie du Châtelet sicher bewusst.[30]

Welches didaktische Konzept Fontenelle in den *Entretiens* verfolgte, behandelt der nächsten Abschnitt. Er betrachtet die Methodik dieser unterhaltenden Lektüre näher.

4.3 Fontenelle: Höfische Didaktik

Mit seinen Gesprächen über die Vielheit der Welten wandte sich Fontenelle an wissenschaftliche Laien. Explizit erwähnt er im Vorwort die Frauen als Adressaten, die er ermutigen wollte, sich mit dem Kartesianismus auseinanderzusetzen. Zugleich erkannte er deren gesellschaftliche Macht an, über den Erfolg seines Buches zu entscheiden:

> Ich habe in diese Gespräche eine Frau gesetzt, die man unterrichtet und die noch niemals von diesen Dingen hat sprechen hören. Ich glaube, dass diese Fiktion mir dienlich ist, das Werk eher der Zustimmung geeignet macht und die Damen durch das Beispiel einer Frau ermutigt.[31]

Um seine Leserschaft zu unterhalten und zu unterweisen, imitierte Fontenelle Form und Stil einer Salonkonversation.[32] Dargestellt ist diese Kommunikationssituation in Abb. 4.2. In sechs abendlichen Einzelgesprächen zwischen einer Gräfin und einem Philosophen, der als Gast auf ihrem Schloss weilt, werden die Grundzüge der kartesianischen Himmelsmechanik erklärt. Die Dame ist auf dem Gebiet der Naturphilosophie unwissend. Der Gast ist seiner Gastgeberin verpflichtet und muss deshalb sein naturphilosophisches Wissen mit ihr teilen.

Die Wahl eines weiblichen und männlichen Gesprächspartners ist ein geschicktes didaktisches Setting, weil es sowohl den weiblichen als auch männlichen Lesern die Möglichkeit zur Identifikation bietet. Eine Leserin kann sich mit der Dame vergleichen, die am Ende der Gespräche einen Lernprozess durchlaufen haben wird: Von der naturphilosophisch Unwissenden zur Wissenden. Ein eventuell ebenso unwissender Leser mag sich eher mit dem unterweisenden Philosophen identifizieren. Auch er wird am Ende über neue Kenntnisse verfügen.

---

[28] Vgl. Gipper, 2002, S. 16–21.

[29] Vgl. zu diesem Aspekt Peiffer, 1991 u. Peiffer, 1992a.

[30] Vgl. hierzu Rogers, 2003, S. 122–125.

[31] „J'ai mis dans ces Entretiens une Fremme que l'on instruit, et qui n'a jamais oüi parler de ces choses-là. J'ai crû que cette fiction me serviroit et à rendre l'Ouvrage plus susceptible d'agrément, et à encourager les Dames par l'exemple d'une Femme." Fontenelle, 1966, S. 5.

[32] Vgl. Pujol, 1993 u. Pujol, 1994.

Im ersten Gespräch erläutert er den grundlegenden Aufbau des Planetensystems.[33] Dazu gehört die Unterscheidung von Planet und Fixstern, das geozentrische Planetensystem des Ptolemäus sowie das heliozentrische des Kopernikus. Letzteres wird als weniger widersprüchlich dargestellt, weswegen man ihm den Vorzug vor dem geozentrischen geben müsse. Die fiktive Dame lernt etwas über die Planetenbahnen, den Mond als Erdtrabanten und die Umlaufzeiten der Planeten um die Sonne sowie die Selbstdrehung der Erde mit Hemi- und Atmosphäre. Schließlich wird gesagt, dass sich die Himmelskörper nicht in der Leere bewegten. Vielmehr sei das Universum mit einem Fluidum, bestehend aus erster Materie, angefüllt.[34]

Während der folgenden Gespräche streift die Konversation die kartesianische Optik aus den *Principia philosophiae* von Descartes.[35] Dabei wird Licht als eine Erscheinung definiert, die durch Druck der überall vorhandenen kleinsten Materiebälle auf das Auge entstünde. Diese Definition führt zur Erklärung des Sonnenlichtes und der Mondfinsternis. Desweiteren lernt die Gräfin Descartes Wirbeltheorie kennen, mit der die Planetenbewegungen und Umlaufzeiten um die Sonne begründet werden. In einer Ausgabe von 1750 vermittelt die in Abb. 4.3 zu sehende Radierung eine Vorstellung von der Wirkungsweise der Materiewirbel.

Fontenelles Didaktik ist ausgesprochen adressatenbezogen. Er arbeitet mit Bildern, die den naturphilosophischen Inhalt gerade für seine Adressaten anschaulich machen. Um eine Idee von Fontenelles anschaulicher und bildhafter Sprache zu vermitteln, stelle ich nachfolgend einen Ausschnitt aus dem Gespräch des ersten Abendspaziergangs vor. Darin erörtern die Protagonisten, ob die Sonne um die Erde kreist oder die Erde um die Sonne. Die Dame zeigt sich erstaunt darüber, dass es die Erde sein soll, die sich um die Sonne bewegt. Sie hat Verständnisschwierigkeiten:

> Man hat Schwierigkeiten sich vorzustellen, dass man um die Sonne kreist, denn schließlich ändert man kaum seinen Platz und man befindet sich morgens immer dort, wo man sich abends schlafen gelegt hat. Ihnen aber sehe ich an, dass Sie mir sagen werden, wie die gesamte Erde wandert.[36]

Es ist die Relativbewegung die der Gräfin Verständnisprobleme bereitet. Der Philosoph bemüht sich, diese mit Hilfe einer Bootmetapher, die auch heute noch in den Physiklehrbüchern zu finden ist, aufzulösen:[37]

> Es ist sicherlich, unterbrach ich, der gleiche Sachverhalt als würden Sie auf einem Boot einschlafen, das auf einem Fluss fährt. Beim Aufwachen finden Sie sich an der gleichen Stelle und in der gleichen Situation bezüglich jedes Teils des Bootes wieder. Ja, aber, erwidert sie,

---

[33] Vgl. Fontenelle, 1687, S. 1–59.

[34] Vgl. Fontenelle, 1687, S. 56.

[35] Teil 3, §63, 64 u. Teil 4, §28.

[36] „Il est seur qu'on a de la peine à s'imaginer qu'on tourne autour du soleil, car enfin on ne change point de place, et on se retrouve toujours le matin où l'on s'estoit couché le soir. Je voy, ce me semble, à vostre air, que vous m'allez dire, que comme la terre toute entiere marche." Fontenelle, 1687, S. 39–40.

[37] Du Châtelet wird sie in ihrem Lehrbuch ebenfalls verwenden (vgl. Châtelet, 1988, Kap. 11, §217–219, S. 228–230).

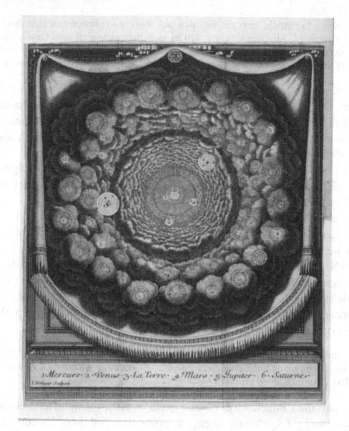

Abb. 4.3 Kartesianische Wirbel aus den *Entretiens sur la pluralité des mondes* (1750)

einen Unterschied gibt es. Ich finde beim Erwachen den Fluss verändert vor. Dies zeigt mir, dass mein Boot den Ort gewechselt hat. Aber mit der Erde ist es nicht das Gleiche. Hier finde ich alle Dinge so wieder vor, wie ich sie verlassen habe.[38]

Gegen diesen Einwand der Dame merkt der Philosoph an, dass man sich die Erdbewegung wie die einer Kugel vorstellen müsse, die sich um sich selbst dreht, wärend sie eine Allee entlang rollt.[39] Auch dieses Bild überzeugt die Gräfin noch nicht vollständig von der Gültigkeit des heliozentrischen Planetensystems und in Anspielung auf die wissenschaftlichen und theologischen Dispute meint sie:

---

[38] „Assurément, interrompis-je, c'est la mesme chose que si vous vous endormiez dans un bateau qui allast sur la riviere, vous vous retrouveriez à vostre réveil dans la mesme place, et dans la mesme situation à l'égard de toutes les parties du bateau. Ouy, mais, repliqua-t-elle, voicy une difference, je trouverois à mon réveil le rivage changé, et cela me feroit bien voir que mon bateau auroit changé de place. Mais il n'en va pas de mesme de la terre, j'y retrouve toutes choses comme je les avois laissées." Fontenelle, 1687, S. 40.

[39] Vgl. Fontenelle, 1687, S. 42–43.

> Mir erscheint es lächerlich, erwidert sie, sich auf etwas zu befinden das sich dreht und
> sich derart zu erregen. Aber das Unglück will es, dass man nicht genügend Gewissheit hat,
> dass man sich dreht. Schließlich, um es Ihnen nicht zu verheimlichen, ist mir alle Vorsicht
> suspekt, die Sie walten lassen, damit man nicht wahrnimmt, dass sich die Erde bewegt.[40]

Der Philosoph verlässt nun die im Rahmen des mechanistischen Systems rationalen
Erklärungen. Die Gültigkeit des kopernikanischen Systems begründet er nunmehr
damit, dass dessen Einheitlichkeit, Heiterkeit und Vorurteilsfreiheit mehr Freude
mache.[41] Inwiefern dieses Argument die Dame und die Leser tatsächlich überzeugt
sei dahingestellt.

Über die Form der Wissensaneignung in den *Entretiens* lässt sich folgendes sagen: Sie erfolgt nur scheinbar über die Naturerfahrung und Naturbeobachtung. Die
Handlung suggeriert lediglich, dass sich die Dame im Laufe von sechs abendlichen
Parkspaziergängen Erfahrungs- und Beobachtungswissen aneignet.[42] Tatsächlich
müssen die Leserinnen und Leser der Autorität des Autors Glauben schenken. Die
vermeindliche Naturerfahrung soll vor allem Lernbereitschaft wecken. Das Wunderbare der Natur und das Erstaunen darüber soll die Wissbegierde und die Freude
am Lernen hervorrufen.[43] Insbesondere ist es die Einfachheit der Natur und ihrer
Struktur, die staunen lässt. In dieser Einfachheit liegt das Wunderbare und die wahre Naturerkenntnis, die, wie sich herausstellt, die kartesianische Naturphilosophie
charakterisiert:

> Es ist erstaunlich, dass die Ordnung der Natur, bewundernswert wie sie ist, nur durch so
> einfache Dinge bewegt ist. ... Genügend Leute denken immer an ein falsches Wunderbares,
> dessen Herkunft im Dunklen liegt und sie ehren.[44]

Allerdings führt die Einfachheit der Natur nicht zu einem strukturierten Gesprächsverlauf. Der Dialog folgt keiner strengen, rationalen Ordnung. Es entstehen Mo-
mente der Irreführung, der Interpretation, der Erklärungen und der Digressionen:

> Wenn ich einige Stücke [naturphilosophische Sachverhalte; F.B.] gefunden habe, die nicht
> vollständig von dieser Art waren, habe ich ihnen etwas fremden Schmuck beigefügt. Virgil
> hat es in seiner *Georgica* ebenso gemacht. Dort, rettet er den Kern seiner Materie, der
> absolut trocken ist, durch häufige und oft sehr angenehme Abschweifungen. ... Die [die
> Abschweifungen; F.B.] habe ich mit der natürlichen Freiheit der Konversation zugelassen.[45]

---

[40] „Il me semble, reprit-elle, qu'il est ridicule d'estre sur quelque chose qui tourne, et de se tour-
menter tant; mais le malheur est qu'on n'est pas assez assuré qu'on tourne; car enfin, à ne vous rien
celer, toutes les précautions que vous prenez pour empêcher qu'on ne s'apperçoive du mouvement
de la terre, me sont suspectes." Fontenelle, 1687, S. 57–58.

[41] Vgl. Fontenelle, 1687, S. 59.

[42] Vgl. Fontenelle, 1966, S. 12–13.

[43] Vgl. Fontenelle, 1966, S. 16–21 u. Strauss, 1996a, S. 78.

[44] „Il est surprenant que l'ordre de la Nature, tout admirable qu'il est, ne roule que sur des choses si
simples. ... Assés de gens ont toujours dans la tête un faux Merveilleux envelopé d'une obscurité
qu'ils respectent." Fontenelle, 1966, S. 20.

[45] „Quand j'ai trouvé quelques morceaux qui n'étoient pas tout à fait de cette espece, je leur ai
donné des ornement étrangers. Virgile en a usé ainsi dans ses Georgiques, où il sauve le fond de sa
matière, qui est tout à fait seche, par des digression fréquentes et souvent fort agréables. ... Je les
ai autorisée par la liberté naturelle de la Conversation." Fontenelle, 1966, S. 7

Als Begründung, warum der Mensch nach Erklärungen für die Funktionsweise der Natur sucht, führt Fontenelle die menschliche Neugierde an. Sie treibe den Menschen an, nach dem verborgenen Aufbau und der Funktionsweise der Welt zu fragen. Sehr schön zeigt sich hier Fontenelles Orientierung an der Lebenswelt seiner adeligen Adressaten, denn er vergleicht die Natur mit einer Opernaufführung. Beide, sowohl die Natur als auch die Oper, würden hinter den sichtbaren Kulissen die Mechanik der (Spezial)Effekte verbergen:

> Dazu stelle ich mir immer vor, dass die Natur ein großes Spektakel sei, das einem an der Oper gleicht. Dort wo Sie sich in der Oper befinden, sehen Sie das Theater nicht so, wie es ist. Um von Weitem einen angenehmen Effekt auszulösen, verfügt man über Dekorationen und Maschinen. Man verbirgt vor Ihrem Blick die Räder und Gegengewichte, die alle Bewegungen hervorrufen.[46]

Die Oper, auf die Fontenelle anspielt, ist *Phaëton*. Phaeton ist der Sohn des Helios, der sich von seinem Vater wünscht, den Sonnenwagen zu lenken. In der bildenden Kunst und der Literatur dient die Figur des Sonnengottes zur Warnung vor Überheblichkeit und Selbstüberschätzung, durchaus auch zur Warnung der nach Bildung strebenden Frau.[47]

Fontenelle beschreibt die technische Umsetzung der Fahrt Phaetons. Die naturphilosophische Frage, die er mit ihr verbindet, lautet: Wie kann sich Phaeton in die Lüfte erheben? Mit seinen metaphorischen Antworten illustriert er die unterschiedlichen naturphilosophischen Standpunkte der Pythagoreer, Platons, Aristoteles und Descartes:

> Einer von ihnen sagte, es sei eine bestimmte geheime Kraft, die Phaethon hebt.[48]

Diese Aussage bezieht sich auf Platons Impetustheorie, deren Grundaussage lautet: Ein Körper bewegt sich aufgrund einer ihm eingeprägten Kraft, dem Impetus.

> Der Andere: Phaethon besteht aus bestimmten Zahlen, die ihn steigen lassen.[49]

Mit dieser Aussage spielt Fontenelle auf die Lehre der Pythagoräer an, welche die Zahl als eine die gesamte Natur konstituierende Kraft betrachteten.

> Wieder ein Anderer: Phaethon besitzt eine bestimmte Vorliebe für die Höhe des Theaters; er fühlt sich nicht wohl, wenn er dort nicht ist.[50]

Dieses Bild geht auf die aristotelische Physik zurück, nach welcher der natürliche Ort leichter Körper in der Höhe liegt und sie einen immanenten Aufwärtstrieb besitzen.

---

[46] „Sur cela je me figure toûjours que la nature est un grand spectacle qui ressemble à celuy de l'opera. Du lieu où vous estes à l'opera, vous ne voyez pas le theatre tout-à-fait comme il est; on a disposé les décorations et les machines pour faire de loin un effet agreable, et on cache à vostre veuë ces roües et ces contrepoids qui font tous les mouvemens." Fontenelle, 1687, S. 14.

[47] Vgl. Jacoby, 1971. Siehe hierzu auch das Zitat in Abschn. 6.3.

[48] „L'un d'eux disoit, c'est une certaine vertu secrete qui enleve Phaëton." Fontenelle, 1687, S. 17.

[49] „L'autre, Phaëton est composé de certains nombres qui le font monter." Fontenelle, 1687, S. 17.

[50] „L'autre, Phaëton a une certaine amitié pour le haut du theatre; il n'est point à son aise quand il n'y est pas." Fontenelle, 1687, S. 17.

Der Andere: Phaethon ist nicht für das Fliegen gemacht, aber er fliegt lieber, als die Höhe des Theaters leer zu lassen. Es gibt hundert andere Träumereien, von denen mich erstaunt, dass sie während der Antike nicht ihre Reputation verloren haben.[51]

Vermutlich spielt Fontenelle hier auf die aristotelische Vorstellung des in der Natur herrschenden ‚horror vacui' an.

Den Mechanismus hinter der sichtbaren Natur haben, so Fontenelle, nur Descartes und die sogenannten Modernen richtig erkannt. In der Logik der Opernmetapher bedeutet dies, dass sie die hinter der Bühne verlaufenden Taue gefunden haben, die Phaethon im Flug heben und senken:

Phaethon steigt, weil er von Tauen gezogen wird und er sinkt, weil ein schwereres Gewicht, als er es hat, ihn hinunterzieht. Daher glaubt man nicht mehr, dass ein Körper sich bewegt, wenn er nicht gezogen oder durch einen anderen Körper gestoßen wird. Man glaubt nicht mehr, dass er steigt oder fällt, wenn nicht durch die Wirkung eines Gegengewichtes oder einer Feder. Wer die Natur sähe, wie sie ist, würde hinter die Kulissen der Oper sehen.[52]

Hinter dieser Aussage verbirgt sich Descartes Trägheitsprinzip. Ein Körper bleibt in Ruhe oder in geradlinig-gleichförmiger Bewegung, solange er nicht durch äußere Kräfte daran gehindert wird. Es ist die Vorstellung von einem Zustand, der in der Zeit gleich bleibt, obwohl er eine Ortsveränderungen beinhaltet.

Die grundlegende kartesianische Erkenntnis die durch diese Ausführung vermittelt wird, ist die mechanische Funktionsweise der Natur und die Vorstellung, dass die einzige Essenz der Materie die Ausdehnung ist.

Die fiktive Dame erfasst diesen Grundgedanken der mechanistischen Naturphilosophie: Bewegung ist lediglich ein Zustand der Materie, ein von außen initiierter Ortswechsel.

Fontenelles Erklärungen verweilen aber nicht bei der Opernmetapher. Um die Funktionsweise der Welt zu verdeutlichen, übernimmt er den in der mechanistischen Naturphilosophie klassischen Vergleich der Welt mit einer mechanischen Uhr.[53]

Bemerkenswert ist, dass du Châtelet die Opernmetapher Fontenelles in ihrem Lehrbuch aufgreift. Anders als Fontenelle verweist sie nicht auf die Oper *Phaëton* sondern auf *Bellérophon*. Bellérophon erhebt sich in ähnlicher Weise wie Phaethon in die Lüfte. Du Châtelet kritisiert mit der Opernmetapher die Anhänger Newtons. Sie wirft ihnen vor, nicht genügend hinter die Kulissen der Natur zu schauen, weil sie nicht nach den mechanistischen Ursachen der Gravitation und der mechanistischen Begründung des Gravitationsgesetzes suchen.[54]

---

[51] „L'autre, Phaëton n'estoit pas fait pour voler, mais il aime mieux voler que de laisser le haut du theatre vuide; et cent autres reveries, que je m'étonne qui n'ayent perdu de reputation toute l'antiquité." Fontenelle, 1687, S. 17.

[52] „Phaëton monte, parce qu'il est tiré par des cordes, et qu'un poids plus pesant que luy, descend. Ainsi on ne croit plus qu'un corps se remuë, s'il n'est tiré, ou plûtost poussé par un autre corps ; on ne croit plus qu'il monte ou qu'il descende, si ce n'est par l'effet d'un contrepoids, ou d'un ressort; et qui verroit la nature telle qu'elle est, ne verroit que le derriere du theatre de l'opera." Fontenelle, 1687, S. 17–18.

[53] Vgl. Fontenelle, 1687, S. 18.

[54] Vgl. Châtelet, 1988, §7, S. 8.

Diese Übernahme der Opernmetapher zeigt auch, wie wirkmächtig Fontenelles Bildersprache damals war und die Bedeutung dieser Metapher als Mittel einer adressatenbezogenen Didaktik.

4.4 Fontenelle: Vom geometrischen Geist

Der Literaturwissenschaftler Strosetzki (1989) spricht von einer Prägung der *Entretiens sur la pluralité des mondes* durch den geometrischen Geist des Kartesianismus. Es ist interessant, diese Prägung genauer zu betrachten. Inwiefern hat die Mathematik Eingang in das populäre Werk gefunden? War die Lektüre der für die Geometrie begeisterten jungen du Châtelet auch eine mathematische Herausforderung wie es ihr eigenes Lehrwerk später werden sollte?[55]

Eine mathematische Lektüre waren die *Entretiens sur la pluralité des mondes* für du Châtelet sicher nicht. In der Regel verzichtete die populäre, allgemeinverständliche, naturphilosophische Literatur auf die Mathematik, um physikalische Gesetzmäßigkeiten zu beschreiben, zu erklären und zu begründen. Für die Naturphilosophen selbst war die Mathematik jedoch seit Galilei (1564–1642) ein unverzichtbares, weil exaktes und beweisendes, Beschreibungs- und Begründungsmittel:

> Das Buch der Natur ist in der Sprache der Mathematik geschrieben und ihre Buchstaben sind Dreiecke, Kreise und andere geometrische Figuren, ohne die es ganz unmöglich ist auch nur einen Satz zu verstehen, ohne die man sich in einem dunklen Labyrinth verliert.[56]

Lehrbücher, wie etwa die *Institutions de physique* von du Châtelet, die tatsächlich in die Naturphilosophie als Wissenschaft einführen wollten, greifen daher stärker auf die Mathematik als Beschreibungs- und Erklärungssprache zurück als die populäre Wissenschaftsliteratur.[57]

Das Ziel der populären Bücher war die Vermittlung elementarster Kenntnisse. Dazu war eine geometrische Darstellung nicht erforderlich, zumal diese den Leserkreis erheblich einschränkte. Im 17. und 18. Jahrhundert konnten nur sehr wenige Personen mathematische Kenntnisse vorweisen. Daher lässt Fontenelle seine Gräfin auch sagen:

> Nach dem, was Sie mir sagen, fordert die Geometrie eine interessiertere Seele als ich sie habe. Die Poesie fordert eine zartere. Ich aber habe soviel Zeit, wie die Astronomie erfordert.[58]

In der Tat vermittelt Fontenelle den Eindruck, die Astronomie sei die Wissenschaft des Müßiggangs. Die astronomische Tätigkeit der Himmelsbeobachtung vergleicht er mit einem idyllischen Motiv aus der Schäferdichtung.[59] Zu diesem Bild passt die

---

[55] Vgl. Badinter, 1983, S. 69 u. siehe Kap. 11.

[56] Meine Übersetzung aus Galilei, 1896, S. 232.

[57] Vgl. Abschn. 11.6.

[58] „La géometrie, selon ce que vous me dites, demanderoit une ame plus intéressée que je ne l'ay, et la poësie en demanderoit une plus tendre, mais j'ay autant de loisir que l'astronomie en peut demander." Fontenelle, 1687, S. 22–23.

[59] Vgl. Fontenelle, 1687, S. 23. Zur Schäferdichtung in der höfischen Kultur vgl. Lathuillère, 1966.

anstrengende, intensive mathematische Denkarbeit nicht und die Astronomie wird zur adäquaten Beschäftigung der Aristokraten.

Wie zu Beginn des Abschnitts erwähnt, prägt nach Strosetzki (1989) der ‚l'esprit de géométrie‘ – der geometrische Geist – die Darstellung Fontenelles. Die ‚more geometrico‘, die geometrische Methode, hält er für ein Charakteristikum der kartesianischen Literatur, die durch die Übernahme der axiomatisch-deduktiven Methode der Geometrie nach Ordnung, Klarheit, Präzision und Genauigkeit strebt. In der höfischen, naturwissenschaftlichen Literatur sieht er sie mit den ästhetischen und unterhaltenden Anforderungen der literarischen Sprache vereint.[60]

Bei Fontenelle bleibt die geometrische Methode zumeist implizit, ein argumentatives Gerüst. Explizit wird sie am vierten Abend, an dem der Philosoph sie als Methode des Schließens aus ersten Prinzipien vorstellt:

> Ein Fixstern leuchtet wie die Sonne von selbst, folglich muss er wie die Sonne, das Zentrum und die Seele eines Mondes sein. Er besitzt Planeten, die sich um ihn drehen. Ist dies eine absolute Notwendigkeit? Hören Sie Madame, antwortete ich, wir sind immer in Stimmung die Narreteien der Galanterie unseren seriösesten Diskursen beizufügen: die mathematischen Überlegungen sind wie die Liebe. ... Ebenso geben Sie einem Mathematiker das geringste Prinzip. Er wird Ihnen eine Folgerung daraus ziehen, die Sie ihm bewilligen müssen. Aus dieser Folgerung wird er noch eine andere ziehen und gegen Ihren Willen wird er Sie so weit führen, wie Sie es sich kaum vorstellen können.[61]

Spannenderweise bleibt hier die berechtigte und zweifelnde Frage der Marquise, ob die Art des geometrischen Schließens tatsächlich zu naturphilosophischen Gewissheiten führt, offen.

Abschließend möchte ich zur den *Entretiens sur la pluralité des mondes* sagen, dass eine Lektüre bei den Leserinnen und Lesern sicher mehr Fragen aufwirft, als beantwortet. Die vordergründigste, die schon im Titel zur Sprache kommt, ist die, ob neben der unsrigen mehrere Welten existieren und die, wie der Autor zugibt, nicht zu beantworten ist.

> Ich habe mir nichts unmögliches und trügerisches über die Bewohner der Welten ausdenken wollen. Ich habe darauf geachtet alles zu sagen, was man über sie vernünftigerweise denken könnte. Die Visionen, die ich hinzugefügt habe, haben durchaus eine reelle Basis. Wahr und falsch sind hier vermischt. Aber sie sind immer leicht zu erkennen. Diese wunderliche Zusammenstellung versuche ich nicht zu rechtfertigen. Sie ist der wichtigste Aspekt dieses Werkes, den genau ich nicht begründen kann.[62]

---

[60] Vgl. auch Descotes, 2001, S. 18–21 u. 35–37.

[61] „Une etoile fixe est lumineuse d'elle-mesme comme le soleil, par consequent il faut qu'elle soit comme le soleil, le centre et l'ame d'un monde, et qu'elle ait ses planetes qui tournent autour d'elle. Cela est-il d'une necessité bien absoluë? Ecoutez, madame, répondis je, puisque nous sommes en humeur de mesler toûjours des folies de galanterie à nos discours les plus serieux, les raisonnemens de mathematique sont faits comme l'amour. ... De mesme accordez à un mathematicien le moindre principe, il va vous en tirer une consequence, qu'il faudra que vous luy accordiez aussi, et de cette consequence encore une autre, et malgré vous-mesme il vous mene si loin, qu'à peine le pouvez-vous croire." Fontenelle, 1687, S. 220–221.

[62] „Je n'ai rien voulu imaginer sur les habitants des mondes, qui fût entièrement impossible et chimérique. J'ai tâché de dire tout ce qu'on en pouvait penser raisonnablement, et les visions même que j'ai ajoutées à cela ont quelque fondement réel. Le vrai et le faux sont mêlés ici, mais

Für Émilie du Châtelet waren die *Entretiens* sicher nicht mehr als eine einführende und/oder unterhaltende Lektüre zur kartesianischen Naturphilosophie. Eine mathematische Herausforderung waren sie sicher nicht. Aber gerade wegen der vielen Fragen die sie aufwerfen, waren sie eine wunderbare Anregung, sich weiterhin und intensiver mit der Naturphilosophie und ihren Problemen zu befassen. Viele der Themen, die das populäre Buch anreißt, tauchten in den Arbeiten der Pariser Astronomen Cassini auf, die in den Mitteilungen der Akademie der Wissenschaften veröffentlicht wurden. Sie waren du Châtelet durch Fontenelle zugänglich und mit ihnen konnte sie ihre wissenschaftlichen Neugierde befriedigen und ihr Wissen erweitern.

4.5 Akademische Wissenschaft: Mitteilungen der Akademie

Anders als die Gespräche über die Vielheit der Welten bestanden die astronomischen Mitteilungen der Akademie der Wissenschaften, die Fontenelle regelmäßig in das Elternhaus du Châtelets trug, nicht aus didaktisierten Texten. Sie waren für die akademische Öffentlichkeit bestimmt und informierten über wissenschaftliche Neuigkeiten und dokumentierten die Arbeit der Akademie. Die Mitteilungen bestanden aus zwei Teilen. Der eher journalistische Teil ist die *Histoire de l'Académie royale des sciences avec les mémoires de mathématique et de physique*. Die *Mémoires de mathématique et de physique de l'Académie royale des sciences* sind eine Sammlung aus Originalaufsätzen, wie sie in den Akademiesitzungen vorgetragen wurden.[63]

Vaillot (1978) und Badinter (1983) zufolge war du Châtelet besonders an den Berichten über die Arbeiten des Astronomen Jean Dominique Cassini (1625–1712) interessiert. Ebenso wahrscheinlich ist es aber, dass sie mehr über dessen Sohn, den Astronomen Jacques Cassini (1677–1756), einen Zeitgenossen von ihr, erfahren wollte.[64]

Wie bereits in Abschn. 4.1 erwähnt, stießen gerade die Arbeiten Jacques Cassinis zu Beginn des 18. Jahrhunderts auf reges öffentliches Interesse, da er im Gegensatz zu Maupertuis zeigen wollte, dass die Erde an den Polen nicht abgeplattet ist, sondern die Form eines Ovoids hat.[65]

Belegt ist ganz sicher, dass du Châtelet um 1740 die Arbeiten Cassinis las, da sie sich zu dieser Zeit bei Maupertuis über dessen Schreibstil beklagte.[66] Der Familienname Cassini war ihr schon lange vorher in Fontenelles Buch begegnet. Darin präsentiert Fontenelle Jean Dominique Cassini als Entdecker von Mondkratern:

---

ils y sont toujours aisés à distinguer. Je n'entreprends point de justifier un composé si bizarre, c'est là le point le plus important de cet ouvrage, et c'est cela justement dont je ne puis rendre raison." Fontenelle, 1687, S. ix.

[63] Vgl. Blay und Halleux, 1998, Artikel: Académies.

[64] Vgl. Vaillot, 1978, S. 34 u. Badinter, 1983, S. 67.

[65] Zu diesem Disput vgl. Terrall, 2002, S. 154–160.

[66] Vgl. du Châtelet an Maupertuis, Dezember 1740, Bestermann, 1958, Bd. 2, Brief 256, S. 36.

Der berühmte Herr Cassini, Mann von Welt, der den Himmel gut kennt, hat auf dem Mond etwas entdeckt, das sich teilt, wieder vereint und in einer Art Schacht verliert.[67]

Mit welchen Inhalten sich du Châtelet im Zuge ihre Beschäftigung mit den Cassinischen Arbeiten auseinandersetzte macht der folgende Abriss deutlich, der einen Überblick über das Leben und Wirken der Astronomenfamilie Cassinis gibt.

Im 17. Jahrhundert zählte Jean Dominique Cassini (1625–1712) zu den bedeutenden Astronomen. Er lehrte ab 1650 in Bologna die ptolemäische Astronomie nach der Doktrin der katholischen Kirche und unterrichtete außerdem Geometrie. Sein Interesse aber galt vor allem den Kometenerscheinungen. Bekannt ist er für seine präzisen Sonnentafeln und die Berechnungen der Rotationsdauer von Venus, Mars und Jupiter sowie die Umlaufzeiten der Galileischen Monde. Seit 1667 war er Direktor des Observatoriums in Paris. Es wurde über Generationen von den Männern der Familie Cassini geleitet. Schon zwei Jahre nach der Gründung der Pariser Akademie der Wissenschaften wurde er deren Mitglied.[68]

Während seiner Arbeit an der Pariser Sternwarte machte Cassini wichtige Entdeckungen: 1671 und 1672 beobachtete er die Saturnmonde Japetus und Rhea, 1675 die nach ihm benannte Teilung der Saturnringe (Cassinische Teilung) und 1684 zwei weitere Trabanten des Ringplaneten (Tethys und Dione). Im Jahre 1672 bestimmte er die Sonnenparallaxe[69] und 1683 beschrieb er als erster ausführlich das Zodiakallicht.[70]

Sein Sohn Jacques Cassini (1677–1756), Cassini II genannt, folgte ihm als Direktor des Pariser Observatoriums nach. Er erhielt eine klassische Ausbildung am Pariser Kolleg Mazarin, das er mit einer von dem bekannten Mathematiker und Physiker Pierre de Varignon (1654–1722) betreuten Arbeit über Optik im Alter von 14 oder 15 Jahren abschloss. Schon mit 17 Jahren wurde er 1694 Mitglied der Pariser Wissenschaftsakademie. Während eines Englandaufenthalts 1698 wählte man ihn auch in die „Royal Society".[71]

Wie oben erwähnt, galt Jacques Cassinis Interesse der Form der Erde. Aus seinen um 1700 durchgeführten Meridianmessungen schloss er, dass der Polradius größer sei als der Äquatorradius. Seiner Annahme, die Erde habe die Form eines Eis, widersprachen die englischen Astronome, allen voran Isaac Newton. Die Engländer vermuteten, dass die Erde wegen der Fliehkraft der Erdrotation an den Polen abgeplattet sei. Selbst als Newtons These Mitte der 1730er Jahre durch zwei Expeditionen nach Peru (1735) und Lappland (1736) bestätigt worden war, bestritt Cassini die Erdabplattung an den Polen und Newtons Gravitationsgesetz.[72]

---

[67] „L'illustre Monsieur Cassini, l'homme du monde à qui le ciel est mieux connu, a découvert sur la lune quelque chose qui se separe en deux, se réunit ensuite, et se va perdre dans une espece de puits." Fontenelle, 1687, S. 85–86.

[68] Vgl. Gillispie, 1970–1980, Eintrag: Jean Dominique Cassini, Bd. 3, 100–109.

[69] Unter der Sonnenparallaxe versteht man den Winkel α, unter dem der (äquatoriale) Erdradius von der Sonne aus erscheint.

[70] Das Zodiakallicht ist eine äußerst schwache permanente Leuchterscheinung am Himmel.

[71] Vgl. Gillispie, 1970–1980, Eintrag: Jacques Cassini, Bd. 3, 100–109.

[72] Vgl. Gillispie, 1970–1980, Eintrag: Jacques Cassini, Bd. 3, 100–109.

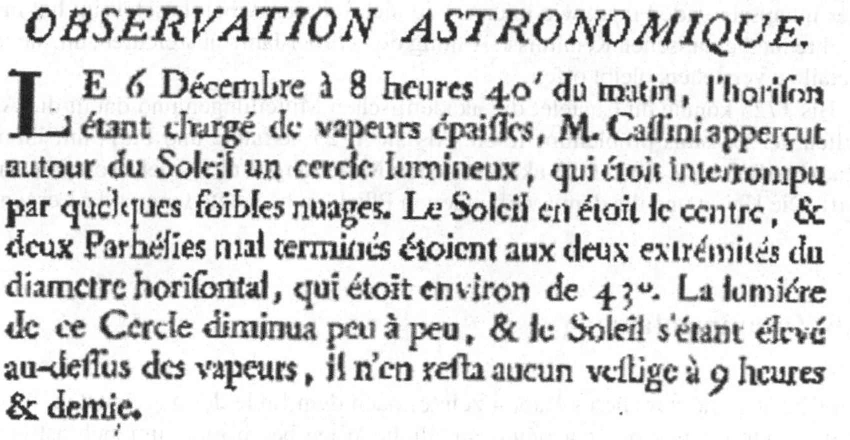

OBSERVATION ASTRONOMIQUE.

LE 6 Décembre à 8 heures 40' du matin, l'horison étant chargé de vapeurs épaisses, M. Cassini apperçut autour du Soleil un cercle lumineux, qui étoit interrompu par quelques foibles nuages. Le Soleil en étoit le centre, & deux Parhélies mal terminés étoient aux deux extrémités du diametre horifontal, qui étoit environ de 43°. La lumiére de ce Cercle diminua peu à peu, & le Soleil s'étant élevé au-deſſus des vapeurs, il n'en reſta aucun veſtige à 9 heures & demie.

Abb. 4.4 Nachricht von einer Beobachtung von Jacques Cassini (1713)

Trotz dieses Irrtums galt Cassini II als wichtigster Astronom seiner Zeit. Seinen guten Ruf verdankte er seinen exakten Tabellen über Sonne, Mond, Planeten und Monde von Jupiter und Saturn sowie den Messungen der Eigenbewegung der Fixsterne.[73]

In dem Zeitraum von 1700 bis 1725 waren über 60 Beiträge von Vater und Sohn Cassini erschienen. Dazu zählen astronomische Observationen, Betrachtungen, Denkschriften und Vergleiche.[74]

Viele kurze Berichte handeln von Mond-, Planeten- und Sonnenfinsternisse sowie Sonnenflecken. Eine dieser kurzen Informationen ist in Abb. 4.4 zu sehen. Diese *Observation Astronomique* berichtet von Cassinis Wahrnehmung eines Lichtkreises um die Sonne. Es waren diese astronomischen Nachrichten aus dem journalistisch-historischen Teil der Akademieberichte, die für jeden verständlich waren und bei Gesellschaften besprochen wurden. In anderen Texten legten die Cassinis ihre Überlegungen zu den Gezeiten, die Erdform, die Planetenbewegungen und das Aussehen der Planeten ausführlich dar. In weiteren diskutierten und belegten sie mögliche Ursachen der Planetenbewegungen.

Die Artikel in den *Mémoires* waren weniger allgemeinverständlich. Um sie zu verstehen, musste und muss man tiefgreifende mathematische Kenntnisse besitzen. Leider lässt sich nicht rekonstruieren, ob sich du Châtelet mit den Cassinischen Arbeiten im Stil der *Méthode de déterminer la première équation des planètes suivant l'hypothèse de Kepler* von 1719 befasst hat. In der erwähnten Arbeit diskutiert der Autor eine neue Bestimmungsmethode der elliptischen Form der Planetenbewegung. Cassini erläutert sie anhand der Mondbewegung und der Bewegung des Mars. Die Grundaussage der Abhandlung konnte du Châtelet in jedem Fall erfassen. Die

---

[73] Vgl. Gillispie, 1970–1980, Eintrag: Jacques Cassini, Bd. 3, 100–109.

[74] Die Beiträge sind Teil der virtuellen Bibliothek der Pariser Akademie der Wissenschaften und unter http://www.academie-sciences.fr/archives/histoire_memoire.htm [14.03.2006] zugänglich.

hier interessierende Frage, wie intensiv sie sich mit der Arbeit beschäftigt hat und ob ihre mathematischen Kenntnisse Anfang der 1720er Jahre ausreichten, um sie im Detail zu verstehen, bleibt offen.

Bis 1725 konnte du Châtelet die akademischen Mitteilungen und damit die Arbeiten der Cassinis problemlos lesen. Als sie 1725 heiratete und Paris mit ihrem Mann verließ hatte sie auf die akademischen Mitteilungen nicht mehr so leicht Zugriff. Die Heirat und die damit verbundenen Pflichten beendete vorerst ihr Lernen.

4.6 Zusammenfassung

Du Châtelet hat, wie dieses Kap. 4 zeigte, nach dem Ende des angeleiteten, häuslichen Unterrichts zwei sehr unterschiedliche Wege beschritten, um sich astronomisch und naturphilosophisch weiterzubilden. Der eine führte über die unterhaltende und unterweisende Lektüre der populären, höfischen Wissenschaften zu grundlegenden Aussagen der Naturphilosophie und zu offenen, naturphilosophischen Fragen. Der andere führte über die wissenschaftlichen Mitteilungen und Abhandlungen der Pariser Akademie der Wissenschaften zur akademischen Naturphilosophie. Dieser Weg war geeignet, die aufgeworfenen Fragen aus der Lektüre der populären Bücher zu klären. Es war aber auch einer, der du Châtelet an die Grenzen ihres Wissens stoßen ließ, da ihr zum Verständnis der wissenschaftlichen Texte das Studium der Mathematik und der Naturphilosophie fehlte.

Das Interesse du Châtelets an der Astronomie hatte sicher unterschiedliche Wurzeln. Zum einen begeisterte sich ihre Mutter für diese Wissenschaft und zum anderen war die Astronomie bei den Aristokraten ausgesprochen populär, wie Abschn. 4.1 zeigt.

In den Gesellschaftskreisen, in denen du Châtelet verkehrte, können die *Entretiens sur la pluralité des mondes* von Fontenelle als eine Art Pflichtlektüre angesehen werden. Dass du Châtelet das Buch las, hat sicherlich auch damit zu tun, dass zwischen der Familie de Breteuil und Fontenelle eine Beziehung bestand. Mit den Gesprächen über die Vielheit der Welten erlebte du Châtelet als Lernende die in Abschn. 4.2 dargelegte höfische Didaktik, in der Unterhaltung und Unterweisung gleichberechtigt nebeneinander stehen. Anders als heute, lernte du Châtelet, dass sich Lernen und Amüsement nicht ausschließen müssen. Dennoch wird ihr bewusst geworden sein, dass sie mit der höfischen Unterweisung Fontenelles nur eine erste Einführung in die Grundgedanken der kartesianischen Naturphilosophie und den kartesianischen Geist bekommen hat.

Die Besonderheit der Didaktik der höfischen Wissenschaften, die in Abschn. 4.3 beschrieben ist, besteht aus dem didaktischen Setting: Gespräche zwischen einer unwissenden Person, häufig einer Dame, und einem unterweisenden Philosophen. Diese Didaktik folgt dem Horazschen Motto der unterhaltenden Unterweisung und orientiert sich an der Lebenswelt und den Idealen ihrer adeligen Adressaten. Mit anschaulichen, bildhaften Erklärungen versucht sie, die grundlegenden Ideen und Konzepte der Naturphilosophie für die Laien nachvollziehbar zu machen. Wegen der vereinfachenden Darstellung, die auf wissenschaftliche Begründungen und Darlegungen der wissenschaftlichen Methoden weitgehend verzichtet, bleibt den Leserinnen und Lesern vorerst nichts anderes übrig, als den Aussagen und der Autorität des Autors Glauben zu schenken. Bewiesen wird nichts.

Das Genre der höfischen Literatur, die höfische, didaktische Form machte nicht viel mehr als vertraut mit den naturphilosophischen Weltbildern. Explizit wird auf eine mathematische Beweisführung und Darstellung verzichtet. Der geometrische Geist, der ja eigentlich ein mathematischer ist, prägte die kartesianische Literatur nur implizit, wie Abschn. 4.4 darlegt. Er stellt zumindest bei der Lektüre keine Hürde dar, da er sich maximal auf die Anordnung der Inhalte auswirkt, keinesfalls aber durch mathematischen Formalismus und Symbolismus.

In einem gewissen Gegensatz zu den höfischen Wissenschaften stehen die astronomischen Mitteilungen der Akademie der Wissenschaften. In Abschn. 4.5 werden sie, bezogen auf die Arbeiten der Astronom Cassini vorgestellt. Wegen ihres Interesses an der Astronomie waren es gerade die Arbeiten der Cassinis, wegen der die Mitteilungen der Akademie auf du Châtelet einen besonderen Reiz ausübten.

Das Wissen, dass die populären, naturwissenscaftlichen Bücher vermitteln, wird durch die Mitteilungen ergänzt, aktualisiert und vertieft. Wichtig ist hinsichtlich du Châtelets Bildungsgang zu sehen, dass es sich bei den Mitteilung nicht um didaktisierte Texte handelt. Sie umfassen zwar auch einfache journalistische Nachrichten aus de Wissenschaften, aber auch fachwissenschaftliche Abhandlungen. Sie machten du Châtelet mit den aktuellen, naturphilosophischen Diskussionen vertraut. Darüber hinaus lernte du Châtelet durch sie den Stil der akademischen Naturphilosophie und Mathematik kennen, der sich stark von der populären Wissenschaftskultur unterscheidet. Durch die Mitteilung wird ich auch die wissenschaftliche Bedeutung der Mathematik bewusst geworden sein. Die Form der akademische Wissenschaft schreckte du Châtelet nicht ab, sondern zog sie an. Sie wollte ihren Weg beschreiten und einen Zugang zu ihr finden. Nach Voltaire war ihr Interesse an der Naturphilosophie so ernsthaft, dass sie sich im gründlichen Studium den wissenschaftlicher Darstellungen der Naturphilosophen und Mathematiker widmete.[75]

---

[75] Vgl. das Zitat von Voltaire in der zweiten Marginalie dieses Kapitels aus Voltaire, 1738a, S. 1.

Kapitel 5
Wissenschaftliche Teilhabe: (Un)Möglichkeiten

> *„Had God intended Women merely as a finer sort of Cattle, he would not have made them reasonable."*
> (Bathsua Makin, 1600–1675)

> *„Die Welt hat schon lange das eigensinnige Vorurtheil abgelegt, daß die Erlernung der Wissenschaften ein Vorrecht der sey, so den Männer allein gehöre. Das schöne Geschlecht hat sich durch tausend Proben den Zutritt zu dem Heiligthum der Weisheit gebahnet, der ihm von so vielen versagt wurde."*
> (Anonym, 1746)

Die Zeit, in der du Châtelet sich weiterbildete, auf die sich Kap. 4 bezieht, endete mit ihrer Heirat 1725. Bis dahin konnte du Châtelet ihren Wissenshorizont kontemplativ in der elterlichen Bibliothek oder durch die geselligen Konversationen im elterlichen Salon erweitern. Noch musste sie kaum gesellschaftliche Verpflichtungen erfüllen. Ihre Situation änderte sich, als sie am 20. Juni 1725 Florent-Claude Marquis du Châtelet (1695–unbekannt) heiratete.[1]

Durch diese arrangierte Ehe vereinten sich die Familie de Breteuil, eine Familie der ‚noblesse de robe‘, mit der Familie du Châtelet, eine Familie der ‚noblesse d'épée‘. Durch ihre Heirat wurde du Châtelet ein Mitglied der ranghöchsten französischen Gesellschaftsschicht.[2]

Die ersten Ehejahre (1725 bis 1730) verbrachte du Châtelet auf dem Familiensitz ihres Mannes in Semur-en-Auxois, fernab von Paris.[3] In dieser Zeit gebar sie ihre Tochter Marie-Gabrielle-Pauline, die am 30. Juni 1726 auf die Welt kam. Knapp ein Jahr später, am 20. November 1727, wurde ihr Sohn, der Familienerbe, Florent-Louis-Marie geboren.[4] Ein drittes Kind, Victor-Esprit, geboren am 11. April 1733, lebte nur wenige Monate und starb im Spätsommer 1734.[5]

Mit der Geburt des Erben Florent-Louis-Marie hatte du Châtelet ihre Familienpflicht erfüllt. Danach gewann sie neue Freiheiten. Sie partizipierte wieder am geselligen und gesellschaftlichen Leben, zuerst in Semur und anschließend in Paris. Diesen Teil ihres Lebens bezeichnete sie rückblickend als Leben der Nichtigkeiten, ‚les choses frivoles‘.[6] Auf Dauer genügte ihr das amüsante Leben nicht und sie suchte

---

[1] Über das Datum ihrer Heirat gibt es unterschiedliche Angaben. Die Familienchronik vermerkt den 20. Juni 1725 (vgl. Calmet, 1741, S. 119). In der Sekundärliteratur wird der 22. Juni 1725 (vgl. Gillispie, 1970–1980) und der 12. Juni 1725 angegeben (Bestermann, 1958, S. 11).

[2] Vgl. Zinsser, 2006, S. 31–38, Vaillot, 1978, S. 40–49 u. Badinter, 1983, S. 108–111.

[3] Vgl. Zinsser, 2006, S. 43–50.

[4] Vgl. Zinsser, 2006, S. 38. Von Pauline und Florent-Louis-Marie war schon in Kap. 2 die Rede.

[5] Vgl. Zinsser, 2006, S. 40.

[6] Vgl. Zinsser, 2006, S. 50–57 u. Vaillot, 1978, S. 40–49.

F. Böttcher, *Das mathematische und naturphilosophische Lernen und Arbeiten der Marquise du Châtelet (1706–1749)*, DOI 10.1007/978-3-642-32487-1_5,
© Springer-Verlag Berlin Heidelberg 2013

nach Möglichkeiten, am akademischen Leben und den aktuellen wissenschaftlichen Diskursen teilzuhaben. Inwiefern ihr dies gelang, diskutieren die Abschn. 5.1–5.4.

5.1 Intellektuelle Teilhabe: Wunsch

Während ihrer Jahre in Semur lernte du Châtelet Menschen kennen, die sich ebenso wie sie für Mathematik begeisterten. Sie muss zwischen 20 und 25 Jahren alt gewesen sein, als sie die Bekanntschaft des Akademikers Muguet de Mézières (unbekannt) und der Dame Marie-Victoire Eléonore de Sayvre de Thil (1670–1777) machte.[7]

Mit der mathematisch bewanderten de Thil verband du Châtelet eine lebenslange Freundschaft.[8] In ihr fand sie nach ihrer Mutter ein weiteres weibliches Vorbild, das sie in ihren wissenschaftlichen Interessen bestärkte. De Thil könnte sie dazu inspiriert haben, sich wieder und weiter mathematisch und naturphilosophisch zu bilden.

Die Freundschaft zwischen den beiden Frauen ist bislang selten zur Kenntnis genommen worden. Meist bezeichnet man de Mézières als du Châtelets ersten mathematischen Mentor. Von ihm heißt es, dass er ihr Geometriebücher lieh und mit ihr die Schriften Descartes besprach.[9] Die Freundschaft zu de Thil, mit der der Mathematiker Clairaut vertraut war, war aber für du Châtelet ein mindestens ebenso wichtiger, wenn nicht wichtigerer Kontakt. Mit dieser gebildeten Frau konnte sie sich identifizieren. Ebenso wie von de Mézières könnte du Châtelet mit de Thil Mathematikbücher ausgetauscht haben. Laut einer Inventarliste verfügte de Thil über eine Ausgabe der *Elemente* und besaß mindestens ein Buch der damals modernen, analytischen Geometrie. In der Liste ist eine *Analise demontrée* angeführt. Möglicherweise handelte es sich um das Lehrbuch von Charles-René Reyneau, von dem in Abschn. 8.2.1 kurz die Rede sein wird.[10] In de Thils Besitz befanden sich außerdem eine Geschichte der Mathematik, mehrere Berichte der Pariser Akademie der Wissenschaften und 11 Bände des *Dictionnaires des arts et des sciences* (1694, 1720, 1732) von Thomas Corneille (1625–1709).[11]

Als du Châtelet um 1733 nach Paris zurückkehrte, genoss sie anfänglich das mondäne Pariser Leben. Sie besuchte die Oper und das Theater, war häufiger Gast in bekannten Pariser Salons und folgte zahlreichen Einladungen zu Geselligkeiten.[12] Obwohl sie diese Vergnügungen später als Nichtigkeiten bezeichnen wird, begegneten ihr bei diesen Gelegenheiten viele gebildete Frauen und Männer. Und sie war erstaunt, dass diese sie als denkendes Wesen wahrnahmen und sie in die intellektuelle Welt der französischen Gelehrtenrepublik einließen:

---

[7] Vgl. Zinsser, 2006, S. 59–60.

[8] Vgl. http://www.clairaut.com/ncoijuillet1734cf.html [06.08.2008], eine chronologische Webseite zum Leben Alexis Claude Clairauts (1713–1765) von Olivier Courcelle.

[9] Vgl. Zinsser, 2006, S. 60 u. Badinter, 1983, S. 109–110.

[10] Siehe Abschn. 8.2.1.

[11] Vgl. http://www.clairaut.com/ncoijuillet1734cf.html [06.08.2008].

[12] Vgl. Badinter, 1983, S. 129–133 u. Zinsser, 2006, S. 61.

> Der Zufall ließ mich Schriftsteller kennenlernen, die Freundschaft für mich empfanden und ich erlebte mit großem Erstaunen, dass sie Wert auf meine Freundschaft legten. Ich begann zu glauben, dass ich ein denkendes Wesen sei.[13]

Diese Begegnungen waren für du Châtelet anregend und bereichernd. Zugleich aber machten sie ihr die bestehenden Geschlechterdifferenzen bewusst: Männer hatte einen ungleich leichteren Zugang zu gelehrter und wissenschaftlicher Bildung. Den Frauen blieb offiziell nur der Salon als Versammlungsort, an dem sie im Austausch mit anderen Themen besprechen konnten, die die Wissenschaften betrafen. Allerdings eignete sich eine Salonkonversation nicht zur wissenschaftlichen Diskussion. Diese fanden in Kaffeehäusern, Universitäten und Akademien statt. Dort hatten die Männer Gelegenheit zum wissenschaftlichen Austausch.[14] Der Vorteil dieser Orte gegenüber der Konversation in den geselligen Salons war, dass sich dort tatsächlich wissenschaftliche Diskurse entfalten konnten. Im Salon hinderte das höfische Konversationsideal tiefgründige wissenschaftliche Gespräche, da jeglicher Anschein gelehrter Pedanterie vermieden werden musste.[15]

In ihrem neuen Umfeld in Paris mit seinen vielfältigen Anregungen wandten sich du Châtelets Interessen erneut und verstärkt der Mathematik und Naturphilosophie zu. Ihr langjähriger Freund, Louis François Armand de Vignerot du Plessis, Duc de Richelieu (1696–1788), ermunterte sie dazu und schlug ihr zusätzlich vor, sich mit dem Übersetzen gelehrter Texte zu befassen.[16] Gerüchte sagen auch, dass der Duc du Châtelet drängte, einen Mathematik- und Physiklehrer der Sorbonne zu engagieren.[17] Sicher ist, dass sich du Châtelet gerade mit Descartes *La Géométrie* (1736), der Begründung der analytischen Geometrie, auseinandersetzte, als sie ihren späteren Lebensgefährten Voltaire (1694–1778) begegnete.[18]

5.2 Verwehrte Zugänge: Universität und Akademie

Ob du Châtelet ihren Mathematiklehrer tatsächlich im Umfeld der Sorbonne suchte, ist fraglich. Die Universitäten waren im 18. Jahrhundert nämlich noch nicht die Orte, an denen die modernen Wissenschaften und damit die moderne Geometrie gelehrt, geschweige denn entwickelt, wurden.[19] Als universitäre Disziplinen etablierten sich

---

[13] „Le hazard me fit connoitre de gens de lettres, qui prirent de l'amitié pour moy, et ie vis avec un etonnement extrem, quils en faisoient quelque cas. Je commençai a croire alsors que i'etois une creature pensante." Einleitung zu du Châtelets Übersetzung von Mandevilles Bienenfabel, zitiert nach Wade, 1947, S. 136.

[14] Vgl. zu diesem Themenkomplex Niemeyer, 1996.

[15] Vgl. zu diesem höfischen Konversationsideal Lathuillère, 1966.

[16] Vgl. Vaillot, 1978, S. 53–56.

[17] Vgl. http://www.visitvoltaire.com/f_e_richelieu_large.htm [31.10.2006].

[18] Die Liebesgeschichte zwischen du Châtelet und Voltaire steht nicht im Zentrum dieser Arbeit. Sie ist in der Sekundärliteratur ausführlich besprochen worden. Exemplarisch sei an dieser Stelle auf die Arbeit von Wade, 1969 verwiesen. Die Liebesgeschichte hat aber auch die Literaten inspiriert. So etwa Mercier, 2004 u. Bodanis, 2007.

[19] Vgl. Voss, 1995.

Mathematik und Physik erst Ende des 18. Jahrhunderts.[20] Man konnte noch nicht einmal an jeder Universität die ‚septem artes liberales' studieren, die Kurse in Arithmetik und Geometrie umfassten. In Paris beispielsweise hatten im 17. Jahrhundert die zehn ortsansässigen Kollegien die propädeutische und damit auch mathematische Grundausbildung übernommen.[21]

Orte der modernen Wissenschaften waren in Frankreich die großen und kleinen Akademien. Sie waren seit dem 17. Jahrhundert überall in Frankreich gegründet worden. In ihrem Umfeld entstanden die moderne analytische Geometrie, die Algebra und die Infinitesimalrechnung sowie die modernen Naturwissenschaften.[22]

Aber anders als die Kollegien und Universitäten waren diese Akademien keine Lehranstalten. Zur Verbreitung des Wissens trugen sie dennoch bei. Besonders die kleinen Provinzakademien halfen, die neuen Erkenntnisse zu verbreiten und zu vermitteln, indem sie öffentliche Lesungen organisierten, Kurse anboten und Lehrbücher publizierten.[23]

Genuine Aufgabe der großen Akademien war die Förderung der mündlichen und schriftlichen Kommunikation zwischen den Gelehrten, d. h. den Akademikern im In- und Ausland. Auf ihren Programmen standen Diskussionen, Debatten und Konfrontationen über aktuelle wissenschaftliche Themen. Der Informationsfluss in die gelehrte Welt erfolgte über umfangreiche Korrespondenzen, Rezensionszeitschriften, wissenschaftliche Zeitschriften und Akademieberichte.[24]

Kontakt zu der königlichen „Académie des sciences" in Paris und ihren Mitglieder suchte du Châtelet daher sicher nicht nur wegen der räumlichen Nähe. Vielmehr war diese in Frankreich seit den 1720er Jahren die wichtigste wissenschaftliche Instanz. Sie steuerte und legitimierte die wissenschaftliche Forschung durch Gutachten und die Erteilung wissenschaftlicher Aufträge. Sie setzte Preise aus und sprach wissenschaftliche Anerkennung aus oder ab.[25] Die französische Wissenschaftsakademie wurde auf Betreiben des Staatsmannes Jean-Baptiste Colbert (1619–1683) 1666 unter Ludwig XIV gegründet. Ihre formale und formelle Struktur bestand seit 1699. Das akademische Leben organisierten die Akademiesitzungen unter Ausschluss der Öffentlichkeit zweimal wöchentlich: Mittwochs debattierten die Mitglieder über Geometrie, Mechanik und Astronomie; samstags verhandelten sie über Physik, zu der im 18. Jahrhundert noch die Fachgebiete Chemie, Botanik und Anatomie zählten.[26]

Im 18. Jahrhundert gehörten ca. 2500 Männer der Akademie an. Dazu zählen die Ehrenmitglieder und Pensionäre. Eine Akademiemitgliedschaft war begehrt, weil mit ihr soziales Ansehen verbunden war, das zumeist auch ökonomische Vorteile versprach.[27] Die Pensionäre waren sogar Gehaltsempfänger. Sie vertraten die Fach-

---

[20] Vgl. Stichweh, 1984 u. Stichweh, 1994.
[21] Vgl. Lacoarret und Ter-Menassian, 1986.
[22] Vgl. Voss, 1980.
[23] Vgl. Hammermayer, 1962.
[24] Vgl. Blay und Halleux, 1998, Artikel: Académies.
[25] Vgl. Voss, 1980 u. die detaillierte Darstellung von Hahn, 1971.
[26] Vgl. Blay und Halleux, 1998, Artikel: Académies.
[27] Vgl. Hahn, 1971.

gebiete Geometrie, Astronomie, Mechanik, Anatomie, Chemie und Botanik. Ihnen assoziiert waren Wissenschaftler und Assistenten (Schüler). Aus den Reihen der Ehrenmitglieder ernannte der König den Akademiepräsidenten und Vizepräsidenten. Als wichtigster Posten galt der des ständigen Sekretärs. Zu Lebzeiten du Châtelets waren dies Fontenelle (von 1699 bis 1740) und ab Januar 1741 Jean-Jacques Dortous de Mairan (1678–1771). Letzterer sollte für du Châtelet Anfang der 1740er Jahre ein wichtiger Diskussionspartner werden.[28]

Weder Frauen wie du Châtelet noch Nichtmitglieder hatten zu den Akademiesitzungen Zugang. Du Châtelet konnte nach den Statuten der Pariser Wissenschaftsakademie in keiner Weise Mitglied werden, denn erst seit 1871 sind dort Frauen als Mitglieder zugelassen.[29]

Den bis heute spürbaren Gendergap in den Fachrichtungen der Naturwissenschaften und der Mathematik, der sich anhand der wenigen Mathematikerinnen und Naturwissenschaftlerinnen ablesen lässt, sieht Terrall (1995b) in diesem Ausschluss der Frauen mitbegründet. Durch den Ausschluss der Frauen entstanden Geschlechterbilder und -stereotype, die auf der imaginären und fiktiven Ebene wirkten und heute noch wirken. Durch sie werden Männer als Akademiker und wissenschaftliche Experten wahrgenommen, während Frauen allenfalls als Konsumenten des mathematischen und naturwissenschaftlichen Expertenwissens gelten (können).[30]

So sah man Frauen im Umfeld der Akdademie bestenfalls als Bewunderinnen der Akademiker, die das in der männlichen Intimität der Akademie produzierte Wissen wertschätzen und verehren:[31]

Of course, not only women were excluded from the elite membership of the academy: most men were excluded as well. But gender was one of the cultural categories used to maintain the ideology of exclusivity as academic discourse figured outsides as feminine in various ways. They lacked the capacity for the abstractions of mathematics; they were subject to prejudices and irrational beliefs; they did not have the resources to make it all the way to the inner sanctum.[32]

Mit dieser Rolle der bewundernden Zuhörerin gab sich du Châtelet nicht zufrieden. Dies zeichnet sie aus. Soweit es ihr möglich war, versuchte sie sich über die formalen Hindernisse hinwegzusetzen und am akademischen Leben teilzuhaben. Geschickt nutzte sie die gelehrten Kommunikationswege und unterhielt viele ausgedehnte Korrespondenzen mit anerkannten Akademikern und Gelehrten ihrer Zeit. Über ihre Briefe beteiligte sie sich an den zeitgenössischen, wissenschaftlichen Diskussionen.[33] Wie viele männliche Gelehrte baute sie sich ab 1734 ein Netz aus wissenschaftlichen Mentoren und Peers auf.[34] Sie unterhielt Korrespondenzen zu Mitgliedern der großen Akademien in Paris, London oder Berlin. Zu ihren Briefpartnern

---

[28] Siehe Abschn. 7.5.

[29] Vgl. Petrovich Crnjanski, 1999 u. Terrall, 1995b. Ähnlich restriktiv waren die Berlin-Brandenburgischen Akademie der Wissenschaften wie Wobbe, 2002 belegt.

[30] Siehe hierzu auch Abschn. 2.3 u. Abschn. 12.6.

[31] Vgl. Terrall, 1995b, S. 213.

[32] Terrall, 1995b, S. 217.

[33] Siehe Kap. 10.

[34] Vgl. Terrall, 1995a u. Terrall, 2002, S. 86.

gehörten u. a. Pierre Louis Maupertuis (1698–1759), Alexis Claude Clairaut (1713–1765), Johann II Bernoulli (1710–1790), Christian Wolff (1679–1754), Leonhard Euler (1707–1783), Gabriel Cramer (1704–1752), und James Jurin (1684–1750).[35]

Eine direkte Möglichkeit, sich an der wissenschaftlichen Diskussion zu beteiligen, boten ihr die jährlich gestellten, akademischen Preisfragen zu einem wissenschaftlichen Problem. Weil die Preisschriften anonym eingereicht wurden, blieb ihr Geschlecht unerkannt, weswegen sie von der Teilnahme nicht ausgeschlossen wurde. Am 1. September 1737 reichte sie eine *Dissertation sur la nature et la propagation du feu* ein. Die Preisfrage dazu hatte Fontenelle im April 1736 gestellt.[36] Du Châtelets Abhandlung wurde zwar nicht prämiert, aber mit den Preisschriften Eulers, Louis-Antoine Du Lozeran (1697–1755) und des Grafen Jean-Antoine de Créquy im *Recueil des pièces qui ont remporté les prix de l'Académie Royale des Sciences en 1738, avec les pièces qui ont concourus* im Jahr 1739 veröffentlicht.[37]

Die Preisfragen waren für du Châtelet eine Möglichkeit, ihre wissenschaftliche Arbeit einem akademischen Expertenpublikum zu präsentieren. Durch die Anonymität konnte sie eine Stigmatisierung ihrer Texte im Vorfeld verhindern.[38] Die Juroren beurteilten ihren Text nicht als Text einer Frau. Sie erhielt von Seiten der Akademie und der Akademiker eine fachliche Rückmeldung. Die Publikation ihrer *Dissertation* kann als wissenschaftliche Anerkennung gewertet werden.[39]

5.3 Informelle Zugänge: Kaffeehäuser und Salongesellschaften

Der direkte Zugang zu den formellen und formalen Wissenschaftsinstitutionen war du Châtelet als Frau verwehrt. Etwas anders war die Situation bei den informellen Wissenschaftsinstitutionen. Zu ihnen zählen Kaffeehäuser, Salons, gesellige (Lese)Zirkel, wissenschaftliche Vorführungen und Lesungen sowie kleinere private Akademien. Dort konnten Laien, insbesondere weibliche, mit Universitätsgelehrten und Akademikern zusammentreffen. Sie boten interessierten Laien und Amateure die Möglichkeit zur wissenschaftlichen Teilhabe. Allerdings unterschied sich die Situation in den informellen Institutionen, die im 18. Jahrhundert durchaus ein Ort der modernen Wissenschaften waren, in einem Punkt nicht unbedingt von den formellen Wissenschaftsinstitutionen. Auch sie standen nicht jedem Mann und jeder Frau offen.[40]

---

[35] Die Korrespondenz von du Châtelet hat Bestermann, 1958 veröffentlicht.

[36] Vgl. Klens, 1994.

[37] Die Abhandlung erschien ein zweites Mal in einer Publikation der Akademie: *Recueil des pièces qui ont remporté les prix de l'Académie royale des sciences, depuis leur fondation jusqu'à présent* (Paris 1752). 1744 publizierte der Verleger Prault sie zusammen mit den Briefen du Châtelets und Mairans über das Kraftmaß bewegter Körper. Im Unterschied zu den Publikationen der Akademie hatte du Châtelet diesmal die Möglichkeit, ihren Text zu überarbeiten (vgl. Joly, 2001, S. 213).

[38] Zur Anonymisierung ihrer Arbeit und Publikationen siehe Abschn. 6.7.

[39] Vgl. Terrall, 1995b.

[40] Vgl. Petrovich Crnjanski, 1999.

Von den informellen Institutionen war das Kaffeehaus für du Châtelet die am wenigsten zugängliche. Anfang des 18. Jahrhunderts, als das Kaffee trinken in der wohlhabenden Gesellschaftsschicht modern wurde, etablierte sich das Kaffeehaus in den Städten. Unter Männern galt das Treffen und die Unterhaltung beim Kaffee als eleganter Zeitvertreib. Den Frauen war der Zutritt zu den Kaffeehäusern verwehrt. Relativ schnell entwickelten sie sich zu regelrechten Kontakt- und Informationsbörsen für Philosophie, die Wissenschaften und Politik.[41]

Gerade bildungshungrige Männer erfuhren an diesen Orten viel über aktuelle wissenschaftliche Entwicklungen. In den Kaffeehäusern las man gemeinschaftlich wissenschaftliche Literatur oder tauschte sich über sie aus. Aus diesen Treffen entstanden Gesellschaften, wie etwa 1718 in Manchester die *Manchester Mathematical Society*. In ähnlicher Weise entstand die *Spalding Gentleman's Society*.[42]

Habermas (1996) beurteilt das Kaffeehaus ausgesprochen positiv als öffentliche Institution, „in der sich zwischen aristokratischer Gesellschaft und bürgerlichen Intellektuellen eine Parität der Gebildeten herzustellen beginnt."[43] Bei Beschränkung auf die männliche Bevölkerung mag er Recht haben. Für die Frauen gilt seine Einschätzung freilich nicht. Den Frauen war der öffentliche Auftritt und das öffentliche Räsonieren in den Kaffeehäusern untersagt. Sie waren von der Parität der Gebildeten an diesem Ort ausgeschlossen.[44]

Zu du Châtelets Lebzeiten waren das „Café Gradot", „Café de Veuve Laurent", „Café Le Procope" und das „Café de la Régence" die bekanntesten Pariser Kaffeehäuser. Die jungen Akademiker trafen sich im „Café Gradot" am Quai du Louvre.[45] Meist versammelten sich die Astronomen, Physiker und Geometer nach den offiziellen Akademiesitzungen im Café und rekapitulierten die akademischen Diskussionen.[46]

Das Gradot hätte du Châtelet sicher gerne frequentiert. Ein Gerücht sagt, dass sie regelmäßig dort erschien, weil sie wusste, dass sich die Akademiker dort trafen.[47] Du Châtelet habe sich als Mann verkleidet, um Zugang zu den informellen Akademikertreffen zu erhalten. Kolportiert wird dieses Gerücht vor allem über das WorldWideWeb.[48] Tatsächlich belegt sind ihre Besuche jedoch nicht.[49] Sicher ist, dass du Châtelet Maupertuis mehrfach im Gradot nach den Akademiesitzungen suchte,

---

[41] Vgl. Habermas, 1996, Kap. 2, §5.

[42] Vgl. Rousseau, 1982.

[43] Habermas, 1996, S. 92.

[44] Vgl. Weckel, 1998.

[45] Im „Le Procope" trafen sich Schauspieler, Tänzer und Theaterkritiker. Ins „Café de la Régence" ging man zum Schachspiel.

[46] Vgl. Badinter, 1999, S. 68–67.

[47] Vgl. Badinter, 1999, S. 69.

[48] Vgl. etwa die *School of Mathematics and Statistics – University of St Andrews, Scotland* unter http://www-history.mcs.st-andrews.ac.uk/Biographies/Chatelet.html [29.03.2006] oder die Seiten von *Sunshine for Women*, die die „Most Influential Women of the Millennium" vorstellen, unter http://www.pinn.net/~sunshine/whm2001/whm_01.html [29.03.2006].

[49] Vgl. Fara, 2004, S. 96.

u. a. um mit ihm Termine für private Lehrveranstaltungen in Mathematik zu verabreden:[50]

> Ich habe Sie gestern und heute beim Gradot gesucht. Aber ich habe niemanden von Ihnen sprechen hören.[51]

Das Gradot war sicher nicht der Ort, an dem du Châtelet Maupertuis oder andere Akademiker treffen konnte, um in Ruhe wissenschaftliche Themen zu besprechen. Durch ihre Freundschaft mit Maupertuis und ihre Bekanntschaft mit dem Mathematiker Clairaut bot sich ihr, außerhalb der den Männern vorbehaltenen Kaffeehäusern, eine andere Gelegenheit, um mit Akademikern über Mathematik und die moderne Naturphilosophie zu debattieren.

Maupertuis und Clairaut zogen sich von Zeit zu Zeit zum Arbeiten und Studieren in das Kloster Mont Valérien zurück. Du Châtelet, die die beiden um diese Möglichkeit, in der Abgeschiedenheit des Klosters zu arbeiten, beneidete, besuchte sie dort mindestens zweimal.[52] Wie lange sie bei den beiden Herren blieb und welche Themen sie mit ihnen besprach, ist leider nicht bekannt.

Du Châtelet und ihre Geschlechtsgenossinnen blieben die Pariser Salons als Bildungsorte vorbehalten. Sie boten ihnen eine eigene Form der Teilhabe am intellektuellen Leben.[53] Im 18. Jahrhundert war der Salon der Ort weiblicher Bildung und Einflussnahme schlechthin.[54] Man sollte auch nicht vergessen, dass er nicht nur ein Ort der Frauen war. Der Salon war auch für viele Männer Bildungs- und Zivilisationsstätte:

> Die Salons waren hervorragende Stätten der Bildung, nicht nur für Frauen, sondern auch für Männer. Indem sie sich selber bildeten, erzogen die Frauen auch die vergnügungssüchtigen und rückständigen Männer, die glaubten, Frauen seien ausreichend unterrichtet, wenn sie das Bett ihres Ehemannes von dem eines anderen unterscheiden könnten, wie dies von einer damaligen Feministin unverblümt vorgebracht wurde.[55]

Die große Leistung der Preziösen des 17. Jahrhunderts und der in ihrer Tradition stehenden Salonières des 18. Jahrhunderts ist die Kultivierung und Zivilisierung der Gesellschaft.

Wie man sich die Zusammenkünfte in einem Salon vorstellen muss, zeigt Abb. 5.1 mit dem Bild von Michel Barthélemy Olivier (1712–1784) *Tea in the englisch manner* von 1766.

---

[50] Vgl. du Châtelet an Maupertuis 1735, Bestermann, 1958, Bd. 1, Briefe 29, 30, 32 u. 42, du Châtelet an Maupertuis, 19. Februar 1735,, Bestermann, 1958, Bd. 1, Brief 32, S. 59 u. am 15. September 1735, Bestermann, 1958, Bd. 1, Brief 41, S. 80.

[51] „J'ai été hier et aujourd'hui vous chercher chez Gradot, et je n'ai pas entendu parler de vous." du Châtelet an Maupertuis, vermutlich Januar 1735, Bestermann, 1958, Bd. 1, Brief 30, S. 57.

[52] Vgl. Zinsser, 2006, S. 74. Siehe auch Abschn. 6.4.

[53] Zu du Châtelet im Kontext der Salonkultur 18. Jahrhunderts vgl. das Forschungsprojekt von Nadine Wentzel *Autorschaft und Geschlechterdifferenz bei den salonnières im 18. Jahrhundert* (Technischen Universität Dresden) (http://www.tu-dresden.de/egk/Nadine/nadine_projekt_deutsch.htm [20.08.2007]).

[54] Vgl. Dulong, 1994, S. 415–440 sowie Baader, 1985, Baader, 1986, Lougee, 1976, Gordon, 1975/76, Dollinger, 1996, Goodman, 1989 u. Harth, 1992.

[55] Dulong, 1994, S. 417.

Abb. 5.1 *Tea in the english manner* (1766) von Michel Barthélemy Olivier

In den Salons entfaltete sich die facettenreiche Kultur der höfischen Gesellschaft. Dazu gehörte nicht nur das unterhaltende Gesellschaftsspiel. Dort tauschte man sich auch über wissenschaftliche Neuigkeiten und Publikationen aus, wie z. B. über die populäre Astronomie aus Abschn. 4.1. Man feierte oder kritisierte Wissenschaftler und die Wissenschaften. Mason (2000) bezeichnet den Salon sogar als Vorzimmer der königlichen Akademie der Wissenschaften.[56]

Im Laufe des 18. Jahrhunderts verloren die Salons ihre Bedeutung für den Wissenschaftsbetrieb. Die fortschreitende Institutionalisierung und Professionalisierung der modernen Mathematik und der modernen Naturwissenschaften als wissenschaftliche Disziplinen erschwerten die wissenschaftliche Teilhabe der Laien und Amateure im Salon. Insbesondere die Mathematik und die Physik wurden gegen Ende des 18. Jahrhunderts immer abstrakter und formaler, was die autodidaktische Aneignung behinderte und diese Fachgebiete für eine (Salon)Konversation unattraktiv machte.

Du Châtelet erlebte die Gastgeberinnen dieser gesellschaftlichen Institutionen noch als kulturell und intellektuell einflussreiche Entscheidungsträgerinnen, die über Erfolg und Misserfolg im Wissenschafts- und Literaturbetrieb entschieden.[57] Zu ihren Lebezeiten zeigte man sich gerne umfassend gebildet und informiert, indem man seine Kenntnisse auf mathematischem und naturphilosophischem Gebiet

[56] Vgl. Mason, 2000.

[57] Vgl. das Zitat in Abschn. 4.3.

präsentierte und seine Gäste mit wissenschaftlichen Vorlesungen und experimentellen Vorführungen unterhielt. [58]

Du Châtelet frequentierte den heute weniger bekannten Salon der de Brancas. Das Haus der de Brancas zählte Mitte des 18. Jahrhunderts zu den literarisch und philosophisch bedeutenden Pariser Häusern.[59] Bei den de Brancas lernte sie ihre Liebe und ihren langjährigen Freund Voltaire kennen. Dort begegnete ihr auch Fontenelle wieder. Auf Voltaire und ihre Besuche bei den de Brancas geht ihre Bekanntschaft mit Maupertuis zurück, ebenso wie die mit Charles-Marie de La Condamine (1701–1774), Francesco Algarotti (1712–1765), Jean Claude Adrien Helvétius (1685–1755) und Louis-François-Armand Duplessis de Richelieu (1696–1788).[60]

Die Salons ermöglichten ihr zwar in einem festgesteckten Rahmen eine mehr oder minder aktive Teilhabe am intellektuellen und wissenschaftlichen Leben, aber um ernsthaft am wissenschaftlichen Diskurs teilzunehmen, bedurfte es anderer Strukturen.[61] Zeitraubende Besuche verhinderten intensive mathematische und naturphilosophische Auseinandersetzung.[62]

Der Besuch eines oder mehrerer Salons muss für du Châtelet zugleich Unterhaltung und zeitfressende gesellschaftliche Verpflichtung gewesen sein. Manche Frauen, darunter du Châtelet, verlegten daher ihre Studien in die Morgen- oder Abendstunden.[63] Illustriert wird dies durch das Bild Mlle Ferrands (1753) von Maurice Quentin de la Tour in Abb. 5.2. Zu sehen ist eine wohlhabende Dame in Morgentoilette bei der Lektüre der populären und allgemeinverständlichen *Elémens de la philosophie de Neuton, mis à la portée de tout le monde* (1738) von Voltaire.

Zu Gunsten ihres Studiums der Mathematik und der Naturphilosophie verzichtete du Châtelet auf den Ruf, eine große Salonière zu sein. Weder in Paris noch auf ihrem Landsitz in Cirey unterhielt sie einen regelmäßigen Salon. Ihre Studienzeiten waren ihr wichtiger, so dass sie nach damaligen Maßstäben selten Einladungen aussprach, um ihren Tagesablauf nicht an etwaige Besucher anpassen zu müssen.[64] Weniger zurückhaltend war sie allerdings bei der Einladung von Akademikern und Wissenschaftlern, mit denen sie ihre Interessen teilen konnte.[65]

Dennoch war du Châtelet zwischen 1734 und 1749 von Zeit zu Zeit Gastgeberin kleinerer oder größerer Gesellschaften in ihrem Pariser Haus, dem Hôtel Lambert auf der Île Saint-Louis. Ihr Gäste bestanden zumeist aus Akademikern sowie Damen und Herrn von Rang. Dazu zählten Mme de Graffigny, Marie Françoise Catherine de Beauvau-Craon Marquise de Boufflers (1711–1787), Marie-Thérèse Rodet Geoffrin (1699–1777), Antoine de Ferriol (1697–1774), Marguerite Colbert

---

[58] Vgl. Sutton, 1995 u. Mason, 2000.

[59] Vgl. Thieme, 1907/1908, Kap. 8 u. Ehrmann, 1986, S. 12.

[60] Vgl. Zinsser, 2006, Kap. 2, S. 62–65 u. Vaillot, 1978, Kap. 4, S. 57–80. Zur Interpretation des Verhältnisses von du Châtelet und Voltaire vgl. Badinter, 1983, S. 255–265.

[61] Siehe auch Abschn. 5.3.

[62] Siehe etwa du Châtelets Schwierigkeiten, Unterrichtszeiten mit Maupertuis zu vereinbaren in Abschn. 7.1.

[63] Siehe weiter unten Abschn. 5.4.

[64] Vgl. Maugras, 1904, S. 115.

[65] Siehe Kap. 7.

Abb. 5.2 *Mlle Ferrand liest Newton* (1753) von Maurice Quentin de la Tour

de Croissy (1682–1769), die Duchesse de Saint-Pierre, der Comte de Guégriant, der Comte de Forcalquier und Jean-François Marquis de Saint-Lambert (1716–1803). Bei diesen Gesellschaften wurde gemeinsam gegessen, gespielt und getanzt, sowie gelegentlich Theaterstücke aufgeführt.[66]

Als Gast konnte du Châtelet ihre Gastgeber sehr enttäuschen. Sie brachte es fertig, den Geselligkeiten und gemeinsamen Vergnügungen ihrer Gastgeber fern zu bleiben, weil ihr Drang zu studieren größer war. Sie bevorzugte die Einsamkeit ihres Studierzimmers und brüskierte ihre Gastgeber.[67] Denn nicht nur die Gastgeber waren ihren Gästen verpflichtet. Die Gäste hatten die Pflicht, zum Gelingen einer Gesellschaft beizutragen. De Launy erzählt in ihren Erinnerungen von einer Begebenheit im August 1747: Voltaire und du Châtelet waren zu Besuch bei der Duchesse de Maine (1676–1753) in Sceaux.[68] Sowohl Voltaire als auch du Châtelet zogen sich tagsüber auf ihre Zimmer zurück. Du Châtelet arbeitete damals an ihrem

---

[66] Vgl. Chris, 1984, S. 104.

[67] Vgl. Couvreur, 2003, S. 235.

[68] Die beiden waren öfter Gäste der Duchesse. Belegt sind Besuche im Herbst 1746 und Sommer 1747 (vgl. Couvreur, 2003, S. 235).

Kommentar zu den *Principia* von Isaac Newton. De Launay, die Gesellschafterin der Duchesse, erinnert sich an das ungebührliche Verhalten:

> Unsere Geister zeigen sich nicht am Tage: Sie erschienen gestern um zehn Uhr abends. Ich glaube kaum, dass wir sie heute früher sehen: Einer ist dabei, wichtige Tatsachen zu beschreiben, der andere Newton zu kommentieren. Sie wollen weder spielen noch spazieren gehen: Sie sind völlig wertlos in einer Gesellschaft, zu der ihre gelehrten Schriften keinerlei Bezug haben.[69]

5.4 Geschaffener Zugang: Studienort Cirey

Während ihres Lebens in Paris blieb du Châtelet wenig Zeit zum Studieren. Erst als sie im Herbst 1734 ihrem Gefährten Voltaire, der wegen seiner *Lettres philosophiques* aus Paris hatte fliehen müssen, auf ihr Schloss nach Cirey-sur-Blaise folgte, fand sie einen ihr gemäßen Studienort. In der Abgeschiedenheit Cireys begann für sie eine intensive Studienzeit, die sie der modernen Mathematik und der experimentellen und spekulativen Naturphilosophie widmete.[70]

Das Landschloss der Familie du Châtelet, das in Abb. 5.3 in einer zeitgenössischen Lithographie zu sehen ist, bedurfte zunächst der Renovierung.

Auf dem Schloss empfing das Paar du Châtelet-Voltaire seine Gäste. Zu Besuch kamen des öfteren Mme de La Neuville und Mme de Champbonin, zwei Freundinnen du Châtelets. Gelegentlich weilte auch der Hof von Lunéville in Cirey.[71] Eine heute noch bekannte Besucherin war die Schriftstellerin und Salonière Mme de Graffigny. Zu einem wissenschaftlichen Zentrum des französischen Newtonianismus machten Cirey allerdings die naturphilosophischen und -wissenschaftlichen Arbeiten von du Châtelet und Voltaire, sowie die Aufenthalte von Maupertuis, Clairaut, Algarotti und Johann II Bernoulli.[72]

Eine Einladung nach Cirey rief bei den Eingeladenen durchaus Entzücken hervor, da der Ort nicht nur für die Gastgeber, sondern auch für die Besucher unterhaltend und intellektuell anregend war.[73] So bezeichnete Maupertuis gegenüber Johann II Bernoulli Cirey im Oktober 1739 als „eine universelle Akademie der Wissenschaften und des Schöngeists."[74] Allerdings fand nicht jeder Gast Gefallen an Cirey als ‚locus amoenus', dem Ort, an dem die literarischen Idyllen Fontenelles und Algarottis Realität wurden. Marie Louise Mignot (1712–1790), besser bekannt als Mme Denis, Nichte und spätere Geliebte Voltaires, betrachtete Cirey als öde Wüste fern ab von Paris.[75]

---

[69] „Nos revenans ne se montrent point de jour: ils apparurent hier à dix heures du soir. J'en pense pas qu'on les voie gure plus tôt aujourd'hui: l'un est à décrire de hauts faits, l'autre à commenter Newton. Ils ne veulent ni jouer, ni se promener: ce sont bien des non-valeurs dans une société où leurs doctes écrits ne sont d'aucun rapport." Launay, 1829, 206.

[70] Vgl. auch Gandt, 2001.

[71] Vgl. Maugras, 1904, Kap. 6.

[72] Vgl. Gandt, 2001.

[73] Vgl. Pomeau, 2001 u. Maugras, 1904, S. 88–91.

[74] „une Académie universelle de sciences et de bel esprit" zitiert nach Gauvin, 2006, S. 165.

[75] Vgl.Pomeau, 2001 u. Maugras, 1904.

Abb. 5.3 Château de Cirey in einer zeitgenössischen Lithographie

Die von Maupertuis geschätzte Mischung aus Wissenschaftlichkeit und Geselligkeit spiegelte sich auch in der Einrichtung des Schlosses wieder. Du Châtelet und
Voltaire verfügten über eine Bibliothek, ein Physiklabor und ein Theater. Letztere
waren wahre Raritäten in Privatbesitz.[76] Von der Bibliothek in Cirey weiß man nur
sehr wenig. Einen kleinen Einblick in den mathematischen und naturphilosophischen Bestand vermitteln die Bücher, von denen man weiß, dass sie sich im Besitz
du Châtelets befanden.[77]

In Cirey strukturierte du Châtelet ihre Tage streng durch. Nur ungern wich sie
von ihrem Tagesablauf ab.[78] Die Vormittage verbrachte sie meist in ihren Räum-
lichkeiten. Gegen 13.00 Uhr nahmen sie und Voltaire mit ihren Gästen den Mor-
genkaffee ein. Anschließend zog sie sich wieder zurück und erwartete das Gleiche
von ihren Besuchern. Erst gegen 21.00 Uhr soupierte man gemeinsam, um anschließend mit Spielen, Unterhaltungen, Theatervergnügungen, Musik und/oder Gesang,
den Tag zu beenden.[79] Allerdings konnte du Châtelet als Schlossherrin die Zeit zwischen 13.00 und 21.00 Uhr nicht ausschließlich ihren Studien widmen. Sie hatte das
Schloss und die Ländereien zu verwalten. Außerdem musste sie sich um Familienangelegenheiten kümmern.[80]

Dank des von Voltaire finanzierten Physikkabinetts konnte du Châtelet in Cirey
experimentell arbeiten. Das Labor enthielt um 1735/36 Spiegel, Linsen und Prismen

---

[76] Zur Bibliothek vgl. Brown und Kölving, 2008 u. zu Physiklabor und Theater vgl. Gauvin, 2006.

[77] Zu den Büchern siehe Kap. 8 u. 9.

[78] Vgl. auch ihre Bemerkung in Abschn. 2.3.

[79] Vgl. Maugras, 1904, S. 111.

[80] Vgl. Gardiner Janik, 1982.

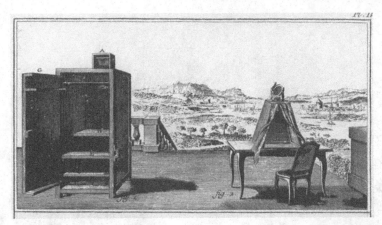

Abb. 5.4 „Chambre obscure"

sowie Gläser und Wasserbecken. Damit verfügte du Châtelet über eine Grundausstattung zur Durchführung optischer Experimente. In den Folgejahren wurden Thermometer, pneumatische Geräte, ein Teleskop, eine kopernikanische Sphäre und eine Camera obscura, wie in Abb. 5.4 zu sehen, angeschafft. 1737 war das Physiklabor fertig eingerichtet.[81] Die Instrumente stammten zum Teil aus der Werkstatt des berühmten Instrumentenbauers Nollet.[82]

Gauvin (2006) vermutet, dass vor allem Voltaire experimentell arbeitete. Du Châtelet betrachtet er eher als Theoretikerin.[83] Dennoch nutzte auch sie das Kabinett. So schrieb sie im Juli 1738 an den Grafen Charles Augustin Feriol d'Argental, dass sie ihre sozialen Kontakte vernachlässige, weil sie das Physiklabor davon abhalte.[84]

5.5 Zusammenfassung

Kapitel 5 hat die Möglichkeiten und Unmöglichkeiten du Châtelets zur passiven und aktiven Teilhabe am wissenschaftlichen Leben ihrer Zeit diskutiert.

Als wohlhabende französische Adelige allerhöchsten Ranges hatte du Châtelet sicherlich mehr Teilhabemöglichkeiten am intellektuellen und wissenschaftlichen Leben ihrer Epoche als viele andere Frauen und Männer.

Abschnitt 5.1 beschreibt, wie du Châtelet nach ihrer Heirat wieder beginnt, sich für die Mathematik und die Wissenschaften zu interessieren. Es war Glück, dass sie

---

[81] Vgl. Gauvin, 2006.

[82] Auf die Herkunft der Camera obscura aus Nollets Werkstatt weist du Châtelet beispielsweise in einem ihrer Briefe an Algarotti hin (vgl. du Châtelet an Algarotti, April 1736 Bestermann, 1958, Bd. 1, Brief 63, S. 112).

[83] Vgl. Gauvin, 2006.

[84] Vgl. du Châtelet an d'Argental, Cirey, um den 1. Juli 1738, Bestermann, 1958, Bd. 1, Brief 131, S. 240.

nach der Geburt ihrer Kinder in Semur Menschen wie Mme de Thil und de Mézières traf, die ihre Interessen für Mathematik und Naturphilosophie teilten. Sie weckten wohl ihren Wunsch nach intellektueller Teilhabe. Zurück in Paris ermöglichte ihr das mondäne Leben in den Pariser Salons und die Nähe zur Akademie der Wissenschaften den Kontakt zu bedeutenden Literaten, Gelehrten und Akademikern ihrer Zeit. So lernte sie neben ihrem späteren Lebensgefährten, dem berühmten Literaten und Philosophen Voltaire, auch die jungen Akademiker Maupertuis und Clairaut kennen.

Diese persönlichen Kontakte milderten die formalen Zugangssperren zu den Wissenschaften, die für Frauen wie du Châtelet damals bestanden, ab. Nur durch die Hintertür konnte du Châtelet am wissenschaftlichen Diskurs teilhaben und teilnehmen. Sie musste sich ihre Wege zu den Wissenschaften suchen, wie die Abschn. 5.2 und 5.3 zeigen. Während ihr also der offizielle Zugang zu Universität, Akademie und Kaffeehaus verwehrt blieb, boten ihr die Preisfragen der Akademie eine Möglichkeit, als Wissenschaftlerin aktiv an wissenschaftlichen Wettbewerben teilzunehmen. Die Salons erlaubten ihr vor allem den Aufbau eines Bekanntenkreises und Netzwerkes, zu dem viele und wichtige Akademiker gehörten. So konnte sie sich über Gespräche und Briefwechsel mit den Gelehrten und Wissenschaftlern informieren und später auch mit ihnen wissenschaftlich diskutieren.

Die Geselligkeiten der Salons und Gesellschaften boten du Châtelet sicher den Vorteil, ihre wissenschaftlichen Kontakte auszubauen und zu pflegen. Gleichzeitig – dies war der Nachteil – forderten sie viel Zeit. Diese Zeit fehlte du Châtelet für ihre Studien. Aus diesem Grund war sie nur gelegentlich Gastgeberin und als Gast nicht immer gesellig. Ambivalent muss daher ihr Fortgang aus Paris nach Cirey für sie gewesen sein. Einerseits gab sie dadurch die Nähe zur Akademie und damit zur aktuellen wissenschaftlichen Forschung auf, andererseits fand sie in ihrem Schloss in Cirey einen ihr gemäßen Studienort, den Abschn. 5.4 vorstellt. Gemeinsam mit Voltaire stattete sie den herrschaftlichen Landsitz mit einem Physiklabor und einer Bibliothek aus, so dass sie sich intensiv ihren Studien widmen konnte. Ihren Tagesablauf richtete sie dort soweit es ging nach ihren Studienbedürfnissen aus. Dennoch hielt sie den Kontakt zu den Akademikern und Freunden in Paris und Europa. Manche besuchten sie und Voltaire sogar in Cirey.

Kapitel 6
Lernende: Situation und Verhalten

> „*Pour avancer dans les Lettres, il faut aimer la retraite, se
> priver des divertissements, résister à la légèreté de notre esprit
> qui demande du changement, s'astreindre à une certaine règle
> pour se lever, pour se coucher, pour prendre ses repas, et ses
> récréations, afin de régler les heures de l'étude, et de trouver le
> temps qu'il y faut employer. Voilà des travaux esentiellement
> nécessaires pour devenir savant.*"
> (Pierre Bayle, 1647–1706)

> „*Enfin, songeons à cultiver le goût de l'étude, ce goût qui ne fait
> dépendre notre bonheur que de nous-mêmes.*"
> (Émilie du Châtelet 1706–1749)

Kapitel 5 hat die Wege beschrieben, die du Châtelet gehen bzw. nicht beschreiten konnte, um an den wissenschaftlichen Diskursen ihrer Zeit teilzuhaben. Wie zu lesen war, stellten sich einige der Hindernisse, die für sie zu überwinden waren, nur deshalb in den Weg, weil sie eine Frau war.

Um schließlich in der Lage zu sein, das Hauptwerk Isaac Newtons, die *Philosophiae Naturalis Principia Mathematica* (1687) ins Französische zu übersetzen und zu kommentieren, musste du Châtelet einen außerordentlichen Lernwillen gehabt haben. Die obige Marginalie des französischen Schriftstellers und Philosophen Pierre Bayle (1647–1706) könnte du Châtelet charakterisieren: eine lernwillige Person, die Zurückgezogenheit lieben, auf Zerstreuungen verzichten, der Oberflächlichkeit des Geistes widerstehen und sich einem geregelten Tagesablauf unterwerfen, um Zeit zum Studieren zu finden. Inwiefern du Châtelet diesem Typus entsprach, klären die folgenden Abschnitte.

Die Abschn. 6.1 und 6.2 beschreiben ihre Lernsituation. In den Abschn. 6.3 und 6.4 wird die Bedeutung von du Châtelets Geschlecht für ihr wissenschaftliches Lernen untersucht. Anschließend geht Abschn. 6.5 auf die Freiräume ein, die sich du Châtelet schuf, um studieren zu können. Auf die Selbstzweifel du Châtelets und ihre Wissbegierde, zwei Charaktereigenschaften der Marquise, geht Abschn. 6.6 ein. Abschließend wird in Abschn. 6.7 ihr scheinbar ambivalentes Verhalten betrachtet, einerseits mit ihren mathematischen und naturphilosophischen Interessen sehr offen und offensiv umzugehen, andererseits ihr tatsächliches, wissenschaftliches Arbeiten vor der Welt geheimzuhalten.

6.1 Lernende außerhalb der Bildungsinstitutionen

Eine Grundvoraussetzung dafür, dass du Châtelet eine zu ihrer Zeit durchaus anerkannte Gelehrte werden konnte, war sicherlich ihr hoher gesellschaftlicher Rang. Ihm verdankte sie nicht nur ihre solide und standesgemäße Erziehung und den Zu-

F. Böttcher, *Das mathematische und naturphilosophische Lernen und Arbeiten
der Marquise du Châtelet (1706–1749)*, DOI 10.1007/978-3-642-32487-1_6,
© Springer-Verlag Berlin Heidelberg 2013

gang zum Hof, sowie den wichtigen und mächtigen gesellschaftlichen Kreisen.[1] Vielmehr hatte sie als ranghohe Dame auch eine gewisse Macht, über gesellschaftlich niederrangige Personen zu bestimmen. So dürfte es für den einen oder anderen Gelehrten in ihrem Umfeld schwierig gewesen sein, auf eine Einladung oder einen Brief der Marquise nicht zu reagieren. Darüber hinaus verfügte du Châtelet über die notwendigen finanziellen Mittel, um geeignete Lehrer zu bezahlen, Bücher anzuschaffen und wissenschaftliche Instrumente zu erwerben.[2] Aber auch zu Beginn des 18. Jahrhunderts genügten weder gesellschaftlicher Rang noch Geld, um tatsächlich eine Gelehrte und Wissenschaftlerin zu werden.[3]

Der Weg du Châtelets zur Gelehrten wurde dadurch erschwert, dass sie eine Lernende außerhalb der höheren Bildungs- und Wissenschaftsinstitutionen bleiben musste. Den Ausschluss der Frauen legte deren Statuten fest. Allerdings blieben nicht nur Frauen Lernende außerhalb dieser Bildungs- und Wissenschaftsinstitutionen. Auch wissenschaftlich ambitionierten Männern blieb der Zugang zu den Akademien verwehrt. Denn unabhängig vom Geschlecht und intellektuellen Fähigkeiten hing eine Aufnahme auch von den richtigen Kontakten ab.[4]

Um Mitglied der Akademie der Wissenschaften in Paris zu werden, benötigte man auch als Mann durchaus die Unterstützung einflussreicher Persönlichkeiten. Dieser Faktor spielt beispielsweise bei der Aufnahme von Pierre-Louis Moreau de Maupertuis, du Châtelets wichtigstem Lehrer und Freund,[5] eine gewichtige Rolle.

Maupertuis kam Anfang der 1720er Jahre erneut nach Paris. Zuvor hatte er zwischen 1714 und 1717 das Pariser ‚Collège de la Marche‘ besucht. Im Anschluss wurde er Leutnant bei den Musketieren. Zurück in Paris machte er nicht nur Bekanntschaft mit den einflussreichen zeitgenössischen Schriftstellern Antoine Houdar de La Motte (1672–1731) und Pierre Carlet de Marivaux (1688–1763), sondern lernte auch für seine akademische Laufbahn wichtige Akademiker kennen. Dazu gehörten der assoziierte Geometer Jean Baptiste Terrasoon (1670–1750), der assoziierte Mechaniker François Nicole (1683–1758) und der pensionsberechtigte Geometer Joseph Saurin (1655–1737).[6] Terrasoon, Nicole und Saurin waren es, die den mathematisch interessierten Maupertuis in die höhere Geometrie einführten und protegierten. Dank ihrer Unterstützung wurde Maupertuis am 11. Dezember 1723 adjungierter Geometer der Akademie. Schon zwei Jahre später, 1725, wurde er assoziierter Geometer und 1731 trat er die Nachfolge Saurins an. Er war zum pensionsberechtigten Geometer aufgestiegen.[7]

Andere ebenso wissenschaftlich ambitionierte Männer und Frauen waren auf das Selbststudium und die Unterstützung durch Lehrbücher und Mentoren angewiesen. Zu ihnen gehörte du Châtelet. Trotz ihrer Vorteile – Rang, Geld, Lehrmittel, Phy-

---

[1] Vgl. Zinsser, 2006.

[2] Siehe Kap. 5 u. 7.

[3] Zum Begriff der Wissenschaftlerin im 18. Jahrhundert vgl. Findlen, 2003.

[4] Vgl. Rogers, 2003, S. 123–124.

[5] Siehe Abschn. 7.1.

[6] Zur Struktur der Akademie siehe Abschn. 5.2.

[7] Vgl. Beeson, 1992, Kap. 2, S. 62–63.

siklabor, wissenschaftliche Kontakte – war sie im Grunde eine wissenschaftliche Autodidaktin.[8]

Die Autodidaxe war im 18. Jahrhundert eine durchaus zeittypische Form der Wissensaneignung. Dies gilt insbesondere für die Geometrie, Algebra und Analysis. Sogar viele Akademiker hatten sie sich im Selbststudium aneignet. So listet Paul (1980) in seiner Untersuchung der akademischen Elogen des 18. Jahrhunderts 22 mathematische Autodidakten auf. Von diesen hatte nur ein geringer Teil ein Kolleg oder eine Universität besucht. In seltenen Fällen hatten Privatlehrer ihre Wissensaneignung unterstützt.[9]

Die Autodidakten hatten durchaus das Potential, sich auf wissenschaftlichem Gebiet hervorzutun. Man bezeichnete sie als Amateure oder Virtuosi. Im Falle eines weiblichen Autodidakten sprach man von dem ‚gelehrten Frauenzimmer‘, der ‚femme savante‘ oder der ‚scientific lady‘.[10] Alle zusammen bildeten die sogenannte europäische Gelehrtenrepublik, einen Vorläufer der heutigen ‚scientific community‘.[11] Es war diese Personengruppe, die mit ihrem Interesse und ihrer Begeisterung für die modernen Wissenschaften zum Werden und Gedeihen der modernen Wissenschaften beitrug.[12] Allerdings verringerte sich die Zahl der wissenschaftlichen Autodidakten ab der Mitte des 18. Jahrhunderts mehr und mehr. Diese Entwicklung steht im Zusammenhang mit der Professionalisierung und Institutionalisierung der Wissenschaften. Hinzu kommt, dass wissenschaftliche Standardisierungs-, Normierungs- und Legitimationsprozesse im modernen Wissenschaftsbetrieb immer wichtiger wurden. Für wissenschaftliche Autodidakten blieb und bleibt kaum Raum.[13]

So war die Amateurin du Châtelet zwar ein Mitglied der europäischen Gelehrtenrepublik und genoss dort als ‚femme savante‘ den Ruf einer Leibniz- und Wolffianerin.[14] Dennoch war sie eine wissenschaftliche Lernende außerhalb der wichtigen und wirkmächtigen Wissenschaftsinstitutionen.

6.2 Fehlende Gleichgesinnte

Das Studium außerhalb einer Institution ist mit besonderen Schwierigkeiten verbunden. Denn das Fehlen einer Lern- oder Arbeitsgruppe erschwert die wissenschaftliche Wissensaneignung und das wissenschaftliche Arbeiten. Dies spürte auch du Châtelet.

---

[8] Zum autodidaktischen Lernen wohlhabender und adeliger Frauen im 18. Jahrhundert vgl. Becker-Cantarino, 1989, S. 177–184.

[9] Vgl. Paul, 1980, Tabelle 3, S. 76.

[10] Zu diesem Typus vgl. Phillips, 1990 u. Meyer, 1955.

[11] Zur Gelehrtenrepublik siehe Goldgar, 1995 u. Goodman, 1994.

[12] Vgl. Rossi, 1997.

[13] Vgl. Vovelle, 1996, S. 7–42.

[14] Siehe Kap. 12.

Die gelegentlichen Begegnungen und Korrespondenzen mit Akademikern bedeuteten für ihr Studium und das Voranschreiten ihrer Lernprozesse sicherlich eine Unterstützung. Von dem inneren Kreis männlicher Gelehrsamkeit blieb sie dennoch ausgeschlossen. Ihr fehlte eine Gruppe Gleichgesinnter, mit denen sie sich ungehindert und regelmäßig treffen konnte.

Von vielen Gelehrten der Zeit weiß man, dass sie sich in gelehrten Zirkeln zusammenfanden. Im 17. Jahrhundert ging Blaise Pascal einmal wöchentlich in die sogenannte ‚Académie Mersenne‘. Der Kartesianer Marin Mersenne (1588–1648) hatte um sich einige Gelehrte versammelt. Mit diesen las und diskutierte er wissenschaftliche Texte. Das besondere Ziel der Gelehrtengruppe war die didaktische Aufarbeitung der Wissenschaften durch die Verbindung mit dem Kulturideal der ‚honnetêté‘.[15]

Wäre du Châtelet in Paris geblieben, hätte sie vielleicht eher die Chance gehabt, eine derartige Gruppe Gleichgesinnter zu finden. In der französischen Kapitale hatte sie einige gelehrte Frauen und Männer getroffen, die ihre intellektuellen Interessen teilten. Potentiell wäre die Duchesse du Maine (1670–1753), die sich wie du Châtelet für Mathematik interessierte, eine solche Person gewesen.[16] Die Duchesse begeisterte sich für Astronomie und Naturphilosophie. Sie ließ sich in diesen Gebieten unterrichten.[17] Das Bildungsinteresse der Duchesse war bekannt. Noch im 19. Jahrhundert porträtierte der Schriftsteller Sainte Beuve sie literarisch aus einer typischen Perspektive seines Jahrhunderts auf die gelehrte Frau. Er betrachtete die Bestrebungen der Duchesse, sich wissenschaftlich zu bilden, als Spleen und Laune, ohne wirkliche Bedeutung.[18]

Im Gegensatz zu du Châtelet war die Duchesse aber nicht an der Naturphilosophie Newtons, Leibniz oder Wolffs interessiert. Ihr intellektuelles Universum war der Kartesianismus.[19] Die beiden Damen begegneten sich äußerst selten und vermutlich gab es bei den eher geselligen Zusammenkünften kaum Gelegenheiten zum intellektuellen Austausch.[20]

Eine Wissenschaftsakademie für Frauen gab es nicht, obwohl diese Idee aufgrund des großen weiblichen Interesses an Bildung und den Wissenschaften während der Neuzeit durchaus aufkam.[21] Ein heute noch bekannter Vorschlag zur Gründung einer Frauenakademie kam von der englischen Schriftstellerin Mary Astell (1668–1731).[22] Realisiert wurde dieses Projekt jedoch nicht.

Ein weiteres Hindernis auf der Suche nach Gleichgesinnten war das Interesse du Châtelets an Mathematik und der modernen Naturphilosophie. Die Marquise

---

[15] Vgl. Descotes, 2001.

[16] Siehe hierzu Abschn. 8.1.4.

[17] Vgl. Preyat et al., 2003, S. 7–9 u. Azouvi, 2003.

[18] Vgl. Sainte-Beuve, 1857, S. 215–216.

[19] Vgl. Preyat et al., 2003, S. 7–9 u. Azouvi, 2003.

[20] Zu den Begegnungen siehe Abschn. 5.3.

[21] Zu den Partizipationsmöglichkeiten der Frauen an den Wissenschaften in der Neuzeit vgl. Schiebinger, 1993 u. Schiebinger, 1996.

[22] Vgl. Perry, 1986, Kap. 4.

verfügte schon bald über ein mathematisches und naturphilosophisches Wissen, das nur wenige ihrer Zeitgenossen erreichten.[23]

Auf den Gebieten der Mathematik und der Naturphilosophie gehörte sie unbestritten zur geistigen Elite ihrer Zeit. Betrachtet man aus dieser Perspektive ihre intensive Kontaktpflege zu den verschiedenen Akademikern und Gelehrten, so erweist sie sich als eine sinnvolle Strategie, um adäquate Diskussionspartner zu finden, die ihre Studien und wissenschaftliche Arbeit verstehen und unterstützen konnten.

Einige Zeit lang fand du Châtelet in Voltaire einen idealen, intellektuellen Partner. In den Jahren von 1735 bis 1741/42 teilten sie das Interesse an Newtons Optik und an der Metaphysik. Sie arbeiteten zeitgleich an mathematischen, physikalischen und metaphysischen Fragestellungen.[24] Inwiefern diese Studien gemeinsam oder parallel verliefen, kann nicht mehr beurteilt werden. Die Intensität der gemeinsamen Studien ist mit den vorhandenen Quellen nicht mehr zu rekonstruieren, da die umfangreiche Korrespondenz der beiden bei einem Brand verloren ging.[25]

Berücksichtigt man du Châtelets und Voltaires Tagesabläufe und du Châtelets Tendenz, ihre Arbeiten auch vor den Freunden geheim zu halten, liegt nahe zu vermuten, dass gemeinsame Arbeitsphasen selten waren. Außerdem zeichnete sich schon bald ab, dass du Châtelet die Mathematikerin und Naturphilosophin war und Voltaire der Literat und Philosoph. Diese Einschätzung bestätigt der französische Schriftsteller und Historiker Charles-Jean-François Hénault (1685–1770). Er besuchte im Sommer 1744 Cirey und teilt seine Eindrücke mit:

> Ich fuhr auch in Cirey vorbei. Es ist seltsam. Beide sind dort, ganz allein, von Freude erfüllt. Der eine macht auf seiner Seite Verse, der andere Dreiecke. Das Haus ist von einer romantischen Architektur und einer superben Pracht. Voltaire bewohnt ein von einer Galerie begrenztes Appartement. Es ähnelt einem der Bilder, das Sie von der Athener Schule gesehen haben [es ist die *Stanza della Segantura* von Raphaël im Apostolischen Palast des Vatikans], wo jegliche Art mathematischer, physikalischer, chemischer, astronomischer, mechanischer etc. Instrumente versammelt sind. Und all dies ist begleitet von altem Lack, Spiegeln, Bildern, sächsischem Porzellan etc. Ich sage ihnen, letztendlich glaubt man zu träumen.[26]

Der Biograph Voltaires, Wade (1969), betrachtet du Châtelet sogar als mathematische und naturphilosophische Lehrerin des Poeten.[27]

---

[23] Zum Umfang dieser Kenntnisse siehe Kap. 8, 9 u. 10.

[24] Vgl. Wade, 1969, S. 265–291.

[25] Der Briefwechsel von Voltaire und du Châtelet umfasste acht Bände im Buchformat Quart. Sie befanden sich im Besitz des französischen Schriftstellers Claude-Henri de Fusée, Comte de Voisenon, Abbé du Jard, genannt Abbé de Voisenon (1708–1775). Es heißt, ein Brand habe sie zerstört (vgl. Pomeau, 2001, S. 11).

[26] „J'ai aussi passé par Cirey. C'est une chose rare. Ils sont là tous les deux tout seuls, comblés de plaisirs. L'un fait des vers de son côtés, et l'autre des triangles. La maison est d'une architecture romanesque et d'une magnificence qui surprend. Voltaire a un appartement terminé par une galerie qui ressemble à ce tableau que vous avez vu de l'*école d'Athènes* [c'est à dire, la fresque de Raphaël de la Stanza della signature], où sont rassemblés des instruments de tous les genres, mathématiques, physiques, chimiques, astronomiques, mécaniques, etc. et tout cela est accompagné d'ancien laque, de glaces, de tableaux, de procelaines de Saxe, etc. Enfin, je vous dis qu'on croit rêver. (Hénault am 9 Juli 1744, zitiert nach Bestermann, 1958, 15).

[27] Vgl. Wade, 1969, S. 265–291.

6.3 Unerhörtes Interesse

Du Châtelet fehlte nicht nur eine konstante Arbeitsgemeinschaft. Ihr wissenschaftliches Lernen und Arbeiten wurde zusätzlich dadurch erschwert, dass sie damit ein offen zur Schau gestelltes Interesse ausdrückte, das für eine Frau zu dieser Zeit unerhört war. Für ihren Mut und ihre Ausdauer, sich mit den abstrakten Wissenschaften Mathematik und Naturphilosophie zu befassen, zollte ihr Voltaire in seiner Rezension ihres Physiklehrbuchs 1740 Respekt:

> Sie hatte die Geduld, sich selbst darin zu unterweisen, von dem sie den Mut hatte, es zu erlernen. Diese beiden Verdienste sind gleichermaßen rar.[28]

Seit dem 17. Jahrhundert billigte der französische Adel den Frauen zumindest theoretisch eine höhere Verstandesbildung zu. Der Diskurs um die weibliche Bildung betonte seitdem die Rationalität des weiblichen Verstandes und forderte dessen Bildung. Noch im 18. Jahrhundert wirkte dieser Diskurs nach, obwohl ab der Mitte dieses Jahrhunderts die Frau immer stärker als „gefühlvolles Seelchen" idealisiert wird.[29]

Zuvor war das idealisierte, weibliche Leitbild die kultivierte, gelehrte Frau, die am Hof lebt oder einen Salon führt. Sie betätigt sich in Gelehrtenzirkeln, Sprachgesellschaften und Dichterorden. Dabei wirkt sie durch ihren ausgesuchten und gepflegten Konversationsstil kulturell zivilisierend.[30]

Zu diesem Ideal der gebildeten und kultivierten Dame gehörte aber auch, dass diese ihre Gelehrtheit nicht offensichtlich zur Schau trägt. Sie muss jeden Anschein eines ernsthaften, gelehrten oder wissenschaftlichen Interesses verbergen. Noch weniger als der Höfling durfte sie unter den Verdacht gelehrten Pedantismus geraten. Dennoch sollte die Dame geistreich und unterhaltend eine leichte, anmutige Konversation über alle, auch gelehrte und wissenschaftliche, Themen führen können.[31]

Ernsthaftes Interesse an den rationalen Wissenschaften, wie du Châtelet es offen zeigte, sollte eine Frau verbergen. Erhellend ist in diesem Zusammenhang der Anfang des philosophischen Romans von Johann Heinrich Samuel Formey (1711–1797), *La belle Wolfienne* (1741). Formey entwirft darin eine Handlung, in der eine junge, gebildete Protagonistin einen Freund der Familie in der Philosophie Christian Wolffs unterweist. Dass die junge Frau die rationale Philosophie Wolffs studiert, ist ein Geheimnis. Der Familienfreund erfährt zufällig davon und erpresst die junge Frau. Er droht, ihr intellektuelles Geheimnis zu lüften. Sie erklärt sich schließlich bereit, den Mann zu unterrichten und bittet aus folgendem Grund um Verschwiegenheit über ihre Kenntnisse:

---

[28] „Elle a eu la patience de lui enseigner elle seule ce qu'elle avait eu le courage d'apprendre. Ces deux mérites sont également rares;" in *Exposition du livre des Institutions physiques dans laquelle on examine les idées de Leibnitz.* (1740).

[29] Vgl. Brokmann-Nooren, 1994 u. Bovenschen, 1979.

[30] Vgl. Brokmann-Nooren, 1994, Kap. 1, S. 21–42.

[31] Vgl. Klein, 1993, Strosetzki, 1978 u. Strosetzki, 1988.

Die Verhöhnungen, denen die Personen meines Geschlechts ausgesetzt sind, die sich entscheiden, aus ihrer Sphäre herauszutreten, erschienen mir immer derart fürchterlich, dass ich vor Scham stürbe, wenn ich mich ihnen ausgesetzt sähe.[32]

Weniger deutlich formulierte Francesco Algarotti (1712–1764) dieses weibliche Dilemma in *Il Newtonianisme per le dame* (1737), sechs Dialogen über die Optik Newtons. Am Schluss seines Buches rät er den Frauen, ihre Gelehrsamkeit zu kaschieren, um sich keinen Anfeindungen auszusetzen:

Sie wissen nur durch Vermutung, aus was die Farben und das Licht bestehen, dennoch könnten sie Menschen begegnen, die sagen, dass sie mehr wissen, als es sich für eine Dame gehört. Ich wäre die Ursache dafür. Ich, der ihnen über drei oder vier Verse einen Kommentar gehalten habe, der genügte, ein großes Gedicht auf unsere Philosophie zu machen. Für ihr Glück kaschieren Sie die Wissenschaft von Zeit zu Zeit und verbinden sie die Wissenschaft der Welt mit der Wissenschaft der Physik.

Wie mein Herr, ich weiß davon schon so viel, dass ich mich darin üben soll, ignorant zu erscheinen, obwohl ich mich von nun an Newtonianerin nennen könnte?[33]

Ein weiterer Beleg dafür, wie grenzverletzend wissenschaftlich ambitionierte Frauen wahrgenommen wurden, ist die bekannte Verskomödie *Les femmes savantes* (1672) von Jean-Baptiste Poquelins (1622–1673), alias Molière, und das Theaterstück *Humours of Oxford* (1726) von James Miller (1703–1744). In dem Theaterstück berichtet Lady-Science:

I am justly made a Fool of, for aiming to be a Philosopher – I ought to suffer like *Phaeton*,[34] for affecting to move into a *Sphere* that did not belong to me.[35]

An anderer Stelle heißt es:

The Dressing-Room, not the Study, is the Lady's Province – and a Woman makes as ridiculous a Figure, poring over Globes, or thor' a Telescope, as a Man would with a Pair of *Preservers* mending Lace.[36]

Du Châtelet erfuhr am eigenen Leib, dass sie ihr mathematisches und naturphilosophisches Wissen als Frau nicht ungestraft öffentlich zeigen durfte. Durch ihren

---

[32] „Les railleries auxqueles sont exposées les personnes de mon Sexe, qui s'avisent de sortir de leur sphère, m'ont toûjours paru si formidables, que je mourrois de confusion, si je m'y voyois en bute. Formey, 1983, S. 11–12.

[33] „Vous ne sçavez que par conjecture en quoi consistent les Couleurs & la Lumiere, & cependant vous pourrez trouver des personnes qui diront que vous en sçavez plus qu'il ne convient à une Dame, j'en serai la cause, moi, qui sur trois ou quatre Vers vous ai fait un Commentaire si long qu'il suffiroit pour un grand Poëme sur notre Philosophie; par bonheur pour elle vous dissimulerez de tems en tems, & vous joindrez la Science du Monde à la Science de la Physique.

Comment donc, Monsieur, j'en sçais déja tant qu'il faut que je m'étudie à paroître ignorante; quoi, je puis dés-à-present m'appeller Newtonienne? Algarotti, 1739, Bd. 2, S. 307–308.

[34] Miller verwendet die Figur des Sonnegottes Helios aus der griechischen Mythologie als Warnung an die Frauen vor Überheblichkeit und Überschätzung (vgl. auch Jacoby, 1971). In dieser Arbeit taucht Phaeton, der auch als Namenspatron für Himmelskörper fungiert, im Zusammenhang mit den *Entretiens de la pluralité des mondes* von Fontenelle auf. Unausgesprochen wird auch Fontenelle an die mit Phaeton verbundene Warnung gedacht haben (siehe auch Abschn. 4.3).

[35] Zitiert nach Fara, 2002, S. 174.

[36] Zitiert nach Fara, 2002, S. 174.

offenen und zum Teil offensiven Umgang mit ihren Ambitionen erfuhr sie Kritik und Häme.[37] Die berühmte Salondame Marie de Vichy Chamrond, Marquise du Deffand (1697–1780), eine intime Freundin Voltaires, verfasste ein äußerst unvorteilhaftes literarisches Porträt von ihr. Eigentlich hatte Voltaire gehofft, dass sich du Châtelet und du Deffand anfreunden würden. Aber du Deffand, bekannt für ihre verbale Bissigkeit und ihren Sarkasmus, zeigte deutlich ihre Antipathie gegen Voltaires Partnerin.[38] Du Deffand warf du Châtelet Geltungssucht vor:

> Sie ist mit genügend Geist geboren. Der Wunsch, noch geistreicher zu erscheinen, hat sie bewogen, das Studium der abstraktesten Wissenschaften dem der angenehmen Kenntnisse vorzuziehen: Sie glaubt durch diese Ausgefallenheit zu größerem Ansehen und einer entschiedenen Überlegenheit gegenüber allen Frauen zu gelangen.[39]

Dieses Porträt wirkte sich für du Châtelet negativ aus. Es war vermutlich du Deffands Text, der ihr die Kontaktaufnahme mit dem deutschen Philosophen Christian Wolff erschwerte.[40] Wolff erkundigte sich bei dem Grafen Ernst Christoph von Manteuffel (1676–1749) nach der französischen Gelehrten und erhielt im Juni 1739 folgende Beurteilung:

> Von allen, die mir ein Bild von ihr gegeben haben, zeichnet keiner sie als eine wissenschaftlich solide Dame. Vielmehr als eine Verrückte, durchdrungen von Eitelkeit und Koketterie mit einem lebendigen, unruhigen, neugierigen und bizarren Geist.[41]

Du Châtelet setzte sich der Kritik ihrer Zeitgenossen aus. Sie verfolgte ihre wissenschaftlichen Interessen. Nicht zuletzt dieses Verhalten macht sie für die Geschichte der wissenschaftlichen Bildung von Frauen zu einer besonderen historischen Figur. Vermutlich gab es viel mehr gebildete und gelehrte Frauen im 17. und 18. Jahrhundert als uns heute bekannt ist, weil diese den Mantel des Schweigens über ihr Wissen gelegt haben.

6.4 „Wenn ich ein Mann wäre …"

Du Châtelet hatte durchaus ein Gespür dafür, dass ihr ‚Frau sein' ihr das Studieren und wissenschaftliche Arbeiten erschwerte. Nicht nur, dass sie kein Mitglied der Pariser Akademie der Wissenschaften werden konnte, sie konnte sich auch als

---

[37] Zum offenen Umgang mit ihren Interessen siehe Abschn. 6.7.

[38] Vgl. Thieme, 1907/1908, Kap. 8.

[39] „Elle est née avec assez d'esprit; le désir d'en paraître davantage lui a fait préférer l'étude des sciences les plus abstraites aux connaissances agréables: elle croit par cette singularité parvenir à une plus grande réputation et à une supériorité décidée sur toutes les femmes." (zitiert nach Bestermann, 1958, S. 13–14).

[40] Zu Wolff und du Châtelet siehe Abschn. 12.2.

[41] „De tous ceux qui m'en ont fait le portrait aucun ne la dépeignit jamais comme une dame solidement savante mais comme une folle, pétrie de vanité et de coquetterie, ayant l'esprit vif, inquiet, curieux, bizarre."
Manteuffel an Wolff 15. Juni 1739, zitiert nach Droysen, 1910, S. 228.

Frau nicht frei bewegen. Dies machten ihr die Treffen der Akademiker Maupertuis, Clairaut und Algarotti im Kloster Mont Valérien schmerzlich bewusst:

> Wenn ich ein Mann wäre, wäre ich mit Ihnen auf dem Mont Valérien. Ich ließe alle Nutz-
> losigkeiten des Lebens fallen. Ich liebe das Studium leidenschaftlicher als ich die gute Ge-
> sellschaft liebe. Aber ich habe dies zu spät erkannt.[42]

Der Verdruss darüber, dass sie an diesen Arbeitstreffen nicht teilnehmen konnte und die Akademiker nicht nach Cirey kamen, drückte du Châtelet drei Jahre früher ebenso deutlich aus:

> Wenn ich nicht hier wäre, wollte ich auf Mont Valérien sein. Warum sagten nicht Sie we-
> nigstens: Wenn ich nicht auf Mont Valérien wäre, wollte ich in Cirey sein?[43]

Entfernte Studienreisen, wie sie junge Wissenschaftler unternahmen, blieben du Châtelet ebenfalls verwehrt.[44] Ohne die Erlaubnis ihres Mannes konnte sie, anders als Voltaire oder Maupertuis, keine Studienreisen nach England oder Basel unternehmen.[45]

Gerne wäre sie ebenso wie Maupertuis, der sich am 30. September 1729 bei Johann I Bernoulli immatrikulierte, in die Schweiz gereist. Wie leicht wäre ihr der Kalkulus gefallen, wenn sie, wie ihr wissenschaftlicher Mentor Maupertuis, die Grundlagen der modernen Mathematik und Mechanik von Bernoulli hätte lernen können? Maupertuis erhielt in Basel die in ganz Europa damals wohl beste mathematische und naturwissenschaftliche Ausbildung.[46]

Im wesentlichen hätte du Châtelet bei Bernoulli die analytische Geometrie und die von Leibniz und den Brüdern Bernoulli entwickelte Differentialrechnung erlernt. So musste sie sich diese mühsam mit Hilfe der Lehrbücher selber aneignen.[47] Wie Maupertuis hätte sie bei Bernoulli auch Huygens *Horologium*, Newtons *Principia* und die Arbeiten von Bernoulli selbst studieren können.[48] Dies jedoch blieb ihr verwehrt.

Von Studienreisen träumte du Châtelet nur. Zwischen 1736 und 1739 sprach sie in ihrer Korrespondenz mit Algarotti von einer Reise nach England und erwähnte als weitere Reiseziele Preußen und Italien. Die Reise wollte sie gemeinsam mit dem italienischen Hofmann unternehmen:[49]

---

[42] „Si j'étais homme je serais au mont Valérien avec vous, et je planterais là toutes les inutilité de la vie. J'aime l'étude avec plus de fureur que je n'ai aimé le monde, mais je m'en suis avisée trop tard." Du Châtelet an Maupertuis, Cirey, 24. Oktober 1738, Bestermann, 1958, Bd. 1, Brief 146, S. 264.

[43] „Si je n'était pas ici je voudrais être au mont Valerien. Pourquoi ne dites vous pas du moins, si je n'étais pas au mont Valerien je voudrais être à Cirey? " Du Châtelet an Maupertuis, Cirey, August 1735, Bestermann, 1958, Bd. 1, Brief 40, S. 79.

[44] Zur Geschichte der Studienreise vgl. Blay und Halleux, 1998, S. 165–176.

[45] Vgl. das Zitat in Abschn. 6.4.

[46] Vgl. Beeson, 1992, Kap. 2, S. 79.

[47] Zu den Lehrbüchern siehe Kap. 8.

[48] Vgl. Beeson, 1992, Kap. 2, S. 79 u. Speiser, 1999, S. 344.

[49] Vgl. du Châtelet an Algarotti, Brüssel, den 10. März 1740, Bestermann, 1958, Bd. 2, Brief 236, S. 11–12.

> Ich hege nicht die Hoffnung, ihn [den Reisewunsch, FB] eines Tages zu erfüllen. [...] Vielleicht wäre ich die erste Frau, die in England weilte, um sich unterrichten zu lassen.[50]

Vergeblich suchte sie nach einem plausiblen Grund für eine Reise nach England, um die Reiseerlaubnis ihres Mannes zu erhalten:

> Mit größerer Leidenschaft als je zuvor ersehne ich meine Reise nach England. Ich zerbreche mir den Kopf, um einen Grund für die Reise zu finden. Denn Herr du Châtelet wird einer Reise aus reiner Neugierde nur schwerlich zustimmen.[51]

England betrachtete du Châtelet als philosophisches Paradies, wo jeder Mann und jede Frau ein Philosoph sei.[52] Sie wollte insbesondere der englischen Königin, Caroline von Ansbach (1683–1737), begegnen, die in Abb. 6.1 zu sehen ist.[53]

Der Empfang durch die englische Königin wäre eine große Ehre gewesen. Zudem war Caroline für ihre Gelehrtheit bekannt. Die englische Königin interessierte sich ebenso wie du Châtelet für die Naturphilosophie und spielte eine wichtige Rolle in der berühmten naturphilosophischen Debatte zwischen Gottfried Leibniz (1646–1716) und Samuel Clarke (1675–1729).[54] Sie wäre ein interessante und kompetente Gesprächspartnerin für du Châtelet gewesen.

Nach Carolines Tod träumte du Châtelet weiter von einer Reise nach England. Gemeinsam mit Algarotti, Maupertuis und dem Schriftsteller und Kanzelredner Jean-François du Bellay du Resnel (1692–1761),[55] der ebenfalls zu den Besuchern du Châtelets in Cirey zählte, wollte sie 1738 nach England aufbrechen.[56] Sie hielt an dem Gedanken einer Reise nach England fest, obwohl sie sicher wusste, dass diese für sie eine Utopie darstellte:

> Ich verschönere es [Cirey, FB] jeden Tag. Und doch will ich nur von hier weg, um in das Land der Philosophie und der Vernunft zu gehen.[57]

---

[50] „Je ne éspère pas de la satisfaire quelque jour. [...] Je serai peut-être la première femme qui ait été en Angleterre pour s'instruiere." Du Châtelet an Algarotti, Cirey, 10. Juli 1736, Bestermann, 1958, Bd. 1, Brief 67, S. 119.

[51] „Je désire mon voyage en Angleterre avec plus de passion que jamais; je me donne la torture pour y trouver un prétexte; car mr du Châtelet aura bien de la peine à consentir à un voyage de pure curiosité." Du Châtelet an Algarotti, Cirey, 11. Januar 1737, Bestermann, 1958, Bd. 1, Brief 88, S. 159.

[52] Siehe auch das Zitat in Abschn. 6.4.

[53] Vgl. du Châtelet an Algarotti, Cirey, 10. Januar 1738, Bestermann, 1958, Bd. 1, Brief 113, S. 206, Cirey, 2. Februar 1738, Bestermann, 1958, Bd. 1, Brief 117, S. 211 u. Cirey, 17. März 1739, Bestermann, 1958, Bd. 1, Brief 200, S. 348 u. 349.

[54] Vgl. Bertoloni, 1999.

[55] Du Resnel studierte in Rouen und zog 1710 nach Paris. Dort übersetzte er Texte von Pope und verfasste verschiedene Abhandlungen. Er war Mitglied der „Académie des Inscriptions" und ab dem 2. Juni 1742 der „Académie française", arbeitete als Zensor und war Direktor des *Journal des savants*. Du Châtelet korrespondierte mit ihm wegen seiner Übersetzungen von Alexander Pope (1688–1744) (vgl. Zinsser, 2006, S. 167).

[56] Vgl. du Châtelet an Algarotti, Cirey, 10. Januar 1738, Bestermann, 1958, Bd. 1, Brief 113, S. 206.

[57] „Je l'embellis [Cirey, FB] tous les jours, et je n'en vey sortir que pour aller dans le pays de la philosphie et de la raison." Du Châtelet an Algarotti, Cirey, 2. Februar 1738, Bestermann, 1958, Bd. 1, Brief 117, S. 211.

Abb. 6.1 *Königin Caroline*
(unbekannt) von Unbekannt

6.5 Freiräume zum Studieren

Schließlich musste sich du Châtelet, um studieren zu können, Freiräume schaffen. Dabei spielte ihr Ehemann eine wichtige Rolle. Er stand ihrem Lebensentwurf, in Cirey mit Voltaire zusammenzuleben und zu arbeiten, nicht im Weg.[58]

Der Marquis du Châtelet respektierte und unterstützte seine Frau. Vielleicht bewunderte er sie auch. So zwang er sie nicht zu Höflichkeitsbesuchen am Hof von Lunéville, wenn sie es vorzog, in Cirey zu bleiben.[59] Seine Akzeptanz ihres Lebens führte dazu, dass zwischen den Eheleuten ein besonderes Vertrauensverhältnis

---

[58] Vgl. Badinter, 1983, S. 109–110.
[59] Vgl. Maugras, 1904, S. 162.

bestand. Er war die einzige Person, die sie ins Vertrauen zog, als sie an ihrer wissenschaftlichen Abhandlung über die Natur des Feuers arbeitete.[60]

Trotz der Unterstützung ihres Mannes gab es genügend alltägliche Verpflichtungen, die die Marquise von ihren Studieninteressen fern hielten. Besonders deutlich zeigt sich dies anhand der Umstände, in denen sie mit Hilfe des Mathematikers Samuel König (1671–1750) den Kalkulus erlernte und die Metaphysik Leibniz zu durchdringen suchte. Damals hatte du Châtelet kaum Zeit, um sich ihren Studien zu widmen. Wegen juristischer Angelegenheiten musste sie des Öfteren nach Brüssel reisen. Auf diesen Reisen begleitete sie ihr Lehrer, damit sie die wenige freie Zeit ihren Studien widmen konnte.[61]

Wie in Abschn. 5.4 bereits erwähnt, hatte du Châtelets ihre Tage in Cirey so strukturiert, dass ihr die Zeit zwischen 13.00 Uhr und 21.00 Uhr zur freien Verfügung stand. Während dieser Stunden studierte sie nach Möglichkeit oder pflegte ihre ausgedehnte und verzweigte Korrespondenz.[62]

In den ersten Jahren in Cirey beanspruchte allerdings die Renovierung des Schlosses einen großen Teil ihrer verfügbaren Zeit. Zeitaufwendig waren für sie auch die regelmäßigen Besuche des Hofstaates von Lunéville, da sie diese Besucher in den Nachmittagsstunden nicht einfach sich selbst überlassen konnte.[63] Von den Wissenschaften hielten sie auch die Reisen fern, die sie wegen unterschiedlicher, familiärer und gesellschaftlicher Anlässe häufig nach Paris, Brüssel und Lunéville führten.[64]

Trotz dieser widrigen Umstände kann man sagen, dass die Abgeschiedenheit Cireys positiv für du Châtelets wissenschaftliche Entwicklung und sie dort überaus produktiv war. Sie schrieb dort eine Abhandlung über die Verbreitung des Feuers, versuchte sich an einer Theorie der Optik und verfasste ein Physiklehrbuch.[65]

Dass sie auf dem Land derart gut arbeiten konnte, lag sicher auch daran, dass Voltaire ihr Bedürfnis nach Kontemplation teilte. Außerdem stand ihr zum naturwissenschaftlich-mathematischen Arbeiten mit der Bibliothek und dem Physiklabor eine ausgesprochen gute Infrastruktur zur Verfügung.[66]

Besondere Bedeutung hatten für du Châtelet gewiss die Besuche ihrer akademischen Freunde in Cirey. Denn mit diesen Besuchern konnte sie ihre drängenden, wissenschaftlichen Fragen unmittelbar diskutieren und musste sich nicht mit schriftlichen Antworten begnügen, auf die sie zudem lange, manchmal sogar vergeblich warten musste.[67] Die akademischen Gäste waren für sie zugleich Lehrer und wissenschaftliche Gesprächspartner.[68]

---

[60] Siehe das Zitat in Abschn. 6.7.

[61] Siehe Abschn. 7.2.

[62] Vgl. Maugras, 1904, S. 111.

[63] Vgl. Maugras, 1904, Kap. 6.

[64] Vgl. Gardiner Janik, 1982.

[65] Siehe Abschn. 6.7 u. Kap. 11.

[66] Siehe auch die unterschiedlichen Studien in Gandt, 2001.

[67] Siehe Kap. 8.

[68] Siehe exemplarisch das Zitat in Abschn. 6.5 u. Kap. 7.

Abb. 6.2 Elisabeth von Böhmen (1736) von Unbekannt

Bei ihren Studien war sich du Châtelet durchaus bewusst, dass sie im Grunde auf sich selbst gestellt war. Die akademischen Besuche waren zu selten. Dennoch genoss sie das Privileg, von Maupertuis, den sie als ihren idealen Lehrer betrachtete, von Zeit zu Zeit persönlich angeleitet zu werden.[69] Wie deutlich ihr aber auch ihre Abhängigkeit von der Bereitschaft Maupertuis, sie zu unterrichten, vor Augen stand und wie sehr sie mit anderen wissbegierigen Damen konkurrierte, zeigt das folgende Zitat. Es ist ihre Reaktion auf die Nachricht, Maupertuis unterrichte in Paris die Duchesse de Richelieu:

> Ich weiß nicht, wie die Böhmische Prinzessin sich mit der Reise Descartes nach Schweden arrangierte, aber ich glaube, wenn er Ihre Vorzüge gehabt hat, hat sie ihn Christina nicht leichten Herzens überlassen.[70]

Es ist auffällig und aufschlussreich, dass du Châtelet sich mit Elisabeth von Böhmen (1618–1680) (siehe Abb. 6.2) und Christina von Schweden (1626–1689) (siehe Abb. 6.3) identifiziert.[71] Bezogen auf ihre und deren Lernsituation sieht sie zwi-

---

[69] Zu Maupertuis siehe Abschnitt 7.1.

[70] „Je ne sais comment la princesse palatine s'accomoda du voyage de Descartes en Suede, mais je crois que s'il avait eu votre mérite elle ne l'eût point cédé aisément à Christine." Du Châtelet an Maupertuis, Cirey, 18. Juli 1736, Bestermann, 1958, Bd. 1, Brief 69, S. 121.

[71] Elisabeth von Böhmen (1618–1680) oder Elisabeth von der Pfalz war die Tochter Friedrich V (1596–1632), der als Winterkönig von Böhmen und Kurfürst der Pfalz bekannt ist. Elizabeth korrespondierte mit der Gelehrten Anna Maria von Schürmann (1607–1678) sowie mit Malebranche (1638–1715), Descartes (1596–1650) und Leibniz (1646–1716). Zwischen 1620 und 1646 lebte sie in den Niederlanden, siedelte anschließend nach Brandenburg über und leitete von 1667 bis 1680

Abb. 6.3 *Christina von Schweden* (unbekannt) von Sébastien Bourdon (1616–1671)

schen sich und der Prinzessin und Monarchin Parallelen. Da beide Damen für ihr Wissen und ihre Bildung berühmt waren, stellt sich du Châtelet mit ihrem Verweis auf sie in eine Traditionslinie mit diesen ‚femmes savantes'.

Cirey war aber nicht nur der Ort der Freiräume. Mit der Übersiedlung aufs Land waren auch Nachteile verbunden. Sie bedeutete die Trennung vom akademischen Leben in Paris, von ihrem Lehrer Maupertuis und anderen potentiellen Lehrern wie Clairaut, die – wenn auch indirekt – ihr einen Zugang zur akademischen Wissenschaft öffneten.[72] Daher ist verständlich, warum du Châtelet Maupertuis, Clairaut, Algarotti, Johann II Bernoulli u. a. immer wieder, zumeist vergeblich, einlud:

---

als Äbtissin ein lutherisches Kloster in Herford (vgl. Harth, 1992, S. 67–77). 1643 unterrichtete Descartes Elisabeth in der analytischer Geometrie, die er in seinem mathematischen Hauptwerk entwickelt hatte. Elisabeth galt als außergewöhnlich gebildet. Sie hatte Descartes Schriften genau studiert und wollte unbedingt von ihm in Den Haag unterrichtet werden. Ab Mai 1643 bis 1649 bestand zwischen ihr und dem Philosophen eine Korrespondenz. In ihrem brieflichen Gedankenaustausch diskutierten die beiden Descartes Körper-Geist-Dichotomie. Descartes überarbeitete auf ihre Einwände hin seine philosophische Konzeption von Körper und Geist (vgl. Beyssade, 1989, S. 23–36 u. Tollefsen, 1999). Elisabeths mathematische Bildung zeigt sich ebenfalls in dem Briefwechsel mit Descartes, in dem sie sich mit dem berühmten „Apollonischen Berührproblem" befasste. Bemerkenswert ist, dass sie Descartes eine analytische Lösung des Problems sandte. Sie zeigte damit, dass sie die als schwierig angesehene moderne analytische Geometrie hervorragend beherrschte (vgl. Verbeek et al., 2003, S. 202–211).

[72] Vgl. du Châtelet an Maupertuis, Cirey, August 1735, Bestermann, 1958, Bd. 1, Brief 40, S. 79.

Wenn ich sie hier zusammenbringen könnte, schätzte ich mich glücklicher als die Königin Christina. Sie verließ ihr Königreich, um den vermeintlichen Gelehrten hinterher zu laufen. Es wäre in meinem, in dem ich versammelte, was sie hinter Rom suchen musste. Sie wissen, dass der Selbstachtung nur der erste Schritt schwer fällt.[73]

Für du Châtelets akademischen Gäste war Cirey sicher ein Ort der anregenden Unterhaltung. Ein Studienort war es für sie eher nicht und sie besuchten Cirey auch nicht wegen du Châtelets wissenschaftlicher Reputation. Deswegen versuchte die Marquise, in ihren Briefen das Trennende zwischen sich und den Akademikern aufzuheben. Sie hob beispielsweise Gemeinsamkeiten in der wissenschaftlichen Überzeugung hervor und verwendete mit Vorliebe das Personalpronomen ‚wir‘. Damit integrierte sie sich, zumindest auf sprachlicher Ebene, in die akademische Gemeinschaft der Newtonanhänger Maupertuis, Clairaut und Algarotti. Zugleich ordnete sie sich mit der Anspielung auf die Figur eines Armeeküchenjungens den männlichen Gelehrten unter. Sich selbst machte sie zum akademischen Küchenjungen der von ihr gewünschten Gemeinschaft:[74]

Wir sind philosophische Häretiker. Ich liebe die Kühnheit, mit der ich sage *wir*. Die Küchenjungen der Armee sagen wohl, *wir haben den Feind geschlagen*.[75]

6.6 Wissbegierde, Fleiß und Zweifel

Neben den Freiräumen, die du Châtelet von Haus aus hatte und denen, die sie sich selber geschaffen hat, musste sie über Eigenschaften verfügen, die sie das wissenschaftliche Niveau erreichen ließen, welches erforderlich war, um naturphilosophische Abhandlungen und ein Lehrbuch schreiben zu können. Neben ihrer intrinsischen Motivation, ihrer großen Wissbegierde, war sie auch sehr fleißig und diszipliniert. Dennoch wurde ihr Lernen vom beständigen Zweifel an der eigenen wissenschaftlichen Kompetenz begleitet.

Ihre 1743 verfasste *Rede über das Glück* (*Discours sur le bonheur*) zeigt die überaus große Bedeutung, die sie den Wissenschaften in ihrem Leben zuwies:

Es ist gewiss, dass die Liebe zur Wissenschaft den Männern zu ihrem Glück weit weniger notwendig ist als den Frauen ...; aber die Frauen sind aufgrund ihrer Lage von jeder Art Ruhm ausgeschlossen, und wenn sich unter ihnen zufällig eine mit einer höhergesinnten

---

[73] „Si je puis vous rassembler, je m'estimerai bien plus heureuse que la reine Christine. Elle quitta son royaume pour courir après de prétendus savants, et ce sera dans le mien que je rassemblerai ce qu'elle aurait été chercher bien plus loin qu'à Rome; vous savez qu'il n'y a que le premier pas qui coûte à l'amour-propre." Du Châtelet an Maupertuis, Cirey, August 1735, Bestermann, 1958, Bd. 1, Brief 40, S. 79.

[74] Vgl. du Châtelet an Algarotti und Maupertuis im Januar 1738 Bestermann, 1958, Bd. 1, Brief 113 u. 114, S. 205–209. Vgl. Gardiner Janik, 1982, S. 87.

[75] „Nous sommes des hérétiques en philosophie. J'admire la témérité avec laquelle je dis *nous* mais les marmitons de l'armés disent bien, *nous avons battu les ennemis*." Du Châtelet an Maupertuis, Cirey, 10. Januar 1738, Bestermann, 1958, Bd. 1, Brief 114, 207 u. 208.

Seele findet, dann bleibt ihr nur die Wissenschaft, um sich über all die Abhängigkeiten und Ausschlüsse hinwegzutrösten, zu denen sie durch ihre Lage verdammt ist.[76]

Manche der im Folgenden zitierten Äußerungen aus Briefen du Châtelets an Maupertuis könnten auch als typische Bescheidenheitstropen eines Briefwechsels des 18. Jahrhunderts interpretiert werden.[77] Dies gilt um so mehr, als es sich für eine Frau, mehr noch als für einen Mann, nicht schickte, selbstbewusst die eigenen Fähigkeiten zu benennen.[78] Weil aber der Charakter des Briefwechsels du Châtelet-Maupertuis eher privatim als öffentlich ist, erscheint es legitim, du Châtelets Äußerungen als authentisch zu interpretieren.[79] Die oben erwähnten Eigenschaften Wissbegierde, Fleiß, Disziplin und Selbstzweifel kommen in den Briefen zum Ausdruck. Sie zeigen sich vor allem in den Schreiben an Maupertuis, ihren langjährigen wissenschaftlichen Mentor.

Im Januar 1734, Maupertuis war erst seit kurzer Zeit ihr Lehrer für analytische Geometrie, zeigt sich die Schülerin du Châtelet:

> Ich habe viel studiert und ich hoffe, dass Sie ein wenig weniger unzufrieden mit mir sind als das letzte Mal.[80]

Immer wieder bittet sie als Schülerin ihren Lehrer um Unterrichtsstunden, weil sie mit dem Lehrstoff voranschreiten will. Zugleich vermittelt der Brief einen Eindruck davon, wie wichtig für sie die Anleitung durch den Lehrer war:

> Ich hatte Sie in der Akademie und bei Ihnen zu Hause suchen lassen, um Ihnen zu sagen, dass ich den heutigen Abend bei mir verbringe. Den Abend habe ich mit Binomen und Trinomen verbracht. Ich kann kaum studieren, wenn Sie mir nicht eine Aufgabe geben, nach der mich verlangt. Wenn Sie gegen vier Uhr zu mir kommen, könnten wir ein paar Stunden studieren.[81]

Ihre mathematischen Studien setzte sie auch in Zeiten fort, während der Maupertuis sie nicht unterrichten konnte. Zumeist hielten gesellschaftliche Verpflichtungen sie vom Unterricht ab. In ihren Briefen signalisiert sie dem Mentor, wie wichtig seine Erklärungen für ihr Verständnis sind und betont, wie sehr sie sich auf die Wiederaufnahme des Unterrichts freut.[82]

---

[76] Châtelet, 1999, S. 37 f.

[77] Vgl. Harth, 1992.

[78] Vgl. auch Abschn. 6.3.

[79] Bonnel, 2000, zeigt, dass die Briefe von du Châtelet an Maupertuis selten konstruiert sind und zumeist nicht für die Öffentlichkeit bestimmt waren.

[80] „J'ai beaucoup étudié et j'espère que vous serez un peu moins mécontent de moi que la dernière fois." Du Châtelet an Maupertuis, Januar 1734 Bestermann, 1958, Bd. 1, Brief 5, S. 33.

[81] „Je vous ai envoyé chercher à l'Académie et chez vous monsieur pour vous dire que je passerai la soirée chez moi aujourd'hui. Je l'ai passée avec des binômes et des trinômes. je ne puis plus étudier si vous ne me donnez une tâche, et j'en ai un désir extrême. Je ne sortirai demain qu'á six heures. Si vous pouviez venir chez moi sur les quatre heures nous étudierions une couple d'heures." Du Châtelet an Maupertius, Paris, Mittwoch abend, Januar 1734 Bestermann, 1958, Bd. 1, Brief 10, S. 36.

[82] Vgl. auch Bestermann, 1958, Bd. 1, Brief 13, S. 39.

Im Frühjahr 1734 musste du Châtelet den Unterricht für mehrere Monate unterbrechen. Sie weilte auf einer Hochzeit in Montjeu und reiste erst im Juni des selben Jahres nach Paris zurück. Über den Fortgang ihrer algebraischen und geometrischen Studien schrieb sie:[83]

> Ich habe mich dieser Tage wieder der Geometrie zugewandt. Sie werden mich so vorfinden, wie Sie mich verlassen haben: nichts vergessen, nichts gelernt und mit dem gleichen Wunsch, Fortschritte zu machen, die meines Lehrers würdig sind. Ich bekenne Ihnen, dass ich rein gar nichts von Herrn Guisnée[84] verstehe, und ich glaube, nur mit Ihnen könnte ich mit Freude *ein a minus vier a* lernen.[85]

Schon 1734 verbrachte du Châtelet einige Zeit in Cirey und ab 1735, nach ihrem Umzug dorthin, fanden die Unterrichtsstunden bei Maupertuis noch seltener statt. Von nun an musste du Châtelet auf seine Besuche hoffen, um mit ihm Mathematik und Naturphilosopie zu studieren:

> Wenn Sie [in Cirey, FB] vorbeifahren, kommen Sie zu mir, um mir einige Unterrichtsstunden zu geben; da Sie aber in Paris bleiben, beeile ich mich zurückzukehren.[86]

Du Châtelets Studien schritten dank ihrer Neugierde, ihrem Lerneifer und ihrem Fleiß voran. Dennoch war sie mit ihren Fortschritten unzufrieden. Ihre Lernleistungen betrachtete sie als mittelmäßig:

> Ich weiss, dass es einem, der Sie als Lehrer hat, nicht erlaubt ist, solch mittelmäßige Fortschritte zu machen. Ich kann gar nicht ausdrücken, bis zu welchem Grad mich dies beschämt.[87]

Diese Einschätzung ihrer kognitiven Fähigkeiten tauchen immer wieder in ihren Briefen auf. Dies könnte als Bescheidenheit interpretiert werden. Es könnte aber auch sein, dass sie die Hindernisse deutlich spürte, die eine Frau damals zu überwinden hatte. Sehr bewusst nahm sie diese wahr und wusste, dass offen ausgelebte Intellektualität und Gelehrtheit Frauen nicht zugestanden wurde:

> Ich fühle das gesamte Gewicht der Vorurteile, die uns so umfassend von den Wissenschaften ausschließen. Einer der Widersprüche dieser Welt, der mich immer am meisten erstaunt hat,

---

[83] Vgl. Du Châtelet an Maupertuis, 22. Mai 1734, Bestermann, 1958, Bd. 1, Brief 15, S. 43.

[84] Zu Guisnée siehe 8.2.1.

[85] „Je me suis remise ces jours-ci à la géométrie. Vous me trouverez précisément comme vous m'aviez laissée, n'ayant rien oublié ni rien appris, et le même désir de faire des progrès digne de mon mâtre. Je vous avoue que je n'entends rien seule á monsieur Guiner, et je crois qu'il n'y a qu'avec vous que je puisse apprendre avec plaisir *un a moins quatre a*." Du Châtelet an Maupertuis, Montjeu, 7. Juni 1734 Bestermann, 1958, Bd. 1, Brief 16, S. 44.

[86] „qu'en passant vous viendriez me donner quelques leçons, mais puisque vous restez à Paris je presserai mon retour." Du Châtelet an Maupertuis, 28. April 1734 Bestermann, 1958, Bd. 1, Brief 12, S. 37.

[87] „Je sais qu'il n'est pas permis à quel-qu'un qui vous a pour mâitre de faire des progrès aussi médiocres, et je ne puis trop vous dire à quel point j'en suis honteuse." Du Châtelet an Maupertuis, 28. April 1734 Bestermann, 1958, Bd. 1, Brief 12, S. 37.

ist, dass es große Länder gibt, deren Gesetz uns erlaubt, seine Geschicke zu regeln, aber keines, wo wir zum Denken erzogen werden. ... Man denke ein wenig darüber nach: Warum ist seit so vielen Jahren niemals eine gute Tragödie, ein gutes Gedicht, eine hochgeschätzte Historie, ein schönes Bild, ein gutes Physikbuch der Hand einer Frau entsprungen?[88]

Diesen Ausschluss der Frauen von den Wissenschaften benannte du Châtelet in ihrer Einleitung zu ihrer Übersetzung der Bienenfabel von Mandeville explizit. Sie geht, ganz kartesianisch, von der Geschlechtslosigkeit des Verstandes aus. In der Erziehung sah sie die Ursache für die Geschlechterdifferenz in den Geistesleistungen. Daher forderte sie die Gleichbehandlung von Frauen und Männern. Wäre sie König, schrieb sie, gäbe sie den Frauen die gleichen Rechte wie den Männern. Vor allem ließe sie Frauen am Wissen teilhaben. Sie war überzeugt, dass die schlechte Bildung, Vorurteile gegen das Weibliche und mangelnder Mut ihrer Geschlechtsgenossinnen die Frauen daran hinderten, ihre Talente zu erkennen und zu entwickeln.[89]

Trotz dieses Bewusstseins war du Châtelet bezüglich ihrer intellektuellen Kompetenzen und wissenschaftlichen Fähigkeiten nicht immer selbstbewusst. Auch sie hatte Ermunterung nötig, die ein glücklicher Zufall ihr gab, wie das Zitat in Abschn. 5.1 belegt. Sie zeigte Mut, als sie sich von dem mondänen Leben ab- und den geistigen und schöpferischen Dingen zuwandte. Für sich hatte sie erkannt, dass Geist und Verstand Werte sind, die es lohnt, zu bilden.[90] Dennoch blieb ihr Gefühl, intellektuell ungenügend zu sein. Von sich sagte sie, dass sie kein kreatives Genie besitze, das originelle, neue Entdeckungen macht:

> Meine Beschäftigungen sind nicht würdig, dass man sie Ihnen mitteilt. Gott hat mir jegliche Form von Genie verwehrt. Ich verwende meine Zeit damit, die Wahrheiten zu entwirren, die andere entdeckt haben.[91]

Ebensowenig betrachtete sie sich als ,genie sublime', ein Genie, dessen Talente die der anderen überragten.[92]

Auch wenn sie sich nicht als Genie betrachtete, trifft der Geniebegriff des 18. Jahrhunderts durchaus auf sie zu. In der Auffassung dieses Jahrhunderts ist das Genie eine Person, die die Welt zu erkennen versucht.[93] Genau darum bemühte sich du Châtelet. Sie rang um Welterkenntnis und wollte diese, wie ihr Lehrbuch belegt, anderen ebenfalls ermöglichen.[94]

---

[88] „Je sens tout le poids du preiugé qui nous exclud si universellement des sciences, et cest une des contradictions de ce monde, qui m'a touiours le plus etonnée, car il y a de grands pays, dont la loy nous permet de regler la destinée, mais, il ny en a point ou nous soyions elevées a penser. ... Qu'on fasse un peu reflection pourquoy depuis tant de siecles, iamais une bonne tragedie, un bon poëme, une histoire estimée, un beau tableau, un bon livre de physique, n'est sorti de la main des femmes?" Wade, 1947, Einleitung zu Mandevilles Bienenfabel, S. 135.

[89] Vgl. Wade, 1947, Einleitung zu Mandevilles Bienenfabel, S. 136.

[90] Vgl. Wade, 1947, S. 131–132.

[91] „Mes occupations ne sont pas dignes de vous être communiquées. Dieu m'a refusé toute espèce de génie, et j'emploie mon temps à démêler les vérités que les autres ont découvertes." Du Châtelet an Cideville, Cirey, 15. März 1739, Bestermann, 1958, Bd. 1, Brief 198, S. 346.

[92] Vgl.Wade, 1947, S. 131–132.

[93] Vgl. Diderot und Alembert, 1757, Bd. 7, S. 582.

[94] Vgl. Wade, 1947, S. 136–137. Siehe auch obiges Zitat in Abschn. 6.6.

Die Selbstzweifel machten Ermunterungen durch ihre Lehrer geradezu lebensnotwendig und sie beklagte in ihren Briefen, dass Maupertuis so selten lobt:

> Sie haben kein Verlangen, Ihre Schülerin zu ermutigen, da ich immer noch nicht weiß, wie Sie die Unterrichtsstunden bei mir fanden.[95]

Wie Maupertuis die Kompetenzen seiner Schülerin einschätzte ist nicht bekannt. Von Clairaut hingegen, der du Châtelet ebenfalls unterrichtete, weiß man, dass er die Marquise als mathematisch talentiert wahrnahm.[96]

6.7 Zwischen Geheimhaltung und Publizität

Aus heutiger Sicht erscheint das Verhalten du Châtelets als wissenschaftlich lernender und arbeitender Frau merkwürdig ambivalent. Einerseits machte sie aus ihrem mathematischen und naturphilosophischen Lernen kein Geheimnis. Sie ertrug die hämische Kritik ihrer Zeitgenossen und befasste sich trotz aller Widrigkeiten mit den ‚männlichen Wissenschaften'.[97] Andererseits litt sie unter der Missachtung und dem Ausschluss der Frauen von den Wissenschaften und den akademischen Institutionen, der aufgrund der herrschenden Geschlechterstereotype gesellschaftlich sanktioniert war.

Es scheint, als wäre sie nur bis zu einem gewissen Grad gewillt gewesen, sich dem Gespött und der Ablehnung weiblicher Gelehrsamkeit auszusetzen. Denn ihre konkrete Arbeit, ihr wissenschaftliches Schreiben, vollzog sie zumeist im Geheimen, selbst vor guten Freunden verborgen. Dennoch muss sie einen großen Drang verspürt haben, sich wissenschaftlich auseinanderzusetzen und Anerkennung zu finden. Nach der Fertigstellung ihrer Arbeiten suchte sie, wenn auch anonym, die Öffentlichkeit durch die Publikation. Damit setzte sie ihre Arbeit der Kritik der gelehrten Öffentlichkeit aus. Außerdem suchte sie die persönliche Beurteilung durch Akademiker und Gelehrte, da sie Druckexemplare ihrer Arbeiten freigiebig verschenkte.[98]

Du Châtelet hegte nicht die Illusionen, dass ihre Texte geschlechtsneutral beurteilt würden. Sie wusste, sobald bekannt wäre, dass der Autor eine Frau sei, würden ihre Schriften anders gelesen. Aus diesem Grund versuchte sie, wie viele andere Frauen ihrer Zeit, als Autorin anonym zu bleiben.[99] Elizabeth Tollet etwa nannte als Grund für ihre anonymen Publikationen die Furcht vor Vorurteilen und Vorverurteilungen.[100]

Im Zusammenhang mit der Veröffentlichung ihrer *Dissertation sur la propagation du feu* nannte du Châtelet weitere Gründe für ihre Anonymität. Zum Einen fürch-

---

[95] „Vous n'avez pas envie d'encourager votre écolière, car j'ignore encore si vous avez trouvé ma leçon bien." Du Châtelet an Maupertuis, Januar 1734 Bestermann, 1958, Bd. 1, Brief 8, 35.

[96] Vgl. Passeron, 2001 u. Zinsser und Courcelle, 2003.

[97] Siehe das Zitat in Abschn. 2.3 und Abschn. 6.3.

[98] Siehe auch Abschn. 12.1.

[99] Siehe Abschn. 2.3.

[100] Vgl. Fara, 2002, S. 174.

tete sie die Konkurrenz mit Voltaire, der ebenfalls eine Arbeit eingereicht hatte. Ihm wollte sie nicht missfallen, auch weil ihre Argumentation seiner widersprach.[101] Außerdem hatte er schon einige Zeit vor ihr mit der Arbeit an der Preisfrage begonnen. Seine Arbeit orientierte sich mehr an der modernen, experimentellen Naturphilosophie. Ihre hingegen war eine theoretisch-spekulative Arbeit in der kartesianischen Tradition.[102] Der weitgehende Verzicht auf physikalische Experimente hing, laut du Châtelet selbst, damit zusammen, dass sie das Physiklabor nicht nutzen konnte, ohne ihre Geheimhaltung aufzugeben.[103] Möglicherweise bleib ihr auch zu wenig Zeit, um noch experimentell zu arbeiten. Denn zwischen ihrem Entschluss 1737, eine Arbeit bei der Akademie einzureichen, und dem Abgabetermin im September 1738 blieben ihr nur wenige Monate.[104] So stützte sie sich auf die kartesianischen Prinzipien und warf einen skeptischen Blick auf die empirische Wissenschaftsmethodik Newtons. Diese Skeptik von du Châtelet ist aber nicht als Ablehnung zu verstehen. Sie kannte die mathematisch belegten Ergebnisse der Newtonschen Mechanik, Astronomie und Optik an, nur genügten ihr die experimentellen Beobachtungen sowie mathematischen Beschreibungen und Begründungen nicht. Ihr fehlte schon bei dieser Arbeit die metaphysische Grundlegung der naturphilosophischen Erkenntnisse.[105] Du Châtelet sah eine Erklärungslücke und deutete damit in ihrer *Dissertation* etwas an, was sie in ihrem Lehrbuch, den *Institutions de physique*, systematisch darlegen würde.[106]

Als zweiten Grund für ihre anonyme Einreichung der Abhandlung gab du Châtelet folgendes an:

> Ich glaube, Sie waren sehr erstaunt, dass ich die Kühnheit besaß, eine Abhandlung für die Akademie zu verfassen. Ich wollte, geschützt durch das Inkognito, meine Leistungsfähigkeit versuchen, denn ich bildete mir ein, nie erkannt zu werden. Herrn du Châtelet zog ich als Einzigen ins Vertrauen. Er hat mir das Geheimnis so gut gehütet, dass er ihnen davon in Paris nichts erzählt hat.[107]

Sie wollte ihre Leistungsfähigkeit testen, indem ihre Arbeit nicht als die der Marquise du Châtelet beurteilt würde. Als die Akademie ihren Text publizieren wollte, musste sie allerdings die Anonymität aufgeben. Dies fiel ihr schwer.[108] Die Ent-

---

[101] Vgl. du Châtelet an Maupertuis, Cirey, 21. Juni 1738, Bestermann, 1958, Bd. 1, Brief 129, S. 236. Zur Geschichte der Preisschriften von du Châtelet und Voltaire siehe auch Hentschel, 2005.

[102] Vgl. Klens, 1994, S. 184 u. Joly, 2001.

[103] Vgl. Du Châtelet an Maupertuis, Cirey, 21. Juni 1738, Bestermann, 1958, Bd. 1, Brief 129, S. 236.

[104] Vgl. du Châtelet an Maupertuis, Cirey, 21. Juni 1738, Bestermann, 1958, Bd. 1, Brief 129, S. 236, Klens, 1994, S. 184 u. Joly, 2001, S. 112.

[105] Vgl. Klens, 1994, S. 195–200.

[106] Vgl. Klens, 1994, S. 201. Siehe auch Abschn. 11.7.

[107] „Je crois que vous avez été bien étonné que j'aie eu la hardiesse de composer un mémoire pour l'Académie. J'ai voulu essayer mes forces à l'abri de l'incognito, car je me flattais bien de n'être jamais connue. Mʳ du Chastellet était le seul qui fût dans ma confidence, et il m'a si bien gardé le secret qu'il vous en a rien dit à Paris." Du Châtelet an Maupertuis, Cirey, 21. Juni 1738, Bestermann, 1958, Bd. 1, Brief 129, S. 236.

[108] Vgl. du Châtelet an Maupertuis, Cirey, 27. Juli 1738, Bestermann, 1958, Bd. 1, Brief 134, S. 246.

scheidung der Akademie für den Druck war nach einer Intervention Voltaires bei der Jury gefallen. Klens (1994) schreibt, Voltaire sei verärgert gewesen, weil die Akademie seine und du Châtelet Arbeit nicht gewürdigt hätte, da sie nicht dem kartesianischen Wissenschaftsparadigma gefolgt wären. Offiziell aber begründete die Akademie, die mittlerweile von du Châtelets Autorenschaft wusste, den Druck ihrer Arbeit mit der weiblichen Autorenschaft.[109]

Zu Beginn der Diskussionen um eine Publikation hoffte du Châtelet noch, anonym bleiben zu können. Außerdem wollte sie Korrekturen vornehmen. Daher bat sie Voltaire und Maupertuis, für sie eine Sondererlaubnis bei der Akademie zu erwirken. Sie forderte Maupertuis auf, zu ihren Gunsten bei dem Akademiedirektor Charles-François de Cisternay Dufay (1698–1739) und dem Akademiemitglied René-Antoine Ferchault de Réaumur (1683–1757) vorzusprechen.[110] Aber eingereichte Texte durften nach den Akademieregeln nicht mehr verändert und nicht anonym publiziert werden. In diesem Zusammenhang appellierte sie schließlich sogar an Maupertuis Mitleid, der eine Fußnote bezüglich der ‚vis viva' entfernen sollte:

> Wie sehr wäre mir doch diese Bagatelle unangenehm, schließlich ist es sehr traurig, in dem einzigen Werk, das vielleicht je von mir gedruckt wird, eine Idee zu sehen, die meiner gegenwärtigen so entgegengesetzt ist.[111]

Tatsächlich anonym erschien du Châtelets Rezension von Voltaires populärwissenschaftlichen Lehrbuch, den *Elémens de la philosophie de Neuton* (1738). Ihre Besprechung wurde 1738 im *Journal des sçavants*, der wichtigsten zeitgenössischen Rezensionszeitschrift, gedruckt. An Maupertuis schrieb sie dazu:

> Aus guten Gründen wünsche ich nicht, dass man dieses kleine Werk als von mir stammend betrachtet.[112]

Welche Gründe hatte sie? Jeder wusste, dass sie und Voltaires ein Paar waren, daher ist zu vermuten, dass sie fürchtete, ihre Besprechung werde nicht ernst genommen, wenn sie von der Geliebten des Autors stamme.

Im Widerspruch zu ihren Bemühungen, als Autorin anonym zu bleiben, steht auf den ersten Blick ihr Verhalten, ihre Schriften nach der Drucklegung in der Gelehrtenrepublik zu verbreiten. Gut möglich, dass sie als Frau von der breiten Öffentlichkeit unerkannt bleiben wollte, aber als Wissenschaftlerin von den Wissenschaftlern anerkannt werden wollte.[113]

---

[109] Vgl. Klens, 1994, S. 185.

[110] Vgl. du Châtelet an Maupertuis, Cirey, 21. Juni 1738, Bestermann, 1958, Bd. 1, Brief 129, S. 236–237 u. du Châtelet an Maupertuis, Cirey, 19. November 1738, Bestermann, 1958, Bd. 1, Brief 151, S. 270–271.

[111] „Combien cependant cette bagatelle serait désagréable pour moi, puisqu'il est fort triste de voir dans le seul ouvrage qui sera peut-être jamais imprimé de moi un sentiment qui est si opposé à mes idées présentes. " Du Châtelet an Maupertuis, Cirey, 19. November 1738, Bestermann, 1958, Bd. 1, Brief 151, S. 270–271.

[112] „Car je ne désire pas que ce petit ouvrage passe pour être de moi pour bien des raisons." Du Châtelet an Maupertuis, Cirey, 29. September 1738, Bestermann, 1958, Bd. 1, Brief 146, S. 263.

[113] Siehe auch Abschn. 12.1.

Als die *Dissertation sur la propagation du feu* 1739 in einer Auflage von 300 Stück erschien, bedauerte sie, nur über wenige Autorenexemplare zu verfügen. Sie beklagte, nicht allen Freunden und Bekannten das Werk zukommen lassen zu können.[114] Sie muss ungemein stolz auf die Drucklegung der Arbeit gewesen sein. Denn die Publikation durch die wichtigste Wissenschaftsinstitution Frankreichs bedeutete Anerkennung als Wissenschaftlerin. Sie verschenkte ihre Exemplare freigiebig. Sogar Personen, die nicht persönlich mit ihr in Kontakt standen und noch weniger als Mathematiker oder Naturphilosophen bekannt waren, erhielten ihr Schreiben zur Kenntnisnahme. Zu diesen gehörte der Hofmann und Politiker Lord John Hervey (1696–1743). Algarotti, der eine Englandreise plante, sollte ihm eine Ausgabe übergeben.[115]

Desweiteren sandte sie Johann II Bernoulli vier Exemplare. Er sollte sie, so ihre Bitte, an seinen Vater Johann I Bernoulli (1667–1748) und seinen Bruder Daniel Bernoulli (1700–1782) weiterreichen.[116] Von den Bernoullis wünschte sie sich ausdrücklich eine fachliche Kritik.[117] Damit Bernoulli II ihren aktuellen wissenschaftlichen Standpunkt wahrnähme, sandte sie auch ihre Liste der Errata mit.[118] Ferner erhielt der Freund Voltaires de Cideville eine Ausgabe.[119] Maupertuis wurde beauftragt, den Naturphilosophen Willem Jacob 's Gravesande (1688–1742) und dessen Schüler Pieter van Musschenbroek (1692–1761) den Text zukommen zu lassen.[120] Geschmeichelt war sie, als der französische Schriftsteller, Nicolas-Claude Thieriot (1696–1772) sie um eine Ausgabe bat:

> Ich bin entzückt, dass Sie mein Werk erbitten. Ich bitte Sie, das Exemplar zu behalten, das ich Herrn de Bremond zudachte. Ich freue mich, dass Sie ihm sagen, was meine ursprüngliche Intention war. Herrn de Chamoni habe ich gebeten, meinerseits ein Exemplar an Herrn Algarotti zu senden, weil ich mir sehr wünsche, dass er es mit nach England nimmt.[121]

Darüber hinaus ersuchte du Châtelet Thieriot, einen gewissen Herrn de Fromont zu bitten, seine Ausgabe an Herrn Desalleurs weiterzugeben. Sie nahm an, de Fromont könne mit ihrer wissenschaftlichen Arbeit nichts anfangen.[122]

---

[114] Vgl. du Châtelet an Thieriot, Cirey, 6. April 1739, Bestermann, 1958, Bd. 1, Brief 206, S. 356.

[115] Vgl. Bestermann, 1958, Bd. 1, Brief 200, S. 349.

[116] Vgl. du Châtelet an Johann II Bernoulli, Cirey, 30. März 1739, Bestermann, 1958, Bd. 1, Brief 203, S. 352.

[117] Vgl. du Châtelet an Johann II Bernoulli, Cirey, 30. März 1739, Bestermann, 1958, Bd. 1, Brief 203, S. 352.

[118] Vgl. du Châtelet an Johann II Bernoulli, Cirey, 28. April 1739, Bestermann, 1958, Bd. 1, Brief 211, S. 362 u. 3. August 1739, Bestermann, 1958, Bd. 1, Brief 220, S. 375.

[119] Vgl. du Châtelet an Cideville, Cirey, 15. März 1739, Bestermann, 1958, Bd. 1, Brief 198, S. 346.

[120] Vgl. du Châtelet an Maupertuis, Brüssel, 20. Juni 1739, Bestermann, 1958, Bd. 1, Brief 216, S. 370.

[121] „Je suis charmée monsieur que vous désirez mon ouvrage, et ja vous prie de garder l'exemplaire que je destinais à mr de Bremond. Je me flatte que vous lui direz quelle était mon intention sur cela. J'ai prié mr de Chamonin d'en envoyer un exemplaire de ma part à mr Algarotti comme j'ai grande envie qu'il l'emporte en Angleterre." du Châtelet an Thieriot, Cirey, 11. April 1739, Bestermann, 1958, Bd. 1, Brief 208, S. 358.

[122] Vgl. du Châtelet an Thieriot, Cirey, 6. April 1739, Bestermann, 1958, Bd. 1, Brief 206, S. 356.

Abb. 6.4 *Émilie du Châtelet* (1743) von Maurice Quentin de La Tour

Du Châtelet interessierte sich aber nicht nur für das fachliche Urteil. Ebenso gespannt war sie auf Reaktionen aus der Pariser Öffentlichkeit. Neugierig fragte sie bei Madame Graffigny nach, was man denn so über ihre Abhandlung rede: „Haben Sie ein wenig von meiner Abhandlung über das Feuer reden hören?"[123]

Trotz der Geheimhaltung und Widrigkeiten wollte du Châtelet als Gelehrte wahrgenommen und gesehen werden. Auf den in Auftrag gegebenen Porträts der Maler Maurice Quentin de la Tour (1704–1788) und Marianne Loir (1715–1754) ist sie mit den Insignien des Mathematikers und Astronomen abgebildet. In dem Pastell von de la Tour in Abb. 6.4 ist der Zirkel, eine geometrische Figur, Bücher und eine Armillarsphäre zu sehen. Das Gemälde von Loir in Abb. 6.5 zeigt du Châtelet mit den gleichen Kennzeichen der Gelehrtheit und der Wissenschaften. Insbesondere Loirs Bild rezipierte man in der gelehrten Welt als Radierung. Es begleitet beispielsweise du Châtelets literarisches Porträt in Johann Jakob Bruckers (1696–1770) *Bildersal heutiges Tages lebender, und durch Gelahrtheit berühmter Schrifftsteller* (1746).[124]

---

[123] „Avez-vous un peu ouï parler de mon mémoire sur le feu?" du Châtelet an Graffigny, Cirey, 28. April 1739, Bestermann, 1958, Bd. 1, §212, S. 364.

[124] Siehe auch Abschn. 12.1.

Abb. 6.5 *Émilie du Châtelet* (1706–1749) von Marianne Loir, 1740

Sie war in der Gelehrtenrepublik des 18. Jahrhunderts als gelehrte Frau publik.[125] Ihre Bekanntheit über die Grenzen Frankreichs hinaus verdankte sie ihren verzweigten Kontakten mit Akademikern, Gelehrten und gebildeten Leuten und ihrem Streben nach wissenschaftlicher Anerkennung und Auseinandersetzung. Sie wurde als Gelehrte mit großer mathematischer und naturphilosophischer Bildung wahrgenommen. Trotz der Kritik an ihr, wegen ihrer Geschlechtergrenzen überschreitenden Gelehrtheit und ihrem wenig defensiven Habitus als Gelehrte, war sie für ambitionierte Frauen ein Vorbild, wie die deutsche Luise Adelgunde Victorie Gottsched (1713–1762) beweist.[126]

---

[125] Vgl. Iverson, 2006.
[126] Siehe Abschn. 12.5.

6.8 Zusammenfassung

Gegenstand dieses Kapitels war die Betrachtung von du Châtelets Verhalten und ihrer Haltung als einer wissenschaftlichen Lernenden und Arbeitenden. Nach Abschn. 6.1 war sie eine Lernende und Wissenschaftlerin, die außerhalb der wissenschaftlichen Bildungsinstitutionen stand. Dies erschwerte ihr die Teilhabe am aktuellen mathematischen und naturphilosophischen Wissenschaftsdiskurs. Diese Situation und die Tatsache, dass sie als Frau weniger Bewegungsspielräume hatte als ein Mann, hinderte sie auch daran, Gleichgesinnte zu finden bzw. zu treffen. Abschnitt 6.2 zeigt das Fehlen einer Peergroup du Châtelets. Weder gehörte sie einem festen Gelehrtenzirkel an, noch konnte sie eine eigene wissenschaftlich orientierte Akademie eröffnen, ohne gegen die Geschlechterbilder und Kulturideale ihrer Epoche und Gesellschaftsschicht zu verstoßen. Gegen diese verstieß sie schon wegen ihres in Abschn. 6.3 beschriebenen unerhörten Interesses an der Mathematik und der Naturphilosophie. Unerhört war es vor allem, weil sie es relativ offen und offensiv zeigte. Dies schickte sich damals für eine Frau nicht.

Die Grenzen, denen sie aufgrund ihrer Geschlechtszugehörigkeit unterworfen war, standen ihr erstaunlich klar vor Augen. Dies zeigt schon das Titelzitat zu Abschn. 6.4. Zur Überwindung der Einschränkungen schaffte sie sich Freiräume, wie Studienzeiten, Studienorte und Möglichkeiten zum wissenschaftlichen Austausch durch verzweigte Korrespondenzen und Besuche von Gelehrten.

Sicherlich verfügte du Châtelet über einen ausgesprochen starken Willen zum Wissen. Er ermöglichte es ihr, die Beschränkungen zu überwinden. Sie ließ sich nicht entmutigen. Ihre hervorstechendsten Eigenschaft waren ihre Wissbegierde, ihr Fleiß, ihr Eifer und sicher auch ihre Disziplin. Aber Abschn. 6.6 zeigt auch, dass Selbstzweifel ihr Lernen und Arbeiten begleiteten und dass sie sich nach Ermutigung sehnte.

Was ihr wissenschaftliches Arbeiten und ihre wissenschaftlichen Arbeiten angeht, so erscheint ihr Verhalten merkwürdig ambivalent. Es changierte zwischen Geheimhaltung und Publizität. Abschnitt 6.7 erklärt ihr Streben nach Anonymität einerseits als Vermeidung von Kritik und Spott durch ihre Zeitgenossen, andererseits als Wunsch nach einer ‚neutralen‘ Beurteilung ihrer fachlichen Arbeit. Die Verbreitung ihrer Arbeiten innerhalb der gelehrten Welt durch sie selbst, ihre bildliche Inszenierung als Gelehrte und damit ihr eigenes Öffentlichmachen ihrer Gelehrtheit sind sicherlich dem Wunsch geschuldet, als Gelehrte wahrgenommen und anerkannt zu werden.

Kapitel 7
Anleitung: Lehrer, Mentoren und Briefpartner

> „Und habt ihr einst durch Fleiß und Müh
> Minervens Heiligthum erstiegen;
> So sprecht: Der Bassi kluger Kiel,
> Der uns und aller Welt gefiel,
> Gab mir die Kraft dahin zu fliegen. "
> (Christiane Marianne von Ziegler, 1695–1760)

> „A Learned Woman is thought to be a Comet, that bodes
> Mischief, when ever it appears. "
> (Bathsua Makin, 1612–1674)

Auch wenn du Châtelet beim Lernen und Studieren meistens auf sich allein gestellt war, suchte sie für ihre wissenschaftlichen Lern- und Arbeitsprozesse Unterstützung durch Lehrer, Mentoren und Briefpartner. Ihre Lern-, Lehr- und Arbeitsverhältnisse, die erstmals von Zinsser (2007) näher betrachtet wurden, sind Gegenstand des vorliegenden Kapitels.

Sie lassen sich auf der Basis von du Châtelets Korrespondenzen rekonstruieren. Allein der überlieferte Briefwechsel du Châtelet-Maupertuis besteht aus 77 Briefen und Nachrichten. Er umfasst die Jahre von 1734 bis 1741.[1]

Für du Châtelets Lern-, Lehr- und Arbeitsprozesse sind sechs Kontakte wesentlich. Pierre Louis Moreau de Maupertuis war anfänglich nur ihr Lehrer, später wurde er ein wichtiger wissenschaftlicher Mentor, wie Abschn. 7.1 zeigt. Abschnitt 7.2 beschreibt das missglückte Lehrverhältnis zu dem Schweizer Johann Samuel König, das dennoch für die Entwicklung von du Châtelets metaphysischem Standpunkt wichtig war. Das Verhältnis zu Johann II Bernoulli beleuchtet Abschn. 7.3, den sie gerne als Lehrer gewonnen hätte.

Auch Alexis Claude Clairaut unterrichtete du Châtelet. Von diesem Lehrverhältnis ist kaum etwas überliefert. Gewiss ist aber, dass Clairaut die Marquise wissenschaftlich beriet und begleitete, als sie in den 1740er Jahren die Reife hatte, Newtons *Principia* zu übersetzten und zu kommentieren. Auf die Verbindung du Châtelet-Clairaut geht Abschn. 7.4 ein.

Mit dem Sekretär der Akademie der Wissenschaften in Paris, Jean-Jacques Dortous de Mairan, verband du Châtelet kein Lehrverhältnis. Mit ihm verhandelte sie vielmehr auf wissenschaftlicher Augenhöhe. Er war für sie vor allem ein wissenschaftlicher Diskussionspartner. Mit ihm befasst sich Abschn. 7.5.

Und schließlich behandelt Abschn. 7.6 du Châtelets Beziehung zu dem italienischen Hofmann und Newtonianer Francesco Algarotti, der weder ihr wissenschaftlicher Lehrer noch Mentor war. Vielmehr profitierte er von ihrem Wissen über Newtons Optik. Sie hingegen hoffte durch ihn, ihren Ruf als höfische Gelehrte zu verbessern und zu mehren.

---

[1] Vgl. Bestermann, 1958, Bd. 1 & 2.

F. Böttcher, *Das mathematische und naturphilosophische Lernen und Arbeiten der Marquise du Châtelet (1706–1749)*, DOI 10.1007/978-3-642-32487-1_7,
© Springer-Verlag Berlin Heidelberg 2013

7.1 Maupertuis: als Lehrer ein Glücksfall

Mit dem Akademiker Pierre Louis Moreau de Maupertuis machte Voltaire du Châtelet 1733 bekannt. Maupertuis Konterfei ist in Abb. 7.1 nach einer Gravur von Robert de Tournières (1667–1752) zu sehen. Um 1733 suchte sie einen fähigen Mathematiklehrer, der in der Lage war, sie in analytischer Geometrie zu unterweisen. Voltaire empfahl Maupertuis. Er selbst wurde seit 1732 von ihm in Dynamik unterrichtet. Etwa ein Jahr bevor du Châtelet von Paris nach Cirey übersiedelte erklärte sich Maupertuis bereit, die Marquise zu unterrichten.[2] In du Châtelets Briefen sind zahlreiche Äußerungen über ihren Lehrer und ihr Lernen enthalten.

Sie zeigen aber auch, dass Maupertuis nicht nur ihr Lehrer, sondern auch ein wichtiger Gesprächspartner und Verbindungsmann zur akademischen Welt für sie war.[3]

Den Unterricht durch Maupertuis konnte du Châtelet lediglich ein knappes Jahr in Paris genießen, denn schon am 10. Juni 1735 zog sie nach Cirey.[4]

Allerdings fand der Unterricht während dieses einen Jahres weder regelmäßig noch kontinuierlich statt. Die überlieferten Kurznachrichten zeigen deutlich, dass die Unterrichtszeiten immer wieder neu ausgehandelt werden mussten.[5] Zumeist gesellschaftliche Ereignisse erforderten die Verlegung der Lehrstunden:

> Ich ärgere mich, erst so spät zu beginnen, aber ich bin für die Oper verabredet.[6]

Sowohl du Châtelet als auch Maupertuis hatten vielerlei gesellschaftliche Verpflichtungen. Im Frühsommer 1734 beispielsweise weilte du Châtelet wegen einer Hochzeit drei Wochen in Montjeu und im Frühjahr 1735 verbrachte sie mehrere Tage in Chantilly.[7] Der Unterricht durch Maupertuis fand vermutlich erst ab Mitte 1734, nach du Châtelets Aufenthalt in Montjeu, wieder häufiger statt:

> Herr de Maupertuis sieht mich häufig. Er ist unglaublich liebenswert [...] Er beabsichtigt, mir Geometrie beizubringen. Meine Reise hat das Projekt sehr verzögert. Ich nehme es gerade erst wieder auf.[8]

---

[2] Vgl. Gardiner Janik, 1982, S. 101.

[3] Vgl. Terrall, 2002, S. 86.

[4] Vgl. du Châtelet an Louis François Armand Du Plessis, duc de Richelieu, 30. Mai 1735, Bestermann, 1958, Bd. 1, Brief 37, S. 68.

[5] Vgl. Bestermann, 1958, Bd. 1, Briefe 5, 8 u. 9, S. 35.

[6] „Je suis fâchée de commencer si tard mais je suis engagée pour l'opéra." Du Châtelet an Maupertuis, Januar 1735, Bestermann, 1958, Bd. 1, Brief 29,S. 57.

[7] Vgl. du Châtelet an Maupertuis, Montjeu, 07. Juni 1734 Bestermann, 1958, Bd. 1, Brief 16, S. 44 u. du Châtelet an Louis François Armand Du Plessis, duc de Richelieu, 21. Mai 1735, Bestermann, 1958, Bd. 1, Brief 35, S. 64.

[8] „M. de Maupertuis me voit souvent, il est extrêment aimable. [...] Il prétend qu'il m'apprendra la géométrie. Mon voyage a fort retardé le projet, je commence à le reprendre." Du Châtelet an Jacques Francois Paul Aldonce de Sade (1705–1778), Juli 1734, Bestermann, 1958, Bd. 1, Brief 18, S. 46.

Abb. 7.1 *Pierre Louis Moreau de Maupertuis* (1737) von Unbekannt

Auch Maupertuis verließ von Zeit zu Zeit Paris. Er hielt sich zeitweise mit Clairaut im Kloster Mont Valérien auf oder unternahm Reisen, wie seine Studienreise nach Basel, die er machte, um bei Johann II Bernoulli zu studieren.[9]

---

[9] Vgl. du Châtelet an Maupertuis, Januar 1735 u. Februar 1735, Bestermann, 1958, Bd. 1, Briefe 31 u. 32, S. 58–59.

Diese ständigen Unterbrechungen ihres Unterrichtes missfielen du Châtelet, zumal sie in Maupertuis einen geeigneten Lehrer gefunden hatte:

> Seit mich die Poesie verlassen hat, habe ich begonnen, mich mit Mathematik zu beschäftigen.[10] Geometrie und Algebra lerne ich durch einen Lehrer, den Sie kennen, und der diese von allen Dornen befreit. Er verlässt mich, um in Basel mit den Herrn Bernoulli zu philosophieren.[11]

Du Châtelet war mit ihrem Lehrer sehr zufrieden. Immer wieder lobte sie seine didaktischen Fähigkeiten. Er erfüllte die Erwartungen der Aristokratin an eine gelungene Unterweisung, denn es gelang ihm, sie zugleich zu unterhalten und zu unterrichten. Damit erfüllte er das didaktische Ideal der Zeit:[12]

> Sie säen Blumen auf einem Weg, auf dem andere lediglich Dornensträucher finden. Ihre Imagination weiß die trockensten Themen zu verschönern, ohne ihnen die Genauigkeit und Präzision zu nehmen. Ich fühle, wieviel ich verlöre, wenn ich nicht von ihrer Güte profitierte, sich auf meine Schwäche einzulassen, und mich die erhabensten Wahrheiten fast schäkernd zu lehren. Ich spüre wohl, dass ich dank Ihrer den Vorteil haben werde, mit dem liebenswertesten und gleichzeitig tiefsinnigsten Mathematiker der Welt studiert zu haben.[13]

Über die Inhalte oder den Verlauf der Unterweisung enthalten die Briefe allerdings kaum Informationen. Aus einer von du Châtelets Bemerkungen ist zu schließen, dass sie mit dem Buch *Application de l'algèbre à la géométrie* (1705) des Akademikers Nicolas Guisnée (unbekannt–1718) arbeitete.[14]

An dem Lehr- und Lernverhältnis zwischen Maupertuis und du Châtelet ist auffällig, dass sie ihn immer wieder bitten, ja sogar drängen musste, sich Zeit für sie und den Unterricht zu nehmen:

> Ich hoffe, dass mein Wunsch zu lernen, mir auch die Fähigkeit dazu gibt. Ich hoffe auch, dass ich die Ehre habe, Sie am Mittwoch nach der Akademie zu sehen. Ich erwarte Sie bei mir und zähle darauf, dass Sie den Abend mit mir verbringen.[15]

---

[10] Vermutlich eine Anspielung auf Voltaires Flucht aus Paris.

[11] „Je me suis mise dans les mathématiques depuis que la poésie m'a abandonnée. J'apprends la géométrie et l'algèbre, par un maître que vous connaissez et qui en écarte toutes les épines. Il me quitte pour aller philosophier à Basle avec m^rs Bernoully" Du Châtelet an Jacques François Paul Aldonce De Sade, Paris, 6. September 1734, Bestermann, 1958, Bd. 1, Brief 21, S. 48.

[12] Siehe auch Abschn. 4.2. Zu Maupertuis als geselligen Gelehrten vgl. Terrall, 2002, S. 3–6.

[13] „Vous semez des fleurs sur un chemin où les autres ne font trouver que des ronces, votre imagination sait embellir les matières les plus sèches sans leurôter leur justesse et leur précision. Je sens combien je perdrais si je ne profitais pas de la bonté que vous avez de vouloir bien condescendre à ma faiblesse et m'apprendre des vérités si sublimes presque en badinant. Je sens que j'aurai toujours par-dessus vous l'avantage d'avoir étudié avec le plus aimable et en même temps le plus profond mathématicien du monde." Du Châtelet an Maupertuis, Montjeu, 7. Juni 1734 Bestermann, 1958, Bd. 1, Brief 16, S. 44.

[14] Siehe das Zitat in Abschn. 6.6. Zu dem Lehrbuch siehe Abschn. 8.2.1.

[15] „iespere que le decir que i'ay daprendre me tiendra lieu de capacité et que iaurai lhonneur de vous voir mercredi au sortir de l'academi, ie vous attedrai chés moi où ie comte que vous voudrés bien passer la soirée." Du Châtelet an Maupertuis im Januar 1734 Bestermann, 1958, Bd. 1, Brief 2, S. 30.

Die Lektüre der Briefe erweckt den Eindruck, dass er sich seiner Schülerin immer wieder entzog. Je mehr sie ihn suchte, desto weniger war er bereit, sie zu unterweisen. Zwischen den beiden herrschte demnach ein Ungleichgewicht, da Maupertuis das Lehr- und Lernverhältnis nicht im gleichen Maße wie seine Schülerin ersehnte. Ihre Enttäuschung darüber drückt sich in ihren Briefen aus:[16]

> Ich bitte Sie, sagen Sie mir bevor Sie abreisen, wer Ihnen vermittelt hat, ein solch merkwürdiges Verhalten mir gegenüber an den Tag zu legen.[17]

Ihr Bitten und Betteln um Treffen und um Unterweisung zeigt die Hierarchie in diesem Lehrverhältnis deutlich. Um Lernfortschritte zu machen, ist sie auf sein Wissen und seine Unterstützung angewiesen.[18] So empfand sie ihre Abhängigkeit vom Willen Maupertuis nur allzu deutlich. Er konnte sich jederzeit von der Marquise zurückziehen. Weder ökonomisch noch gesellschaftlich war er von ihr abhängig. Er musste daher Verabredungen nicht einhalten oder sich nach Reisen zurückmelden. Sein Verhalten war fast unverschämt und sie musste es tolerieren, wollte sie den Lehrer und akademischen Kontakt nicht verlieren. So blieb der Ton ihrer Briefe stets freundlich, möglicherweise vorhandenen Ärger zeigte sie nicht offen.[19]

Das Lehrverhältnis Maupertuis-du Châtelet offenbart eindrücklich den Unterschied zwischen der Realität weiblicher Bildungssituationen und den literarischen Fiktionen Fontenelles und Algarottis.

Das in der Literatur idealisierte höfische Geschlechterverhältnis präsentiert eine Dame, die einem Philosophen befehlen kann, sie zu unterweisen. In der Literatur kann der Mann den weiblichen Befehl nicht verweigern.[20] In der Realität hatte die Dame du Châtelet weitaus weniger Macht über den Philosophen und Lehrer Maupertuis. Aus diesem Grund muss die Aufrechterhaltung des Lehrverhältnisses für du Châtelet überaus anstrengend gewesen sein.

Trotz dieser Problematik war der Unterricht durch Maupertuis für die Marquise ausgesprochen hilfreich. Aber anders als die Bezeichnung Lehrer suggeriert, fand keine systematische oder regelmäßige Unterweisung statt. Maupertuis war eher ein gelegentlicher Lehrer. Seine Unterweisung erschöpfte sich durchaus auch in Lektüreempfehlungen oder der Bereitstellung geeigneten Lehrmaterials:

> Ich war sehr zufrieden mit Ihren beiden Manuskripten.[21] Den gestrigen Abend habe ich damit verbracht, von Ihren Lektionen zu profitieren. Ich wollte mich Ihrer gerne würdig

---

[16] Vgl. Bestermann, 1958, Bd. 1, Brief 60 u. 61, S. 108–109.

[17] „Dites-moi je vous prie avant de partir qui peut vous avoir fait imaginer d'avoir avec moi un procédé si bizarre." Du Châtelet an Maupertuis, Cirey, 28. März 1736, Bestermann, 1958, Bd. 1, Brief 59, S. 107.

[18] Vgl. nochmals das Zitat in Abschn. 6.6.

[19] Vgl. du Châtelet an Maupertuis im Januar u. Februar 1735, Bestermann, 1958, Bd. 1, Briefe 31 u. 32, S. 58–59.

[20] Vgl. Fontenelle, 1966 u. Algarotti, 1737.

[21] Es ist unklar, welche Manuskripte du Châtelet meint. Möglicherweise meint sie das Lehrbuch von Guisnée, da sie zu dieser Zeit mit ihm arbeitet. Eventuell meint sie auch den *Discours sur les différentes figures des astres avec une exposition des systèmes de MM. Descartes et Newton* (1732) oder die *Solution de deux problèmes de géométrie* (1732) von Maupertuis (vgl. Terrall, 2002, S. 172).

erweisen. Ich fürchte, den guten Eindruck zu verlieren, den man Ihnen von mir vermittelt hat. Ich denke, dass das Vergnügen, die Wahrheit mit all ihrer Grazie zu erlernen, die Sie ihr verleihen, damit teuer bezahlt wäre.[22]

Du Châtelet hielt den Kontakt zu ihrem Lehrer auch während seiner langen Reisen aufrecht. Als Maupertuis sich 1736 auf einer Expedition nach Lappland befand informierte sie ihren Lehrer in der Ferne über ihren Studien. Sich selbst betrachtete sie weiterhin als seine Schülerin:

> Was mich betrifft, so kennen Sie ungefähr die Menge an Mathematik und Physik der ich zu betreiben fähig bin. Mein großer Vorteil vor den großen Philosophen ist der, Sie als Lehrer gehabt zu haben.[23]

Offenbar vertraute du Châtelet Maupertuis, denn sie scheute sich nicht, ihm ihr Unwissen oder ihr Unverständnis offen zu zeigen:[24]

> Meine Zeit teile ich zwischen den Handwerkern und Herrn Locke auf, denn ich suche wie nichts anderes den Grund der Dinge. Vielleicht sind Sie erstaunt, dass ich nicht Herrn Guisnée den Vorzug gebe. Mir scheint aber, dass ich entweder Sie oder Herrn Clairaut benötige, um in ihm Anmut zu finden.[25]

Als sich du Châtelet Mitte 1735 nach Cirey begab, endeten die persönlichen Begegnungen und die Unterrichtsstunden. Ihr blieb vor allem die Hoffnung, Maupertuis als Gast in Cirey empfangen zu können, um zumindest hin und wieder in den Genuss seiner didaktischen Fähigkeiten zu kommen.[26] Um ihn und auch Clairaut nach Cirey zu locken, beschrieb sie ihren Landsitz als Ort des Amüsements und der wissenschaftlichen Arbeit:

> Könnte man hoffen, Sie nach Cirey zu locken, wenn man Ihnen sagte, dass Sie hier ein recht ansehnliches Physikkabinett vorfinden, Teleskope, Quadranten, Berge, von denen aus man einen weiten Blick genießt, und ein Theater mit einer komischen und einer tragischen Truppe.[27]

---

[22] „iay été très contente de vos deux manuscrits i'ay passé hier toute ma soirée a profiter de vos lecons ie voudrois bien m'en rendre digne ie crains ie vous lauoüe de perdre la bonne opinion que l'on vous avoit donné de moi, je sens que ce seroit payer bien cher le plaisir que jay d'aprendre la vérité ornée de toutes les graces que vous lui pretés," Du Châtelet an Maupertuis im Januar 1734 Bestermann, 1958, Bd. 1, Brief 2, S. 30.

[23] „Pour moi vous savez à peu près la dose dont je suis capable en fait de physique et de mathématique. Je conserve un grand avantage sur les plus grands philosphes, celui de vous avoir eu pour mon maître." Du Châtelet an Maupertuis, Cirey, 1. Oktober 1736, Bestermann, 1958, Bd. 1, Brief 73, S. 125.

[24] Vgl. auch du Châtelet an Algarotti, Cirey, 2. Februar 1738, Bestermann, 1958, Bd. 1, Brief 117, S. 211.

[25] „Je partage mon temps entre des maçons et m. Lock, car je cherche le fond des choses tout comme une autre. Vous serez peut étonné que ce ne soit pas à monsieur Guinée à qui je donne la préférence mais il me semble qu'il me faut ou vous ou monsieur Clerau pour trover des grâces à ce dernier." Du Châtelet an Maupertuis, Cirey 23. Oktober 1734, Bestermann, 1958, Bd. 1, Brief 24, S. 52.

[26] Vgl. du Châtelet an Maupertuis, Cirey, 4. September 1737, Bestermann, 1958, Bd. 1, Brief 105, S. 193.

[27] „Si on pouvait espérer de vous attirer à Cirey on vous dirait que vous y trouveriez un assez beau cabinet de physique, des téléscopes, des quarts de cercle, des montagnes de dessus lesquelles on

Als die beiden Akademiker schließlich kamen, genoss sie den Besuch sehr. Er war Anlass großer Freude. Überaus entzückt zeigte sie sich, als Maupertuis im Dezember 1738 einen Besuch für Januar 1739 ankündigte.[28] Abreisen ihrer akademischen Gäste empfand sie, bezogen auf ihr Lernen, besonders schmerzlich:

> Mit fällt es schwer Ihnen gegenüber auszudrücken, wie viel Verdruss es mir bereitet, die Hoffnung zu verlieren. Sie zu sehen. Ihr Aufenthalt hier war ebenso für mein Vergnügen als auch für meine Unterweisung notwendig.[29]

Du Châtelet nahm sehr genau wahr, dass sie durch die Besuche Maupertuis mit ihren Studien voranschritt. Daher flehte sie ihren Lehrer geradezu an, er möge sie besuchen; aber allzu häufig verhallte dieses Flehen ungehört:

> Ich bitte Sie, geben Sie mir den Vorrang vor allen Pensionen und sogar vor dem Mont Valérien. Ich schmeichle mir selbst, wenn ich sage, dass das Leben, welches man hier führt, Ihnen gefallen könnte.[30]

Nach unzähligen Einladungen konstatierte sie verdrießlich:

> Aber es verärgert mich unendlich, dass Sie überhaupt nicht davon sprechen, hierher zu kommen.[31]

Kokett versuchte sie Maupertuis zu erpressen, indem sie ihm die Zusendung ihrer *Dissertation sur la nature et la propagation du feu* verweigerte. Er möge sie in Cirey lesen, schrieb sie.[32] Dieser Erpressungsversuch war sicher nicht ernst gemeint, denn Maupertuis hatte in der Akademie jederzeit Zugang zu dem Text.

Nach dem Sommer 1735 war du Châtelet vornehmlich auf den brieflichen Unterricht durch Maupertuis angewiesen:

> Aber ich finde in den Ihrigen [den Briefen, FB] Anleitung, die mir kein Buch geben kann, und in Ihren Ausführungen Zartheit und unendliche Grazie. Wenn ich Sie belästige, so urteilen Sie selbst. *omne tulit punctum qui misuit utile dulci.*[33]

---

jouit d'un vaste horizon, un théâtre, une troupe comique et une troupe tragique." Du Châtlet an Maupertuis, Cirey, Dezember 1737 Bestermann, 1958, Bd. 1, Brief 108, S. 197–198.

[28] Vgl. du Châtelet an Maupertuis, Cirey, 28. Dezember 1738, Bestermann, 1958, Bd. 1, Brief 159, S. 284–285 u du Châtelet an Argental, Cirey, 12. Januar 1739, Bestermann, 1958, Bd. 1, Brief 167, S. 298.

[29] „Il m'est bien difficile de vous exprimer monsieur combien je suis fâchée de perdre l'espérance de vous voir. Votre séjour ici était aussi nécessaire à mon plaisir qu'à mon instruction." Du Châtelet an Maupertuis, Cirey, 22. Mai 1738, Bestermann, 1958, Bd. 1, Brief 127, S. 233.

[30] „Je vous supplie de me donner la préférence sut toutes les retraites et même sur le mont Valerien. Je me flatte que la vie que l'on y mène pourra vous plaire." Du Châtelet an Maupertuis, Cirey, 10. Januar 1738, Bestermann, 1958, Bd. 1, Brief 114, S. 208.

[31] „Mais ce qui me fâche infiniment c'est que vous ne me parlez point de venir ici." Du Châtelet an Maupertuis, Cirey, 17. Juli 1738, Bestermann, 1958, Bd. 1, Brief 133, S. 244.

[32] Vgl. du Châtelet an Maupertuis, Cirey, 27. Juli 1738, Bestermann, 1958, Bd. 1, Brief 134, S. 246.

[33] „mais je trouve dans les vôtres [lettres, FB] des instrucitons qu'aucun livre ne peut me donner, et dans votre commerce une douceur et des grâces infines. Jugez si je vous importunerai, *omne tulit punctum qui misuit utile dulci.*" Du Châtelet an Maupertuis, Cirey, 9. Mai 1738, Bestermann, 1958, Bd. 1, Brief 124, S. 224. Das lateinische Zitat stammt aus Horaz *Ars poetica* 343: „Jeglichen Beifall errang, wer Nützliches mischt mit dem Schönen."

Mit großer Ungeduld erwartete sie seine fachlichen Antworten:

> Ich erwarte mit viel Ungeduld die Erklärungen, die Sie mir bezüglich Ihrer Abhandlung von 1732 versprochen haben. Ich benötige sie dringend, denn wenn ich eine Idee im Kopf habe, die nicht geklärt wird, dann verflüchtigen sich all die anderen Ideen. Ich zerbreche mir den Kopf und verstehe nichts mehr.[34]

Allerdings erschwerte die Distanz die Klärung von Problemen und die Beantwortung von Fragen, zumal sie manchmal vergeblich auf Antworten wartete:

> Ich habe Ihnen einen Brief geschrieben, auf den ich gerne Ihre Antwort bekommen hätte oder besser gesagt Ihre Instruktion. Aber erhalte ich diese immer von Ferne? Und kommen Sie niemals die Schule in Cirey sehen, deren Lehrmeister Sie sicher sind?[35]

7.2 König: als Lehrer ein Missgriff

In einem völlig anderen Lehrverhältnis stand du Châtelet zu dem Schweizer Juristen und Mathematiker Johann Samuel König (1712–1757), dessen Konterfei in Abb. 7.2 zu sehen ist. Er kam Anfang des Jahres 1739 mit Maupertuis und Johann II Bernoulli nach Cirey. König, der wissenschaftshistorisch wegen seiner Rolle im Prioritätenstreit um das Prinzip der kleinsten Wirkung um 1750 bedeutsam ist, blieb knapp acht Monate als Lehrer in Cirey. Maupertuis und er kannten sich über ihr Studium bei Johann I Bernoulli. König wurde dank der Vermittlung seines Studienfreundes der Lehrer von du Châtelet und deren Sohn.[36]

Zwischen 1730 und 1734 hatte König an der Basler Universität bei Johann I Bernoulli, dessen Sohn Daniel und dem Bernoulli Schüler Jakob Hermann (1678–1733) Vorlesungen in Mathematik, Physik und Philosophie gehört. Nachdem König durch Hermann die Metaphysik Leibniz' kennengelernt hatte, ging er nach Marburg, um auch bei Christian Wolff zu studieren. Zu seinen Fachgebieten zählten Mathematik und Mechanik. Er kam 1738 nach Paris, nachdem er sich vergeblich um einen Lehrstuhl in Lausanne bemüht hatte.[37]

Du Châtelet, die wusste, dass ihr eine systematische Anleitung bei der Aneignung der analytischen Geometrie, dem Kalkulus und der Philosophie Leibniz' und Wolffs helfen würde, hatte Maupertuis gebeten, ihr bei der Suche nach einem geeigneten Lehrer behilflich zu sein. Formey (1789) erinnert sich, dass sich Maupertuis

---

[34] „J'attends avec bien de l'impatience quelques éclaircissements que vous m'avez pormis sur votre mémoire de 1732. J'en ai un grand besoin car quand j'ai une idée dans la tête qui ne peut se débrouiller toutes les autres idées s'enfuient, je me casse la tête, et je ne comprend rien." Du Châtelet an Maupertuis, Cirey, 22. Mai 1738, Bestermann, 1958, Bd. 1, Brief 127, S. 233.

[35] „Je vous ai écrit une lettre à laquelle je désirerai bien de recevoir votre réponse ou plutôt vos instruciton, mais les recevrai-ja toujours de loin? et ne viendrez vous jamais voir lécole de Cirey, dont vous êtes assurément le maître?" Du Châtelet an Maupertuis, Cirey, 20. September 1738, Bestermann, 1958, Bd. 1, Brief 145, S. 262.

[36] Vgl. du Châtelet an Johann II Bernoulli, Cirey, 30. März 1739, Bestermann, 1958, Bd. 1, Brief 203, S. 352. Siehe auch Abschn. 2.3.

[37] Vgl. Szabó, 1996, S. 94–96.

Abb. 7.2 *Johann Samuel König* von Unbekannt

der Rolle des Lehrers der Marquise gerne entledigen wollte. Daher bestärkte dieser König darin, die Stelle des Präzeptors in Cirey anzunehmen und du Châtelet bestärkte er darin, den Schweizer einzustellen.[38]

Ende Februar 1739 schrieb sie freudig an den preußischen Thronfolger:

> Ich werde einen Schüler des Herrn Wolff bei mir aufnehmen, um mich in dem immensen Labyrinth zu orientieren, in dem sich die Natur verliert. Die Physik werde ich für einige Zeit zugunsten der Geometrie verlassen. Ich habe erkannt, dass ich ein bisschen zu schnell war. Man muss umkehren. Die Geometrie ist der Schlüssel zu allen Türen. Um sie mir anzueignen, werde ich arbeiten.[39]

Seine Stelle in Cirey trat König am 27. April 1739 an.[40] Zunächst war du Châtelet überaus erfreut über seine Zusage. Zudem war sie geschmeichelt, er hatte ihretwegen ein Lehrstuhlangebot in Orange abgelehnt:[41]

---

[38] Vgl. Formey, 1789, Bd. 1, S. 173.

[39] „Je vais prendre auprès de moi un élève de mr Wolf, pour me conduire dans le labyrinthe immense où se perd la nature; je vais quitter pour quelque temps la physique pour la géométrie. Je me suis aperçue que j'avais été un peut trop vite; il faut revenir sur ses pas; la géométri est la clef de toutes les portes & je vais travailler à l'acquérir." Du Châtelet an Friedrich II, Cirey, 27. Februar 1739, Bestermann, 1958, Bd. 1, Brief 193, S. 340.

[40] Vgl. du Châtelet an Johann II Bernoulli, Cirey, 28. April 1739, Bestermann, 1958, Bd. 1, Brief 211, S. 363.

[41] Vgl. du Châtelet an Johann II Bernoulli, Cirey, 28. April 1739, Bestermann, 1958, Bd. 1, Brief 211, S. 363.

Ich bin entzückt, ihn hier zu haben und ich bin Herrn Maupertuis und Ihnen persönlich verpflichtet. Ich werde dies so schnell nicht vergessen.[42]

Damit sie möglichst viel von ihrem Lehrer lernte, begleitete er sie im Frühjahr 1739 auf ihrer Reise nach Brüssel, wo sie Familienangelegenheiten zu klären hatte.[43] Allerdings zeichnete sich bald ab, dass das Lehrverhältnis nicht harmonisch war. König fühlte sich als du Châtelets Lehrer nicht wohl. Sie spürte dies und war besorgt, dass sie den Lehrer in Cirey nicht würde halten können. Gegenüber Maupertuis vermutete sie zunächst Heimweh als Ursache.[44]

Sie selbst war mit ihren Lernfortschritten unter Königs Anleitung nicht zufrieden. König verfügte nicht über die didaktischen Fähigkeiten Maupertuis. Sie beklagte sich und deutete auch an, dass es persönliche Differenzen gebe:

Ich gestehe Ihnen, dass ich sehr unzufrieden mit mir bin. Ich weiss nicht, ob mir die notwendige Ruhe für derartige Studien fehlt, ob mein Prozess und die Verpflichtungen, die ich hier erfüllen muss, meine Aufmerksamkeit dahinraffen. Schließlich arbeite ich viel und schreite kaum voran. Stellen Sie sich vor, obwohl ich häufig in der Stadt soupieren muss, stehe ich jeden Tag spätestens um sechs Uhr auf, um zu studieren. Dennoch konnte ich den Algorithmus noch nicht beenden. In jedem Moment mangelt es mir an Gedächtnis. Ich habe Angst, dass es für mich zu spät ist, so viele schwierige Dinge zu lernen. Manchmal ermutigt mich Herr König. Aber er, der mir oft riet, langsam vorzugehen, treibt mich wie bei einer Jagd an, so dass ich nur mit Mühe folgen kann. Fast sechs Wochen arbeiten wir soviel zusammen, wie die Reise, seine Gesundheit und meine Geschäfte es erlauben. Ich könnte Ihnen aber nicht mit der Anwendung der gelernten Regeln auf das kleinste Problem antworten. Die Dinge in anderer Form zu sehen, verwirrt mich. Manchmal bin ich bereit, alles aufzugeben, *in magnis voluisse sat est*[45] ist nicht meine Devise. Wenn es mir nicht gelingt, wenigstens mittelmäßig zu sein, wünschte ich niemals begonnen zu haben.[46]

Ich bin nicht gewiss, ob König Lust hat, mich anzuleiten. Ich glaube, mein Unvermögen ist ihm verleidet. Er, der fähig ist, schwierige Dinge zu machen, muss sich dadurch in seiner Ehre gekränkt fühlen. Ich hingegen kann mich nicht beklagen. Er ist ein Mann mit klarem

---

[42] „Je suis charmée de l'avoir, et c'est une obligaton que j'ai à m^r de Maupertuis et à vous monsieur que je n'oublierai pas si tôt." Du Châtelet an Johann II Bernoulli, Cirey, 30. März 1739, Bestermann, 1958, Bd. 1, Brief 203, S. 352.

[43] Vgl. du Châtelet an Maupertuis, 20. Juni 1739, Bestermann, 1958, Bd. 1, Brief 216, S. 369–370.

[44] Vgl. du Châtelet an Maupertuis, 20. Juni 1739, Bestermann, 1958, Bd. 1, Brief 216, S. 369–370.

[45] „In großen Dingen genügt es, sie gewollt zu haben." Zitat aus Sextus Propertius (um 50–16 v. Chr.) *Elegiarum Liber* II, 10, 6.

[46] „Je vous avouerai que je suis bien mécontente de moi, je ne sais si le repos nécessaire pour de telles études me manque, si mon procès, et les devoires qu'il faut que je rende ici emportent mon attention, mais enfin je travaille beacoup, et je n'avance guère. Imaginez-vous que quoique je sois obligée de souper souvent en vile, je me lèver tous les jours à 6 heures au plus tard pour étudier, et cependant je n'ai pas encore pu finir l'algorithme. Ma mémoire me manque à chaque instant, et j'ai bien peur qu'il soit bien tard pour moi pour apprendre tant de choses si difficiles. Mr Koenig m'encourage quelquefois, mais lui qui m'avait tant dit d'aller doucement me mène un train de chasse que j'ai bien de la peine à suivre. Il y a près de six semaines que nous travaillons autant que le voyage, sa santé et mes affaires le peuvent permettre et je ne vous pourrais pas répondre de l'application des règles que j'ai apprieses dans le plus petit problème. Voir les choses sous une autre forme me désoriente, enfin je suis quelquefois prête à tout abandonner, in magnis voluisse sat est n'est point ma devise. Si je ne dois pas réussir du moins à être médiocre, je voudrais n'avoir jamais rien entrepris." Du Châtelet an Maupertuis, 20. Juni 1739, Bestermann, 1958, Bd. 1, Brief 216, S. 369.

und tiefen Geist. Mir gegenüber ist er so entgegenkommend als man nur sein kann. Aber er hadert mit seinem Schicksal, obgleich ich sicher nichts versäume, um ihm das Leben angenehm zu gestalten und um seine Freundschaft zu gewinnen. Sie sehen, ich glaube, dass Sie sich für meine Studien interessieren. Ich suche Tröstung in ihren Ratschlägen. Ich gebe zu, mein größter Kummer im Leben ist die Hoffnungslosigkeit, da ich doch bereit bin, über meine Fähigkeiten für eine Wissenschaft zu gehen, die die einzige ist, die ich liebe, und die die einzige Wissenschaft ist, ohne das Wort zu missbrauchen.[47]

Die Situation zwischen König und du Châtelet wurde immer problematischer. Im Sommer 1739 fürchtete sie, dass er fortgehen könnte, bevor sie auf dem Gebiet der analytischen Geometrie und dem Kalkulus nicht mehr auf seine Hilfe angewiesen sein würde. [48] Sie schrieb an Bernoulli II:

Was Herrn König betrifft, so wird er jeden Tag unvernünftiger wegen seines Weggangs. Ich hoffe nicht mehr, ihn zu halten. Ich vermute auch, dass er nicht mit mir nach Brüssel zurückkehren wird. Ich verstehe nicht, welche Absicht er hatte, als er zu mir kam. Selbst wenn ich ein Engel gewesen wäre, wäre es mir nicht möglich gewesen, in drei Monaten Reise und geschäftlicher Verpflichtungen das zu lernen, was ich zu lernen wünschte. Seinen Bruder habe ich aufgenommen, der in Cirey wie mein Sohn erzogen wurde. Bezüglich meiner Aufmerksamkeit für beide habe ich mir nichts vorzuwerfen. Ich gebe Ihnen gegenüber zu, dass mich sein Verhalten, das ich keinesfalls auf mich beziehe, äußerst pikiert.

Im Übrigen merken Sie wohl, welche Unordnung und welches Chaos all dies in meinem Kopf verursacht hat. Meine Studien der Geometrie, der Logik und der Metaphysik habe ich durcheinander gebracht. Nichts von all dem ist an seinem Platz. Ich bitte Sie, zu beurteilen, was für ein Potpourri dies produziert. Ich gestehe Ihnen, die Vorgehensweisen von Herrn König machten mich alle Mathematiker und alle Schweizer hassend, wenn ich nicht Sie kennen würde. Mir scheint, als Mathematiker und Schweizer, wäre es eine gute Tat von Ihnen, dies wieder gut zu machen.[49]

---

[47] „Je ne sais trop si Koenig a envie de faire quelque chose de moi, je crois que mon incapacité de dégoûte. Lui qui est parvenu à faire des choses si difficiles devrait bien se piquer d'honneur. Je ne puis cependant m'en plaindre. C'est un homme d'un esprit clair et profond. Il est aussi complaisant pour moi qu'il le peut être, mais il est mécontent de son sort quoique assurément je n'oublie rient pour lui rendre la vie douce et pour gagner son amitié. Vous voyez que je coris que vous vous intéressez à mes études. Je cherche de consolatons dans vos conseils, car je vous avoue qu'un des chagrins les plus sensibles que j'aie eus dans ma vie, c'est le désespoir où je suis prête à entrer sur ma capacité pour une science qui est la seule que j'aime et qui est la seule science, si on ne veut pas abuser des termes." Du Châtelet an Maupertuis, 20. Juni 1739, Bestermann, 1958, Bd. 1, Brief 216, S. 370.

[48] Vgl. du Châtelet an Bernoulli, Bruxelles, 3. August 1739, Bestermann, 1958, Bd. 1, Brief 220, S. 375.

[49] „Pour m^r Koenig il devient plus déraisonnable tous les jours sur son départ, et je n'espère plus le retenir, je crois même qu'il ne retournera pas à Bruxelles avec moi. Je ne puis deviner quel a été son projet en venant chez moi, car quand même j'aurais été un ange, il m'eût été impossible en 3 mois de voyage et d'affaires d'apprendre ce que je désirais de savoir. J'ai pris son frère qui est élevé à Cirey comme mon fils, et je n'ai rien à me reprocher sur les égards que j'ai eu pour eux, et je vous avoue que je suis très piquée d'unie conduite que je suis bien loin de m'être attirée. D'ailleurs vous sentez bien quel dérangement et quel chaos cela a mis dans ma tête, car j'ai mêlé mes études de géométrie, de logique et de métaphysique et rien de tous cela n'étant aggrangé dans sa place je vous pire de juger quel pot-pourri cela produit. Je vous avoue que les procédés de m^r Koenig me feraient haïr tous les mathématiciens et tous les Suisses si je ne vous connaissais pas, et il me semble que comme mathématicien et comme Suisse, ce serait une belle action à vous de les

Im September 1739 war das Verhältnis zu König zerüttet und eine Vermittlung durch Maupertuis, um die du Châtelet bat, nicht mehr möglich.[50] Nach nicht einmal einem Jahr verließ König Cirey im Dezember 1739. Seinen Weggang bezeichnete du Châtelet als würdelos, zumal er in Paris Gerüchte streute, dass ihr im September 1740 erschienenes Physiklehrbuch im Grunde aus seiner Feder stamme.[51]

Bis heute ist unklar, was zwischen du Châtelet und König in Cirey genau vorgefallen ist. Den Vorwurf des Plagiats konnte du Châtelet nicht vollständig entkräften. Er ist bis heute nicht ausgeräumt.[52] Vergeblich versuchte du Châtelet in ihren Briefen an Johann II Bernoulli und Maupertuis die Vorwürfe Königs zu entschärfen. Beiden Gelehrten und Freunden erklärte sie die Umstände der Publikation ihres Buches.[53] Schließlich bat sie Maupertuis sogar einzuschätzen, ob ihre Würdigung Königs in den *Institutions de physique* ausreichend sei.[54] Dies nützte ihr nicht. Schon im Oktober 1740 sagte man in Berlin, dass König die *Institutions de physique* der Marquise diktiert habe. Vergeblich forderte sie Maupertuis, der zu dieser Zeit in Berlin weilte, auf, zu ihren Gunsten auszusagen und die Anschuldigungen zu verneinen.[55]

In der Regel wird die Ursache für das Zerwürfnis mit König bei du Châtelet gesucht. Badinter (2008) beispielsweise charakterisiert du Châtelet als einen schwierigen und impulsiven Menschen, der sich seines hohen gesellschaftlichen Ranges ausgesprochen bewusst war. Dies, so die Historikerin und Philosophin, führte dazu, dass sie niederrangige Personen äußerst herablassend behandelte.[56] Das gegenseitige Missverstehen von aristokratischer Schülerin und protestantisch-bürgerlichem Lehrer könnte auch auf die unterschiedliche kulturelle Prägungen der beiden zurückgeführt werden. Für du Châtelet bildeten Lernen, Unterhaltung und Amüsement keine Gegensätze sondern eine Einheit. Und obwohl sie die Mathematik und die Naturphilosophie ernsthaft betrieb, schätzte sie doch auch die Unterhaltung und den unterhaltenden Aspekt des Lernens und Studierens.[57] König hingegen war kein fröhlicher Gefährte. Vaillot (1978) bezeichnet ihn als tristen Nörgler, den kein Feuerwerk oder Kartenspiel erfreuen konnte.[58] König verhielt sich häufig undiploma-

---

réparer." du Châtelet an Johann II Bernoulli, Paris, 15. September 1739, Bestermann, 1958, Bd. 1, Brief 221, S. 377.

[50] Vgl. du Châtelet an Maupertuis, Paris, 27. September 1739, Bestermann, 1958, Bd. 1, Brief 223, S. 379.

[51] Vgl. du Châtelet an Johann II Bernoulli, Cirey, 17. Dezember 1739, Bestermann, 1958, Bd. 1, Brief 227, S. 385 u. Cirey, 28. Dezember 1739, Bestermann, 1958, Bd. 1, Brief 229, S. 385–387.

[52] Nach Goldenbaum, 2004 beschuldigte König du Châtelet nicht des Plagiats. Er monierte vielmehr ihr mangelndes Verständnis der Leibniz-Wolffschen Metaphysik, insbesondere der ‚vis viva' (vgl. Goldenbaum, 2004, Bd. 2, Fußnote 285, S. 593).

[53] Vgl. du Châtelet an Johann II Bernoulli, Brüssel, 30. Juni 1740, Bestermann, 1958, Bd. 2, Brief 241, S. 17–19.

[54] Vgl. du Châtelet an Maupertuis, 12 September 1740, Bestermann, 1958, Bd. 2, Brief 249, S. 29.

[55] Vgl. du Châtelet an Maupertuis, Fontainebleau, 22. Oktober 1740, Bestermann, 1958, Bd. 2, 252, S. 32.

[56] Vgl. Badinter, 2008, S. 14–15.

[57] Siehe hierzu auch Kap. 4, die Zitate in Abschn. 7.1 und 11.5. Zur musischen Seite du Châtelets vgl. Adelson, 2008.

[58] Vgl. Vaillot, 1978, S. 182.

tisch, provozierte heftige philosophische Diskussionen über die naturphilosophische Position Leibniz' und zeigte damit in den Augen der Aristokratin du Châtelet keine Manieren.[59] In den obigen Zitaten klang schon an, dass Königs Unterricht für du Châtelet wenig unterhaltende Aspekte hatte. Formey (1789) berichtet über die Unterrichtsstunden der Marquise. Er erzählt, dass König jedes Mal ein Papier mitbrachte. Auf diesem standen die metaphysischen Thesen, die er seiner Schülerin beweisen wollte. Du Châtelet sollte nach seinen Erörterungen das Papier unterschreiben, als Bestätigung, dass sie die Ausführungen ihres Lehrers verstanden hatte.[60]

Für die Frage, ob du Châtelet tatsächlich die Unterrichtsmanuskripte Königs plagiiert hatte, ist folgende Einschätzung Formeys von Interesse. Er sieht in den Thesenpapieren den Ursprung des metaphysischen Teils des Lehrbuchs von du Châtelet. Damit ist aber keineswegs bewiesen, dass sie die Inhalte einfach übernommen hatte. Formey meint dazu:

> Aus der Folge der Unterschriften ist die metaphysische Einführung der Marquise entstanden. Sie hat ihnen den Ton und das Angenehme ihres Stils gegeben: Das Stück gehört sicherlich zu den Besten seiner Art.[61]

Anders als Maupertuis war König kein Didaktiker, der es verstand, seinen Unterricht unterhaltend zu gestalten. Er war ein Schüler Wolffs und sicherlich von dessen didaktischem Ideal inspiriert. Wolffs Didaktik kennzeichnete methodische Strenge und Ordnung, kurz die Rationalität der wissenschaftlichen Methode.[62] König entsprach also in keiner Weise dem literarischen Vorbild, das Fontenelle geschaffen und du Châtelets Erwartungen an einen Lehrer geprägt hatte.[63]

7.3 Bernoulli II: Wunschlehrer und Vertrauter

Nachdem König Cirey verlassen hatte, hoffte du Châtelet den in Abb. 7.3 abgebildeten dritten Sohn des berühmten Schweizer Mathematikers Johann I Bernoulli (1667–1748), Johann II Bernoulli (1710–1790), als Lehrer zu gewinnen.

Johann II Bernoulli war ein enger Freund von Maupertuis. Er hatte mit diesem zeitgleich bei seinem Vater in Basel Mathematik und die moderne Naturphilosophie studiert und war promovierter Jurist. Nach ausgedehnten Reisen durch Europa wurde er 1743 Professor für Beredsamkeit und 1748 folgte er auf den Mathematiklehrstuhl seines Vaters in Basel. Johann II Bernoulli gewann viermal den Preis der Akademie der Wissenschaften in Paris, deren Mitglied er aber nie wurde.[64]

Im Dezember 1739 schien Bernoulli II der Idee, die Lehrtätigkeit in Cirey zu übernehmen, nicht abgeneigt. Die Bekanntschaft mit Bernoulli verdankte du Châte-

---

[59] Vgl. Nagel, im Druck.

[60] Vgl. Formey, 1789, Bd. 1, S. 173–174.

[61] „C'est de cette suite de signatures qu'est née l'introduction métaphysique de la Marquise. Elle y a mis le tour & les agrément de son style: & ce morceau est assurement supérieur dans son genre." Formey, 1789, Bd. 1, S. 174.

[62] Siehe hierzu Abschn. 11.4.

[63] Siehe Abschn. 4.2.

[64] Vgl. Cantor, 1875.

Abb. 7.3 Johann II Bernoulli von Unbekannt

let, wie die zu Clairaut und König, Maupertuis. Du Châtelet war sehr daran interessiert, Bernoulli II als Mathematiklehrer zu gewinnen. Schließlich war er Spross
einer Dynastie hervorragender Mathematiker. Von Bernoulli II ausgebildet zu werden, hätte du Châtelet eine ähnlich gute mathematische und naturphilosophische
Bildung ermöglicht, wie die, die Maupertuis in Basel erhalten hatte.[65] Ende 1739
schien es möglich, dass du Châtelet Bernoulli als Lehrer in Cirey engagieren könnte:

> Ich rechne damit, dass Sie mich für die Dauer von drei oder vier Jahren, die ich zum Lernen
> benötige, als Ihre Schülerin betrachten können … so fern Sie so gut sind, mir die gleiche
> Ehre zu erweisen, wie ihr Herr Vater dem Herrn Marquis de l'Hôpital.[66]

Sie unterbreitete Bernoulli II im Dezember 1739 ein überaus großzügiges Angebot.
Es beinhaltete sogar eine über ihren Tod hinausgehende lebenslange Gehaltszah-

---

[65] Vgl. Abschn. 6.4.

[66] „Je compte que pendant les trois ou quatre ans que je crois qui me sont nécessaires pour que
vous puissiez m'avouer pour votre écolière … puisque vous voulez bien me faire le même honneur
que m^r votre père a fait à m^r le marquis de l'Hopital." du Châtelet an Johann II Bernoulli, Cirey, 3.
Oktober 1739, Bestermann, 1958, Bd. 1, Brief 227, S. 383.

lung. Hinzu kamen eine Kutsche, ein eigener Diener, je ein angemessenes Appartement in Cirey, Brüssel und Paris. Außerdem sollte Bernoulli seine Zeit frei einteilen und jederzeit nach Basel reisen können.[67] Bernoulli überlegte ernsthaft, die Stelle des Mathematiklehrers bei du Châtelet einzunehmen, und sie dachte darüber nach, wie er komfortabel über Cirey nach Brüssel, wo sie sich im Januar 1740 wieder einmal aufhielt, reisen könnte.[68]

Es war Maupertuis, der Bernoulli riet, nicht der Lehrer von du Châtelet zu werden:[69]

> Was den Rat, um den Sie mich bitten, angeht, nehme ich mich in Acht, Ihnen zuzureden hinzugehen. Obwohl sich Mme du Châtelet danach verzehrt und ich ihr in jeder anderen Sache zu Diensten sein wollte. Meine Freundschaft für Sie verbietet mir, ihr in dieser Sache zu dienen, weil ich glaube, dass sie bezüglich König im Unrecht ist. Nach all diesen Geschichten scheint es mir kein ehrbarer Ort für Sie zu sein. Darüber hinaus hat er noch andere Nachteile. Der eine ist der, dass man die Annehmlickeiten an der Seite der Marquise du Châtelet nicht genießen kann, ohne das man für Voltaire plötzlich unerträglich wird. Immer wird Voltaire die Oberhand haben, ihm opfert man alles. Unmöglich, ihm keinen Grund zum Unwillen zu geben. All dies zusammen betrachtet, spielt der Mathematiker der Marquis du Châtelet eine ausgesprochen schlechte Rolle.[70]

Über die Intervention des Freundes bei Bernoulli war du Châtelet verärgert und enttäuscht.[71] Das Verhalten von Maupertuis hat sie sogar an seiner Freundschaft zweifeln lassen. Sie kündigte ihm selbige aber nicht, schließlich war er ihre wichtigste Verbindung zur akademischen Welt. In ihren Briefen sicherte sie ihm – und vielleicht sich auch – ihre Freundschaft zu.[72]

Bernoulli wurde zwar nicht du Châtelets Lehrer, aber er wurde zu einem wichtigen wissenschaftlichen Mentor. Nach den Vorwürfen von König gegen sie, war sie erleichtert, dass er den Kontakt zu ihr aufrecht hielt.[73]

---

[67] Vgl. du Châtelet an Johann II Bernoulli, Cirey, 17. Dezember 1739, Bestermann, 1958, Bd. 1, Brief 227, 384–384.

[68] Vgl. du Châtelet an Johann II Bernoulli, Brüssel 11. Januar 1740, Bestermann, 1958, Bd. 2, Brief 232, S. 7.

[69] Vgl. Nagel, im Druck.

[70] „Quant au conseil que vous demandés je me donne bien de garde de vous conseiller d'y aller et quoi que M. e du C. en meure d'envie et que je voulusse luy rendre service en toute autre chose mon amitié pour vous me deffend de la servir en cecy outre que je crois quelle a grand tort avec K[önig], apres toutes ces histoires la place pour vous ne me paroit pas honeste: cette place de plus a encor d'autres inconveniens c'est qu'on ne scauroit y etre avec quelque agrement de la part de M. e du Chast. qu'on ne soit tout d'un coup insuportable à Voltaire, et Voltaire aura toujours le dessus, et on luy sacrifiera tout; on ne peut presque plus luy doner aucun sujet de Mecontentement, par plus d'une raison. Tout cela posé, le Mathematicien de M. e du Ch. joue un assez mauvais personage." Zitiert nach Nagel, S. 6.

[71] Vgl. du Châtelet an Johann II Bernoulli,Circy, 28. Dezember 1739, Bestermann, 1958, Bd. 1, Brief 229, S. 385–387 u. Brüssel, 1. u. 24. Februar 1740, Bestermann, 1958, Bd. 2, Brief 233 u. 234, S. 8–10 u.27. April 1740 Bestermann, 1958, Bd. 2, Brief 238, S. 15.

[72] Vgl. du Châtelet an Maupertuis, 21. August 1740 Bestermann, 1958, Bd. 2, Brief 246, S. 26.

[73] Vgl. du Châtelet an Johann II Bernoulli, Brüssel, 30. Juni 1740, Bestermann, 1958, Bd. 2, Brief 241, S. 17–19 u. 2. August 1740, Bestermann, 1958, Bd. 2, Brief 243, S. 22.

Mit Bernoulli tauschte sie wissenschaftliche Abhandlungen aus. Er überließ ihr beispielsweise Briefe aus der Korrespondenz seines Vaters.[74] Um welche Briefe es sich genau handelte, ist nicht bekannt. In einem ihrer Briefe dankt sie ihm allgemein für Bernoullis *Comercium epistolicum*.[75] Diese Briefsammlung sandte sie im Mai 1739 zurück.[76] Kurz darauf erkundigte sie sich, ob die Schriftstücke in Basel wieder gut angekommen seien.[77] .

Im Frühjahr 1739 sandte ihr Bernoulli II den *Essai d'analyse sur les jeux hazard* (1708, 1713) von Pierre Rémond de Montfort (1678–1719).[78] Um 1745/46 schickte Bernoulli ein Pendel nach Paris zu du Châtelet. Außerdem machte er sie mit dem schweizer Mathematiker Frédéric Moula (1703–1782), einem Schüler seines Vaters, bekannt.[79] Genaueres ist über den Kontakt zu Moula nicht überliefert. Moula war zwischen 1736 und 1744 Adjunkt für Mathematik an der St. Petersburger Akademie der Wissenschaften. Er gehörte zu den Bekannten Eulers. Zinsser (2006) zählt ihn neben dem Schweizer Mathematiker Gabriel Cramer (1704–1752) und dem französischen Mathematiker und Naturwissenschaftler François Jacquier (1711–1788) zu du Châtelets wissenschaftlichen Kontakten.[80] Und schließlich war es Bernoulli, der ihr eine Ausgabe der *Principia* von 1726 zusandte, die sie zur Grundlage ihrer Übersetzung machte.[81] In dem gleichen Brief, in dem sie diese Newtonausgabe erwähnt, bat sie Bernoulli um eine Ausgabe des Kommentars von Jacquiers und Le Seurs zu den *Principia*.[82]

Im Gegenzug besorgte du Châtelet für Johann II und dessen Bruder Daniel nicht näher beschriebene Dinge.[83]

Du Châtelet vertraute Johann II Bernoulli sehr. Dies zeichnet ihr Verhältnis zu dem Gelehrten aus. Als einziger kannte er das Manuskript, in dem sie eine eigene Theorie des Lichtes entwickelte. Es galt als verschollen und wurde erst 2006 von

---

[74] Vgl. du Châtelet an Johann II Bernoulli, Cirey, 30. März 1939, Bestermann, 1958, Bd. 1, Brief 203, S. 352–353.

[75] Vgl. du Châtelet an Johann II Bernoulli, Cirey, 28. April 1739, Bestermann, 1958, Bd. 1, Brief 211, S. 362–364.

[76] Vgl. du Châtelet an Johann II Bernoulli, Cirey, 10. Mai 1739, Bestermann, 1958, Bd. 1, Brief 214, S. 366.

[77] Vgl. du Châtelet an Bernoulli, Bruxelles, 3. August 1739, Bestermann, 1958, Bd. 1, Brief 220, S. 375.

[78] Vgl. du Châtelet an Johann II Bernoulli, Cirey, 28. April 1739, Bestermann, 1958, Bd. 1, Brief 211, S. 361–364.

[79] Vgl. du Châtelet an Johann II Bernoulli, Paris, 3. Februar 1746, Bestermann, 1958, Bd. 2, Brief 354, S. 150 u. du Châtelet an Johann II Bernoulli, Paris, 6. September 746, Bestermann, 1958, Bd. 2, Brief 357,S. 152.

[80] Vgl. Zinsser, 2006, S. 208.

[81] Vgl. du Châtelet an Johann II Bernoulli, Paris, 6. September 1746, Bestermann, 1958, Bd. 2, Brief 357, S. 153.

[82] Siehe auch Abschn. 8.2.2.

[83] Vgl. du Châtelet an Johann II Bernoulli, Paris, 17. März 1746, Bestermann, 1958, Bd. 2, Brief 355, S. 151 u. du Châtelet an Johann II Bernoulli, Paris, 6. September 1746, Bestermann, 1958, Bd. 2, Brief 357, S. 153.

dem Bernoullispezialisten Fritz Nagel wiederentdeckt.[84] Du Châtelet hatte es dem Gelehrten während seines Besuches in Cirey 1739 überlassen. Ende März 1739 erbat sie seine fachliche Kritik:

> Ich hoffe, dass Sie mir ihre Meinung zu dem kleinen Entwurf zur Optik sagen, den Sie geruht haben mitzunehmen und den ich noch niemanden gezeigt habe. Ich weiß nicht, ob er gelungen oder missraten ist. Sie sind mein Prüfstein der Wahrheit. Ich zähle ebenso auf Ihre Nachsicht wie auf Ihre Intelligenz. Ich benötige gleichermaßen das eine wie das andere.[85]

Kaum einen Monat später wollte sie, dass Bernoulli über ihre Arbeit schwieg. Sie stellte ihren Versuch, eine Theorie der Optik zu verfassen, vollständig in Frage.[86] Das Manuskript wurde von du Châtelet nicht weiter erwähnt und allem Anschein nach hatte Bernoulli es ebenfalls vergessen.

7.4 Clairaut: Berater und Begleiter

Alexis Claude Clairaut (1713 1765) war ein begabter Mathematiker und Physiker, der schon seit seinem 19. Lebensjahr Mitglied der französischen Akademie der Wissenschaften war.[87] Sein Portrait ist in Abb. 7.4 zu sehen.

Du Châtelet hatte den ruhigen und zurückhaltenden Mann über Maupertuis ebenfalls 1734 kennengelernt.[88] Der Kontakt zu du Châtelet intensivierte sich allerdings erst in den 1740er Jahren, insbesondere nachdem Maupertuis 1744 nach Berlin gegangen war.[89] Zu dieser Zeit war sie keine ambitionierte Studentin mehr, sondern eine eigenständige Naturphilosophin. Clairaut wurde ihr kritischer, wissenschaftlicher Berater, der ihr Lehrbuch kritisch las und ihre Newtonübersetzung und ihren Newtonkommentar fachlich begleitete.[90]

Gemeinhin sieht man in Clairaut nur einen Mathematiklehrer du Châtelets.[91] Sehr viel mehr Belege als das Zitat in Abschn. 7.1 gibt es dazu aus der Feder der Marquise nicht. Du Châtelet und Clairaut korrespondierten zumindest in den 1730er Jahren nicht. Du Châtelet suchte zwar beständig den Kontakt zu dem Mathematiker

---

[84] Der Mitherausgeber der Bernoulli-Edition Fritz Nagel hat es im Nachlass Johann II Bernoullis in Basel gefunden. Auf der internationalen Tagung „Émilie du Châtelet und die deutsche Aufklärung", anlässlich des 300. Geburtstags von Émilie du Châtelet stellte er den Text in Potsdam am 15. u. 16. September 2006 vor.

[85] „J'espère que vous me direz votre avis du petit essai d'optique que vous avez bien voulu emporter, car comme je ne l'ai encore montré à personne je ne sais s'il est bon ou mauvais, et vous êtes mon *criterium* de vérité. Je compte autant sur votre indulgence que sur vos lumières, et j'ai également besoin de l'une et de l'autre." du Châtelet an Johann II Bernoulli, Cirey, 30. März 1739, Bestermann, 1958, Bd. 1, Brief 203, S. 352.

[86] Vgl. du Châtelet an Johann II Bernoulli, Cirey, 28. April 1739, Bestermann, 1958, Bd. 1, Brief 211, S. 362.

[87] Vgl. Gillispie, 1970–1980, Eintrag: Clairaut.

[88] Vgl. Bestermann, 1958, Brief 11 u. 19, S. 36 u. 48.

[89] Vgl. Brunet, 1952, S. 14.

[90] Zu Clairauts Kritik an den *Institutions de physique* siehe Abschn. 11.5.

[91] Vgl. auch Zinsser, 2007, S. 94–97.

Abb. 7.4 *Alexis Claude Clairaut* von Louis Carrogis Carmontelle (1717–1806)

über Maupertuis, aber er zeigte wohl wenig Interesse an ihr. Sie ließ ihm Grüße ausrichten: „Sagt dennoch etwas von mir an den kleinen Clairaut, den ich trotz seiner Indifferenz mag."[92] Sie beklagte sich bei Maupertuis, weil Clairaut ihr nicht schrieb.[93]

Erst als sie keine wissenschaftliche Schülerin mehr war, wollte sie mehr und mehr die fachliche Auseinandersetzung mit Clairaut. Ihre Korrespondenz zeigt deutlich, dass sie Ende der 1730er Jahre begann, vermehrt über mathematisch-naturphilosophische Themen zu debattieren, statt sich belehren zu lassen. Von da an bat sie Maupertuis ihre Briefe auch an Clairaut weiterzureichen.[94]

---

[92] „Dites cependant quelque chose pour moi à ce petit Cleraut que j'aime malgré son indifférence." Bestermann, 1958, Bd. 1, Brief 43, S. 84.

[93] Vgl. Bestermann, 1958, Bd. 1, Brief 24, S. 53 u. Bestermann, 1958, Bd. 1, Brief 43, S. 84.

[94] Vgl. du Châtelet an Maupertuis, Cirey, 10. Januar 1738, Bestermann, 1958, Bd. 1, Brief 114, S. 209.

Clairaut und du Châtelet begegneten sich von Zeit zu Zeit. Sie traf den Akademiker im Kloster Mont Valérien,[95] sie empfing ihn in Cirey und sie begegneten
sich im Vorzimmer der Akademie in Paris.[96] Als du Châtelet im Spätsommer 1739
einen Monat in Paris verbrachte, traf sie dort neben Fontenelle und Réaumur auch
Clairaut. Mit ihm diskutierte sie das Kraftmaß bewegter Körper.[97]

Berühmt ist Clairaut heute vor allem als Lehrbuchautor. Er ist der Verfasser der
beiden elementaren Mathematikbücher, die *Eléments de géométrie* (1741) und die
Eléments d'algèbre (1746). Die didaktische Konzeption der Bücher ist bemerkenswert. Clairaut versuchte, statt sie traditionell nach Euklid axiomatisch aufzubauen,
heuristisch vorzugehen. Sein didaktisches Konzept ist im Ansatz problem- und ler-
nerorientiert.[98]

Gerüchte sagen, Clairaut habe die bekannteren *Eléments de géométrie* (1741) für
du Châtelet geschrieben. Der Historiker Droysen (1910) verweist auf einen Brief
Voltaires an Thierot vom 24. März 1739. Voltaire behaupte darin, so Droysen, Clairauts Buch sei eine überarbeitete Fassung von mathematischen Vorträgen für du
Châtelet.[99] Tatsächlich spricht Voltaire in dem besagten Brief aber von Maupertuis
und nicht von Clairaut.[100] Clairauts Geometriebuch erwähnt er erst lobend in einem
Brief an Friedrich II am 1. November 1739. Auch hier fehlt jeglicher Hinweis auf
du Châtelet und ihr Lehrverhältnis zu Clairaut.[101] Die Behauptung, Clairaut habe
das Buch für du Châtelet verfasst, geht vermutlich auf den Nachruf des Astronomen Jean-Paul Grandjean de Fouchy (1707–1788) für Clairaut zurück. Darin bezeichnet er du Châtelet als Clairauts Schülerin und Adressatin des Geometrielehr-
buchs.[102] Die Clairautnachrufe von Le Tourneur (1766) und Baron (1900) übernehmen Fouchys Passage zum Teil wortgetreu.

Die Historikerin Zinsser (2006) geht davon aus, dass beide Mathematiklehrbücher aus Clairauts Lehrtätigkeit bei der Marquise hervorgingen.[103] Diese Annahme
verneinte schon Brunot (1952) in seiner Biographie Clairauts. Obgleich du Châtelet 1734 die Unterstützung Clairauts bei der Aneignung der analytischen Geometrie
reklamierte und vielleicht auch erhielt,[104] hatte sie bereits die geometrischen Kenntnisse, die Clairaut in seinem Buch vermittelt. Mitte der 1730er Jahre waren Clairauts
Elemente schon zu elementar für du Châtelet. Die Einführung in die Algebra wäre 1734 geeignet gewesen, den algebraischen bzw. analytischen Aneignungsprozess

---

[95] Vgl. Brunet, 1952, S. 14.

[96] Du Châtelet erwähnt einen geplanten Besuch gegenüber Du Fay (vgl. du Châtelet an du Fay,
Cirey, 18. September 1738, Bestermann, 1958, Bd. 1, Brief 143, S. 261).

[97] Vgl. du Châtelet an Johann II Bernoulli, Paris, 15. September 1739, Bestermann, 1958, Bd. 1,
Brief 221, S. 377 u. du Châtelet an Maupertuis, Paris, September 1739, Bestermann, 1958, Bd. 1,
Brief 222, S. 378.

[98] Zur Geschichte dieser Mathematiklehrbücher vgl. Sander, 1982.

[99] Vgl. Droysen, 1910, S. 235.

[100] Vgl. Voltaire, 1977, Brief 1212, S. 160.

[101] Vgl Voltaire, 1977, Brief 1304, S. 265.

[102] Vgl. Fouchy, 1765, S. 152.

[103] Vgl. Zinsser, 2006, S. 72–74.

[104] Vgl. das Zitat in Abschn. 7.1.

der Marquise zu unterstützen. Aber die Behauptung, das Buch sei für sie geschrieben, lässt sich nicht belegen. Wahrscheinlich ist es nicht, da du Châtelet die strenge, axiomatisch-deduktive Vorgehensweise nach Euklid favorisierte.[105]

Sollte Clairaut seine Lehrbücher tatsächlich für die Marquise konzipiert und verfasst haben, verwundert es, dass weder sie noch er dies erwähnen. Du Châtelet wäre als Adressatin der Bücher eine ideale pädagogische Figur gewesen, die für Einfachheit und Verständlichkeit der Geometrie und Algebra bürgte. Den Erfolg der Bücher hätte die Adressierung an du Châtelet durchaus steigern können und du Châtelets Ruf als höfische Gelehrte wäre ebenfalls gemehrt worden.[106]

Ein aufschlussreiches Zitat Clairauts für diesem Zusammenhang befindet sich in einer Fußnote von Zinsser und Courcelle (2003). Nachdem er im September 1741 zwei Exemplare seines Geometriebuches nach Cirey gesandt hatte, richtete er folgende Bitte an du Châtelet: „Lassen sie mich vor allem wissen, wie ihr Schüler auf es reagiert."[107] Diese Frage legt nahe, dass der Sohn du Châtelets mit dem Lehrbuch lernte. Wahrscheinlich unterrichtete du Châtelet zu dieser Zeit sogar ihren Sohn persönlich und nutzte das Lehrbuch.[108]

Ende 1744 wurde Clairaut du Châtelets wissenschaftlicher Mentor. Maupertuis ging nach Berlin und du Châtelet begann mit ihrer Übersetzung der *Principia* von Isaac Newton. Noch heute gilt die Übersetzung der Marquise als elegant und nahe am Originaltext. Insbesondere ihr Kommentar ist eine eigenständige Darstellung des Netwonschen Weltsystems. Sie hat ferner einige in den *Principia* enthaltene geometrische Probleme und Beweise in die analytische Sprache der Mathematik übertragen.[109] Die Arbeiten Clairauts hatten du Châtelet beeinflusst. In ihrem Kommentar sind seine Abhandlungen *Sur les explications cartésienne et newtonienne de la réfraction de la lumière* (1739) und *Recherches pour prouver que selon les lois de l'attraction en raison inverse du quarré des distances, la figure de la Terre doit beaucoup approcher de celle d'un ellipsoïde* (1737 u. 1738) eingeflossen.[110] Clairaut war für sie besonders wichtig bei der Korrektur der umformulierten geometrischen Beweise Newtons.[111]

Zweifelsfrei war die Zusammenarbeit mit Clairaut für du Châtelet ausgesprochen hilfreich. Wegen seiner Unterstützung wird ihre Übersetzungs- und Kommentierungsleistung allerdings bis heute immer wieder in Frage gestellt. Eine häufig ausgesprochene Behauptung ist, Clairaut habe die eigentliche mathematische Arbeit geleistet, obwohl der Mathematiker selber nie etwas dahingehendes behauptet hat.[112]

---

[105] Siehe Abschn. 11.6.

[106] Zu diesem Thema siehe auch Abschn. 4.2 u. 7.6.

[107] „Let me know paricularly how your pupil [Du Châtelets Sohn] reacts to it." Zitiert nach Zinsser und Courcelle, 2003, S. 110, Fußnote 15.

[108] Siehe Abschn. 2.3.

[109] Vgl. Gillispie, 1970–1980, Eintrag: Clairaut, Debever, 1987 u. Emch-Dériaz und Emch, 2006.

[110] Vgl. Gillispie, 1970–1980, Eintrag: Clairaut u. du Châtelet an François Jacquier, Paris, 1. Juli 1747, Bestermann, 1958, Bd. 2, Brief 361, S. 157.

[111] Vgl. Zinsser und Courcelle, 2003, S. 111–120 u. du Châtelet an Jean François, Marquis de Saint-Lambert, um den 15. Juni 1749, Bestermann, 1958, Bd. 2, Brief 476, S. 294.

[112] Vgl. Châtelet, 1756, Einleitung.

7.5 Mairan: Wissenschaftlicher Diskussionspartner

Der Kartesianer Jean-Baptist d'Ortous de Mairan (1678–1771) war anders als Maupertuis, König, Bernoulli und Clairaut nie Lehrer du Châtelets. Er war vielmehr ein wichtiger, wissenschaftlicher Diskussionspartner der Marquise. Mit ihm diskutierte du Châtelet auf Augenhöhe. Ihm fühlte sie sich auf fachlicher Ebene ebenbürtig.[113]

Zwei Diskussionen zwischen Mairan und du Châtelet sind überliefert. Die eine ist berühmt und wurde öffentlich geführt. Sie befasst sich mit der Frage nach dem richtigen Kraftmaß bewegter Körper.[114] Die Wissenschaftshistoriographie hat sie rekonstruiert und ausführlich diskutiert, weshalb an dieser Stelle nicht mehr auf sie eingegangen wird.[115] Diese weitgehend öffentlich stattfindende Auseinandersetzung um das wahre Kraftmaß hatte einen anderen Charakter als die Diskussion des Brachistochronenproblem zwischen du Châtelet und de Mairan. In ihrer schriftlichen Form erfolgte sie eher indirekt mit Mairan, da sie über den Chemiker Charles François de Cisternay Dufay (1698–1739), der zu diesem Zeitpunkt Direktor der Pariser Akademie der Wissenschaften war, verlief. Ab Ende 1738 sind in den Briefen du Châtelets an Dufay Passagen zu finden, die als fachliche Auseinandersetzung mit Mairan anzusehen sind. Sie bittet darin Dufay, ihre Briefe oder Ausschnitte daraus an Mairan weiterzuleiten.[116]

Die Frage, die Mairan und du Châtelet diskutierten, war: Auf was für einer Bahn durchqueren die Lichtstrahlen die Atmosphäre? Mit ihr hängt die Frage „Auf welcher Kurve bewegen sich Körper unter Einfluss der Schwerkraft am schnellsten von einem Punkt A zu einem schräg darunter liegenden Punkt B?" unmittelbar zusammen.

Die Gerade ist zwar die kürzeste Verbindung zwischen A und B, aber sie ist nicht die schnellste. Auf der Geraden wird der Körper anfänglich zu langsam beschleunigt. Den Kreisbogen hielt noch Galileo Galilei (1564–1642) für die schnellste Verbindung. Johann I Bernoulli zeigte als erster, dass diese Kurve eine Zykloide ist. Er nannte sie Brachistochrone (gr. brachistos kürzeste, chronos Zeit).

Die Brachistochrone ist eine Tautochrone (von griech. tautos, gleich, und chronos, Zeit), d. h. dass ein Körper von jedem Punkt der Kurve bis zum Kurventiefpunkt die gleiche Zeit benötigt. Die Zykloide wiederum ist eine Rollkurve und gehört zu den sogenannten mechanischen Kurven. Ihr entspricht die Bahn eines Kreispunktes, wenn der Kreis auf einer Leitkurve abgerollt wird. Sie lässt sich durch eine Parameterdarstellung der Form $x = r(t - \sin(t)); y = r(1 - \cos(t))$ und analytisch durch $x(y) = r \arccos\left(\frac{r-y}{r}\right) - \sqrt{y(2r - y)}$ beschreiben.[117]

---

[113] Vgl. auch Zinsser, 2007, S. 97–101.

[114] Siehe Abschn. 10.3.

[115] Vgl. hierzu Iltis, 1973, Iltis, 1977, Kawashima, 1990, Reichenberger, im Druck u. Walters, 2001.

[116] Vgl.du Châtelet an Dufay, Cirey, 18. September 1738, Bestermann, 1958, Bd. 1, Brief 143, S. 259–261.

[117] Zur Geschichte des Brachistochronenproblems vgl. Zeuthen, 1966, S. 72–80 u. Babtist, im Erscheinen.

Abb. 7.5 *Dortous de Mairan* von Charles-Nicolas Cochin (1715–1790)

Mit der Zykloide beschäftigten sich im 17. Jahrhundert fast alle großen Mathematiker: Fermat, Descartes, Leibniz, Newton, die Brüder Bernoulli und de L'Hôpital. Sie betrachteten diese Kurve, weil sie sich mit der mechanisch-geometrischen Frage, auf welcher Bahn ein Körper am schnellsten fällt, befassten.[118] Huygens wollte die Eigenschaft der Tautochrone zur Konstruktion eines Zykloidenpendels nutzen, um für jede Schwingung unabhängig von der Auslenkung immer die gleiche Zeit zu benötigen.[119]

Zwischen du Châtelet und Mairan standen die oben angeführten Fragen zur Diskussion. Sie bezogen sich auf Fermat und Johann I Bernoulli, der sich bei seiner Betrachtung des Brachistochronenproblems einer Analogie zur Optik bedient hatte. Im September 1738 bat du Châtelet Dufay ihren Diskussionsbeitrag an Mairan weiterzuleiten:

---

[118] Vgl. Babtist, im Erscheinen, s.p.

[119] Vgl. Babtist, im Erscheinen, s.p.

1. dass er mir Recht gibt, wenn er unter *kürzestem Weg, den kürzesten Weg in kürzester Zeit* versteht,

2. dass ich den Streit darauf reduziere, dass die Strahlen beim Durchqueren der Atmosphäre eine Zykolide beschreiben, oder nicht? Wenn sie eine Zykloide beschreiben, ist es dann nicht notwendig, dass sie von der höchsten Schicht der Atmosphäre zur untersten Lage einen Weg in kürzester Zeit zurücklegen, da die Zykloide die Linie mit dem schnellsten schrägen Gefälle ist?

3. Herr Bernoulli zeigt an dem zitierten Ort, dass sie diese Kurve beschreiben, daher etc. Dies als Tatsache und um den letzten Grund Fermats zu rechtfertigen, ohne noch auf die physikalische Ursache dieses Phänomens einzugehen.[120]

In Punkt 2 bezieht sich du Châtelet auf Bernoullis Überlegungen zum Brachisto-chronenproblem in den *Acta Eruditorum* von 1697 und in Punkt 3 auf das Fermatsche Prinzip, das besagt: Ein Lichtpartikel bewegt sich so, dass die benötigte Laufzeit minimal ist. Mit ihren Ausführungen legte sie den Diskussionsrahmen fest. Dufay bat sie im weiteren Verlauf ihres Briefes an Mairan folgende Fragen zu übermitteln:

Wenn Herr de Mairan bei Ihnen auf dem Land dazu Zeit findet, bitte ich ihn, mir einzig auf die alleinige Schwierigkeit zu antworten, die mich am Fortschreiten hindert. *Beschreiben die Strahlen, welche die Atmosphäre durchqueren, eine Zykloide? Wenn sie diese beschreiben, verneinen Sie, dass die Strahlen den Weg in kürzester Zeit hinter sich lassen? Wenn sie den Weg in kurzester Zeit gehen, wie versöhnen sie den Widerspruch zwischen den Verhältnis der Sini und der Geschwindigkeiten mit der tatsächlich benötigten kürzesten Zeit?* Diese Instruktionen erbitte ich von Ihm. Im Übrigen hoffe ich, dass er das System fallen lässt, welches das System der Wirbel im Allgemeinen ist, und, das er noch immer protegiert, wie ich mit Schmerzen sehe.[121]

1738 stand du Châtelet der kartesianischen Wirbeltheorie kritisch gegenüber. Sie machte, wie im obigen Zitat zu lesen, Mairan, der ein Anhänger der kartesianischen Naturphilosophie war, deutlich, dass sie die kartesianische Wirbeltheorie für unhaltbar hielt. Die Reaktion Mairans auf ihre Argumente und Fragen ist leider nicht überliefert.

In ihren Briefen zeigte du Châtelet deutlich, dass sie fachlich vor dem anerkannten und hochrangigen Akademiker großes Selbstvertrauen besaß. Sie machte aus ih-

---

[120] „1° qu'il me rend justice quand il entend par *plus court chemin, le chemin du plus plus court temps,* 2° que je réduis la dispute à ceci, les rayons en traversant l'atmosphère décrivent ils une cycloïde, ou non? S'ils décrivent une cycloïde, n'est il pas nécessaire qu'ils aillent de la couche supérieure de l'atmosphère à la couche inférieure par le chemin qu'ils parcourent dans le moins de temps, puisque la cycloïde est la ligne de la plus vite descente oblique? 3° m^r de Bernoulli y démontré dans l'endroit cité qu'ils décrivent cette courbe donc &ccc. Voilà pour le fait, et pour justifier la cause finale de Fermat, sans entrer encore dans la raison physique de ce phénomène." Du Châtelet an Dufay, Cirey, 18. September 1738, Bestermann, 1958, Bd. 1, Brief 143, S. 260.

[121] „Si m^r de mairan a du temps à votre campagne je le prie de me répondre uniquement à ceci qui est la seule difficulté qui m'arrête, *les rayons entraversant l'atmosphère décrivent ils une cycloïde, et s'ils le décrivent leur niez vous qu'ils aillent par le chemin du plus court temps, et s'ils vont par le chemin du plus court temps, comment consiliez vous la contradicton que vous trouvez entre la raison des sinis et des vitesses et le plus court temps réellement employé?* Car ce sont des instrucitons que je lui demande, comme de raison. Du reste le système que j'espère qu'il abandonnera c'est le système des tourbillons en général, que je vois avec douleur qu'il protège encore." Du Châtelet an Dufay, Cirey, 18. September 1738, Bestermann, 1958, Bd. 1, Brief 143, S. 260–261.

ren gegenläufigen wissenschaftlichen Standpunkten keinen Hehl. Sie reagierte freudig, als Maupertuis ihre Argumentation im Streit mit Mairan bestätigte:

> Vor der Ankunft Ihres Briefes wagte ich nicht, gegen Herrn Mairan Recht zu haben. Aber ich fühle mich momentan sehr gut und Sie erhöhen meinen Mut. Mein Gott, bleibt Ihnen noch viel Dunkles in meinem Geist zu vertreiben und wie notwendig ist mir Ihre Gegenwart.[122]

7.6 Algarotti: höfischer Freund

Die Beziehung du Châtelets zu dem italienischen Hofmann und Newtonianer Francesco Algarotti (1712–1764), in Abb. 7.6 in einem Pastellportrait dargestellt, war eine Freundschaft, die von dem gemeinsamen Interesse an Newtons Naturphilosophie getragen wurde und, mehr als andere, durch die höfische Geselligkeits- und Konversationskultur geprägt war. Damit unterschied sie sich von den in Abschn. 7.1 bis 7.5 beschriebenen Kontakten.

Algarotti war eher ein höfischer Gelehrter, denn ein Akademiker. Er hatte zwar Mathematik und Naturphilosophie studiert und gehörte neben der Academia delle Scienze in Bologna auch der Berliner Akademie der Wissenschaften an, außerdem war er in Italien einer der Ersten, die Newtons optische Experimente rekonstruierte.[123] Dennoch hat er außer seinen populären und allgemeinverständlichen Dialogen über Newtons Optik keine weiteren naturphilosophischen Texte verfasst. Dafür hatte er sich als Schriftsteller und Kunstkritiker einen Namen gemacht. Algarotti war mit Friedrich II durch Voltaire in Kontakt getreten. Er korrespondierte mit dem preußischen König und gehörte lange Jahre dessen Hofstaat an. Algarotti wurde von der Markgräfin von Bayreuth, einer Schwester Friedrich des Großen, anerkennend als Schöngeist charakterisiert.[124] Und in seinen Erinnerungen bezeichnet Formey (1789) ihn als Hofmann.[125]

Anders als du Châtelet strebte Algarotti nicht nach wissenschaftlicher Anerkennung und der vollständigen Ergründung der Natur. Dieses unterschiedlich gelagerte Interesse an der Naturphilosophie ist mit ein Grund dafür, dass der Kontakt zwischen der Gelehrten und dem Hofmann eher die Leichtigkeit einer höfischen Unterhaltung hatte. Du Châtelet berichtete ihm in Briefen von kulturellen Ereignissen und streifte literarisch-philosophische Themen. Sie schrieb von ihren vielfältigen Lektüren, erwähnte etwa den *Essay on man* (1733) von Alexander Pope (1688–1744) und zeigte sich gut informiert über das kulturelle Leben in Paris. Sie erzählte von der Opernaufführung *Thétis et Pelée* von Fontenelle[126] oder erwähnte die in Paris beliebten

---

[122] „Je n'osais croire avoir raison contre m^r de Marian avant votre lettre, mais je me sens bien forte à présent, et vous relevez mon courage. Mon dieu qu'il vous reste encore de ténèbre à dissiper dans mon esprit, et que votre présence m'est nécessaire." Du Châtelet an Maupertuis, Cirey, 29. September 1738, Bestermann, 1958, Bd. 1, Brief 146, S. 263.

[123] Vgl. Cavazza, 2002, S. 10–17.

[124] Vgl. Allgemeine, Artikel: Algarotti, Franz, von Ernst Friedländer, Bd. 1, S. 340.

[125] Vgl. Formey, 1789, Bd.2, S. 216.

[126] Vgl. du Châtelet an Algarotti, Cirey, 20. April 1736, Bestermann, 1958, Bd. 1, Brief 63, S. 112.

Abb. 7.6 *Francesco Algarotti* (um 1745) von Jean-Étienne Liotard (1702–1789)

öffentlichen Vorlesungen von Nollet:[127] „dass man vor seinem [Nollets, FB] Tor nur Karossen von Herzoginnen, Pairs und hübschen Frauen sieht. Sieh da, die gute Philosophie, die ihr Glück in Paris macht. Gott wolle, das dies anhält."[128]

Der Kontakt zu du Châtelet entstand 1735, als Algarotti die französischen New-tonianer Maupertuis, Clairaut und Voltaire aufsuchte. Den Sommer 1735 verbrachte er mit Maupertuis und Clairaut im Kloster Mont Valérien. Dorthin sandte du Châte-let im August ihre Einladung nach Cirey an ihn.[129] Sie umschmeichelte den italieni-schen Hofmann, indem sie ihm davon schrieb, Italienisch zu lernen, und lockte ihn mit ihrer „recht hübschen Bibliothek", die aus Voltaires historischen Werken und ihren philosophischen Büchern bestehe.[130] Sie beschrieb ihm Cirey als Ort der Wis-

---

[127] Zu Nollet siehe Pyenson und Gauvin, 2002

[128] „qu'on ne voit à sa porte que des carrosses de duchesses, de pairs et de jolies femmes. Voilà donc la bonne philosophie qui va faire fortune à Paris. Dieu veuille que cela dure!" Du Châtelet an Algarotti, Cirey, 20. April 1736, Bestermann, 1958, Bd. 1, Brief 63, S. 112.

[129] Vgl. du Châtelet an Maupertuis, August 1735, Bestermann, 1958, Bd. 1, Brief 40, S. 79.

[130] Vgl. du Châtelet an Algarotti, 1. Oktober 1735, Bestermann, 1958, Bd. 1, Brief 44, S. 85.

senschaft und der schöngeistigen Konversation. Um ihn zu locken, stellte sie auch gemeinsame, physikalische Experimente im Cireyer Physikkabinett in Aussicht.[131]

Algarotti kam Ende Oktober 1735 für ca. sechs Wochen.[132] Er kam nicht nur wegen du Châtelet, sondern auch wegen Voltaire, der für ihn ein überaus attraktive Bekanntschaft war. Der Liebhaber der Marquise war nämlich seit 1736 Brieffreund des preußischen Thronfolgers, des späteren Königs Friedrich II, und konnte so den Kontakt zu Friedrich II für Algarotti herstellen. Dank Voltaire wurde Algarotti schließlich gemeinsam mit Maupertuis 1740 an die Berliner Akademie der Wissenschaften berufen und gehörte fortan dem Hofe in Berlin an.[133]

Einer erneuten Einladung kam Algarotti im Juli 1736 nach. Er blieb in Cirey bis September des gleichen Jahres.[134]

Während dieses Aufenthaltes besprach du Châtelet mit Algarotti dessen Manuskript zu *Il Newtonianismo per le dame ovvero dialoghi sopra la luce e i colori* (1737).[135] Zeitgleich arbeitete Voltaire an seinem Buch über Newtons Optik, den *Elémens de la philosophie de Neuton*, das 1738 erschien. *Il Newtonianismo per le dame* ist ein Buch im Stile der *Pluralité des mondes* von Fontenelle.[136] Algarotti adressierte mit ihm ein Laienpublikum. Es war durchaus dazu geeignet, Newtons wissenschaftliche Position in den kulturellen Institutionen Italiens und Frankreichs zu stärken und zu verankern.[137]

Die Korrespondenz zwischen du Châtelet und Algarotti ist ein Briefwechsel, wie er von vielen Mitgliedern der europäischen Gelehrtenrepublik unterhalten wurde. Typisch ist, dass es darin um Streitereien, Klatsch, Diners oder die Ausleihe von Büchern ging. Wissenschaftliche oder populärwissenschaftliche Informationen wurden zwar ausgetauscht, blieben aber häufig an der Oberfläche.[138]

In den Briefen an Algarotti spürt man eine gewisse Leichtigkeit, die du Châtelet Raum zum Träumen lies, etwa von einer Englandreise, die schon in Abschn. 6.4 erwähnt ist. Nur selten sprach sie in diesen Briefen von den Wissenschaften und wenn, dann streift sie eher allgemeinverständliche Themen, wie Maupertuis Darstellung seiner Lapplandexpedition in *La Figure de la terre, déterminée par les observati-*

---

[131] Vgl. du Châtelet an Algarotti, Cirey, 20. April 1736, Bestermann, 1958, Bd. 1, Brief 63, S. 111 f.

[132] Vgl. du Châtelet an Unbekannt, 3. Januar 1736, Bestermann, 1958, Bd. 1, Brief 52, S. 95 u. Fußnote 4 zu Bestermann, 1958, Bd. 1, Brief 44, S. 86.

[133] Vgl. Mason, 1981 u. Schumacher, 1996.

[134] Vgl. du Châtelet an Algarotti, Cirey, 10. Juli 1736, Bestermann, 1958, Bd. 1, Brief 67, S. 119 u. vgl. du Châtelets ersten Brief an den abgereisten Freund, Cirey, 18. Oktober 1736, Bestermann, 1958, Bd. 1, Brief 71, S. 123.

[135] Am „International Centre for the History of Universities and Science" (CIS), der Universität von Bologna ist die italienische Erstausgabe unter der URL: http://www.cis.unibo.it/cis13b/bsco3/intro_opera.asp?id_opera=32 [21.09.2006] online zugänglich.

[136] Vgl. Fehér, 1995, Mazzotti, 2004 u. Arato, 2005.

[137] Vgl. Mazzotti, 2004.

[138] Vgl. Goldgar, 1995.

Abb. 7.7 Titelkupfer von *Il Newtonianismo per le dame* (1737)

ons de MM. de Maupertuis Clairaut, Camus, Le Monnier, Outhier, Celsius au cercle polaire (1738).[139]

In dem Briefwechsel du Châtelet-Algarotti nahm die Publikation und französische Übersetzung von Algarottis Buch eine breiten Raum ein. Primär ging es um die Rolle du Châtelets im Kontext der Entstehungs- und Publikationsgeschichte des Werkes. Ursprünglich sollte ihr Konterfei den Titelkupfer schmücken, der in Abb. 7.7 zu sehen ist. Der Titelkupfer, der die italienische Ausgabe von 1737 ziert, zeigt du Châtelet im Gespräch mit einem Herren – vermutlich Algarotti. Die Umgebung ist lieblich gestaltet, ein Schlosspark. Der italienische Graveur Giovanni

---

[139] Vgl. Du Châtelet an Algarotti, Cirey, 2. Februar 1738, Bestermann, 1958, Bd. 1, Brief 117, S. 211–212.

Marco Pitteri (1702–1786) hatte den Kupfer nach einer Porträtvorlage du Châtelets von Giovanni Battista Piazzetta (1683–1754) angefertigt.

> Ich hoffe, dass Sie durch das Bildnis von mir am Anfang Ihres Buches zu verstehen geben, dass ich Ihre Marquise bin.[140]

Das Buch sollte außerdem der Marquise gewidmet sein. Dies war für du Châtelet ausgesprochen schmeichelhaft, da sie davon ausgehen konnte, dass die Dialoge beim aristokratisch-großbourgoisen Publikum sehr erfolgreich sein würden. Durch ihr Abbild und die Widmung wäre ihre Reputation als höfische und nicht pedantische Gelehrte gestiegen, was die bisherige Kritik der feinen Gesellschaft an ihren ernsthaften, wissenschaftlichen Ambitionen hätte abschwächen können.[141]

Das Buch enthielt nicht die von du Châtelet erhoffte Widmung. Dafür erschien ihr Bildnis neben einer Ode an die berühmte italienische Naturphilosophin Laura Bassi (1711–1778): Beide Gelehrtinnen wurden damit zu weiblichen Vorbildern und forderten die Damen auf, es ihnen gleich zu tun.[142] Sowohl Bassis als auch du Du Châtelets mathematische und naturphilosophische Studien wirkten im Zusammenhang mit dem populären Buch, das die exakte Wissenschaft mit der Unterhaltung zu vereinen versteht, für das damalige Publikum weniger suspekt. Vielmehr wurden die beiden Frauen nachahmenswerte Vorbilder.[143] Hierdurch wird verständlich, warum du Châtelet so viel Wert darauf legte, in der Widmung Algarottis als höfische Gelehrte zu erscheinen:

> Sie wissen, die Ambition ist eine unersättliche Passion. Ich sollte mich damit begnügen auf dem Druck abgebildet zu sein. Gegenwärtig möchte ich aber in dem Werk sein und, dass es mir gewidmet sei.[144]

Wie wichtig ihr diese Form öffentlicher Anerkennung und Wahrnehmung war, zeigt folgende Episode: Als Algarotti sich im Frühjahr 1736 in England aufhielt, bat sie ihn, Sorge zu tragen, dass die Widmung an sie, die Voltaire ursprünglich seinem Stück *Alzire* vorangestellt hatte, in der englischen Übersetzung erscheine. Zu ihrem großen Ärger hatte man den Widmungstext, den sie nun Algarotti sicherheitshalber zukommen ließ, schon in der französischen Ausgabe nicht abgedruckt.[145] Ihre Sorge war daher durchaus berechtigt. Der englische Übersetzer Aaron Hill (1685–1750) schrieb das Stück dem Prinzen von Wales zu.

---

[140] „J'espère qu'en mettant mon portrait à la tête, vous laisserez sous-entendre que je suis votre marquise." Du Châtelet an Algarotti, Cirey, 20. April 1736, Bestermann, 1958, Bd. 1, Brief 63, S. 111.

[141] Siehe auch Abschn. 6.3.

[142] Vgl. auch Mazzotti, 2004, S. 120, 128–129.

[143] Vgl. siehe auch die rechte Marginalie zu Beginn dieses Kapitels und Abschn. 12.5.

[144] „Vous savez que l'ambition est une passion insatiable; je devrais bien me contenter d'être dans l'estampe, je voudrais à présent être dans l'ouvrage, et qu'il me fût adressé;" Du Châtelet an Algarotti, Cirey, 20. April 1736, Bestermann, 1958, Bd. 1, Brief 63, 111.

[145] Vgl. du Châtelet an Algarotti, Cirey, um den 5. Mai 1736, Bestermann, 1958, Bd. 1, Brief 65, S. 116. Vgl. auch die Bemerkung in Couvreur, 2003, S. 234.

Letztendlich widmete Algarotti sein Buch Fontenelle. Dies ist bemerkenswert, weil Fontenelle ein bekannter Anti-Newtonianer war. Mit seiner Widmung akzentuierte Algarotti die literarische Tradition der höfischen Wissenschaften sehr viel stärker als die Zugehörigkeit zu einer wissenschaftlichen Schule. Der Unmut von du Châtelet über die Widmung kam in einem der Briefe an Algarotti zum Ausdruck:

> Das Ihre [Ihr Buch, FB] wurde als erstes gemacht. Daher muss es als erstes erscheinen. Ich setze Sie davon in Kenntnis, dass ich mein Porträt absolut darin sehen will. Machen sie Ihre Rechnung, wie Sie möchten. Herr Fontenelle hat zwar mehr Geist als ich, aber ich habe das hübschere Gesicht. Daher fordere ich es.[146]

Du Châtelet musste sich schließlich mit Voltaires Widmung in den viel beachteten aber weniger erfolgreichen *Elémens de la philosophie de Neuton* zufrieden geben.

Die Marquise hatte noch eine andere Möglichkeit, sich im Zusammenhang mit dem Buch als höfische Gelehrte zu profilieren. Sie konnte die Übersetzerin der Dialoge werden.[147] Im 18. Jahrhundert war Übersetzen eine respektable, gelehrte Tätigkeit und gerade bei bildungshungrigen und ambitionierten Frauen beliebt.[148] Du Châtelet betrachtete sie als eine zugleich instruktive und amüsante Arbeit.[149]

Tatsächlich trug sie sich mit dem Gedanken, eine Übersetzung aus dem Italienischen anzufertigen. Schon im April 1736 bot sie sich Algarotti als Übersetzerin an, der dieses Angebot aber nicht annahm.[150] Zusammen mit der verweigerten Widmung stellte dies eine Kränkung dar und sie schrieb erbost an Maupertuis:

> Er [Algarotti] verdiente, nachdem er sein Buch einem Feind Newtons gewidmet hat, von einem erklärten Gegner Newtons und ihm übersetzt zu werden.[151]

Zu Beginn des Jahres 1737 hatte sich du Châtelet noch lobend über Algarottis höfische Dialoge geäußert.[152] Sie berichtete ihm über die Reaktionen ihrer Umgebung auf das Werk. Sie schwächte sogar die in Voltaires Satz „Hier gibt es weder eine imaginäre Marquise, noch einen imaginären Philosophen"[153] enthaltene Kritik an den höfischen Wissenschaften gegenüber Algarotti ab, damit dieser ihn nicht als Beleidigung auffasse.[154]

---

[146] „Le vôtre a été fait le premier; il faut qu'il paraisse le premier. Je vous avertis que je veux absolument que mon portrait y soit; faites votre compte comme vous voudrez; mr de Fontenelle a plus d'esprit que moi, mai j'ai un plus joli visage que lui; voilà ce qui fait que je l'exige." Du Châtelet an Algarotti, Cirey, 11. Januar 1737, Bestermann, 1958, Bd. 1, Brief 88, S. 158.

[147] Zu du Châtelet als Übersetzerin vgl. Gardiner, 2008.

[148] Siehe auch Abschn. 12.6.

[149] Vgl. du Châtelet an Algarotti, Cirey, 20. April 1736, Bestermann, 1958, Bd. 1, Brief 63, S. 111.

[150] Vgl. du Châtelet an Algarotti, Cirey, 20. April 1736, Bestermann, 1958, Bd. 1, Brief 63, S. 111.

[151] „Il méritait bien après avoir dédié son livre à l'ennemi de Neuton, d'être traduit par un homme qui se déclare l'ennemi de Neuton et le sien." du Châtelet an Maupertuis, Cirey, 1. Dezember 1738, Bestermann, 1958, Bd. 1, Brief 152, S. 273.

[152] Vgl. du Châtelet an Algarotti, Cirey, 11. Januar 1737, Bestermann, 1958, Bd. 1, Brief 88, S. 158 u. du Châtelet an Maupertuis, Cirey, 2. Februar 1738, Bestermann, 1958, Bd. 1, Brief 118, S. 213.

[153] „Ce n'est point ici une marquise ni une philosophe imaginaire" Voltaire, 1738b, S. 1.

[154] Vgl. du Châtelet an Algarotti, Cirey, 12. Mai 1738, Bestermann, 1958, Bd. 1, Brief 125, S. 229.

Als schließlich der Literat Louis Adrien Du Perron de Castera (1705–1752) die Übersetzung anfertigte,[155] äußerte sich du Châtelet im Ton abfälliger über Algarottis Dialoge. Die Übersetzung de Casteras kannte du Châtelet gut, denn sie verglich für Maupertuis den italienischen Origanltext mit der französischen Fassung. Dieser wollte wissen, ob seine Lapplandexpedition in Algarottis Buch Erwähnung findet.[156] Nach du Châtelets Urteil ist de Casteras Arbeit impertinent, weil er sich beim Übersetzen zu viele Freiheiten herausnahm.[157] Sie schlug Algarotti, der mit Casteras Arbeit ebenfalls unzufrieden war, vor, über eine Neuübersetzung durch sie nachzudenken.[158] Ihr Vorschlag wurde nicht umgesetzt. Anders als Elisabeth Carter (1717–1806) in England, die sich als Übersetzerin von Algarottis Buch einen Namen machte, konnte du Châtelet als Übersetzerin dieses populären Werks keine Anerkennung finden.[159]

Unklar ist, inwiefern du Châtelets heftige Kritik an der Form der höfischen Wissenschaften auf ihren Ärger über die Widmung der Newtondialoge an Fontenelle und die Übersetzung der Dialoge durch Casteras zurückzuführen ist. Ihren Unmut äußerte sie vor allem in Briefen an Maupertuis und den Duc de Richelieu um 1738:

> Die Dialoge Algarottis sind geistreich und voller Kenntnisse. Er hat einen Teil hier [in Cirey, FB] gemacht, und sie waren der Anlass für das Buch von Voltaire. Ich gestehe Ihnen dennoch, dass ich diesen Stil im Fach Philosophie nicht mag. Die Liebe eines Liebhabers, die mit dem Quadrat der Zeit und dem Kubik des Abstandes abnimmt, scheint mir schwierig verdaulich zu sein. Aber insgesamt ist es ein Werk eines Mannes mit viel Geist, der sein Thema beherrscht. Der Brief an Fontenelle ist nicht gelungen. Dass *Il Newtonianisme per le dame* Herrn Fontenelle gewidmet ist, erscheint etwas sonderbar, da er diese Ehre weder als Frau noch als Newtonianer erhält. Er ist weder das eine noch das andere. Es muss also ein schlechter Scherz sein. Sie wissen nicht, dass es mein Porträt ist, das sich am Anfang des Werkes befindet, oder wenigstens war dies die Intention. Aber es ist nicht so gelungen. Man übersetzt es. Es ist Herr De Castera, der diese Arbeit macht. Ich weiss nicht, ob man vorrangig von der Übersetzung oder dem Buch selbst spricht, da die Damen wenig Italienisch können und noch weniger Philosophie.[160]

---

[155] De Castera ist Autor der *Entretiens littéraires et galans. Avec les Avantures de Con Palmarin et de Thamire.* (Paris 1738). Er war Mitglied der Vorgängerakademie der „Berlin-Brandenburgischen Akademie der Wissenschaften".

[156] Vgl. du Châtelet an Maupertuis, Cirey, 3. September 1738, Bestermann, 1958, Bd. 1, Brief 141, S. 257 u. 259.

[157] Vgl. du Châtelet an Maupertuis, Cirey, 1. Dezember 1738, Bestermann, 1958, Bd. 1, Brief 152, S. 273.

[158] Vgl. du Châtelet an Algarotti, Cirey, 17. Februar 1739, Bestermann, 1958, Bd. 1, Brief 187, S. 331–332.

[159] Carters englische Übersetzung erschien 1739 unter dem Titel *Sir Isaac Newton's philosophy explain'd for the use of the ladies* (1739). Zu Carter vgl. Dorr, 1986.

[160] „Les dialogues d'Algarotti sont pleins d'esprit et de connaissance. Il en a fait une partie ici et ce sont eux qui ont été l'occasion du livre de m. de V. Je vous avou cependant que je n'aime pas ce style-là en matière de philosophie, et l'amour d'un amant qui décroît en raison du carré des temps et du cube de la distance me paraît difficile à digérer, mais en tout, c'est l'ouvrage d'un homme de beaucoup d'esprit et que est maître de sa matière. L'Epître à Fontenelle n'a pas réussi. *Il neutonianisme per le dame* dédie à m^r de Fontenell a paru fort singulier, car ce n'est ni comme femme ni comme neutonien qu'il a eu cet hommage. Il n'est pas plus l'un que l'autre, il faut donc que ce soit comme mauvais plaisant. Vous ne savez pas que c'est mon portrati qui est à la tête, du

Während der Ton in dem Brief an Richelieu sachlich ist, mokiert sie sich in einem Brief an Maupertuis deutlich darüber, dass Algarotti sein Newtonianisches Werk dem Kartesianer und Newtongegner Fontenelle widmete und der Widmung das Porträt einer Newtonianerin voranstellte:

> Es ist reichlich amüsant, mein Gesicht darin zu sehen und den Namen des Herrn de Fontenelle. Er verdient selbstverständlich jede Art der philosophischen Würdigung. Aber ich weiß nicht, ob die Würdigung eines Buches, in dem man ausschließlich von dem optischen System des Herrn Newton spricht und von der anziehenden Kraft, nicht besser seinem größten Feind gebührt.[161]

Ihr Missfallen über verschiedene Aspekte des Buchs konnte du Châtelet gegenüber Maupertuis nicht verhehlen:

> Sein Buch ist oberflächlich, es äfft Fontenelle nach, der Anmut besitzt. Der sechste Dialog ist recht gut gelungen, der Rest ist diffus und ohne Gehalt. Im Übrigen kann es in der Gesellschaft erfolgreich sein. Von den Leuten, die es besser wissen, wird es nicht missachtet werden.[162]

Sie regte sich über einige Passagen auf. So mochte du Châtelet die Stelle nicht, in der Algarotti das Verhalten der Liebe eines Liebhabers Invers zum Quadrat der zeitlichen Abwesenheit beschreibt. Dass er dieses „geometrische Kalkül" über drei Seiten ausdehnte, missfiel ihr und sie wollte Maupertuis Urteil hören:

> Im Übrigen wäre ich nicht erstaunt, wenn sein Buch auf Französisch erfolgreich ist. Aber ich gestehe Ihnen, dass ich diesen bunten Strauß aus Harlekinade und erhabenen Wahrheiten nicht sehr schätze. Ich würde gerne Ihre Empfindung dazu erfahren.[163]

Als du Châtelet dies schrieb, war sie mit ihrer isolierten Situation als Gelehrter unzufrieden. Sie hatte viele Verständnisfragen zur Theorie der Anziehungskraft und beklagte sich bei Maupertuis, diese nur schriftlich diskutieren zu können.[164] Daher

---

moins ça a été l'intention, mais il n'a pas trop bien réussi. On le traduit, c'est m. de Castera qui fait cette besogne. Je ne sais si on parlera davantage de la traduction que de l'ouvrage car le dame savent peu d'italien et encore moins de philosophie." Du Châtelet an Richelieu, Cirey, 17. Februar oder August 1738, Bestermann, 1958, Bd. 1, Brief 135, S. 247.

[161] „Il est assez plaisant d'y voir mon visage, et le nom de m^r de Fontenelle. Il mérite assurément toutes sortes d'hommages philosophiques, mais je ne sais si celui d'un livre où l'on ne parle que du système d'optique de m^r Newton, et de l'attraction, était dû à son plus grand ennemi." Du Châtelet an Maupertuis, Cirey, 10. Februar 1738, Bestermann, 1958, Bd. 1, Brief 120, S. 215.

[162] „Son livre est fivole, c'est un singe de Fontenelle qui a des grâces. Le sicième dialogue est assez bien fait, le reste est diffus, et assez vide de choses. Du reste il pourra réussir aux toilettes, et ne pas être méprisé des gens qui connaissent mieux." du Châtelet an Maupertuis, Cirey, 1. September 1738, Bestermann, 1958, Bd. 1, Brief 139, S. 255

[163] „Au reste si son livre réussit en françis je ne serai point étonnées, mais je vous avoue que je n'aime pas trop cette bigarrure d'arlequinade et de vérités sublimes. J'ai bien envie d'en savoir votre sentiment." Du Châtelet an Maupertuis, Cirey, 3. September 1738, Bestermann, 1958, Bd. 1, Brief 141, S. 258.

[164] Vgl. du Châtelet an Maupertuis, Cirey, 1. September 1738, Bestermann, 1958, Bd. 1, Brief 139, S. 255.

musste sie im Frühherbst 1738 den Eindruck haben, dass sie weder als höfische Gelehrte, noch als Wissenschaftlerin erfolgreich, anerkannt und akzeptiert sein würde. Außerdem musste sie das Gefühl beschleichen, dass sie weder von dem wissenschaftlichen Lehrer und Freund Maupertuis noch dem höfischen Freund Algarotti die Unterstützung und Freundschaft erhielt, die sie wünschte und brauchte.

7.7 Zusammenfassung

Kapitel 7 befasst sich in den Abschn. 7.1 bis 7.6 mit sechs Kontakten du Châtelets. Während ihre Beziehung zu dem Schweizer Mathematiker Johann Samuel König ein reines Lehrverhältnis war, waren Maupertuis, Clairaut und Bernoulli II für sie wissenschaftliche Mentoren und sogar Freunde. Die Beziehung zu dem Kartesianer de Mairan kennzeichnete die fachliche Auseinandersetzung, da beide unterschiedliche wissenschaftliche Standpunkte vertraten. Ihr eher freundschaftliches Verhältnis zu Algarotti war vom höfisch-höflichen Umgang miteinander geprägt sowie du Châtelets Hoffnung, durch Algarottis populärwissenschaftliches Buch ihren Ruhm als höfische Gelehrte zu vergrößern.

Nach Abschn. 7.1 kann Maupertuis als du Châtelets erster Mathematiklehrer und wissenschaftlicher Mentor bezeichnet werden. Ihre Bekanntschaft hielt lange Jahre und aus dem Lehrer wurde schließlich ein wissenschaftlicher Ansprech- und Austauschpartner. Obwohl Maupertuis als du Châtelets Lehrer zu betrachten ist, ist eine wichtige Erkenntnis, dass die Anleitung in analytischer Geometrie durch den Akademiker zwischen 1734 und 1735 eher sporadisch denn regelmäßig stattfand. Ab 1735 kann man sogar nur noch von gelegentlichen Unterrichtsstunden während Maupertuis Besuchen in Cirey sprechen. In den Folgejahren unterwiese er du Châtelet in Form von Briefen.

Maupertuis didaktische Fähigkeiten zeichneten das Lehrverhältnis aus. Er war in der Lage, die analytische Geometrie und die Naturphilosophie für du Châtelet fasslich und unterhaltend zu erklären. Problematisch war das Ungleichgewicht im Lehrverhältnis. Du Châtelet suchte ihren Lehrer und musste beständig um Unterweisung bitten. Maupertuis floh seine wissbegierige und ambitionierte Schülerin. Er konnte sich dies leisten, weil er weder gesellschaftlich noch ökonomisch auf sie angwiesen war. Der Unterricht hing von seinem Wohlwollen und seiner Lust, du Châtelet zu unterweisen, ab. Diese Ungleichheit war du Châtelet durchaus – schmerzlich – bewusst. Dennoch war Maupertuis für ihre Studien wichtig, nicht zuletzt, weil er ihr half ihr Netzwerk zu den Gelehrten Europas auszubauen.

Durch Maupertuis kam König nach Cirey, der, so stellt es Abschn. 7.2 dar, du Châtelet systematisch in analytische Geometrie, dem Kalkulus und der Philosophie Leibniz und Wolffs unterrichtete. König verstand es nicht, den Unterricht für du Châtelet, die durch das didaktische Ideal der Aristokratie geprägt war, angenehm zu gestalten. Seine Strenge und Rationalität sagten ihr nicht zu. Es kam zum Zerwürfnis und König reiste ab, obwohl sich du Châtelet bemühte, ihn so lange als Lehrer zu halten, bis sie in der Lage wäre, ohne Anleitung weiterzulernen.

Nach dem Desaster mit König war nach Abschn. 7.3 Johann II Bernoulli du Châtelets Wunschlehrer. Seine Lehrtätigkeit in Cirey hätte bedeutet, dass sie die zur damaligen Zeit wohl beste mathematische und naturphilosophische Ausbildung auf ihrem Landschloss genossen hätte. Zu ihrem Leidwesen entschied sich Bernoulli II, nach einer für du Châtelet nachteiligen Intervention Maupertuis', gegen eine Anstellung bei ihr. Dennoch blieb der Kontakt zu Bernoulli bestehen. Die überlieferten Briefe haben sogar einen freundlich-vertrauten Ton. Auch die Übergabe ihres Manuskriptes zu einer Theorie des Lichtes an Bernoulli bezeugt ihr Vertrauen in den Schweizer Mathematiker und Naturphilosophen.

In ihren letzten Lebensjahren wurde Clairaut, der sie vermutlich schon in den 1730er Jahren gelegentlich in Mathematik unterwies, du Châtelets Lehrer und Mentor. Das Verhältnis der beiden beleuchtet Abschn. 7.4. Über Clairauts Lehrtätigkeit bei du Châtelet ist wenig bekannt. Einige Historiker vermuten, dass die Lehrbücher des Mathematikers für du Châtelet geschrieben sind. Beweisen lässt sich diese Vermutung nicht. Es gibt aber einen Hinweis darauf, dass du Châtelets Sohn mit Clairauts Geometriebuch gelernt hat.

Für die Châtelet wurde Clairaut während ihrer Übersetzung und Kommentierung der *Principia* ab 1743/44 unentbehrlich. Maupertuis konnte sie nicht mehr unterstützen, da er nach Berlin gegangen war. Von nun an begleitete Clairaut ihre wissenschaftliche Arbeit.

Abschn. 7.5 behandelt kein Lehrverhältnis. Er zeigt, dass der Kartesianer Mairan für du Châtelet ein Diskussionspartner war, dem sie fachlich auf Augenhöhe begegnete. In Mairan und du Châtelet begegneten sich ein Vertreter des Kartesianismus und eine Naturphilosophin, die bei Leibniz, Wolff und Newton Antworten auf die Widersprüche des Kartesianismus suchte. Berühmt wurde die öffentlich und schriftlich ausgehandelte Auseinandersetzung der beiden über das Kraftmaß bewegter Körper. Weniger spektakulär war die Auseinandersetzung über die Bahn eines Körpers, die er in kürzester Zeit zurücklegt. Diese führten Mairan und du Châtelet indirekt über die Vermittlung des Chemikers und Sekretärs der Akademie der Wissenschaften Dufay.

Die freundliche und vom gegenseitigen Interesse getragene Beziehung zu dem italienischen Hofmann Algarotti zeigt Abschn. 7.6. Er war weder ihr Lehrer, noch ihr Mentor, noch ein ernstzunehmender wissenschaftlicher Diskussionspartner. Hinsichtlich seiner populären Dialoge über Newtons Optik war du Châtelet vielmehr seine wissenschaftliche Beraterin. Die Korrespondenz der beiden zeigt typische, durchaus unterhaltende, Merkmale eines Briefwechsels zwischen Mitgliedern der europäischen Gelehrtenrepublik. Das zentrale Thema ist die Publikation von Algarottis Buch. Mit diesem hoffte du Châtelet ihren Ruf als höfische Gelehrte zu mehren. Ihr Bildnis erschien im Frontispiz des Werks. Eine versprochene Widmung bekam sie nicht. Gerne wäre sie die Übersetzerin des Werkes geworden, doch Algarotti gab diese Arbeit dem Literaten de Castera. Sein Buch widmete er seinem literarischen Vorbild Fontenelle – pikanterweise ein Gegner des Newtonianismus. Aus fachlicher und didaktischer Perspektive betrachtete du Châtelet Algarottis höfische Wissenschaft kritisch. Insbesondere, nachdem Algarotti sie brüskierte, indem er ihr weder das Werk widmete, noch sie als Übersetzerin beauftragte.

Auffällig an den Beziehungen zu Maupertuis, König, Bernoulli und Algarotti ist, dass du Châtelet viel Energie und Kraft aufbrachte, um sie als Lehrer, Mentoren und

Freunde zu halten. Sie konnten du Châtelet jederzeit fallen lassen, ohne Nachteile zu befürchten. Maupertuis vermochte, sich immer wieder du Châtelets Zugriff zu entziehen. König konnte ohne weiteres das Lehrverhältnis kündigen und Bernoulli war auf eine Anstellung durch du Châtelet nicht angewiesen. Algarotti durfte du Châtelets Gastfreundschaft genießen und auf ihr Wissen zurückgreifen, musste im Gegenzug aber keine gegebenen Versprechungen halten.

Kapitel 8
Lehrbücher: Geometrie, Algebra und der Kalkulus

> *„La géométrie est l'apprentissage de l'honnête discussion, l'instrument d'une communication efficace."(Blaise Pascal, 1623–1662)*

> *„Die Mathematik ist ein Spielzeug, welches die Natur uns zuwarf, um uns in diesem Jammertal zu trösten und zu unterhalten. "*
> *(D'Alembert, 1717–1783)*

Der Schlüssel zu allen Türen sei die Geometrie, schrieb du Châtelet Ende Februar 1739 an Friedrich II.[1] Und in der Tat musste du Châtelet, wollte sie die moderne mathematische Naturphilosophie ihrer Zeit bis ins Detail begreifen, über umfassende geometrische bzw. mathematische Kenntnisse verfügen. Der klassischen Geometrie kam dabei eine Schlüsselfunktion zu, denn traditionell wurden physikalische Phänomene und Gesetzmäßigkeiten elementargeometrisch beschrieben und begründet. Nur die Geometrie, so die verbreitete Meinung, bringe gesicherte und gewisse Erkenntnisse hervor. Aus diesem Grund beschränkte sich Isaac Newton in den *Principia* auch auf die elementargeometrische Darstellung.[2]

In der modernen Naturphilosophie verwendete man jedoch seit Beginn des 18. Jahrhunderts vermehrt die neue analytische Geometrie und den Kalkulus. Dennoch blieb die Elementargeometrie noch lange Zeit das mathematische Wissen, das die Didaktiker bei der Vermittlung der analytischen Geometrie und dem Kalkulus voraussetzten, wie Abschn. 8.2.1 zeigen wird.

Das vorliegende Kapitel handelt von den mathematischen Lehr- und Lernmitteln, die du Châtelet nutzte, um ihr elementargeometrisches Wissen zu erweitern und die analytische Geometrie und den Kalkulus zu erlernen. Letztere halfen beim Verständnis aktueller, naturphilosophischer Abhandlungen. Durch ihre Aneignung konnte du Châtelet schließlich die geometrisch dargestellten Probleme der *Principia* in analytische Form umschreiben.[3]

Die Inhalte der in diesem Kapitel vorgestellte Lehr- und Lernmittel lassen Rückschlüsse auf die Art und den Umfang von du Châtelets mathematischen Kenntnissen zu. Zweifellos waren die Mathematiklehrbücher für du Châtelets mathematischen Bildungsprozess die wichtigsten Lehr- und Lernmittel. Allgemein waren Lehrbücher seit der Erfindung der Gutenbergschen Buchdrucktechnik zu den wichtigsten Bildungsmedien avanciert, da sie die Wissensaneignung potentiell von einer Lehr-

---

[1] Vgl. das Zitat in Abschn. 7.2.

[2] Vgl. hierzu Guicciardini, 1999.

[3] Zu der Mathematik in den *Principia* vgl. Gandt, 1995, Kap. 3 u. Guicciardini, 1999. Zur Verwendung des Kalkulus in den Abhandlung der Akademie vgl. exemplarisch Maupertuis Arbeit über die Gesetze der Anziehung in Abschn. 10.4.

F. Böttcher, *Das mathematische und naturphilosophische Lernen und Arbeiten der Marquise du Châtelet (1706–1749)*, DOI 10.1007/978-3-642-32487-1_8,
© Springer-Verlag Berlin Heidelberg 2013

person lösten. Sie eröffneten den lesefähigen Schichten neue Bildungsgänge und führten, da Lehrbücher in größerer Zahl gedruckt werden konnten, zu einer Standardisierung und Normierung der Bildungsinhalte und des Wissens im Allgemeinen. Jenseits der klassischen, lateinischen Gelehrtenausbildung öffneten gerade die volkssprachlich verfassten Lehrbücher einer breiteren Schicht Zugänge zu wissenschaftlichem und gelehrtem Wissen.[4]

In Frankreich etwa waren die ersten volkssprachigen Lehrbücher Mathematiklehrbücher und naturphilosophische bzw. naturgeschichtliche Lehrbücher. Ihre Autoren unterrichteten oftmals in den klassischen Bildungsinstitutionen auf Latein, richteten sich mit ihren Büchern in der Volkssprache aber an ihre Studenten. Sie hofften dadurch auch einen größeren Leserkreis zu erreichen.[5]

Einer dieser Autoren war der Pariser Universitätsgelehrte Dominique-François Rivard (1697–1778), dessen Schüler der berühmte Denis Diderot (1713–1787) war. Zu seinen Verdiensten zählt die Einführung des Lehrfachs Mathematik an der Pariser Universität und das Verfassen erfolgreicher Mathematiklehrbücher: *Elémens de mathématiques* (1740, 1752[5]), *Elémens de géométrie avec un abregé d'arithmetique et d'algebre* (1732), *Abrégé des élémens de mathématiques* (1757[4], 1761[5]) und *Traité de la Sphère et du Calendrier* (1741).[6]

Es ist eine Spekulation, aber durchaus möglich, dass du Châtelet diese Bücher gekannt und genutzt hat. Bedauerlicherweise ist, anders als über ihre naturphilosophischen Studien, über ihre mathematische Wissensaneignung aus ihren Korrespondenzen nur sehr wenig zu erfahren.

In diesem Kapitel werden in knapper Form Mathematiklehrbücher vorgestellt, die du Châtelet in ihren Briefen erwähnt. Es ist davon auszugehen, dass sie deren Inhalt studiert hat und beherrschte. In Abschn. 8.1 werden vier der von ihr genannten Geometrielehrbücher und ein mathematikphilosophisches Werk vorgestellt. In Abschn. 8.2 beschreibt Abschn. 8.2.1 ausführlich das schon erwähnte Lehrwerk der analytischen Geometrie von Nicolas Guisnée. Desweiteren spürt Abschn. 8.2.2 du Châtelets weiterer Beschäftigung mit der analytischen Geometrie und der Infinitesimalrechnung nach.

8.1 Klassische Mathematik: Geometrie mit Algebra

Eine Schlussfolgerung aus Kap. 3 ist, dass du Châtelet in ihrer Kindheit und frühen Jugend die klassische, elementare Geometrie nach dem Vorbild Euklids erlernt hat. Wegen ihrer allgemein bekannten mathematischen Begabung und ihrem Interesse an Mathematik ist darauf zu schließen, das sie mit dem Inhalt der ersten sechs Bücher der *Elemente* Euklids vertraut war.[7] Möglicherweise eignete sie sich darüber

---

[4] Zur Geschichte der Lehr- und Lernmittel vgl. Brubacher, 1947.

[5] Vgl. Brockliss, 1987, S. 190–191 u. das Vorwort in Rivard, 1804, S. vij.

[6] Zu Rivards Mathematikbüchern vgl. Schubring, 2005, S. 84–86 u. Gregory, 2006, S. 24–25.

[7] Vgl. Abschn. 3.6.

hinausgehende geometrische Inhalte im Austausch mit ihren mathematisch interessierten Freunden in Semur an.[8]

Aus einem Brief vom Februar 1739 an ihren Verleger Laurent François Prault sind einige Titel der Lehrbücher aus du Châtelets Bibliothek bekannt, mit denen sie weiterführende Kenntnisse der klassischen, synthetischen Geometrie erwerben und sich Grundlagen der Algebra und Analysis aneignen konnte.[9]

Bei den in den Abschn. 8.1.1 bis 8.1.4 vorgestellten Titeln handelt es sich um Übersetzungen und Adaptationen der *Elemente* von Euklid. Deren klare Struktur erlaubte es den Übersetzern und Kommentatoren, eigene und unterschiedliche Schwerpunkte in ihren Ausgaben zu setzen. Dadurch entstanden in sich geschlossene Teilausgaben.[10] Viele der Autoren ergänzten die elementare Geometrie mit einer Einführung in die Algebra bzw. analytische Geometrie. Auf diese Weise ermöglichten sie Lernenden wie du Châtelet einen ersten Zugang zur algebraischen und analytischen Arbeitsweise der Mathematik. Einige der nachfolgend vorgestellten Bücher sind aus didaktischer Sicht besonders interessant, da ihre Autoren neue didaktische Konzepte ausprobierten. Sie wollten den Lernenden jenseits der deduktiven Methode der geometrischen Synthese einen intuitiven Zugang zur Geometrie ermöglichen. Eine systematische und genaue Untersuchung der mathematischen Lehrbücher existiert leider noch nicht. Sie sprengt den Rahmen meiner Untersuchung, wäre aber eine eigene historische Studie wert.

8.1.1 Henrion: Die 15 Bücher des Euklids

Eines der von du Châtelet erwähnten Bücher sind *Les Quinze livres des éléments géométriques d'Euclide* (1614) von Didier Henrion (ca. 1580–1632). Es handelt sich um eine französische Übersetzung, deren Titelblatt in Abb. 8.1 zu sehen ist. Henrion war nicht nur Privatlehrer, sondern auch Übersetzer lateinischer Mathematikbücher ins Französische sowie Verfasser von weiteren Lehrbüchern. 1613 wurde ein elementarer Mathematikkurs in französischer Sprache von ihm publiziert, der sich vor allem an den Adel wandte. Bemerkenswert ist dieses Mathematikbuch, weil es über 140 geometrische Probleme behandelt.[11]

Bei *Les quinze livres des éléments géométriques* handelt es sich allerdings um eine reine Übersetzung. Sie war überaus erfolgreich und erfuhr Neuauflagen in den Jahren 1621, 1623, 1626, 1676 und 1677.[12] Die Ausgabe von 1623 ergänzt eine Zusammenfassung der Algebra, die als Einführung in dieses mathematische Thema dient.[13]

---

[8] Vgl. Abschn. 5.1.

[9] Vgl. du Châtelet an Prault, Cirey, 16 Februar 1739 Bestermann, 1958, Bd. 1, Brief 186, S. 328–330. Zu du Châtelets Bibliothek vgl. Brown und Kölving, 2008.

[10] Vgl. Steck, 1981, S. 14.

[11] Vgl. Gillispie, 1970–1980, Eintrag: Henrion, Bd. 6, S. 271.

[12] Vgl. Steck, 1981, S. 94.

[13] Vgl. Gillispie, 1970–1980, Eintrag: Henrion, Bd. 6, S. 271.

Abb. 8.1 Titelblatt von *Les quinze livres des éléments géométriques* (1676)

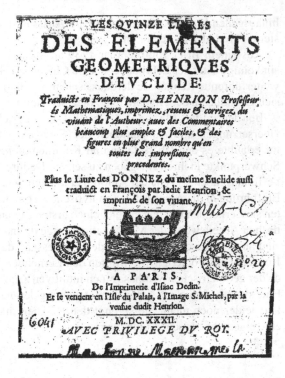

Mit dieser Einführung wollte Henrion die Lektüre des zehnten Buchs der *Elemente* erleichtern, das gemeinhin als besonders schwierig galt. Das zehnte Buch behandelt verschiedene Arten von Irrationalitäten. Schon seit der Renaissance bemühten sich die Lehrbuchautoren, die komplizierten geometrischen Konstruktionen und Umformungen Euklids algebraisch auszudrücken.[14] In seinem Buch nun greift Henrion auf die algebraischen Formen zurück, die François Viète (oder Vieta) (1543–1603), Albert Girard (1595–1632) und Simon Stevin (1548/49–1620) entwickelt hatten.[15]

Leider weiß man nicht, ob du Châtelet eine Ausgabe mit dieser algebraischen Einführung besaß. Zumindest aber konnte sie sich, wenn sie mit der synthetischen Darstellungsweise der geometrischen Beweise gut zurecht kam, mit den fünfzehn Büchern Henrions das gesamte Wissen der *Elemente* aneignen.

8.1.2 Dechalles: Die Elemente von Euklid

Ein weiteres Buch, das du Châtelet ihr Eigen nannte, sind *Les Elémens d'Euclide expliquez du R. P. Dechalles, de la compagnie de Jesus; et de M. Ozanam, de*

---

[14] Vgl. Euklid, 1962, S. 446.

[15] Vgl. Gillispie, 1970–1980, Eintrag: Henrion, Bd. 6, S. 271.

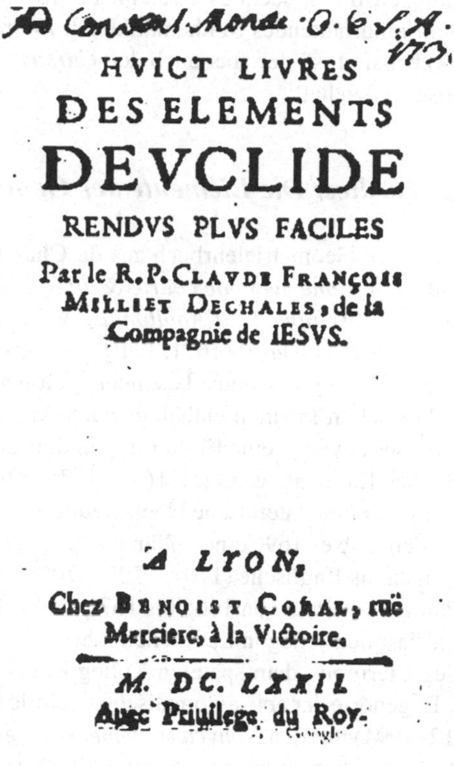

Abb. 8.2 Titelblatt von *Huit livres des éléments d'Euclide* (1774)

> *A Conseul Monde · O. 6 √. A.*
> *173.*
>
> ## HVICT LIVRES
> ## DES ELEMENTS
> # DEVCLIDE
> ### RENDVS PLVS FACILES
> Par le R. P. CLAVDE FRANÇOIS
> MILLIET DECHALES, de la
> Compagnie de IESVS.
>
>
> *A LYON,*
> Chez BENOIST CORAL, rüe
> Merciere, à la Victoire.
>
> *M. DC. LXXII.*
> Aưec Priuilege du Roy.

l'academie des sciences. Demontres d'une maniere nouvelle & facile, & augmentes d'un grand nombre de propositions & d'usages, & d'un traite complet des rapports (1672) des Jesuiten Claude François Milliet de Chales (1621–1678), alias Dechalles.

Dieses Buch ist keine reine Übersetzung. Dechalles empfand die *Elemente* als wenig lernerfreundlich, aus diesem Grund hatte er den Versuch einer Umstrukturierung unternommen. Sein Ziel war es, die geometrischen Grundlagen intuitiv zugänglich zu machen.[16] Inhaltlich umfasst sein Buch die Bücher eins bis sechs sowie elf und zwölf.

Dechalles war mit seiner Umstrukturierung durchaus erfolgreich. Unter verschiedenen Titeln erlebte sein Buch zahlreiche Neuauflagen und Überarbeitungen. 1683 erschien es noch als *Éléments d'Euclide, expliqués par le P. Claude François Millet Dechalles*. Als *Huit Livres des Elements d'Euclide, rendus plus faciles par Claude François Milliet Dechalles*, deren Titelseite in Abb. 8.2 zu sehen ist, kam es dann 1672 und 1674 in Lyon erneut heraus.[17] 1709 und 1738 erschienen zwei Über-

---

[16] Zu diesen konzeptionellen Änderungen vgl. Itard, 1950, S. 212.

[17] Vgl. Steck, 1981, S. 81 u. 104 u. Poggendorff Einträge Poggendorff I, 73 (Audierne); I, 557 (Deschales) u. II, 342 (Ozanam).

arbeitungen durch Jacques Ozanam (1640–1717), einem Jesuiten, der vor allem für sein unterhaltendes Mathematikbuch *Récréations mathématiques et physiques* (1694) bekannt ist, der aber auch den *Cursus mathematicus I* (1674) von Dechalles herausgegeben hat.[18]

8.1.3 Pardies: Die Elemente der Geometrie

Ein weiteres Geometrielehrbuch aus du Châtelets Besitz sind die *Elémens de géométrie, où par une methode courte & aisée l'on peut apprendre ce qu'il faut savoir d'Euclide, d'Archimede, d'Apollonius, & les plus belles inventions des anciens & des nouveaux geometres* (1671, 1710[5]) des Jesuiten Ignace Pardies (1636–1673).

Dieses Buch gilt als eine besonders gelungene Adaptation der *Elemente*. Neben den klassischen Inhalten enthält es auch Archimedes Überlegungen zur Quadratur des Kreises sowie je eine Einführung in den Logarithmus und die Trigonometrie.[19]

Pardies Elemente erfuhren 1673, 1678, 1680 und 1690 Neuauflagen. 1684 erschien sogar eine lateinische Übersetzung, die 1694 in Jena erneut gedruckt wurde. Außerdem gab es 1690 eine holländische Übersetzung und mindestens sieben Übertragungen ins Englische (1701, 1702, 1705, 1711, 1725, 1734 u. 1746).[20]

Pardies arbeitete von 1666 bis 1670 als Professor für Philosophie und Mathematik am Jesuitenkolleg in La Rochelle. Später wurde er Mathematiklehrer am Pariser Kolleg Clermont, dem späteren Kolleg Louis-le-Grand, das 1704 Voltaire besuchte.[21] Er gehörte der anti-axiomatischen Schule Port-Royals an, die Antoine Arnaulds (1612–1694) mit den *Nouveaux éléments de géométrie* (1667) begründet hatte.[22]

Auf sein als neuartig angegebenes didaktisches Konzept verweist Pardies im Titel. Mit ihm vereinfache er die Mathematik Euklids, Archimedes und Apollonius. Dies gelänge ihm durch eine klare Gliederung und Strukturierung der Inhalte, wodurch deren innerer Zusammenhang intuitiv zugänglicher werde. Pardies beschränkte sich auf die ersten neun Bücher der *Elemente* und ergänzte sie mit Überlegungen zur Quadratur des Kreises, dem Logarithmus und der Trigonometrie. Diesen Stoffumfang hielt Pardies für den Studienanfänger für ausreichend.[23]

Auf Pardies könnte du Châtelets Interesse an der Philosophie Leibniz zurückgehen oder umgekehrt, du Châtelet könnte durch ihr Interesse an Leibniz Philosophie auf Pardies gestoßen sein.[24] Pardies behandelt nämlich philosophische Fragen zur Unendlichkeit, zum Möglichen und Unmöglichen, die Leibniz besonders beeinflusst haben.[25]

---

[18] Vgl. Steck, 1981, S. 104.

[19] Vgl. Costabel und Martinet, 1986, S. 53 u. Anonym, 1671.

[20] Vgl. Costabel und Martinet, 1986, S. 53.

[21] Vgl. Costabel und Martinet, 1986, S. 49 f.

[22] Vgl. Costabel und Martinet, 1986, S. 54 u. Itard, 1939–1940, S. 36. Zur Geometrie Arnaulds vgl. Gardies, 1995.

[23] Vgl. Costabel und Martinet, 1986, S. 53 u. die anonyme Rezension in Anonym, 1671.

[24] Zu du Châtelets Beschäftigung mit der Philosophie Leibniz siehe Abschn. 10.1.

[25] Vgl. Costabel und Martinet, 1986, S. 53.

8.1.4 Malézieu: Die Elemente der Geometrie

Zur Geometrie Port-Royals sind auch die *Elémens de géométrie de Mgr le duc de Bourgogne* (1705, 1735³) von Nicolas de Malézieu (1650–1727) zu zählen, die du Châtelet in ihrem Brief an Prault ebenfalls erwähnte.[26]

Malézieu hatte mit Hilfe der *Nouveaux éléments de géométrie* von Arnauld den Duc de Bourgogne und die Duchesse du Maine unterrichtet.[27] Das Geometriebuch, das ihn als Autor nennt, geht auf die Unterrichtsmitschriften des Duc de Bourgogne zurück. Der herzogliche Bibliothekar hatte sie gesammelt und 1705 veröffentlicht.[28] Bemerkenswert waren nach einer Rezension im *Journal des Sçavans* von 1705 besonders die Passagen über die geometrischen Örter und die Infinitesimalien.[29] Malézieu selbst hatte dem Buch lediglich einige wenige analytisch bearbeitete Probleme hinzugefügt.[30] 1713 kam mit *Serenissimi Burgundiae Ducis Elementa Geometrica, ex Gallico Semone in Latinum translata ad Usum Seminarii Patavini* eine lateinische Übersetzung auf dem Markt. Deren dritte, korrigierte und erweiterte Auflage von 1729 enthielt sogar Einführungen in den Logarithmus und die analytische Geometrie.[31]

Das mathematikdidaktische Konzept von Malézieu scheint nicht nur der Duchesse du Maine angenehm gewesen zu sein. Im Oktober 1705 empfahl Leibniz die Geometrie Malézieus auch der Kurfürstin Sophie von Hannover (1630–1714), die sich mit der Frage der Inkommensurabilität beschäftigte, als Lehrbuch.[32] Und auch für du Châtelet, die sich für die Infinitesimalrechnung interessierte und die das Lehrbuch Malézieus bei der Duchesse du Maine kennengelernt haben könnte, war die Passage über die unendlich kleinen Zahlen sicherlich von Bedeutung.[33]

8.1.5 Castel: Die universelle Mathematik

Du Châtelet besaß auch die *Mathématique universelle abrégée, à la portée et à l'usage de tout le monde, principalement des jeunes seigneurs, ingénieurs, physiciens, artistes, etc., où l'on donne une notion générale de toutes les sciences mathématiques, et une connaissance particulière des sciences géométriques, au nombre de cinquante-cinq traités* (1728, 1758) des Jesuiten Louis-Bertrand Castel (1688–1757), einem Gegner Newtons und des Newtonianismus.[34] Darüber hinaus hatte du

---

[26] Vgl. du Châtelet an Prault, Cirey, 16 Februar 1739 Bestermann, 1958, Bd. 1, Brief 186, S. 328–330.

[27] Vgl. Zoppi, 2006, S. 4.

[28] Vgl. Itard, 1939–1940, S. 38.

[29] Journal, Teil 12.

[30] Vgl. Fontenelle, 1727, S. 149.

[31] Vgl. Itard, 1939–1940, S. 38.

[32] Vgl. Gerhardt, 1961, S. 558–565.

[33] Zur Duchesse du Maine siehe auch Abschn. 6.2.

[34] Vgl. Gillispie, 1970–1980, Eintrag: Castel, Bd. 3, S. 114–115.

Châtelet auch Zugriff auf weitere Werke des Jesuiten, den *Traité de la pesanteur* (1724), die *Lettres philosophique sur la fin du monde*, den *Lettre sur le vide* und die *Optique des couleurs*. Sie waren in Voltaires Besitz.[35]

Castels Buch war unter Fachgelehrten nicht besonders angesehen. Der französische Mathematiker Joseph Saurin (1659–1737) kritisierte die *Mathématique universelle abrégée* als konfus und chaotisch.[36] Eine Rezension im *Journal des Sçavans* von 1729 konstatierte, Castels Buch sei höchstens für Kinder geeignet, da er die methodische Strenge der traditionellen Geometrie ablehne und damit didaktisch irre.[37]

Trotz der fachlichen Kritiken hatte Castel mit seinem Buch in Frankreich und Deutschland beim Laienpublikum Erfolg. Mit seiner Darstellung der Mathematikphilosophie strebte er Allgemeinverständlichkeit an und fügte sich so in die Tradition der höfischen Wissenschaften ein.[38] Castel selber bemängelte die akademische Darstellung der Algebra und analytischen Geometrie, die er als unverständlich kritisierte. Er forderte eine Mathematikdidaktik, deren oberstes Ziel die Allgemeinverständlichkeit sei. Deduktion und Synthese lehnte er als Darstellungsformen in einem Mathematiklehrbuch rundweg ab.[39]

Wie Fontenelle und Algarotti wandte sich Castels mit seinem Buch ausdrücklich auch an die Damen. Sein Zugang zur Mathematik, so Castel, würde insbesondere von ihnen angenommen, weil sie im Bereich der Ästhetik das bessere Urteilsvermögen besäßen.[40]

Da du Châtelet besonders die Deduktion und Synthese in der Mathematik schätzte und der höfischen Wissenschaft durchaus kritisch gegenüberstand,[41] ist anzunehmen, dass sie Castels Buch nicht besonders schätzte. Möglicherweise las sie es, um sich mit den Argumenten des Anti-Newtonianers auseinanderzusetzen.

8.2 Moderne Mathematik: Algebra und Kalkulus

Um die modernen akademisch-wissenschaftlichen Abhandlungen zur Naturphilosphie und Astronomie wirklich zu verstehen, musste du Châtelet die Algebra bzw. Analysis beherrschen. Neben der klassischen Geometrie war sie im 18. Jahrhundert zur wichtigsten Hilfswissenschaft der modernen Naturpilosophie avanciert:

> Die Astronomie zieht großen Nutzen aus der Geometrie, um die wahren Distanzen und Bewegungen der sichtbaren Himmelskörper zu messen; aus der Algebra, um die gleichen Probleme zu lösen, wenn diese zu kompliziert sind. Sie zieht Nutzen aus der Mechanik

---

[35] Vgl. Wade, 1969.

[36] Vgl. Brunet, 1931, S. 104–107.

[37] Vgl. Shank, 2008, S. 206.

[38] Vgl. Gillispie, 1970–1980, Eintrag: Castel, Bd. 3, S. 114–115.

[39] Vgl. Shank, 2008, S. 204–205.

[40] Vgl. Shank, 2008, S. 207.

[41] Zur Kritik du Châtelets an der höfischen Wissenschaft siehe Abschn. 7.6 und 11.5.

und der Algebra, um die Ursachen der Bewegungen der Himmelskörper zu bestimmen und schließlich aus dem Instrumentenbau, um die Instrumente zu konstruieren, mit denen man beobachtet.[42]

Mit den Begriffen Algebra und Analysis bezeichnete man im 18. Jahrhundert allgemein das Rechnen mit Buchstaben, die verschiedene Größen repräsentieren. Fachlich sind die beiden Begriffe zu dieser Zeit noch nicht klar definiert. Häufig meinte man mit ihnen auch eine Mathematik, die man heute als analytische Geometrie bezeichnet.[43]

Als analytische Geometrie geht die Algebra bzw. Analysis auf den französischen Philosophen René Descartes (1596–1650) zurück. Er begründete sie mit seinem Buch *Géométrie* (1637), in der er als Erster systematisch algebraische Operationen zur Analyse geometrischer Objekte und Probleme verwendete. Dabei interpretierte er die algebraischen Objekte und Operationen geometrisch.

Bei der analytischen Methode ersetzen algebraische Operationen den Umgang mit Zirkel und Lineal. Geometrische Probleme werden in algebraische Terme übersetzt.[44]

Anders als in aktuellen Lehrbüchern der analytischen Geometrie ist die klassische Geometrie als Bezugspunkt der Analysis in den Büchern des ausgehenden 17. und 18. Jahrhunderts noch präsent. Aus diesem Grund enthalten die historischen Lehrbücher noch den klassischen Kanon geometrischer Probleme. Dieser geht auf die Mathematiker François Viète (1540–1603), Pierre de Fermat (1607–1665) und Descartes zurück.[45] Ohne Kenntnis dieser geometrischen Probleme ist das Verständnis der damaligen analytischen Geometrie kaum möglich.

Du Châtelet, die mit diesem Problemkanon wohlvertraut war, erlernte ab 1734 die analytische Geometrie mit Hilfe der im folgenden Abschnitt vorgestellten *Application de l'algèbre à la géométrie* (1705) von Nicolas Guisnée (unbekannt–1718).[46]

8.2.1 Guisnée: Die Anwendung der Algebra auf die Geometrie

Die *Application de l'algèbre à la géométrie ou méthode de démontrer par l'algèbre les Théorêmes de géométrie, & d'enrésoudre & construire tous les problèmes, l'on y a joint une introduction qui contient les règles du calcul algebrique, par Mr Guisnée*

---

[42] „L'Astronomie tire beaucoup de secours de la Géométrie pour mesurer les distances & les mouvemens tant vrais qu'apparens des corps célestes; de l'Algebre pour résoudre ces mêmes problèmes, lorsqu'ils sont trop compliqués; de la Méchanique & de l'Algebre, pour déterminer les causes des mouvemens des corps célestes; enfin des arts méchaniques pour la construction des instrumens avec lesquels on observe." Diderot und Alembert, 1751, Eintrag: Astronomie, S. 793.

[43] Vgl. Diderot und Alembert, 1751, Eintrag: Algèbre.

[44] Zur Geschichte der analytischen Geometrie vgl. Boyer, 1956 u. zur Geschichte der Geometrie von Descartes vgl. Bos, 2001.

[45] Zu diesem Problemkanon vgl. Bos, 2001.

[46] Vgl. du Châtelet an Maupertuis, Montjeu, 7. Juni 1734, Bestermann, 1958, Bd. 1, Brief 16, S. 44.

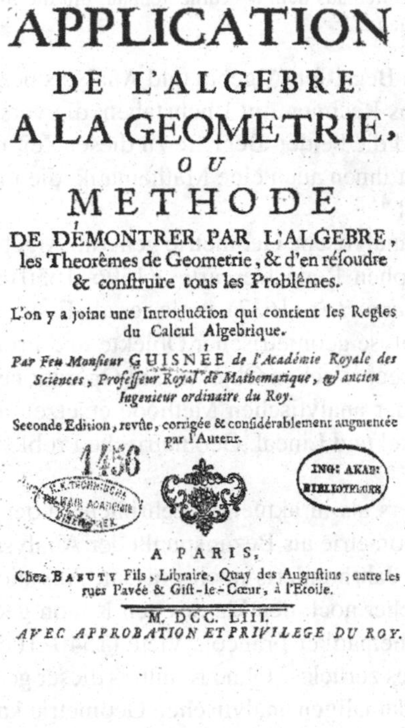

Abb. 8.3 Titelseite der *Application de l'algèbre à la géométrie* (1753)

APPLICATION

DE L'ALGEBRE
A LA GEOMETRIE,

O U

METHODE

DE DÉMONTRER PAR L'ALGEBRE,
les Theorêmes de Geometrie, & d'en réfoudre
& conftruire tous les Problêmes.

L'on y a joint une Introduction qui contient les Regles
du Calcul Algebrique.

Par Feu Monfieur G U I S N E E *de l'Académie Royale des
Sciences, Profeffeur Royal de Mathematique, & ancien
Ingenieur ordinaire du Roy.*

Seconde Edition, revûe, corrigée & confidérablement augmentée
par l'Auteur.

A PARIS,
Chez B A B U T Y Fils, Libraire, Quay des Auguftins, entre les
rues Pavée & Gift-le-Cœur, à l'Etoile.

M. DCC. LIII.

AVEC APPROBATION ET PRIVILEGE DU ROY.

de l'Académie Royale des Sciences, Professur Royal de mathématique, & ancien ingenieur ordinaire du Roy von Guisnée erschienen in Paris erstmals 1705. 28 Jahre später, 1733, kam eine erweiterte und verbesserte Ausgabe heraus, die 1753 neu aufgelegt wurde (siehe Abb. 8.3).[47] Eine lateinische Übersetzung erweiterte den Wirkungsgrad des Lehrbuches 1713, da es nunmehr auch als Lehrbuch in den klassischen Bildungsinstitutionen leichter Aufnahme finden konnte.[48]

Nicolas Guisnée war ein heute weitgehend unbekanntes Mitglied der Pariser Akademie der Wissenschaften. Sein Geburtsdatum und Geburtsort sind nicht bekannt. Sein Todestag ist der 2. September 1718. Sein Tod blieb merkwürdigerweise ohne akademischen Nachruf.[49]

Guisnée lehrte am Pariser Collège de Maître Gervais. Außerdem war er als Privatlehrer tätig und unterrichtete junge Aristokraten und Großbürger.[50] Zu seinen Schülern gehörten der Vater von Alexis Claude Clairaut, Rierre-Rémond de

---

[47] In der Ausgabe von 1733 ist 1710 fälschlicherweise als Ersterscheinungsjahr angegeben (vgl. Guisnée, 1733).

[48] Vgl. Peiffer, S. 7. Ausdrücklich sei an dieser Stelle der Wissenschaftshistorikerin Jeanne Peiffer gedankt, die mir mit ihrer unveröffentlichten Studie umfangreiches Material zu Guisnées Lehrbuch zur Verfügung stellte.

[49] Vgl. Peiffer, S. 3.

[50] Vgl. Terrall, 2002, S. 21 u. Sturdy, 1995, S. 386.

Montmort (1678–1719) – bekannt wegen seiner Arbeit zur Wahrscheinlichkeits-
rechnung[51] – der Entomologe René-Antoine Ferchault de Réaumur[52] (1683–1757)
und du Châtelets erster Lehrer der analytischen Geometrie, Maupertuis.[53]

1702 wurde Guisnée als Schüler des Mathematikers Pierre Varignon (1654–
1722) Mitglied der Akademie der Wissenschaften in Paris. Fünf Jahre später berief
man ihn zum assoziierten Geometer. Als Wissenschaftler tat er sich nicht hervor. Er
schrieb drei Abhandlungen, die in den *Mémoires de l'Académie royale des sciences*
veröffentlicht sind. Die wissenschaftliche Qualität seiner Texte ist nicht besonders
hoch. Vor allem seine letzte Publikation, die *Théorie des projections ou du jet des
bombes selon l'hypothèse de Galilée* von 1711 gilt als mittelmäßig. Mit ihr trat
Guisnée zum letzten Mal als Forscher öffentlich in Erscheinung. Fortan arbeitete er
für die Akademie als akademischer Berichterstatter.[54]

Zu Beginn des 18. Jahrhunderts war Guisnées Buch in Frankreich das Standardlehrwerk der analytischen Geometrie. Entstanden war es aus Guisnées Unter-
richtsmanuskripten. Sein Schüler Montmort hatte den Druck des Buches subventio-
niert.[55] Guisnée hatte sein Buch 1704 der akademischen Öffentlichkeit vorgestellt
und schon 1705 erschien eine positive Besprechung in den *Mémoires de l'Académie
royale des sciences* und dem *Journal des Sçavans* von Fontenelle. Dieser empfahl
das Lehrbuch Anfängern und jungen Leuten:

> Wenn die Werke, die man über die Algebra und die Geometrie herausgibt, in der gleichen
> Ordnung und Klarheit wie dieses geschrieben wären, dann hätten die jungen Leute keine so
> große Abneigung gegen die Wissenschaften, die so geeignet sind, den Geist zu perfektio-
> nieren und befähigen, die Wahrheit zu entdecken.[56]

Den Erfolg seines Lehrbuchs verdankte Guisnée nicht nur dieser freundlichen Auf-
nahme durch die Akademie sondern auch seinen Schülern. Sie gaben es – wie im
Falle du Châtelets – an eigene Schüler weiter und/oder empfahlen es Bekannten und
Freunden.

Sein Leserkreis bestand aus jungen Akademikern sowie Frauen und Männer der
Oberschicht.[57] Er entsprach der von Guisnée anvisierten Leserschicht, die er als
„Personen von Qualität"[58] bezeichnete. So ist das Buch auf einer Bücherliste von
1716 zu finden. Der deutsche Graf Armand du Lau, ein Freund des Philosophen
Malebranches, hatte diese Liste für die Ausbildung seines Sohnes anfertigen las-
sen.[59] Vermutlich auf Empfehlung seines Vaters arbeitete auch Clairaut mit Guis-

---

[51] Vgl. Gillispie, 1970–1980, Eintrag: Montmort, Bd. 9, S. 499 f.

[52] Vgl. Gillispie, 1970–1980, Eintrag: Réaumur, Bd. 11, S. 327–335.

[53] Vgl. Fontenelle, 1719, S. 84 u. Gillispie, 1970–1980, Bd. III, S. 281.

[54] Vgl. Peiffer, S. 3.

[55] Vgl. Fontenelle, 1719, S. 85.

[56] „Si les Ouvrages qu'on donne sur l'Algebre & sur la Geometrie étoient écrits avec autant d'ordre
& clarté que celuy-cy, les jeunes gens n'auraoient pas tant de dégoût pour des sciences si propres
à perfectionner l'esprit, & à la rendre capable de découvrir la verité." Fontenelle, 1705, S. 350.

[57] Vgl. Paul, 1980, S. 75 u. 77.

[58] "personnes de qualité" Guisnée, 1733.

[59] Vgl. Peiffer, S. 11.

nées Buch.[60] Auch Jean Le Rond d'Alembert (1717–1783) kannte das Buch und verglich es mit dem *Traité* von L'Hôpital.[61]

Neben der positiven Besprechung in den Publikationsorganen der Akademie und der persönlichen Weiterempfehlung schreibt Peiffer den Erfolg des Buches auch seinem Entstehungszusammenhang und der damit zusammenhängenden didaktischen Konzeption zu.[62] Guisnée stand der philosophischen und mathematischen Tradition der Kongregation der Oratorianer um Nicolas Malebranche (1638–1715) nahe. Sein akademischer Lehrer Varignon gehörte dieser Gruppe einflussreicher Mathematiker und Naturphilosophen um Malebranche an. Zu diesem seit Ende des 17. Jahrhunderts bestehenden Gelehrtenkreis zählten auch der Marquis de L'Hôpital, Jean Prestet (1648–1690), Bernard Lamy (1640–1715) und Charles-René Reyneau (1656–1728). Die Gruppe hatte zumindest in Frankreich großen Einfluss auf die didaktischen Konzepte der mathematischen Lehrwerke. Sie sorgte insbesondere für die Verbreitung der analytischen Geometrie und des Kalkulus von Leibniz.[63]

Die Mathematiklehrbücher, die die Mitglieder der Gruppe veröffentlichten, wurden von Malebranche in *De la recherche de la vérité* (1674–1675) als eine Art Lern- und Lehrprogramm der mathematischen Wissenschaften aufgelistet.[64] Malebranche empfahl sie gleichermaßen zur Autodidaxe als auch zum angeleiteten Studium.[65] Zu diesen Mathematiklehrbüchern, die in die analytische Geometrie und die Infinitesimalrechnung einführen, gehören:[66]

- Jean Prestet *Nouveaux Elémens des mathématiques ou principes généraux de toutes les sciences, qui ont les grandeurs pour objet* (1675, 1795²),[67]
- Guillaume-François-Antoine de l'Hôpital *Analyse des infiniment petits pour l'intelligence des lignes courbes* (1696),
- Bernard Lamy *Eléments des mathématiques ou traité de la grandeur en général, qui comprend l'arithmétique, l'algèbre, l'analyse et les principes de toutes les sciences qui ont la grandeur pour objet* (1680),[68]
- Charles-René Reyneau *Analyse demontrée ou la méthode de résoudre les problèmes des mathematiques, et d'apprendre facilement ces sciences.* (1708, 1736²).[69]

---

[60] Mit neun Jahren soll sich Clairaut die analytische Geometrie mit Guisnées Buch sogar eigenständig angeeignet haben (vgl. Gillispie, 1970–1980, Bd. III,S. 281).

[61] Vgl. Hankins, 1990, S. 20.

[62] Vgl. Peiffer, S. 3.

[63] Vgl. Peiffer, S. 10.

[64] Vgl. Hankins, 1967.

[65] Vgl. Peiffer, S. 10.

[66] Vgl. Peiffer, S. 10 u. Gillispie, 1970–1980, Bd. IX, S. 48–50.

[67] Das Werk besteht aus drei Bänden. Der eine umfasst Arithmetik und Algebra, der zweite beschreibt die Analysis als Anwendung der Arithmetik sowie der Algebra auf Probleme der Größe (vgl. Gillispie, 1970–1980, Bd. IX, S. 50).

[68] Die Lehrbücher von Lamy waren überaus erfolgreich. Sie wurden immer wieder neu aufgelegt. Die *Eléments* erlebten bis 1738 mindestens sieben Auflagen und *Les éléments de géométrie ou de la mesure de l'étendue* erschienen 1740 in der sechsten Auflage.

[69] Reyneau war ein bekannter Lehrbuchautor. Die *Analyse demontrée* verfasste er auf Anregung Malebranches. Sie ist eines der ersten französischen Lehrwerke zur Infinitesimalrechung. Kein

Im Kontext der Wissenschaftler um Malebranche, ihrem mathematikdidaktischen Konzept und dem ihrer Lehrbücher entstanden die *Application de l'algèbre* von Guisnée, betreut von Varignon. Guisnée betrachtete sein Buch als vorbereitende Lektüre von de l'Hôpitals *Analyse des infiniment petits pour l'intelligence des lignes courbes*:[70]

> Vielleicht sind diese Regeln nicht unnütz, um mit größerer Leichtigkeit verschiedene Stellen des exzellenten Buches *Analyse des unendlich Kleinen*[71] des *Herrn Marquis de l'Hôpital* zu verstehen, das ich bei der Arbeit an der *Anwendung der Algebra auf die Geometrie* im Blick hatte. [72]

In der Ausgabe von 1733 wird das Buch zudem als Propädeutik zu Reyneaus *La science du calcul des grandeurs en general* (1714) empfohlen.[73]

Der Verfasser des Vorwortes von 1733 weist darauf hin, dass die *Application* sich sowohl als Lehrbuch als auch als Lernmittel für das Selbststudium eignen. Er begründet dies mit Guisnées Lehrtätigkeit und praktischer Unterrichtserfahrung. Die didaktische Güte das Buches unterstreiche, so der Vorwortschreiber, dass ein Schüler Guisnées die Kosten für den Druck übernahm:

> Aber einer von denen, für die es geschrieben worden war, hat es besser als alle vorherigen Werke der gleichen Art gefunden, um diejenigen zu unterrichten, die sich der Mathematik befleißigen und alle ihre Teile algebraisch behandeln wollen. Er war so gut, die Kosten des Druckes zu übernehmen, einzig, um diesen eine Freude zu machen. [74]

Während im Vorwort der ersten Ausgabe eine Art didaktisches Konzept noch nicht erwähnt ist, zeigt es sich in der Ausgabe von 1733. Das Buch gehört zu einer Wissenschaftskultur, deren Leitbegriffe Rationalität, Genauigkeit und Strenge sind und die ein intensives, arbeitsreiches inhaltliches Studium favorisierten. Die für die höfische Wissenschaft so wichtige Verbindung der Wissenschaften und des Studiums mit Unterhaltung und Amüsement werden als oberflächlich disqualifiziert und abgelehnt:

> Könnte sich ein so schönes Beispiel in Frankreich vermehren und wohl Nachahmer finden. Die Wissenschaften und die schönen Künste erhielten bald wieder Erleuchtung. Sie haben sich vielleicht schon zu sehr nur unnütz amüsiert und zu häufig sogar dem Geist und dem Herz geschadet. Gelehrte Werke jeden Genres, die genötigt waren im Dunkeln zu enden, sähen das Licht. Man schriebe viele andere, an die man nicht zu denken wagt, weil man nicht

---

Geringerer als d'Alembert hat mit diesem Buch gearbeitet (vgl. Gillispie, 1970–1980, Eintrag: Reyneau, Bd. 11, S. 392).

[70] Vgl. Peiffer, S. 3.

[71] Der deutsche Titel von de L'Hôpital's Schrift ist meine Übersetzung.

[72] „Ces Regles ne seront peut-être pas inutiles pour entrendre avec plus de facilité, plusieurs endroits de l'Excellent Livre de l'*Analyse des infinimens Petit* de seu *Monsieurs le Marquis de l'Hôpital*, que j'ai aussi eu en vûe dans l'Application de l'Algebre à la Geometrie." Guisnée, 1705, S. iij.

[73] Vgl. Peiffer, S. 10 u. Guisnée, 1733, Vorwort.

[74] „Mais un de ceux pour qui il a été écrit, l'ayant jugé plus propre que tous les Ouvrages de même nature qui l'ont précedé, pour instruire ceux qui veulent s'appliquer aux Mathematiques, & en traiter toutes les parties algebriquement, a bien voulut faire la dépense de l'impression par le seul motife de leur faire plaisir." Guisnée, 1705, S. ij.

hoffte, sie jemals erscheinen zu sehen. Der Geist würde angeregt zu arbeiten, begeistert durch den Geschmack der wahrhaften und soliden Gelehrsamkeit.[75]

Die *Application* vermitteln die analytische Geometrie und analytische Methode Descartes. Das Buch beginnt mit einer umfangreichen ca. 60 Seiten langen Einführung in die algebraischen Grundbegriffe, Schreibweisen und Operationen. Auf sie folgen 12 Sektionen, in denen geometrische Probleme und Konstruktionsprobleme analytisch bearbeitet werden. Das Buch ist nach dem Vorbild eines klassischen Geometriebuchs aufgebaut. Auf Axiome und Definitionen folgen Sätze und Theoreme mit Beweisen. Mit Hilfe der Theoreme werden geometrische Probleme analytisch gelöst.[76]

Die analytische Methode, die Guisnée vorstellt, entspricht der Descartes in der *Géométrie*, wo algebraische Operationen geometrische Konstruktionen symbolisieren:

> So einfach wie man kann, erklärt man hier die Methoden, um mittels der Algebra alle Theoreme der Geometrie zu beweisen und jedes bestimmte, unbestimmte, geometrische und mechanische Problem zu lösen und zu konstruieren.[77]

Die analytische Methode erfordert zwei Lösungsschritte. Im ersten Schritt wird das Problem analysiert und im zweiten eine Lösung konstruiert:

1. **Analyse** Das Problem wird als gelöst vorausgesetzt und in algebraische Ausdrücke übersetzt. Gegebene Elemente werden mit kleinen Buchstaben aus dem Anfang des Alphabets bezeichnet und unbekannte mit kleinen Buchstaben vom Alphabetende. Unter Verwendung dieser Bezeichnungen werden algebraische Gleichungen aufgestellt, welche die Eigenschaften der Figur beschreiben. Dadurch entsteht ein Gleichungssystem, das zu lösen ist. Die Lösung liefert die Längen der Strecken, die zur Konstruktion des Problems nötig sind.
2. **Konstruktion** Die Lösungen des Gleichungssystems werden geometrisch interpretiert, indem man die Gleichungen in Standardformen umwandelt, deren geometrische Konstruktionen bekannt sind. Anschließend kann das Problem geometrisch mit Zirkel und Lineal konstruiert werden.

In den Worten Guisnées lautet das methodische Vorgehen im ersten Schritt wie folgt:

> Wenn es sich darum handelt, ein Problem zu lösen, oder ein geometrisches Theorem zu beweisen, muss man als erstes genau verstehen, worum es geht. D.h., man muss den Status der

---

[75] „Puisse un si bel exemple se multiplier en France, & y bien des imitateurs. Les sciences & les beaux Arts y reprendroient bientôt le lustre qu'elles n'ont peut-être déjà trop font qu'amuser inutilemement, & souvent même gâter l'esprit & le cœur, bien des Ouvrages sçavans en tout genre, qu'on est obligé de laisser perir dans les ténébres, verroient le jour; on en entreprendroit beaucoup d'autres ausquels on n'ose penser, faute de pouvoir esperer de les voir jamais paroître, & les esprits seroient animés au travail, & excités au goût de la veritable & de la solide érudition." Guisnée, 1733, S. ij.

[76] Vgl. Peiffer, S. 8.

[77] „On y explique le plus simplement que l'on peut, les Methodes de démontrer par l'algebre, tous les Theorêmes de Geometrie, & de résoudre, & construire tous les Problêmes déterminez & indéterminez, geometriques & méchaniques." Guisnée, 1705, S. ij.

Frage und die Qualität der Linien erfassen, welche die Figur formen, auf der man operieren soll: Denn es gibt Linien, die nur durch ihre Position gegeben sind, andere sind durch ihre Größe und nicht durch ihre Position gegeben und andere wiederum sind weder durch ihre Größe noch durch ihre Position gegeben.[78]

Die Übersetzung in algebraische Ausdrücke stellt Guisnée folgendermaßen dar:

Wenn man ein Problem lösen möchte, muss man es als gelöst betrachten und die Linien ziehen, die man zur Lösung als notwendig erachtet. Diejenigen, die man kennt, benennt man durch die bekannten Buchstaben; diejenigen, die unbekannt sind, durch die unbekannten Buchstaben. Man untersucht die bekannten und unbekannten Eigenschaften, die Qualitäten der Frage und sucht nach einer Möglichkeit, gleiche Eigenschaft auf zwei verschiedene Weisen auszudrücken. Die beiden Ausdrücke ein- und derselben Eigenschaft gleichen einer dem anderen. Sie liefern eine Gleichung, die das Problem löst und die bestimmt ist, wenn sie nur eine Unbekannte enthält.

Wenn diese aber mehrere unbekannte Buchstaben enthält, muss man danach trachten, durch die verschiedenen Zustände des Problems so viele Gleichungen zu finden, wie man unbekannte Buchstaben verwendet hat, um sie auf die Weise verschwinden zu lassen, wie sie in allen Algebrabüchern gelehrt wird. Schließlich hat man eine Gleichung, die nur noch eine Unbekannte enthält. Diese Gleichung wird auf die Art, die normalerweise in den gleichen Algebrabüchern erklärt ist, auf ihre einfachste Form zurückgeführt. Sie ergibt die Lösung des bestimmten Problems.[79]

Den Vorteil der analytischen Geometrie sieht Guisnée darin, dass die Lösungen von geometrischen Problemen schnell und einfach zu finden sind. Als Nachteil betrachtet er, dass durch die Analyse, anders als durch die Synthese, das Problemverständnis oberflächlich bleibt:

Die Beweise nach der Art und Weise der Alten erhellen den Geist mehr, als die algebraischen, obwohl sie nicht gewisser sind.[80]

---

[78] „Lorsqu'il s'agit de resoudre un Problème, ou de démontrer un Theorême de Geometrie, on doit premierement bien entendre ce dont il s'agit, c'est-à-dire l'état de la question, & bien remarquer les qualitez des lignes qui doivent former la figure sur laquelle on doit operer: car il y a des lignes données de position seulement; d'autres données de grandeur, & non de position; & d'autres enfin qui ne sont données de grandeur, & non de position; & d'autres enfin qui ne sont données ni de grandeur, ni de position." Guisnée, 1733, S. 4.

[79] „Lorsqu'on veut resoudre un Problême, on le doit considerer comme déjà resolu, & ayant mené les lignes que l'on juge necessaires, l'on nommera celles qui sont connues par des lettres connues, & celles qui sont inconnues par des lettres inconnues, on examinera les qualitez de la question, & l'on cerchera le moyen d'exprimer une même quantité connues & inconnues, on examinera les qualitez de la question, & l'on cherchera le moyen d'exprimer une même quantité en deux maniers differentes; & ces deux expressions d'une même quantité étant égalées l'une à l'autre, donneront une équitation qui resoudra le Problême, qui sera déterminé, si elle ne renferme qu'une seule lettre inconnue.

Mais si elle renferme plusieurs lettre inconnues, il faut tâcher par le moyen des differentes conditions du Problême de trouver autant d'équations que l'on aura employé de lettres inconnues, afin que les faisant évanouir, de la maniere qu'il est enseigné dans tous les livres d'Algebre, l'on ait enfin une équation qui n'en renferme qu'une seule; cette équation étant reduite, s'il est necessaire, à ses plus simple termes par les manieres ordinaires expliquées dans les mêmes livres d'Algebre, donnera la solution du Problême qui sera encore déterminé." Guisnée, 1733, S. 5–6.

[80] „Les Démonstrations faites à la maniere des Anciens, éclairent plus l'esprit que les Démonstrations Algebriqus, quoiqu'elles ne soient pas plus certaines" Guisnée, 1733, S. 59.

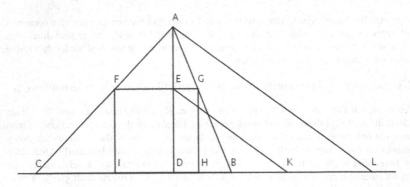

Abb. 8.4 Nach Figur 17, Tafel I aus der *Application de l'algèbre à la géométrie* (1733)

Anhand eines einfachen Beispiels aus der *Application* möchte ich zeigen, wie geometrische Probleme analytisch gelöst werden. An der Vorgehensweise wird man sehen, dass hier die geometrische Konstruktion noch eine wichtige Rolle spielt. Ich habe das folgende – in der Schule manchmal noch behandelte – geometrische Problem ausgewählt:

Problem 8.1. Einem gegebenen Dreieck ABC soll ein Quadrat $GFHI$ einbeschrieben werden.

Guisnée beginnt mit der Analyse der in Abb. 8.4 zu sehenden Figur. Er formuliert in der ersten Person Singular. Seinen Darstellungsstil bezeichne ich als handlungsorientiert, da er sehr genau beschreibt, was und wie er das Problem löst. Dadurch sind die Leserinnen und Leser direkt angesprochen und in den Lösungsprozess einbezogen:

> Ich bemerke 1., dass zu dem gegebenen Dreieck ABC auch die Senkrechte AD gegeben ist, 2., dass es genügt, um ein Quadrat zu bilden, auf der Senkrechten AD den Punkt E zu finden, so dass die Strecke DE der Strecke FG entspricht, die durch E parallel zu BC verläuft. Zieht man FI und GH parallel zu AD, so ist $FHIG$ ein Quadrat.[81]

Im weiteren Verlauf nimmt Guisnée an, dass das Problem gelöst sei. Er bezeichnet die gegebenen und gesuchten Strecken nach der in der Einführung beschriebenen Konvention mit entsprechenden Buchstaben:

> Nimm also das Problem als gelöst an und bezeichne die gegebenen [Strecken, FB] BC als a, AD als b und die unbekannten DE oder FG als x, AE sei $b-x$.[82]

---

[81] Je remarque 1° Que le trangle ABC étant donné, la perpendiculaire AD le sera aussi. 2° Que pour former le quarré, il suffit de trouver dans la perpendiculaire AD, un point E, tel que DE soit égale à FG menée par le point E parallele à BC: car alors ayant mené FH, & GI paralleles à AD; $FHIG$ sera un quarré. Guisnée, 1733, S. 37.

[82] Ayant donc supposé le Problême résolu, & nommé les données BC, a; AD, b; & l'inconnue DE, ou FG, x; AE sera $b-x$. Guisnée, 1733, S. 37.

Schließlich müssen die geometrischen Eigenschaften der Figur in algebraische Ausdrücke übersetzt werden. Aus diesen kann am Ende die eine Lösung berechnet werden:

> Die ähnlichen Dreiecke ABC und AFG liefern $b(AD).a(BC)::b-x(AE).x(FG)$,[83]
> also $bx = ab - ax$ oder $ax + bx = ab$. Hieraus ergibt sich $x = \frac{ab}{a+b}$, was die Konstruktion liefert.[84]

Für die geometrisch vorgebildeten Leserinnen und Leser ist an dieser Stelle sofort ersichtlich, dass folgender Satz über ähnliche Dreiecke bzw. der Strahlensatz die Lösung, d. h. die Kantenlänge x, liefert: Zwei Dreiecke sind zueinander ähnlich, wenn sie in allen Verhältnissen entsprechender Seiten übereinstimmen. Kennt man diesen Satz nicht, so ist die Lösung schwer nachzuvollziehen, da Guisnée ihn nicht erwähnt.

Mit der Lösung x sind zwei Fragen beantwortet. Die erste lautet: Existiert eine Lösung für obiges Problem? Die zweite: Welche Kantenlänge hat das einbeschriebene Quadrat, wenn es existiert?

Die in der Geometrie wichtige Frage, wie eine Figur konstruiert wird, ist an dieser Stelle noch nicht beantwortet. Weil diese Frage in der Mathematik des 18. Jahrhunderts – anders als heute – von Bedeutung ist, muss die algebraische Lösung in eine geometrische Konstruktion übersetzt werden:

> Man nimmt auf der verlängerten [Strecke, FB] DB auf der Seite von B das Intervall $DK = BC$ und $KL = AD$ und verbindet LA. Man zieht KE parallel zu LA, die AD im gesuchten Punkt schneidet.[85]

Liefert diese Konstruktion tatsächlich den gesuchten Punkt E? Die Verifikation der Konstruktion vervollständigt die Lösung des Problems:

> Aufgrund der Parallelität von LA und KE hat man LK oder $AD.AE :: KD.KL$ oder $BC.DE :: KD.KL$ nach Konstruktion. Es gilt ferner $AD.AE :: BC.FG$. Also ist $BC.DE :: BC.FG$ und folglich ist $DE = FG$ und $FHIG$ anerkanntermaßen das gesuchte Quadrat. Q.E.D.[86]

In diese Verifikation ist der Satz über ähnliche Dreiecke bzw. der Strahlensatz eingegangen. Ein geübter Geometer kann sofort erkennen, dass Guisnée zum Nachweis der Gültigkeit seiner Konstruktion die ähnlichen Dreiecke ADK und $A'KL$ betrachtet. Dabei verläuft $A'K$ parallel zu AE und A' ist der Schnittpunkt mit AL. Aufgrund der Parallelität von KE und LA sind die betrachteten Dreiecke ähnlich.

---

[83] Diese Schreibweise ist heute nicht mehr üblich. Heute schreibt man $\frac{b}{a} = \frac{b-x}{x}$.

[84] Les triangles semblables ABC, AFG donneront $b(AD).a(BC)::b - x(AE).x(FG)$; donc $bx = ab - ax$ ou $ax - bx = ab$, d'où l'on tire $x = \frac{ab}{a+b}$ qui donne cette construction. Guisnée, 1733, S. 37.

[85] On prendra sur DB prolongée du côté de B l'intervalle $DK = BC$, & $KL = AD$, & ayant joint LA, on menera KE parallele à LA, qui coupera AD au point cherché E. Guisnée, 1733, S. 37.

[86] A cause des paralleles LA, KE l'on a LK ou (const.) $AD.AE :: KD$ ou (const.) $BC.DE :$ mais $AD.AE :: BC.FG$; donc $BC.DE :: BC.FG$; & par consequent $DE = FG$; & parant $FHIG$, est un quarré C.Q.F.D. Guisnée, 1733, S. 37.

Aus heutiger Sicht ist an den *Application de l'algèbre à la géométrie* besonders auffällig, dass ihre mathematischen Inhalte ausgesprochen ausführlich und detailreich dargestellt sind. Außerdem vermittelt Guisnée durch die Verwendung der ersten Person Singular und die direkte Rede den Eindruck, dass hier ein Lehrer seine mathematischen Handlungen für einen Schüler bzw. seine Schülerin durchführt. So beschränkt sich Guisnée nicht darauf, Axiome, Definitionen, Theoreme, Sätze und Probleme mathematisch korrekt aufzuschreiben. Anhand ausgewählter Beispiele beschreibt er vielmehr detailliert die Vorgehensweise und Verwendung der algebraischen Operationen. Darüber hinaus beginnt jeder Abschnitt mit einer kurzen methodischen Einführung in seine Besonderheiten. Anhand von Beispielen werden die Lösungsmethoden illustriert und anschaulich. Das folgende Beispiel der Polynomdivision soll Guisnées Vorgehensweise verdeutlichen.

Die Polynomdivision ist ein algorithmisches Rechenverfahren, das auch heute noch in der Oberstufe gelehrt wird. Polynome werden bei Guisnée als komplexe Quantitäten bezeichnet. Zuerst erläutert er die Vorbereitung der Division:

> Um die Division komplexer Quantitäten einfacher zu machen, sucht man in den beiden Ausdrücken, die man dividieren möchte, den Buchstaben, der am häufigsten mit unterschiedlichen Dimensionen [Potenzen, FB] auftritt. Man schreibt in dem einen und dem anderen Ausdruck, den Term, in dem der Buchstabe die höchste Dimension hat, als erstes und dann die anderen Terme entsprechend der Größenordnung der Potenzen des gleichen Buchstabens. Manche bezeichnen diesen Buchstaben als dominierenden Buchstaben. [87]

Anschließend wird die Polynomdivision verbal ausführlich beschrieben:[88]

> Man schreibt den Divisor links des Dividenden und folgt den Regeln der Division nicht komplexer Quantitäten. Man teilt den ersten Term des Dividenden durch den ersten des Divisors. Man notiert das Resultat oder den Quotienten rechts des Dividenden. Man multipliziert alle Terme des Divisors mit dem Quotienten und subtrahiert das Produkt von dem Dividenden. Dies macht man, indem man das gleiche Produkt mit entgegengesetzten Vorzeichen unter den Dividenden schreibt. Daraufhin macht man die Reduktion, indem man den Dividenden und das Produkt als eine Quantität betrachtet.

> Man teilt erneut den Ausdruck der nach der Reduktion erscheint, durch den gleichen Divisor, was einen neuen Term des Quotienten ergibt. Man beschließt diese zweite Operation wie die erste. Man wiederholt die gleiche Operation noch so viele Male, wie es nötig ist oder bis die Reduktion verschwindet oder gleich Null wird. Dies passiert immer, wenn der zu teilende Ausdruck das Produkt des Divisors und eines dritten Ausdrucks ist, welcher der Quotient der Division ist. Die Beispiele erhellen die Regel. [89]

---

[87] „Pour faire plus facilement la division des quantitez complexes, on examine dans les deux quantitez que l'on veut diviser l'une par l'autre quelle est la lettre qui se trouve le plus fréquemment avec des dimensions differentes; & l'on écrit dans l'une & dans l'autre quantité le terme, où cette lettre a plus de dimensions, le premier, & ensuite les autres termes, selon l'ordre des puissances de la même lettre. Quelques-uns appaellent cette lettre, lettre dominante." Guisnée, 1733, S. xvij.

[88] Zum Vergleich schaue man sich die Polynomdivision in einem modernen Mathematiklehrbuch der Oberstufe an. Die Darstellung ist verbal sehr viel ärmer, dafür liegt der Akzent auf der graphischen Darstellung, die vom Lernenden interpretiert werden muss.

[89] „On ècrit le diviseur à la gauche du dividende; & suivant les regles de la division des quantitez incomplexes, on divise le premier terme du dividende par le premier du diviseur, & l'on écrit le rèsultat, ou quotient à la droite du dividende. On multiplie tous les termes du diviseur par le quotient; & l'on soustrait le produit du dividende, ce qui se fait (*n°* 13) en écrivant le même produit

Diese Beschreibung kann als Ersatz für einen Lehrervortrag im angeleiteten Unterricht interpretiert werden. Anfänglich erscheint auch diese detaillierte Beschreibung abstrakt. Einleuchtend und einsichtig wird sie durch das Nachvollziehen der folgenden fünf Beispieldivisionen und einem Divisionsschema. Mit den Beispielen führt Guisnée die unterschiedlichen Fälle auf, die bei der Polynomdivision vorkommen können. Während die ersten Beispiele verbal noch ausführlich besprochen sind, reduziert sich die Darstellung mehr und mehr auf das Rechenschema. Dieses kann als eine didaktische Form interpretiert werden, die dem Lernenden eine Struktur vorgibt, die er nachahmen und einüben kann.

Das tabellarische Divisionsschema aus den *Application de l'algèbre à la géométrie* ist unten abgebildet. Es besteht aus vier Spalten und fünf Zeilen. Die Spalten enthalten den Divisor, die Zwischenergebnisse, den Dividenden und den Quotienten. Ab der ersten Zeile wird in der ersten Spalte unter dem Divisor die laufende Nummer der einzelnen Divisionsschritte notiert. In der zweiten Spalte stehen untereinander die Buchstaben A, B und C. Sie kennzeichnen die Zwischenergebnisse. In der dritten Spalte, stehen die Dividenden der Zwischenschritte und in der ersten Zeile der letzten Spalte steht der Quotient:

Diviseur		Dividende	Quotient
$(a - b)$		$a^3 - 3aab + 3abb - b^3$	$aa - 2ab + bb$
Prod.		$-a^3 + aab$	
1re Red.	A	$0 - 2aab + 3abb - b^3$	
		$+2aab - 2abb$	
2re Red.	B	$0 + abb - b^3$	
		$-abb + b^3$	
3re Red.	C	$0 \qquad 0$	

Die Rechenschritte die hierbei ausgeführt werden, werden nochmals verbalisiert und stehen als Text unter dem Schema:

Der erste Term $+a^3$ des Dividenden geteilt durch den ersten [Term, FB] $+a$ des Divisors ergibt für den Quotienten $+aa$. Der Divisor $a - b$ multipliziert mit dem Quotienten $+aa$ ergibt $a^3 - aab$. $-a^3 + aab$ unter den Dividenden geschrieben und die Reduktion durchgeführt, erhält man den Ausdruck A, den ich erste Reduktion nenne.

Der erste Term $-aab$ der ersten Reduktion A geteilt durch den ersten $+a$ des Divisors ergibt als Quotient $-2ab$. Multipliziert man den Divisor $a - b$ mit dem neuen Term des Quotienten $-2ab$, so erhält man $-2aab + 2abb$. $+2aab - 2abb$. Unter die erste Reduktion A geschrieben hat man die zweite Reduktion B.

au-dessous du dividende avec des signes contraires; & on fait ensuite la réduction, en regardant le dividende & ce produit comme une seule quantité.

On divise de nouveau les quantitez qui viennent après la réduction par le même diviseur, ce qui donne un nouveau terme au quotient, & on acheve cette seconde operation comme on a fait la premiere. On rétire encore la même operation autant de fois qu'il est nécessaires, ou jusqu'à ce que la réduction devienne nulle, ou égale à zero; ce qui arrive toujours lorsque la quantité à diviser est le produit du diviseur par une troisième quantité, qui est le quotient de la division. Les exemples éclairciront la regle." Guisnée, 1733, S. xvij.

Der erste Term $+abb$ der zweiten Reduktion B durch den ersten $+a$ des Divisors geteilt, ergibt für den Quotienten $+bb$. Den Divisor $a - b$ mit $+bb$ multipliziert, ergibt $+abb - b^3$. $-abb + b^3$ unter die zweite Reduktion B geschrieben ergibt Null für die dritte Reduktion, die markiert, dass die Division abgeschlossen ist und folglich $\frac{a^3 - 3aab + 3abb - b^3}{a-b} = aa - 2ab + bb$ ist.[90]

Guisnée nutzt als ein wichtiges didaktisches Instrument Beispiele. Sie dienen – dem exemplarischen Prinzip Martin Wagenscheins nicht unähnlich – der Veranschaulichung, Konkretisierung und Repertoirebildung:[91]

> Die Arten, der wir uns bedienen, um geometrische und algebraische Quantitäten auszudrücken, sind allgemein. Häufig kann man sie dadurch abkürzen, dass man Parallelen zu gegebenen Linien zieht oder Kreise schlägt, je nachdem, was die Figur jedes Problems, das man konstruiert, erfordert. Da aber diese Methoden jeweils speziell sind, kann man nichts Allgemeines dazu sagen. Sie hängen von dem Genie des Geometers ab, der die Probleme so elegant wie möglich lösen und konstruieren will. Ihre Anwendung ist in mehreren Beispielen zu sehen.[92]

Diese besondere Bedeutung der Beispiele für den Lern- und Verstehensprozess rechtfertigt ihre ausführliche Darstellung.[93]

Beweise sind ein wichtiges, nicht nur strukturelles, Element der Mathematik. Als Text beinhalten Beweise insbesondere für Lernende Schwierigkeiten.

In der Regel sind Beweise das Resutlat eines längeren Findungsprozesses. Darstellungen von Beweisen sind also ein fertiges Ergebnis. Dieser Charakter schlägt sich auch im Text nieder, da Beweistexte sehr formale, korrekte und sehr dichte Texte sind. Meist kann man sie erst nach mehrmaligem Lesen wirklich nachvollziehen und verstehen. Aus didaktischer Sicht ist das Problem dieser Texte, dass der Beweistext von Anfang an das Ergebnis kennt und es in der Beweisdarstellung

---

[90] „Le permier term $+a^3$ du dividende divisé par le permier $+a$ du diviseur donne pour quotient $+aa$, & multipliant le diviseur $a - b$ par le quotient $+aa$ l'on a $a^3 - aab$, & ayant écrit $-a^3 + aab$ au dessous du dividende, & fait la Réduction, l'on aura la quantité A, que j'apelle premiere Réduction.
Le premier term $-aab$ de la premiere Réduction A divisé par le premier $+a$ du diviseur, donne pour quotient $-2ab$, & multipliant le diviseru $a - b$ par le nouveau terme du quotient $-2ab$, l'on a $-2aab + 2aaabb$; & ayant écrit $+2aab - 2abb$ au dessous de la premiere Réduction A l'on aura la seconde Réduction B.
Le premier term $+abb$ de la seconde Réduction B, divisé par le permier $+a$ du diviseur donne pour quotient $+bb$; & multipliant le diviseur $a - b$ par $+bb$ l'on a $+abb - b^3$, & ayant écrit $-abb + b^3$ au dessous de la seconde Réduction, l'on aura zero pour la troisême Réduction, qui marque que la division est faite, & par conséquent que $\frac{a^3 - 3aab + 3abb - b^3}{a-b} = aa - 2ab + bb$.“ Guisnée, 1733, Einleitung, S. xix.

[91] Vgl. Guisnée, 1733, S. 55–57. Zum exemplarischen Prinzip vgl. Wagenschein, 1989.

[92] „Les manieres dont nous venons de nous servir pour exprimer geometriquement les quantitez Algebrique sont generales: on les peut souvent abreger par le moyen de quelque ligne menée paralleles à quelques autres lignes données de position, ou en décrivant quelques cercles, selon que l'indique la figure de chaque Problême que l'on construit: mais comme ces manieres sont particulieres, on n'en peut rien dire ici, cela dépent du genie du Geometre, qui veut résoudre & construire les Problêmes le plus élegamment qu'il lui est possible. On les trouvera pratiquées dans plusieurs examples.“ Guisnée, 1733, S. 35.

[93] Vgl. Guisnée, 1733, S. 58.

Abb. 8.5 Nach Figur 4, Tafel I, aus der *Application de l'algèbre à la géométrie* (1733)

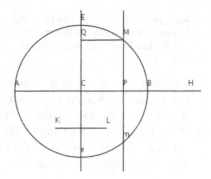

implizit schon vorhanden ist. So werden Bezeichnungen eingeführt, deren Sinnhaftigkeit sich dem Lesenden erst am Textende erschließt. Dies gilt auch für die synthetische Darstellung geometrischer Konstruktionen und Verifikationen, wenn beispielsweise Hilfslinien in eine geometrische Figur eingezeichnet werden, durch die das gewünschte Resultat erreicht wird.

Da Beweistexte in der Regel keine Erklärungen oder erläuternde Kommentare enthalten, macht sie die eben beschriebene Besonderheit so schwer verständlich. So kommt es, dass Lernende durchaus auch mit didaktisierten, mathematischen Texten aus Mathematiklehrbüchern Verständnisschwierigkeiten haben. Mit dem folgenden Beispiel aus den *Application de l'algèbre à la géométrie* möchte ich dies zeigen. Dazu betrachte ich den Beweis der folgenden Aussage, die durch die Figur in Abb. 8.5 anschaulich wird:

Behauptung Die Kurve, die durch $yy = aa - xx$ beschrieben wird, ist ein Kreis.

Die Kurvengleichung enthält den konstanten Wert a und die Variablen x und y.

In dem folgenden Beweis der Behauptung wird die Konstante a als die in Abb. 8.5 zu sehende vorgegebene Strecke KL mit der Länge a interpretiert.

Der Beweis beginnt nach heutigem Verständnis ungewöhnlich mit der Konstruktion des kartesischen Koordinatensystems mit Ursprung im Punkt C (siehe Abb. 8.5) sowie der Festlegung der Strecke KL.

Sei CH eine durch ihre Positon gegebene gerade Linie, deren Ende C fix ist, und der Teil CP sei x genannt. CG sei eine andere Linie senkrecht zu CH und der Teil CQ sei y genannt. KL sei ebenfalls eine gegebene Linie, genannt a[94]

Mit der nun folgenden Angabe klärt der Autor, wie mit den Strecken CP und CQ die Kurvenkoordinaten x und y so bestimmt sind, dass sie die Kurvenpunkte M festlegen und die Kurvengleichung erfüllen:

PM sei parallel zu CG gezogen und QM parallel zu CH. Für QM gilt $QM = CP = x$ und $PM = CQ = y$.

---

[94] „Soit une ligne droite CH, donnée de position dont l'extrêmité C soit fixe, & dont les parties CP soitent nommées x; soit une autre ligne CG perpendiculaire à CH, & dont les parties CQ soient nommées, y; soit aussi une ligne donnée KL nommée, a." Guisnée, 1733, S. 15.

Wenn man nun beliebig viele verschiedene Werte der Unbekannten x (CP) zuordnet, bestimmt man mit Hilfe der Geometrie die entsprechenden Werte von y (PM) derart, dass
alle Punkte M auf der Kurve liegen, die zu der gegebenen Gleichung $yy = aa - xx$
gehören.[95]

Im letzten Absatz des obigen Zitats wird die Abhängigkeit der beiden Koordinaten
x und y deutlich. Sobald x gewählt ist, ist y festgelegt. Heute würde spätestens
an dieser Stelle die Diskussion der Lösungsmenge anhand der Kurvengleichung
erfolgen. Die Kurvengleichung ist nämlich für $x^2 > a^2$ in den reellen Zahlen nicht
lösbar. Guisnée betrachtet zuerst die Grenzfälle $x = 0$ und $y = 0$. Sie ergeben die
in Abb. 8.5 eingezeichneten Kurvenpunkte A, B, E und e.

Nehmen wir zuerst $x = 0$. Dann fällt der Punkt P auf C, und der Punkt M liegt auf der
Linie CG; und in der Gleichung wird der Term xx gelöscht, da er durch die Annahme
$x = 0$ Null wird und man erhält $yy = aa$, also $y = \pm a$. Wenn man daher CG auf der
Seite von C verlängert und man Ce, und CE mit jeweils $CE = KL = a$ abträgt, dann
ist CE der positive Wert von y und Ce der negative Wert und die Punkte E und e liegen
auf der Kurve, um die es geht.

Nehmen wir als zweites $y = 0$ an. Der Punkt Q verbindet sich mit dem Punkt C, der
Punkt M fällt auf CH und man erhält $0 = aa + xx$ oder $xx = aa$. Also $x = \pm a$.
Wenn man daher CH auf der Seite von C verlängert und auf jeder Seite des Punktes C,
CB und CA beide gleich $KL = a$ abträgt, dann ist CB der positive Wert von x und CA
der negative Wert und die Punkte B und A liegen auf der gleichen gesuchten Kurve. Daher
sieht man schon, dass die vier Punkte A, E, B, e gleich weit von C entfernt sind.[96]

Im Anschluss an obige Grenzfälle werden die Kurvenpunkte anhand der Figur analysiert. Hieraus ergibt sich, dass die x-Werte, für die die Gleichung lösbar ist, im
Intervall $[-a, a]$ liegen. Weil Guisnée die Einschränkung von x nicht explizit anspricht, ist sie für den modernen Leser nicht sofort deutlich:

Man weise x irgendeinen Wert zu. Sei CP weniger als CB. Den Wert von $PM = y$
bestimmt man durch das Ziehen der Quadratwurzel $y = \pm\sqrt{aa - xx}$. Hieraus erhält man
folgende Konstruktion: Man verlängert PM auf der Seite von P, wählt den Punkt C als

---

[95] Ayant mené PM parallele à CG, & QM parallele à CH; QM sera $QM = CP = x$, &
$PM = CQ = y$.
  Si l'on assigne présentement tant de valeur différentes qu'on voudrat à l'une des inconnues x
(CP) l'on déterminera par la Geometrie, les valeurs correspondantes de y (PM). De sorte que
tous les points M seront à la courbe à laquelle se rapporte l'équation proposée $yy = aa - xx$.
Guisnée, 1733, S. 15.

[96] Supposons premierement $x = 0$; le point P tompera en C, & le point M, sur la ligne CG;
& effaçant dans l'équation, le terme xx, qui devient nul par la supposition de $x = 0$, l'on aura
$yy = aa$, donc $y = \pm a$; c'est pourquoi si on prologne CG du côté de C; & qu'on fasse Ce,
& CE chacun $CE = KL = a$; CE sera la valeur positve de y, & Ce sa valeur negative, & les
points E & e, seront à la courbe dont il s'agit.
  Supposons en second lieu $y = 0$, le point Q se confondra avec le point C, le point M
tombera sur CH, & l'on aura $o = aa + xx$, ou $xx = aa$; donc $x = \pm a$; c'est pourquoi, si l'on
prolonge CH du côté de C, & qu'on prenne de part & d'autre du point C, CB & CA chacune
égale $KL = a$; CB sera la valeur positive de x, & CA sa valeur negative, & les points B& A,
seront à la même courbe en questions. D'où l'on voit déjà que les quatre points A, E, B, e, sont
également distans du point C. Guisnée, 1733, S. 15 u. 16.

Zentrum und das Intervall $KL = a$ als halben Durchmesser. Man beschreibe einen Kreis, der PM in M und m schneidet. PM sei der positive Wert von y und Pm sein negativer Wert. Die Punkte M, m liegen auf der gesuchten Kurve, da im Fall des rechtwinkligen Dreiecks CPM gilt $PM^2 = CM^2 - CP^2$. Dies bedeutet algebraisch ausgedrückt $yy = aa - xx$, also $y = \pm\sqrt{aa - xx}$.[97]

Ergebnis der Konstruktion der Kurvenpunkte ist: Jedes rechtwinklige Dreieck CPM bzw. CPm mit dem rechten Winkel in P besitzt eine Hypotenuse der Länge a. Wie die Punkte M und m bestimmt werden, hat die vorangegangene Konstruktion gezeigt. Zu beweisen bleibt, dass die Kurvenpunkte tatsächlich einen Kreis beschreiben, was Guisnée lapidar wie folgt formuliert:

> Offensichtlich gilt, um den Wert von y (PM) in jeder Position des Punktes P zu bestimmen, dass man einen Kreis mit Mittelpunkt C und dem Radius KL ziehen muss. Daher ist der Kreis selbst die gesuchte Kurve, was übrigens leicht zu erkennen war.[98]

Abschließend macht Guisnée eine didaktische Bemerkung. Die ausführliche Darstellung des Beweises der Kreisgleichung steht für ihn exemplarisch für das methodische Vorgehen bei der Bestimmung von Kurven und Kurvengleichungen:

> Man hat sich entschieden, anhand der Gleichung des Kreises, der einfachsten aller Kurven, die Überlegungen durchzuführen, die man machen muss, um eine Idee davon zu vermitteln, was zu tun ist, um zu den Gleichungen anderer Kurve zu gelangen, diese zu beschreiben, die wichtigsten Festlegungen zu machen und deren wichtigsten Eigenschaften aufzudecken.[99]

Schon dieser kurze Blick in das Buch von Guisnée macht deutlich, wie schwierig die autodidaktische Aneignung der analytischen Geometrie für du Châtelet gewesen sein muss. Obwohl das Buch, da es aus dem Mathematikunterricht heraus entstanden ist, didaktisch gestaltet wurde und die Lernenden im Blick hat, indem viel erklärt ist, bleiben besonders die Beweise eine Herausforderung. Um sie zu verstehen, musste du Châtelet sehr genau lesen und sich den Sinn der einen oder anderen Stelle selbst erklären. Hier wäre ein kompetenter Lehrer hilfreich gewesen, den sich nach dem Zitat in Abschn. 6.6 zu urteilen, sehnlichst wünschte.

---

[97] Si l'on assigne à x une valeur quelconque CP moindre que CB pour déterminer la valeur quelconque CP moindre que CB pour déterminer la valeur de $PM = y$, l'on aura en extrayant la racine qarrée $y = \pm\sqrt{aa - xx}$ d'où l'on tire cette construction. Ayant prolongé PM du côté de P; du point C pour centre, & pour demi diametre l'intervalle $KL = a$, l'on décrira un cercle qui coupera PM en M & m; PM sera la valeur positive de y, & Pm sa valeur negative, & les points M, m seront à la courbe cherchée, car à case du triangle rectangle CPM; l'on a $PM^2 = CM^2 - CP^2$, c'est-à-dire en termes Algebriques $yy = aa - xx$; donc $y = \pm\sqrt{aa - xx}$. Guisnée, 1733, S. 16.

[98] „Or il est évident que pour déterminer la valeur de y (PM) dans toutes les positions du point P, il faudra décrire un cercle du centre C, & du rayon KL; c'est pourquoi ce cercle est lui-même la courbe cherchée, ce qui d'ailleurs étoit facile à remarquer." Guisnée, 1733, S. 16.

[99] „Mais on a jugé à propos de faire sur l'équation au cercle, qui est la plus simple de toutes les courbes, les raisonnements que l'on vient de faire, pour donner une idée de ceux que l'on doit faire sur les équations aux autres courbes, afin de les décrire par leur moyen, d'en marquer les principales déterminations, & d'en découvrir les principales proprietez." Guisnée, 1733, S. 16.

8.2.2 *L'Hôpital: Von der Algebra zum Kalkulus*

An ihre Studien der analytischen Geometrie mit der *Application de l'algèbre à la géométrie* von Guisnée schloss du Châtelet vermutlich die Lektüre des *Traité analytique des sections coniques et de leur usage pour la résolution des équations dans les problèmes tant déterminés qu'indéterminés* (1707, 1720^2) von de L'Hôpital an, der sich in ihrem Besitz befand.[100]

Diese Abhandlung des Marquis de L'Hôpital ist weniger bekannt als dessen *Analyse des infiniment petits pour l'intelligence des lignes courbes* (1696). Der *Traité analytique* wurde 1704 nach dem Tod des Marquis gefunden. Er ist umfangreicher als Guisnées Lehrbuch. Die Darstellung der analytischen Geometrie entspricht stärker der heute üblichen Form. In dessen erstem Teil studiert de L'Hôpital die Kegelschnitte quasi analytisch in der Apollonischen Tradition. Im zweiten behandelt er die Theorie der geometrischen Örter auf analytische Weise und im dritten die Wurzeln quadratischer und kubischer Gleichungen, die mit Kegelschnitten konstruiert werden.[101]

Die *Application de l'algèbre à la géométrie* und der *Traité anlytique* boten du Châtelet umfassende Kenntnisse der analytischen Geometrie. Die beiden Bücher waren gleichsam die Grundlage und Voraussetzung für ihr Studium der Infinitesimalrechnung.

Diese zu erlernen betrachtete sie als notwendig. Deutlich wurde ihr dies durch ihre Lektüre von Maupertuis Abhandlung *Sur les loix de l'Attraction* (1734) im Mai 1738. Darin griff Maupertuis die Abschnitte 12 und 13 aus dem ersten Buch der *Principia* auf und übertrug sie in den Leibnizschen Kalkulus:[102]

> Ich habe es gewagt, Ihre Abhandlung von 1734 über die verschiedenen Gesetze der Anziehung zu lesen. Ich gebe Ihnen offen zu, dass ich nicht genügend Algebra beherrsche, um Ihnen überall hin folgen zu können.[103]

Um sich die Aneignung der Leibnizschen Form der Infinitesimalrechnung zu erleichtern, suchte du Châtelet eigentlich einen fähigen Lehrer.[104] Für du Châtelets Lern- und Arbeitsprozess ist an dieser Stelle aber bedeutsamer, dass sie sich für die Infinitesimalrechnung schon im Mai 1738 interessierte, und der Wunsch, die moderne Mathematik zu erlernen, bis zum Beginn des Jahres 1739 immer dringlicher wurde:

> Sie haben in mir den heftigen Wunsch geweckt, mich um die [analytische, FB] Geometrie und das Kalkül zu bemühen. Wenn sie einen der Herren Bernoulli veranlassen könnten, mir Erleuchtung in mein Dunkel zu bringen, hoffte ich, dass er mit der Willigkeit, dem Fleiß

---

[100] Vgl. Brown und Kölving, 2008, S. 118.

[101] Vgl. Boyer, 1956, S. 150–155.

[102] Vgl. hierzu auch Abschn. 10.4.

[103] „Je me suis hasardée à lire vortre mémoire donné en 1734 sur les différentes lois d'attraction et je vous avoue ingénuement que je ne sais pas assez d'algèbre pour avoir pu vous suivre partout. ", du Châtelet an Maupertuis von Cirey a am 9. Mai 1738, Bestermann, 1958, Bd. 1, Brief 124, S. 226.

[104] Siehe auch Kap. 7.

und der Erkenntlichkeit seiner Schülerin zufrieden wäre. Ich kann es nur aussprechen, ich empfinde mit Schmerz, dass ich mir so viel Mühe gebe, das Kalkül zu erlernen, und dass ich kaum voranschreite, weil mir ein Führer fehlt.[105]

Du Châtelet wollte die Leibnizsche Form der Differential- und Integralrechnung lernen, welche die Bernoullis weiterentwickelt hatten und auch lehrten. Die *Analyse des infiniment petits pour l'intelligence des lignes courbes* (1696) von de L'Hôpital wären dafür sicher das geeignete Lehrwerk gewesen, zumal es auf den Unterricht von de L'Hôpital durch Johann I. Bernoulli (1655–1705) zurückgeht.

Du Châtelet beschäftigte sich lange Zeit immer wieder mit der Infinitesimalrechnung. Im November 1745, als sie mit der Übersetzung und Kommentierung der *Principia* längst begonnen hatte, schrieb sie beispielsweise an den Theologen, Mathematiker und Physiker François Jacquiers (1711–1788), dass sie dessen Lehrbuch zur Integralrechnung voller Spannung erwarte, da sie hoffe, mit seiner Hilfe verschiedene mathematische Probleme in analytischer Form darzustellen.[106]

Jacquiers war zusammen mit Thomas Le Seur (1703–1770) Herausgeber einer kommentierten Ausgabe der *Principia*: *Isaaci Newtoni philosophiæ naturalis principia mathematica, perpetuis commentariis illustrata* (1739–1742). In dieser verwenden Jacquier und Le Seur die Infinitesimalrechnung nach dem Leibnizschen Kalkül. Du Châtelet besaß vermutlich eine Ausgabe von Jacquiers und Le Seurs *Principia*. Anfang September 1746 hatte sie Johann II Bernoulli gebeten, sie ihr zu besorgen.[107] Jacquiers, der außerdem zu den gelehrten Besuchern du Châtelets in Cirey zählte, hatte die Marquise zu ihrer sowohl sprachlichen als auch mathematischen Übersetzung der *Principia* ermuntert. Zudem schätzte er du Châtelet fachlich sehr. Er war es auch, der ihre Aufnahme in die ‚Accademia delle Scienze dell'Istituto di Bologna' aktiv unterstützte, wofür sich du Châtelet in einem ihrer Briefe bedankte:[108]

Meine [Selbstliebe, FB] wäre über die Aufnahme in die Institution sehr geschmeichelt und verdankt diese Ehre Ihrer Freundschaft.[109]

Die *Élémens du calcul intégral*, die Jacquiers gemeinsam mit Thomas Le Seur (1703–1770) schrieb und die du Châtelet erwartete, erschienen allerdings erst 1768,

---

[105] „Vous m'avez donné un désir extrême de m'appliquer à la géométrie et au calcul. Si vous pouvez déterminer un de m^rs Bernoüilli à apporter la lumière dans mes ténèbres j'espère qu'il sera content de la docilité, de l'applicaton, et de la reconnaissance de son écolière. Je puis répondre que de cela, je sens avec douleur que je me donne autant de peine que si j'apprenais le calcul, et que je n'avance point, parce que je manque de guide." du Châtelet an Maupertuis, Cirey, 20. Januar 1739, Bestermann, 1958, Bd. 1, Brief 175, S. 310.

[106] Vgl. du Châtelet an Jacquiers, Paris, 12. November 1745, Bestermann, 1958, Bd. 2, Brief 347, S. 144 u. Paris, 13. April 1747, Bestermann, 1958, Bd. 2, Brief 360, S. 146.

[107] Vgl. du Châtelet an Johann II Bernoulli, Paris, 6. September 1746, Bestermann, 1958, Bd. 2, Brief 357, S. 153.

[108] Vgl. du Châtelet an Jacquiers, Paris, 12. November 1745, Bestermann, 1958, Bd. 2, Brief 347, S. 144.

[109] „Le mien [mon amour propre, FB] sera très flatté d'être agrégée à l'Institut et de devoir cette distinction à votre amitié." du Châtelet an Jacquiers, Paris, 12. November 1745, Bestermann, 1958, Bd. 2, Brief 347, S. 144.

fast zwanzig Jahre nach ihrem Tod. Daher blieb ihr bei ihrer eigenen Übersetzungsarbeit von Newtons Hauptwerk nur der Rückgriff auf Jacquiers und Le Seurs Principiaausgabe.

In der Zeit als du Châtelet an ihrem Kommentar der *Principia* arbeitete, kontaktierte sie die Mathematiker Frédéric Moula (1703–1782) und Gabriel Cramer
(1704–1752).[110] Besonders Cramer ist zu dieser Zeit für du Châtelets mathematische Interessen interessant, weil er sich wie sie mit der analytischen Geometrie und
dem Kalkulus beschäftigte. Den Kontakt zu Cramer verdankte du Châtelet Clairaut,
der selber mit Cramer korrespondierte.[111]

Cramer war der Verfasser des Lehrbuchs *Introduction á l'analyse des lignes courbes algébriques* (1750). Darin untersucht und klassifiziert er algebraische Kurven.
Es enthält die nach ihm benannte Cramersche Regel. Anfang 1750 interessierte sich
Cramer für du Châtelets Manuskript der Principiaübersetzung und er dankte Clairaut in seinen Briefen, dass dieser sich um den Nachlass der Marquise kümmere.[112]

Es sind der Kontakt zu Cramer und die analytischen Lösungen verschiedener
Probleme aus den Principia, die u. a. belegen, dass sich du Châtelet bis weit in die
1740er Jahre hinein - vermutlich bis zu ihrem Tod 1749 - mit der analytischen Geometrie und der Infinitesimalrechnung auseinandersetzte. Noch im Juli 1747 bat du
Châtelet Jacquier um Lektionen über Extremwertprobleme.[113] Auf welchem Niveau
sie schließlich die analytische Geometrie und den Kalkulus beherrschte, zeigt ihr
Newtonkommentar in der *Solution analytique des principaux problèmes qui concernent le système du monde*. Darin verwendet du Châtelet Gleichungen in Polarko-
ordinaten sowie die Differential- und Integralrechnung.[114]

8.3 Zusammenfassung

Inwiefern lässt sich nach der Darstellung der Inhalte sowie der Lehr- und Lernmittel
der mathematische Wissensstand du Châtelets konkret fassen? Du Châtelet hat nie
ein mathematisches Examen abgelegt und ich kann auch nicht eindeutig belegen,
dass sie die analytischen Beweise in ihrem Newtonkommentar vollkommen eigenständig erstellt hat. Aber wie wichtig ist die konkrete Beantwortung dieser Frage
hinsichtlich der mathematischen Lern- und Arbeitsprozesse der Marquise? Wichtig
ist aus meiner Sicht, dass du Châtelet profunde Kenntnisse der klassischen, synthetischen Elementargeomtrie besaß und sich intensiv und ausdauernd über einen
langen Zeitraum, nämlich von 1734 bis zu ihrem Tod 1749, mit der zu ihrer Zeit
noch jungen analytischen Geometrie und Infinitesimalrechnung beschäftigte, um
die Begründungen und Beweise der modernen Naturphilosophie zu begreifen.

---

[110] Vgl. du Châtelet an Johann II Bernoulli, Paris, 6. September 746, Bestermann, 1958, Bd. 2,
Brief 357, S. 152 u. du Châtelet an Jacquiers, Paris, 13. April 1747, Bestermann, 1958, Bd. 2,
Brief 360, S. 156.

[111] Vgl. Gillispie, 1970–1980, Eintrag: Clairaut, Bd. 3, S. 282.

[112] Vgl. Debever, 1987, S. 519.

[113] Vgl.du Châtelet an Jacquier, Paris, 1. Juli 1747, Bestermann, 1958, Bd. 2, Brief 361, S. 157.

[114] Vgl. Debever, 1987, S. 522.

In Abschn. 8.1 wurden die Mathematiklehrbücher vorgestellt, von denen man sicher weiß, dass du Châtelets sie besaß. Hieraus lässt sich schließen, dass sie den Inhalt der klassischen Elementargeometrie beherrschte, dessen Umfang durch die *Elemente* von Euklid festgelegt war. Bis auf das in Abschn. 8.1.1 vorgestellte Geometriebuch von Henrion, das eine reine Übersetzung von Euklid darstellt, haben die präsentierten Mathematiklehrbücher ihren jeweils eigenen Charakter. Daher konnte du Châtelet mit jedem Buch ein mathematisches Thema oder einen mathematischen Aspekt vertiefen. Und sogar mit Henrions Buch war eine Einführung in die Algebra möglich, falls ihre Ausgabe von 1623 stammte.

Das Buch von Dechalles, das in Abschn. 8.1.2 vorgestellt wurde, vermittelte du Châtelet dessen Versuch, die *Elemente* durch Umstrukturierung zu didaktisieren. Aber erst Pardies Buch machte du Châtelet mit der Geometriedidaktik Port-Royals vertraut. Zudem machte dieses Werk sie mit der philosophischen Frage nach dem Möglichen und Unmöglichen bekannt. Das Geometriebuch von Malézieu, auf das Abschn. 8.1.4 zu sprechen kommt, erfreute sich unter den französischen Adeligen besonderer Beliebtheit. Es folgt ebenso wie Pardies der Didaktik Arnaulds. Mit ihm konnte du Châtelet die Methode der geometrischen Örter kennenlernen und sich mit Infinitesimalzahlen befassen. Castels universelle Mathematik aus Abschn. 8.1.5 war zwar erfolgreich, aber auch kritisch von den Fachgelehrten beäugt. Das Ziel dieser Einführung in die Philosophie der Mathematik war Allgemeinverständlichkeit, weshalb Castel auch die akademische Wissenschaft kritisierte. Möglicherweise las du Châtelet das Buch, um diese mathematische Darstellungsform und die Argumente des Anti-Newtonianers Castel kennenzulernen oder um bei Gesellschaften sachkundig an der Konversationen über das Werk teilzunehmen.

Während du Châtelets Arbeit mit den oben erwähnten Geometrielehrbüchern weitgehend im Dunkeln liegt, ist verbürgt, dass sie mit Hilfe des Lehrbuchs von Nicolas Guisnée, der *Application de l'algèbre à la géométrie*, die analytische Geometrie erlernt hat. Das Buch war zu Beginn des 18. Jahrhunderts in Frankreich eine Art mathematisches Standardlehrwerk. Einige von du Châtelets gelehrten Freunden haben mit ihm gearbeitet. In Abschn. 8.2.1 ist es ausführlich vorgestellt, um einen Eindruck zu vermitteln, mit welcher Art Lehrwerk du Châtelet gearbeitet hat.

Entstanden sind die *Application de l'algèbre à la géométrie* im Umfeld der Gelehrtengruppe um Malebranche, deren Verdienst die Verbreitung der modernen Mathematik (analytische Geometrie und Infinitesimalrechnung) in Frankreich ist. Explizit distanzierte sich deren Didaktik von der der höfischen Wissenschaften. Ihre didaktische Konzeption favorisiert eine rationale Sachdidaktik, die handlungs- und lernerorientierte Elemente enthält. Charakteristisch für ein mathematisches Lehrbuch, das für das Selbststudium geeignet sein sollte, war die umfangreiche Verbalisierung. Daher wird in den Lehrbüchern die analytische Methode ebenso ausführlich beschrieben wie einzelne Beispiele, Rechenverfahren und Beweise.

Guisnées Buch stand am Anfang von du Châtelets Aneignung der modernen Mathematik wie Abschn. 8.2.2 zeigt. Mit dem *Traité analytique des sections coniques et de leur usage pour la résolution des équations dans les problèmes tant déterminés qu'indéterminés* von de L'Hôpital setzte sie ihre Studien fort. Außerdem erlernte sie den Leibnizschen Kalkulus. Mit der Infinitesimalrechnung befasste sie sich bis zu ihrem Lebensende, da sie sich zur Aufgabe gemacht hatte, verschiedene Probleme aus den *Principia* für ihren Newtonkommentar analytisch zu lösen.

Abschließend lässt sich sagen, dass du Châtelet zu ihrer Zeit über ein umfangreiches mathematisches Wissen verfügte. Anerkennend muss man konstatieren, dass sie trotz der in den vorangegangenen Kapiteln beschriebenen Widrigkeiten nie aufgab und sie sich beständig mit der modernen Mathematik befasste. Aus diesem Grund konnte sie die moderne Naturphilosophie verstehen und auf hohem mathematischen und wissenschaftlichen Niveau an ihr teilhaben.

Kapitel 9
Lektüren: Physik und Naturphilosophie

> *„Diese [gelehrte, FB] Bildung werde uns gründlich und aus den ächten Quellen; so wie den Männern gegeben, nicht aus den Büchern, die für Damen geschrieben sind, worin wir eigentlich nur wie große Kinder behandelt werden. "*
> *(Amalia Holst, 1758–1839)*

> *„Wir haben einen weit erhabeneren Endzweck. Wir wollen lernen, selbst Wahrheiten zu erfinden, und uns selbst Beweise von Wahrheiten zu erdenken, deren Gründe uns noch unbekannt sind. "*
> *(Johanna Charlotte Unzer, 1725–1782)*

Das eigentliche Ziel du Châtelets Bildungsstrebens war die Erkenntnis der Natur. Zu diesem Zweck erlernte sie mittels der in Kap. 8 vorgestellten Lehrwerke, gleichsam als Hilfswissenschaft, die zu ihrer Zeit moderne Mathematik. Besonders intensiv studierte sie daher die Naturphilosophie. Ähnlich wie ihr Mathematikstudium lässt sich ihr naturphilosophisches Studium in Teilen aus ihren naturphilosophischen Lektüren rekonstruieren. In ihrer Korrespondenz sind viele Lehrbücher erwähnt. Andere nennt oder zitiert sie in ihrem Lehrbuch, den *Institutions de physique* (1740). Wieder andere kommen in ihrem Newtonkommentar vor.[1]

Die Vielfalt von du Châtelets naturphilosophischen Wissensquellen zeigt sich schon in den Abschnitten dieses Kapitels. Ihre Lektüren werden hier nur kursorisch vorgestellt. Zum einen liefern die historischen Quellen nur ganz punktuell Informationen darüber, wie du Châtelet die Bücher beurteilte und welche Aspekte ihr wichtig erschienen; zum anderen können ihre Lektüren hier nicht erschöpfend dargestellt werden. So gehen die Kap. 10 und 11 auf du Châtelets Rezeption der Philosophien Leibniz' und Wolffs ein, die für ihre wissenschaftliche Entwicklung eine wichtige Rolle spielt. Jeden einzelnen von ihr rezipierten Text hier vorzustellen, würde den Rahmen dieser Studie sprengen. Aus diesem Grund beschränke ich mich in diesem Kapitel auf die mir wichtig erscheinenden Lehrwerke, die du Châtelet konsultierte.

Die Reihenfolge mit der in diesem Kapitel die naturphilosophischen Lehrbücher und Informationsmittel vorgestellt sind suggeriert eine Art naturphilosophisches Curriculum vom Kartesianismus zum Newtonianismus. Dieses ist keinesfalls verbürgt. Sicher ist nur, dass ihr naturphilosophisches Lernen mit der Naturphilosophie Descartes begann und sie von der Kartesianischen Philosophie konzeptionell sehr beeinflusst war.

---

[1] Vgl. hierzu Brown und Kölving, 2008, Zinsser, 1998, S. 178 u. Bestermann, 1958. Bei der Erstellung ihrer *Dissertation* und ihrer Arbeit zur Optik hat sie sicher ebenfalls Fachliteratur verwendet. Auf diese beiden Abhandlungen möchte ich mich nicht beziehen. Du Châtelets Text zur Optik war mir nicht zugänglich. Die *Dissertation* halte ich für die Lernprozesse du Châtelets für nicht so wichtig, das sie eine relativ spontan entstande Arbeit sind. Zu ihrer Geschichte und Inhalt vgl. Klens, 1994.

F. Böttcher, *Das mathematische und naturphilosophische Lernen und Arbeiten der Marquise du Châtelet (1706–1749)*, DOI 10.1007/978-3-642-32487-1_9,
© Springer-Verlag Berlin Heidelberg 2013

Im Folgenden sind du Châtelets Kartesianische Lektüren in den Abschn. 9.1, 9.2 und 9.3 präsentiert. Mit Abschn. 9.4 lernen wir einen Naturphilosophen kennen, dessen Lehrbuch sich weder der einen noch anderen philosophischen Schule zuordnen lässt. Abschnitt 9.5 bietet einen Überblick über die wichtigsten und prominentesten Lehrbücher des Newtonianismus. In Abschn. 9.6 wird die Möglichkeit du Châtelets fachwissenschaftliche Abhandlungen und zeitgenössische Periodika für ihr Lernen und Arbeiten zu nutzen gestreift.

Zu du Châtelets naturphilosophischer Lektüre gehörten selbstverständlich auch die *Opticks* (1704) und die *Principia* (1687) von Newton. Auf sie gehe ich in dieser Arbeit nicht näher ein, da ich ihr Verständnis, vor allem das der *Principia*, als Ziel von du Châtelets mathematischen und naturphilosophischen Lern- und Arbeitsprozessen betrachte. Die zentrale Frage, die dieses Kapitel beantwortet ist: Welche naturphilosophischen Lehr- und Lernmittel hat du Châtelet genutzt?

9.1 Descartes: Werke

Du Châtelet begann ihr systematisches, naturphilosophisches Studium mit der Lektüre Kartesianischer Werke.[2] Ihre Prägung durch dieses naturphilosophisches Denken sieht man, wie Klens (1994) ausgeführt hat, in ihrer *Dissertation sur la propagation du feu*.[3] Der Kartesianische Einfluss war auch noch spürbar, als sie sich der mathematisch-experimentellen Naturphilosophie der Newtonschen Schule zuwandte, da ihr erklärtes Forschungsziel weiterhin eine mechanistische Erklärung der Natur blieb.[4]

Du Châtelet besaß in ihrer Bibliothek die *Opuscula posthuma, physica et mathematica* (1701) sowie die dreibändigen *Opera philosophica omnia in tres tomas distributa* (1697).[5] In diesen Werken sind Descartes Einzelarbeiten enthalten. Die folgende Texte bilden die *Opuscula* :

* *Mundus sive dissertatio de lumine ut et de aliis sensuum objectic primariis,*
* *De mechanica tractatus una cum elucidationibus N. Poissonii,*
* *N. Poisson elucidationes physicae in cartesii musicam,*
* *R. Des-Cartes regulae ad directionem ingenii, ut et inquisitio veritatis per lumen naturale,*
* *Primae cogitationes circa generationem animalium et nonnulla de saporibus* und *Excerpta ex mss. R. Des-Cartes.*

Die *Opera omnia* umfassen:

---

[2] Zu du Châtelets Kartesianischen Lehr- und Lernmitteln zählen auch die *Pluralité des mondes* von Fontenelles, die, wie Abschn. 4.2 zeigt, der jungen du Châtelet die Grundideen des Kartesianismus vermittelten.

[3] Vgl. Klens, 1994. Siehe auch Abschn. 6.7.

[4] Vgl. Châtelet, 1988, Kap. 9, §181, S. 203 f.

[5] Vgl. du Châtelet an Prault, Cirey, 16. Februar 1739, Bestermann, 1958, Bd. 1, Brief 186, S. 328–330.

- *Meditationes de prima philosophia,*
- *Principia philosophæ,*
- *Dissertationes de methodo,*
- *Diotrice; Meteora,*
- *Tractatus de passionibus animæ, de homine et formatione fœtus, cum notis Ludovici de La Forge,*
- *Vita.*

Die Vertrautheit du Châtelets mit der Kartesianischen Philosophie belegen ihre Briefe, in denen sie selbstverständlich von der Wirbeltheorie schreibt oder mechanistische Aspekte der Kartesianischen Naturphilosophie in ihre Argumente einbezieht.[6] Leider liegt völlig im Dunkeln, wie und wann du Châtelet sich mit den Originalwerken Descartes befasste. Vielleicht nutzte sie eher eines der im Folgenden vorgestellten Lehrwerke für einen einführenden Zugang in die Kartesianische und mechanistische Denkweise und studierte Descartes Philosophie erst, nachdem sie eine Idee von ihr hatte.

9.2 Kartesianismus: Physikeinführungen

Mit den Lehrbüchern von Noël Regnault (1683–1762) und Jacques Rohault (1618–1672) besaß du Châtelet zwei ausgewiesene, systematische Einführungen in die Kartesianische Naturphilosophie.[7] Wichtig für du Châtelet wurde Rohaults Buch. Sein mehrbändiges Lehrwerk wurde zum Vorbild für ihr eigenes Lehrbuchprojekt, das Kap. 11 ausführlich beschreibt.[8]

Die Lehrwerke der beiden Kartesianer unterscheiden sich konzeptionell. Aus didaktischer Sicht sind sie interessant, weil das eine allgemeinverständlich sein will und in Dialogform verfasst wurde und das andere eine wissenschaftliche Einführung darstellt.

9.2.1 Regnault: Physikalische Gespräche

Anfang des 18. Jahrhunderts waren *Les entretiens physiques d'Ariste et d'Eudoxe ou la physique nouvelle en dialogues, qui renferme précisément ce qui s'est découvert de plus curieux &; de plus utile dans la nature* (1729) des Jesuiten Noël Regnault ein ausgesprochen erfolgreiches Lehrbuch der Kartesianischen Physik. Allein zwischen 1732 und 1745 wurde es sechsmal aufgelegt und fand auch im Ausland Beachtung. 1731 erschien eine englische Übersetzung: *Philosophical conversations, or, A new system of physics: by way of dialogue with eighty nine copper plates; written in French by Father Regnault; translated into English and illustrated with*

---

[6] Vgl. du Châtelet an Algarotti, Cirey, 7. Januar 1736, Bestermann, 1958, Bd. 1, Brief 53, S. 96 oder Bestermann, 1958, Bd. 1, Briefe 69, 117, 120, 143, 144, 151 u. Bd. 2, Brief 360.

[7] Vgl. du Châtelet an Prault, Cirey, 16. Februar 1739, Bestermann, 1958, Bd. 1, Brief 186, S. 330.

[8] Zu Rohaults Bedeutung siehe Abschn. 11.5.

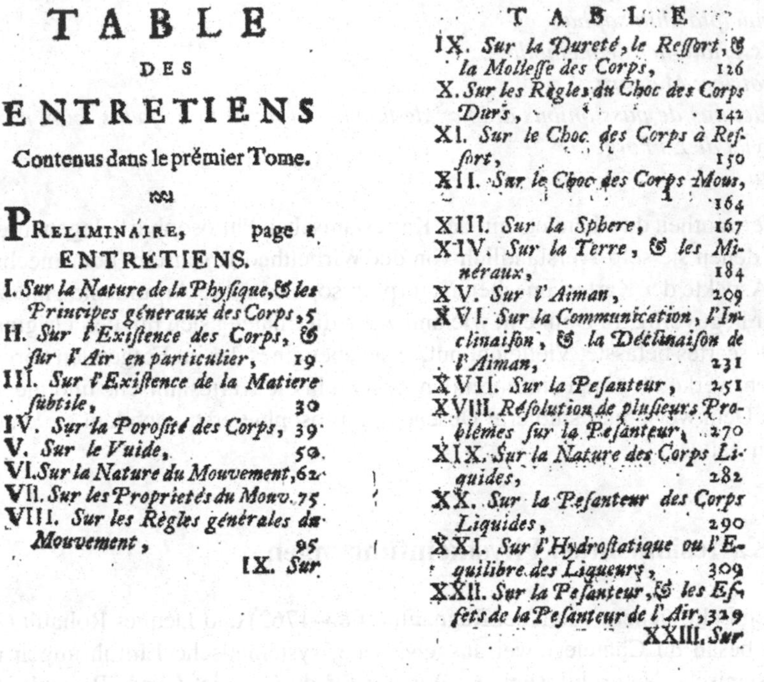

TABLE DES ENTRETIENS

Contenus dans le prêmier Tome.

Abb. 9.1 Inhaltsverzeichnis von *Les entretiens physiques d'Ariste et d'Eudoxe* (1732)

notes by Thomas Dale. In Italien erschienen 1736 die *Trattenimenti fisici d'Aristo, e d'Eudosso, o sia Fisica nuova in dialoghi, che contiene particolarmente cio, che s'e discoperto di piu curioso, e piu utile nella natura; adornati con molte figure, dal padre Regnault. Ed ora dalla lingua francese nell'italiana tradotti.*[9]

Nach heutigen Maßstäben behandeln *Les entretiens physiques d'Ariste et d'Eudoxe* nicht nur physikalische, sondern auch botanische, zoologische und medizinische Themen. Dies ist im 18. Jahrhundert noch nicht ungewöhnlich. Die Physik, als Wissenschaft von der Natur in der mechanistischen Tradition, umfasste thematisch sowohl die belebte als auch die unbelebte Natur.

In den Gesprächen Regnaults überwiegen physikalische Themen. Man sieht sie in Abb. 9.1, die das Inhaltsverzeichnis des ersten Bandes zeigt. Die Themen Licht, Farbe, Ton, Magnetismus und Elektrizität werden ausführlich diskutiert. Die beiden Protagonisten, Aristarchos und Eudoxos, sprechen auch über physikalische Instrumente wie Luftpumpe, Barometer, Thermometer und optische Geräte. Sie sind sogar in dem Lehrbuch abgebildet.[10] Damit verweist Regnault auf die experimentelle Na-

[9] Vgl. Kleinert, 1996, S. 113.

[10] Vgl. Kleinert, 1996, S. 118.

turphilosophie, unterstreicht aber auch den Unterhaltungswert, da sich die mondäne Gesellschaft besonders für die spektakulären Experimente interessierte.

In seinem Buch erklärt Regnault die Naturphänomene mechanistisch. Die Gravitationstheorie Newtons verwirft er als absurd.[11] Obwohl Regnault auch Autor des Mathematiklehrbuchs *Entretiens mathématiques sur les nombres, l'algèbre, la géométrie, la trigonométrie rectiligne, l'optique, la propagation de la lumière, les télescopes, les microscopes, les miroirs, l'ombres & la perspective* (1743) war und er die Mathematik durchaus schätzte, vermied er mathematische Erklärungen in seinen naturphilosophischen Dialogen. Als Grund gab er an, dass die Mathematik den unmittelbaren Zugang zur Natur behindere. Insbesondere in einer Einführung erschwere die mathematische Beschreibung, Erklärung und Begründung das Verständnis des Lernenden:[12]

> Verkleidet in den Farben der Geometrie und unter dem Dekor des Kalküls wird die Physik für die meisten, die danach streben, in ihre Mysterien eingeführt zu werden, trotz ihrer Klarheit unzugänglich.[13]

Regnault bediente sich zwar der Form des Dialogs, dennoch gehören seine Gespräche nicht so ganz zur Literatur der höfischen Wissenschaften. Aristarchos und Eudoxos beschränken sich nämlich inhaltlich auf Fragen der Naturphilosophie. Literarische, philosophische oder gar amüsant-kokette Abschweifungen enthalten ihre Dialoge nicht. Explizit lehnte Regnault sogar Digressionen ab. Ihnen maß er keinen didaktischen Wert bei. E war überzeugt, das Sachthema – hier die Kartesianische Physik – genügen, um die Leserinnen und Leser zu unterhalten, zu erfreuen und zu motivieren.[14]

Mit Regnaults Dialogen und im Vergleich mit den Dialogen der höfischen Wissenschaften wird deutlich, dass zu Beginn des 18. Jahrhunderts zwei didaktische Konzepte existierten, die sich jeweils der Unterhaltung ihrer Lerner verpflichtet sahen. Während die höfische Konzeption mittels Digressionen unterhalten wollte und die Lerndenen damit durchaus vom Vermittlungsgegenstand wegführten, konzentrierte sich das andere Konzept auf selbigen. Die Vertreter dieser Sachdidaktik gingen davon aus, dass eine klare, nicht zu abstrakte, d. h. nicht streng geometrische, Präsentation dem Lernenden den Zugang zum Wissen erleichtert. Sie nahmen an, dass während des Aneignungsprozesses beim Lerndenen das positive Gefühl der Freude durch das wachsende Verständnis für die Zusammenhänge und den Erkenntnisgewinn entsteht.[15]

Aus diesen didaktischen Annahmen heraus entwickelte sich eine äußerst rationale Sachdidaktik.[16] Obwohl ein Großteil des lesenden Publikums weiterhin adeliger

---

[11] Vgl. Kleinert, 1996, S. 119 f.

[12] Vgl. auch Shank, 2008, S. 199–201.

[13] „La physique revêtue des couleurs de la Géométrie et sous les dehors [decors, ??] [sic] sévères du Calcul devient inaccessible, malgré sa lumière, à la plûpart de ceux qui aspirent à se voir initiés dans ses mystères." Zitiert nach Kleinert, 1996, S. 119.

[14] Vgl. Kleinert, 1996, S. 115.

[15] Vgl. Shank, 2008, S. 199–201.

[16] In Deutschland ist Wolff ein wichtiger Vertreter dieser Didaktik. Du Châtelet ist ebenfalls eine Vertreterin dieser Sachdidaktik (vgl. Abschn. 11.5).

Herkunft war, weist ihre didaktischen Formen schon auf das bürgerliche Bildungsideal des späten 18. Jahrhunderts und des 19. Jahrhunderts hin. Dieses Ideal bevor-
zugt eine rationale und strenge Darstellung des Gegenstandes, wobei das Lernen
mehr und mehr zu einer seriösen, ernsthaften, arbeitsintensiven und zielgerichteten,
durchaus berufsorientierten Tätigkeit wird.[17]

9.2.2 Rohault: Experimentelle Kartesianische Physik

Mit dem *Traité de physique* (1671) von Jacques Rohault besaß du Châtelet nicht
nur ein weiteres Kartesianisches Lehrbuch, sondern das damalige Standardlehrwerk
dieser naturphilosophischen Richtung.[18] Seine Titelseite zeigt Abb. 9.2.

Beim *Traité de physique* handelt es sich im Gegensatz zu Regnaults *Les ent-
retiens physiques d'Ariste et d'Eudoxe* um eine mathematischere Einführung in die
Kartesianische Naturphilosophie. Insbesondere in Frankreich und England war über
Jahre hinweg das das physikalische Standardlehrwerk.[19]

Von ihm erschienen vier autorisierte Ausgaben auf Französisch (1771, 1772,
1775 und 1782); unautorisiert erschien es u. a. 1705, 1723 und 1730.[20] Schon drei
Jahre nach der Erstausgabe, nämlich 1674, kam eine lateinische Übersetzung von
dem Schweizer Mediziner Théophile Bonet (1620–1689) auf den Markt: *Tractatus
physicus. Gallice emissus et recens latinitate donatus per Th. Bonetum.*

Zusammen mit der lateinische Übersetzung von Samuel Clarke (1675–1729), einem dezidierten Vertreter der Newtonschen Naturpilosophie, trug sie dazu bei, dass
sich das Lehrbuch auch an Kollegien und Universitäten etablierte.[21] Der englische
Philosoph und Newtonschüler Clarke hatte den *Traité de physique. Latiné vertit,
recensuit, & uberioribus jam adnotationibus, ex illustrissimi Isaaci Nevvtoni philosophia maximam partem haustis, amplificavit & ornavit Samuel Clarke Cum anim-
adversionibus integris Antonii Le Grand : Accedunt huic secundae editioni ejusdem
authoris mechanica jampridem latiné edita; & perspectiva nunc primum latinitate
donata; item anonymi de Iride demonstratio secundum doctrinam Cartesii, acnovis-
simae aliquot tabulae aeri incifae* erneut ins Lateinische übersetzt, weil er Bonets
Übersetzung für misslungen hielt. Sein jüngerer Bruder, John Clarke (1682–1757),
erstellte anhand seiner lateinischen Fassung die erste englische Übersetzung: *Rohault's system of natural philosophy, illustrated with Dr. Samuel Clarke's notes ta-
ken mostly out of Sir Isaac Newton's philosophy* (1723).[22] Von Clarke besaß du
Châtelet eine lateinische Fassung.[23]

---

[17] Zum bürgerlichen Bildungsideal vgl. Tenorth, 2000, S. 96–98.

[18] Vgl. du Châtelet an Prault, Cirey, 16. Februar 1739, Bestermann, 1958, Bd. 1, Brief 186, S. 330.

[19] Vgl. Mouy, 1934, Abschnitt 4, S. 115.

[20] Vgl. Mouy, 1934, S. 137.

[21] Vgl. Mouy, 1934, S. 137.

[22] Vgl. Mouy, 1934, S. 137 u. Gillispie, 1970–1980, Eintrag: Rohault, Bd. 11, S. 506–509.

[23] Vgl. du Châtelet an Prault, Cirey, 16. Februar 1739, Bestermann, 1958, Bd. 1, Brief 186, S. 330.

Abb. 9.2 Titelblatt des *Traité de physique* (1692, 6. Auflage)

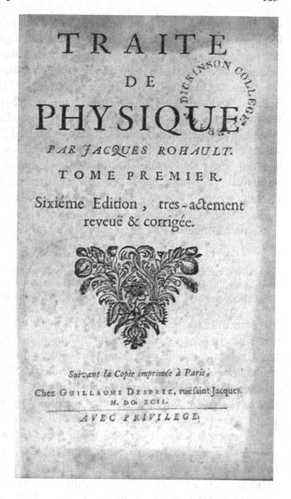

Das Besondere an Clarkes Übersetzung waren die Kommentierungen. Mit ihnen stellte Clarke der Naturphilosophie Descartes die Newtons gegenüber. Clarke hatte den *Tractatus physicus.* (1697) durch umfangreiche Pro-Newtonschen Kommentare zu einem Vehikel des Newtionanimus gemacht. In jeder weiteren Ausgabe der Übersetzung (1702, 1708, 1710, 1718 und 1730) verschärfte er diese.[24] Er zitierte Newton an vielen Stellen direkt. In der letzten von ihm überarbeiteten Version von 1730 fügte er einige Passagen aus den *Opticks* und lange Anmerkungen zur Gravitation ein. Er betonte besonders die methodischen Aspekte von Newtons Physik. Dadurch wird die Differenzen zur Kartesianischen Wissenschaftsmethodik sehr deutlich.[25]

Clarkes Übersetzung und Kommentierung ist auch deshalb so bemerkenswert, weil Rohault ein überaus wichtiger Vertreter der mechanistischen Naturphilosophie

---

[24] vgl. Mouy, 1934, S. 137 u. Gillispie, 1970–1980, Eintrag: Rohault, Bd. 11, S. 506–509.
[25] Vgl. Mouy, 1934, S. 137 u.Gillispie, 1970–1980, Eintrag: Rohault, Bd. 11, S. 506–509.

war. Er verbreitete die Kartesianische Naturlehre in öffentlichen und privaten Vorlesungen und als Privatlehrer. Durch seine Lehrtätigkeit trug er dazu bei, dass sich der Kartesianismus in Frankreich etablierte und zum herrschenden wissenschaftsmethodischen Paradigma wurde. Viele seiner Schüler stammten aus einflussreichen französischen Familien, zu denen der französische Thronfolger gehörte. Einer seiner Schüler, der Philosoph Pierre-Sylvain Règis (1632–1707), hielt später ebenfalls öffentliche Vorlesungen zur Kartesianischen Physik. Er setzte Rohaults Arbeit fort.[26]

Rohault galt als ausgezeichneter Didaktiker und Pädagoge. ‚Rohaults Mittwoch‘ – an diesem Wochentag hielt er seine Vorlesung – war weithin bekannt. Er begann stets mit einer allgemeinen Einführung und forderte seine Hörer auf, die präsentierten Thesen zu diskutieren. Seine Zuhörerschaft bestand zumeist aus Adeligen, Großbürgern und Militärs. Unter ihnen befanden sich viele ausländische Gäste – Amateure und Gelehrte –, die Paris besuchten.[27]

Sein berühmtes Lehrbuch ist aus seinen gut besuchten Vorlesungen hervorgegangen:

> Man hat nicht nur Vergnügen an meinen Vorlesungen gefunden, sondern sogar gewünscht, dass ich die Themen aufschreibe. Diesem Wunsch meiner Freunde entsprechend, habe ich am Ende gemerkt, dass ich allmählich ein Buch angefertigt habe.[28]

Mit seinem Buch wandte sich Rohault an (junge) Erwachsene. Für den Unterricht von Kindern oder Jugendlichen hielt Rohault die Naturphilosophie für ungeeigneten. Er meinte, dass der Verstand von Kindern und Jugendlichen noch nicht ausreichend entwickelt sei, um die Natur zu studieren.[29] Es entsprach dem didaktischen Diskurs der Zeit, die Naturphilosophie als besonders schwierig zu empfinden, da ihre Erkenntnisse lediglich als wahrscheinlich angesehen wurden. Letztgültige Gewissheit sei in der Naturphilosophie unmöglich zu erlangen, so die Lehrmeinung.[30]

Rohault war Kartesianer, aber als Lehrer kein Dogmatiker. Seiner Ansicht nach erweitert die mechanistische Naturphilosophie die aristotelische Tradition. Die kartesianschen Prinzipien verband er mit der in der Naturphilosophie damals neuen experimentellen Praxis.[31] Daher vermittelt der *Traité de physique* zwar einen quantitativen Zugang zur Natur, bleibt in seinen Erklärungen der Phänomene dennoch mechanistisch.[32]

Im Gegensatz zu vielen Autoren naturphilosophischer Werke, die eine mathematische Darstellung mieden,[33] verwandte Rohault sie. Die Mathematik hatte für

---

[26] Vgl. Costabel und Martinet, 1986, S. 91.

[27] Vgl. Gillispie, 1970–1980, Bd. XI, S. 506–508.

[28] „Car non seulement on a pris plaisir à ces conferences, mais même on a souhaité que j'en misse les sujet par écrit. Et c'est pour avoir enconre acquiescé à-ce sentiment de mes amis, que je me suis à la fin apperceu qu'insensiblement j'avois fait un Livre;" Rohault, 1792, S. 11.

[29] Vgl. Rohault, 1792, S. 5.

[30] vgl. Rohault, 1792, S. 6. Siehe hierzu auch Lockes Beurteilung der Naturphilosophie in Abschn. 3.8.

[31] Vgl. Rohault, 1792, S. 6 u. Mouy, 1934, S. 116–117.

[32] Vgl. Mouy, 1934, S. 117.

[33] Vgl. hierzu die Abschn. 9.5.4, 9.5.3 oder 9.5.6.

ihn eine wichtige Funktion in der Naturphilosophie. Ihre Aufgabe sah er darin, die Logik der naturphilosophischen Argumentation und Schlussfolgerungen zu gewährleisten. Außerdem sollte sie die Wahrscheinlichkeit der Erkenntnisse erhöhen.

Rohault meinte, dass das Studium der elementaren Mathematik dem Studium der Natur vorausgehen sollte. Er forderte eine bessere mathematische Ausbildung der Kinder. An der bestehenden Schulausbildung kritisierte er, dass sie häufig „nicht einmal die ersten Elemente"[34] vermittele. Der immense Bildungswert der Mathematik werde so vernachlässigt. Sie schule nämlich nicht nur das Urteilsvermögen, sondern bilde auch die Grundlage und Voraussetzung für das Verständnis der Natur bzw. der Naturphilosophie.[35] Aus heutiger Sicht ist bemerkenswert, dass er fand, dass die Mathematik dem menschlichen Geist wesenhaft sei und daher dem kindlichen Verstand im besonderen Maße zugänglich:

> Diese Wissenschaft besteht aus reinem Räsonnement, zu dem der menschliche Geist natürlicherweise fähig ist. Zudem ist es von der Erfahrung unabhängig.[36]

Kinder sollten die Mathematik aus diesem Grund schon frühzeitig lernen:

> Dass man, anstatt sie [die Mathematik, FB] zu vernachlässigen, wie man es gewöhnlich tut, die Tradition aufnimmt und wieder etabliert, die Kinder zuerst diese Wissenschaft zu lehren, damit sie darin entsprechend der anderen Studien fortschreiten. Sie [Die Mathematik, FB] nützt unendlich dazu zu verhindern, dass sie sich diesen unbezwingbaren Starrsinn aneignen, der sich bei der Mehrzahl derjenigen, die einen Philosophiekurs beendet haben, bemerkbar macht und die vermutlich in eine derart ungünstige Disposition des Geistes abgeglitten sind, weil sie nicht an überzeugende Wahrheiten gewöhnt wurden. Sie nehmen nur wahr, dass diejenigen über die triumphieren, die danach trachten, das Gegenteil zu beweisen, die öffentlich irgendwelche Doktrinen vertreten.[37]

Auch du Châtelet sah in der Mathematik den Schlüssel zum richtigen Denken und zum Verständnis der Natur.[38] So war man damals wie heute der Auffassung, dass die Geometrie bzw. die Mathematik das richtige und vernunftgemäße Denken schule.[39]

Was die Naturphilosophie betrifft, so betrachtete Rohault die dogmatische Auslegung der scholastischen Naturphilosophie sehr kritisch. Seiner Ansicht nach hindere sie naturphilosophischen bzw. wissenschaftlichen Fortschritt. Das abstrakte und allgemeine Räsonieren der Schulphilosophie führe nicht zu Naturerkenntnis, so sein

---

[34] „pas même les premiers Elemens" Rohault, 1792, S. 6.

[35] Vgl. Rohault, 1792, S. 9.

[36] „cette science consiste dans de purs raisonnemens, dont l'esprit humain est naturellement capable, & qu'elle est indépendante des experiences." Rohault, 1792, S. 5.

[37] „De sorte que, si au lieu de les negliger, comme l'on fait d'ordinaire, l'on prenoit & restablissoit la coûtume d'appliquer d'abord les enfans à cette science, & de les y faire avancer à proportions des autres estudes, elle serviroit infiniment à les empecher de contracter cette opiniastreté invincible qui se remarque dans la plûpart de ceux qui ont achevé leur cours de Philosophie, & qui probablement ne sont tombez dans une si pernicieuse disposition d'esprit, que parce qu'ils ne sont pas accoûtumez à des veritez convaincantes, & qu'ils voyent que ceux qui soûtiennent en public quelque doctrine que ce soit, triomphent toûjours de ceux qui tâchent de prouver le contraire." Rohault, 1792, S. 7.

[38] Siehe Abschn. 11.6.

[39] Als einen weiteren Zeugen für diese Haltung führt Brockliss, 1993 den heute weniger bekannten Pariser Universitätsgelehrten und Zeitgenossen du Châtelets Edmond Pourchot (1651–1734) an (vgl. Brockliss, 1993, S. 30).

Vorwurf. Ihre Räsonnements blieben immer nur theoretisch und spekulativ. Theorien müssten aber durch Naturbeobachtungen bestätigt bzw. aus ihnen entwickelt werden. Für Rohault war daher die Induktion die Methode der naturphilosophischen Erkenntnisgewinnung. Sie fuße auf experimentellen Grundlagen, deren Experimentierformen nach Rohault die folgenden sind:

1. Das einfache, unsystematische und nichtintentionale Wahrnehmen. Die hieraus hervorgehenden Erkenntnisse sind kaum gesichert und eher zufällig.
2. Den Erkenntnisgewinn durch Versuch und Irrtum. Durch relativ systematische Veränderungen der Bedingungen wird Einsicht in die Naturphänomene gewonnen.
3. Intentionales und systematisches Experiment. Auf der Basis verschiedener Vorüberlegungen wird eine Hypothese formuliert, die durch reflektierte Experimente bestätigt oder verworfen wird.[40]

Zum wissenschaftlichen Nutzen dieser drei Formen bemerkt Rohault:

> In der Tat beschneiden sich diejenigen, die dem ersten Irrtum verfallen, des schönsten Mittels, neue Entdeckungen zu machen und ihre Überlegungen abzusichern. Diejenigen die auf den zweiten hereinfallen nehmen sich die Freiheit, Schlussfolgerungen zu ziehen. Sie behindern sich darin, eine lange Folge an Wahrheiten zu erkennen, die häufig aus einem einzigen Experiment gezogen werden kann. Daher kann es nur von Vorteil sein, die Experimente und die Überlegungen zu mischen. Schließlich ist das ständige Räsonnieren und ausschließliche allgemeine Nachdenken über Dinge, über die man gewöhnlich nachdenkt, ohne zu etwas Besonderem zu gelangen, kein Mittel um tiefe und gewisse Erkenntnisse zu erhalten. Außerdem sehen wir, dass die immer gleichen Dinge neu gemischt wurden, ohne neue zu entdecken. Darüber hinaus ist ungewiss, ob die Dinge, die man als allgemeingültig behandelt, es tatsächlich sind.[41]

Inhaltlich umfasst der *Traité de physique* vier Teile: 1. Über die Körper und ihre Eigenschaften, 2. Über das Weltsystem, 3. Über die Geschöpfe, 4. Über die lebendigen Körper.

Teil eins und zwei behandeln die Physik der Körper und die Astronomie. Da du Châtelet in ihren Briefen und Texten sich im Grunde nicht mit biologischen Fragestellungen auseinandersetzt, gehe ich davon aus, dass für sie der erste und zweite Teil von Interesse waren.[42]

---

[40] Vgl. Rohault, 1792, S. 6.

[41] „En effet, ceux qui tombent dans la premiere de ces erreurs, retranchent le plus beau moyen de faire de nouvelles découvertes, & d'assurer même leurs raisonnemens; Et ceux qui tombent dans la seconde, ostant la liberté de tirer des conclusions, empéchent de reconnoitres une grande suite de veritez, qui souvent se peuvent déduire d'une seule experience. Ainsi, il ne peut estre qu'avantageux de méler les experiences au raisonnement. Car enfin raisonner toûjours, & ne raisonner que sur des choses aussi generales que celles sur lesquelles on raisonne ordinairement, sans descendre à rien de particulier, ce n'est pas le moyen d'acquerir des connoissances fort étenduës & fort certaines; Aussi voyons-nous qu'on a toûjours rebattu les mêmes choses, sans en découvrir de nouvelles; & que l'on n'est pas encore assuré de celles dont on traite, pour generales qu'elles soient." Rohault, 1792, S. 5.

[42] Siehe auch Kap. 10. Zum Inhalt vom dritten und vierten Teil des *Traité de physique* siehe Mouy, 1934, S. 124–126.

Wichtig ist am ersten Teil, dass Rohault darin seine Methodik beschreibt und die grundlegenden Erkenntnisprinzipien physikalischen Arbeitens festlegt. Er die Lehre von der Ausdehnung und Bewegung, außerdem befasst sich Teil eins mit der Hydrostatik, der Mechanik angewendet auf die Dioptrik (Lehre von der Lichtbrechung) und Katoptrik (Lehre von der Lichtreflexion). Rohault legte die Theorie der Elastizität dar und behandelt die Kapillarität (Verhalten von Flüssigkeiten in Engen Röhren), Ton, Licht und Farben. Inhaltlich ist dieser Teil des Lehrbuchs mit dem zweiten und partiell dem vierten Teil von Descartes *Principes de philosophie* (1644) vergleichbar.[43]

Um einen Überblick über die für du Châtelet relevanten Inhalte des ersten und zweiten Teils des *Traité de physique* zu geben, ist im Folgenden das Inhaltsverzeichnis der ersten beiden Teile wiedergegeben.[44]

Kap. 1 Was die Physik ist und nach welcher Art man sie behandeln muss.

Kap. 2 Untersuchung der Kenntnisse, die dem Studium der Physik vorangehen.

Kap. 3 Von der Art, über die einzelnen Dinge zu philosophieren.

Kap. 4 Von der Ansicht, die Worte betreffend.

Kap. 5 Von den grundlegenden Axiomen der Physik.

Kap. 6 Von den Prinzipien des natürlichen Seins.

Kap. 7 Von der Materie.

Kap. 8 Einige Korollare des vorangegangenen Grundsatzes.

Kap. 9 Von der Teilbarkeit der Materie.

Kap. 10 Von der Bewegung und der Ruhe.

Kap. 11 Von der Fortdauer und der Einstellung der Bewegung.

Kap. 12 Die Bewegungen, die man traditionell der Furcht vor der Leere zuweist.

Kap. 13 Von der Bewegungsbestimmung.

Kap. 14 Von der Zusammensetzung der Bewegung und ihrer Bestimmung.

Kap. 15 Von der Reflexion und der Brechung.

Kap. 16 Von den harten, in Flüssigkeit getauchten Körpern.

Kap. 17 Vom Anstieg, Abfall und der Veränderung.

Kap. 18 Von den Formen.

Kap. 19 Von den Elementen im Denken der Alten.

Kap. 20 Von den Elementen der Chemiker.

Kap. 21 Von den Elementen der natürlichen Dinge.

Kap. 22 Von der Form der harten Körper und der flüssigen Körper oder von der Härte und der Flüssigkeit.

---

[43] Vgl. Mouy, 1934, S. 115, 117–122.

[44] Das Verzeichnis ist Rohault, 1792 entnommen.

Kap. 23   Von der Wärme und der Käl-
te.

Kap. 24   Vom Geschmack.

Kap. 25   Von den Gerüchen.

Kap. 26   Vom Ton.

Kap. 27   Vom Licht und den Farben,
der Transparenz und dem
Dunkel.

Kap. 28   Beschreibung des Auges.

Kap. 29   Gewöhnliche Erklärung des
Sehens.

Kap. 30   Vom Weg des Lichtes durch
das Augenwasser.

Kap. 31   Wie man dazu kommt, zu sagen, dass die Dinge ihr Bild
in den Organen abdrucken.

Kap. 32   Wie das Sehen geht.

Kap. 33   Vom Sehen durch die verschiedenen Brillen.

Kap. 34   Von den Spiegeln.

Kap. 35   Lösungen einiger Probleme
die das Sehen betreffen.

Der zweite Teil des *Traité de physique* entspricht inhaltlich dem dritten Teil von Descartes *Principes*. Er umfasst vor allem die Kosmologie, d. h. die Entstehung und Entwicklung des Weltalls:[45]

Kap. 1   Vom Namen und der Nützlichkeit der Kosmologie.

Kap. 2   Allgemeine Beobachtungen.

Kap. 3   Vermutungen über die Gründe der scheinbaren Gestirns-
bewegungen.

Kap. 4   Von der Figur der Welt, der
wichtigsten Punkte, Linien
und Kreise, die man auf ihrer
Oberfläche wahrnimmt.

Kap. 5   Von den wichtigsten Verwen-
dungen der Kreise der Welt-
sphäre.

Kap. 6   Beobachtungen der Sonnen-
bewegung.

Kap. 7   Vermutungen, um den Erscheinungen der Sonne ge-
recht zu werden.

Kap. 8   Beobachtungen und Vermutungen die Fixsterne betreffend.

Kap. 9   Beobachtungen des Mondes.

Kap. 10   Vermutungen, welche die Erscheinungen des Mondes begründen.

Kap. 11   Von den Finsternissen.

Kap. 12   Von der Größe der Erde, der
Distanz von hier bis zum
Mond und der Sonne und der
absoluten Größe dieser beiden Himmelskörper.

Kap. 13   Von der Erscheinung des
Merkur und der Venus.

Kap. 14   Vermutungen, um die Erscheinung des Merkur und
der Venus zu erklären.

Kap. 15   Von den Erscheinungen des
Mars, des Jupiters und des
Saturns.

Kap. 16   Vermutungen, um die Erscheinungen des Mars, Ju-
piters und Saturns zu erklä-

---

[45] Vgl. Mouy, 1934, S. 115, 122–124.

ren. Das System des Ptolemäus. Abfolge der Kosmologie oder Erklärung der Erscheinungen unter der Annahme, dass die Erde sich in 24 Stunden einmal um ihr Zentrum dreht.

Kap. 17 Ansicht über die Pole und die Kreise.

Kap. 18 Erklärung für die Erscheinung der Sonne.

Kap. 19 Erklärung der scheinbaren Bewegung der Fixsterne.

Kap. 20 Erklärung der Bewegung von Merkur und Venus.

Kap. 21 Erklärung der Bewegung von Mars, Jupiter und Saturn.

Kap. 22 Erklärung der Bewegung des Mondes. Das System des Kopernikus.

Kap. 23 Das System Tycho Brahes.

Kap. 24 Überlegungen zu den Hypothesen von Ptolemäus, Kopernikus und Tycho.

Kap. 25 Von der Natur der Sterne.

Kap. 26 Von den Kometen.

Kap. 27 Vom Einfluss der Gestirne und der richtenden Astrologie.

Kap. 28 Von der Schwere und der Leichtigkeit.

Kap. 29 Von Flut und Ebbe des Meeres.

9.3 Kartesianismus: Werke der Kartesianischen Tradition

Die Lektüre von du Châtelet beschränkte sich nicht auf Regnaults und Rohaults Lehrwerke. Viele Kartesianische Bücher werden von ihr genannt. Dazu gehören die Werke von Privat de Molières (1677–1742) und Christian Huygens (1629–1695). Sie präsentiert Abschn. 9.3.1 und 9.3.2 knapp.

9.3.1 De Molières: Physikalische Lektionen

Auf Empfehlung von Maupertuis konsultierte du Châtelet 1738 die *Leçons de physique, contenant les éléments de la physique déterminés sur les seules lois mécaniques* (1733–1739) von de Molières, um sich weiterführend mit dem Kraftmaß bewegter Körper auseinanderzusetzen.[46] Das vierbändige Werk war für sie leicht zugänglich, da es sich im Besitz Voltaires befand. Bevor sie aber das Werk selber studierte, informierte sie sich über es. Sie las eine Rezension im *Journal de Trévoux*.[47] Durch diese Besprechung bekam sie einen ersten Eindruck von de Molières Kartesianischem Standpunkt.[48]

---

[46] Vgl. du Châtelet an Maupertuis, um den 10. Februar 1738, Bestermann, 1958, Bd. 1, Brief 120, S. 218 u. 219.

[47] Siehe Abschn. 9.6.

[48] Vgl. Wade, 1941.

De Molières, der zu Malebranches Gelehrtenzirkel gehörte, war ein Vertreter der Kartesianischen Wirbelthorie und ein Kritiker der Naturphilosophie Newtons.[49] Er ging davon aus, dass Descartes Wirbeltheorie im Kern stimme. Wie andere Kartesianer auch akzeptierte er Newtons Berechnungen. Allerdings sah die Wirbeltheorie durch sie nicht als widerlegt an. Er wollte sie vielmehr mit den Berechnungen in Einklang bringen. Dazu wollte er mit seinen Lehrbüchern, den *Leçons de physique* und den *Leçons de mathématiques, nécessaire pour l'intelligence des principes de physique qui s'enseigne actuellement au Collège Royal* (1725) beitragen. Beide Werke sind aus seinen Lehrveranstaltungen am Collège Royal hervorgegangen.[50] Mit dem Mathematikbuch vermittelte de Molière die Grundlagen der analytischen Geometrie und des Kalkulus.[51] In den *Leçons de physique* versuchte er das Kartesianische System mit der experimentellen und mathematischen Methode Newtons zu vereinen.[52] Dazu entwickelte er eine komplexe, mathematische Theorie über kleine, elastische Wirbel.[53] Um diese zu begreifen, benötigte du Châtelet Kenntnisse der damals neuen Mathematik, womit nochmals deutlich wird, warum sie Ende der 1730er Jahre bestrebt war, die analytische Geometrie und den Kalkulus gut zu beherrschen.

9.3.2 Huygens: Mathematischer Kartesianismus

Die *Institutions de physique* belegen, dass du Châtelet auch mit Arbeiten Christiaan Huygens vertraut war. Sie bezieht sich auf seine Schriften im Zusammenhang mit ihren Überlegungen zum Stoß, der Pendelbewegung und der Form der Erde.[54]

Huygens hatte mit der analytischen Geometrie eine Art mathematischen Kartesianismus entwickelt. Mit ihm wollte er die mechanistische Naturphilosophie auch mathematisch rechtfertigen.[55]

In ihrem Lehrbuch bezieht sich du Châtelet auf Huygens *Horologium Oscillatorium sive de motu pendulorum* (1673), dessen Titel Abb. 9.3 zeigt. Es zählt zu Huygens wichtigsten Arbeiten und besteht aus fünf Teilen: 1. Beschreibung der Penduhr, 2. der Fall von Körpern und ihre Bewegung entlang einer Zykloide, 3. Größe und Evolution von Kurven, 4. das Zentrum der Oszillation oder Bewegung, 5. die Konstruktion einer anderen Uhrenart, in der die Bewegung des Pendels ein Kreis ist, und Theoreme, die sich mit der Zentrifugalkraft befassen.

Huygens entwickelte in diesem Werk eine Theorie der Pendelbewegung und Zentrifugalkraft von Kreisbewegungen. Außerdem versuchte er eine ganggenaue Penduhr mit Zykloidenpendel zu konstruieren. Dazu nutzte er aus, dass die Evolute der Zykloide ebenfalls eine Zykloide beschreibt. Seine Darstellung ist in erster Linie eine Untersuchung, wie eine solche Pendeluhr zu konstruieren ist. Zu diesem

---

[49] Vgl. Gillispie, 1970–1980, Eintrag: Privat de Molière, Bd. 11, S. 157 u. Shank, 2008, S. 44–48.

[50] Vgl. Gillispie, 1970–1980, Eintrag: Privat de Molière, Bd. 11, S. 157.

[51] Vgl. Gillispie, 1970–1980, Eintrag: Privat de Molière, Bd. 11, S. 158.

[52] Vgl. Brunet, 1931, S. 245–262.

[53] Vgl. Brunet, 1931, S. 157–165.

[54] Vgl. Châtelet, 1988, S. 290, 291, 303, 313, 325, 384, 386 u. 397.

[55] Vgl. Mouy, 1934, S. 180–217.

CHRISTIANI
HVGENII
ZVLICHEMII, CONST· F·
HOROLOGIVM
OSCILLATORIVM·
SIVE
DE MOTV PENDVLORVM
AD HOROLOGIA APTATO
DEMONSTRATIONES
GEOMETRICÆ.

PARISIIS,
Apud F. Muguet, Regis & Illuſtriſſimi Archiepiſcopi Typographum,
viâ Citharæ, ad inſigne trium Regum.

MDCLXXIII.
CVM PRIVILEGIO REGIS.

Abb. 9.3 Titelseite vom *Horologium Oscillatorium* (1673)

Zweck betrachtete er Geschwindigkeiten und Distanzen fallender Körper auf schrägen Ebenen in aufeinanderfolgenden Zeitintervallen. Seine Untersuchungen führten ihn schließlich zur Bewegung eines Körpers auf der Bahn einer Zykloide. Sie interessierte du Châtelet, als sie mit Mairan die Bahn von Lichtstrahlen nach dem Eintritt in die Atmosphäre diskutierte.[56] Huygens untersuchte im Zusammenhang mit seinen Analysen auch die Kegelschnitte und Kurven höherer Ordnung auf synthetische Weise. In seine Arbeit flossen auch Versuche ein, wie die Längengrade auf See zu bestimmen sind, wobei er das tautochrone Verhalten der Zykloide ausnutzte.[57]

Bemerkenswert ist, dass du Châtelet auch die populären, allgemeinverständlichen Werke der heute noch angesehenen Fachgelehrten las. Wie die naturphilosophisch-naturwissenschaftlichen Dialoge von Fontenelle und Algarotti, sowie die allgemeinverständlichen Sachbücher Voltaires und Pemberton[58] kannte sie auch Huygens populäres Spätwerk, die *Cosmotheoros, sive de terris coelestibus, earumque ornatu, conjecturae* (1698).[59]

Ursprünglich hatte Huygens die *Cosmotheoros* auf Französisch geschrieben. Er hatte sich dann aber dafür entschieden, sie in der Gelehrtensprache Latein zu publizieren. Das Werk widmete er seinem Bruder, den er kurz vor seinem Tod mit der Publikation beauftragte.[60]

Huygens populäres Werk ist in mehrere Sprachen übersetzt worden. Der niederländische Drucker und Buchhändler Adriaen Moethens (1652–1717) fertigte eine englische Übersetzung an: *The celestial worlds discover'd; of conjectures concerning the inhabitants, plants and productions of the world in the planets* (1698).[61] Eine niederländische Version erschien 1799 und eine französische in den *Oeuvres complètes de Christiaan Huygens* 1702.[62] Eine deutsche Übersetzung erschien 1703: *Des Herrn Christian Huygens Cosmotheoros oder weltbetrachtende Muthmassungen von den himmlischen Erdkugeln und deren Schmuck. Übers. von Johann Philipp Wurzelbaur.* 1717 kam sogar eine russische Ausgabe auf den Markt. 1774 erschien eine schwedische Übersetzung.

Die *Cosmotheoros* ist gleichermaßen ein literarischer und wissenschaftlicher Text. Huygens schrieb sie aus der Perspektive einer Person, die sich auf einem vermeintlich bewohnten Planeten befindet, was die Darstellung lebendig macht. In dem Text formulierte er seine Überlegungen zum Aufbau des Universums und die Bewohnbarkeit der Planeten. Auf der Grundlage astronomischer Beobachtungen entfaltete er seine Gedanken zur Vielheit der Welten. Vom kopernikanischen Welt-

---

[56] Vgl. Abschn. 7.5.

[57] Vgl. Gillispie, 1970–1980, Eintrag: Huygens, Bd. 6, S. 598.

[58] Zu Pembertons Buch siehe 9.5.2.

[59] Vgl. Zinsser, 1998, S. 178.

[60] Vgl. die Onlineversionen unter http://historical.library.cornell.edu/kmoddl/index.html#huygens1 oder http://nausikaa2.mpiwg-berlin.mpg.de/cgi-bin/toc/toc.x.cgi?dir=UK553BGB&step=thumb [08.05.2007].

[61] Zur englischen Fassung siehe http://www.phys.uu.nl/~huygens/cosmotheoros_en.htm [13.04.2007].

[62] Sie erschien 1888, Bd. 21, S. 653–842, vgl. auch http://gallica.bnf.fr/ark:/12148/bpt6k77870g/f663.table [13.04.2007].

bild schloss er auf die Existenz weiterer Sonnensysteme mit bewohnbaren Planeten. Die *Cosmotheoros* ist gleichzeitig eine spekulative Philosophie, eine Geschichte der Kosmologie und der Astronomie. Zudem ist es eine Einführung in deren Fragestellungen und Arbeitsmethoden.[63] Darüberhinaus versuchte Huygens die Abmessungen des Universums systematisch herzuleiten. Damit quantifizierte er als einer der ersten Forscher die Distanz zwischen der Erde und dem Sirius, dem hellsten Stern am Nachthimmel.[64]

9.4 Hartsoecker: Kritik an Descartes, Newton und Leibniz

Du Châtelet kannte die *Principes de physiques* (1696) von Nicolas Hartsoecker (1656–1725), einem Schüler und Freund Huygens. Sie erwähnt Hartsoeckers Werk im zehnten Kapitel der *Institutions de physique*. Darin diskutiert sie die Existenz harter und flüssiger Elemente. Hartsoecker hatte sowohl die Kartesianische als auch Newtonianische Position kritisiert und nahm an, dass Elemente in beiden Aggregatzuständen vorkommen. Du Châtelet befand seine Annahme nicht für akzeptabel, da sie von der Existenz kleinster Elemente, den sogenannten Monaden, ausging, die nicht einmal flüssig und einmal fest sein könnten.[65]

Über Hartsoecker ist wenig bekannt. Er unterrichtete Peter I. in Mathematik. Von 1704 bis 1716 war er Hofmathematiker des Pfälzer Kurfürsten in Düsseldorf und später Professor in Heidelberg. Zuletzt lehrte er in Utrecht. Wegen seiner erfolgreichen Lehrtätigkeit wurde er als auswärtiges Mitglied in die Berlin Brandenburgische Akademie aufgenommen.[66] Sein Lehrbuch, die Prinzipien der Physik hatte Hartsoecker während eines langjährigen Parisaufenthalts verfasst. Sie erschienen zuerst in französischer Sprache. Erst später übertrug er sie in seine Muttersprache Holländisch.[67]

Hartsoeckers Buch kann weder dem Kartesianismus noch dem Newtonianismus zugeschrieben werden. Er lehnte Newtons Theorie der Anziehung ab, negierte aber auch die Kartesianische Wirbeltheorie. Ebensowenig wie Newtonianer oder Kartesianer war er Leibnizianer, denn die Monadenlehre und die Idee der prästabilisierten Harmonie von Leibniz überzeugten ihn nicht.[68] Wegen seiner ablehnenden Haltung gegenüber den dominierenden Wissenschaftsparadigmen wurde sein Buch nicht populär. Seinen Ruf als Naturforscher verdankte er nur seinen Fähigkeiten als Instrumentenbauer. Er konstruierte Linsen, Mikroskope und Teleskope für das Pariser Observatorium.[69]

---

[63] Vgl. http://www.epistemologie.net/cours/2006/04/cours_du_4_avri.html [13.04.2007].

[64] Vgl. Mouy, 1934, S. 214–216 u. Gillispie, 1970–1980, Eintrag: Huygens, Bd. 6, S. 611.

[65] Vgl. Zinsser, 1998, S. 178 u. Châtelet, 1988, Kap. 10, S. 224.

[66] Vgl. URL http://www.bbaw.de/akademie/kalender/index.htm [09.05.2007].

[67] Vgl. Gillispie, 1970–1980, Eintrag: Hartsoecker, Bd. VI, S. 148–150.

[68] Vgl. Brunet, 1931, S. 109–113.

[69] Vgl. Panckoucke, 1822, Eintrag: Hartsoecker, S. 85–88.

9.5 Newtonianismus: Lehrbücher

Um wissenschaftlich auf der Höhe der Zeit zu sein, musste du Châtelet neben den Kartesianischen Werken auch Newtonianische studieren. Du Câtelet besaß verschiedene Lehrwerke von experimentellen Physikern und Newtonanhängern. Mit ihnen konnte sie die experimentelle bzw. mathematisch-experimentelle Naturphilosophie verstehen lernen. Sie präsentieren die folgenden Abschn. 9.5.1 bis 9.5.6.

9.5.1 Maupertuis: Die Konstellation der Sterne

Nach Passeron (1999) begann 1734 du Châtelets ernsthaftes Studium der Newtonschen Naturphilosophie mit Maupertuis allgemeinverständicher Schrift über die Konstellation der Himmelskörper.[70] Maupertuis stellt in seinem *Discours sur les différentes figures des astres; d'ou l'on tire des Conjectures sur l'étoiles qui paroissent changer de grandeur; & sur l'Anneau de Saturne. Avec une Exposition abbrégée des Systemes de M. Descartes & de M. Newton* (1732) die wissenschaftlichen Positionen Descartes und Newtons einander gegenüber, wie der Titelkupfer in Abb. 9.4 illustriert.[71] Damit trug er, nach Schlote (2002), mit dazu bei, dass sich die Newtonschen Ideen auf dem europäischen Kontinent verbreiteten.[72]

Maupertuis versuchte in seiner Rede, die von den Kartesianern als obskur kritisierte Gravitationstheorie zu demystifizieren. Er zeigte aber auch, dass die Kartesianische Impulstheorie ebensowenig wie die Anziehungskraft rational begründet ist.[73]

9.5.2 Pemberton: Newton allgemeinverständlich

Henry Pemberton (1694–1771), ein englischer Mathematiker und Physiker, veröffentlichte 1728 *A view of Sir Isaac Newton's Philosophy*. Es handelt sich um eine allgemeinverständliche Darstellung der Newtonschen Naturphilosphie, deren Themen Abb. 9.5 zeigt, von einem ausgewiesenen Newtonkenner. Pemberton hatte die dritte lateinische Ausgabe der *Principia* betreut.

---

[70] Vgl. Passeron, 1999, S. 19.

[71] Dies war nicht die einzige Schrift, die du Châtelet von Maupertuis las (siehe auch Abschn. 10.4). Sie kannte Maupertuis' Standpunkte und dessen Schreibstil gut. Als scharfsinnige Beobachterin erkannte sie schnell, dass die anonym erschienen *Éléments de la géographie* (Paris 1742) – eine Polemik gegen den Astronom Cassini – aus der Feder Maupertuis stammten (vgl. Bestermann, 1958, Bd. 2, Brief 252, S. 32 u. Terrall, 2002, S. 164–170).

[72] Vgl. Schlote, 2002, S. 255.

[73] Vgl. Terrall, 2002, S. 69–78.

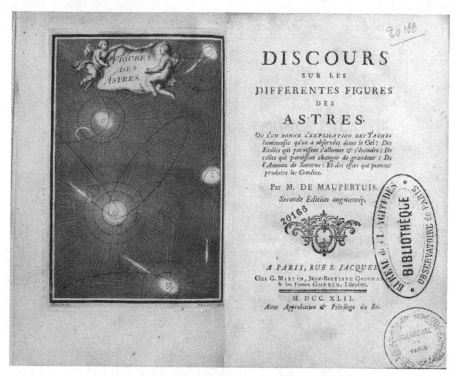

Abb. 9.4 *Discours sur les différentes figures des astres* (1732)

Voltaire hat das Buch Pembertons sehr geschätzt. Es diente ihm als Vorlage seiner eigenen allgemeinverständlichen *Elémens de la philosophie de Neuton* (1738).[74] Und auch du Châtelet, die Pemberton in ihrem Newtonkommentar zitiert, hatte das populäre, allgemeinverständliche Werk gelesen.[75] Wie so viele der allgemeinverständlichen, naturphilosophischen Werke wurde auch Pembertons Buch in mehreren Sprachen übertragen. Eine deutsche Übersetzung fertigte der Philosoph Salomon Maimon (1753–1800) an: *Anfangsgründen der Newton'schen Philosophie* (1793). 1733 erschien in Italien der *Saggio della filosofia del Signor Cav. Isacco Newton opera tradotta dall'Inglese; aggiuntovi l'estratto di altra dissertazione contraria su lo stesso argomento esposto con chiarezza dal Enrico Pemberton* und 1755 in Frankreich die *Eléments de la philosophie Newtonienne* in einer Übersetzung von Elias de Joncourt (1697–1765), einem Mathematiklehrer und Freund 's Gravesandes.

Pemberton richtet sich in seinem Buch ausdrücklich an Leserinnen und Leser mit geringen mathematischen Kenntnissen. Er verzichtete auf geometrische und algebraische Erklärungen. Er meinte, dass das Newtonsche Universum durch den Verzicht auf Mathematik schneller vermittelbar sei und leichter verständlich.[76]

---

[74] Vgl. Wade, 1969, S. 228 u. 263–265.

[75] Vgl. Wade, 1947, S. 12, 14 u. 209, Zinsser, 1998 u. Zinsser, 2001.

[76] Vgl. Pemberton, 1728, Vorwort, o.S.

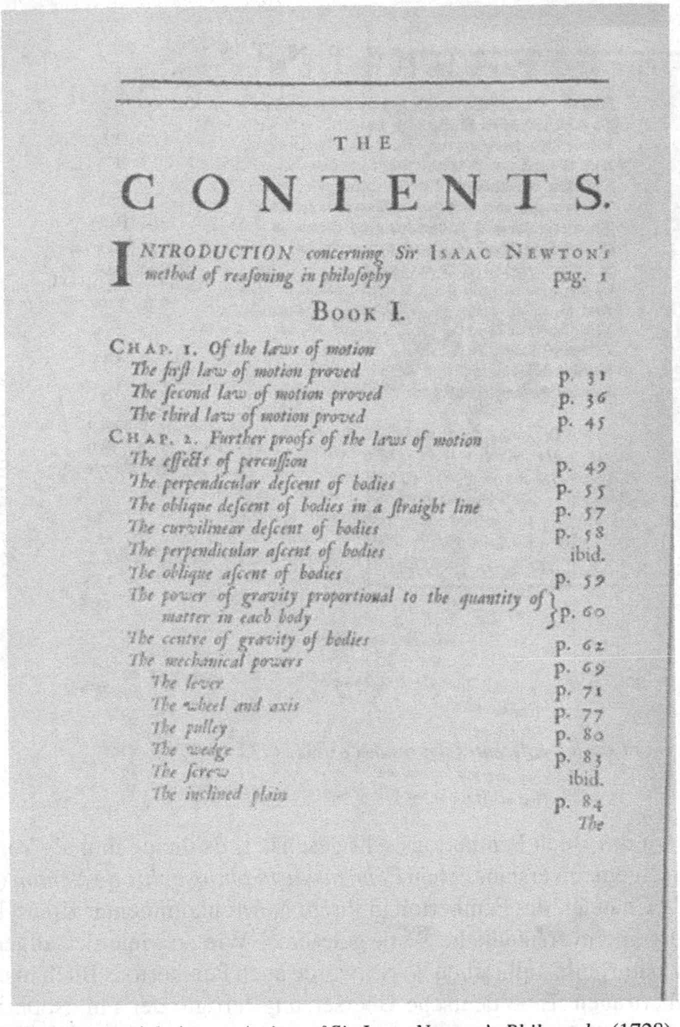

Abb. 9.5 Teilinhaltsverzeichnis von *A view of Sir Isaac Newton's Philosophy* (1728)

9.5.3 Keill: Einführung in die wahre Physik

Systematischer und auf wissenschaftlichem Niveau führte die *Introductio ad veram physicam, seu lectiones astronomicae habitae in schola astronimica academiae Oxoniensis* (1701) von John Keill (1671–1721) du Châtelet in die experimentelle Naturphilosophie ein. Bevor sie eine eigene Ausgabe von Keills Buch erstand, arbeitete sie mit einer Leihgabe des königlichen Bibliothekars und Professors für Hebräisch, Claude Sallier (1685–1761).[77]

---

[77] Vgl. du Châtelet an Nicolas Claude Thieriot, Cirey, 22. Dezember 1738, Bestermann, 1958, Bd. 1, Brief 156, S. 279, du Châtelet an Prault, Cirey, 16. Februar 1739, Bestermann, 1958, Bd. 1, Brief 186, S. 330 u. Zinsser, 2001, S. 229.

Keills Lehrbuch, das die *Encyclopédie* als Einführung empfiehlt, führt in die damals moderne Astronomie Newtons ein.[78] Es war ein überaus erfolgreiches Lehrbuch, dessen englische Übersetzung *Introduction to the true astronomy: or, astronomical lectures, read in the astronomical school of the university of Oxford* 1760 schon seine fünfte Auflage erlebte. Eine französischen Fassung *Introduction à la vraie Astronomie* erschien 1718. Demnach hatte du Châtelet Ende der 1730 Jahre, als sie Keills Buch lesen wollte, die Wahl zwischen der lateinischen Originalausgabe oder einer englischen bzw. französischen Übersetzung. Unwahrscheinlich ist, dass sie die französische Ausgabe kannte, da sie erst 1746 von den *Institutions astronomiques: ou leçons élémentaires d'astronomie pour servir d'introduction à la physique céleste et à la science des longitudes*, der Übersetzung von Pierre Charles Le Monniers (1715–1799), in einem Brief an Jacquier schrieb und den französischen Vorläufer nicht erwähnt.[79]

Das Lehrbuch Keills ging aus dessen Oxforder Vorlesungen zur experimentellen Naturphilosophie hervor.[80] In den akademischen Kreisen war es, zumindest in der ersten Hälfte des 18. Jahrhunderts, das meist gelesene Lehrbuch der experimentellen, Newtonschen Naturphilosophie. Als treuer Schüler Newtons stellte Keill dessen wissenschaftliche Prinzipien dar und kritisierte Descartes deduktive und geometrische Methodik.[81]

Der kritischste Punkt an Descartes mechanistischer Naturphilosophie war für Keill, dass sie ihre Erkenntnisse aus und auf geometrischen Überlegungen baut. Das Kartesianische System hielt er zwar für in sich schlüssig, aber auch für rein theoretisch und damit spekulativ. Nach Keill sind die Naturphänomene und die Gesetzmäßigkeiten aber nicht allein mit Hilfe mathematischer Schlüsse zu erklären und zu begründen. Sie müssen, so Keill, beobachtet, experimentell untersucht und bestätigt werden.[82]

9.5.4 Desagulier: Experimentelle Physik

In Frankreich war neben Keill der in England lebende Franzose John Theophilus Desaguliers (1683–1744) als experimenteller Naturphilosoph bekannt.[83] Du Châtelet hat sein Lehrbuch *A course of Experimental Philosophy* (1734) konsultiert und in ihrem Newtonkommentar erwähnt.[84] Vermutlich las sie es im englischen Original, da das Buch erst 1745 auf Französisch erschien.[85] Sie kannte Desaguliers Experi-

---

[78] Vgl. Diderot und Alembert, 1751, Eintrag: Astronomie, S. 792.

[79] Vgl. du Châtelet an François Jacquier, Cirey, November 1745, Châtelet, 1988, Bd. 2, Brief 347, S. 143.

[80] Vgl. Gillispie, 1970–1980, Eintrag: Keill, Bd. 7, S. 275–276.

[81] Vgl. Brunet, 1931, S. 79–80.

[82] Vgl. Gillispie, 1970–1980, Eintrag: Keill, Bd. 7, S. 277.

[83] Zu Desaguliers vgl. Mayor, 1962.

[84] Vgl. Zinsser, 1998, S. 178 u. Zinsser, 2001, S. 229.

[85] Vgl. Gillispie, 1970–1980, Eintrag: Desaguliers, Bd. 4, S. 42.

mente zum Luftwiderstand beim freien Fall aus den *Philosophical transactions*. Sie nennt sie in ihrem Lehrbuch.[86]

Desaguliers war durch seine Vorlesungen zur Naturphilosophie in der Royal Society und in seinem Privathaus bekannt geworden. Diese Vorlesungen hielt er in drei Sprachen: Englisch, Französisch und Latein.[87] In seinen Lektionen bemühte er sich um einfache Erklärungen, wobei er nur wenig und einfache Mathematik verwendete. Ähnlich wie Keill, schätzte er die Beweiskraft der Mathematik für die Naturphilosophie nicht so hoch ein, um die empirische Evidenz der Experimente zu untermauern.[88] Auch stilistisch orientierte sich Desaguliers an dem analytischen Darstellungsstil Keills.[89]

Ursprünglich wollte Desaguliers seine Vorlesungen nicht publizieren. Aber ein gewisser Paul Dwason veröffentlichte 1717 und 1719 unerlaubt eine Sammlung seiner Vorlesungen: *Physico-Mechanical Lectures* (1717) und *A system of experimental philosophy, prov'd by mechanicks. Wherein the principles and laws of physicks, mechanicks, hydrostaticks, and opticks, are demonstrated and explained at large, by a great number of curious experiments by J. T. Desaguliers To which is added, Sir Isaac Newton's colours: The description of the condensing engine, with its apparatus: and Rowley's Horary; a machine representing the motion of the moon about the earth; Venus and Mercury about the sun, according to the Copernican system* (1719). 15 Jahre nach diesen Veröffentlichungen veröffentlichte Desaguliers dann selber seine Vorlesungen,[90] von denen er zwischenzeitlich schon Auszüge publiziert hatte: *Mechanical and Experimental Philosophiy* (1724) und *Exprimental Course of Astronomy* (1725).[91] Und nochmal 10 Jahre später ließ Desaguliers einen zweiten Teil verlegen, der die Vorlesungen zur Dynamik, Hydrostatik und Hydraulik, Pneumatik, Meteorologie und Mechanik enthielt.[92]

In seinem 1734 publizierten Kursus wird die Theorie und Praxis der experimentellen Mechanik behandelt. Außerdem sind Bildertafeln und Beschreibungen beigefügt. Beispielsweise eine Beschreibung des Planetariums in Oxford.[93] Mit seinem Kurs bot Desaguliers einen guten und leicht verständlichen Überblick über die experimentelle Physik nach Newton.[94]

9.5.5 's Gravesande: Mathematische Elemente der Physik

Mit den *Physices elementa mathematica, experimentis confirmata. Sive introductio ad philosophiam Newtonianam* (1720/21) von Willem Jacob 's Gravesande (1688–

---

[86] Vgl. Châtelet, 1988, Kap. 15, S. 293.

[87] Vgl. Gillispie, 1970–1980, Eintrag: Desguliers, Bd. 4, S. 45.

[88] Vgl. Gillispie, 1970–1980, Eintrag: Desguliers, Bd. 4, S. 45.

[89] Vgl. Gillispie, 1970–1980, Eintrag: Desguliers, Bd. 4, S. 43–44.

[90] Vgl. Gillispie, 1970–1980, Eintrag: Desguliers, Bd. 4, S. 42–46.

[91] Vgl. Gillispie, 1970–1980, Eintrag: Desguliers, Bd. 4, S. 45.

[92] Vgl. Gillispie, 1970–1980, Eintrag: Desguliers, Bd. 4, S. 44.

[93] Vgl. Gillispie, 1970–1980, Eintrag: Desguliers, Bd. 4, S. 45.

[94] Vgl. Gillispie, 1970–1980, Eintrag: Desguliers, Bd. 4, S. 45.

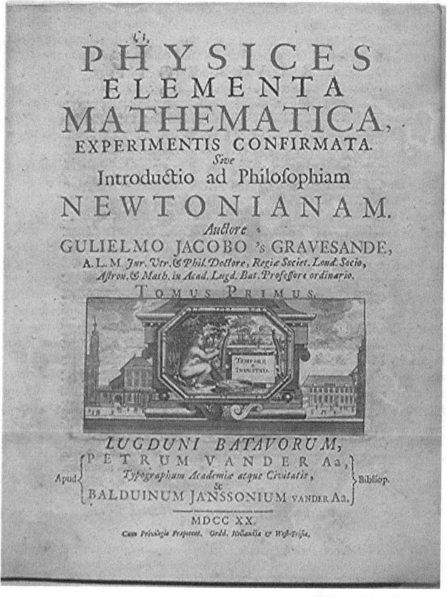

Abb. 9.6 Titelseite von *Physices elementa mathematica* (1720)

1742) besaß du Châtelet ein weiteres wichtiges Lehrbuch der experimentellen Naturphilosophie (siehe Abb. 9.6).[95] Du Châtelet las die *Physices elementa mathematica, experimentis confirmata* vor 1739 auf Latein, da die *Elemens de physique,*

---

[95] Vgl. du Châtelet an Prault, Cirey, 16. Februar 1739, Bestermann, 1958, Bd. 1, Brief 186, S. 330.

demontrez mathematiquement et confirmez par les experiences; ou introduction à la philosophie Newtonienne (1742, 1746² u. 1747³) in einer Übersetzung von Elias de Joncourt (1697–1765) erst 1742 erschienen. Möglichereweise kannte du Châtelet auch die gekürzte Fassung von 's Gravesandes Lehrbuch für Studierende, die *Philosophiae Newtonianae institutiones in usus Academicos* (1723, 1728 u. 1744).[96]

Mindestens seit 1737 wusste du Châtelet von der experimentellen Arbeit 's Gravesandes. In diesem Jahr hielt sich Voltaire bei dem niederländischen Physiker auf. Voltaire konsultierte 's Gravesande wegen seines Sachbuchs, den *Élémens de la philosophie de Neuton*.[97] Du Châtelet selber bezieht sich auf 's Gravesande in ihrem Lehrbuch, um das Kraftmaß bewegter Körper zu diskutieren.[98]

's Gravesande, ein einflussreicher und früher Vertreter des Newtonianismus, ist heute noch wegen seiner umfangreichen Sammlung naturwissenschaftlicher Instrumente bekannt.[99] Er hielt in Leiden naturwissenschaftliche Vorlesungen, die er an Newtons Hauptwerken, den *Principia* und den *Opticks*, orientierte. Allerdings mied er allzu mathematische Begründungen und Beweise in seinen Lektionen. Er suchte die physikalischen Schlussfolgerungen experimentell zu bestätigen. Damit folgte er didaktisch ebenfalls den Grundsätzen Desaguliers und Keills.[100]

Die *Physices elementa mathematica* vermitteln das theoretische Konzept von Newtons Naturphilosophie. Dazu grenzt sich das Werk in der metaphysischen Einleitung deutlich vom Kartesianismus ab.[101] Die Newtonschen Argumentationsregeln werden dargelegt, ebenso wie die Theorie der Gravitation und Anziehungskraft, Newtons naturphilosophische Ideen zur Materie und zum Licht und deren Bedeutung für die Astronomie. Besonderen Wert legte 's Gravesande auf die Darstellung der empirisch-experimentellen Methodik und den Umgang mit unbewiesenen Hypothesen.[102] Der erste Teil behandelt die Theorie der Materie, die elementare Mechanik, die fünf einfachen Maschinen, Newtons Bewegungsgesetze, die Gravitationstheorie, die Zentralkräfte, die Hydrostatik, Hydraulik und Pneumatik. Der zweite Teil umfasst die Themen Feuer, Elektrizität, Optik, das Weltensystem und die physikalischen Ursachen der Himmelsbewegungen.[103]

9.5.6 Van Musschenbroek: Elemente der Physik

In du Châtelets Bücherschrank befanden sich auch die erfolgreichen *Elementa Physicae conscripta in usus academicos* (1734) von Pieter (auch Petrus) van Musschenbroek (1692–1761), einem Freund 's Gravesandes (siehe Abb. 9.7). In dem Buch van

---

[96] Vgl. Gillispie, 1970–1980, Eintrag: Gravesande, Bd. 5, S. 510.

[97] Vgl. Bestermann, 1958, Bd. 1, Brief 95 u. 97, S. 177–182 u. 185–186 u. Wade, 1969, S. 364–365.

[98] Vgl. Châtelet, 1988, Kap. 21, S. 466.

[99] Vgl. Warner, 1999.

[100] Vgl. Gillispie, 1970–1980, Eintrag: Gravesande, Bd. 5, S. 510–511.

[101] Vgl. Gillispie, 1970–1980, Eintrag: Gravesande, Bd. 5, S. 511.

[102] Vgl. Gillispie, 1970–1980, Eintrag: Gravesande, Bd. 5, S. 510.

[103] Vgl. Gillispie, 1970–1980, Eintrag: Gravesande, Bd. 5, S. 511.

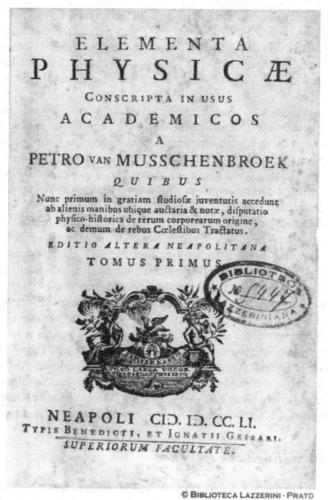

Abb. 9.7 Titelseite von *Elementa Physicae* (1751)

Musschenbroeks las sie etwa zur gleichen Zeit, zu der sie auch den *Traité analytique* von de L'Hôpital durcharbeitete.[104]

Der Erfolg der *Elementa Physicae conscripta in usus academicos* lässt sich an den zahlreichen Neuauflagen und Übersetzungen ablesen. Sie erschienen nicht nur auf Französisch sondern auch auf Englisch, Deutsch, Italienisch, Spanisch und Schwedisch. Zwischen 1736 und 1739 veröffentlichte P. Massuet die erste französische Fassung: *Essai de physique ... avec une description de nouvelles sortes de machines pneumatiques et un recueil d'expériences par Mr. J. Musschenbroek* (Neuauflage 1751). 1744 kamen *The elements of natural philosophy. Chiefly intended*

---

[104] Vgl. du Châtelet an Prault, Cirey, 16. Februar 1739, Bestermann, 1958, Bd. 1, Brief 186, S. 330, Brown und Kölving, 2008, S. 118 sowie Zinsser, 2001, S. 229.

for the use of the students in universities, eine Übersetzung von John Colson, heraus und 1747 erschienen die *Grundlehren der Naturwissenschaft nach der zweiten lateinischen Ausgabe* übersetzt von Johann Christoph Gottsched (1700–1766).[105]

Ebenso wie Keill, Desauliers und 's Gravesande hat auch Muschenbroeks seine Vorlesungen, die er in Utrecht und Leiden gehalten hatte, zu einem Lehrbuch zusammengefasst.[106]

Das Besondere an van Musschenbroeks Forschungmethodik war seine Betonung des Beobachtens und Experimentierens. Damit begründete er eine naturphilosophische Schule. Nach Muschenbroecks Überzeugung kann naturphilosophische bzw. naturwissenschaftliche Gewissheit nur durch Beobachtung und Experiment erreicht werden. Anders als z. B. Rohault glaubte er, dass naturphilosophische Erkenntnisse gewiss sind, da deren Gewissheit durch die Existenz eines unendlichen, weisen Wesens garantiert ist.[107]

Muschenbroeks Forschungsmethode erforderte sorgfältig gearbeitete und exakt arbeitende Instrumente. Wegen seiner Methodik bekamen Instrumente im Forschungsprozess ein immenser Stellenwert und der Bau guter Instrumente wurde enorm wichtig. Der Instrumentenbauer Nollet, der auch für du Châtelet und Voltaire Instrumente anfertigte, ist ein bekannter Schüler von ihm.

Muschenbroeck legte außerdem Wert darauf, dass die experimentellen Begleitumstände – Luftdruck, Temperatur, Ort, u. ä. – bei der Auswertung eines Experiments berücksichtigt werden und dass das Experiment als ganzes wiederholbar ist. Muschenbroek kritisierte ebenso wie Keill, 's Gravesande und Desaulier die Deduktion. Auch er favorisierte die Induktion. Viele der Experimente die in den *Elementa Physicae* beschrieben sind, kennen die Schülerinnen und Schüler heute noch. Dazu gehören Musschenbroeks Experimente zur Mechanik harter Körper, Hitze, Kohäsion, Porosität, Phosphoreszens, Elektrizität, Magnetismus und Luftdruck.[108]

9.5.7 Whiston: Englische Physik

Außer den französischen und niederländischen Newtonianern rezipierte du Châtelet auch den englischen Newtonanhänger William Whiston (1667–1752).[109] Der Kosmologe und Theologe Whiston war ein früher Vertreter des Newtonianismus. Er folgte Newton in Cambridge auf den Lucasischen Lehrstuhl für Mathematik. Whiston schrieb eigene Lehrbücher und tat sich als Herausgeber hervor. Beispielsweise gab er eine englische Euklidausgabe heraus, die sich an André Tacquets (1612–1660) lateinischer Edition orientierte und editierte Newtons mathematische Lesungen, die *Arithmetica universalis* (1707).[110]

---

[105] Vgl. Gillispie, 1970–1980, Eintrag: van Musschenbroek, Bd. 9, S. 594–597.

[106] Vgl.Gillispie, 1970–1980, Eintrag: Van Musschenbroek, Bd. 9, S. 595–596.

[107] Vgl. Gillispie, 1970–1980, Eintrag: Van Muschenbroeck, Bd. 9, S. 595–596.

[108] Vgl. Gillispie, 1970–1980, Eintrag: Van Muschenbroeck, Bd. 9, S. 595–596.

[109] Vgl. du Châtelet an Prault, Cirey, 16. Februar 1739, Bestermann, 1958, Bd. 1, Brief 186, S. 330.

[110] Vgl. Diderot und Alembert, 1754, Eintrag: Deluge, S. 497 u. Gillispie, 1970–1980, Eintrag: Whiston, Bd. 14, S. 296.

Gemeinsam mit Francis Hauksbcc (1687–1763) hielt Whiston experimentelle Vorlesungen zur Mechanik, Hydrostatik, Pneumatik und Optik in den Kaffeehäusern Londons. Seine ausschließlich von Männern besuchten Kaffeehausvorlesungen erfreuten sich großer Beliebtheit. Sie bilden die Basis von *An Experimental Course of Astronomy; Proposed by Mr. Whiston and Mr. Hauksbee* (1714), ein Buch, das später in der Universität verwendet wurde.[111]

Du Châtelet hatte, so Zinsser, 1998, Whistons *A New Theory of the Earth from its Original, to the Consummation of All Things, Where the Creation of the World in Six Days, the Universal Deluge, And the General Conflagration, As laid down in the Holy Scriptures, Are Shewn to be perfectly agreeable to Reason and Philosophy* (1696) studiert. Es handelt sich um Whistons bekanntestes Buch.[112] Es erschien 1713 auch auf Deutsch: *Neue Betrachtung der Erde: nach ihren Ursprung und Fortgang biss zur Hervorbringung aller Dinge, oder, Eine gründliche, deutliche und nach beygefügten Abrissen eingerichtete Vorstellung, aus dem Englischen übersetzt von M.M.S.V.D.M* (Michael Swen). Möglicherweise rezipierte du Châtelet es für ihre Bibelstudien.[113] In ihm erklärt Whiston anhand Newtons Kosmologie in der Tradition der spekulativen *Telluris theoria sacra* (1661) von Thomas Burnet (1635–1715) die biblische Genesis. In seiner Kosmologie führt Whiston alle Ereignisse auf die Wirkung von Kometen und einem intervenierenden Gott zurück, der direkt oder über physikalische Agenten in den Weltenlauf eingreift.[114] In einer stark gekürzten Fassung erschien das Buch 1717 als *Astronomical Principles of Religion, Natural and Reveal'd*. Mit den Kapitelüberschriften Lemmata, Hypotheses, Phaenomena und Solutions geben sie sich den Anschein mathematischer Strenge und Exaktheit. Im Gegensatz zu dem ursprünglichen Werk enthalten sie eine Kritik der Kartesianischen Astronomie.[115]

Eigentlich wären für du Châtelet wegen ihres Faibles für die Astronomie auch Whistons *Praelectiones Astronomicae Cantabrigiae in Scholis Habitae* (1707) und *Praelectiones Physico-mathematicae Cantabrigiae, in Scholis Publicis Habitae* (1710) von Interesse gewesen. Darin beschreibt Whiston die Astronomie und Physik ohne mathematische Beschreibungen und Erklärungen.[116] Beide Werke wurden ins Englische übersetzt: *Astronomical Lectures* (1715 u. 1728) und *Sir Isaac Newton's mathematick philosophy more easily demonstrated: with Dr. Halley's account of comets illustrated: Being forty lectures read in the publick schools at Cambridge By William Whiston For the use of the young students there* (1716).[117]

---

[111] Vgl. Gillispie, 1970–1980, Eintrag: Whiston, Bd. 14, S. 295–296.

[112] Vgl. Zinsser, 1998, S. 178.

[113] Zu du Châtelets Bibelstudien vgl. Schwarzbach, 2001 u.Schwarzbach, 2008.

[114] Vgl. Gillispie, 1970–1980, Eintrag: Whiston, Bd. 14, S. 296.

[115] Vgl. Gillispie, 1970–1980, Eintrag: Whiston, Bd. 14, S. 296.

[116] Vgl. Diderot und Alembert, 1751, Eintrag: Newtonianisme sowie die Lehrbuchempfehlungen in Diderot und Alembert, 1751, Eintrag: Astronomie, S. 783.

[117] Vgl. Gillispie, 1970–1980, Eintrag: Whiston, Bd. 14, 296.

9.5.8 Gregory: Schottische Astronomie

Im 18. Jahrhundert war die *Astronomiae physicae et geometricae elementa* (1702) des schottischen Mathematikers und Astronomen David Gregory (1659–1708) erfolgreich. Heute ist sie weitgehend unbekannt. Du Châtelet kannte das Buch.[118] Es war 1715 auf Englisch erschienen: *Elements of Physical and Geometrical Astronomy*. Sowohl die lateinische als auch die englische Fassung kam 1726 erneut heraus.[119] Gregorys Buch enthielt ein von Newton geschriebenes Vorwort und ist eine Synthese der Astronomie, die auf Newtons Theorie der Gravitation beruht.[120]

9.6 Miscellaneous: Zeitschriften und Fachartikel

Die moderne Naturphilosophie studierte du Châtelet nicht nur anhand der vorgestellten Lehrbücher. Um sich fachlich und tiefergehend mit bestimmten Fragestellungen auseinanderzusetzen, konsultierte du Châtelet verschiedene fachwissenschaftliche Abhandlungen.[121] Außerdem informierte sie sich über aktuelle, wissenschaftliche Debatten und Neuerscheinungen durch Fachzeitschriften und Rezensionszeitschriften.

9.6.1 Publikationen aus dem Umfeld der Akademie

Die *Histoire céleste, ou recueil de toutes les observations astronomiques faites par ordre du Roy; avec un Discours préliminaire sur le progrès de l'astronomie, où l'on compare les plus récentes observations à celles qui ont été faites immédiatement après la fondation de l'Observatoire royal* (1741) von Pierre Charles Le Monnier (auch Lemonnier) (1715–1799) waren eine von mehreren fachwissenschaftliche Informationsquellen du Châtelets.[122] Sie boten ihr einen Überblick über die wissenschaftliche Entwicklung der Astronomie sowie der neuesten Erkenntnisse, die man aufgrund astronomischer Beobachtungen gewonnen hatte.[123]

In Abschn. 4.5 sind die *Histoire de l'Académie royale des sciences avec les mémoires de mathématique et de physique* als Medium du Châtelets Wissenserwerbs

---

[118] Vgl. Zinsser, 2001, S. 229.

[119] Vgl. Gillispie, 1970–1980, Eintrag: Gregory, Bd. 5, S. 520–521.

[120] Vgl. Gillispie, 1970–1980, Eintrag: Gregory, Bd. 5, S. 520–521.

[121] Siehe Abschn. 9.5.4 und Kap. 10.

[122] Bemerkenswert ist im Kontext der Geschichte wissenschaftlicher Frauenbildung, dass Le Monnier der erste Lehrer des berühmten Astronomen Joseph Jérôme Lefrançois de Lalande (1732–1807) war. De Lalandes Lebensgefährtin war Louise-Elizabeth-Félicité du Piery, die erste Astronomieprofessorin in Paris. Außerdem ist Lalande der Autor der *Astronomie des Dames* (1785, 1795, 1806, 1817). Dieses erfolgreiche, allgemeinverständliche Lehrbuch entwirft in seinem Vorwort eine Art Genealogie gelehrter Frauen, die auch du Châtelet erwähnt.

[123] Vgl. Zinsser, 1998, S. 178.

schon genannt. Ihr entnahm sie u. a. de Mairans *Dissertation sur l'estimation & la mesure des forces motrices des corps* von 1728.[124]

Dank ihrer vielfältigen und verzweigten wissenschaftlichen Kontakte erhielt du Châtelet auch die Möglichkeit, noch unveröffentlichte Manuskripte zu lesen. So überließ ihr Le Monnier das Manuskript seiner Übersetzung von Keills *Introductio ad veram physicam*, die *Institutions Astronomiques, ou leçons élémentaires d'Astronomie, pour servir d'introduction à la Physique céleste, & à la Science des Longitudes... Précédées d'un Essai sur l'Histoire de l'Astronomie Moderne* (1746). Le Monniers Manuskript besprach du Châtelet mit François Jacquier. Es war der Anlass, dass sie keinen zweiten Band der *Institutions de physique* zu verfassen.[125]

9.6.2 Gelehrte Zeitschriften

Von Neuerscheinungen und aktuellen Diskussionen kündeten die gelehrten und wissenschaftlichen Zeitschriften. Im 18. Jahrhundert gehörten das französische *Journal des Sçavans*, die englischen *Philosophical Transactions of the Royal Society* und die deutschen *Acta eruditorum* zu den wichtigsten wissenschaftlichen Periodika.[126]

Du Châtelet unternahm Anfang 1739 den Versuch, die *Philosophical Transactions* vollständig zu erstehen.[127] Die französische Übersetzung *Transactions philosophiques de la société royale de Londres* (1731–1744) von François de Brémond (1713–1742) und Pierre Demours (1702–1795) hatten Voltaire und du Châtelet sogar subskribiert.[128]

Du Châtelet versuchte ferner alle Ausgaben der *Nouvelles de la république des lettres* von 1684 bis 1706, dem Todesjahr des Gründers und Herausgebers Pierre Bayle (1647–1706), zu kaufen.[129] Diese international bekannte Zeitschrift informierte die gelehrte Welt über Neuerscheinungen aus Philosophie, Theologie, Religion, Physik, Astronomie, Geschichte, Literatur, Sprachen, Geographie, Reisen etc.[130]

Die monatlich erscheinenden *Acta eruditorum* (1682–1782) zog du Châtelet ebenfalls zurate. Sie hatte darin Leibniz Position bezüglich des Kraftmaß bewegter Körper nachgelesen.[131] Diese deutsche, aber in Latein erscheinende Gelehrtenzeitung hatte der Universitätsprofessor Otto Mencke (1644–1707) nach den Vorbildern

---

[124] Vgl. Bestermann, 1958, Bd.1, Briefe 120, 124, 139, 261, 264, 272 u. Bd. 2, Brief 324.

[125] Vgl. du Châtelet François Jacquier, Cirey, November 1745, Châtelet, 1988, Bd. 2, Brief 347, S. 143.

[126] Zu den französischen Wissenschaftszeitschriften vgl. Scudder, 1879, S. 65–117.

[127] Vgl. du Châtelet an Prault, Cirey, 16. Februar 1739, Bestermann, 1958, Bd. 1, Brief 186, S. 328–331.

[128] Vgl. du Châtelet an Thieriot, Cirey 6 April 1739, Bestermann, 1958, Bd. 1, Brief 206, S. 356.

[129] Vgl. Bost, 1994.

[130] Vgl. Sgard, 1991, Bd. 2, S. 940–948.

[131] Vgl. du Châtelet an Maupertuis, Cirey, den 30 April 1738, Bestermann, 1958, Bd. 1, Brief 122, S. 220.

des italienischen *Giornale de'letterati* und des französischen *Journal des Sçavans* gegründet. Inhaltlich konzentrierten sie sich auf die exakten Wissenschaften. Sie druckten Neuerscheinungen in Auszügen, publizierten Rezensionen sowie wissenschaftliche Aufsätze und Notizen.

Die damals wohl wichtigste Gelehrtenzeitschrift war das *Journal des Sçavans*, das seit 1665 erschien.[132] Für sie hatte du Châtelet 1738 die *Elémens de la philosophie de Neuton* (1738) rezensiert. Ihre Rezension erschien dann nochmals im *Journal de Trévoux* (auch *Mémoires de Trévoux*). Sie rangierten bezüglich ihrer Bedeutung gleich nach dem *Journal des Sçavans*.[133] Das *Journal de Trévoux* (1701–1767) hieß ursprünglich *Mémoires pour l'Histoire des Sciences et des Beaux-Arts*. Es befasste sich mit den Naturwissenschaften, der Geschichte und der Theologie. In wissenschaftlichen Debatten vertrat es eher konservative, Kartesianische Standpunkte. So publizierte es Castels scharfe Kritik an Newton, Leibniz, Réaumur und Maupertuis.[134] Du Châtelet informierte sich im *Journal de Trévoux* beispielsweise über die in Abschn. 9.3.1 schon erwähnten *Leçons de physique* (1733–1739) von Privat de Molières.[135]

Vermutlich las du Châtelet auch im *Mercure de France* (1724–1778), der eher über Themen aus Politik, Jurisprudenz, Ökonomie sowie Theater und Literatur schrieb. Für du Châtelet wurde er wichtig, als in ihm Voltaires Rezension der *Institutions de physique* erschien.[136]

9.7 Zusammenfassung

Die in diesem Kapitel vorgestellten Lehrbücher und Informationsquellen zeigen die Tiefe und Breite von du Châtelets Auseinandersetzung mit der Kartesianischen und Newtonianischen Naturphilosophie. Die Namen der Autoren belegen ferner, dass sie die Lehrbücher der aus wissenschaftshistorischer Sicht relevanten Vertreter des Kartesianismus und Newtonianismus rezipierte: Rohault, Keill, 's Gravesande und von Muschenbroek. Darüber hinaus zeigen die Werke von Regnault, De Molières, Huygens, Maupertuis, Pemberton, Desagulier, Whiston, Gregory, die gelehrten Zeitschriften sowie die in diesem Kapitel noch nicht besprochene Rezeption der Leibniz-Wolffschen Philosophie wie umfassend sie versuchte, sich auf dem Gebiet der Naturphilosophie zu bilden. Viele der in diesem Kapitel angesprochenen und vorgestellten Bücher erwähnt Brunet, 1931 in *L'introduction des théories de Newton en France au XVIIIe siècle*.

Leider bleibt offen, wie du Châtelet mit den Büchern studiert hat. Ist sie kapitelweise vorgegangen? Hat sie die Bücher intensiv oder selektiv gelesen? Mit wem hat

---

[132] Vgl. Sgard, 1991, Bd. 2, S. 645–654.

[133] Vgl. Sgard, 1991, Bd. 2, S. 805 u. 813 u. Châtelet, 1738.

[134] Vgl. Sgard, 1991, Bd. 2, S. 805–816.

[135] Vgl. Du Châtelet an Maupertuis, Cirey, 2. Februar 1738, Bestermann, 1958, Bd. 1, Brief 120, 218–219. Siehe auch Abschn. 9.3.1.

[136] Vgl. Sgard, 1991, Bd. 2, S. 855.

sie die Bücher besprochen und diskutiert? Wie schätzte sie die Qualität der Werke ein? Die vorhandenen Quellen geben hierüber keine Auskunft.

Außerdem ist anzumerken, dass sowohl die naturphilosophischen als auch mathematischen Lektüren, die in diesem Kapitel und in Kap. 8 vorgestellt wurden, nicht das ganze Spektrum von du Châtelets Interessen und Wissen umfassen. So befasste sich du Châtelet um 1737 mit der Chronologie. Sie las Isaac Newtons *The Chronology of Ancient Kingdoms Amended* (1728) in der französichen Übersetzung des Abbé François Granet (1692–1741): *La chronologie des anciens royaumes, corrigée, à laquelle on a joint une chronique abrégée qui contient ce qui s'est passé anciennement en Europe, jusqu'à la conquête de la Perse par Alexandre le Grand traduite de l'anglois de M. le chevalier Isaac Newton* (1728).

Newtons Chronologie stand in Frankreich in der Kritik und du Châtelet wollte sich selber ein Bild von ihr machen. Dazu suchte sie nach einer Ausgabe des *Abrégé de la chronologie de M. le chevalier Isaac Newton, fait par lui-même et traduit sur le manuscrit anglois* (1725) des Historikers Nicolas Fréret (1688–1749). Es handelt sich hierbei um eine von Newton nicht autorisierte Kurzfassung der Chronologie, die er für die englische Königin, Caroline von Ansbach, angefertigt hatte. Aus ihr hatte er als häretisch geltende Passagen entfernt.[137] Fréret hatte seiner Übersetzung Kommentare und Kritiken beigefügt, so dass du Châtelet mit ihr zugleich Newtons Standpunkt als auch die seiner Kritiker rezipieren konnte.[138]

Das Besondere an du Châtelets Rezeption der Naturphilosophie ist sicher, dass sie sich nicht auf eine naturphilosophische Schule beschränkte. Sie suchte in den widerstreitenden Positionen nach ihrem eigenen wissenschaftlichen Standpunkt, den sie schließlich, wenn auch nur vorläufig, in ihrem Lehrbuch formulierte.[139] Belegt ist, dass ihr naturphilosophisches Lernen mit Werken der Kartesianischen Tradition begann. Zu ihren Lektüren gehörten die Werke Descartes selbst (siehe Abschn. 9.1), aber auch die systematischen Einführungen von Regnault und Rohault (siehe Abschn. 9.2) sowie Bücher von Vertretern des Kartesianismuses wie de Molières und Huygens (siehe 9.3). Diese weniger experimentelle und eher spekulative Form der Naturphilosophie prägte du Châtelet, die als Naturphilosophin nach dem Mechanismus hinter den Naturphänomenen suchte und an einem geschlossenen, naturphilosophischen System mitarbeiten wollte.[140]

Sie setzte sich intensiv mit der experimentellen Naturphilosophie Newtons und seiner Anhänger auseinander, rezipierte aber auch die Gelehrten, die sowohl den Kartesianismus und Newtonianismus als auch den Leibnizianismus kritisierten (siehe Abschn. 9.4). Hinzu kommen ihre Lektüren der experimentellen Tradition der Naturpilosophie, die in Abschn. 9.5 vorgestellt werden. Dabei muss man m. E. zwischen der weniger mathematischen dafür umso stärker experimentellen Richtung und der stärker theoretisch geprägten unterscheiden.

---

[137] Vgl. Westfall, 1996, S. 373.

[138] Vgl. du Châtelet an Nicolas Claude Thieriot, Cirey, 16. Januar 1737, Bestermann, 1958, Bd. 1, Brief 88, S. 165.

[139] Siehe hierzu Kap. 11.

[140] Siehe hierzu auch 11.

In der mechanistischen Tradition hingegen wurden zwar Experimente als wichtiges forschungsmethodisches Werkzeug betrachtet und Newtons Berechnungen und Beweise anerkannt, als letzte Kausalerklärungen der Phänomene genügten sie den Gelehrten nicht. Sie suchte weiterhin nach einer in sich geschlossenen, naturphilosophischen Theorie, die die Natur als Ganzes erklärt.

Obwohl du Châtelet vor allem die akademische Form der Naturphilosophie studierte, ist auch hier wieder auffällig, dass sie auch die populären Werke der Gelehrten las und durchaus schätzte. Dazu gehören in Grenzen Regnaults Dialoge aus Abschn. 9.2.1, aber auch die allgemeinverständliche *Cosmotheoros* von Huygens aus Abschn. 9.3.2 und Pembertons für Laien geschriebenes Sachbuch über Newtons Naturphilosophie aus Abschn. 9.5.2.

Schließlich konsultierte du Châtelet auch die gelehrten und wissenschaftlichen Periodika ihrer Zeit, um sich zu informieren oder ihr Wissen mit den Fachartikeln zu vertieften. Sie kannte die aktuelle wissenschaftliche Diskussion und wusste, welche Werke publiziert wurden.

Wenn du Châtelets Lektüreauswahl wie in dieser Zusammenfassung nach Fachliteratur und populären Texte kategorisiert wird, so muss man sich fragen, ob dies im 18. Jahrhundert und insbesondere von du Châtelet in gleicher Weise getan worden wäre. Schließlich war diese strenge Differenzierung und Kategorisierung von Textsorten und Textgattungen im 18. Jahrhundert noch nicht ausgeprägt. Mit Stichweh (2005) folgt, dass im 18. Jahrhundert „eine quasi-populäre Schreibweise die Welt der wissenschaftlichen Publikationen quantitativ dominiert hat und daß insofern nicht davon die Rede sein konnte, daß das Populäre eine selektive Repräsentation oder eine Übersetzung eines anders strukturierten wissenschaftlichen Kerns war."[141] Aus diesem Grund sollte man vorsichtig sein mit einer Wertung von du Châtelets extensiver, naturphilosophischen Lektüre. Ein wissenschaftlicher Lern- und Arbeitsprozess muss irgendwo beginnen. Und dazu eigenen sich gerade die allgemeinverständlichen und populären Texte. Sie können den Anstoß für eine weitere fachliche Auseinandersetzung geben. Allgemeinverständliche Texte sind gerade wegen ihrer Verständlichkeit, Einfachheit und Unspezifik ein erster Schritt hin zu einer Lektüre komplexer Fachliteratur.

---

[141] Stichweh, 2005, S. 108.

Kapitel 10
Aneignung: Naturphilosophie

> *„L'étude de la Physique, paroît faite pour l'Homme, elle roule*
> *sur les choses qui nous environnes sans cesse, & desquelles nos*
> *plaisirs & nos besoins dépendent.“*
> (Émilie du Châtelet, 1706–1749)

> *„Les obscurités dont quelques-unes des parties de la*
> *Métaphysique sont encore couvertes, servent de prétexte à la*
> *paresse de la plûpart des hommes pour ne la point étudier.“*
> (Émilie du Châtelet, 1706–1749)

Über die in Kap. 8 und 9 vorgestellten Lektüren hatte sich du Châtelet Zugang zur euklidischen Geometrie, der analytischen Geometrie und der Infinitesimalrechnung sowie der modernen Naturphilosophie verschafft.

Wie sie mit der Naturphilosophie gerungen hat, davon zeugen ihre Briefe. Zum Teil verraten sie ums ihre Wege zum naturphilosophischen Wissen. In ihnen offenbaren sich du Châtelets vordringlichste naturphilosophische Fragen und Probleme. Da die Schreiben Momentaufnahmen ihrer wissenschaftlichen Lern- und Arbeitsprozesse sind, dokumentieren sie häufig vorläufige wissenschaftliche Auffassungen und Standpunkte. Sie zeigen, dass du Châtelet diskutierte – durchaus kontrovers. Ihr Ziel war es, einzelne naturphilosphische Aspekte besser zu verstehen. Aus diesen Verstehensprozessen entwickelte du Châtelet ihre wissenschaftliche Haltungen, die z. B. in den *Institutions de physique* formuliert sind.

Im folgenden werfe ich einen Blick auf vier dieser Lern- und Arbeitsprozesse von du Châtelet. Mit ihrer Auseinandersetzung mit der metaphysischen Frage nach der Materie befasst sich Abschn. 10.1. An ihn schließt in Abschn. 10.2 ein Blick auf die Widersprüche der Farbenlehre an, die du Châtelet 1738 beschäftigten. Etwa zur gleichen Zeit befasste sie sich mit der Kraft bewegter Körper. Abschnitt 10.3 gibt Aspekte dieser Auseinandersetzung wieder. In Abschn. 10.4 sehen wir einen Moment in ihrer Auseinandersetzung mit dem Gesetz der Anziehung.

10.1 Metaphysik: Fragen zur Materie

Das Forschungsziel du Châtelets war die methaphysische Grundlegung der damals modernen mathematisch-experimentellen Naturphilosophie.[1]

Die Forschungen Newtons hatten zwar gezeigt, dass Descartes Mechanik die Naturphänomene – beispielsweise die Umlaufbahnen der Planeten – nicht zufriedenstellend erklärte; dennoch genügte gerade den Kartesianischen Naturphilosophen

---

[1] Siehe Abschn. 11.7.

F. Böttcher, *Das mathematische und naturphilosophische Lernen und Arbeiten der Marquise du Châtelet (1706–1749)*, DOI 10.1007/978-3-642-32487-1_10,
© Springer-Verlag Berlin Heidelberg 2013

Newtons Theorie der Gravitation als Erklärung der Naturerscheinungen noch nicht. Die Theorie bewies in ihren Augen lediglich die Form der Planetenbahnen mathematisch, begründete aber nach Meinung der Kritiker letztendlich nicht deren elliptische Form. Diesen Mangel sah auch du Châtelets in der Newtonschen Form der Naturphilosophie.

Sie betrachtete das philosophische System Descartes konzeptionell weiterhin als vorbildlich und hielt an einer mechanistischen Weltanschauung fest.[2] Die dringliche Forschungsaufgabe war für sie, die Suche nach den ersten mechanischen Gründen für die Naturphänomene – beispielsweise die Ursache der Gravitation.[3] Damit stand sie der naturphilosophischen Tradition, Metaphysik und Physik als Einheit zu betrachten nahe. Für sie führte der Weg zur wahren Naturerkenntnis über die Metaphysik.[4]

In dieser Tradition stand auch der von du Châtelet geschätzte Kartesianer Rohault. Er hatte sich in seinem Lehrbuch mit den metaphysischen Fragen des Seins und der Materie auseinandergesetzt.[5] Sogar der Experimentalphysiker 's Gravesande diskutierte noch in der Einleitung der *Physices elementa mathematica* metaphysische Themen. Wenig später hingegen verbannte Leonhard Euler (1768–1774) die Metaphysik aus seinen fachwissenschaftlichen Publikationen. Er verortete sie in seinen populären, allgemeinverständlichen *Lettres à une princesse d'Allmagne sur divers sujets de physique & de philosophie* (1768–1774). Man betrachtet diese Briefe als sein metaphysisches Vermächtnis. Aber als unabdingbare Ergänzung der Physik betrachtete Euler sie nicht mehr.[6]

Seit den 1730er Jahren beschäftigte sich du Châtelet intensiv mit metaphysischen Fragestellungen, weil eine ausschließlich experimentell-mathematische Naturphilosophie für sie undenkbar war. Voltaire war für sie dabei sicher ein wichtiger Diskussionspartner. Sein *Traité de métaphysique* (1734) ist aus den Diskussionen mit du Châtelet hervorgegangen und die ersten zehn Kapitel der *Institutions de physique* können als eine Zusammenfassung du Châtelets metaphysischer Auseinandersetzung angesehen werden.[7]

Zu Lebzeiten du Châtelets war es nicht ungefährlich, Texte zur Metaphysik zu publizieren – allzu leicht setzte man sich dem Vorwurf der Häresie aus. Aus diesem Grund entfernte du Châtelet auch riskante Passagen aus dem Manuskript zu ihrem Lehrbuch.[8] Ferner musste sie sich Sorgen um Voltaires Sicherheit machen, da eine unautorisierte Ausgabe der *Elémens de la philosophie de Neuton* den damals brisanten *Traité de métaphysique* enthielt.[9] Trotz eines gewissen Risikos befasste sich du Châtelet intensiv und nicht im Geringsten heimlich mit der Metaphysik.

---

[2] Vgl. Châtelet, 1988, §11, S. 12.

[3] Vgl. Châtelet, 1988, Kap. 9, §181–183, S. 203–206. Siehe auch Abschn. 10.4.

[4] Vgl. hierzu Lind, 1992, 1–12.

[5] Siehe Abschn. 9.2.2.

[6] Vgl. hierzu die Diskussion von Eulers Verhältnis zur Metaphysik in Fellmann, 1983, S. 71–73.

[7] Vgl. Barber, 1967, S. 205 u. Wade, 1947, S. 56–113.

[8] Vgl. hierzu Zinsser, 1998, S. 183.

[9] Vgl. du Châtelet an Argental, Cirey, 22. Januar 1737, Bestermann, 1958, Bd. 1, Brief 93, S. 167–68 u. Brief 94–96, S. 166–185.

Sie begann ihre Auseinandersetzungen im Zusammenhang mit ihrer Suche nach einer metaphysischen Grundlegung der Naturphilosophie mit Fontennelles *Éloge de M. Leibniz* (1717), an die sie eine Lektüre des berühmten Briefwechsels zwischen Clarke und Leibniz von 1715/1716 anschloss.[10] Die beiden Philosophen hatten mit diesem Briefwechsel eine wirkmächtige Debatte über das relationale und absolute Raumkonzept von Leibniz und Newton sowie der Rolle Gottes in der Welt in Gang gesetzt. Du Châtelets Rezeption dieser Debatte floss schließlich in das fünfte Kapitel ihres Lehrbuches ein.[11]

Den Briefwechsel von Clarke und Leibniz hat du Châtelet auf Latein, Englisch, Französisch und sogar Deutsch lesen können. Samuel Clarke (1675–1729) hatte ihn selbst 1717 in *A collection of papers, which passed between the late learned Mr. Leibnitz, and Dr.Clarke, in the years 1715 and 1716: relating to the principles of natural philosophy and religion* herausgegeben. Es war der im englischen Exil lebende Hugenotte Pierre des Maizeaux (1666–1745), der diese Sammlung ins Französische übertrug: *Recueil de diverses pièces sur la philosophie, la religion naturelle, l'histoire, les mathematiques, par Mrs. Leibniz, Clarke, Newton, & autre autheurs célèbres* (1720). Die deutsche Fassung hatte Heinrich Kohler herausgegeben. *Merckwurdige Schriften, welche auf gnädigsten Befehl Ihro Königlichen Hoheit, der Cron-Princeßin von Wallis zwischen dem Herrn Baron von Leibniz und dem Herrn D. Clarke über besondere Materien der natürlichen Religion in Französischer und Englischer Sprache gewechselt.* (1720). Diese Übersetzung enthielt ein Vorwort von Christian Wolff und eine Antwort des Wolffianers Ludwig Philipp Thümmings (1697–1728) auf den fünften Brief Clarkes.

Als die Debatte begann, schienen die von Clarke und Leibniz vertretenen physikalischen Systeme auf der metaphysischen Ebene nicht vereinbar zu sein. Die beide Philosophen wiesen Gott unterschiedliche Attribute zu. Clarke ging von einem aktiven und Leibniz von einem passiven Gott aus. Aus ihren Überlegungen zur göttlichen Allmacht, Vorsehung und Weisheit leiteten sie Konsequenzen für den Aufbau der Natur ab. Dazu gehörte u. a. die Frage, ob in der Natur ein Vakuum existieren könne bzw. existiert.[12]

Die folgenden Gelehrtengenerationen, zu denen du Châtelet gehört, fühlten sich, so Koyré (1980), frei, diese scheinbar konträren philosophischen Standpunkte aufzunehmen und miteinander zu verknüpfen. Sie verbanden die Newtonsche Planetentheorie mit Leibniz Vorstellung von einem passiven Gott, der nicht mehr in das Weltgeschehen eingreift. In den physikalischen Systemen des 19. Jahrhunderts kommt ein in den Weltlauf regulierend eingreifender Gott nicht mehr vor.[13]

Mit du Châtelets Bemühungen, die Leibniz-Wolffsche Metaphysik mit der Physik Newtons sinnvoll zu verbinden, stand die Marquise demnach am Anfang eines konzeptionellen naturphilosophischen Wandels. Und mit ihrem Lehrbuch, den *Institutions de physique* machte sie das französische Lesepublikum mit der Leibniz-

---

[10] Vgl. Barber, 1967, S. 205, Wade, 1969, S. 291 u. du Châtelet an Nicolas Claude Thieriot (1697–1772) im Februar 1736, Bestermann, 1958, Bd. 1, Brief 54, S. 99.

[11] Vgl. Abschn. 11.8.

[12] Vgl. Koyré, 1980, S. 246–249.

[13] Vgl. Koyré, 1980, S. 246–249.

Wolffschen Metaphysik erstmals vertraut und ein neues naturphilosophisches Konzept bedenkenswert.[14] Bevor sie allerdings andere in die Metaphysik Leibniz und Wolffs einführte, musste sie sich selber mit ihr befassen. Da Leibniz keine Synthese seiner Philosophie verfasst hatte, verwendete sie hierzu die Lehrbücher des deutschen Philosophen Christian Wolff.

Ab November 1736 las sie dessen Logik und Metaphysik. Dank des preußischen Kronprinzen, dem späteren Friedrich II., befanden sich französische Übersetzungen der folgenden Werke Wolffs in Cirey: *Vernünfftige Gedanken von den Kräften des menschlichen Verstandes und ihrem richtigen Gebrauche* (1712) – auch *Deutsche Logik* genannt – und *Vernünfftige Gedanken von Gott der Welt und der Seele des Menschen, auch allen Dingen überhaupt* (1720) – auch *Deutsche Metaphysik* genannt.[15] Der in Berlin lebende Hugenotte Jean Deschamps (1709–1767) hatte die *Deutsche Logik* im Auftrag des Kronprinzen ins Französische übertragen: *Logique, ou réflexions sur les forces de l'éntendement humain et sur leur légitime usage dans la connoyssance de la verité* (1736, 1744).[16] Der Kronprinz hatte außerdem den deutsche Diplomaten Ulrich Friedrich von Suhm (1691–1740) angewiesen, die *Vernünfftige Gedanken von Gott, der Welt und der Seele des Menschen, auch allen Dingen überhaupt* zu übersetzen. Diese Übersetzung, die *Traité de Dieu, de l'âme et du monde* gilt heute als verschollen.[17]

Im Frühjahr 1737 arbeitete du Châtelet mit diesen Texten.[18] Außerdem verfolgte sie die metaphysischen Diskussionen zwischen Friedrich, Voltaire und Maupertuis. Sie veranlassten sie zu folgendem Statement über die philosophische Haltung des Kronprinzen:

> Er [Friedrich II., FB] ist würdig, durch Sie auf den richtigen Weg geführt zu werden. Er ist ein sehr guter Metaphysiker, aber ein recht schlechter Physiker. Wie alle Deutschen ist er in der Bewunderung Leibniz erzogen. Hinzu kommt, dass er während einiger Zeit Wolff gesehen hat, der ganz Leibnizianer ist.[19]

Zu dieser Zeit war sie noch nicht von Leibniz und Wolff überzeugt. Sie war, wie aus ihrer Korrespondenz mit Maupertuis hervorgeht, gerade mit den folgenden metaphysischen Fragen beschäftigt: Ist die Materie unendlich teilbar? Existiert eine Form der Materie, die als erste und aktive Ursache aller Naturerscheinungen anzusehen ist?[20]

---

[14] Zur Rezeption der Philosophie von Leibniz und Wolff in Frankreich vgl. Barber, 1955, Teil 2, S. 90–173.

[15] Vgl. du Châtelet an Friedrich II, 25. April 1740, vgl. Bestermann, 1958, Bd. 2, Brief 237, S. 13.

[16] Vgl. Walters, 2001, S. 202.

[17] Vgl. Carboncini-Gavanelli, 1993, S. 127.

[18] Vgl. Koser und Droysen, 1908, S. 46.

[19] „Il [Friedrich II, FB] est digne d'être mis sur le bon chemin par vous, il est très bon métaphysicien mais assez mauvais physicien, il a été élevé dans l'adoration de Leibnits comme tous les Allemands, et il a de plus vu Volf pendant quelque temps, lequel Volf est tout leibnitien." Du Châtelet an Maupertuis Juni 1738, Bestermann, 1958, Brief 129, S. 235.

[20] Vgl. Bestermann, 1958, Brief 141, S. 259.

> Ihre Idee, Gott habe die Körper nicht ohne aktive Ursache erstellt, (denn *hat nicht machen können* ist ein großes Wort) hat in mir folgende Vorstellung aufkommen lassen: Die ersten Teile der Materie können unteilbar sein, nicht wegen des vollständigen Entzugs einer aktiven Ursache, sondern durch den Willen Gottes. Man ist häufig gezwungen, auf ihn zurückzugreifen. Ich glaube, die Unteilbarkeit der ersten Materiekörper ist für die Physik eine unabdingbare Notwendigkeit.[21]

Mit Maupertuis diskutierte sie die Position Newtons, die dieser in den *Opticks* formuliert hatte:[22]

> dass Gott am Anfang die Materie in soliden, massiven, harten, undurchdringlichen, beweglichen Teilchen von solcher Größe und Gestalt und mit solchen weiteren Eigenschaften und in solchem Verhältnis zum Raume erschuf, wie sie am besten dem Zweck entsprachen, für den er sie geschaffen hatte; [...] Es scheint mir ferner, dass diese Teilchen nicht nur eine *Vis inertiae* besitzen, ... sondern dass sie auch von bestimmten aktiven Prinzipien bewegt werden."[23]

Du Châtelet war mit dieser Position Newtons nicht einverstanden. Gerade die Vorstellung von aktiven Prinzipien lief ihrer kartesianischen Überzeugung zuwider. Nach dieser ist Materie ausschließlich ausgedehnt und bewegt.

Um sich ein weiteres Urteil zu bilden, las sie daher Wolffs Arbeiten zur Metaphysik. Zunächst fällte sie über ihn kein schmeichelhaftes Urteil:

> In der Metaphysik halte ich Herrn Wolff für einen großen Phrasendrescher. In den drei Bänden seiner Physik ist er prägnanter. Mir scheint aber, als habe er weder in der einen noch in der anderen [Wissenschaft, FB] Entdeckungen gemacht. Nach dem Buch, von dem Sie mir erzählt haben, werde ich fragen, da ich glaube, will man eine Materie vertiefen, muss man alles lesen.[24]

Sie vertiefte Wolffs Metaphysik 1739 mit Samuel König,[25] der, wie in Abschn. 7.2 bereits erwähnt, ein Schüler Wolffs war. Er hatte ab 1731 die Leibniz-Wolffsche Philosophie studiert und war zwischen 1735 und 1737 sogar Student von Wolff in Marburg gewesen.[26]

---

[21] „Votre idée que dieu n'a pas fait, (car *n'a pas pu faire* est un grand mot) de corps sans ressort, m'en a fait naître une, c'est que les premières parties de la matières peuvent être insécables non par la privation entière de ressort mais par la volonté de dieu, car on est souvent obligré d'y avoir recours, et je crois cette indivisibilité à être des premiers corps de la matière d'une nécissté indispensable en physique." du Châtelet an Maupertuis, Cirey, 29. September 1738, Bestermann, 1958, Bd. 1, Brief 146, S. 264.

[22] Zu du Châtelet Studium der *Opticks* siehe den folgenden Abschn. 10.2.

[23] Zitiert nach Borzeszkowski und Wahsner, 1997, S. 53.

[24] „Je conais m^r Wolff pour un grand bavard en métaphysique. Il est plus concis dans le 3 tomes de sa physique mais il ne me paraît pas avoir fait de découvertes ni dans l'une ni dans l'autre. Je vais demander le livre de lui dont vous me parlez, car je crois que quand on veut approfondir une matière, il faut tout lire." Du Châtelet an Maupertuis, Cirey, 29. September 1738, Bestermann, 1958, Bd. 1, Brief 146, 264.

[25] Vgl. Bestermann, 1958, Brief 216, S. 369–370.

[26] Vgl. Gillispie, 1970–1980, Eintrag: König.

Auch nachdem König Cirey verlassen hatte, setzte du Châtelet ihre metaphysischen Studien fort: „Was mich betrifft, so bin ich momentan mit der Metaphysik befasst. Meine Zeit teile ich zwischen Leibniz und meinem Anwalt auf."[27]

Letztendlich überzeugte sie die Leibniz-Wolffsche Metaphysik als Grundlegung der Physik.[28] Sie übernahm deren Materiebegriff, der auf Leibniz' Monadologie fußt und zwischen erster, nach Ausdehnung strebender und zweiter, ausgedehnter Materie unterscheidet.[29]

Obwohl man du Châtelet nachsagte, dass sie Leibniz und Wolffs philosophische Position Anfang der 1740er verwarf,[30] blieb sie ihr doch treu. So bedauerte sie 1746 gegenüber Johann II Bernoulli, dass sie ihre metaphysischen Studien aus Zeitgründen nicht fortsetzen könne.[31] Außerdem dachte sie über eine Teilnahme an der Preisaufgabe der Berlin-Brandenburgischen Akademie der Wissenschaften von 1746 nach, die dazu aufforderte, die Monadenlehre en detail darzustellen.[32] Du Châtelet hätte die Idee der Monaden verteidigt:

> Es ist mir unmöglich, dem, was Sie mir zu den Monaden geben, nachzugehen. Ich habe so wenig Zeit in Folge, die ich den Studien widmen kann, dass ich mich nicht von meiner momentanen Beschäftigung, die mich vollständig absorbiert, ablenken lassen kann.[33] Es handelt sich um ein sehr schönes Preisthema. Ich wünschte, man hätte es nächstes Jahr gestellt.[34]

10.2 Optik: Widersprüche der Farbenlehren

Mitte der 1730er Jahre setzte sich du Châtelet nicht nur mit der Metapyhsik auseinander, sondern auch mit Newtons physikalischer Optik und dem Farbsystem der Färber. Sie studierte die bahnbrechenden *Opticks, or, A treatise of the reflections, refractions, inflections and colours of light* (1704),[35] die sich in ihrem Buchbestand befanden.[36]

---

[27] „Pour moi je suis à présent dans la métaphysique, et je partage mon temps entre Leibnitz, et mon procureur." Du Châtelet an Algarotti, Brüssel, 10. März 1740, Bestermann, 1958, Bd. 2, Brief 236, 12.

[28] Vgl. du Châtelet an Friedrich II, Versailles, 25. April 1740, Bestermann, 1958, Bd. 2, Brief 237, S. 13.

[29] Vgl. Kapitel 7 in Châtelet, 1740.

[30] Vgl. Kap. 12, insbesondere den Abschn. 12.2.

[31] Vgl. du Châtelet an Johann II Bernoulli, Paris, 6. September 1746, Bestermann, 1958, Bd. 2, Brief 357, S. 152.

[32] Zur Diskussion der Monaden um 1746 vgl. (Neumann, 2009, S. 208–222).

[33] Du Châtelet arbeitete an ihrem Newtonprojekt (siehe Abschn. 13).

[34] „Il m'est impossible cependant de suivre celui que vous me donnez sur les monades. J'ai si peu de temps de suite à donner à l'étude que je ne puis me distraire de mon occupation présente, qui l'absorbe entièrement. C'est un bien beau sujet de prix et j'aurais voulu qu'on ne l'eût donné que l'année prochaine." du Châtelet an Johann II Bernoulli, Paris, 20. Oktober 1746, Bestermann, 1958, Bd. 2, Brief 358, S. 154.

[35] Zur Erstausgabe siehe http://www.rarebookroom.org/Control/nwtopt/index.html [26.04.2007].

[36] Vgl. du Châtelet an Prault, Cirey, 16. Februar 1739, Bestermann, 1958, Bd. 1, Brief 186, S. 328–331.

Ob es sich hierbei um eine englischsprachige, lateinische oder französische Ausgabe handelte ist nicht überliefert. Newton hatte das Buch ursprünglich auf Englisch geschrieben. Clarke hatte es in Latein übertragen: *Optice sive de reflexionibus, refractionibus, inflexionibus & coloribus lucis, libri tres* (1706, 1719²). Der Verleger und Übersetzer Pierre Coste (1668–1747) fertigte mit dem *Traité d'optique* (1722) eine französische Fassung an.

Gemeinhin galten Newtons *Opticks* als ein sehr mathematisches Buch, dem Definitionen, Axiome und Propositionen, die aus Prismenexperimenten abgeleitet sind, Struktur geben.

Du Châtelet hatte die *Opticks* in der Zeit studiert, da Voltaire und Algarotti Mitte der 1730er an ihren allgemeinverständlichen Büchern über Newtons Optik arbeiteten. Du Châtelet unterstützte die beiden Männer in fachlichen Fragen. Sie selber schrieb im Verborgenen an einer fachwissenschaftlichen Abhandlung zur physikalischen Optik. Es handelte sich dabei um den lange als verschollen geltenden *Essai sur l'optique*, den Fritz Nagel im Nachlass von Johann II Bernoulli wiederentdeckt hat.[37]

Die *Opticks* sind Newtons Versuch, ohne Rückgriff auf hypothetische Vorannahmen die Phänomene der Diffraktion[38], Dispersion und Separation des Lichtes in sein Farbspektrum und farbige Komponenten zu erklären und zu beweisen. Darüber hinaus bemühte er sich, die Reflexion und Transmission, die durch verschiedene Teile inzidierenden Lichtes hervorgerufen werden, zu begründen. Methodisch setzte Newton dabei auf Experimente und rationale, d. h. mathematische Beweise.[39]

Newton entdeckte die Zusammensetzung des Sonnenlichts aus Strahlen, die Brechungszahl als eine optische Materialeigenschaft und die sieben Spektralfarben des weißen Lichtes. Durch seine Art der Betrachtung wurden die Farben zu Eigenschaften des Lichtes, die quantitativ, d. h. mathematisch bestimmbar sind.

Die *Opticks* waren nicht unumstritten. Die wohl berühmteste deutsche Kritik formulierte ca. hundert Jahre nach dem Erscheinen Johann Wolfgang von Goethe (1749–1832) in *Zur Farbenlehre* (1810). Aber schon Christian Huygens und der englische Universalgelehrte Robert Hooke (1635–1703) haben die Korpuskeltheorie, die Newton verwendete, um das Verhalten des Lichtes zu erklären, kritisiert. Sie bevorzugten eine Wellentheorie des Lichtes.

Außerdem standen viele Chemiker und Färber des 18. Jahrhunderts Newtons Deutung weißen Lichtes skeptisch gegenüber. Sie gingen von der Existenz der drei Grundfarben Rot, Gelb und Blau aus. Diese drei Farben konnten mineralisch, vegetabil und animalisch isoliert und spezifiziert werden. Alle weiteren Farbtöne – Weiß ausgenommen – wurden aus Mischverhältnissen der drei Grundfarben gewonnen. Im Widerspruch zu Newtons Aussage galt den Chemikern und Färbern Weiß als farblos. Die Gelehrten des 18. Jahrhunderts erkannten noch nicht, dass es sich bei den Spektralfarben Newtons und den Körperfarben (auch Pigmentfarben) um zwei

---

[37] Vgl. Nagel, im Druck.

[38] Beugung des Lichtes.

[39] Vgl. Newton, 1704, S. 1.

unterschiedlich Farbsysteme handelte. Sie suchten noch nach einem universell gültigen Farbsystem.[40]

Es war diese Diskussion zwischen Newtonianern und Chemikern und Färbern, die du Châtelet in ihren Briefen an Maupertuis Ende 1738 aufgriff:

> Man hat mir berichtet, dass Herr Dufay vier Strahlen aus der Krone Newtons entfernt hat. Ich bin auf die Experimente sehr gespannt, die dazu geführt haben, eine Aussage vorzulegen, die all diejenigen sehr erstaunen muss, welche die Optik von Newton und deren Genauigkeit kennen. Man erzählte mir auch, dass ein Herr namens Gamaches, der Geistlicher ist, ein Physikbuch verfasst hat, in dem er den ausgefüllten Raum Descartes und die Leere Newtons in Einklang bringt.[41] Dies erscheint mir ein merkwürdiges Unternehmen. Kennen Sie den Autor?[42]

Du Châtelet setzte sich, wie das obige Zitat belegt, mit der Haltung des Chemikers Charles-François de Cisternai Dufay (1698–1739) auseinander. Dieser kritisierte die Newtonsche Optik und stellte die Existenz der sieben Spektralfarben des Sonnenlichts in Frage. Für ihn existierten als Spektralfarben nur die Grundfarben. Seinen Standpunkt formulierte Dufay in *Observations physiques sur le meslange de quelques couleurs dans la teinture* (1740).[43]

Eine Zeit lang suchte du Châtelet nach dem Zusammenhang zwischen den künstlichen Farben der Färber und den Farben des Lichtes:

> Ich kenne die Optik des Herrn Newton fast auswendig und gestehe Ihnen, dass ich nicht glaube, dass man seine Experimente zur Lichtbrechung in Zweifel ziehen kann. Er hat diese mit größter Sorgfalt durchgeführt. Er hat sie auf hundert verschiedene Arten wiederholt. Dennoch *homo erat*. Wenn Herr Dufay gute Gründe hat, bin ich absolut bereit, sie zu hören. Die Gründe der Färber erscheinen mir weder überzeugend noch neu. Pater Castel sagt seit zehn Jahren das Gleiche und Newton hat es vor fünfzig Jahren zurückgewiesen.[44]

---

[40] Vgl. Lowengard, 2006, Kap. Number, Order, Form, Abschnitt: Color Systems und Systematization sowie Shapiro, 1994.

[41] Du Châtelet bezieht sich auf den Akademiker Étienne Simon de Gamaches (1672–1756). Er hatte 1740 die *Astronomie physique ou principes généraux de la nature, appliqués au mécanisme astronomique et comparés aux principes de la philosophie de M. Newton* herausgegeben. Darin wollte Gamaches die kartesianische Wirbeltheorie mit Newtons Entdeckungen in Einklang bringen. Eine Rezension im *Journal de Trévoux* machte das Buch damals bekannt.

[42] „On m'a mandé que m^r du Fey ôtait 4 rayons de la couronne de Neuton. Je suis bien curieuse de connaître les expériences qui l'on porté à avancer une proposition qui doit beaucoup surprendre toutes les personnes qui connaissent l'optique de Neuton et son exactitude. On me mande aussi qu'un nommé m^r Gamaches, qui est abbé, faisait un livre de physique où il conciliait le plein de Descartes et le vide de Neuton. Cela me paraît une étrange entreprise. Connaissez-vous l'auteur?" du Châtelet an Maupertuis, Cirey 19. November 1738, Bestermann, 1958, Bd. 1, Brief 152, S. 271.

[43] Vgl. Lowengard, 2006, Kap. Coloration and Chemistry.

[44] „Je sais presque par cœur l'optique de M. Newton, et je vous avoue que je ne croyais pas qu'on pû révoquer en doute ses expériences sur la réfrangibilité. Ce sont celles qu'il a faites avec le plus de soin, il les a répétées de cent manières différentes, cependant *homo erat*. Si m^r du Fey a de bonnes raisons à dire je suis toute prête à l'écouter. Celle des teinturiers ne me paraît pas convaincante, nie neuve. Le père Castel dit la même chose depuis dix ans, et Neuton l'a réfutée il y en a cinquante." Du Châtelet an Maupertuis, Cirey, um den 1. Dezember 1738, Brief 152 Bestermann, 1958, Bd. 1, Brief 152, S. 273.

An du Châtelets Äußerungen lässt sich ihre Belesenheit und ihre profunden Kenntnisse dieser wissenschaftlichen Debatte erkennen. So kannte sie nicht nur Louis Bertrand Castels (1688–1757) Newtonkritik aus *L'optique des Couleurs, fondée sur les simples observations et tournée surtout à la pratique de la Peinture avec figures* (1740), sondern auch Dufays Versuche, Newton zu widerlegen. Dufays Experimente diskutierte sie Ende 1738 mit Maupertuis:

> Man hat mir von einem Experiment von Herrn Dufay erzählt, das entscheidend zu sein scheint. Man erzählt, dass er nur mit roten, blauen und gelben Strahlen, die er durch eine Linse gebündelt hat, weißes Licht erzeugt habe. Wenn die drei Strahlen wirklich rein, wirklich homogen waren, wenn jeder einzeln war, stützten sie das Prismenexperiment. Ich würde nichts sagen, außer, dass ich es hätte sehen wollen.[45]

Ein abschließendes Urteil über den Wert von Dufays Experimenten bildete sich du Châtelet nicht:

> Da ich jedoch die Experimente Dufays nicht gesehen habe, lasse ich mein Urteil offen.[46]

Mit der Farbenlehre der Chemiker beschäftige sich du Châtelet nicht mehr lange. Ende des Jahres 1738 hatte ihr Dufay seine Überlegungen persönlich dargelegt. Sie überzeugten sie nicht und sie beendete ihre Auseinandersetzung.[47]

10.3 Mechanik: Das wahre Kraftmaß bewegter Körper

Im 17. und frühen 18. Jahrhundert war die Frage, wie die Kraft bewegter Körper zu messen sei, unter den Naturphilosophen eine viel diskutierte. Die unterschiedlichen Antworten hatten zu einem wichtigen Grundlagenstreit geführt. An seinem Ende waren die physikalischen Begriffe Kraft, Impuls, Energie und Arbeit geklärt.

Auch du Châtelet beschäftigte sich mit den Fragen, welche Kräfte auf Körper wirken und welche Kraft Körper ausüben. Ab dem Frühjahr 1738 diskutierte sie sie in ihren Briefen mit Maupertuis:

> Vor kurzem habe ich vieles über die lebendigen Kräfte gelesen. Ich würde gerne wissen, ob Sie für Herrn von Mairan oder für Herrn Bernoulli sind. Ich bin nicht so indiskret, Sie über alles, was ich wissen möchte, zu befragen, außer zu welcher Position Sie tendieren.[48]

---

[45] „Une expérience de m^r du Fey que l'on m'a mandée me paraît plus décisive. On dit qu'avec des rayons rouges, des rayons bleus, et des jaunes, réunis par une lentille il a fait du blanc. Si les trois rayons étaient bien purs, bien homogènes, si chacun à part ils avaient soutenu l'expérience du prisme, je n'ai rien à dire sinon que je voudrais l'avoir vu." Du Châtelet an Maupertuis, Cirey, um den 1. Dezember 1738, Brief 152 Bestermann, 1958, Bd. 1, Brief 152, S. 273–274.

[46] „Cependant comme je n'ai point vu les expérinces de du Fey je suspens mon jugement." Du Châtelet an Maupertuis, Cirey, um den 1. Dezember 1738, Brief 152 Bestermann, 1958, Bd. 1, Brief 152, S. 274.

[47] Vgl. du Châtelet an Maupertuis, Cirey, 28. Dezember 1738 Bestermann, 1958, S. 285.

[48] „J'ai lu beaucoup des choses depuis peu sur les forces vives, je voudrais savoir si vous êtes pour mr. de Mairan, ou pour mr de Bernoulli. Je n'ai pas l'indescrétion de vous demander sur cela tout ce que je voudrais savoir, mais seulement lequel des deux sentiment est le vôtre." Du Châtelet an Maupertuis, Cirey, 2. Februar 1738, Bestermann, 1958, Bd. 1, Brief 118, 213.

Die philosophische, experimentelle und theoretische Debatte, die du Châtelet hier mit den Namen Mairan und Bernoulli anspricht, bezieht sich nicht nur auf die Frage des Kraftmaßes, sondern auch auf Fragen der Kraft- und Bewegungserhaltung, der Kollisionseffekte und der Gravitation. Dabei ging es auch um die Frage, wie mechanische Phänomene durch Stoßgesetze oder Fernwirkkräfte erklärt werden.[49] Weil der Standpunkt, den die Naturphilosophen in dieser Debatte einnahmen, eng mit den jeweiligen Materievorstellungen zusammenhing, finden wir hier auch eine fachliche Begründung für du Châtelets großes Interesse an einer metaphysischen Grundlegung der Physik.[50]

Wurde Materie als endlich teilbar betrachtet, so glaubte man an die Existenz vollständig harter Körper. Die Gegenposition dachte Materie als unendlich teilbar. Hieraus folgerte man die Elastizität jedes materiellen Körpers. Aus diesen Materievorstellungen ergeben sich Konsequenzen für das Verhalten der Körper bei Kollision.

Im 17. Jahrhundert hatte der Streit um das wahre Kraftmaß bewegter Körper begonnen. Descartes hatte gefragt, wie und mit welcher Kraft Bewegung bei zusammenstoßenden Körpern übertragen wird. Er folgerte, dass sich die Kraft als Produkt aus Körpermasse m und Geschwindigkeit v beschreiben lässt. Dieses Produkt bezeichnete er als *motus* $:= m * v$. Descartes unterschied Ruhe und Bewegung und formulierte sein Trägheitsgesetz, wozu er zwei Kräfte unterschied: $F_1 = Masse$ für den Körper in Ruhe; $F_2 = motus$ für den Körper in Bewegung.

Dieser Betrachtung lag die metaphysische Vorstellung zugrunde, dass Gott dem Universum eine bestimmte Bewegungsmenge beigefügt hat, die erhalten bleibt. Problematisch an Descartes Kraftkonzept war, dass seine sieben Bewegungsregeln mit diesem Konzept nicht haltbar waren. Seine Anhänger versuchten, seine Theorie zu retten.

Malebranche beispielsweise hielt in *Recherche de la vérité* (1675) an Descartes naturphilosophischem Konzept im Kern fest. Aber er postulierte, dass nur bewegte Körper Kraft ausüben und vollständig harte Körper nicht existierten. Nach Malebranche ist jeder Körper mehr oder weniger porös. Sobald Kraft auf ihn wirkt, werden die Materieteilchen zusammengedrückt und eine Art Materieäther fließt aus ihm heraus. Lässt die Kraftwirkung nach, fließt der Äther zurück. Malebranche reduzierte Descartes Bewegungsregeln auf eine. Außerdem unterschied er zwischen Geschwindigkeit als reiner Größe ohne Richtung v und der gerichteten Geschwindigkeit (velocity) $\vec{v}$: *motus* $:= m * v$ und *momentum* $:= m * \vec{v}$.

Malebranche griff damit Leibniz Kritik an Descartes auf. Im März 1686 hatte dieser in den *Acta eruditorum* und im September 1686 in den *Nouvelles de la république des lettres* Descartes vorgeworfen, nicht zwischen Bewegung und Kraft zu unterscheiden. Leibniz ging davon aus, dass das aristotelische Konzept der Entelechy (die Tendenz der Körper sich zu bewegen) notwendig ist, um ein Maß für die Kraft bewegter und unbewegter Körper aufzustellen. Leibniz entwickelte die Begriffe *vis mortua* und *vis viva*.

---

[49] Ausführlich hierzu vgl. Breger, 1991, S. 15–184, auf den die folgenden Ausführungen beruhen.
[50] Siehe auch Abschn. 10.1.

Unter den *vis mortua* verstand er beispielsweise den Druck eines liegenden Körpers auf seine Auflagefläche. Diese Form der Kraft identifiziert er mit dem *momentum*. Es handelt sich hierbei um das Maß für die Tendenz eines Körpers, sich zu bewegen. Die *vis viva* sind, so Leibniz, die aktuelle Kraft eines Körpers, die als Energie eines Körpers betrachtet werden kann. Sie ist durch ihren Effekt messbar. Leibniz identifizierte damit Ursache und Wirkung der Kraft. Aus seinen Beobachtungen folgerte er, dass diese Bewegungskraft proportional zum Quadrat ihrer gerichteten Geschwindigkeit steigt und sich durch das folgende Produkt bestimmen lässt: $vis\ viva = masse * v^2$. Leibniz warf den Kartesianern vor, Ursache und Wirkung der Kräfte zu verwechseln und die Kartesianer warfen Leibniz vor, inakzeptable Begriffe zu verwenden und mit seiner Idee der *vis viva* den kartesianischen Körper-Geist-Dualismus zu negieren.[51]

Diese Debatte wurde Anfang des 18. Jahrhunderts, genauer 1715/16, durch die theologische Auseinandersetzung zwischen Leibniz und Clarke mit Bezug auf die Erhaltungsfragen von Kraft und Bewegung fortgesetzt. In den 1720er Jahren schließlich trat das Problem der Kraft- und Bewegungserhaltung sowie der Rolle Gottes in den Hintergrund. Vordergründig debattierten die Gelehrten nunmehr, wie die Kraft mathematisch korrekt zu beschreiben sei. Newtons Unterscheidung zwischen Trägheit und Kraft, die einem Körper eingeprägt ist, gab der Diskussion neue Impulse.[52]

In Frankreich diskutierten Jean-Pierre de Crousaz (1663–1750), Pierre Mazière, Johann I Bernoulli (1667–1748), Abbé Charles-Etienne Louis Camus (1699–1768), Jacques Eugène D'Allonville, Chevalier de Louville (1671–1732) und Jean-Jacques Dortous de Mairan (1678–1771).[53] Die Franzosen argumentierten nach Iltis (1973) durchweg mit kartesianischen Argumenten, zogen aber dennoch unterschiedliche Schlüsse.[54]

Mit du Châtelets *Institutions de physique* (1740) entflammte die Debatte in Frankreich erneut, da du Châtelet pro *vis viva* argumentierte. Ferner kritisierte sie den Kartesianer Mairan für dessen Ausführungen in der *Dissertation sur l'estimation & la mesure des forces motrices des corps* (1726).[55] Über den Streit schrieb sie Anfang 1738:

> Im Übrigen glaube ich wie Sie, dies ist lediglich ein Streit um Worte. Herr De Mairan hätte diesen Disput mit einem Schlag beenden können. Aber es scheint, als hätte er ihn ausdehnen wollen.[56]

Als du Châtelet dies schrieb, war die Frage nach dem wahren Kraftmaß bewegter Körper immer noch nicht überzeugend und abschließend beantwortet – weder von

---

[51] Vgl. Breger, 1991, S. 15–184.

[52] Vgl. Terrall, 2002, S. 37–41.

[53] Vgl. Iltis, 1973.

[54] Zur Darstellung der einzelnen Positionen vgl. Iltis, 1973.

[55] Vgl. Iltis, 1973, S. 38–42. Zur Position du Châtelets vgl. Reichenberger, im Druck.

[56] „Au reste je crois comme vous, que ce n'est qu'une dispute de mots, que m^r de Mairan aurait pu terminer tout d'un coup la dispute et qu'il semble qu'il ait voulu allonger." Du Châtelet an Maupertuis, Cirey, 2. Februar 1738, Bestermann, 1958, Bd. 1, Brief 120, S. 217.

den Kartesianern, den Leibnizianern noch den Newtonianern. Jahre später wurde
die kartesische Bewegungsgröße als Arbeit und die leibnizianische Kraft als Energie definiert, die aus der Newtonschen Kraft ableitbar sind: Die kartesianische Bewegungsgröße entspricht dem Zeitintegral über der Newtonschen Kraft, das leibnizsche Kraftmaß dem Wegintegral. In geschlossenen Systemen gelten für beide
Größen Erhaltungssätze. 1743 beendete d'Alembert die Debatte vorläufig mit dem
Traité de dynamique. Tatsächlich endete sie mit der Variationsrechnung und der
Formulierung des 'Prinzips der kleinsten Wirkung'. Mit ihrer Hilfe konnten die unterschiedlichen Kraftbegriffe vereinheitlicht werden.[57]

Die Auseinandersetzung von du Châtelet mit den schwierigen, unterschiedlichen
Kraftbegriffen zeigt sich in ihrer Korrespondenz mit Maupertuis. Letzterer war ein
Kenner der Diskussion.[58]

Über die naturphilosophischen Lehrbücher bekam du Châtelet keine einheitliche
Lehrmeinung vermittelt. Anhänger der *vis viva* waren neben Wolf, 's Gravesande
und Muschenbroek.[59] Die kartesianische Position hingegen las du Châtelet bei Desaguliers.[60] Maupertuis bezog in der Frage öffentlich nie Stellung, obwohl Johann
II Bernoulli ihn schon 1732 aufforderte, sich für die *vis viva* auszusprechen.[61]

Um sich mit der aktuellen wissenschaftlichen Debatte vertraut zu machen, riet
Maupertuis du Châtelet, die wissenschaftlichen Abhandlungen aus den 1720er Jahren zu lesen.[62] Dazu gehörten u. a. die Preisschriften der Pariser Akademie der Wissenschaften von 1724, die die folgende Frage zu beantworten suchten: "Nach welchen Gesetzen bewegt ein sich bewegender, vollständig harter Körper einen anderen
Körper der gleichen Art, sei dieser in Ruhe oder in Bewegung und sei dies in der
Leere oder der Nicht-Leere?"[63] Von den eingereichten Arbeiten sind die bekannn-
ten:

- Jacques Eugène d'Allonville *Remarques sur la queston des forces vives* (1721–
  28),
- Colin Maclaurin (1698–1746) *Démonstration des loix du choc des corps* (1724),[64]
- Jean Jacques d'Ortous de Mairan (1678–1771) *Dissertation sur l'estimation et
  la mesure des forces motrices des corps* (1728),
- Pierre Maziere *Les loix du choc des corps à ressort parfait ou imparfait* (1726).
- Johann I Bernoulli *Discours sur les loix de la communication du mouvement*
  (1727).

---

[57] Vgl. Reichenberger, im Druck, S. 1.

[58] Vgl. Terrall, 2004, S. 199–203.

[59] Vgl. Gravesande, 1720–1721, L. I. c. 22. §. 460, Musschenbroek, 1747, Bd. 1, §272–273.

[60] Vgl. Desaguliers, 1734, Bd. 1.

[61] Vgl. Terrall, 2002, S. 61–64.

[62] Vgl. du Châtelet an Maupertuis, Cirey, um den 10. Februar 1738, Bestermann, 1958, Bd. 1, Brief
120, S. 216.

[63] „Quelles sont les loix suivant lesquelles un corps parfaitement dur, mis en mouvement, en meut
un autre de même nature, soit en repos, soit en mouvement, qu'il rencontre, soit dans le vide, soit
dans le plein?" Zitiert nach Terrall, 2004, Fußnote 10, S. 206.

[64] Akademische Preisschrift über die Stoßgesetze von 1724.

Obwohl jeder dieser Autoren mechanistisch argumentierte, kamen sie dennoch zu unterschiedlichen Antworten auf die Frage der Akademie. So begründete Bernoulli die Himmelsbewegungen mit der kartesianischen Wirbeltheorie, akzeptierte auch die kartesianische Äthertheorie und schloss dennoch auf die Existenz sogenannter lebendiger Kräfte.[65] D'Allonville akzeptierte ebenfalls Descartes Ätherkonzept, versuchte aber anhand des Verhaltens elastischer Federn zu beweisen, dass als Kraftmaß nur das *momentum* in Frage kommt.[66] De Mairan schließlich führte jede beschleunigte Bewegung auf gleichförmige Bewegungen zurück. Hieraus schloss er auf die Allgemeingültigkeit des kartesianischen Kraftmaßes.[67]

Auf diese Abhandlung de Mairans bezog sich du Châtelet in den letzten Kapiteln ihrer *Institutions de physique*. Darin kritisiert sie de Mairan, womit sie ihn zu einer öffentlichen Replik in dem *Lettre à Madame *** sur la question des forces vives* (1741) provozierte. Sie wiederum reagierte darauf mit der *Réponse de Madame **** (1741). Dies war ein wissenschaftlicher Schlagabtausch, den die Gelehrtenrepublik aufmerksam verfolgte. In ihm nahm man du Châtelet als Leibnizianerin und in Deutschland mehr noch als Wolffianerin wahr. In ihrer Heimat Frankreich sah man ihren Anti-Kartesianismus durchaus kritisch.[68]

Es war nicht nur Maupertuis, mit dem du Châtelet die verschiedenen Kraftbegriffe diskutierte. Sie legte ihren Standpunkt auch dem französischen Ingenieur Henri Pitot (1695–1771) sowie dem englischen Physiker und Newtonianer James Jurin (1684–1750) dar.[69] Der Gedankenaustausch mit Pitot scheint intensiv gewesen zu sein, da sie Maupertuis auf einen Brief an Pitot verwies, als es darum ging, ihm ihren Standpunkt in der Frage des Kraftmaßes darzulegen.[70]

Ein Aspekt der Diskussion, mit der sich du Châtelet beschäftigte, war die Rolle der Zeit bei der Bestimmung der Kraft eines Körpers. Die Kartesianer meinten, dass die Bewegungsgröße von der Wirkungsdauer einer Kraft abhinge, während die Leibnizianer die Ansicht vertraten, dass die Größe der Kraft mit der Länge des zurückgelegten Weges zusammenhängt.[71] Du Châtelet zeigte ihre Verwunderung darüber, dass die Zeit bei der Kraftmessung eine Rolle spielen solle, in einem Brief an Maupertuis:

> Ich habe immer gedacht, die Kraft eines Körpers müsste sich durch die Hindernisse, die er überwindet, bestimmen lassen und nicht durch die Zeit, die er dafür benötigt.[72]

---

[65] Vgl. Iltis, 1973, S. 363–366. Zur Geschichte von Bernoullis Teilnahme an den akademischen Preisfragen 1724 und 1727 vgl. Beeson, 1992, S. 66.

[66] Vgl. Iltis, 1973, S. 368–370.

[67] Vgl. Iltis, 1973, S. 370–373.

[68] Vgl. Kawashima, 1990, S. 9–28 u. Iverson, 2006.

[69] Vgl. Terrall, 2004, S. 199–203.

[70] Vgl. du Châtelet an Maupertuis, Cirey, um den 10. Februar 1738, Bestermann, 1958, Bd. 1, Brief 120, S. 216.

[71] Vgl. Reichenberger, im Druck, S. 5.

[72] „J'ai toujours pensé que la force d'un corps devait s'estimer par les obstacles qu'il dérangeait et non par le temps qu'il y employait." Du Châtelet an Maupertuis, Cirey, um den 10. Februar 1738, Bestermann, 1958, Bd. 1, Brief 120, S. 216.

Sie begründete ihre Vorstellung wie folgt:

> Zuerst, weil sich ein Körper mit endlicher Geschwindigkeit auf einer absolut glatten Flä-
> che oder in absoluter Leere ewig bewegt, obwohl weder seine Geschwindigkeit noch seine
> Kraft unendlich groß sind. Um die Kraft dieses Körpers zu berechnen, müsste man ihm
> irgendwelche Hindernisse entgegenstellen. Denn wenn die Körper nicht auf solche stoßen,
> verbrauchen sie ihre Kräfte niemals. Daher kann man Kräfte nur an ihrem Verbrauch mes-
> sen.[73]

Als zweites Argument führte sie an:

> Den zweiten Grund hat auch Herr von Mairan zur veränderten Bestimmung der Kraft eines
> Körpers eingebracht: die verstreichende Zeit, um die Kraft aufzubrauchen. Denn wenn ein
> Körper mit der Geschwindigkeit 2 die Kraft 3 aufbraucht, während der [Körper, FB], der
> ihm an Masse gleicht und der nur Geschwindigkeit 1 besitzt, seine [Kraft, FB] vollständig
> aufgebraucht hat, scheint mir dadurch bewiesen, dass ihm am Ende der Zeit, in der der
> andere Körper seine Kraft vollständig aufgebraucht hat, die Kraft 3 zu verbrauchen bleibt,
> falls er dreimal mehr Kraft hatte als der andere.[74]

Obwohl du Châtelet noch nicht Leibniz Raumkonzept übernommen hatte und sie
noch an einen leeren Raum glaubte, bemerkte sie abschließend, dass Leibniz und
Bernoulli in der Frage des Kraftmaßes Recht hätten. Bezüglich Leibniz Raumkonzept und seines Kraftmaßes formulierte sie ähnlich wie später zu Descartes:[75] „Ein
Mann kann im Irrtum über mehrere wichtige Punkte sein und bei dem Rest Recht
haben."[76] Ein Problem blieb für sie das Postulat der Krafterhaltung:

> Ihnen gebe ich zu, mir macht das, was Sie mir sagen, große geistige Mühe. Nimmt man
> nämlich als Kraft die lebendigen Kräfte, so bleibt die Quantität [an Kraft, FB] im Univer-
> sum erhalten. Ich gebe zu, dies wäre dem ewigen Geometer höchst würdig. Wie verhindert
> diese Art, die Kraft eines Körpers zu bestimmen, dass sich die Bewegung nicht durch Rei-
> bung verliert, wenn die Bewegung durch freie Wesen begonnen wird, wenn sie durch zwei
> unterschiedliche, senkrecht zueinander verlaufende Bewegungen erzeugt wird etc.? Viel-
> leicht ist es verwegen, Sie zu bitten, mir zu erklären, wie es kommt, dass im Universum die
> Menge an Kraft gleich bleibt, wenn die Kraft eines Körpers in Bewegung das Produkt seiner
> Masse mit dem Quadrat seiner Geschwindigkeit ist. Ich stelle mir vor, dass man vielleicht
> zwischen Kraft und Bewegung unterscheiden muss. Diese Unterscheidung aber verwirrt

---

[73] „La première parce que sur un plan parfaitement poli, ou dans le vide absolu, un corps avec
une vitesse fini irait éternellement, cependant sa vitesse ni sa force ne seraient pas infinies, et pour
estimer la force de ce corps, il faudrait certainement lui opposer quelques obstacle puisque si les
corps n'en rencontraient point, ils ne consumeraient jamais leurs forces. Ce n'est donc qu'en les
consumant qu'on peut les estimer." Du Châtelet an Maupertuis, Cirey, um den 10. Februar 1738,
Bestermann, 1958, Bd. 1, Brief 120, S. 216.

[74] „La séconde est la raison même que m^r Demairan aporte pour changer l'estimation de la force
du corps qui est le temps employé à la consumer, car s'il est à un corps qui a reçu 2 de vitesse, 3 de
force à consumer lorsque celui qui lui est égal en masse et qui n'a reçu qu'un de vitesse, a consumé
tout la sienne, il est ce me semble démontré par cela même qu'il lui reste 3 de forceà consumer, au
bout du temps pendant lequel l'autre corps a consumé toute la sienne, s'il avait trois fois plus de
force que l'autre." Du Châtelet an Maupertuis, Cirey, 2. Februar 1738, Bestermann, 1958, Bd. 1,
Brief 120, 216.

[75] Vgl. Châtelet, 1988, Vorwort.

[76] „car un homme peut être dans l'erreur sur plusieurs chefs, et avoir raison dans le reste." du
Châtelet an Maupertuis, Cirey, 2. Februar 1738, Bestermann, 1958, Bd. 1, Brief 218, S. 217.

mich extrem. Da Sie es waren, der diesen Zweifel in meinen Geist gesetzt hat, hoffe ich, dass sie ihn zerstreuen.[77]

Kannte du Châtelet den Einwand Newtons gegen das Prinzip der Krafterhaltung? Er betrachtete dieses Erhaltungsprinzip durch die Reibungsphänomene als experimentell widerlegt.[78]

Maupertuis hatte auf du Châtelets Fragen und Überlegungen nicht reagiert. Etwa zwei Monate nach ihrem Brief vom Februar 1738 schrieb sie an ihn:

> Zweifellos hatten Sie meine Frage äußerst lächerlich gefunden, als ich Sie gefragt habe, wie es kommt, dass die gleiche Menge Bewegung im Universum bestehen bleibt, wenn man die Kraft eines bewegten Körpers als das Produkt seiner Masse mit dem Quadrat seiner Geschwindigkeit annimmt. Aber Sie sind Lehrer in Israel und ich bin eine Unwissende, die danach trachtet, sich zu bilden und die vor Ihnen erzittert.[79]

Du Châtelet hatte die Antworten auf ihre Fragen bei Leibniz gefunden. Sie hat die *Brevis demonstratio* (März 1686) und den *Specimen dynamicum* (April 1695) aus den *Acta eruditorum* gelesen. Darin fand sie ihre Überlegung bestätigt, zwischen der Bewegungsmenge und der Kraft zu unterscheiden.[80] Sie akzeptierte nun das Prinzip der Krafterhaltung.[81]

Im Mai 1738 schließlich war für du Châtelet die Frage nach dem wahren Kraftmaß entschieden:

> Ich sehe (soweit ich sehen kann) als gewiss an, dass die Kraft oder der Effekt der Kraft eines Körpers das Produkt der Masse mit dem Quadrat der Geschwindigkeit ist und dass die Quantität der Kraft eines Körpers und die Quantität der Bewegung eines Körpers zwei sehr unterschiedliche Dinge sind.[82]

---

[77] „Je vous avoue qu'il me reste une grande peine d'esprit sur ce que vous me dites, que si l'on prend pour *forces les forces vives* la même quantité s'enconservera toujours dans l'univers. Cela serait plus digne de l'*éternel* géomètre, je l'avoue, mais comment cette façon d'estimer la force des corps empêcherait-elle que le mouvement ne se perdît par les frottements, que les créatures libres, ne le commençassent, que le mouvement produit par deux mouvements différents ne soit plus grand quand ces 2 mouvements conspireront ensemble que lorsqu'ils seront dans les lignes perpendiculaires l'un à l'autre &cc. Il y a peut-être bien de témérité à moi à vous supplier de me dire comment il s'ensuivrait qu'il y aurait dans l'univers la même quantité de force, si la force d'un corps en mouvement est le produit de sa masse par le carré de sa vitesse. J'imagine qu'il faudra peut-être distinguer entre force et mouvement, mais cette distinction m'embrasse extrêmement, et puisque vous avez jeté ce doute dans mon esprit j'espère que vous l'éclaircirez." Du Châtelet an Maupertuis, Cirey, 2. Februar 1738, Bestermann, 1958, Bd. 1, Brief 120, S. 217–118.

[78] Vgl. Reichenberger, im Druck, S. 8.

[79] „Vous aurez trouvé sans doute ma question bien ridicule quand je vous ai demandé comment il s'ensuivait que la même quantité de mouvement subsisterait dans l'univers supposé que la force des corps en mouvement soit le produit de leur masse par le carré de leur vitesse, mais vous êtes maître en Israël, et moi je suis une ignorante, qui cherche à m'instruire, et qui tremble devant vous." du Châtelet an Maupertuis, Cirey, 30. April 1738, Bestermann, 1958, Bd. 1, Brief 122, S. 220.

[80] Vgl. du Châtelet an Maupertuis, Cirey, 30. April 1738, Bestermann, 1958, Bd. 1, Brief 122, S. 220.

[81] Vgl. Bestermann, 1958, Bd. 1, Brief 122, S. 221.

[82] „Je vois (autant que je peux voir) qu'il est certain que la force ou l'effet de la force des corps est le produit de la masse par le carré de la vitesse, et que la quantité de la force d'un corps, et la

Die Frage was mit der Kraft harter Körper geschieht, die im Vakuum aufeinanderstoßen, blieb für sie noch offen. Da sie aber nicht an die Existenz vollständig harter Körper glaubte, betrachtete sie die Beschäftigung mit ihr als Gedankenspielerei.[83] Zumindest beim elastischen Stoß hatte man die Krafterhaltung der *vis viva* experimentell nachgewiesen. Bei (scheinbar) unelastischen Körpern war dies nicht gelungen. Für du Châtelet blieb das Prinzip der Krafterhaltung dennoch ein gültiges metaphysisches Prinzip, während das physikalische Kraftmaß für sie noch eine hypothetische Größe war. Seine Allgemeingültigkeit blieb noch zu zeigen.[84]

Ihren Standpunkt in der Frage des Kraftmaßes legte sie Maupertuis dar. An diesem Punkt zeigen ihre Briefe, dass sie begann, sich wissenschaftlich von ihrem Lehrer und Berater zu emanzipieren. Sie warf ihm sogar Oberflächlichkeit vor, weil er sich nicht um ein tiefergehendes Verständnis des Kraftbegriffes bemüht:

> Ich glaube – wenn mir eine Meinung dazu erlaubt ist –, dass sich die Kraft in dem Bestreben der Körper aufbraucht, ihre gegenseitige Undurchdringlichkeit und ihre innere Kraft zu überwinden. Der Effekt, den einer im anderen erzielt, um die Kraft zu überwinden, die jeder bewegende Körper besitzt, und um seine Bewegung zu erhalten, dieser Effekt, denke ich, repräsentiert auf der Ebene der Metaphysik die Kraft, die ihn produziert. Gut wäre, wenn die Metaphysik darüber erfreut sei. Ich dachte Sie mit ihr versöhnt, seit Sie sich mit dem Gesetz der Anziehung als Kehrwert des Quadrates der Distanz zu Gunsten eines metaphysischen Grundes entschieden haben. Aber ich sehe wohl, dass Sie es nur wollen, weil es die göttlichen Gesetze und die Entdeckungen Newtons rechtfertigt. Sie wollen seine Tiefen nicht erforschen. Allerdings haben Sie Unrecht. Ich bin ihr Abbé Trublet und ich frage Sie willentlich wie Pilatus Jesus: *quid est veritas?*[85]

Obwohl sich du Châtelet im Mai des Jahres 1738 für Leibniz Kraftmaß entschieden hatte, ruhte das Thema nicht. Im September 1738 legte sie gegenüber Maupertuis ihre Kritik an Mairan da. Mairan warf sie vor, in den Abschnitten 29 bis 40 seiner *Dissertation sur l'estimation & la mesure des forces motrices des corps* (1728) einen schwerwiegenden Fehlschluss gemacht zu haben. Diese Abschnitte führten schließlich zur kritischen Erwähnung Mairans in ihrem Lehrbuch.[86]

---

quantité du mouvement de ce corps sont deux choses très différentes." Du Châtelet an Maupertuis, Cirey, 9. Mai 1738, Bestermann, 1958, Bd. 1, Brief 124, S. 225.

[83] Vgl. du Châtelet an Maupertuis, Cirey, 9. Mai 1738, Bestermann, 1958, Bd. 1, Brief 124, S. 225–226.

[84] Vgl. Reichenberger, im Druck, S. 18–22. Zur Bedeutung ihrer Position in der weiteren Diskussion und für die Entwicklung des Prinzips der kleinsten Wirkung sowie der Grundlegung der Mechanik vgl. Reichenberger, im Druck, S. 22–36.

[85] „Je crois donc, s'il m'est permis d'avoir une opinion sur cela, que la force de ces corps se consommerit réellement dans les efforts qu'ils feraient pour surmonter réciproquement leur impénétrabilité, et leur force d'inertie, et que cet effet qu'ils auraient produit l'un sur l'autre en surmontant la force que tout corps en mouvement a pour persévérer à se mouvoir, cet effet, dis-je, représente métaphysiquement la force qui la produit et ce serait bien alors que la métaphysique serait contente. Je vous croyais réconcilié avec elle depuis que vous avez décidé pour la loi d'attraction en raison inverse du carré des distances en faveur d'une raison métaphysique, mais je vois bien que vous n'en voulez que lorsque'elle justifie les lois établies par le créateur, et découvertes par Neuton. Vous ne voulez point éclairer ses profondeurs, vous avez cependant bien tort. Je suis votre abbé Trublet et je vous demenaderais volontiers come Pilates à Jesus, *quid est veritas?*" Du Châtelet an Maupertuis, Cirey, 9. Mai 1738, Bestermann, 1958, Bd. 1, Brief 124, S. 226.

[86] Vgl. du Châtelet an Maupertuis, Cirey, 1. September 1738, Bestermann, 1958, Bd. 1, Brief 139, S. 253–54.

Sie spüren sicher, dass ich es nur erzitternd zu denken wage, dass ein Mann der Akademie im Irrtum ist. Ich glaubte sie – Abbé Demoierres ausgenommen – alle unfehlbar.[87]

Mairan kritisierte, dass die Anhänger der *vis viva* die Dauer einer Bewegung in ihren Überlegungen nicht berücksichtigten.[88] Du Châtelet warf nun ihrerseits Mairan vor, seine Überlegungen auf ein falsches Prinzip zu gründen, und bat Maupertuis, ihre diesbezüglichen Reflexionen zu beurteilen:

> Insgesamt scheint mir, dass Herr de Mairan für die lebendigen Kräfte wäre, wenn er in seinen Kopf zuließe, dass die überquerten Räume ohne überwundene Hindernisse kaum das Maß für die Kräfte sind. Ebendies aber bringt er beständig durcheinander. Aus diesem Grund scheint mir die extreme Länge seines Werkes nicht sein einziger Fehler zu sein.[89]

Problematisch blieben für du Châtelet die Stoßgesetze, die ihr nicht im Einklang mit den *vis viva* zu stehen schienen. Im selben Brief an Maupertuis führte sie folgende Problematik an:

> Noch ein Wort zu den lebendigen Kräften. Mir scheint, es gibt einen unüberwindlichen Einwand gegen diese Kräfte. Dieser lautet: Wenn zwei Körper, die entgegengesetzt aufeinanderstoßen und von denen der eine die Geschwindigkeit eins und die Masse drei und der andere die Geschwindigkeit drei und die Masse eins hat, ihre Kräfte drei und neun sind. Man kann diese Differenz so groß wählen wie man möchte. Dennoch bleiben in allen Fällen der eine Körper [mit Masse 1; FB] nach dem Zusammenstoß in Ruhe. Ich weiß, man antwortet mit einer viel größeren Übertragung der Teile des Körpers mit größerer Kraft darauf. Da aber die Aktionen gegenseitig und konträr sind während sie sie ausüben, sie zur gleichen Zeit beginnen und enden und sie sich unterstützen, ohne einer über den anderen zu herrschen, muss man zugeben – zumindest ich gebe es zu –, das Phänomen ist sehr verwirrend. Was mich aber am meisten in Verlegenheit bringt, wie ich Sie um Verzeihung für diesen langen Brief bitte. Ich bin dessen so beschämt, dass ich nicht mehr wage, etwas zu sagen. Antwortet prompt, ich bitte Sie, besonders zu dem, was Herrn Mairan betrifft.[90]

---

[87] „Vous sentez bien que ce n'est qu'en tremblant que j'ose penser qu'un homme de l'Académie a tort, et sans l'abbé Demoierres je vous croirais tous infaillibles." Du Châtelet an Maupertuis, Cirey, 1. September 1738, Bestermann, 1958, Bd. 1, Brief 139, S. 253.

[88] Vgl. Mairan, 1741, Kapitel 5.

[89] „il me semble en total que m^r de Mairan serait pour les forces vives, s'il voulait bien mettre dans la tête que les espaces parcourus sans obstacles surmontés, ne font point la mesure des forces mais c'est ce qu'il confond perpétuellement et il me semble que l'extrème longueur n'est pas le seul défaut de son ouvrage." du Châtelet an Maupertuis, Cirey, 1. September 1738, Bestermann, 1958, Bd. 1, Brief 139, S. 254–255.

[90] „Encore un mot sur les forces vives. Il me semble qu'il y a une objection invincible contre ces forces, c'est ce qui arrive à deux corps qui se choquent oppositivement et dont l'un a 1 de vitesse et trois de masse et l'autre trois de vitesse et un de masse, car leurs forces sont 3 et 9 et l'on peut rendre cette différence aussi grande que l'on voudra, et cependant dans tous les cas de cette combinaison les cops restent en repos après les choces. Je sais qu'on répond à cela par une plus grande introcession de parties du cops supérieur en force, mais comme les actions sont mutuelles et contraires, et qu'elles commencent et s'achèvent en même temps, et qu'elles se souteinnent sans prévaloir l'une sur l'autre pendant qu'elles l'exercent, il fuat avouer, ou de moins j'avoue que le phénomène est très em[a]arrassant, mais ce qui m'embarrasse le plus, c'est commet je ferai pour vous demander pardon de cette grande lettre. J'en suis si honteuse que je n'ose plus rien dire. Réponse promptement je vous prie sur ce qui concerne m^r Mairan particulierement." du Châtelet an Maupertuis, Cirey, 1. September 1738, Bestermann, 1958, Bd. 1, Brief 139, S. 255.

Mit der Kraftproblematik beschäftigte sich du Châtelet bis Anfang 1739.[91] Das Ergebnis ihrer Überlegungen ist in den *Instiutions de physique* festgehalten.[92]

10.4 Astronomie: Gesetze der Anziehung

Nachdem sich du Châtelet den Kopf über das richtige Kraftmaß bewegter Körper zerbrochen hatte, befasste sie sich mit der Theorie der Anziehung.[93]

In den ersten Jahren des 18. Jahrhunderts diskutierte man diese Theorie Newtons heftig. In Frankreich stand man ihr skeptisch gegenüber. Für die französischen Naturphilosophen war die Anziehungskraft lediglich ein Naturphänomen, das Newton mathematisch beschrieben hatte. Seine Ursache hingegen galt als ungeklärt.[94]

Im Rahmen ihrer Auseinandersetzungen mit dem Phänomen der Anziehung beschäftigte sich du Châtelet mit Maupertuis Schrift *Sur les loix de l'attraction* (1732). Dabei handelt es sich um Maupertuis Auseinandersetzung mit den *Principia*.[95] Darin beschäftigte er sich mit den Abschnitten 12 und 13 aus dem ersten Buch der *Principia*. Sie behandeln die Anziehung sphärischer und nicht ausgedehnter Körper mit synthetischen Techniken und analytischen Quadraturen.[96] Maupertuis hatte die geometrischen Beweise in den Leibnizschen Kalkül übertragen. Mittlerweile war diese mathematische Form vielen französischen Akademikern vertraut und zugänglich. Mit seiner Übersetzung in in eine andere mathematische Sprache wollte Maupertuis seinen französischen Zeitgenossen die Theorie der Anziehung näher bringen.[97] Seine Darstellungsform hat den Vorteil, allgemeinere Probleme der Anziehung zu lösen und verschiedene Sätze Newtons zu Korollaren werden zu lassen. Beispielsweise Satz 71:

PROPOSITION LXXI. THEOREM XXXI
The same things supposed as above,[98] I say, that a corpu vie placed with out the spherical superficies is attracted towards the centre of that sphere with a force reciprocally proportional to the square of its distance from that centre.[99]

---

[91] Vgl. du Châtelet an Maupertuis, Cirey, 20. Januar 1739, Bestermann, 1958, Bd. 1, Brief 175, S. 311.

[92] Vgl. Châtelet, 1740.

[93] Vgl. du Châtelets Briefe zwischen dem 20. Mai und März 1739 in Bestermann, 1958, Bd. 1.

[94] Vgl. Terrall, 2004, S. 189–190. Zu dieser Debatte vgl. auch Gehler, 1787–1796, Bd. 1 u. 2, Stichworte Anziehung u. Gravitation. Zur französischen Debatte vgl. Châtelet, 1988, Kap. 16.

[95] Vgl. Terrall, 2002, S. 78. Zur Abhandlung vgl. http://www.academie-sciences.fr/archives/histoire_memoire.htm [16.07.2007].

[96] Vgl. Guicciardini, 1999, S. 68–80.

[97] Vgl. Maupertuis, 1732, S. 343. Zu Maupertuis Abhandlung vgl. Terrall, 2002, S. 78–83. Maupertuis Arbeit fand einige Anerkennung und wurde als „Geometrische Untersuchung über das ursprüngliche oder allgemeine Gesetz der Attraction" auch in Gehler, 1787–1796, Eintrag: Attraction/Anziehung erwähnt.

[98] If to every point of a spherical surface there tend equal centripetal forces decreasing in the duplicate ratio of the distances from those points;

[99] In der Übersetzung du Châtelets lautet der Satz: „La même loi d'attraction étant posée, un corpuscule, placé au dehors de la surface sphérique, est attiré par cette surface en raison renversée du quarré de la distance de ce corpuscule au centre." Zitiert nach Châtelet, 1756, Bd. 1, S. 202.

der im Folgenden Problem aufging:

PROBLEM II
Die Anziehung einer sphärischen Oberfläche auf eine Korpuskel zu finden, die sich in P befindet. In welcher Potenz der Distanz wirkt die Anziehung?[100]

Um es zu lösen stellt Maupertuis einen Term auf, der die Anziehung auf der Sphärenoberfläche als n-te Potenz des Abstandes zwischen einem Materieteilchen oder Korpuskel und einem Punkt auf der Sphäre beschreibt:[101] dargestellte Rechung Maupertuis, die ich an dieser Stelle nicht wiedergebe.

$$\frac{b-a}{(n+3)(n+1)(a+b)^2} \times \left[\frac{1}{n+3}(b^{n+1} - a^{n+3}) + \frac{1}{n+1}(ab^{n+2} - a^{n+2}b)\right]$$

Die Größen a und b beschreiben den Abstand des Materieteilchens von der Sphärenoberfläche und dem Zentrum der Sphäre. Die Differenz $b - a$ entspricht dem halben Durchmesser der Sphäre, $(a + b)$ dem doppelten Abstand der Korpuskel vom Zentrum der Sphäre und n kennzeichnet die Potenz der Anziehung zwischen dem Teilchen und der Sphärenoberfläche. Für $n = -2$ folgt $\frac{2(b-a)^2}{(a+b)^2}$.

Es waren diese langen Ausdrücke, die du Châtelet Schwierigkeiten bereiteten, wie sie gegenüber Maupertuis unumwunden zugab:[102]

Nun, wenn ich mich in diesem Punkt geirrt habe und ich Sie so falsch verstanden habe, kann ich nur Dummheiten in meinem letzten Brief gesagt haben. Demütig gebe ich Ihnen zu, dass ich kaum die langen algebraischen Sätze verstand. Ich fange hier und da ein Wort auf, aber dies führt nur dazu, mich lächerliche Dinge sagen zu lassen. Wenn man diese Dinge nur halb versteht, wäre es besser, nichts zu verstehen. Ich bitte Sie daher um die Gunst, mir wie der Heilige Paul einen kleinen Teil dieser Hieroglyphen der Geometrie zu übersetzen, um mich wenigstens das Resultat verstehen zu lassen.[103]

---

[100] „Trouver l'Attraction d'une survace sphérique sur un corpuscule placé en P, selon quelque puissance de la distance que se fasse l'Attraction?" Maupertuis, 1732, S. 349.

[101] In Maupertuis Rechnung finden sich Umformungsfehler, die ich in dem mathematischen Ausdruck korrigiert habe.

[102] Der Grund, warum du Châtelets fachliche Kompetenz in Frage gestellt wird und wurde, hat auch mit diesem offenen Umgang mit Verständnisproblemen zu tun. Sie war in klassischer Geometrie unterrichtet worden. Die damalige Algebra musste sie sich zu einem Großteil eigenständig aneignen, so dass es fast selbstverständlich ist, dass diese Form der Mathematik ihr schwerer fiel. So klagte sie nicht über Probleme beim Verständnis synthetischer, geometrischer Darstellungen in der Naturphilosophie sondern nur, wenn sie Beweise in der analytischen Sprache begreifen wollte. Siehe auch Abschn. 8.2 oder auch ihre Suche nach geeigneten Mathematiklehrern wie König in Abschn. 7.2. Dass sie die analytische Geometrie und den Kalkulus schließlich gut beherrschte, zeigen ihre analytischen Lösungen einzelner Probleme aus den *Principia* (vgl. Debever, 1987).

[103] „Or puisque je me suis trompée à ce point-là et que je vous ai si mal entendu, je ne puis avoir dit que des sottises dans ma dernière lettre. Je vous ai avoué humblement que je n'entendais point les longues phrases d'algèber. J'en attrape quelque mot par ci par là, mais cela ne sert qu'à me faire dire des choses fort ridicules, car quand on entend ces choses à amoitié, il faudrait mieux ne les point entendre du tout. Je vous demande donc en grâce de vous faire tout à tous comme St Paul et de me traduire une petite partie des ces hiéroglyphes de la géométrie pour m'en faire seulement comprendre le résultat." du Châtelet an Maupertuis, Cirey, 20 oder 21. Mai 1738, Bestermann, 1958, Bd. 1, Brief 126, S. 231 u. 232.

Entgegen seiner Ankündigung in der Einleitung seiner Abhandlung diskutierte Maupertuis auch metaphysische Aspekte. Eigentlich wollte er die Frage, warum Gott das Newtonsche Gesetz der Anziehung etabliert habe, zu Gunsten einer mathematischen Darstellung zurückstellen.

Maupertuis ging indirekt davon aus, dass die erste Materie kugelförmig ist. Weil die Anziehung auf sphärischen Körpern in jedem Punkt gleich ist, so Maupertuis, müsse man keine anderen Theorien über die Anziehungskraft betrachten als die Newtons. Mathematisch lasse sich zwar zeigen, dass die Anziehung auf Körpern im Innern einer soliden Sphäre proportional zu ihrem Abstand zum Sphärenmittelpunkt sei und in einer hohlen Sphäre sogar Null, dennoch sei dies für Newtons Gesetz der Anziehung irrelevant. Denn bezogen auf letzte bzw. erste Materieteilchen kann Anziehung nur auf Körper wirken, die sich außerhalb ihrer befinden.[104] Es ist diese Argumentation, die du Châtelet diskussionswürdig findet:

> Erlauben Sie mir, Ihnen zu sagen, dass ich finde, das auf Französisch geschriebene ist ein wenig obskur. Erstens erklären Sie (auf Französisch) kaum, warum eine Anziehung, die proportional zu einfachen Distanz ist – die im Übrigen viele Vorteile hat –, nicht auch den hätte, als Gesetz sowohl in den Teilen als auch im Ganzen Gültigkeit zu haben. Noch weniger erläutern Sie, warum das inverse Verhältnis des Quadrats der Distanzen diesen Vorteil hat. Sie werden einsehen, dass Sie dies zu Unrecht tun. Denn es gibt Unwissende wie mich, die alle auf ihre eigene Weise verstehen. Sehen Sie zum Beispiel, wie ich meine, Sie zu verstehen.[105]

Du Châtelet fasste Maupertuis Lösung in eigene Worte. In einem Brief erläutert sie, wie sie Maupertuis versteht, der eine göttliche Präferenz für das Gesetz $\frac{1}{D^2}$ mit D als Abstand zum Sphärenmittelpunkt behauptet:

> Nur nach dem Gesetz, dass die Anziehung dem Quadrat der Abstände folgt, können die Sphären die Körper, die sich außerhalb ihrer befinden, anziehen. Nach dem gleichen Gesetz sind diese Körper geformt. Zu diesem Verständnis hat mich ihr Beweis geführt, mit dem Sie zeigen, dass nach dem gleichen Gesetz ein Korpuskel in einem beliebigen Punkt unter der Höhlung einer hohlen Sphäre keinerlei Anziehung durch die konkave Oberfläche erfährt.[106] Ich habe auch, zumindest ungefähr, den [Beweis, FB] verstanden, der zeigt, dass alle Teile der sphärischen Oberfläche, die auf die Korpuskel wirken, nur entlang der Axe der Sphäre wirken, weil sich ihre (Wirk)Richtungen gegenseitig ausgleichen. Aber ich gebe Ihnen gegenüber erzitternd zu, wenn dies nicht der Grund für den Vorzug des Gesetzes der Anziehung, dem die Natur folgt, ist, so verstehe ich nichts. Sie haben Newton kommentiert, ich bitte Sie, sich zu meinen Gunsten selbst zu kommentieren.[107]

---

[104] Vgl. Maupertuis, 1732, S. 347.

[105] „Mais permettez-moi de vous dire que je trouve ce qui est écrit en français un peu obscur, car premièrement vous ne dites point (en français) pourquoi dans une attraction en raison directe de la simple distance, qui a d'ailleurs tant d'avantages, n'aurait pas celui de l'accord de la même loi dans les parties et dans le tout; vous ne dites point non plus pourquoi la raison inverse du carré des distances a cet avantage, et vous allez voir que vous avez bien tort, car il y a bien des ignorants comme moi, et chacun l'entendra à sa manière, moi, p.e., voici comme je crois l'entendre." Du Châtelet an Maupertuis, Cirey, 9. Mai 1738, Bestermann, 1958, Bd. 1, Brief 124, S. 227.

[106] Vgl. hierzu Maupertuis, 1732, S. 352–353. Im Innern einer hohlen Sphäre heben sich die Anziehungen, die auf einen Körper wirken, auf.

[107] „Il n'y a que dans la loi d'attraction en raison du carré des distances que les sphères pussent attirer ces corps placés au dehors selon la même loi que les corps dont elles sont formées suivent.

Für du Châtelet ist hier die schlüssige Begründung des Gesetzes der Anziehung wichtig. Sie fragt sich etwa, warum die Anziehung nicht dem einfachen Abstand zwischen dem Materieteilchen und dem Sphärenmittelpunkt entspricht. Sie zitiert für Maupertuis einzelne Passagen aus der Abhandlung, damit er seine Textstellen vor Augen hat, die ihrer Ansicht nach das Naturgesetz begründen. Mit Bezug auf diese Stellen schreibt sie:

> Hieraus folgt also der Vorteil der Uniformität, den das Gesetz der Anziehung gegenüber anderen Gesetzen, wie dem des einfachen direkten Verhältnis des Abstandes, scheinbar hat. Das Gesetz gilt für Sphären wenn sich Körper außerhalb wie innerhalb ihrer befinden; dieser Vorteil ist bezüglich der Analogie bzw. der Übereinstimmung ein und des selben Gesetzes in Teilen und dem Ganzen kein wirklicher Vorteil.[108]

Der Brief du Châtelets vom 9. Mai 1738 zeigt wie genau sie die Arbeit Maupertuis über die Anziehungskraft studiert hat. Bemerkenswert ist, dass sie ihre Verständnisschwierigkeiten nicht nur auf ihr Unvermögen zurückführt sondern auch auf die in ihren Augen missverständliche Darstellung:

> Nun frage ich Sie, wie ein Neuling, der kaum Algebra versteht, verhindert, aus dieser Passage zu schließen, dass, obgleich die Anziehung im einfachen Verhältnis des Abstandes den Vorteil hätte sowohl bei hohlen als auch soliden Sphären die inner- oder außerhalb platzierten Körper im gleichen Verhältnis anzuziehen, dies kein echter Vorteil im Vergleich mit dem der Analogie eines gleichen Gesetzes für die Teile und das Ganze, ist, der sich aus dem Gesetz des Quadrates ergibt?[109]

Sie forderte Maupertuis sogar auf, seinen Text zu überarbeiten, damit er leichter verständlich wird. Darüber hinaus kritisierte sie, dass aus mechanistischer Sicht der Grund für die Allgemeingültigkeit von Newtons Gesetz der Anziehung nicht geklärt ist:

Ce qui m'a portée à l'entendre ainsi, c'est la démonstration par laquelle vous démontrez que dans cette même loi un corpuscule placé dans un point quelconque de la concavité d'une sphère creuse n'éprouverait aucune attraction de cette superficie concave. J'ai compris aussi, du moins à peu près, celle qui prouve que toutes les paries de la surface sphérique qui agissent sur ce corpuscule n'ont qu'un effet commun selon l'axe de la sphère parce que leur direction propre est mutuellement contrebalancée l'une par l'autre. Mais je vous avoue que si ce que je viens de vous avouer en tremblant n'est pas la raison de préférence pour la loi d'attraction que suit la nature, je n'y entends rien. Vous avez commenté Neuton, je vous supplie de vous commenter en ma faveur." Du Châtelet an Maupertuis, Cirey, 9. Mai 1738, Bestermann, 1958, Bd. 1, Brief 124, S. 227–228.

[108] „Ainsi l'avantage d'unifomité que sembleroient avoir sur cette loi d'attraction [$\frac{1}{D^2}$, FB], d'autres loix, comme celle qui suivroit la proportion simple directe de la distance, loi qui se conserve dans les sphères tant par rapport aux corps placés au dehors qu'aux dedans; cet avantage, dis-je, n'est point un avantage réel par rapport à l'analogie ou à l'accord de la même loi dans les parties & dans le tout." Du Châtelet an Maupertuis, Cirey, 9. Mai 1738, Maupertuis, 1732, Bd. 1, Brief 124, S. 347 u. 348.

[109] „Or, j'en appelle à vous, si un lecteur fort neuf, et n'entendant point l'algèbre, peut s'empêcher de conclure de ce passage que quoique l'attraction en raison simple directe de la distance ait l'avantage que les sphères creuses ou solides attirent les corps placés au dedans et au dehors selon la même proportion, [? cependant] cet avantage n'est point un avantage réel qui puisse être comparé à celui de l'analogie d'une même loi dans les parties et dans le tout qui se forme dans la loi du carré." Du Châtelet an Maupertuis, Cirey, 20 oder 21. Mai 1738, Bestermann, 1958, Bd. 1, Brief 126, S. 231.

Ich sehe diesen Grund kaum und ohne Ihre Hilfe werde ich ihn niemals sehen. Die Präferenz als Grund für ein nicht mechanistisches Prinzip ist eine schöne Idee. Sie wäre eine würdige Entdeckung für Sie. Aber bitte haben Sie die Güte mir ihr Geheimnis zu lüften.[110]

Es entsprach du Châtelets Interesse und ihrer naturphilosophischen Auffassung, dass sie sich sehr viel stärker für das metaphysische Problem interessierte als für die mathematische Beschreibung:

Ich finde Ihre Idee, die Präferenz als metaphysischen Grund für das Gesetz der Anziehung, dem die Natur folgt, anzunehmen, so schön, dass ich Sie weder in Frieden noch Ruhe lasse, bis Sie mich aller Schwierigkeiten entheben, die mir bezüglich Ihrer Abhandlung von 1732 bleiben.[111]

Du Châtelet bohrte weiter:

1. Warum ist die Anziehung der ersten Teile der Materie oder der Atome zu jeder Seite die gleiche, da doch die Form die Anziehung verändert und wir nicht wissen, welche Form die ersten Körper der Materie haben?[112]

Wegen der vielen Fragen, die Maupertuis Text bei du Châtelet aufkommen ließ, kritisierte sie dessen didaktische Güte und ermahnte Maupertuis, didaktischer zu formulieren:

Ich wage es, Sie zu ermahnen, Ihre Idee etwas mehr dem Verständnis der Leser anzupassen. Ich glaube nicht, dass es zwei gibt, die Sie verstehen können. Denn der einzige Grund für den Vorzug des Gesetzes des Quadrates ist die Analogie mit der Art und Weise, wie die Natur operiert.[113]

Du Châtelet erlaubte sich sogar, ihrem Lehrer Verbesserungsvorschläge zu machen. Hier zeigt sich ganz deutlich ein Wandel im Verhältnis zwischen Maupertuis und du Châtelet. Auf dem Gebiet der Metaphysik war sie Mitte 1738 keine Schülerin Maupertuis mehr. Sie diskutierte mit ihm auf Augenhöhe, kritisierte und verbesserte ihren Lehrer:

Könnte man drittens nicht zu dem Grund des Vorzuges folgenden weiteren hinzufügen? Wenn Gott die Existenz einer Sache möchte, will er notwendigerweise zugleich all das,

---

[110] „Je ne la vois point cette raison et sans votre secours je ne le verrai jamais. Je trouve que de découvrir la raison de préférence pour un principe qui n'est point mécanique est une belle idée et serait une découverte dinge de vous, mais je vous demande en grâce de me dire votre secret." Du Châtelet an Maupertuis, Cirey, 20 oder 21. Mai 1738, Bestermann, 1958, Bd. 1, Brief 126, 231 f.

[111] „Je trouve votre idée d'une raison métaphysique de préférence pour la loi d'attracton que suit la nature, si belle que je ne vous laisserai ni paix ni repos que vous ne m'ayez levé toutes les diffucultés qui me restent sur votre mémoires de 1732." du Châtelet an Maupertuis, Cirey, 21. Juni 1738, Bestermann, 1958, Bd. 1, Brief 129, S. 237.

[112] „1° pourquoi l'attraction des premières parties de la matière ou des atomes est-elle la même de tous côtés puisque la forme change l'attraction et que nous ne savons point quelle forme ont les premiers corps de la matière." Du Châtelet an Maupertuis, Cirey, 21. Juni 1738, Bestermann, 1958, Bd. 1, Brief 129, S. 238–239.

[113] „J'ose vous exhorter à mettre un peu plus votre idée sur cela à la porter des lecteurs, je ne crois pas qu'il y en ait deux qui puissent vous entendre, car la seule raison de prérérence pour la loi du carré qui est l'analogie avec la façon dont opère la nature." Du Châtelet an Maupertuis, Cirey, 21. Juni 1738, Bestermann, 1958, Bd. 1, Brief 129, S. 238–239.

was die Existenz dieser Sache nach sich zieht. Wenn Gott der Materie die Anziehung geben wollte, so dass die Körper hier unten wiegen, so hat er auch gewollt, dass die Anziehungskraft ununterbrochen in jedem Augenblick und unteilbar wirkt. Denn ohne sie wären die Körper nicht immer schwer. Wenn nun die Anziehung ohne Unterbrechung in jedem Moment unteilbar agiert, folgt dann nicht aus Galileis Beweis, dass sie entsprechend dem Quadrat des Abstandes abnehmen muss, oder, dem entsprechend, wie das Quadrat der Annäherungen ansteigen? Also würde ich sagen, wenn Gott gewollt hat, dass die Körper durch die Anziehungskraft wiegen, kann die Anziehung keinem anderen Gesetz als dem der umgekehrten Proportionalität des Quadrats des Abstandes folgen. Denn erlauben Sie mir Ihnen darzulegen, sobald man den Grund berücksichtigt (welcher es auch sei) der die Körper gegen die Erde fallen lässt, als würden sie gegen ihr Zentrum fallen, und als würde er in jedem Moment gleich agieren, so kann man, die Beweise Galileis anerkennend, nicht umhin zu folgern, dass die Wirkung dieser Kraft wie das Quadrat des Abstandes vom Zentrum abnimmt.[114]

Im Verlauf ihrer weiteren Auseinandersetzung las du Châtelet erneut *Sur les figures des corps célestes* (1734). Außerdem studierte sie *La Figure de la Terre* (1738).[115] Darin setzte Maupertuis voraus, dass die Himmelskörper aus fließender, homogener Materie bestehen und von der Schwerkraft, die in Richtung ihres Zentrums wirkt, zusammengehalten werden. Ferner behauptete er, drehe sich die Materie der Himmelskörper um eine Axe.[116] In einem Brief an Maupertuis kritisierte du Châtelet den zweiten Teil der Abhandlung von 1734, in der Maupertuis folgende Aussagen diskutierte:

1. Die Schwerkraft wirkt immer gleichmäßig gegen das Zentrum eines Planeten, unabhängig von der Entfernung von dessen Zentrum (Huygens).
2. Die Schwerkraft wirkt in Abhängigkeit vom Abstand zum Planetenzentrum (Newton).[117]

Die mathematische Darstellung sei kryptisch und die Wirkung der Gravitation über unterschiedliche Distanzen unverständlich, schrieb du Châtelet.[118] Wie auch in an-

---

[114] „3° ne pourrait-on point ajouter à cette raison de préférence, cette autre-ci? Quand dieu veut l'existence d'une chose il veut en même temps tout ce que l'existence de cette chose entraîne nécessairement. Or si dieu ayant donné l'attraction à la matière a voulu que les corps pesassent ici-bas par cette même force de l'attraction, il a voulu aussi que cette force attractive agît sans discontinuation à chaque instant indivisible, puisque sans cela les corps ne seraient pas toujours pesants. Or si l'attraction agit sans discontinuation à chaque instant indivisible [ne] s'ensuit-il pas par les démonstations de Galilée qu'elle doit diminuer comme le carré de la distance ou, ce qui est la même chose, augmenter comme le carré des approchements? Donc dirai-je si dieu a voulu que les corps pesassent par la force de l'attraction cette attraction ne pouvait suivre une autre loi que celle de la raison inverse du carré de la distance, car permettez-moi de vous représenter que lorsqu'on considérera la cause (quelle qu'elle soit) qui fait tomber les corps vers la terre comme étant dirigée vers le centre, et comme agissant également à chaque instant on ne peut s'empêcher de conclure en admettant les démonstrations de Galilée que l'action de cette force décroit comme le carré de la distance au centre." Du Châtelet an Maupertuis, Cirey, 21. Juni 1738, Bestermann, 1958, Bd. 1, Brief 129, S. 238.

[115] Vgl. du Châtelet an Maupertuis, Cirey, 20 oder 21. Mai 1738, Bestermann, 1958, Bd. 1, Brief 126, S. 232.

[116] Vgl. Maupertuis, 1734, S. 55.

[117] Vgl. Maupertuis, 1734, S. 63–76.

[118] Vgl. die Darstellung in Maupertuis, 1734, §19–§22.

deren Briefen fasste sie einzelne Passagen zusammen, um ihrem Briefpartner ihr Verständnis der Ausführungen darzulegen.

Abermals hatte du Châtelet Schwierigkeiten mit Aussagen zur Gravitation: Je größer der Abstand D des Körpers vom Gravitationszentrum, desto kleiner ist die Wirkung der Gravitation. Je größer die Gravitation, desto kleiner der Abstand vom Gravitationszentrum:[119]

> Ich stimme der Kürze Ihrer Hieroglyphe zu, aber sie machen aus den Wissenschaften ein Geheimnis. Ich habe ein Interesse daran, dass die Unwissenden ihren Teil an ihnen haben.[120]

Erneut ist es die Metaphysik, die Maupertuis aus Sicht du Châtelets ungenügend erklärte. Immer noch wollte sie wissen, warum das Gesetz der Anziehung $\frac{1}{D^2}$ mit D als Abstand vom Gravitationszentrum anderen möglichen Gesetzen der Anziehung vorzuziehen ist. Ihrer Ansicht nach ist das Gesetz nur sinnvoll, wenn die Form der Atome oder der ersten Materie sphärisch ist:[121]

> Ich weiß wohl, wir könnnen sie nicht sehen, aber wir müssen und wir können Vermutungen anstellen. Ich glaube, es ist ziemlich natürlich, sie kugelförmig anzunehmen.[122]

Auf die Antwort Maupertuis zu ihrer metaphysischen Kritik schrieb sie einige Zeit später:

> Ich verstehe nun vollkommen, warum sie $\frac{1}{DD}$ als Gesetz der Anziehung vorziehen. Aber ich verstehe die Antwort nicht vollständig, die Sie zum Vorteil der Uniformität, den das Gesetz D hätte, sich innerhalb und außerhalb der Sphären zu erhalten, geben. Sie sagen, da die letzten Teile der Materie nicht teilbar sind, muss man die Uniformität, die sich innerhalb der Sphäre erhält, nicht betrachten. Ich verstehe gut, dass man dies nicht für die ersten Körper der Materie tun muss. Aber sie existiert doch in den Sphären, die aus den ersten Materieteilen gebildet sind? Und dieser Vorteil ist doch tatsächlich innerhalb dieser Sphären? Und ist dieser Vorteil des Gesetzes D nicht beständig gegenüber dem Gesetz $\frac{1}{D^2}$? Momentan verwirrt mich nur noch diese einzige Sache.[123]

---

[119] Vgl. du Châtelet an Maupertuis, Cirey, 17. Juli 1738, Bestermann, 1958, Bd. 1, Brief 133, S. 244.

[120] „Je conviens de la brièveté de vos hiéroglyphes, mais elles font des sciences un secret et j'ai mon intérêt que les ignorants y aient leur part." Du Châtelet an Maupertuis, Cirey, 17. Juli 1738, Bestermann, 1958, Bd. 1, Brief 133, S. 244.

[121] Vgl. du Châtelet an Maupertuis, Cirey, 17. Juli 1738, Bestermann, 1958, Bd. 1, Brief 133, S. 244.

[122] „Je sais bien que nous ne pouvons la voir, mais nous devons et nous pouvons la supposer et je crois qu'il est assez naturel de la supposer sphérique." Du Châtelet an Maupertuis, Cirey, 17. Juli 1738, Bestermann, 1958, Bd. 1, Brief 133, S. 244.

[123] „Je comprends parfaitement à présent votre raison de préférence pour la loi d'attraction $\frac{1}{DD}$ mais je n'entends pas trop la réponse que vous faites à l'avantage d'uniformité qu'aurait la loi D de se conserver la même en dedans des sphères et au dehors, en disant, que comme les dernières parties de la matière sont insolubles l'uniformité qui se conserve en dedans ne doit point être comptée, car je conçois bien qu'elle ne le doit pas être pour les premiers corps de la matière, mais ne subsiste-t-elle pas réellement dans les sphères qui sont formées de ces premières parties, et cet avantage n'est-il pas réel au dedans de ces sphères, et n'est-il pas constant que la loi D conserve toujours cet avantage sur la loi $\frac{1}{D^2}$? Voilà la seule chose qui m'embarasse à présent." Du Châtelet an Maupertuis, Cirey,1. September 1738, Bestermann, 1958, Bd. 1, Brief 139, S. 252.

Maupertuis lieferte ihr keine befriedigende metaphysische Begründung für die Gültigkeit des Gravitationsgesetzes. Nur wenige Monate später bedrängte sie ihn mit weiteren Fragen:

1. Warum nehmen Sie an, dass die ersten Körper die Materie von allen Seiten gleichermaßen anziehen?[124]

2. Warum sagen Sie, dass die Form dieser ersten Körper keine Rolle spielt?[125]

Sie sah ein, dass die Körperform keine Rolle spielt, wenn der Abstand im Verhältnis zur Masse der ersten Körper gegen Unendlich strebt. Was aber gilt, wenn der Abstand zu ihnen und zwischen ihnen endlich ist? Woher nahm Maupertuis die Gewissheit, dass die erste Materie kugelförmig ist?[126]

Als vorläufiges Endergebnis von du Châtelets Überlegungen zu Materie, Schwere, Schwerkraft und Anziehungskraft können die Kapitel 13 bis 16 der *Institutions de physique* (1740) betrachtet werden. Dennoch blieb für sie die Naturphilosophie metaphysisch nach wie vor ungenügend begründet. Den Vorteil der Newtonschen Theorie sah sie in deren einfachen und präzisen geometrischen und algebraischen Darstellung. Die Anhänger Newtons jedoch kritisierte sie, vorschnell aus der Anziehung eine Materieeigenschaft gemacht zu haben.[127] Die Anziehung sei, so du Châtelet, ein Phänomen mit unbekannter mechanischer Ursache. Die Aufgabe der Naturphilosophen bliebe weiterhin folgende:[128]

> Man muss die mechanische Ursache der Wirkungen suchen, die man der Anziehung zuschreibt.[129]

Schließlich würdigte du Châtelet die von ihr so gründlich studierte und kritisierte Abhandlung *Sur les loix de l'attraction* (1732) von Maupertuis in ihren *Institutions de physique*:

> Die Abhandlung des Herrn von Maupertuis, von der ich gerade sprach, ist wie alles, was dieser Philosoph macht, voller Scharfsinn und kunstfertiger Berechnungen. Wie einen Zweifel gibt er darin seine Meinung über die Ursache an, warum das Gesetz der Anziehung im umgekehrten Verhältnis zum Quadrat der Abstände allen anderen Gesetzen vorzuziehen ist. Allerdings ist es der Zweifel eines großen Mannes.[130]

---

[124] „Pourquoi supposez-vous que les premiers corps de la matière devaient attirer également de tous côtés?" du Châtelet an Maupertuis, Cirey, 2. März 1739, Bestermann, 1958, Bd. 1, Brief 195, S. 341.

[125] „pourquoi dites-vous que la forme des ces I^{ers} corps n'y fait rien?" du Châtelet an Maupertuis, Cirey, 2. März 1739, Bestermann, 1958, Bd. 1, Brief 195, S. 341.

[126] Vgl. du Châtelet an Maupertuis, Cirey, 2. März 1739, Bestermann, 1958, Bd. 1, Brief 195, S. 342.

[127] Vgl. Châtelet, 1988, Kap. 16, §394, S. 343.

[128] Vgl. Châtelet, 1988, Kap. 16, §397, S. 347. Vgl. hierzu auch Kap. 5.5.

[129] „On doit chercher la cause mécanique des effets qu'on attribue à l'attraction." Châtelet, 1988, Kap. 16, §399, S. 350.

[130] „Le Mémoire de Mr. de Maupertuis, dont je viens de parler, est comme tout ce que fait ce Philosophe, plein de sagacité & de finesse de calcul, il n'y donne son opinion sur la raison de préférence de la Loi d'attraction en raison inverse des quarrés des distances, sur toutes les autres loix, que comme un doute, mais ce sont assurément les doutes d'un grand-homme." Châtelet, 1988, Kap. 16, §393, S. 342.

10.5 Zusammenfassung

Mit den vier Abschnitten dieses Kapitels ist sicherlich nur ein kleiner thematischer Ausschnitt von du Châtelets naturphilosophischen Auseinandersetzungen angesprochen. Die thematische Auswahl hängt natürlich mit den Briefen von du Châtelet zusammen. Betrachtet wurden die Themen, die in ihrer Korrespondenz einen größeren Raum einnehmen. Sie zeigen exemplarisch, wie du Châtelet aufkommende Fragen und Probleme erfasste und diskutierte.

Die von du Châtelet behandelten metaphysischen Fragen zur Materie (Abschn. 10.1), die damit zusammenhängende Suche nach einem Maß, welches die Kraft bewegter Körper adäquat beschreibt (Abschn. 10.3), die Suche nach Erklärungen für das Phänomen der Anziehung (Abschn. 10.4) und die Farbenlehre (Abschn. 10.2) gehören zu den Themen, mit denen sich die Naturphilosophen in der ersten Hälfte des 18. Jahrhunderts intensiv befassten. Sie bestimmten die naturphilosophischen und naturwissenschaftlichen Diskussionen der Zeit.[131]

Besonders augenfällig ist du Châtelets Interesse für Metaphysik. Besonders deutlich tritt es in den Abschn. 10.1 und 10.4 hervor. Du Châtelet hat weniger mathematische oder physikalische Probleme mit den Ausführungen, als mit den metaphysischen. Ganz wichtig schien ihr eine Klärung der Frage, wie die erste Materie beschaffen sein muss, damit Newtons Gesetz der Anziehung gültig ist. Durch ihr Insistieren brachte sie Maupertuis, der die Metaphysik eigentlich umgehen wollte, vermutlich in Erklärungsnöte.

Abschn. 10.2 zeigt du Châtelet im Moment ihrer Auseinandersetzung mit Widersprüchen der verschiedenen Farbphänomene. Hervorgebracht wurden sie durch die Suche nach einer einheitlichen Erklärung für zwei unterschiedliche Farbsysteme. Die Diskussion hat du Châtelet nicht besonders intensiv verfolgt. Dennoch ist anhand dieses Abschnitts zu sehen, dass du Châtelet – obwohl von Newtons Optik überzeugt – auch Interesse an wissenschaftlichen Gegenpositionen hatte und bereit war, diese zu akzeptieren, falls sie fachlich überzeugten.

Der Grundlagenstreit über das Kraftmaß bewegter Körper beschäftigte du Châtelet über einen längeren Zeitraum. Einen Eindruck von den Schwierigkeiten, sich im Dickicht der verschiedenen Kraftinterpretationen der Zeit einen eigenen Wege zu bahnen erzählt Abschn. 10.3. Bemerkenswert ist, dass du Châtelet durch die Diskussion mit mehreren Gelehrten Maupertuis, Pitot und Jurin nach einer sie überzeugenden Antwort auf die Frage nach dem richtigen Kraftmaß bewegter Körper suchte.

Das Phänomen der Anziehung stellte die französischen Naturphilosophen im 18. Jahrhundert vor Probleme. In ihren Augen war Newtons Gesetz der Anziehung obskur. Sie vermissten eine ursächliche Erklärung des Phänomens der Anziehung. Aus diesem Grund war für du Châtelet die Suche nach einer mechanistischen Erklärung der mathematisch nachgewiesenen Wirkung der Anziehung von großer Wichtigkeit. In der Diskussion mit Maupertuis wird dies in Abschn. 10.4 sehr deutlich. Für du Châtelet war es ein wichtiger Schritt zur konsistenten, metaphysischen Erklärung der Natur und der Naturphänomene, wenn die Frage nach der Form und Beschaffenheit der Materie geklärt gewesen wäre.

---

[131] Vgl. Brunet (1931).

Kapitel 11
Vermittlung: *Institutions de physique*

„Je ne connais guère de plume aussi propre que la sienne pour
expliquer clairement et en même temps dans un style élégant les
vérités les plus abstraites."
(Ernst Christoph Graf von Manteuffel, 1676–1749)

„Il a paru au commencement de cette année un ouvrage qui
ferait honneur à notre siècle s'il était d'un des principaux
membres des académies de l'Europe."
(Voltaire, 1694–1778)

Dieses Kapitel handelt von der Wissensvermittlung durch das Lehrbuch von Émilie du Châtelet. Man kann sagen, dass du Châtelet mit dem Verfassen der *Institutions de physique* die Rollen getauscht hat. Aus der Lernenden ist eine Lehrende der Naturphilosphie geworden. Sie hat sich insbesondere zu einer selbstbewussten Wissensvermittlerin entwickelt, da sie in ihrem Buch, wie zu sehen sein wird, eine eigenständige naturphilosophische Haltung annimmt.

In der Sekundärliteratur findet sich des öfteren die These, dass die *Institutions de physique* kein Lehrbuch im eigentlichen Sinne waren. Sie geht auf Vaillot (1978) zurück. Er unterstellt du Châtelet, dass sie das didaktische Genre nutzte, um den wissenschaftlichen Charakter des Buches zu verdecken. Für ein Lehrbuch seien die *Institutions* zu formal und streng. Die Autorin nähme mit ihrer ungewöhnlichen Verbindung von Leibnizscher Metaphysik und Newtonscher Mechanik eine für ein Lehrbuch unangemessene, eigenständige wissenschaftliche Haltung ein, so Vaillot.[1] Als bloße Bescheidenheitstrope der Zeit bewertet er die Bezeichnung Lehrbuch durch du Châtelet selbst.[2]

Die Betrachtung in diesem Kapitel widerspricht dieser These. Abschnitt 11.1 befasst sich mit der Editions- und Enstehungsgeschichte. Auf die Buchgestaltung geht Abschn. 11.2 ein. Die *Institutions de physique* werden in Abschn. 11.3 in der naturphilosophischen Lehrtradition verortet und in Abschn. 11.4 in Beziehung zu den Lehrwerken von Rohault und Wolff gesetzt. Welche Bedeutung die Mathematik in den *Institutions de physique* hat beschäftigt Abschn. 11.6 und mit dem naturphilosphischen Inhalt befasst sich Abschn. 11.7. In Abschn. 11.8 geht es um den ungewöhnlichen Raumbegriff in den *Institutions de physique*.

11.1 Edition: Geschichte der Entstehung

Die 1740 in Paris erscheinenden *Institutions de physique* sind die organisierte, strukturierte und systematisierte Form von du Châtelets wissenschaftlichen Lern- und

---

[1] Vgl. Vaillot, 1978, S. 185–187.

[2] Vgl. Vaillot, 1978, S. 185–187. Siehe hierzu auch das Zitat in Abschn. 11.5.

F. Böttcher, *Das mathematische und naturphilosophische Lernen und Arbeiten der Marquise du Châtelet (1706–1749)*, DOI 10.1007/978-3-642-32487-1_11,
© Springer-Verlag Berlin Heidelberg 2013

Arbeitsprozessen.[3] Möglicherweise sind sie auch das Ergebnis von ihrer Tätigkeit als Lehrerin ihres Sohnes.[4]

Es ist sicher falsch, die Jahre vor der Publikation ausschließlich als Studienjahre von du Châtelet zu betrachten. Schließlich hatte sie sich mit der *Dissertation sur la propagation du feu* und dem *Essai sur l'optique* als wissenschaftliche Autorin schon betätigt. Aber dennoch sind die 1730er Jahre primär eine Phase, die von du Châtelets Wissensaneignung markiert ist. In der Mathematik studierte sie die Geometrie in synthetischer und analytischer Form. Sie eignete sich die Grundlagen des Kalkulus an. Auf naturphilosophischem Gebiet befasste sie sich mit den Naturphilosophien Descartes, Newtons, Leibniz' und Wolffs. Dabei entdeckte sie ihr besonderes Interesse für die Metaphysik, deren Bedeutung sie in der Grundlegung der modernen, mathematisch-experimentellen Naturphilosophie sah.

Mit den *Institutions de physique* (1740) ermöglichte du Châtelet ihren Lesern nicht nur einen Zugang zur Naturphilosophie, sondern präsentierte die bis dato in Frankreich weitgehend unbekannte Naturphilosphie Leibniz' und Wolffs der französischen Öffentlichkeit:

> Ich biete mich in diesem Werk lediglich an, unter Ihren Augen die Entdeckungen zusammenzustellen, die in den vielen guten lateinischen, italienischen und englischen Büchern verstreut sind. Die meisten in ihnen enthaltenen Wahrheiten sind in Frankreich nur wenigen Lesern bekannt. Ich will Ihnen die Mühe ersparen, sie aus den Quellen zu schöpfen, deren Tiefe Sie ängstigen oder abstoßen könnte.[5]

Am 18. September 1738 hatte der Zensor Henri de Pitot (1695–1771) die Druckerlaubnis erteilt, nachdem ihm du Châtelet ein noch unvollständiges Manuskript übermittelt hatte.[6] Teile dieses handschriftlichen Manuskriptes – Vorwort, Kapitel zwei, vier und Teile des fünften Kapitels, Beweise zu Kapitel 11 – sind noch erhalten und befinden sich in der Bibliothéque Nationale de France in Paris. Außerdem liegen dort gedruckte Seiten der Kapitel eins, drei und sechs bis achtzehn. Kapitel neunzehn und zwanzig fehlen. Die erhaltenen Kapitel zehn bis einundzwanzig sind sichtbar überarbeitet.[7]

Knapp zwei Monate nach der Approbation war die Erstausgabe fertig. 1740 publizierte das Verlagshaus Prault & Sohn, mit dem du Châtelet eng zusammenarbeitete, die *Institutions de physique*.[8] Nach ihrem Wunsch wurde sie als Autorin des Werkes nicht angegeben.[9] Das Verlagshaus Pierre Mortiers (1661–1711) in Amster-

---

[3] Vgl. zu dieser Sicht auf Lehrbücher Lechner, 1988.

[4] Siehe Abschn. 11.1.

[5] „Pour moi, qui en déplorant cette indigence, suis bien loin de me croire capable d'y suppléer, je ne me propose dans cet Ouvrage que de rassembler sous vos yeux les découvertes éparses dans tant de bons Livres Latins, Italiens, & Anglois; la plûpart des vérités qu'ils contiennent sont connuës en France de peu de Lecteurs, & je veux vous éviter la peine de les puiser dans des sources dont la profondeur vous effayeroit, & pourroit vous rebuter." Châtelet, 1988, §3, S. 4.

[6] Vgl. Châtelet, 1988, Approbation. Auch Prault vermerkt dieses Datum als Beginn der Verlagsarbeiten (vgl. Châtelet, 1988, Avertissement du Libraire).

[7] Vgl. Gardiner Janik, 1982.

[8] Siehe hierzu Fußnote 9 in Abschn. 9.

[9] Zur Anonymität und Publizität siehe Abschn. 6.7.

dam und der Verleger Paul Vaillant (unbekannt) in London druckten sie 1741 nach.[10] Ein Jahr später, 1742, erschien eine zweite von du Châtelet überarbeitete und autorisierte Fassung in Amsterdam. Sie ist mit dem Briefwechsel von de Mairan mit du Châtelet versehen. Veröffentlicht wurde sie vermutlich durch die Amsterdamer Buchhändlergilde, da auf der Titelseite der Hinweis „aux depens de la compagnie" abgedruckt ist. Da du Châtelets Autorenschaft nunmehr allgemein bekannt war, ist der Titel der zweiten Ausgabe umgeändert. Er lautet *Institutions physiques de Madame la Marquise Du Chastellet adressées à Mr. son fils.* Nicht nur die Anonymität der Autorin ist aufgehoben, auch der Adressat des Lehrbuches ist explizit benannt. Und das Buch ist als erster Band eines mehrbändigen Werkes ausgewiesen. Die Titelseiten der Ausgaben von 1740 und 1742 sind in den Abb. 11.1 und 11.2 zu sehen.

Im 18. und 19. Jahrhundert erschienen keine weiteren französischsprachigen Ausgaben oder Nachdrucke. Erst im 20. Jahrhundert entdeckte man das Buch im Kontext des Wolffianismus wieder. Die zweite Ausgabe wurde 1988 als Faksimile in *Gesammelte Werke Christian Wolffs* veröffentlicht. Auf diese Ausgabe bezog sich die Sekundärliteratur bislang. Mittlerweile ist auch die Erstausgabe von 1740 zugänglich. Die französische Nationalbibliothek stellt sie online zur Verfügung.

Nur wenige Jahre nach der Publikation der *Institutions de physique* erschienen zwei Übersetzungen. 1743 publizierte Pasquali Giambattista (1702–1784) in Venedig eine italienische Fassung: *Instituzioni di fisica di madama la marchesa Du Chastellet indiritte a suo figliuolo.* Im gleichen Jahr erschienen beim Verleger Renger in Halle und Leipzig *Der Frau Marquisinn von Chastellet Naturlehre an ihren Sohn.* Sowohl die italienische als auch die deutsche Übersetzung folgen der zweiten Amsterdamer Ausgabe.[11]

Wann die Idee in du Châtelet wuchs, ein Lehrbuch der Naturphilosophie zu schreiben, ist nicht mehr genau zu bestimmen. Ebensowenig ist der Beginn der Arbeit an ihrem Lehrbuchprojekt exakt zu datieren. Wie schon die Arbeiten an der *Dissertations du feu* und dem *Essai de l'optique* hielt sie auch dieses Projekt geheim. Ihr ungeliebter Lehrer König erfuhr sogar als einer der Ersten von ihm, weil sie sich auf Teile seiner Unterrichtsmanuskripte stützen wollte.[12]

Als sich du Châtelet um die Veröffentlichung ihres Buches kümmerte, konnte sie ihre Arbeit vor Voltaire und den Freundinnen und Freunden nicht mehr verbergen. Zuerst vertraute sie sich einer Jugendfreundin und Nachbarin in Cirey an. Anne-Antoinette-Françoise Pauline Champbonin, mit der sie sich vermutlich während ihres kurzen Klosteraufenthalts angefreundet hatte,[13] war der ‚Verbindungsmann' zu dem Verleger Prault. Sie übermittelte du Châtelets Korrekturen und Änderungswünsche.[14]

---

[10] Vgl. Gardiner Janik, 1982, S. 97.

[11] Vgl. Böttcher, 2008 u. Böttcher, im Druck. Die Hintergründe der italienischen Ausgabe sind noch unerforscht. Möglicherweise hängt mit ihr du Châtelets Aufnahme in die Akademie von Bologna zusammen. Interessant ist der Hinweis von Zinsser (2007), dass Laura Bassi das Buch in ihren Lehrveranstaltungen verwandte (vgl. Zinsser, 2007, S. 100).

[12] Siehe hierzu Abschn. 7.2.

[13] Vgl. Zinsser, 2006, S. 25.

[14] Vgl. Gardiner Janik, 1982.

INSTITUTIONS

DE

PHYSIQUE.

par la Marquise Duchattelet

À PARIS,

Chez PRAULT fils, Quai de Conty, vis-à-vis la
descente du Pont-Neuf, à la Charité.

M. DCC. XL.

Avec Approbation & Privilége du Roi.

Abb. 11.1 Titelseite der *Institutions de physique* (1740)

INSTITUTIONS
PHYSIQUES
DE MADAME LA MARQUISE
DU CHASTELLET
adreßées à Mr. son Fils.

Nouvelle Edition, corrigée & augmentée,
conſiderablement par l'Auteur.

TOME PREMIER.

A AMSTERDAM,
AUX DEPENS DE LA COMPAGNIE.
M DCC XLII.

Abb. 11.2 Titelseite der *Institutions physiques* (1742)

Als Entstehungszeitraum sind grob die Jahre von 1735 bis 1739 zu nennen. In diesen Jahren setzte sich du Châtelet mit den Themen der *Institutions de physique* auseinander, von denen ein Teil in Kap. 10 dargestellt ist. Insbesondere ihre Suche nach der metaphysischen Begründung der Naturphänomene fand in dem Lehrbuch einen vorläufigen Abschluss.

Der tatsächliche Beginn ihrer Arbeit an dem Lehrwerk bleibt im Dunklen, auch wenn Gardiner Janik (1982) sich auf Oktober 1736 festlegt. Sie meint, dass die *Elémens de la philosophie de Neuton* von Voltaire und die damit zusammenhängenden optischen Experimente du Châtelet anregten, selbst Autorin eines Lehrbuches zu werden.[15] Gegen diese These spricht, dass du Châtelet zu dieser Zeit den *Essai sur l'optique* verfasste und die Optik explizit aus den *Institutions de physique* ausschloss.[16] In ihrem Buch verweist sie lediglich auf Voltaires populäre *Elémens de la philosophie de Neuton* (1738). Damit setzte sie sich inhaltlich von dem allgemeinverständlichen Werk ihres Lebensgefährten ab.

Möglicherweise reifte der Entschluss, ein naturphilosophisches Lehrwerk zu schreiben, erst zwischen 1737 und 1739 in du Châtelet. Ihr Leben war in dieser Zeit weniger ereignisreich. Die Renovierungsarbeiten am Schloss waren abgeschlossen und ihre Reisen nach Brüssel wegen familiärer Rechtsstreitigkeiten hatten noch nicht begonnen.[17] Die Abhandlungen über das Feuer und über die Optik waren beendet und ein neues wissenschaftliches Projekt konnte beginnen.

Während der Arbeit an den *Institutions de physique* hatte sich du Châtelet mit der Philosophie Leibniz und Wolffs auseinandergesetzt. Sie hatte sie mit ihrem damaligen Lehrer König, einem überzeugten Leibnizianer und Wolffianer, studiert. Das metaphysische Weltbild dieser Philosophie überzeugte sie zwar nicht vollständig, aber doch weitgehend.[18] Zumindest war sie so beeindruckt, dass sie sich, als schon eine erste Version der *Institutions de physique* bei Prault lag, zu einer umfassenden Überarbeitung der ersten zehn Kapitel entschloss. Damit wurden die *Institutions de physique* zum ersten französischsprachigen Text, der die Leibniz-Wolffsche Metaphysik in Frankreich verbreitete, ohne ihr feindlich gegenüber zu stehen.[19]

Im Nachhinein erwies sich die Überarbeitung als problematisch. König, zu dem ihr Verhältnis schwierig war, streute zu Beginn des Jahres 1740 in Paris das Gerücht, die ersten Kapitel ihres Lehrbuches plagiierten seine Unterrichtsmanuskripte.[20] Damit diskreditierte König du Châtelets wissenschaftliche Kompetenz.

Nicht nur zu Lebzeiten du Châtelets trug sein Vorwurf Früchte. Insbesondere im 19. und 20. Jahrhundert, die gelehrten Frauen und Wissenschaftlerinnen mit besonderer Kritik und Häme begegneten, betrachteten du Châtelet als Plagiatorin und inkompetente Naturphilosophin.[21] Es waren die Jahrhunderte, in denen die gelehrte

---

[15] Zu den physikalischen Experimenten vgl. Gauvin, 2006.

[16] Vgl. Nagel, im Druck.

[17] Vgl. Gardiner Janik, 1982.

[18] Siehe das Zitat in Abschn. 11.5. Siehe auch Abschn. 10.1 u. zu König Abschn. 7.2.

[19] Zur Rezeption Leibniz und Wolffs in Frankreich zwischen 1710 und 1760 vgl. Barber, 1955, Teil 2, S. 90–173.

[20] Zur Affäre König siehe Abschn. 7.2. Vgl. auch Badinter, 1983, S. 318–324 u. Zinsser, 2006, S. 190.

[21] Vgl. die negative Charakterisierung du Châtelets durch Capefigue, 1868.

Frau gesellschaftlich nicht akzeptiert war, da sie dem herrschenden Geschlechteride-al der bürgerlichen Frau als Ehefrau, Hausfrau und Mutter widersprachen.[22] Diese Haltung führte bis ins 20. Jahrhundert auch dazu, Clairaut die eigentliche Arbeit an ihrer späteren Übersetzung der *Principia* zuzuschreiben.[23]

Im 18. Jahrhundert jedoch nahmen die Rezensionszeitschriften die Plagiatsvor-würfe Königs nicht zur Kenntnis. Möglicherweise lag dies an dem öffentlich und schriftlich ausgetragenen Disput mit Mairan über das Kraftmaß bewegter Körper, in dem sich du Châtelet als kenntnisreiche und sachlich argumentierende Wissen-schaftlerin präsentierte. Zumindest zu ihren Lebzeiten gelang es ihr, ihre wissen-schaftliche Reputation zu retten.[24]

Die Aufmerksamkeit der Besprechungen lag auf dem naturphilosophischen In-halt. Allerdings hoben die Rezensenten auch hervor, dass hier eine Frau erstmals die Leibniz-Wolffsche Metaphysik einem französischsprachigem Publikum zugänglich machte.[25] Insgesamt war die Beurteilung durch die französischen Rezensionsjour-nale, dem *Journal des Sçavans* und dem *Mémoire pour l'Histoire des Sciences & des Beaux Arts*, wohlwollend. Die *Institutions de physique* wurden als Lehrbuch be-trachtet und obgleich die Autorenschaft bekannt war, respektierten die Rezensoren die Anonymität du Châtelets. Das *Journal des Sçavans* stellte die Autorin sogar als leuchtendes Vorbild dar:

> Weil sie mit ihrer Aufgeklärtheit und ihrem Beispiel zu ihrem Aufstieg beiträgt, sind ihr die Wissenschaften in zweifacher Hinsicht verpflichtet. Was für eine Ermutigung für die-jenigen, die die Wissenschaften kultivieren, eine Dame zu sehen, die in der Gesellschaft gefallen könnte, es aber vorzog, sich in der Abgeschiedenheit zu unterrichten ... die nicht bei den abstraktesten Wissenschaften abbrach.[26]

Der Rezensent lobte die Autorin auch als Mutter und Lehrerin, die das Buch zur Bildung des eigenen Sohnes geschrieben habe:

> Madame*** widmet es ihrem Sohn. Hierdurch wird die Fürsorge dieser Dame noch achtba-rer und zugleich ist deren zarteste Frucht, dass ein Sohn ihr Objekt ist. Als Mutter, ebenso zärtlich wie aufgeklärt, formt sie den Verstand dieses Sohnes im gleichen Maß wie sie sich entwickelt. Sie gibt sich nicht damit zufrieden, ihm den Geschmack an den Wissenschaften durch ihr Beispiel zu vermitteln. Sie ebnet ihm den Weg, indem sie voran geht und ihre Schritte an die ihres noch so schwachen Sohnes anpasst.[27]

---

[22] Vgl. Bovenschen, 1979 u. Steinbrügge, 1982.

[23] Vgl. Châtelet, 1966, Vorwort.

[24] Vgl. hierzu Kawashima, 1990.

[25] Zur Rezeption von Leibniz und Wolffs in Frankreich vgl. Barber, 1955, Teil 2, S. 90–173.

[26] „Les Sciences lui auront ainsi la double obligation de contribuer à leur avancement par ses lumières & par son exemple. Quel encouragement pour ceux qui les cultivent, de voir une Dame qui pouvant plaire dans le monde, a mieux aimé s'instruire dans la retraite ... n'est point arrêtée par ce que les Sciences ont de plus abstrait." Anonym, 1740, S. 737.

[27] „Madame*** l'a adressé à son fils. Ce qui rend les veilles de cette Dame plus estimables, & ce qui en est en même tems le plus doux fruit, un fils en est l'objet. Mère aussi tendre qu'éclairée, elle forme la raison de ce fils à mesure qu'elle se développe, elle ne se contente pas de lui inspirer le goût des Sciences par son exemple, elle lui en applanit la route en marchant devant lui & mesurant ses pas sur ceux de ce fils foibles encore." Anonym, 1740, S. 738.

Die Rezension in den *Mémoire* hob besonders die inhaltliche Modernität von du Châtelets naturphilosophischer Einführung hervor und identifizierte als Adressaten des Lehrbuchs junge Adelige:

> Mit einem Wort, die neuen *Institutions de physique* scheinen uns eine gute Zusammenfassung der modernen Physik zu sein, die nach der Intention des Autors für einen jungen Herren gemacht sind, der bis zu einem gewissen Grad etwas davon verstehen muss.[28]

Die Besprechungen verorten die *Institutions de physique* in den Kontext der häuslichen Adelserziehung und des Selbststudiums. In den Hintergrund tritt dabei allerdings der Bezug zum akademischen Milieu, der durch den Titel und das Vorwort hergestellt wird.[29]

Ursprünglich bezeichneten ‚Institutiones' wissenschaftliche Einführungen. Der Name stammt aus der römischen Klassik und kennzeichnete zumeist Einführungen in das römische Recht.[30] Die Nähe zur akademischen Wissenschaft stellte Châtelet in ihrem Vorwort auch dadurch her, dass sie sich explizit von der unterhaltenden Literatur der höfischen Wissenschaften distanzierte.[31]

Auch von gelehrter und akademischer Seite wurden die *Institutions de physique* beachtet. Dies vor allem, weil sich die Autorin für die Leibnizsche Metaphysik aussprach und sie mit der Mechanik Newtons verband. Damit wich sie von der in Frankreich dominierenden kartesianischen Naturlehre ab und forderte die französischen Newtonianer heraus. Euler, der du Châtelets Buch durch Maupertuis erhalten hatte, schrieb im Februar 1740 schmeichelhafte Zeilen an die Autorin:[32]

> Madame,
> die Ehre, die Sie mir dadurch erweisen, mir Ihre exzellenten Werke zu übermitteln, bringt mich derart in Verlegenheit, dass ich nicht weiß, wie ich Ihnen meinen Dank aussprechen kann.
> Beim Lesen ihrer *Institutions physiques* habe ich die Klarheit, mit der Sie diese Wissenschaft behandeln, ebenso bewundert, wie die Leichtigkeit, mit der Sie die schwierigsten Dinge über die Bewegung erklären, die sogar reichlich fehlerträchtig sind, wenn man sich erlaubt, sich des Kalküls zu bedienen.[33]

Was waren neben dem oben genannten Mangel an einer modernen Einführung in die Naturphilosophie die Motive du Châtelets, das Buch zu schreiben?

---

[28] „En un mot les nouvelles Institutions de Physique, nous paroissent un bon Recueil de Physique moderne, fait selon les intentions de l'Auteur, pour un jeune Seigneur, qui doit en sçavoir jusqu'à un certain point." Anonym, 1741, S. 927.

[29] Siehe hierzu 11.5.

[30] Vgl. Autorenkollektiv, 1885–1892, S. 989.

[31] Siehe das Zitat in Abschn. 11.5.

[32] Von dem zwischen Februar 1740 und Mai 1744 bestehenden Briefwechsel zwischen Euler und du Châtelet existieren noch drei Briefe. Zwei von Euler an du Châtelet (vom 19. Februar 1740 und einer aus dem Jahr 1742) sowie ein Brief von du Châtelet an Euler vom 30. Mai 1744.

[33] „Madame, L'honneur dont Vous me daignez, en me communiquant Vos excellens ouvrages, me met dans une si grande confusion, que je ne sais pas Vous exprimer ma reconnaissance. En lisant vous Institutions Physiques, j'ai également admiré la clarté, avec laquelle Vous traitez cette science, que la facilité, avec laquelle Vous expliquez les choses les plus difficiles sur le mouvement, qui sont même assez embarassantes, quand il est permis de se servir du calcul." An dieser Stelle danke ich Prof. Dr. Ruth Hagengruber und Andrea Reichenberger dafür, dass sie mir die Briefe von Euler an du Châtelet zur Verfügung gestellt zu haben.

Nach Badinter (1983) prägten du Châtelet wissenschaftliche Ambitionen Profi-
lierungssucht, Machtwillen und Karrieredenken. Sie hält sie den Auslöser von du
Châtelets Arbeit an dem Lehrwerk.[34] Dass die Marquise wissenschaftlich ambitio-
niert war, ist nicht von der Hand zu weisen. Dies belegen ihr Austausch mit Gelehrten und Akademikern ebenso wie ihre wissenschaftlichen Abhandlungen. Dennoch
erscheint Badinters Charakterisierung allzu negativ. Nach Klens (1994) hat sich Badinter hier nicht von dem misogynen, negativen und auch vorurteilsbehafteten Blick
auf die gelehrte Frau gelöst.[35]

Neben ihrer Ambition könnte du Châtelet der pädagogische Diskurs der Zeit
beeinflusst haben. Zu seinen Idealen gehörte die Aneignung des Wissens und der
Wissenschaften im Selbststudium sowie die Wissensvermittlung und -verbreitung.[36]

Eine weiteres wichtiges Motiv könnte du Châtelets Geschlecht gewesen sein. Ihr
war ihre Geschlechtszugehörigkeit und deren Wirkung auf ihre Bildung, ihre Bildungsmöglichkeiten und ihre wissenschaftliche Teilhabe ausgesprochen bewusst.[37]
Und obwohl sie sicherlich viel Selbstbewusstsein aus ihrer Zugehörigkeit zum französischen Hochadel, ihrem hohen gesellschaftlichen Rang und ihrem Ansehen zog,
erlaubten ihr diese nur bis zu einem gewissen Grad die Geschlechterstereotype und
-bilder zu (durch-)brechen und die Geschlechtergrenzen zu überschreiten.

Wie ein Mann konnte sie innerhalb der wissenschaftlichen Kultur nicht agieren.
Sie musste akzeptieren, dass sie keine offizielle wissenschaftliche Position erlangen
konnte; sie musste akzeptieren, dass sie keine Diskussionsbeiträge in den akademischen Publikationsorganen veröffentlichen durfte; sie musste akzeptieren, dass sie
an den Sitzungen der Akademie nicht teilnehmen durfte; sie musste akzeptieren,
dass sie mit ihren akademischen Bekannten im Café Gradot nicht über die neuesten
wissenschaftlichen Ereignisse diskutieren durfte.[38] Sie war zumeist auf sich selbst
gestellt, um die Möglichkeiten zu nutzen, die das Wissenschaftssystem einer Frau
boten.[39]

Als Wissenschaftlerin war sie auf den Beistand und die Gefälligkeit männlicher
Akademiker und Gelehrter angewiesen. Sie war stets darauf bedacht, sich deren
Wohlwollen zu erhalten. Ein Indiz dafür ist der Ton ihrer Briefe. Er bleibt, trotz
mancher Ärgernisse, stets vertraulich, schmeichelnd und manchmal kokett. Der etwas kokette und gespreizte Sprachstil war in der höfisch-aristokratische Kommunikation durchaus selbstverständlich. Dennoch hätte sie Unmut und Ärger auch
deutlicher formulieren können. Mit einem direkteren und weniger höflich-höfischen
Sprachgebrauch hätte sie aber ihre Briefpartner verprellen können und damit die für
sie so wichtigen wissenschaftlichen Gesprächspartner möglicherweise verloren.[40]

---

[34] Vgl. Badinter, 1983, Kap. 2, S. 105–169.

[35] Vgl. Klens, 1994, S. 183.

[36] Zum Bildungskonzept der französischen Aufklärung vgl. Nieser, 1992, Kap. 2, §§ 1–2, S. 33–50.

[37] Siehe Beispielsweise ihren Wunsch nach einer neutralen Beurteilung ihrer wissenschaftlichen
Texte in Abschn. 6.7.

[38] Siehe Kap. 6.

[39] Vgl. Kap. 5.

[40] Vgl. hierzu etwa die Korrespondenz von du Châtelet mit Maupertuis. Exemplarisch sei hier auf
die Zitate in Abschn. 7.1. Der Tonfall ihrer Briefe verleitet dazu, ihr amouröse Gefühle für ihre

Möglicherweise führte dies alles du Châtelet – weil sie eben eine Frau war – dazu, ein Lehrbuch zu schreiben. Das Genre des Lehrbuchs war eine Möglichkeit für Frauen, im 18. Jahrhundert ungestraft wissenschaftlich zu schreiben. So könnte sie sich für das Verfassen eines Lehrbuchs entschieden haben, weil sie müde vom Kampf um Anerkennung ihrer wissenschaftlichen Abhandlungen war. Mit dem didaktischen Genre betrat sie einen publizistischen Bereich, der Frauen im 18. Jahrhundert relativ offen stand. Als Autorinnen naturwissenschaftlicher respektive naturphilosophischer Lehrbücher für Kinder und Jugendliche beiderlei Geschlechts sowie als Autorinnen wissenschaftlicher Unterhaltungsliteratur, zollte man Wissenschaftlerinnen im 18. Jahrhundert durchaus Anerkennung und Lob.[41] Allerdings weichen die *Institutions de physique* konzeptionell deutlich von dem Gros naturwissenschaftlichen Literatur von Frauen ab, da sie sich explizit an männliche Jugendliche wendet und auf die akademisch-universitäre Wissenschaft verweist.[42]

Letztlich könnte du Châtelets Grund für das Verfassen eines Lehrbuchs schlicht dem Wunsch geschuldet sein, ihr Lernen und Arbeiten einem sinnvollen, nützlichen und erfolgreichen Zweck zuzuführen.[43] Möglicherweise hat der Unterricht ihres Sohnes dazu den Anstoß gegeben. Irrelevant ist dabei, ob sie, wie Voltaire berichtet,[44] Florent selber in Mathematik und Naturphilosophie unterwies. Da du Châtelet an der Erziehung und Ausbildung ihrer Kinder durchaus Interesse hatte, erscheint es, anders als von Badinter (1983) gedeutet, auch nicht unwahrscheinlich, das Florent-Louis-Maire tatsächlich der Adressat ihres Lehrwerkes war.[45] Schließlich war er beim Erscheinen der *Institutions de physique* 13 bzw. 14 Jahre alt und nach damaliger Lehrmeinung in dem Alter, in dem das Studium der Naturphilosophie beginnen sollte.[46]

11.2 Gestaltung: Vignetten und Struktur

Die Gestaltung der *Institutions de physique* ist für das 18. Jahrhundert eher typisch. Sie unterscheidet sich kaum von anderen Lehrbüchern der Zeit. Auffällig ist allerdings, dass jedes Kapitel mit einer Vignette beginnt. Die meisten Bücher sind lediglich durch ein einfaches Ornament geschmückt. Der Grund für diese prächtige Gestaltung ist unklar. Möglicherweise sollte damit das höfische Publikum angesprochen werden, da dies der sachliche Stil der sprachlichen Darstellung nicht unbedingt tat.[47]

Briefpartner zu unterstellen, wie Nagel schrieb: „Emilies Briefe aus den Jahren 1739 bis 1749 an Johann II Bernoulli lesen sich manchmal wie die Briefe einer Verliebten, die sich nach dem Objekt ihrer Begierde verzehrt." (Nagel, im Druck, S. 6) Konkrete Beweise für Liebschaften mit Maupertuis oder Clairaut gibt es allerdings nicht.

[41] Vgl. Benjamin, 1991, Goldsmith und Goodman, 1995, Mullan, 1993 u. Shetir, 1989/90.

[42] Siehe dazu auch die Erwähnungen von Marcet und Byran in Abschn. 2.3.

[43] Vgl. Lechner, 1988.

[44] Vgl. Voltaire, 1819, S. 431 u. Voltaire, 1830, S. 412.

[45] Vgl. Badinter, 1983, S. 123–129.

[46] Vgl. Abschn. 3.8 u. 9.2.2.

[47] Siehe hierzu Abschn. 11.5.

Abb. 11.3 *Institutions de physique* (1740), S. 378

Die Vignetten in den *Institutions de physique* zeigen allegorische Darstellungen der jeweiligen Kapitelinhalte. Abbildung 11.3 zeigt die Vignette von Kapitel 18 und Abb. 11.8 die Vignette von Kapitel 5.

Zu sehen ist ein Raum in dem sich drei Personen befinden. Eine steht im Vordergrund rechts im Bild. Sie wendet sich einem von der Decke hängenden Pendel zu. Links sitzt eine Person an einem Tisch und arbeitet mit einem Zirkel. Sie konstruiert einen Zykloidenbogen, die sich als Figur 59 in den Graphiktafeln der *Institutions de physique* wiederfindet.[48] Neben dieser Person – aus Sicht des Betrachters hinter ihr

---

[48] Siehe Abb. 11.7.

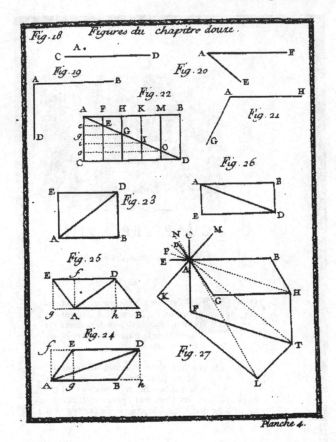

Abb. 11.4 *Institutions de physique* (1740), Tafel 4

– steht ein dritter Mann. Sein Blick ist auf eine an der Wand hängende Penduluhr gerichtet. Das Bild verweist auf die Kapitelüberschrift „Von der Pendelbewegung" ("De l'Oscillation des Pendules").

Nach der Kapitelnummer und der Kapitelüberschrift folgen viele kurze durchnummerierte Abschnitte. Sie beinhalten Definitionen, Beschreibungen von Eigenschaften und Gesetzmäßigkeiten. Insgesamt umfassen die *Institutions de physique* 475 Seiten. Die zweite Ausgabe ergänzen 167 Seiten mit dem Briefwechsel von Mairan und du Châtelet. Neben dem Inhaltsverzeichnis gibt es einen ausführlichen Index und in der zweiten Ausgabe eine Liste der Errata.

Auf elf Tafeln sind geometrische Figuren zu den einzelnen Kapiteln abgedruckt. Abbildung 11.4 zeigt als Beispiele die Figuren zu Kapitel 12, in dem die Eigenschaften der Bewegung behandelt sind.

Die Strukturierung ähnelt z. B. der in den Lehrwerken von Wolff, die sich du Châtelet neben Rohaults Lehrwerk zum Vorbild genommen hat.[49] Abbildung 11.5

---

[49] Siehe das Zitat in Abschn. 11.4.

§4 Das 2. Cap. Von den ersten

der unterschieden sind. Ein jeder wird bey
sich selbst befinden, daß, so bald er annim:
met, es sollen verschiedene Dinge zugleich
seyn, er sich eines ausser dem andern vorstel:
let, und eben darum, weil es ihm unmöglich
fället zu gedencken, es könten zwey verschie:
dene Dinge eines allein seyn (§. 10. 17.), es
ihm auch unmöglich ist, sich eines in dem an:
dern vorzustellen.

Was der
Raum ist.

§. 46. Indem nun viele Dinge, die zu:
gleich sind, und deren eines das andere
nicht ist, als ausser einander vorgestellet
werden (§. 45.); so entstehet dadurch un:
ter ihnen eine gewisse Ordnung, dergestalt
daß, wenn ich eines unter ihnen für das erste
annehme, alsdenn ein anderes das andere,
noch ein anderes das dritte, noch ein an:
deres das vierte wird, und so weiter fort.
Und so bald wir uns diese Ordnung vorstel:
len; stellen wir uns den Raum vor. Da:
her, wenn wir die Sache nicht anders an:
sehen wollen, als wie wir sie erkennen; so
müssen wir den Raum für die Ordnung
derer Dinge annehmen, die zugleich sind.
Und also kan kein Raum seyn, wenn nicht
Dinge vorhanden sind, die ihn erfüllen: un:
terdessen aber ist er doch von diesen Dingen
unterschieden (§. 17.).

Was der
Ort ist.

§. 47. Auf solche Weise erhält ein jedes
Ding eine gewisse Art, wie es mit andern
zugleich ist, so, daß keines unter den übri:

gen

Abb. 11.5 *Deutsche Metaphysik* (1751), S. 24

zeigt einen Auszug aus Wolffs *Deutscher Metaphysik*. Es handelt sich um eine Seite aus dem zweiten Kapitel mit der Definition des Raumes. Ein Vergleich der beiden Abb. 11.5 und 11.3 macht sichtbar, dass hier die gleichen Strukturierungselemente verwendet wurden: nummerierte Paragraphen, Marginalien, die den Haupttext zusammenfassen, und Verweise am Rand auf Tafeln und Figuren. Beide Autoren setzten Definitionen, Sätze und Beweise textlich oder formal nicht ab. Sie sind in den Fließtext eingearbeitet.

11.3 Lehrtradition: Naturphilosophie

Während Lehrbücher wie das von Nicolas Guisnée im Kontext einer wissenschaftlichen Institution entstanden sind und sich schon dadurch leichter etablierten, sind die *Institutions de physique* ein Lehrbuch ohne institutionellen Rahmen entstanden.[50] Der Grund dafür ist vor allem der, dass du Châtelet außerhalb der Akademie der Wissenschaften und der Universität bewegte.[51] Dennoch ist ihr Lehrbuch mit der akademischen und naturphilosophischen Lehr- und Vermittlungtradition verbunden.

Als die *Institutions de physique* 1740 erschienen, war der wissenschaftliche Bedeutungsverlust der Metaphysik durch die methodischen und paradigmatischen Veränderungen innerhalb der Naturphilosophie zu spüren. Metaphysische Erkenntnisse galten nunmehr als weniger gewiss, als experimentell und mathematisch begründete Aussagen über die Natur. Dies führte dazu, dass Mitte des 18. Jahrhunderts die große französische Enzyklopädie kaum noch auf Lehrbücher verwies, die sich an einem metaphysischen System orientierten. Sie empfahl Lehrbücher der experimentellen Naturphilosophen: Musschenbroek, 's Gravesande und Nollet.[52] Nollet mied in seinen *Leçons de physique expérimentale* (1745) sogar ausdrücklich metaphysische Themen. Interessierte verwies er auf die *Recherche de la vérité* (1674–1675) von Malebranche (1638–1715).[53] Am Ende des 18. Jahrhunderts war die Metaphysik dann weder Grundlage noch Ziel der modernen Naturphilosophischen Lehre und Forschung.

Auch an den höheren Bildungsinstitutionen zeigte sich der wissenschaftliche Statusverlust der Metaphysik. Die ‚a priorischen' Ursachen für das Wirken der Natur gehörten im 18. Jahrhundert nur noch selten zum naturphilosophischen Lehrplan. Die wahrnehmbaren, physikalischen Ursachen und die Vermittlung mathematischer Grundkenntnisse bekamen einen größeren Stellenwert in den Unterrichtsplänen.[54] Kurz: Je mehr sich die moderne Physik etablierte, desto geringer schätzte man die Metaphysik.

Aus der Perspektive dieser Entwicklung erscheint du Châtelets Plädoyer für die metaphysische Grundlegung der modernen Mechanik anachronistisch:

---

[50] Siehe Abschn. 8.2.1.

[51] Vgl. hierzu Terrall, 1995b u. Petrovich Crnjanski, 1999.

[52] Vgl. Diderot und Alembert, 1755, Stichwort: élements.

[53] Vgl. Wade, 1977, S. 532–533.

[54] Vgl. Brockliss, 1987, S 205–215.

Ich habe daher gedacht, damit beginnen zu müssen, Ihrem Blick dem metaphysischen Dach-
first zu nähern, damit keine Wolke Ihren Geist verdunkelt, so dass Sie mit einem klaren und
sicheren Blick die Wahrheiten sehen können, in denen ich Sie unterrichten will.[55]

Der Bedeutungsverlust der Metaphysik war du Châtelet bekannt und bewusst und
sie sah sich genötigt, ihren Standpunkt zu rechtfertigen. In einem Brief an Friedrich II, dem sie 1740 einen Probedruck der *Institutions de physique* sandte, schrieb
sie:

Da ich aber überzeugt bin, dass die Physik nicht von der Metaphysik zu trennen ist, auf der
sie gründet, wollte ich ihm [meinem Sohn, FB] eine Idee der Metaphysik des Herrn Leibniz
vermitteln, die, ich gebe es zu, die einzige ist, die mich befriedigt, auch wenn mir immer
noch einige Zweifel bleiben.[56]

Hiermit zeigt du Châtelet eine Haltung, die ihre Prägung durch die kartesianische
Naturphilosophie des 17. Jahrhunderts offenbart. Nach der naturphilosophischen
Lehrtradition waren Metaphysik, Ethik, Logik und aristotelische Naturphilosophie
die Grundpfeiler der philosophischen Ausbildung an den Universitäten und Kollegien. Deren Didaktik hatte die rationalistische Philosophie Descartes im 17. Jahrhundert dahingehend verändert, dass die philosophische Ausbildung nicht mehr mit
der Metaphysik abschloss. Sie sollte vielmehr die Grundlage der Naturphilosophie
sein und zuerst unterrichtet werden.[57]

Im Gegensatz zur Naturlehre betrachtete man die Metaphysik als eine abstrakte
und schwierige Wissenschaft. Sie gliedert sich in Ontologie, Theologie und Psychologie. Für die *Institutions de physique* hat die erkenntnistheoretische Ontologie
Bedeutung. Sie befasst sich mit den Prinzipien der Erkenntnis, des Seins, der Essenz
und Existenz, der Rationalität, der Möglichkeit und den Attributen. Ab der Mitte des
17. Jahrhunderts kamen die Fragen nach den Ursachen der Bewegung und der Zeit
dazu.[58] Es sind genau die Themen, die von du Châtelet in den *Institutions de physique* behandelt werden.[59]

Neben der Mathematik galt auch die Metaphysik im 17. Jahrhundert als Schule
des synthetischen und analytischen Denkens.[60] Weil man noch im 17. Jahrhundert
der Vernunft den Vorrang vor der empirischen Anschauung einräumte, sollten die
abstrakten Wissenschaften Mathematik und Metaphysik vor der Betrachtung der
Natur gelehrt und erlernt werden. Weil die Deduktion in der mechanistischen Na-

---

[55] „J'ai donc crû devoir commencer par le [le faîte metaphysique; FB] rapprocher de votre vûe,
afin que aucun nuage obscurcissant votre esprit, vous puissiez voir d'une vue nette, & assurée, les
verités dont je veux vous instruire." Châtelet, 1988, § 12, S. 14.

[56] „Mais comme je suis persuadée que la physique ne peut se passer de la métaphysique, sur
laquelle elle est fondée, j'ai voulu lui donner une idée de la métaphysique de mr de Leibnitz, que
j'avoue être la seule que m'ai satisfaite, quoiqu'il me reste encore bien des doutes." Du Châtelet
an Friedrich II, Versailles, 25. April 1740, Bestermann, 1958, Bd. 2, Brief 237, 13.

[57] Vgl. Brockliss, 1987, S. 187 u. Dainville, 1964, S. 36.

[58] Vgl. Brockliss, 1987, S. 205–215.

[59] Siehe dazu die Kapitelüberschriften in Abschn. 11.7.

[60] Vgl. Brockliss, 1987, S. 187 u. Dainville, 1964, S. 36.

turphilosophie Descartes so bedeutsam war, galt das metaphysische Räsonieren als wichtiges methodisches Werkzeug, um richtig und vernunftgemäß zu denken.[61]

Du Châtelets Verbundenheit mit der naturphilosophischen Lehrtradition zeigt sich am Inhalt und Aufbau der *Institutions de physique*. Sie behandeln zuerst die Metaphysik und anschließend die Mechanik. Man sieht sie aber auch an der Auslassung der Optik. Die Optik war zwar in der ersten Hälfte des 18. Jahrhunderts ausgesprochen populär, aber als angewandte Mathematik in der Wissenschaftshierachie der Mechanik nachgeordnet.[62] Die Optik sucht nach quantitativen Veränderungen und forscht nicht nach den Ursachen. Das wissenschaftliche Interesse du Châtelets galt aber den abstrakten Wissenschaften und der Suche nach den Ursachen der Naturerscheinungen.

11.4 Vorbilder: Lehrbücher Wolffs und Rohaults

Die Lehrbücher ihres Zeitgenossen, des deutschen Philosophen Christian Wolff, und das französische Standardlehrwerk der Naturphilosophie, der *Traité de physique* (1671) von Jacques Rohault, nahm sich du Châtelet in unterschiedlicher Weise zum Vorbild für ihr eigenes Lehrbuch.

Nachdem sie die Philosophie Christian Wolffs in der zweiten Hälfte der 1730er Jahre kennengelernt hatte, überzeugte sie schließlich dessen rationale Metaphysik. Anfänglich hatte sie Wolff noch als Phrasendrescher bezeichnet.[63] Am Ende beeindruckten sie seine Lehrbücher und sie beeinflussten ihr Lehrbuch konzeptionell, wie sie an Friedrich II. schrieb:

> Ich habe die Absicht, auf Französisch eine vollständige Philosophie im Stile des Herrn Wolffs herauszugeben. Allerdings mit einem Schuss Französisch. Ich bemühe mich, diesen klein zu halten. Mir scheint, dass uns ein derartiges Werk fehlt. Aber die [Werke, FB] von Wolff verletzen die französische Leichtigkeit allein schon durch ihre Form. Aber ich bin überzeugt, dass meine Landsleute diese genaue und strenge Art des Räsonierens mögen, wenn man sich darum bemüht, sie nicht durch Wörter wie Lemmata, Theoreme und Beweise zu entsetzen, die außerhalb ihrer Sphäre zu sein scheinen, wenn man sie außerhalb der Geometrie verwendet. Dennoch ist es sicher, dass der Gang des Geistes für alle Wahrheiten der gleiche ist. Es ist viel schwieriger, ihn zu entwirren und ihm in denen [den Wahrheiten, FB] zu folgen, die nicht dem Kalkül unterworfen sind. Aber diese Schwierigkeit muss

---

[61] Zur Metaphysik Descartes vgl. Vorländer, 1963–67, Bd. 3, Teil 1.

[62] Vgl. Lind, 1992, S. 24. Algarotti und Voltaire hatten 1737 und 1738 ihre erfolgreichen allgemeinverständlichen Lehrbücher zu Newtons Optik verfasst. Im gleichen Jahr wie Voltaires Buch erschien Robert Smiths (1689–1768) vierbändiges *Complete System of Opticks* (1738), auf das Desaguliers seine Leser im zweiten Teil des *Cours* hinweist (vgl. Gillispie, 1970–1980, Eintrag: Desguliers, Bd. 4, S. 45). Smiths Buch galt allgemein als verständlichstes und umfassendstes Lehrbuch zur Optik und war im Besitz vieler bekannter Wissenschaftler. Die Geschwister William und Caroline Lucretia Herschel (1750–1848) arbeiteten mit ihm (vgl. Gillispie, 1970–1980, Bd. 12, S. 477 u. 413). Abraham Gotthelf Kaestner (1719–1800) fertigte 1755 eine deutsche Übersetzung an: *Vollständiger Lehrbegriff der Optik mit Änderungen und Zusätzen*. Eine französische Fassung erschien 1767.

[63] Siehe das Zitat in Abschn. 10.1.

die denkenden Personen ermutigen, die alle spüren müssen, dass eine Wahrheit niemals zu teuer erkauft ist.[64]

Wolff war zwischen 1725 und 1750 der wichtigste und bekannteste deutsche Philosoph. Seine Lehrwerke haben ihn – zumindest in Deutschland – zum meistgelesenen Autor wissenschaftlicher Bücher gemacht. Sein Ruhm als Lehrbuchautor gründet auf seinen allgemeinverständlichen, deutschsprachigen Lehrwerken: *Vernünfftige Gedancken von den Kräften des menschlichen Verstandes* (1713) und *Vernünftige Gedanken von Gott, der Welt und der Seele des Menschen, auch allen Dingen überhaupt* (1720). Sie erschienen in zahlreichen Ausgaben und Übersetzungen. Auszugsweise auch in verschiedenen Anthologien.[65] Seinen prägenden Einfluss auf die Schulphilosophie und die institutionelle Ausbildung in Deutschland begründen aber seine lateinischen Lehrbücher, darunter das von du Châtelet studierte *Opus metaphysicum* sowie seine mathematischen Lehrbücher.[66]

Die vom Kartesianismus geprägte Marquise sprachen die Rationalität der Wolffschen Philosophie und Wolffs Art der Darstellung an. Sie übernahm Wolffs metaphysisches Ordnungsprinzip, das von den ersten Prinzipien über die Begriffe zu Gott und der Welt führt. Entsprechend gliederte sie die *Institutions de physique*, deren Inhaltsverzeichnis in Abb. 11.6 zu sehen ist. Es folgt der philosophischen Systematik in Wolffs *Deutscher Metaphysik* und *Ontologie*.[67] Auch methodisch und konzeptionell griff sie Wolffs mathematische Methode als erkenntnis- und argumentationsleitend auf.[68]

Du Châtelet beschränkte sich auf die ihr wesentlich erscheinenden Aspekte der Metaphysik. Die zweibändige *Deutsche Metaphysik* und die *Ontologie* von Wolff sind als dezidiert metaphysische Lehrwerke weitaus umfangreicher als die *Institutions de physique*. Sie umfassen mehr als 700 Seiten. Du Châtelet übernahm lediglich Inhalte, die in Kapitel zwei und sechs der *Deutschen Metaphysik* behandelt werden: „Wie wir erkennen, daß wir sind und was uns diese Erkenntnis nutzet" und „Von Gott".

Du Châtelet zeigte sich von dem formalen und strengen Aufbau der Lehrwerke Wolffs beeindruckt, eine Art Markenzeichen des Philosophen. Obwohl sie die for-

---

[64] „J'ai le dessein de donner en français une philosophie entière dans le goût de celle de mr Wolf, mais avec une sauce française. Je tâcherai de faire la sauce courte; il me semble qu'un tel ouvrage nous manque; ceux de mr Wolf rebuteraient la légèreté française par la forme seule; mais je suis persuadée que mes compatriotes goûteront cette façon précise & sévère de raisonner, quand on aura soin de ne les point effrayer par les mots de lemmes, de théorèmes, & de démonstrations, qui nous semblent hors de leur sphère quand on les emploie hors de la géométrie. Il est cependant certain que la marche de l'esprit est la même pour toutes les vérités; il est plus difficile de la démêler & de la suivre dans celles qui ne sont point soumises au calcul; mais cette difficulté doit encourager les personnes qui pensent, & qui doivent toutes sentir qu'une vérité n'est jamais trop achetée." Du Châtelet an Friedrich II, Brüssel, 11. August 1740, Bestermann, 1958, Bd. 2, Brief 244, 24.

[65] Zu den französischen Übersetzungen siehe Abschn. 10.1. Vgl. außerdem Wolff, 2003, Einleitung, S. 1–7.

[66] Vgl. Nobre, 2004 u. Sommerhoff-Benner, 2002.

[67] Zum Aufbau und zur Struktur von Wolffs Metaphysik vgl. École, 1986, S. 121–123.

[68] Vgl. Châtelet, 1988, Kap. 1. Zur „Philosophia Leibnitio-Wolffiana", vgl. École, 1986, S. 6–7.

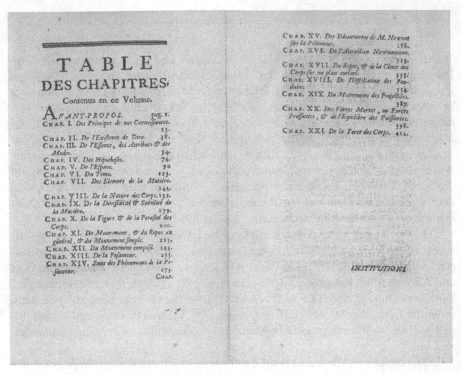

Abb. 11.6 *Institutions de physique* (1740), Inhaltsverzeichnis

male Strenge schätzte, war sich du Châtelet bewusst, dass Wolffs Art der Darstellung in dessen allgemeinverständlichen Lehrbüchern mit der französischen, insbesondere der höfischen Lehrbuchtradition bricht. Sie war überzeugt, dass sie dem Geschmack und den Erwartungen eines französischen Lesepublikums nicht entsprach. Eine gewissen Anpassung war erforderlich.[69]

Wolff konzipierte seine Lehrbücher nach der sogenannten mathematischen Methode. Er betrachtete sie nicht nur als Erkenntnismittel, sondern auch als Methode der Strukturierung und Anordnung des Wissens. In seinen Lehrbüchern verwandte der überwiegend Nominal- und Realdefinitionen, aus denen er mit Hilfe weniger Axiome Schlussfolgerungen erstellte.[70] Gelungene Lehrwerke zeichneten sich für ihn dadurch aus, dass sie durch die Strukturelemente Definition, Axiom, Prinzip, Lehrsatz und Beweis gegliedert sind.[71] Seine Lehrwerke bleiben wissenschaftsimmanent. Nach seiner Auffassung hatte die Didaktik die Aufgabe, Wissen zu systematisieren und zu rechtfertigen. Daher war für ihn die mathematische Methode zugleich auch die beste pädagogische und didaktische Methode, weil sie als einzige eine wissenschaftliche Systematik impliziert.[72]

---

[69] Siehe das Zitat in Abschn. 11.4.

[70] Vgl. Lind, 1992, S. 27.

[71] Vgl. Lind, 1992, S. 26–27.

[72] Vgl. Lind, 1992, S. 26.

Den Lehrstoff stellte Wolff voraussetzungsgebunden dar und als logisch zusammenhängendes System. Damit folgte er seinem didaktischen Grundgedanken: Vermittlung erfolgt durch logische Argumentation. Durch die Beweise von Sätzen entsteht ein zusammenhängendes Wissenssystem.[73] Diese Darstellungsweise machte seine mathematischen Lehrwerke zur damaligen Zeit bemerkenswert. Sie waren keine losen Sammlungen von Lehrsätzen und gelösten Problemen mehr. Bei ihm wurde die Mathematik zu einem zusammenhängenden, logischen System aus bewiesenen Aussagen.[74]

So kann man den Rationalisten Wolff als Vertreter einer strengen Sachdidaktik bezeichnen. Ihm ging es weder um einen möglichen Verwendungszusammenhang des dargestellten Wissens, noch um eine adressatengebundene Darstellung. Diese didaktische Haltung war der Grund, dass das von seinem Freund, Graf Christoph von Manteuffel (1676–1749) angedachte Projekt, eine ‚Philosophie für Damen' zu verfassen, scheiterte. Eine adressatenorientierte Philosophie für Damen, hätte zur damaligen Zeit bedeutet, sich an der höfischen Didaktik zu orientieren. Dies hätte von der rationalen, sachorientierten Darstellung fortgeführt. Die Allgemeingültigkeit und Universalität der wissenschaftlichen Erkenntnisse wäre damit in Frage gestellt worden. Wolff hätte sich der Frage stellen müssen, warum Damen, die als Menschen rationale Wesen sind, einen anderen Zugang zum Wissen benötigen, als den gemäß der mathematischen Methode.[75]

Mit ihrer inhaltlichen und strukturellen Orientierung an Wolff unterstrich du Châtelet den Anspruch der *Institutions de physique*, eine wissenschaftliche Einführung zu sein, die durchaus an Universitäten und Akademien Verwendung finden könnte.

Wolffs Lehrwerke und Didaktik waren Ende der 1730er Jahre in Frankreich eher unbekannt. Weitaus bekannter war der Name Jacques Rohault und sei Lehrbuch, der *Traité de physique* (1671), das Abschn. 9.2.2 vorstellt. Mit der expliziten Bezeichnung ihres Lehrwerks als Nachfolger dieses kartesianischen Standardlehrbuchs formulierte du Châtelet ein kühnes, fast vermessenes Anliegen. Die *Institutions de physique* präsentierte sie im Vorwort als modernen und aktualisierten *Traité de physique*, die eine Lücke im französischen Lehrbuchmarkt schlössen.[76] An Friedrich II schrieb sie dazu:

> Weil ich ihm [meinem Sohn, FB] die Elemente der Physik lehren wollte, war ich genötigt, ein [Buch, FB] zusammenzustellen, da es weder eine vollständige Physik auf Französisch noch eine seinem Alter angemessene gibt.[77]

Ein kühnes Anliegen und eine geschickte Parallelisierung. Nach den Inhaltsverzeichnissen zu urteilen, folgte du Châtelet thematisch dem ersten Band von Rohaults

---

[73] Vgl. Lind, 1992, S. 25–27.

[74] Vgl. Lind, 1992, S. 25–27.

[75] Zu Wolffs Projekt einer Damenphilosophie vgl. École, 1983. Vgl. auch Rogers, 2003 zu diesem Thema.

[76] Vgl. Châtelet, 1988, § 3, S. 4.

[77] „Voulant lui apprendre les éléments de la physique, j'ai été obligée d'en composer une, n'y ayant point en français de physique complète, ni qui soit à la portée de son âge;" du Châtelet an Friedrich II, Versailles, 25. April 1740, Bestermann, 1958, Bd. 2, Brief 237, S. 13.

mehrbändigen Lehrwerk.[78] Allerdings unterscheiden sich die beiden Lehrbücher konzeptionell. Rohault legt viel mehr Wert auf die mathematisch-experimentelle Methode der modernen Naturphilosophie. Sie soll mit seinem Buch vermittelt werden. In den *Institutions de physique* hat diese Methode nur eine marginale Bedeutung und keinen Vermittlungswert.[79]

Eigentlich hatte du Châtelet geplant, entsprechend ihres Vorbildes, mit den *Institutions de physique* ein mehrbändiges Lehrwerk zu verfassen. In ihnen hätte sie die anderen Bände des *Traité* vermutlich inhaltlich aufgegriffen.[80] Dies bestätigt der von ihr angedachte zweite Band der *Institutions* zur Astronomie.

Im November 1745 ließ sie ihr Lehrbuchprojekt fallen, weil Monnier seine französische Übersetzung von Keills *Introductio ad veram physicam* herausgab. Du Châtelet vertrat die Ansicht, dass damit ein zweiter Band ihres Lehrwerks überflüssig war.[81] Die Fortsetzung der *Institutions de physique* wäre wohl kaum erfolgreich gewesen. Keill galt als Schüler Newtons und war allenthalben hochgelobt. Sein Lehrbuch war unter den Gelehrten weithin bekannt und anerkannt. Keills Buch war eine zu große Konkurrenz für ein Lehrbuch, dass außerhalb der Bildungsinstitutionen von einer Frau verfasst war.

11.5 Didaktik: Rationalität vs. Unterhaltung

Der Kartesianismus und Rationalismus Wolffs haben du Châtelet geprägt. Dies ist auch am didaktischen Konzept der *Institutions de physique* spürbar. Du Châtelet glaubte an die erkenntnisleitende Kraft der Vernunft. Mit Wolff war sie überzeugt, dass das rationale Wissen auf rationale Weise zu vermitteln ist. Diese Überzeugung zeigt sich im Vorwort der *Institutions* anhand der verwendeten Begriffe. Die ‚raison' steht im Gegensatz zu dem psychologischen Begriff ‚esprit', der geistige Wendigkeit, Finesse und Brillianz meint.[82] Weiterhin unterstreichen die Wörter Urteilskraft („entendement")[83], Vernunft („raison")[84] und rationales Wissen („savoir") du Châtelets Betonung der Ratio.[85] Im Vorwort ist auch die Rede von Erkenntnis der Wahrheit und die Gewohnheit, die Wahrheit zu erforschen („connaissance de la vérité et l'habitude de la rechercher").[86]

---

[78] Zum Inhaltsverzeichnis des *Traité de physique* siehe Abschn. 9.2.2 f.

[79] Siehe dazu Abschn. 11.6 und 11.7.

[80] Zur Mehrbändigkeit der *Institutions de physique* siehe das Zitat in Abschn. 11.4. Vgl. außerdem du Châtelet an Friedrich II., Versailles, 25. April 1740, Bestermann, 1958, Bd. 2, Brief 237, S. 13 u. du Châtelet an François Jacquier, Cirey, November 1745, Châtelet, 1988, Bd. 2, Brief 347, S. 143.

[81] Siehe Abschn. 9.5.3. Vgl. auch du Châtelet an François Jacquier, Cirey, November 1745, Châtelet, 1988, Bd. 2, Brief 347, S. 143.

[82] vgl. Engler, 1984, S. 362). Vgl. auch das Zitat in Abschn. 11.5.

[83] Châtelet, 1988, § 2, S. 3.

[84] Châtelet, 1988, § 4, S. 5.

[85] Châtelet, 1988, § 5, S. 5.

[86] Châtelet, 1988, § 4, S. 5.

So geht die an Wolff orientierte Didaktik du Châtelets davon aus, dass der Gegenstand der Wissensvermittlung um so verständlicher ist, je rationaler und sachlicher er vermittelt wird. Dennoch wollte sie, ähnlich der populären, allgemeinverständlichen Lehrbücher der höfischen Wissenschaften, die die moderne Naturphilosophie einem breiteren Lesepublikum zugänglich machen.[87] Aber sie wollte diesem Publikum auch einen Wissenszugang jenseits der populären, höfischen Wissenschaftsform ermöglichen.[88] Die höfische, unterhaltende Didaktik lehnte sie für sich sogar explizit ab:

> Ich habe nicht beabsichtigt, in diesem Buch geistvoll zu sein, sondern Vernunft zu haben. Und ich halte genügend große Stücke von der Ihrigen, um zu glauben, dass Sie in der Lage sind, die Wahrheit unabhängig von jeglichem fremden Ornamentes, mit dem man sie in unseren Tagen überhäuft, zu ergründen. Ich habe mich damit begnügt, die Dornen zu entfernen, die Ihre zarten Hände hätten verletzen können. Aber ich habe nicht geglaubt, dort fremde Blumen einsetzen zu müssen, und ich bin überzeugt, dass ein guter Geist, wie schwach er auch noch sein mag, mehr Freude findet und ein befriedigenderes Vergnügen in einem klaren und präzisen Gedankengang – den er leicht macht –, als in einem deplazierten Scherz.[89]

Damit nahm sie in Kauf, dass durch ihre Form der Wissensdarstellung ihr Lehrbuch kein Bestseller werden würde, wie die *Entretiens sur la pluralité des mondes* von Fontenelle. Ihr Lehrbuch, war nicht für „tout le monde" geschrieben, sondern für jeden Mensch, wenn er dem richtigen, vernunftmäßigen Denken folgen will.[90] Damit folgte sie dem didaktischen Diskurs der Zeit, der die Verantwortung für den Lernprozess nicht nur bei dem Wissensvermittler sah, sondern auch beim Lernenden. Der Prozess der Wissensaneignung musste lediglich durch eine rational begründete und strukturierte Darstellung unterstützt werden, denn sie hilft zu verstehen und zugleich der Ausbildung der Vernunft. Mit dieser Vorstellung vom Lehren verband auch du Châtelet den emanzipatorischen Gedanken, dass die Rationalität in der Darstellung und die ausgebildete Vernunft, den Menschen von gesellschaftlichen und religiösen Zwängen befreit und von den Autoritäten unabhängig macht:[91]

> Man darf den Worten von Niemandem blind vertrauen. Immer muss man selbst prüfen, indem man die Betrachtungen beiseite legt, die einen berühmten Namen immer begleiten.[92]

---

[87] Vgl. Châtelet, 1988, § 2, S. 3.

[88] Zum Facettenreichtum der Wissensvermittlung in der Neuzeit vgl. etwa den Konferenzband Diffusion. Zur Bedeutung der allgemeinverständlichen, populären und populärwissenschaftlichen Bücher vgl. Rousseau, 1982 u. Kleinert, 1974.

[89] „Je n'ai point songé dans cet Ouvrage à avoir de l'esprit, mais à avoir raison; & j'ai fait assez de cas de la vôtre pour croire que vous étiez capable de rechercher la verité indépendamment de tout les ornemens étrangers dont on l'a accablée de nos jours. Je me suis contentée d'écarter les épines qui auroient pu blesser vos mains délicates, mais je n'ai point cru devoir y substituter des fleurs étrangères, & je suis persuadée qu'un bon esprit quelque faible qu'il soit encore, trouve plus de plaisir, & un plaisir plus satifaisant dans un raisonnement clair & précis qu'il faisoit aisément, que dans une plaisanterie déplacée." Châtelet, 1988, § 11, S. 12.

[90] Zur Leserschaft siehe weiter unten in diesem Abschnitt, insbesondere das Zitat von Clairaut in Abschn. 11.6.

[91] Vgl. Lechner, 1988.

[92] „il ne faut en croire personne sur sa parole, mais qu'il faut toujours examiner par soi-même, en mettant à part la considération qu'un nom fameux emporte toujours avec lui." Châtelet, 1988, §10, 11.

Neben diesem emanzipatorischen Aspekt hatte das Studium der Wissenschaften für du Châtelet auch den Zweck, die Langeweile zu vertreiben, zu der der verordnete Müßiggang den Adel verdammte. Dem französischen Adel, insbesondere den adeligen Frauen war es nicht erlaubt, zu arbeiten.[93] So bot die wissenschaftliche Beschäftigung, in den Lehrwerken als genuine Beschäftigung des Müßiggängers umdefiniert,[94] die Möglichkeit einer sinnvollen Tätigkeit nachzugehen und intellektuelle Freude und Befriedigung zu erfahren:

> Ihren Geist muss man frühzeitig daran gewöhnen, zu denken und sich selbst zu genügen. Dann spüren Sie während ihres gesamten Lebens, welche Hilfe und welchen Trost man in ihm findet, welche Annehmlichkeiten und Freude das Studium bereiten kann.[95]

Die Wahl ihres Vermittlungsgegenstandes begründete du Châtelet mit dem allgemeinbildenden Wert der Naturphilosophie, für die sich die gute Gesellschaft interessiere.[96] Die Physik sei zur ‚Wissenschaft der guten Gesellschaft' („science du monde") avanciert.[97] Sie habe außerdem weitreichende Bedeutung für den Menschen, weil sie sich mit den Dingen befasst, die ihn umgeben und von denen er abhängig ist.[98] Ähnlich wie Locke in seinem Erziehungsplan betrachtete du Châtelet damit die Vermittlung der Naturphilosophie als einen Bestandteil der standesgemäßen Erziehung.[99] So wollte sie zumindest die grundlegenden, naturphilosophischen Konzepte darstellen und vermitteln. Das Buch sollte als Einführung die Leserinnen und Leser befähigen, die Naturphilosophie grundlegend kennenzulernen und bei Interesse fürderhin eigenständig zu studieren:[100] „Ich biete mich an, Ihnen *weniger was man gedacht hat, als das, was man wissen muss*, verständlich zu machen."[101]

Wichtig erschien es du Châtelet in diesem Zusammenhang zu betonen, dass die Naturphilosophie noch kein abgeschlossenes Wissen darstelle. Als Wissenschaft befände sie sich in einem beständigen Prozess der Weiter- und Fortentwicklung.[102]

Trotz ihrer Auffassung, dass eine sachliche und rationale Darstellung des Wissens jedem zugänglich sei, war du Châtelet auch eine Pädagogin. Sie wandte sich mit ihrer Darstellung an einen bestimmen Adressatenkreis, an den sie ihre Darstellung anpasste. Allerdings orientiert sie sich weniger an dessen Kulturidealen, als an

---

[93] Vgl. Eamon, 1994, Kap. 9.

[94] Siehe Abschn. 4.4.

[95] Il faut accoutumer de bonne heure votre esprit à penser, & à pouvoir se suffire à lui-même, vous sentirez dans tous les tems de votre vie quelles ressources & quelles consolations on trouve dans l'Etude, & vous verrez qu'elle peut même fournir des agrémens, & des plaisirs." Châtelet, 1988, §2, 2.

[96] Zur Verbreitung naturwissenschaftlicher Themen in der Gesellschaft im 18. Jahrhundert vgl. auch Damme, 2005, S. 157–158.

[97] Vgl. Châtelet, 1988, § 4, S. 5.

[98] Vgl. Châtelet, 1988, § 1, S. 3.

[99] Siehe Abschn. 3.8. Zum Bildungsideal des Adels zu dem auch die naturphilosophische Bildung gehört vgl. auch Scheffers, 1980, S. 11.

[100] Vgl. Châtelet, 1988, S. 3–5.

[101] „Je me propose de vous faire connaitre, *moins ce qu'on a pensé que ce, qu'il faut savoir* [sic]." Châtelet, 1988, § 5, S. 5.

[102] Vgl. Châtelet, 1988, Vorwort, § 8 u. 9, S. 9 u. 10.

dessen Vorwissen. Wer ihr Adressat war, zeigt folgende Textstelle aus einem Brief an Friedrich II:

> Eure Hoheit werden durch das Vorwort bemerken, dass dieses Buch ausschließlich zur Erziehung des einzigen Sohnes bestimmt ist, den ich habe und den ich mit größter Zärtlichkeit liebe: Ich habe geglaubt, dass ich ihm von dieser keinen größeren Beweis geben könnte, als dafür zu sorgen, ihn ein wenig weniger unwissend zu machen als es unsere Jugend normalerweise ist. [103]

Ihr Sohn ist der explizite Adressat ihres Lehrbuchs, der aber als pädagogische Figur interpretiert und als Archetyp ihres Adressaten angesehen werden kann. Er repräsentiert die Adressatengruppe du Châtelets: junge Leute von Stand.[104]

Ob du Châtelet ihr Lehrbuch tatsächlich für ihren Sohn schrieb wird somit unerheblich. Konzeptionell ist du Châtelet an Florent-Louis-Marie ausgerichtet.[105] Seine bisherige Ausbildung und sein Wissensstand leiten die Darstellung. Sein Alter, sein Geschlecht und seine Herkunft informieren die potentiellen Leser über die Bildungsvoraussetzungen, damit ihre Lektüre gelingt:[106] Lesefähigkeit, Grundkenntnisse in Geometrie, Geographie und Astronomie.[107]

Du Châtelet hatte ihren Adressaten nicht zufällig gewählt. Sie zeigte mit ihrer Wahl, dass ihr Lehrbuch nicht für „jedermann" geschrieben war. Vielmehr hat sie es für Menschen mit einer gewissen Vorbildung verfasst. Sie war sich der Bedeutung und Funktion eines Buchadressaten sehr wohl bewusst, wie ihre ihre Kritik der Anrede von „tout le monde" (jedermann) im Titel der *Elémens de la philosophie de Neuton* von Voltaire beweist:

> Die Newtonsche Philosophie ist als einzige würdig, studiert zu werden, weil sie die einzig bewiesene ist. Sie ist von ihm nicht *für jedermann verständlich* dargestellt, wie die holländischen Buchhändler es ankündigten. Aber er enthüllt fasslich für jeden vernünftigen und aufmerksamen Leser ein neues Universum.[108]

Auch Voltaire hatte ein ähnliches Gespür für die Frage nach dem richtigen Adressaten eines Buches. Er beklagte sich ebenfalls über den Titelzusatz von „tout le monde" in der gedruckten Fassung seines Werkes, den der holländische Verleger ohne seine Zustimmung eingefügt hatte.[109]

---

[103] „V.a.r. verra par la préface que ce livre n'était destiné que pour l'éducation d'un fils unique que j'ai, & que j'aime avec une tendresse extrême: j'ai cru que je ne pouvais lui en donner une plus grande preuve qu'en tâchant de le rendre un peu moins ignorant que ne l'est ordinairement notre jeunesse; " Du Châtelet an Friedrich II, Versailles, 25. April 1740, Bestermann, 1958, Bd. 2, Brief 237, S. 13.

[104] Vgl. Châtelet, 1988, Vorwort, S. 1.

[105] Vgl. hierzu Böttcher, 2008 u. zur Adressatin in den höfischen Wissenschaften vgl. Delon, 1981, S. 72–74.

[106] Zur Aussagekraft (Alter, Geschlecht, Stand) von Adressaten naturphilosophischer Lehrbücher im 17. und 18. Jahrhundert vgl. Peiffer, 1992a.

[107] Siehe hierzu Kap. 3.

[108] „La Philosophie Newtonienne, la seule digne d'être étudiée, parce qu'elle est la seule prouvée, mise par lui, non pas *à la portée de tout le monde*, comme les Libraires Hollandois l'annonçoient, mais à la portée de tout Lecteur raisonnable & attentif, va nous découvrir un nouvel Univers." Châtelet, 1738, S. 534.

[109] Vgl.Hamou, 2001, S. 86.

Clairaut hielt du Châtelets Adressatenwahl für unglücklich. 1741 äußerte er sich zu der potentiellen Leserschaft. Er meinte, dass die *Institutions de physique* für Anfänger zu schwierig seien und für die mondäne Gesellschaft, zu der die angesprochenen jungen Adeligen gehörten, für zu wenig unterhaltend:[110]

> Ich habe Ihr Buch voll mit den interessantesten Dingen aus der Physik und der Metaphysik gefunden und es wäre für diejenigen, die ein Studium der Philosophie unternehmen, viel daraus zu gewinnen, sich mit diesen vertraut zu machen. Aber ich fürchte, dies ist schwierig für die Anfänger und vor allem für die Leute der Gesellschaft. Unglücklicherweise sind sie es, die Sie am meisten beurteilen werden. Sie werden Sie für ihre Schwierigkeiten verantwortlich machen und nicht sich selbst, wie sie sollten, worin Sie sich von ihnen unterscheiden.[111]

Auch das folgende Gedankenexperiment zeigt, dass du Châtelet sich mit bedacht in den *Institutions de physique* an ihren Sohn wandte. Denn welche Erwartungen an das Lehrbuch wären geweckt worden, wenn es der Tochter Pauline zugedacht worden wäre? Allein die Vorstellung ist nicht selbstverständlich. Zumeist sprechen die populären, allgemeinverständlichen und unterhaltenden Lehrwerke Mädchen und Frauen explizit als Adressaten an. Ihre didaktischen Konzepte zielen weniger auf Wissensvermittlung denn auf Unterhaltung, wie Peiffer (1991 u. 1992) analysiert hat.[112] Diese Literatur für Frauen bevorzugte die kleinen und didaktischen Genres: Brief und Dialog.[113] So verband man mit einere Adressatin kaum Rationalität, methodische Strenge oder mathematischen Formalismus. Es waren aber gerade diese Aspekte, auf die du Châtelet bei der Darstellung Wert legte. Pauline hätte Erwartungen an Emotionalität, Unterhaltung und Leichtigkeit der Darstellung und Lektüre hervorgerufen.[114]

Weil sie einen männlichen Adressaten wählte, konnte sie die *Institutions de physique* inhaltlich und stilistisch an den akademischen Lehrbüchern orientieren. Sie konnte sich sogar ausdrücklich von dem unterhaltenden, allgemeinverständlichen Genre absetzen. Sie nutzte keine fesselnde Erzähltechnik, wie etwa Voltaire, der einen elegant-literarischen Sprachstil pflegte und wissenschaftshistorische Elemente in seine Darstellung einflocht.[115] Sie konzentrierte sich auf eine sachliche Darstellung, die sie in Maßen an die Erwartungen des französischen Lesepublikums

---

[110] Zum Schwierigkeitsgrad der *Institutions de physique* siehe auch das Zitat in Abschn. 11.6.

[111] „J'ai trouvé que votre Livre etoit rempli des choses les plus interessantes de la Physique et de la Metaphysique, et qu'il y auroit beaucoup à gagner pour ceux qui entreprennent l'Etude de la Philosophie, à se rendre familiers, mais je crains que cela ne soit difficile aux commençans et surtout aux gens du Monde, malheuresement ce sont eux qui vous jugeront le plus et qui s'en prendront." Zitiert nach Passeron, 2001, S. 192.

[112] Vgl. Peiffer, 1991, Peiffer, 1992a u. Peiffer, 1992b.

[113] In den höfischen Wissenschaften des 17. und frühen 18. Jahrhunderts dominierte in diesem Bereich die Form des Dialogs. Ab Mitte des 18. Jahrhunderts herrschen die Briefsammlung und der Briefroman vor. Beispiele sind: Rousseaus botanische Briefe *Lettres élémentaire sur la Botanique à Madame de L***** (1789) und Eulers *Lettres à une princesse d'Allmagne sur divers sujets de physique & de philosophie* (1768–1774).

[114] Siehe Abschn. 4.3. Vgl. auch Böttcher, 2008.

[115] Vgl. Lind, 1992, S. 34.

anpasste.[116] Dies bedeutet, dass sie in Maßen ihre Leser direkt ansprach, wie folgendes Beispiel illustriert: „Wie Sie sehen werden".[117] Manchmal motivierte sie Darstellung didaktisch und gab Hinweise zum methodischen Nutzen der Argumentation und Vorgehensweise. So verweist sie etwas in Kapitel V über den Raum auf die Beispielhaftigkeit ihrer Argumentation, die zeige, wie man auf der Basis gültiger Prinzipien naturphilosophische Irrtümer erkennt und vermeidet.[118]

11.6 Mathematik: Bedeutung für Inhalt und Form

Als Schwierigkeit für eine Lektüre der *Institutions de physique* hat Clairaut die mathematische Darstellung der Naturphilosophie identifiziert.[119] Du Châtelet verwandte die Geometrie in ihrer Darstellung der Naturphilosophie, da für sie die axiomatisch-deduktive Methode Euklids das Mittel war, um metaphysische und geometrische Gewissheit zu erlangen. Außerdem bot ihr die Geometrie einen Fundus gesicherten Wissens, den sie verwenden konnte. Mathematik hatte daher für du Châtelet eine wichtige Schlüsselfunktion für die Erkenntnisgewinnung und die wissenschaftliche Darstellung. Mathematik bildete die Voraussetzung für das Verständnis der Metaphysik und Mechanik.[120]

Damit unterscheiden sich die *Institutions de physique* von den populären Darstellungen der höfischen Wissenschaften. Diese vermeiden nämlich ausdrücklich die Mathematik und deren Formalismus. Algarotti bezeichnete sie sogar als angsteinflößend und schloss sie von seiner Darstellung der Newtonschen Optik, die eigentlich ausgesprochen mathematisch ist, aus.[121]

Mit dieser Vermeidung unterschätzten die Autoren der unterhaltenden Lehrwerke den Bildungshunger der Leser durchaus. Einige suchten die ernsthafte Auseinandersetzung mit der modernen, mathematisch-experimentellen Naturphilosophie. Sie scheuten sich nicht, die dafür notwendige Mathematik zu studieren. Eine wunderbares Beispiel ist die niederländische Schriftstellerin Isabelle de Charrière (1740–1805). Um 1764 lernte sie die Theorie der Kegelschnitte mit folgendem Ziel:[122] „Ich will unbedingt Newton verstehen."[123] Dazu engagierte sie den Mathematiklehrer und Kartesianer Laurens Praalder (1711–1793), der am Utrechter Stift der „Dame von Reswoude" lehrte.[124]

---

[116] Siehe das Zitat in Abschn. 11.4.

[117] „Comme vous venez de le voir" Châtelet, 1988, Kap. 5, § 77, S. 97.

[118] Vgl. Châtelet, 1988, Kap. 5, § 77, S. 101.

[119] Siehe das Zitat in Abschn. 11.5.

[120] Vgl. Châtelet, 1988, §2, S. 3.

[121] Vgl. Algarotti, 1737, Vorwort.

[122] Zu Charrière vgl. Vissiere, 1994.

[123] „Je veux absolument entendre Newton" de Charrière an David-Louis de Constant d'Hermenches (1722–1785), Charrière, 1979–1984, S. 163.

[124] Vgl. Charrière, 1979–1984, S. 170 u. 558.

Ich bin jedoch sehr viel weiter als Sie glauben würden. Ich studiere mit dem größten Fleiß
alle Eigenschaften der Kegelschnitte. Mein Lehrer, der selten schmeichelt, der kaum höf-
lich ist, hat mir gesagt, niemals bessere Anlagen, je solch schnelle Fortschritte gesehen zu
haben.[125]

Charrières Gründe für ihr Studium ähneln denen du Châtelets und Johanna Charlotte
Unsers (1725–1782).[126] Sie wollte die Wahrheit ergründen. Über ihre Aneignungsbemühungen schrieb sie:

Aber ich kümmere mich nicht einzig zum Vergnügen um diese Wahrheiten. Sobald man
sich um etwas bemüht, ist es beschämend, die Kenntnisse der Natur zu ignorieren. Die
Ausgestaltung, die Gott dem Universum gegeben hat, ist zu schön, als dass ich sie ignorieren
will. Wie Zadig will ich von der Physik wissen, was man zu meiner Zeit von ihr weiß. Dazu
braucht es die Mathematik. Ich mag keine halben Kenntnisse.[127]

Die Bedeutung, die Mathematik für die moderne Naturphilosophie hatte, machte es
diesen drei Frauen unmöglich, die Mathematik bei ihren Aneignungsbemühungen
zu ignorieren.

Für du Châtelet stand es daher außer Frage, die Mathematik von ihrer Darstellung
auszuschließen. Sie beschränkte sich allerdings auf die klassische Geometrie und
einige mathematische Kurven, wie z. B. die Zykloide. Die Algebra und Analysis
mied sie als Beschreibungs- und Begründungssprache in ihrem Lehrbuch, weil sie
sie, mit Blick auf ihre Adressaten, für zu abstrakt und schwierig hielt:

In diesem Buch bemühe ich mich, ihnen diese Wissenschaft zugänglich zu machen. Dazu
lasse ich sie von der bewunderungswürdigen Kunst frei, die man Algebra nennt. Sie trennt
die Dinge von den Bildern, entzieht sich den Sinnen und spricht nur mit dem Verständnis: Sie sind noch nicht in der Lage, diese Sprache, die eher die des Verstandes als die der
Menschen zu sein scheint, zu verstehen. Sie ist den Jahren vorbehalten, die auf die folgen, in denen Sie sich gerade befinden. Aber die Wahrheit kann unterschiedliche Formen
annehmen. Ich habe hier versucht, ihr die zu geben, die Ihrem Alter entsprechen, und, zu
Ihnen nur von den Dingen zu sprechen, die sich einzig mit Hilfe der allgemeinen Geometrie
verstehen lassen, die Sie studiert haben.[128]

---

[125] „Cependant j'y suis beaucoup plus avancée que vous ne croyez, j'étudie avec la plus grande
aplication toutes les propriétés des sections coniques. Mon Maitre qui ne flate point qui n'est point
poli m'a dit n'avoir jamais vu de meilleures dispositions, ni des progrés aussi rapides." Charrière,
1979–1984, S. 170.

[126] Siehe die zweite Marginalie in Kap. 9.

[127] „Mais ce n'est pas pour le plaisir seul que je m'occupe de ces verités [des mathématiques; FB],
je trouve que dés qu'on s'aplique a quelque chose il est honteux de negliger la connoissance de la
nature. L'arrangement que Dieu a mis dans l'univers est trop beau pour que je veuille l'ignorer, je
voudrois comme Zadig savoir de la physique ce que l'on en sait de mon tems, et pour cela il faut
les mathematiques je n'aime pas les demies connoissances." Charrière, 1979–1984, S. 170–171.

[128] „Je tâcherai, dans cet Ouvrage, de mettre cette Science à votre portée, & de la dégager de cet
art admirable, qu'on nomme Algèbre, lequel séparant les choses des images, se dérobe aux sens, &
ne parle qu'à l'entendement: vous n'êtes pas encore à la portée d'entendre cette Langue, qui parait
plutôt celle des Intelligences que des Hommes, elle est réservée pour faire l'étude des années de
votre vie qui suivront celles oú vous êtes; mais la vérité peut emprunter différentes formes, & je
tâcherai de lui donner ici celle qui peut convenir à votre âge, & de ne vous parler que des chose
qui peuvent se comprendre avec le seul secours de la Géométrie commune que vous avez étudiée."
Châtelet, 1988, § 2, S. 3.

Man kann sagen, dass du Châtelets Lehrbuch in der Tradition der geometrisierten Naturphilosophie steht. Sie geht auf Galilei zurückgeht und wurde von Descartes philosophisch begründet. Die mathematische Physik, die die Differential- und Integraltheorie verwendet, befand sich zu du Châtelets Lebzeiten noch in ihren Anfängen und verdrängte erst peu-à-peu die geometrisierte Form der Naturphilosophie. Als ihr erstes Physikbuch gelten die 1788 von Joseph-Louis Lagrange (1736–1813) erschienene *Mécanique analytique*.[129]

In den *Institutions* spricht du Châtelet von der allgemeinen Geometrie. Damit meint sie die klassische, synthetische Form der Geometrie, deren Prototyp die *Elemente* von Euklid sind. Bis weit ins 19. Jahrhundert bildeten sie die Grundlage der mathematischen Kultur und Bildung Europas.[130] Welche Bedeutung du Châtelet ihr als Werkzeug der Welterkenntnis und -erklärung beimaß zeigt das folgende Zitat:[131]

> Mein Sohn, hören Sie niemals auf diese Wissenschaft [die Goemetrie, FB] zu kultivieren, die Sie seit ihrer zartesten Jugend lernen. Vergeblich rühmt man sich, ohne ihre Hilfe große Fortschritte im Studium der Natur zu machen. Sie ist der Schlüssel zu allen Entdeckungen. Wenn es noch einige unerklärliche Dinge in der Physik gibt, dann weil man noch nicht ausreichend versucht hat, sie mittels der Geometrie zu erforschen, und weil man vielleicht noch nicht weit genug in dieser Wissenschaft fortgeschritten ist.[132]

In dieser selbstverständlichen Art und Weise verwendet man die Geometrie in der Naturphilosophie erst seit der Mitte des 17. Jahrunderts. Zuvor hielt man sie – vergleichbar mit der Algebra zu Zeiten du Châtelets – für zu abstrakt. Man meinte, dass sie zur Beschreibung variabler Naturphänomene und -größen nicht taugt. Geometrie galt eher als Teil der Metaphysik, der Formen, Harmonien und Gegenstände im Gegensatz zur Natur in ihrer Vollkommenheit betrachtet. Zwar glaubte man schon an eine geometrische Struktur des Universums, aber man meinte, dass diese der sinnlichen Wahrnehmung nicht zugänglich sei.[133] Mit der ‚wissenschaftlichen Revolution' änderte sich diese Haltung. Immer mehr wurde die Geometrie und die geometrische Methodik zum Mittel der Naturbeschreibung. Lange betrachtete man beispielsweise Raum und Zeit als inhomogene Größen. Im 17. Jahrhundert änderte sich dies. Das Verhältnis von Raum (Weg) und Zeit wurde nunmehr als Geschwindigkeit eines bewegten Körpers interpretiert. Diese neue Betrachtungsweise gilt als ein wichtiger Schritt zur Entwicklung der analytischen Geometrie sowie der Differential- und Integralrechnung.[134]

Wie die Naturphilosophen ihrer Zeit war du Châtelet der Ansicht, dass die Natur ohne Geometrie nur unvollständig verstanden und beschrieben wird. Die Mathe-

---

[129] Vgl. Blay und Halleux, 1998, S. 603–608.

[130] Vgl. Blay und Halleux, 1998, S. 502–510.

[131] Vgl. Châtelet, 1988, § 2, S. 3.

[132] „Ne cessez jamais, mon fils, de cultiver cette Science [la géométrie; FB] que vous avez apprise dès votre plus tendre jeunesse; on se flatteroit en vain sans son secours de faire de grands progrès dans l'étude de la Nature, elle est la clef de toutes les découvertes; & s'il y a encore plusieurs choses inexpliquables en Physique, c'est qu'on ne s'est point assez appliqué à les rechercher par la Géométrie, & qu'on n'a peut-être pas encore été assez loin dans cette Science." Châtelet, 1988, §2, S. 3–4.

[133] Vgl. Mason, 1961, S. 178.

[134] Vgl. Scholz, 1990, Teil II, Kap. 7 u. Volkert, 1987.

matik, Beobachtung und Experiment galten als Mittel der Naturbeschreibung und -erklärung. Die mechanistische Naturphilosophie hatte sich aus diesen drei methodischen Elemente entwickelt. Ihr Prototyp war die Mechanik.

Aus Sicht der Didaktik war es daher selbstverständlich, die Geometrie vor der Naturphilosophie zu unterrichten.[135] Es herrschte die Auffassung, dass die Klarheit und Eindeutigkeit der Geometrie Kindern leichter zugänglich sei, als die relative und vage Naturphilosophie. Rohault meinte, dass sich Kinder die Geometrie einfach aneignen, weil „diese Wissenschaft aus reinen Überlegungen besteht, derer der menschliche Geist von Natur aus fähig ist und sie ist von den Erfahrungen unabhängig."[136] Er beklagte die mangelhafte mathematische Grundbildung zu seiner Zeit. Sie wirke sich nämlich negativ auf die Vermittlung und Aneignung der Naturphilosophie aus.[137]

Auch du Châtelet sah in der Geometrie einen geeigneten Unterrichtsgegenstand für Kinder und Jugendliche. Die Algebra hingegen betrachtete sie als eine abstraktere mathematische Sprache, die erst den Erwachsenen wegen ihres größeren Abstraktionsvermögens zugänglich sei. Die Fähigkeit zur Abstraktion war demnach für sie eine notwendige Vorraussetzung, um die Algebra zu erlernen und zu verstehen. Dennoch betrachtete du Châtelet sowohl die Geometrie als auch die Algebra als adäquate Sprachen, um die Natur zu beschreiben und zu erklären.[138]

Die didaktische Problematik der Algebra hing für du Châtelet mit ihrer geringen Anschaulichkeit, Sinnlichkeit und Konkretheit zusammen.[139] Möglichweise drückte sich hier du Châtelets persönliche Lernerfahrung aus. Während ihrer Arbeit an den *Institutions de physique* befand sie sich noch mitten im Aneigungsprozess von analytischer Geometrie und damaliger Infinitesimalrechnung.[140] Erst Mitte der 1740er Jahre beherrschte sie die Analysis soweit, um sie in ihren wissenschaftlichen Texten zu nutzen.[141] In der ersten Hälfte des 18. Jahrunderts galt die Algebra allgemein als ein didaktisch herausforderndes mathematisches Sachgebiet. Mit ihr waren nur wenige Personen vertraut und es gab wenige Lehrer, die dieses Fachgebiet der Mathematik lehren konnten. Als 1746 Clairauts *Élémens d'algèbre* erschienen, feierte man das Lehrbuch als Meilenstein der Algebradidaktik.[142] Ein begeisterter Rezensent im *Journal des Sçavans* (1747) charakterisierte es als ausgesprochen fasslich: „Die Algebra schien einst unzugänglich und man pflegte sich sogar über das Wort selbst zu erschrecken; heute denkt man ein wenig anders."[143]

---

[135] Vgl. hierzu die Abschnitte. 3.8 u. 9.2.2.

[136] „Cette science consiste dans de purs raisonnemens, dont l'esprit humain est naturellement capable, & qu'elle est indépendante des experiences." Rohault, 1792, S. 5.

[137] Siehe das Zitat in Abschn. 9.2.2.

[138] Siehe das Zitat in Abschn. 11.6.

[139] Siehe auch das Zitat in Abschn. 11.6.

[140] Siehe Kap. 8.

[141] Vgl. Debever, 1987, Zinsser, 2001, Tereza und Folta, 2004 sowie Emch-Dériaz und Emch, 2006.

[142] Zu Clairauts Lehrbüchern vgl. Sander, 1982.

[143] „L'Algebre paroissoit autrefois inaccessible, & on avoit coutume de s'effrayer même du mot; aujourd'hui on pense un peu différemment." Journal, 1747, S. 94.

Clairaut gelang nach Sander (1982) eine anwendungsbezogene Didaktik der Algebra. Auch wenn er sein didaktisches Konzept nicht durchgängig beibehalten konnte, so war Clairauts Buch anschaulicher als vergleichbare Lehrbücher.[144]

Die anwendungsbezogene Didaktik Clairauts folgt der Tradition des Geometers Arnauld. Im 17. Jahrhundert hatte dieser einen neuen Zugang zur Geometrie Euklids entwickelt.[145] Die didaktische Schule Arnaulds kritisierte die strenge, axiomatisch-deduktive Methodik der klassischen Geometrie, weil sie evidente Sätze unnötigerweise beweist. Damit behindere sie geometrisches Verständnis.[146]

Clairaut hatte versucht, die didaktische Kritik an den Lehrbüchern der Mathematik umzusetzen. Anfang des 19. Jahrhunders noch schrieb der Mathematiker und Mathematiklehrer Silvestre-François Lacroix (1765–1843) in seinem *Essais sur l'enseignement en général, et sur celui des mathématiques en particulier* (1805) von den didaktischen Problemen mit der Algebra.[147] Über Clairaut urteilte er begeistert:[148]

> Clairaut war der Erste, der sich einen philosophischen Weg bahnte und die Prinzipien der Algebra hell erleuchtete. Die Leser seines Buches nehmen in gewisser Weise an der Erfindung der Wissenschaft teil.[149]

Die Algebra ließ du Châtelet in den *Institutions de physique* beiseite. Sie knüpfte an die Tradition der geometrischen Naturphilosophie an. Dadurch konnte sie, wegen der relativ großen Verbreitung geometrischer Grundkenntnisse beim Adel und Großbürgertum, ein größeres, geometrisch gebildetes Publikum erreichen.

Sie griff die Geometrie auf zweierlei Weisen auf. Einerseits nutzte sie sie als Methode der Argumentation; andererseits verwandte sie geometrische Aussagen, um Phänomene und Gesetzmäßigkeiten zu begründen, ohne die Aussagen selbst nochmals zu beweisen.

Wie in Abschn. 4.4 angedeutet geht die Verwendung der Geometrie in Form der ‚more geometrico' auf das 17. Jahrhundert zurück. Die ‚more geometrico' ist eine Art des deduktiven Argumentierens und wir finden sie in den naturphilosophischen Lehrbüchern des 17. Jahrhunderts. Sie bezeichnet folgendes Vorgehen: Aus ersten Prinzipien, Axiomen und Definitionen werden allgemeine Aussagen abgeleitet, die wiederum mittels der Prinzipien, Axiome und Definitionen bewiesen werden.

Die Lehrbuchautoren beriefen sich zumeist in ihren Vorworten auf sie. Die Methode sowie die euklidischen Prinzipien werden in den Lehrtexten benannt und be-

---

[144] Vgl. Sander, 1982, S. 62–123.

[145] Vgl. Cajori, 1917, S. 276.

[146] Vgl. Cajori, 1917, S. 276.

[147] Vgl. Lacroix, 1828, S. 246–273.

[148] Lacroixs Abhandlung ist für die Geschichte der Mathematikdidaktik ausgesprochen interessant, da er aus der Perspektive des 19. Jahrhunderts die Didaktik und die Lehrbücher des 18. Jahrhunderts betrachtet und damit auch einen Blick auf die Etablierung der Mathematik als Lehrfach gewährt.

[149] „Clairaut fût le premier, qui se frayant une route philosophique, répandit une lumière vive sur le principle de l'Algèbre. Les lecteurs, dans son ouvrage, prennent part en quelque sorte à l'invention de la science." Lacroix, 1828, S. 250–251.

schrieben.[150] Vor allem mit ihr verband man die Hoffnung, auch außerhalb der Mathematik gesicherte Erkenntnissen zu erhalten.

Auch du Châtelet argumentierte mit der axiomatisch-deduktive Methode in den *Institutions de physique*. Mit Hilfe erster Prinzipien und einiger weniger Axiome wollte sie Aussagen der Naturphilosophie beweisen. Die methodische Vorgehensweise erläuterte sie am Existenzbeweis des gleichseitigen Dreiecks und der unmöglichen Existenz eines Zweiecks. Mit diesen Beispiele kritisierte sie auch Descartes Erkenntnisprinzipien.[151]

Mit Hilfe der geometrischen Methode wollte du Châtelet ein geschlossenes, naturphilosophisches Systems entwickeln. Es sollte auf ersten Prinzipien und Axiomen gründen, sein innerer Zusammenhalt sollte sich durch einfache und komplexe Schlussketten, die aus Korollaren, Lemmata und Sätzen bestehen, ergeben.[152] Die Schließungsweise der geoemtrischen Methodik erklärte du Châtelet anhand einfacher mathematischer Beispiele. Ein einfacher Schluss sei, dass aus der Definition des Kreisdurchmessers, die kreishalbierende Eigenschaft des Durchmessers sofort folgt.[153] Bei Euklid ist diese Eigenschaft sogar Bestandteil der Definition: „Ein Durchmesser des Kreises ist jede durch den Mittelpunkt gezogene, auf beiden Seiten vom Kreisumfang begrenzte Strecke; eine solche hat auch die Eigenschaft, den Kreis zu halbieren."[154] Als Beispiel einer komplexeren Schlusskette, führte du Châtelet den Höhensatz an:[155]

> Sei AC der Durchmesser eines Kreises, B ein Punkt auf AC und BM die Senkrechte auf AC, wobei M ein Punkt des Kreises ist. Dann gilt: $|AC|\,|BC| = |BM|^2$.

Der Beweis dieses Satz ist in den *Institutions* nicht enthalten, vielmehr ist er als bekannt vorausgesetzt. Er lässt sich mit Euklid, Buch III, § 3 (ein Durchmesser, der eine Sekante senkrecht schneidet, halbiert diese) und § 35, dem sogenannten Sekantensatz, beweisen bzw. ist in Buch VI, § 13 über Verhältnisse formuliert.[156]

Die Form des geometrischen Schließens übertrug du Châtelet auf die naturphilosophische Argumentation. Als deren Prinzipien nannte sie den Satz vom Widerspruch, den Satz vom zureichenden Grund und den Satz von der Identität des Ununterscheidbaren. Der metaphysische Teil verwendet vor allem den Satz vom zureichenden Grund. Beispielsweise begründete du Châtelet mit ihm, dass die Ausdehnung der Materie nicht wesenhaft sei, weshalb der Raum nicht leer sein könne.[157]

Der zweite, physikalische Teil der *Institutions de physique* verwendet häufig den Satz vom Widerspruch und nutzt geometrische Aussagen zur Begründung der Mechanik. So in Kapitel XII, in dem die zusammengesetzte und resultierende Bewe-

---

[150] Vgl. Brockliss, 1993, S. 30.

[151] Vgl. Châtelet, 1988, §3, S. 18. Zur Konstruktion des gleichseitigen Dreiecks bei Euklid vgl. Euklid, 2003, Buch I, §1, S. 1–2.

[152] Vgl. Châtelet, 1988, Kap. 1.

[153] Vgl. Châtelet, 1988, Kap.1, §1, S. 16.

[154] Euklid, 2003, S. 1–2.

[155] Vgl. Châtelet, 1988, Kap.1, §1, 16.

[156] Vgl. Euklid, 2003, S. 42 u. 72.

[157] Siehe Abschn. 11.8.

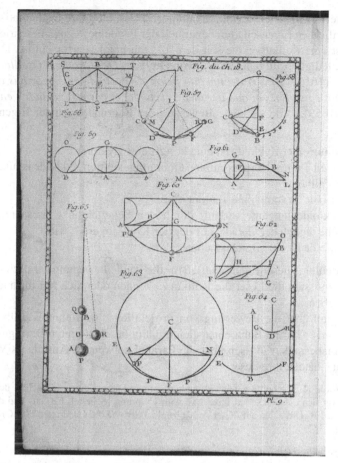

Abb. 11.7 *Institutions de physique* (1740), Tafel 9

gung mit dem sogenannten Geschwindigkeitsparallelogramm erklärt ist. Darin verwandte du Châtelet die Eigenschaften von Parallelogrammen.[158] Hier entsprich die resultierende Bewegung einer Diagonalen des Geschwindigkeitsparallelogramms. Die Bewegungen, aus denen die Resultierende entsteht, symbolisieren die Seiten des Parallelogramms. Auf Tafel 4, Figur 22 in Abb. 11.4 ist dieser geometrische Zusammenhang zu sehen.[159] Um das Kapitel XII zu erfassen, sind Grundlegende Kenntnisse über Vierecke und Dreiecke erforderlich.

Mathematisch anspruchsvoll ist das achtzehnte Kapitel. Darin wird die Oszillation des Pendels als eine durch die Gravitation erzeugte Bewegung auf kreisförmigen oder zykloidischen Bahnen behandelt. Abbildung 11.7 zeigt die geometrischen Figuren, die zu der Beschreibung der Pendelbewegung gehören.[160]

---

[158] Vgl. Châtelet, 1988, Kap. 12, § 271–§ 292, S. 254–266.

[159] Vgl. Châtelet, 1988, Kap. 12, § 271–§ 287, S. 254–264.

[160] Vgl. Châtelet, 1988, Kap. 19, § 501, S. 410.

In Kapitel XVIII ist die Zykloide definiert. Es werden ihre mathematischen sowie physikalischen Eigenschaften bezüglich der Pendelbewegung beschrieben. Die
Zykloide ist eine Rollkurve, die seit dem 17. Jahrhundert erforscht ist. Du Châtelet verweist lediglich auf die Arbeiten von Huygens *De Horologio Oscillatorio* und
John Wallis (1616–1703) *Tractatus duo prior, de cycloide et corporibus inde gentis: posterior, epistolaris in qua agitur de cissoide, et corporibus inde gentis, et de
curvarum* (1659),[161] da sie keine Beweise oder Begründungen der Eigenschaften
angibt:[162]

1. Die Evolute einer Zykloide ist eine kongruente Zykloide[163]
2. Die Fallzeit T eines Körpers entlang einer umgekehrten Zykloide ist unabhängig
   von der Fallhöhe[164]
3. Die Zykloide ist somit eine Tautochrone[165]
4. Jede Zykloidentangente verläuft durch den Scheitelpunkt ihres erzeugenden
   Kreises bezüglich der Gerade, auf der der Kreis abgerollt wird[166]
5. Die Zykloide ist eine Brachistochrone.[167]

Um die Bedeutung dieser Eigenschaften für die Pendelbewegung wirklich verstehen
zu können, mussten die Leser die Rollkurve kennen oder sich mit ihr anderweitig
vertraut machen.

Das Kapitel über die Bewegung von Projektilen setzt Kenntnisse über Kegelschnitte voraus. Um die Bahn einer gleichmäßig beschleunigten Bewegung zu erfassen, ist insbesondere Wissen über die Parabel notwendig. Auf dieses Vorwissen
verweist du Châtelet ihre Leser:

> Sie haben die Kegelschnitte genügend studiert, um zu wissen, eine Eigenschaft der Para
> bel ist, dass sich die Stücke auf ihrer Axe vom Ursprung [Scheitel, FB] aus und die [zu
> ge,hörigen, FB] Ordinaten auf dieser Achse zueinander wie die Quadrate dieser Ordinaten
> verhalten.[168]

Abschließend lässt sich folgendes zur Rolle der Geometrie in den *Institutions de
physique* sagen. Um das Buch wirklich zu verstehen, musste und muss man bereit
sein, sich auf die rational-logische Argumentationsweise der geometrischen Methode einzulassen. Außerdem musste man geometrische Kenntnisse besitzen, wollte man die dargestellte Mechanik nicht als bloßes Faktenwissen rezipieren. Dies
Kenntnisse umfassen die elementare Geometrie und die Kenntnis mathematischer
Kurven, wie z. B. die Zykloide. Dies waren im 18. Jahrhundert keine geringen Voraussetzungen. Clairaut merkte dazu an:

---

[161] Vgl. Châtelet, 1988, Kap. 18, § 466, S. 388.

[162] Zu Rollkurven, zu denen die Zykloide gehört, siehe Krause, 2004.

[163] Vgl. Châtelet, 1988, Kap. 18, § 466, S. 388 u. 389.

[164] Vgl. Châtelet, 1988, Kap. 18, § 466, S. 390.

[165] Vgl. Châtelet, 1988, Kap. 18, § 466, S. 390.

[166] Vgl. Châtelet, 1988, Kap. 18, § 466, S. 390 u. 391.

[167] Vgl. Châtelet, 1988, Kap. 18, § 467, S. 392.

[168] „Vous avez assez étudié les sections coniques pour savoir qu'une des propriétés de la parabole
est que les parties de son axe prises entre son origine, & les ordonnées à cet axe, sont entr'elles
comme les quarrés de ces ordonnées." Châtelet, 1988, Kap. 19, §508, S. 414–415.

Zwei Dinge machen den Zugang zu Ihrem Werk schwierig. 1. Sie beginnen mit der abstraktesten Metaphysik. 2. Ihre Physik ist vielleicht ein bisschen zu mathematisch (kleiner Makel der Wahrheit) für die Anfänger.[169]

11.7 Naturphilosophie: Metaphysik und Physik

Das Besondere an den *Institutions de physique* war die Verbindung der Leibnizschen Metaphysik in einer Lesart von Wolff mit der Mechanik Newtons. Dies war ein neuer, ungewöhnlicher, ja man kann sagen moderner Zugang zur Mechanik. Du Châtelet verknüpfte zwei in Frankreich relativ unbekannte naturphilosophische Konzepte.[170] Aus diesem Grund schenkten die zeitgenössischen Buchbesprechungen dem metaphysischen Teil des Lehrbuchs mehr Aufmerksamkeit als dem physikalischen.

Das *Journal des Sçavans* besprach die noch unbekannte Leibniz-Wolffsche Metaphysik in den *Institutions de physique*.[171] Auch die Rezension in dem *Mémoire de Trevoux* hob diesen Aspekt besonders hervor.[172] Du Châtelet selbst war sich der Modernität oder Neuheit ihres Buches bewusst: [173]

> Nur wenige Leute in Frankreich wissen mehr über die Meinung des Herrn Leibniz als das Wort *Monade*. Die Bücher des berühmten Wolff, in denen er mit solcher Klarheit und Eloquenz das System des Herrn von Leibniz erklärt, welches unter seinen Händen eine völlig neue Form angenommen hat, sind noch nicht in unsere Sprache übersetzt. Daher werde ich versuchen, Ihnen die Ideen dieser beiden großen Philosophen über den Ursprung der Materie verständlich zu machen. Eine Meinung, die die Hälfte des gelehrten Europas angenommen hat, verdient, dass man sich darum bemüht, sie zu kennen. [174]

Selbst Newtons Erklärung der Mechanik war unter den Laien in Frankreich noch nicht verbreitet, wie du Châtelet anmerkte:[175]

> In diesem Teil ist eine meiner Absichten, Ihnen den anderen Part dieses großen Prozesses zu unterbreiten, Sie mit dem System des Herrn Newton bekannt zu machen, Sie sehen zu lassen, bis wohin die Verflechtung und die Wahrscheinlichkeit darin vorangetrieben sind und wie die Phänomene sich durch die Hypothese der Anziehungskraft erklären lassen.[176]

---

[169] „Deux choses rendent l'accès de votre ouvrage difficile. 1° Vous débutés par la Metaphysique la plus abstraite. 2° Votre Physique est peut etre un peu trop mathematique (beau deffaut à la vérité), pour les commençans." Clairaut an du Châtelet 1741 zitiert nach Passeron, 2001, S. 191.

[170] Siehe nochmals das Zitat in Abschn. 11.1.

[171] Vgl. Anonym, 1740, S. 740, 754 u. 755.

[172] Vgl. Anonym, 1741, S. 927.

[173] Vgl. auch Châtelet, 1988, § XII, S. 13.

[174] „Peu de gens en France connaissent autre chose de cette opinion de Mr. de Leibnizs que le mot *de Monades*; les Livres du célèbre Wolff, dans lesquels il explique avec tant de clarté & d'éloquence le système de Mr. de Leibnits, qui a pris entre ses mains une forme toute nouvelle, ne sont point encore traduits dans notre Langue; je vais donc tâcher de vous faire comprendre les idées de ces deux grands Philosophes sur l'origine de la Matière; une opinion que la moitié de l'Europe savante a embrassée, mérite bien qu'on s'applique à la connaitre." Châtelet, 1988, Kap. 7, § 119, S. 137.

[175] Vgl. Châtelet, 1988, §VI, S. 6.

[176] „Une de mes vues dans la prémière partie de celui-ci est de vous mettre sous les yeux l'autre partie de ce grand procès, de vous faire connaitre le système de Mr. Newton, de vous faire voir jus-

Im obigen Zitat zeigt sich, dass du Châtelet die Anziehungskraft lediglich als eine gute, mathematisch beschriebene und begründete Hypothese betrachtete, deren Ursachen noch zu klären waren. Sie stellte auch nicht die mathematisch bewiesene Mechanik Newtons in Frage, [177] sondern forderte eine überzeugende, konsistente metaphysische Begründung der Gravitation. Diese war für sie ein wichtiges Forschungsziel.[178]

Als Schwäche der experimentellen Naturphilosophie betrachtete du Châtelet, dass sie den Ursachen der Phänomene nur mangelhaft auf den Grund geht. Mit dem metaphysischen System und Weltbild von Leibniz und Wolff meinte sie einen Weg gefunden zu haben, diesen Mangel zu beseitigen.[179]

Mit den ersten zehn Kapiteln der *Institutions de physique* wollte sie Antworten auf die Fragen geben: Warum bewegen sich Körper? Warum wirken die Kräfte?

Zu diesem Zweck erläuterte sie die philosophischen Prinzipien, Begriffe und Konzepte der Leibniz-Wolffschen Metaphysik, die sich in den Kapitelüberschriften widerspiegeln:[180]

1. Von den Prinzipien unserer Kenntnisse;

2. Von der Existenz Gottes;

3. Von der Essenz, den Attributen und den Modi;

4. Von den Hypothesen;

5. Vom Raum;

6. Von der Zeit;

7. Von den Elementen der Materie;

8. Von der Natur der Körper;

9. Von der Teilbarkeit der Materie und der Art wie die wahrnehmbaren Körper zusammengesetzt sind;

10. Von der Gestalt, der Durchlässigkeit und der Festigkeit der Körper und den Ursachen der Kohäsion, der Härte, der Flüssigkeit und der Weichheit.

Auf 225 Seiten entwarf sie ein metaphysisches Weltbild, das École (1993) mit folgendem Satz umreißt: „Die Welt besteht aus Körpern, die wiederum aus Korpuskeln zusammengesetzt sind, die wiederum Verbindungen aus ersten Elementen sind."[181]

---

qu'où la connéxion & la vraisemblance y sont poussées, & comment les Phénomènes s'expliquent par par l'hypothèse de l'Attraction." Châtelet, 1988, § VI, S. 7.

[177] Vgl. hierzu das Zitat in Abschn. 11.5.

[178] Vgl. Châtelet, 1988, Kap. IX, § 180, S. 201 u. Kap. XVI, § 395–§ 399, S. 343–350.

[179] Vgl. auch das Zitat in Abschn. 11.5.

[180] Die Aufzählung gibt meine Übersetzung des Inhaltsverzeichnisses wieder. Die Originalkapitelüberschriften lauten: 1. Des Principes de nos Connoissances; 2, De l'Existence de Dieu; 3. De l'Essence, des Attributs & des Modes; 4. Des Hypothèses; 5. De l'Espace; 6. Du Tems; 7. Des Elèmens de la Matière; 8. De la nature des Corps; 9. De la Divisibilité de la Matière, & de la façon dont les Corps sensibles sont composés; 10. De la figure, de la porosité, & de la solidité des Corps, & des causes de la cohésion, de la dureté, de la fluidité, & de la molesse. (Châtelet, 1988, Table des Chapitres).

[181] „le monde est constitué par les corps eux-mêmes composés de corpuscules qui sont des agrégats d'éléments." (École, 1993, S. 106).

Du Châtelet bezeichnete ihr Weltbild als Leibnizianisch. Es trägt aber deutliche Züge der Wolffschen Metaphysik, was im 18. Jahrhundert nicht ungewöhnlich, da Wolff die Philosophie Leibniz' systematisiert und popularisiert hat.[182] Außerdem hatte du Châtelet weniger Leibniz Schriften gelesen als Wolffs Texte. Dazu gehörten die in Abschn. 10.1 erwähnten französischen Übersetzungen aber auch die lateinischen Opera Wolffs.

Sie hatte das sechsbändige *Opus metaphysicum* von Wolff studiert. Es besteht aus *la Philosophia prima sive Ontologia, la Cosmologia generalis, la Psychologia empirica, la Psychologia rationalis, la Theologia naturalis ... Pars prior* und *la Theologia naturalis ... Pars posterior* besteht.[183] Auf ihre Lektüre der Ontologie und Kosmologie verweist die erste Ausgabe ihres Buches.[184] Dort sind auch du Châtelets metaphysische Gespräche mit König genannt, der ihr Auszüge aus der Ontologie erstellt haben soll. Interessanterweise fehlt dieser Verweis in der zweiten Ausgabe, in der noch Wolff und König genannt sind.[185] Im Juni 1740 erwähnt sie in einem Brief an Johann II Bernoulli abermals ihre Lektüren von Teilen des *Opus metaphysicum*. Um sich gegen die die Plagiatsvorwürfe Königs zu wehren, nennt sie als Quelle ihres Wissens die *Deutschen Metaphysik*. Auf ihr Studium der *Psychologia rationalis* weist sie in einem Brief an Wolff hin.[186]

An einigen Stellen zeigt sich Wolffs Einfluss auf die *Institutions de physique* besonders markant. So in der Definition der Ersten Wesen oder einfachen Substanzen, die Leibniz Monaden nennt. Es handelt sich um Wesenheiten, die keine Ausdehnung besitzen. Sowohl Leibniz als auch Wolff betrachten sie als Ursache der ausgedehnten Körper. Sie sind das Prinzip der materiellen Dinge und generieren die ausgedehnten Körper.[187] Weil sie selber keine Ausdehnung besitzen sind sie Einheiten ohne Teile, d. h. nicht mehr teilbar.[188] Sie haben weder Größe noch Gestalt und nehmen keinen Raum ein.[189] Sie haben keine innere Bewegung, befinden sich dennoch beständig in Bewegung:[190]

> Daher sind die Einfachen Wesen völlig verschieden von den zusammengesetzten. Sie können weder gesehen, noch berührt, noch der Einbildungskraft durch irgend ein wahrnehmbares Bild repräsentiert werden.[191]

Während in Leibniz System das Konzept der Perzeptivität eine Rolle spielt, womit die inneren Eigenschaften und Tätigkeiten der Monaden gemeint ist, greift du

---

[182] Vgl. Carboncini-Gavanelli, 1993 u. École, 1986.

[183] Vgl. hierzu École, 1986.

[184] Vgl. die Fußnote in Châtelet, 1740, § 12 u. 13.

[185] Châtelet, 1988, § 12, S. 13.

[186] Vgl. Bestermann, 1958 und Droysen, 1910, S. 231.

[187] Vgl. Châtelet, 1988, Kap. 7, § 117–§ 136, S. 135–159.

[188] Vgl. Châtelet, 1988, Kap. VII, § 120, S. 137–139.

[189] Vgl. Châtelet, 1988, Kap. VII, § 122, S. 141.

[190] Vgl. Châtelet, 1988, Kap. VII, § 123, S. 141.

[191] „Ainsi, les Etres simples sont tous différents des Etres composés, & ils ne peuvent être ni vus, ni touchés, ni représenteés à l'imagination par aucune image sensible." Châtelet, 1988, Kap. VII, § 123, S. 141.

Châtelet es wie Wolff nicht auf. Ein weiteres Indiz für den Einfluss Wolffs ist nach Gireau-Geneaux (2001) die Abwesenheit der Idee der prästabilisierten Harmonie.[192]

Die Orientierung an Wolff zeigt sich auch an der Verwendung der Erkenntnisprinzipien, mit denen die Bedingungen, von Möglichkeiten und Grenzen menschlicher Erkenntnis festgelegt sind:

- den Satz vom Widerspruch oder das ‚principium contradictionis'
  Nur mit Hilfe dieses mächtigen, erkenntnisleitenden Prinzip gelangt man zu absoluter Gewissheit und sicherem Wissen über die Dinge.[193]
- den Satz vom zureichenden Grund oder das ‚principium rationis sufficientis'
  Er bezieht sich auf die Welt der Fakten und der Erfahrung. Durch ihn können Existenzurteile durch die Angabe von Gründen gegeben und kontingente Wahrheiten begründet werden.[194]
- den Satz von der Identität des Ununterscheidbaren oder das ‚principium identitatis indiscernibilium'
  Ein Satz, der auf die *Monadologie* Leibniz zurückgeht. Er findet sich auch in Wolffs *Cosmologie* (§ 195) wieder. Der Satz lässt sich aus dem Satz vom zureichenden Grund ableiten. Seine Gültigkeit bekräftigte du Châtelet mit den technischen Möglichkeiten des Mikroskops. Durch es seien Unterschiede zu entdecken, die mit dem bloßen Augen nicht wahrnehmbar seien.[195]

Es sind die gleichen Sätze mit denen Wolff seine *Ontologie* und *Deutschen Metaphysik* beginnt. Auf sie gründete das gesamte naturphilosophische Wissensgebäude du Châtelets.[196] Sie rechtfertigten die Aussagen über die Natur. Mit ihnen wird zwischen notwendigen Wahrheiten, die den Widerspruch ausschließen, und kontingenten Wahrheiten, die durch ihren Zweck und mit Hilfe der Erfahrung erkennbar sind, unterschieden:

> Daher ist es sehr wichtig, aufmerksam auf die Prinzipien zu achten und auf die Art, wie Wahrheiten sich aus ihnen ableiten, wenn man nicht irre gehen will.[197]

Mit Hilfe dieser Sätze kritisierte du Châtelet das kartesianischen Erkenntnisprinzip, alles als wahr anzusehen, von dem man eine klare und distinkte Vorstellung hat. Mit diesem Prinzip sah du Châtelet die mathematische Methode Euklids verletzt. Von einem gleichseitigen Dreieck könne man eine klare und distinkte Vorstellung haben, argumentierte du Châtelet, aber ohne den Beweis seiner Existenz ist das Wissen über

---

[192] Vgl. Gireau-Geneaux, 2001, S. 179.

[193] Vgl. Châtelet, 1988, Kap. 1, § 4, S. 18.

[194] Vgl. Châtelet, 1988, Kap. 1, § 8, S. 22.

[195] Vgl. Châtelet, 1988, Kap. 1, § 12, S. 28 f.. An gleicher Stelle erwähnt du Châtelet Leibniz berühmte Geschichte nach der Suche identischer Blätter. Leibniz hatte sie *Neue Abhandlungen über den menschlichen Verstand* (1703–1704) erzählt (vgl. Leibniz, 1904, Kapitel 27, S. 219–240.

[196] Vgl. Wolff, 2003, Kap. 1, Wolff, 1977, Teil 1, Section 1 u. Châtelet, 1988, Kap.1, § 1, S. 16. Siehe auch École, 1986, S. 121–123.

[197] „Il est donc très important de se rendre attentif aux Principes, & à la façon dont les vérités s'en déduisent si l'on ne veut pas s'egarer." Châtelet, 1988, Kap. 1, § 1, S. 16.

ein solches Dreieck nicht gewiss. Ein Zweieck sei ebenso gut vorstellbar, aber erst der geometrische Beweis zeige seine Unmöglichkeit.[198]

Neben dem erkenntnistheoretischen ersten Kapitel verdient du Châtelets Haltung zur Hypothesen im vierten Kapitel Aufmerksamkeit. Sie bietet ihren Lesern eine Alternative zu dem strengen Hypothesenverdikt einiger Newtonanhänger.[199] 's Gravesande etwa lehnte die Hypothese als methodisches Werkzeug in der Naturphilosophie kategorisch ab. Nach den *Physices Elementa Mathematica experimentis confirmata* (1720) ließ er ausschließlich die Deduktion als Methode der experimentellen Naturphilosophie zu.[200] Du Châtelet hingegen betrachtete die Hypothese als wichtiges Mittel der Erkenntnis, wenn auch nicht gewisser Erkenntnis.[201] Als vorläufige und wahrscheinliche Annahme bietet sie sich zur einstweiligen Erklärung der Phänomene und der Erforschung ihrer Ursachen an. Eine Hypothesen sind dann aufzustellen, so du Châtelet, wenn Phänomene weder ‚a priori' noch ‚a posteriori' erklär- und begründbar seien.[202]

> Daher stellen die Philosophen Hypothesen auf, um mit ihrer Hilfe die Phänomene zu erklären, deren Ursachen sie noch nicht durch Experimente oder Beweise entdecken konnten.[203]

Gewissheit aber, so du Châtelet, bekäme man allein mit Experiment und Beobachtung nicht, naturphilosophische Aussagen bleiben immer hypothetisch:[204]

> Schließlich werden Hypothesen für uns zu Wahrheiten, wenn ihre Wahrscheinlichkeit so weit steigt, dass sie normalerweise als Gewissheit angesehen werden: dies geschah mit dem Weltsystem des Kopernikus und der Hypothese des Herrn Huyghens über den Saturnring.[205]

Hier unterscheidet sich du Châtelet von Wolff, der Hypothesen in der Naturphilosophie nicht zuließ und als einzige Methode der Erkenntnisgewinnung die mathematische Methodik (Synthese und Analyse) akzeptierte.[206]

Bemerkenswert ist, dass die *Encyclopédie* die undogmatische Auffassung du Châtelets von der Hypothese als erkenntnisleitendes Werkzeug naturphilosophischer Forschung übernahm. Unter dem Stichwort „Hypothese" zitiert das Nachschlagewerk Auszüge aus den Abschnitten §58 und §71 der *Institutions de physi-*

---

[198] Vgl. Châtelet, 1988, Kap. 1, §2 u. §5, S. 17 u. 20–21.

[199] Zu du Châtelets Verwendung der Hypothesen im Bezug auf das Kraftmaß bewegter Körper vgl. Reichenberger, im Druck, S. 20–22. Zum Hypothesenverbot bei Newton vgl. Lorenz, 2001, Kap. 3, S. 137–163.

[200] Siehe Gravesande, 1720–1721, Bd. 1, Vorwort S. 3; vgl. auch Hankins, 1985, Kap. 3, S. 46–50.

[201] Vgl. Châtelet, 1988, Kap. 4, § 57, S. 80–82.

[202] Vgl. Châtelet, 1988, Kap. 4, § 60, S. 85–86.

[203] „Ainsi, les Philosophes établissent des hypothèses pour expliquer par leur moyen les Phenomènes dont nous ne sommes point encore en état de découvrir la cause par l'Expérience, ni par la démonstration." Châtelet, 1988, Kap. 4, § 56, S. 80.

[204] Vgl. Châtelet, 1988, Kap. 4, § 53, S. 88.

[205] „Les hypothèses deviennent enfin des vériteés pour nous, quand leur probabilité augmente à un tel point, qu'elle peut normalement passer pour une certitude: & c'est ce qui est arrivé au systême du Monde de Copernic, & à celui de Mr. Huyghens sur l'anneau de Saturne." Châtelet, 1988, Kap. 4, § 67, S. 91.

[206] Vgl. Lorenz, 2001, S. 84–87.

que. Es ist du Châtelets Lob der Hypothese als methodisches Werkzeug und ihr Beleg ihres Nutzens in der Astronomie.[207]

Insgesamt beruht die Argumentation in den ersten zehn Kapiteln der *Institutions de physique* auf dem Satz vom zureichenden Grund. Mit ihm ‚bewies' du Châtelet die Existenz Gottes als notwendige Ursache allen Existierenden.[208] Desweiteren definierte sie die Begriffe Essenz, Attribut und Modus (Kapitel III), mit denen die Eigenschaften und Determinationen der Wesen und Dinge beschrieben werden. Du Châtelet erklärte diese philosophischen Begriffe mittels der Geometrie. So ist die Essenz dasjenige, das eine Sache wesentlich bestimmt, das Attribut eine Folgerung aus der Essenz:[209]

> Also sind drei Geraden, die einen Raum einschließen, das Wesentliche eines Dreiecks. Seine Attribute sind die drei Winkel, die zusammen gleich zwei Rechten sind.[210]

Anhand des gleichen geometrischen Beispiels machte sie den Begriff Modus, den Zustand einer Sache deutlich, der von Essenz unabhängig ist:[211] Die Essenz eines Dreiecks ist, aus drei paarweise nicht parallelen Geraden zu bestehen. Das Attribut des Dreiecks ist die Winkelsumme 180°. Die Modi sind die verschiedenen Dreiecksformen.

Aufmerksamkeit verdient, dass du Châtelet Leibniz' relationalen Konzepte von Raum und Zeit aufgriff:[212]

> Die Begriffe Zeit und Raum haben große Ähnlichkeit untereinander: beim Raum betrachtet man einfach die Ordnung der Koexistierenden mit der Eigenschaft zu koexistieren; bei der Dauer, die Ordnung der aufeinanderfolgenden Dinge mit der Eigenschaft, aufeinander zu folgen, indem man von allen anderen internen Qualitäten bis auf einfache Abfolge abstrahiert.[213]

Desweiteren beschäftigte sich du Châtelet in den Kapitel sieben bis neun mit den Ersten Wesen (Monaden) als erste Substanzen,[214] den Körpern, ihren Eigenschaften und ihrer Natur.[215]

Um du Châtelets naturphilosophischen Standpunkt besser zu verstehen, erscheint mir wichtig, dass du Châtelet ihre metaphysische Grundlegung der Physik ausführ-

---

[207] Vgl. Diderot und Alembert, 1765c, Stichwort: Hypothese, S. 417–418. Fälschlicherweise verweist der Artikel auf Kapitel V und nicht auf Kapitel IV der *Institutions de physique*.

[208] Vgl. Châtelet, 1988, Kap. 2, S. 45.

[209] Vgl. Châtelet, 1988, Kap. 3, § 37–§ 39, S. 62–64.

[210] „Trois lignes droites, qui renferment un espace, sont donc les essentielles d'un triangle, & ses attributs sont, que ces trois angles soient égaux, pris ensemble, à deux droits." Châtelet, 1988, Kap. 3, § 37, S. 63.

[211] Châtelet, 1988, Kap.3, § 43, S. 67.

[212] Zum relationalen Raumkonzept in den *Institutions de physique* siehe Abschn. 11.8.

[213] „Les notions du Tems & de l'Espace ont beaucoup d'analogie entre elles: dans l'Espace, on considère simplement l'ordre des coéxistans, entant qu'ils coéxistent; & dans la durée, l'ordre de choses successives, entant qu'elles se succédent, en faisant abstraction de toute autre qualité interne que de la simple succession." Châtelet, 1988, Kap. VI, §94, S. 118.

[214] Vgl. Châtelet, 1988, Kap. 7, § 127, S. 146.

[215] Zu du Châtelets Materie-, Substanz- und Kraftbegriff vgl. Gireau-Geneaux, 2001.

lich rechtfertigte. Dennoch war sie keine Dogmatikerin, denn sie spürte, wie schwierig es in Zukunft für die Metaphysiker werden würde, die Metaphysik mit der Physik in Einklang zu bringen bzw. zu halten. Um diesem Dilemma zu entkommen, wies sie der experimentellen Physik eine gewisse Eigenständigkeit und Unabhängigkeit von der Metaphysik zu. Die Metaphysik bekommt erst Gewissheit, so du Châtelet, wenn sie die physikalischen Erkenntnisse konsistent erklärt.[216] Dann bekommen metaphysische Aussagen den gleichen Status wie mathematische Theoreme und Sätze:[217]

> Sie können aus alldem, was in diesem Kapitel gesagt wurde, schließen, dass diese [die metaphysischen, FB] Fragen jedoch nur einen sehr entfernten Einfluss auf die experimentelle Physik haben. Auch wenn es in der Metaphysik sehr wichtig ist, zu wissen, dass physikalische Atome nicht existieren und dass jegliche Ausdehnung am Ende aus einfachen Wesen zusammengesetzt ist, so können die Physiker von den unterschiedlichen Gefühlen der Philosophen über die Elemente der Materie abstrahieren, ohne, dass in ihren Experimenten und in ihren Erklärungen daraus ein Fehler resultiert. Denn wir gelangen weder jemals zu den einfachen Wesen noch jemals zu den Atomen. [218]

Du Châtelet hielt die metaphysische Grundlegung der Physik für notwendig, weil sich die Physik niemals vollständig von der Metaphysik lösen könnte. Aus diesem Grund sah sie in der metaphysischen Ursachenforschung und Weltbeschreibung- und -erklärung weiterhin einen wichtige wissenschaftlichen Beitrag.[219]

Auf die metaphysischen Darlegungen im ersten Teil der *Institutions de physique* folgen im zweiten Teil auf 248 Seiten die Ausführungen zur Mechanik. Sie geben Antworten auf die Fragen: Wie funktioniert die Bewegung der Körper? Wie wirken die Kräfte?

Es ist eine Darstellung in der Tradition der theoretisch-rationalen Naturphilosophie, die Experimente als methodisches Forschungswerkzeug lediglich erwähnt. So sind die Gesetze und Gesetzmäßigkeiten von du Châtelet als geometrisch erklär- und beschreibbare Fakten dargestellt. Das Experiment und die Beobachtung als Mittel der experimentellen Forschung spielen nur eine sehr untergeordnete Rolle.[220] Die Vermittlung der Methode der mathematisch-experimentellen Naturphilosophie fand durch du Châtelet nicht satt. Sie präsentierte die Mechanik als abgeschlossenes Teilgebiet der Naturphilosphie und als gesichertes Faktenwissen. Dies mutet wie ein Widerspruch zu ihrer Auffassung an, dass die Naturphilosophie eine im Prozess befindlichen Wissenschaft sei.[221]

---

[216] Vgl. Châtelet, 1988, Kap. 7, § 136, S. 159.

[217] Vgl. Châtelet, 1988, Kap. 7, § 135, S. 158.

[218] „Vous pouvez conclure de tout ce qui a été dit dans ce Chapitre, que bien qu'il soit très important en Métaphysique de savoir qu'il ne peut y avoir d'atomes physiques, & que toute étendue est à la fin composée d'êtres simples, cependant ces questions n'ont qu'une influences très éloigneée dans la Physique expérimentale, ainsi le Physicien peut faire abstraction des différens sentimens des Philosophe sur les élémens de la matière, sans qu'il en résulte aucune erreur dans ses expériences, & dans ses explications, car nous ne parviendrons jamais ni aux Etres simples, ni aux atomes." Châtelet, 1988, Kap. 9, § 185, S. 205–206.

[219] Vgl. Châtelet, 1738, S. 537.

[220] Vgl. Châtelet, 1988, Kap. 4, § 58, S. 80 u. obiges Zitat in Abschn. 11.7.

[221] Siehe Abschn. 11.5.

Diese merkwürdige Trennung zwischen experimenteller Praxis und spekulativer, theoretischer Darstellung experimenteller Resultate ist im 18. Jahrhundert durchaus üblich. Auch du Châtelets Vorbild Wolff differenzierte konsequent zwischen Experimentalphysik und spekulativer Naturphilosphie. Dies zeigt sich insbesondere an seinen deutschsprachigen Lehrbüchern: *Nützliche Versuche zu genauer Kenntniß der Natur und Kunst* (1721–1723) beschreiben Experimente, Beobachtungen und Schlussfolgerungen; *Vernünftige Gedanken von den Wirkungen der Natur* (1723) und *Vernünftige Gedanken von den Absichten der natürlichen Dinge* (1724) greifen die Ergebnisse der Experimente auf und stellen sie in einem physiktheoretischen System dar. Diese Differenzierung ist einerseits einem rationalistischen Wissenschaftsideal geschuldet; andererseits ist sie eine didaktische Entscheidung. Gehler (1787–1796) schreibt dazu:

> Es sind daher die dogmatische und die Experimentalphysik keine eignen und abgesonderten Theile der Naturlehre; sie unterscheiden sich vielmehr nur in Absicht auf Methode und Vortrag. Bey der dogmatischen setzt man die Resultate der Versuche als bekannt voraus, oder begnügt sich damit, sie historisch anzuführen; bey der Experimentalphysik hingegen macht man die Kenntniß und Behandlung der Werkzeuge nebst der Anstellung der Versuche selbst zur Hauptabsicht, und bleibt bey den unmittelbaren Folgen und Resultaten derselben stehen. Die besten und vollständigsten Lehrbücher sind freylich diejenigen, die im gehörigen Verhältnisse und in einer bequemen Ordnung beydes verbinden.[222]

Aus der Argumentation Gehlers lässt sich folgern, dass die Forschungsmethodik für die Wissensvermittlung und -aneignung vorerst als unwichtig erachtet wurde. Ziel der Lehrbücher war es daher die experimentell nachgewiesene Mechanik, d. h. das Faktenwissen der Mechanik, für die Lernenden in adäquater Form darzulegen. Die sachdidaktische Darstellungsform der rational-theoretischen Naturphilosophie ermöglichte dies.

Allem Anschein nach folgte du Châtelet der von Gehler beschriebenen Darstellungstradition der Mechanik, die klassischerweise die Lehre von der Bewegung fester Körper und der Wirkung der Kräfte als Ursache dieser Bewegung umfasst:[223]

11. Von der Bewegung und der Ruhe im Allgemeinen und von der einfachen Bewegung;

12. Von der zusammengesetzten Bewegung;

13. Von der Schwere;

14. Folge der Phänomene der Schwere;

15. Von den Entdeckungen des Herrn Newtons zur Schwere;

---

[222] Gehler, 1787–1796, Stichwort: Experimentalphysik.

[223] In der folgenden Aufzählung habe ich das Inhaltsverzeichnis von Kapitel 11 bis 21 übersetzt. Die Originalüberschriften lauten: 11. Du Mouvement & du Repos, en général, & du Mouvement simple; 12. Du Mouvement composé; 13. De la Pésanteur; 14. Suite des Phenomènes de la Pésanteur; 15. Des Découvertes de Mr. Newton sur la Pésanteur; 16. De l'Attraction Newtonienne; 17. Du Repos, & de la Chute des Corps sur un plan incliné; 18. De l'Oscillation des Pendules; 19. Du Mouvement des Projectiles; 20. Des Forces Mortes, ou Forces Pressantes, & de l'Equilibre des Puissances; 21. De la Force des Corps. Châtelet, 1988, Table des Chapitres. (Leibnizbezeichnete Kräfte, die keine Bewegung hervorrufen, aber bestrebt sind Bewegung hervorzurufen als tote Kräfte (vgl. Szabó, 1996, S. 68).

16. Von der Newtonschen Anziehungskraft;

17. Von der Ruhe und dem Fall der Körper auf einer geneigten Ebene;

18. Von der Oszillation der Pendel;

19. Von der Bewegung eines Projekti-
les;

20. Von den toten Kräften oder den
Druckkräften und dem Gleichge-
wicht der Kräfte;

21. Von der Kraft der Körper.

Nimmt man Kapitel zwanzig und einundzwanzig zur Frage des Kraftmaß bewegter Körper aus, weicht du Châtelet nicht von der gewöhnlichen Bewegungslehre
ab.[224]

Die *Institutions de physique* boten demnach den geometrisch gebildeten, französischsprachigen Leserinnen und Lesern einerseits einen Zugang zur Metaphysik
nach dem Vorbild der Lehrbücher und Lehren Wolffs; andererseits bot das Lehrwerk auch einen Zugang zur klassischen Mechanik in der Darstellungstradition der
spekulativen, rational-theoretischen Naturphilosophie. Die etwas eklektische Vorgehensweise du Châtelets, d. h. die Verbindung der verschiedenen, zum Teil sich
streitenden, naturphilosophischen Konzepte, Leibniz', Wolffs und Newtons zu einem naturphilosophischen System, war im 18. Jahrhundert eine durchaus gängige
Praxis.[225]

11.8 Kapitel V: Vom Raum

Mit Kapitel fünf der *Institutions de physique* vermittelte du Châtelet Leibniz' und
Wolffs Raumauffassung. Das Interessante daran ist, dass sie damit die naturphilosophische Debatte über den Raum für einen Moment beeinflusst hat.

Der Standpunkt, den du Châtelet in der Frage nach der Natur des Raumes einnahm ist als Alternative zu Newtons absolutem Raum durchaus beachtenswert.[226]
Auf 23 Seiten legte sie in den *Institutions de physique* dar, warum der Leibniz-
Wolffsche Raumbegriff Gültigkeit haben muss. In der philosophischen Debatte
nahm sie damit eine deutliche Position gegen den absoluten Raum ein.

Dieser philosophische Streit ging auf den Briefwechsel zwischen Clarke und
Leibniz von 1715/16 zurück, in dem die beiden Philosophen die ontologische Natur des Raumes und deren theologische Implikationen diskutieren.[227] Clarke vertrat
Newtons realistische Raumauffassung und Leibniz sein idealistisches Raumkonzept. Den relational gedachten Raum begriff er als stetige Ordnung des Zugleich-
seins. Im Gegensatz zu Newton und seinen Anhängern meinte Leibniz, dass es außerhalb der dinglichen Welt keinen Raum gibt. Folglich konnte der Raum nicht leer
sein.[228] Die Diskussion blieb auf der philosophischen und theologischen Ebene.

---

[224] Vgl. hierzu Iltis, 1977, Kawashima, 1990, Gireau-Geneaux, 2001 und Walters, 2001, Terrall, 2004 u. Reichenberger, im Druck.

[225] Vgl. Lind, 1992, S. 71.

[226] Zu Newtons Raumbegriff vgl. Jammer, 1960, Kap. 4.

[227] Siehe Abschn. 10.1. Vgl. auch Schüller, 1991.

[228] Vgl. Jammer, 1960, Kap. 4, S. 102–137.

CHAPITRE V.

De l'Espace.

Abb. 11.8 Vignette von Kapitel fünf der *Institutions de physique* (1740)

Was die moderne, mathematisch-experimentelle Naturphilosophie anging, so blieb die Raumdebatte für sie bedeutungslos. Weil sich die Struktur des absoluten Raumes geometrisch gut beschreiben lässt, setzten die Naturphilosophen und Physiker den absoluten Raum bald implizit voraus. Auf der ontologischen Ebene blieb die Frage nach der Natur des Raumes allerdings ungeklärt.[229]

Für du Châtelet war die Ontologie unbedingt ein Teil der Naturphilosophie. Daher war die Vermittlung eines Raumbegriffs für sie bedeutsam. Sie stellte den relationalen Raumbegriff Leibniz' dem absoluten Newtons gegenüber:

1. Der relationale Raum nach Leibniz:

> Der Raum ist nichts außerhalb der Dinge. Er ist eine mentale Abstraktion, ein ideales Wesen, das nichts ist, außer der Ordnung der Dinge mit der Eigenschaft, dass sie koexistieren. Es gibt keinen Raum ohne Körper.[230]

---

[229] Vgl. Jammer, 1960, Kap. 5, S. 138–139.

[230] „L'Espace n'est rien hors des choses, c'est une abstraction mentale, un Etre idéal, ce n'est que l'ordre des choses entant qu'elles coéxistent, & il n'y a point d'Espace sans corps." Châtelet, 1988, Kap. 5, § 72, S. 94–95.

2. Der absolute Raum nach Newton:

> Der Raum ist ein absolutes Wesen, reell und von den Körpern verschieden, die in ihn gesetzt sind. Er ist eine nicht fühlbare, durchdringbare und nicht feste Ausdehnung, das universelle Gefäß, das die Körper aufnimmt, die in es gesetzt sind. Mit einem Wort, eine Art immaterielles und unendlich ausgedehntes Fluidum, in dem die Körper schwimmen.[231]

Mit dem Satz vom zureichenden Grund zeigte sie die Denkunmöglichkeit des absoluten Raumes. Hieraus folgerte sie die Existenz des relationalen Raumes. Um ihren Nachweis anzuerkennen, muss man allerdings den Satz vom zureichenden Grund als Erkenntnisprinzip akzeptieren.[232]

In ihrer Darlegung kritisert du Châtelet erneut die kartesianischen Erkenntnisprinzipien.[233] Ihr Vorwurf war, dass die Idee der Existenz des absoluten Raumes auf dem Irrtum gründe, eine klare und distinkte Idee von etwas beweise dessen reale Existenz.[234]

Das Argument, mit dem du Châtelet den absoluten Raum zurückwies war: Weil der absolute Raum keinen Grund für die aktuelle Lage der Dinge liefert, kann er keine Realität besitzen. Der Ort des Universums im absoluten Raum könne nur mit göttlicher Willkür begründet werden. Gott handelt aber nicht willkürlich, sondern vernunftgemäß. Außerdem trägt er den zureichenden Grund seiner Existenz und der Existenz der Dinge in sich. Aus diesem Grund ist die Annahme, dass ein Raum unabhängig von den Dingen existiert nicht akzeptabel.[235]

Durch diese Argumentation sah sie die Hypothese Newtons vom absoluten Raum falsifiziert und die Gültigkeit des relationalen Raumes bestätigt:[236]

> Daher ist die Überlegung des Herrn Leibniz gegen den absoluten Raum ohne Erwiderung. Man ist gezwungen diesen Raum oder den Satz vom zureichenden Grund aufzugeben, was bedeutete, die Grundlage jeglicher Wahrheit.[237]

Was der Raum genau sei, erläuterte du Châtelet anhand des Begriffs der Ausdehnung. Von ihm leitete sie die Definition des Raumes als Ordnung der Dinge, die zugleich sind, ab.[238] Anders als Descartes verstand sie unter Ausdehnung nicht die körperliche Ausdehnung, die Descartes als eine Essenz der Materie bezeichnet. Nach

---

[231] „L'Espace est un Etre absolu, réel, & distinct des corps qui y sont placés, que c'est une étendue impalpable, pénétrable, non solide, le vase universel qui reçoit les Corps qu'on y place; en un mot, une espèce de fluide immatériel & étendue à l'infini, dans lequel les Corps nagent." Châtelet, 1988, Kap. 5, § 72, S. 95.

[232] Vgl. Châtelet, 1988, Kap. 5, § 74, S. 97.

[233] Vgl. Châtelet, 1988, Kap. 1, § 2, S. 18.

[234] Vgl. Châtelet, 1988, Kap. 5, § 72, S. 95.

[235] Vgl. Châtelet, 1988, Kap. 2, § 21, S. 45 u. Châtelet, 1988, Kap. 5, § 74, S. 98.

[236] Vgl. Châtelet, 1988, Kap. 5, § 74, S. 98.

[237] „Ainsi le raisonnement de Mr. de Leibnits contre l'Espace absolut est sans replique, & l'on est forcé d'abandonner cet Espace, ou de renoncer au principe de la raison suffisante, c'est-à-dire, au fondement de toute vérité." Châtelet, 1988, Kap. 5, § 74, S. 98–99.

[238] Vgl. Châtelet, 1988, Kap. 5, § 77, S. 101–115. Siehe auch Wolff, 2003, Kap. 2, § 45, S. 24.

Descartes hat jeder Körper die Grundeigenschaft Raum einzunehmen und auszufül-
len.[239] Der Raum selbst war für Descartes die unendliche, kontinuierliche und drei-
dimensionale Ausdehnung. Er unterscheidet sich von der körperlichen Ausdehnung
im Grad der Abstraktion. Descartes Definition der Ausdehnung und des Raumes impliziert die Nicht-Leere des Raumes. Ohne Körper existiert keine Ausdehnung.[240]

Für du Châtelet war die Ausdehnung in Länge, Breite und Tiefe eine geometrische Abstraktion, die völlig von der Materialität der Körper absieht. Ausdehnung
definierte sie nach Wolff und Leibniz als kontinuierliche Vereinigung ähnlicher aber
distinkter Teile bzw. Dinge.[241]

In der *Ontologie* bezeichnete Wolff die Ausdehnung als ein Phänomen der Vorstellung: Sobald etwas aus verschiedenen aber ähnlichen Teilen zusammengesetzt
vorstellbar ist, ist es ausgedehnt.[242] Die so definierte Ausdehnung ist unabhängig
von der konkreten und bestimmten Anordnung der Dinge:

> Denn wenn man eine Strecke beliebig in noch so viele Teile unterteilt, so entsteht durch das
> Zusammennehmen der Teile immer die gleiche Strecke, egal, wie man sie [die Teile, FB]
> umstellt: das Gleiche gilt für die geometrischen Flächen und die Körper.[243]

Ausdehnung hat demnach die Eigenschaften der Gleichförmigkeit, Kontinuität,
Ähnlichkeit und fehlender Unterscheidbarkeit der Teile. Sie kann auch als Begrenzung der Körper verstanden werden. Aus ihr lassen sich die mathematischen Begriffe Punkt, Linie, Fläche und Dimension entwickeln.

Gegen die Leere im Raum spricht, dass die Ursache der körperlichen Ausdehnung bzw. Begrenzung, keine Essenz der Materie ist und daher außerhalb der Körper
liegen muss. Im leeren Raum gibt es diesen Grund aber nicht, was gegen den Satz
vom zureichenden Grund verstoßen würde. Materie muss daher überall sein. Da du
Châtelet Atome und Körper als Aggregate der ersten Wesen auffasste, müssen die
Ersten Wesen, d. h. die Monaden die Ursache der Ausdehnung und der Grund für
die Begrenzung der Körper sein. Folglich bilden die Monaden den Raum:[244]

> Denn die Idee des Raumes geht daraus hervor, dass man einzig auf ihre [der Wesen, FB] Art
> des Existierens geachtet hat, eines ohne das andere, und dass man sich nur vergegenwärtigt
> hat, dass diese Koexistenz mehrerer Wesen eine bestimmte Ordnung oder Ähnlichkeit in
> ihrer Art zu existieren produziert.[245]

---

[239] Vgl. Gehler, 1787–1796, Stichwort: Ausdehnung.

[240] Zum Descartschen Raumbegriff vgl. Evers, 2000, S. 20–22 u. Baumann, 1981, Bd. 1, S. 68–
156.

[241] Vgl. Châtelet, 1988, Kap. 5, § 78, S. 102–103.

[242] „Si plura diversa adeoque extra se invicem existentia tanquam in uno nobis repraesentamus:
notio extensionis oritur: ut adeo extensio sit multorum diversorum, aut, si mavis, extra se invicem
existentium coëxistentia in uno." Wolff, 1977, § 548.

[243] „Car que l'on divise une ligne, comme, & en autant de parties que l'on voudra, il en résultera
toujours la même ligne en rassemblant ses parties, quelque transposition que l'on fasse entre elles:
il en est de même des surfaces & des corps géométriques." Châtelet, 1988, Kap. 5, § 78, S. 104.

[244] Vgl. Châtelet, 1988, Kap. 5, § 73, S. 95–96.

[245] „Car l'idée de l'Espace naît de ce que l'on ne fait uniquement attention qu'à leur manière
d'exister l'un hors de l'autre, & que l'on se représente que cette coëxistence de plusieurs Etres,

Alle Eigenschaften des relational definierten Raums sind lediglich Abstraktionen. Sie ergeben sich, indem man von der Determination der Materie absieht. Aus diesem Grund kann der Raum unendlich, unveränderlich, nicht erschaffen, notwendig, unkörperlich und überall präsent gedacht werden.[246] In der relationalen Deutung sind Ausdehnung und Raum imaginäre Begriffe, reine Abstraktionen. Sie beziehen sich ausschließlich auf die Koexistenz und Anordnung der Dinge.[247]

Wenn der relationale Raum aber ein Abstraktum ist, existierte er dann für du Châtelet tatsächlich? Diese Frage würde du Châtelet mit ja beantworten, denn für sie gibt es Abstraktum nicht ohne Konkretum. Folglich hat der Raum eine Existenz außerhalb des Denkens. Sie schrieb, der abstrakte relationale Raum verhält sich zum konkreten Raum, wie die Zahlen zum Gezählten.[248] Der Raum existiert insofern, „als es die reellen und co-existierenden Dinge gibt und ohne diese Dinge gäbe es keinen Raum."[249]

> Dennoch sind die Dinge selbst nicht der Raum. Er ist ein Wesen, das man mit Hilfe der Abstraktion gebildet hat, das nicht außerhalb der Dinge besteht, das aber auch nicht das Gleiche wie die Gegenstände ist, von denen diese Abstraktion ausgeht, denn diese Gegenstände enthalten eine unendliche Menge Dinge, die man bei der Bildung der Idee des Raumes vernachlässigt hat.[250]

Diese abstrakte und sehr philosophische Betrachtung des Raumes von du Châtelet wirkte für einen kurzen Moment in der naturphilosophischen Debatte über den Raum nach. Offensichtlich ist dies in der *Encyclopédie* von Diderot und d'Alembert. Unter dem Stichwort „espace" erschien du Châtelet als Vertreterin des Leibnizianismus. Ganze Passagen aus dem fünften Kapitel sind dort zitiert.[251] Darunter befinden sich die Definitionen beider Raumbegriffe und ihre Erläuterung zum Konzept des relationalen Raums.[252] Den absoluten Raum beschreiben Auszüge aus Briefen Clarkes, Leibniz und Newtons, die einer Schriftensammlung Formeys entnommen sind.[253]

Der Artikel in der *Encyclopédie* betont, dass die Frage nach der Natur des Raumes rein metaphysisch sei. Daher wurde der Begriff Physik, den du Châtelet in ihrem

---

produit un certain ordre ou ressemblance dans leur manière d'éxister." Châtelet, 1988, Kap. 5, § 79, S. 105.

[246] Vgl. Châtelet, 1988, Kap. 5, § 85, S. 110.

[247] Vgl. Châtelet, 1988, Kap. 5, § 86, S. 111.

[248] Vgl. Châtelet, 1988, Kap. 5, § 87, S. 112–113.

[249] „il y a des choses réelles & coexistantes; & sans ces choses il n'y auroit point d'Espace." Châtelet, 1988, Kap. 5, § 87, S. 112.

[250] „Cependant, l'Espace n'est pas les choses mêmes, c'est un Etre qu'on en a formé par abstraction, qui ne subsiste point hors des choses, mais qui n'est pourtant pas la même chose que les sujets, dont on a fait cette abstraction, car ces sujets renferment une infinité de choses qu'on a négligées en formant l'idée de l'Espace." Châtelet, 1988, Kap. 5, § 87, S. 112.

[251] Vgl. Diderot und Alembert, 1755, Stichwort: espace, S. 953–956.

[252] Folgende Abschnitte aus Kapitel fünf sind in der *Encyclopédie* zu finden:§73, §74, §77 bis §80 und teilweise §87.

[253] Vgl. Diderot und Alembert, 1755, Stichwort: espace, S. 956.

Text ursprünglich verwandte in den zitierten Textstellen gestrichen.[254] Ob der Raum relational oder absolut sei, hatte für den Autor des Enzyklopädieartikels, weder geometrische noch physikalische Relevanz. Er hielt die Debatte für einen rein philosophischen Streit: „Wir ergreifen in der Frage des Raumes keine Partei. Man kann bei allem, was unter dem Stichwort ELEMENTE DER WISSENSCHAFTEN gesagt worden ist, sehen, wie nutzlos diese obskure Frage für die Geometrie und die Physik ist.“[255]

Eine zarte und kurze Spur von du Châtelet und ihren Ausführungen zum Raum findet sich in den *Gedanken von der wahren Schätzung der lebendigen Kräfte* (1746) von Immanuel Kant (1724–1804). Der junge Kant bezog sich auf das fünfte Kapitel der *Institutions de physique*. Kant betonte damals noch den idealen und relationalen Charakter des Raumes. Ähnlich wie du Châtelet versuchte er, Leibniz' Metaphysik mit Newtons Physik zu versöhnen.[256] Fünf Jahre später änderte er seine Raumauffassung. Er übernahm Eulers Position aus *Réflexions sur l'espace et le temps* (1748). Nunmehr folgte er Eulers Begründung der notwendigen Existenz des absoluten Raumes.[257]

Letztlich hatte die Raumauffassung Newtons immense Durchsetzungskraft. In der physikalischen Forschung konnte sich der relationale Raumbegriff Leibniz' nicht behaupten.[258] Der Zugang den du Châtelets mit ihrem fünften Kapitel zum Raumbegriff bot war obsolet.

11.9 Zusammenfassung

In diesem Kapitel zeigte sich, dass die *Institutions de physique*, die Émilie du Châtelet 1740 vorgelegt hatte, zugleich ein traditionelles und inhaltlich, neuartiges naturphilosophisches Lehrbuch waren. Mit ihm erhielten ihre Leser einen Zugang zur Metaphysik Leibniz' und Wolffs. Zusammen mit einer rational-theoretischen Darstellung der Newtonschen Mechanik sollten sie ein geschlossenes, naturphilosophisches System vermitteln.

Unter welchen Umständen die *Institutions de physique* entstanden, publiziert und aufgenommen wurden berichtet Abschn. 11.1. Als Lehrbuch der Naturphilosopie konnten sie sich nicht etablieren, obgleich es wohlwollende Beachtung in der gelehrten Welt fand. Gelobt wurde allenthalben, dass es in Frankreich die weitgehend unbekannte Metaphysik Leibniz' und Wolffs einem breiten Publikum zugänglich machen wollte. Aus ästhetischer Sicht sind die allegorischen Vignetten erwähnens-

---

[254] Vgl. Châtelet, 1988, Kap. 5, § 72, S. 94 u. Diderot und Alembert, 1755, Stichwort: espace, S. 953.

[255] „Nous ne prendrons point de partis sur la questions de l'espace; on peut voir, par tout ce qui a été dit au mot ÉLÉMENS DES SCIENCES, combien cette question obscure est inutile à la Géométrie & à la Physique.“ (Diderot und Alembert, 1755, Stichwort: espace, S. 956).

[256] Vgl. Jammer, 1960, S. 142–144.

[257] Vgl. Jammer, 1960, S. 140.

[258] Vgl. Jammer, 1960, S. 125 u. 138.

wert, die jedes Kapitel schmücken. Ansonsten entspricht die Gestaltung und Struktur den naturphilosophischen Lehrbüchern der Zeit, was Abschn. 11.2 verdeutlicht.

Die inhaltliche Struktur orientierte sich an der kartesianischen Lehrtradition der Naturphilosphie, die in Abschn. 11.3 erörtert ist. An die Vermittlung der Metaphysik im ersten Teil der *Institutions de physique* schließt im zweiten Teil die Vermittlung der Mechanik, d. h. die Lehre von der Bewegung der Körper und der Kräfte an.

Mit der Wendung an du Châtelets Sohn und damit an junge Leute von Stand, empfahlen sich die *Institutions de physique* für die standesgemäße, inhaltliche Erziehung junger Adeliger zu Hause. Da sie sich aber auch als wissenschaftliche Einführung verstanden, empfahlen sie sich auch als akademisches und universitäres Lehrbuch. Dieses Ansinnen unterstreichen die Vorbilder Rohault und Wolff. So orientierte sich du Châtelet an dem französischsprachigen Standardlehrwerk der Naturphilosophie von Jacques Rohault, dem *Traité de physique* (1671) und den rational-theoretischen Werken des deutschen Philosophen Christian Wolff. Dies führt Abschn. 11.4 aus.

Die Lektüre der *Institutions de physique* war kein amüsanter und unterhaltender Spaziergang in angenehmer Umgebung. Im Gegenteil, die Orientierung du Châtelets an der Kartesianischen und Wolffschen Rationalität wirkte sich auf die Didaktik in den *Institutions de physique* aus, wie in Abschn. 11.5 zu lesen ist. Ihr didaktisches Konzept orientierte sich an dem anvisierten Adressaten der naturphilosophischen Wissensvermittlung. Dieser Adressat war archetypisch du Châtelets Sohn, d. h. ein junger Adeliger, der die elementare Geometrie Euklids beherrschte und grundlegende Kenntnisse in Geographie und Astronomie besaß. Der männliche Adressat erlaubte es du Châtelet eine eher akademische, naturphilosophische Einführung zu verfassen, die zwar inhaltlich modern, aber konzeptionell traditionell war.

Für die naturphilosophische Darstellung spielte die Geometrie eine wichtige Rolle. Abschnitt 11.6 weist auf, dass der elementaren Geometrie in den *Institutions de physique* eine Schlüsselfunktion zukommt. Einerseits ist sie die Methode des richtigen Argumentierens und Schließens; andererseits dienen ihre Aussagen zur Beschreibung und Begründung der physikalischen Phänomene und Gesetzmäßigkeiten. Bemerkenswert ist für die Geschichte der Mathematikdidaktik, dass Geometrie und Algebra von du Châtelet gleichermaßen als Beschreibungs- und Begründungssprache der modernen Naturphilosphie angesehen wurden. Die Algebra galt allerdings als die abstraktere mathematische Sprache, die von Kindern und Jugendlichen, anders als die Geometrie, nicht ohne weiteres erlernt werden könne. Die Verwendung der Geometrie in den *Institutions de physique* war nach Meinung Clairauts mit ein Grund dafür, dass du Châtelets Lehrbuch wenig Leser fand.

In Abschn. 11.7 ist der Inhalt näher vorgestellt, den du Châtelet vermitteln wollte. Sie zeigte sich von dem Bedeutungsverlust der Metaphysik nicht beeindruckt und stellte das Leibniz-Wolffsche Weltbild vor. Sie entwickelt es aus den drei Erkenntnisprinzipien: Satz vom Widerspruch, Satz vom zureichenden Grund, Satz von der Identität des Ununterscheidbaren. Aufmerksamkeit verdient ihre Haltung gegenüber der Hypothese als Erkenntnismittel. Sie folgte dem Hypothesenverdikt nicht. Beachtenswert ist auch, dass die Naturphilosphie für du Châtelet so lange eine wahrscheinliche Wissenschaft war, bis die ersten Ursachen der Phänomene gefunden sind. Wenig zukunftsweisend ist, dass du Châtelet die Mechanik in der Tradition der rational-theoretischen Naturphilosophie darstellte. Beobachtung und Experiment spielten zwar in der Forschungspraxis eine Rolle, in der Darstellungsweise du Châtelets jedoch nicht. Sie vermittelte mechanisches Faktenwissen.

Dass du Châtelet für einen Moment mit ihrem Lehrbuch in der philosophischen Debatte Wirkung erzielte, zeigt Abschn. 11.8. Mit ihrer Darlegung von der Denkunmöglichkeit des absoluten Raumes und des Beweises von Leibniz' relationalen Raum wurde sie in die *Encyclopédie* von Diderot und d'Alembert aufgenommen. Der junge Kant rezipierte ihr Buch. Er ließ sich kurze Zeit von ihr vom relationalen Raum überzeugen.

Die *Institutions de physique* waren irgendwie ein merkwürdiges Lehrbuch. Sie gerierten sich einerseits inhaltlich modern, da sie die aktuellen naturphilosophischen Konzepte von Leibniz, Wolff und Newton aufgriffen. Andererseits hingen sie durch die Bedeutung, die du Châtelet der Metaphysik gab, der naturphilosphischen Vergangenheit des 17. Jahrhunderts an. Für die mathematisch-experimentelle Zukunft der Naturphilosphie waren sie nicht geschrieben, wie ihre rational-theoretische Darstellung der Mechanik zeigt. Die *Institutions de physique* boten den Lesern keinen richtigen Zugang zur modernen Naturphilosphie. Dadurch waren sie als Einführung in das Studium der Naturphilosophie nicht mehr wirklich aktuell.

Kapitel 12
Vermittlung: Rezeption der *Institutions de physique*

> *„Erhabene* Chatelet, *o fahre ferner fort Der Wahrheit
> nachzugehn. Sie hängt an keinem Ort:
> Und wer in Afrika, und in beeisten Norden
> Auf ihre Spuren lauscht, gehört zum Weisenorden.
> Verdenkt es Dir der Neid, Daß Deine Feder frey
> Die Wahrheit Wahrheit nennt, sie sey von wem sie sey: "*
> *(Luise Adelgunde Gottsched, 1713–1762)*

> *„Assurément on ne sauroit trop louer Madame* du Chatelet, &
> *elle a droit de s'attendre à tout la gratitude, non seulement de
> Mr.* Woff, *mais même de toute la* République des Lettres. "
> *(Jean Deschamps, 1709–1767)*

Die *Institutions de physique* etablierten sich im 18. Jahrhundert nicht als Lehrbuch der modernen Naturphilosophie. Aber sie erregten bei ihrem Erscheinen in der europäischen Gelehrtenrepublik Aufmerksamkeit. Vor allem in Brandenburg-Preußen rezipierte man das Buch der Französin, dessen metaphysischer, Wolffianischer Inhalt dort nicht ohne Brisanz war. Viele Jahre nach dem Tod du Châtelets 1749 fand ihr Buch sogar einen besonders berühmten Leser. Johann Wolfgang Goethe (1749–1832) besaß eine Ausgabe von 1742. Bei seinen Arbeiten zur Farbenlehre kommentierte er seine Lektüre mit den Worten, dass „nichts von den Farben vorkommt."[1]

Warum du Châtelets Lehrbuch gerade in Brandenburg-Preußen Beachtung fand und warum man in ihm einen guten und wichtigen Zugang zur Naturphilosophie sah, ist Gegenstand dieses Kapitels.

Neben der für die du Châtelet-Forschung wichtigen rezeptionsgeschichtlichen Aufarbeitung zeigt sich hier, dass du Châtelet für ihre Zeitgenossen keine Lernende und Amateurin der Naturphilosophie war. Sie war viel mehr. Sie wurde als Wissensvermittlerin und Gelehrte mit einem eigenen wissenschaftlichen Standpunkt wahrgenommen, deren Lehrbuchkonzept und Lehrinhalt Relevanz hat.

Abschnitt 12.1 wirft einen Blick auf die Verbreitung des Lehrbuches. Welche Reaktionen die *Institutions de physique* bei Wolff und seinen Anhängern hervorgerufen hat, zeigen die Abschn. 12.2 und 12.3. Inwiefern du Châtelets Buch Konkurrenz für ein anderes Lehrbuch der Wolffschen Philosophie war, beschreibt der Abschn. 12.4 zu Jean Deschamps (1709–1767). Dass du Châtelet besonders für die weiblichen Anhänger Wolffs gelehrtes Vorbild als Wissensvermittlerin wurde, macht Abschn. 12.5 am Beispiel Louise Adelgunde Victorie Gottscheds (1713–1762) deutlich. Das Kapitel schließt Abschn. 12.6, der sich mit den Gründen für die Übersetzung befasst. Er zeigt, dass die Anhänger Wolffs du Châtelets Lehrbuch sprachlich für einen ausgesprochen gelungenen Wissenszugang.

---

[1] Hennig, 1987, S. 122.

F. Böttcher, *Das mathematische und naturphilosophische Lernen und Arbeiten
der Marquise du Châtelet (1706–1749)*, DOI 10.1007/978-3-642-32487-1_12,
© Springer-Verlag Berlin Heidelberg 2013

12.1 Verbreitung

Neben den in Abschn. 11.1 genannten Besprechungen in den französischsprachigen Rezensionszeitschriften sorgte du Châtelet selbst für die Verbreitung ihres Lehrbuches. Mit den *Institutions de physique* ging sie ähnlich wie mit ihrer *Dissertation sur la nature du feu* um.[2] Sie übermittelte näheren und ferneren Bekannten Druckexemplare ihres Werkes.

Der eine oder andere Beschenkte sandte ihr seinen Dank für das Geschenk. So zeigte sie sich erfreut über eine Nachricht eines Freundes Voltaires, den Comte Charles-Augustin de Ferriol d'Argental (1700–1788). Er äußerte sich positiv über ihren Stil. Du Châtelet selber hoffte, dass der Comte sich auch mit dem metaphysischen Inhalt des Buches befassen werde. In ihrem Antwortschreiben an den Comte erwähnt sie weiter, dass sie M. und Mme Bernin de Valentinay, Marquis und der Marquise d'Ussé, die den politischen „Club de l'entresol" (1720–1731) frequentierten, ebenfalls ein Exemplar ihres Buches gesandt hat.[3] Schmeichelnde Worte hörte sie u. a. von dem Schriftsteller und Gründer der Wissenschaftsakademie von Rouen, Pierre-Robert Le Cornier de Cideville (1693–1776):[4]

> Leser, öffne dieses gelehrte Schreiben.
> Die Physik verliert für Euch ihr wildes Gesicht.
> Und Sie merken an seiner charmanten Sprache,
> dass Venus es ist, die uns unterweist.

Damit ihr Buch auch in Brandenburg-Preußen Leser fand, sandte du Châtelet die Druckfahnen und eines der ersten Buchexemplare an Friedrich II.

Es war dieses Exemplar, das sich Maupertuis auf ihr Geheiß hin bei dem preußischen König ausleihen sollte. Maupertuis, der sich im Frühherbst 1740 auf dem Weg nach Berlin befand, bat sie um eine Kritik ihres Lehrbuchs.[5] Auf das Urteil Maupertuis' wartete sie ungeduldig, möglicherweise vergeblich.[6]

Über Baron Jean Chambrier (1686–1751), einen Schweizer Diplomaten am preußischen Hof, übermittelte sie weitere Exemplare an die Vertrauten des preußischen Königs, Charles Etienne Jordan (1700–1745) und Dietrich von Keyserling (1713–1793).[7]

Durch diese Buchgeschenke und durch den Briefwechsel zwischen du Châtelet, Voltaire und Friedrich II., sprach sich am preußischen Hof schnell herum, mit welchen Inhalten sich die Geliebte Voltaires beschäftigte. Da sich viele einflussreiche

---

[2] Siehe Abschn. 6.7.

[3] Vgl. du Châtelet an Charles Augustin Feriol, Comte d'Argental, 7. Januar 1741, Bestermann, 1958, Bd. 2, Brief 259, S. 39.

[4] „Lecteur, ouvrez ce docte écrit; La physique, pour vous, a quitté son air sauvage, et vous devinerez à son charmant langage que c'est Venus qui nous instruit." Zitiert nach Kawashima, 1995, S. 489.

[5] Vgl. du Châtelet an Maupertuis, 12. September 1740, Bestermann, 1958, Bd. 2, Brief 249, S. 29.

[6] Vgl. du Châtelet an Maupertuis, 9. Oktober 1740, Bestermann, 1958, Bd. 2, Brief 250, S. 30.

[7] Vgl. du Châtelet an Maupertuis, 24. Februar 1741, Bestermann, 1958, Bd. 2, Brief 262, S. 42. Zur Verbindung zwischen Friedrich II, Keyserling, Jordan im Kontext des Wolffianismus vgl. Häseler, 2005, S. 74–76.

Wolffianer am Hofe Friedrich II. befanden, schaute man aufmerksam auf du Châtelet und ihr Lehrbuch.

Für die Verbreitung und Bekanntmachung ihres Buches sorgte aber nicht nur du Châtelet selbst. Die gebildete Öffentlichkeit erfuhr von der Publikation durch die deutschsprachige Rezensionszeitschrift *Göttingische Zeitungen von den gelehrten Sachen* und den Gelehrten Porträts des Wolffianers Johann Jakob Brucker (1696–1770) in dessen *Bildersal heutiges Tages lebender, und durch Gelahrtheit berühmter Schrifftsteller* (1746).[8]

Ähnlich den französischen Rezensionen ignorierten die deutschsprachigen Besprechungen du Châtelets Versuch, die Philosophie Leibniz' und Wolffs mit der Mechanik Newtons zu verbinden. Für die deutschsprachigen Rezensenten waren die *Institutions de physique* kein Lehrbuch des Newtonianismus oder der Physik. Sie galten als Werk einer Leibniz- und Wolffianerin, das deren Metaphysik vermittelt. Brucker lobte das Werk vor allem wegen des Wolffschen Inhaltes, der sprachlichen Klarheit und der stilistischen Eleganz:

> Allein ihr tief einsehender Geist war damit nicht vergnügt, sie wollte tiefer in das Wesen der Natur hinein schauen, und aus allgemeinen richtigen Grundwahrheiten, diejenigen Sätze herleiten, welche einem unpartheyischen und nach der Wahrheit trachtenden Gemüthe eine Genüge thun können. Und das fürte sie dann geraden Wegs zu des Herrn Baron von Leibnitz Grundsätzen, welche der Herr geheime Rath und Canzlar Wolf in ihre Vollkommenheit gesezet, und auf dieselben ein weitläuffiges Lehrgebäude errichtet hatte. So tiefsinnig, schwehr und dunckel die Leibnizische und Wolffische Philosophie vielen vorkommt, so war sie doch in den Augen dieses scharffsinnigen Frauenzimmer nicht finster und unverständlich. Einem so gründlichen Verstande konnte nichts vortheilhaffter seyn, als dass er angewiesen wurde, nichts ohne zureichenden Grund anzunehmen. Durch diesen Grundsaz wurde sie in den Stand gestellet, die Hülffs=mittel, welche ihr die höhere Geometrie darreichte, zur Entdeckung und Ablegung vieler Vorurtheile und Scheingründe anzuwenden. Und da dieses vortreffliche Frauenzimmer sich angewöhnet hatte, mit der möglichsten Deutlichkeit und Ordnung ihre Begriffe untereinander zu verbinden, so gelung es ihr, mit so leichten Schritten in das innerste Cabinet der Philosophie einzudringen, dass ihr andere so leicht nicht folgen konnten.[9]

12.2 Wolff: Reaktion auf die *Institutions de physique*

Noch bevor die *Institutions de physique* fertig und gedruckt waren, wusste Christian Wolff (1679–1754), dass du Châtelet sich mit seinem metaphysischen Weltbild auseinandersetzte und gedachte, dieses in einem Lehrbuch zu vermitteln. Diese Information hatte ihn in einer Nachricht aus Frankreich Mitte 1739 erreicht.[10] In dem

---

[8] Zu diesem Porträt und der Integration du Châtelets in die europäische Gelehrtenrepublik vgl. Iverson, 2006.

[9] Brucker und Haid, 1741–46.

[10] Vgl. Brief von Wolff an von Manteuffel am 7. Juni 1739 in Droysen, 1910. Den zum Teil verschollenen Briefwechsel analysierte Anfang des 20. Jahrhundert der Historiker Droysen, 1910 untersuchte er die Korrespondenz zwischen dem 11. Mai 1738 und dem 5. November 1748 hinsichtlich Wolffs Kontakt und Haltung zu du Châtelet und Voltaire. Droysens Zitate und sein Artikel sind bislang die einzigen Quellen zu Wolffs Reaktion auf du Châtelets und ihre wissenschaftliche Arbeit.

überlieferten Briefausschnitt, in dem Woff davon schreibt, nennt er seinen Informanten nicht. Da sich sein ehemaliger Schüler Samuel König zu dieser Zeit noch in Cirey aufhielt, war möglicherweise er der Überbringer dieser Botschaft.

Eventuell wusste Wolff von der Beschäftigung du Châtelets auch durch seine Verbindungen zum Berliner Hof. Denn dort war der Briefwechsel zwischen Friedrich II., Voltaire und du Châtelet bekannt. Außerdem wusste man, dass sich du Châtelet für Mathematik und Naturphilosophie interessierte. Schließlich hatte Friedrich II. Voltaire und du Châtelet die französischen Übersetzungen von Wolffs philosophischen Texten zugesandt. Darüber hinaus wusste man in der deutschen Gelehrtenrepublik, dass du Châtelet mit einer Preisschrift an einer Preisfrage der Pariser Akademie der Wissenschaften teilgenommen hatte, da ihr Text 1739 in den *Pièces qui ont remporté le prix de l'Académie royale des sciences en MDCCXXXVIII* veröffentlicht worden war.

Wolffs Freund und Mäzen, Graf Ernst Christoph von Manteuffel (1676–1749), ein sächsisch-polnischer Gesandter am Berliner Hof, könnte Wolff über du Châtelets Interessen unterrichtet haben. Schließlich war der als Schöngeist geltende Manteuffel Staatsminister unter Friedrich Wilhelm I. Mit dem Kronprinzen, dem späteren Friedrich II., verband Manteuffel die Wolffsche Philosophie, der beide anhingen. Manteuffel war außerdem ein Freund und Gönner von Johann Christoph Gottsched (1700–1766), der zusammen mit seiner Frau Louise Adelgunde Victorie Gottsched große Bedeutung für die deutsche Rezeption von du Châtelet hat.[11]

Zwischen Wolff und von Manteuffel bestand viele Jahre ein Briefwechsel. Der Name du Châtelets tauchte darin am 7. Juni 1739 erstmals auf. Wolff äußerte den Wunsch, Kontakt mit du Châtelet und Voltaire aufzunehmen, um die Franzosen von den „nicht viel taugenden principiis der heutigen Engländer"[12] abzuziehen. Du Châtelet betrachtete er als Werkzeug, mit dem seinem philosophischen Konzept in Frankreich Gehör verschafft würde, damit es sich dort etabliere:

> In Frankreich reißet der Deismus, Materialismus und Scepticismus auch gewaltig und mehr ein, als fast zu glauben stehet, und es wäre gut, wenn die vortrefflich gelehrte Marquise gleichfalls das Instrument sein könnte, wodurch diesem Übel mittels meiner Philosophie abgeholfen würde.[13]

Vorerst hielten ihn aber die negativen Porträts von du Châtelet und Voltaire, die von Manteuffel in einer Antwort an ihn zeichnete, von einer Kontaktaufnahme ab.[14] Dass es dennoch zu einem brieflichen Austausch zwischen ihm und du Châtelet kam, war der Verdienst der Marquise. Am 20. Januar 1740 schrieb ein begeisterter Wolff:

> Unterdessen finde ich sie doch nicht so sehr abgeneigt, die Wahrheit anzunehmen und da sie bisher die Attractiones Newtoniana als eine Wahrheit angenommen, so gesteht sie doch nun, daß man sie nicht weiter als ein phaenomenon könne passieren lassen.[15]

---

[11] Vgl. Janssens-Knorsch, 1986.

[12] Droysen, 1910, 227.

[13] Wolff an von Manteuffel am 7. Juni 1739 zitiert nach Droysen, 1910, S. 227.

[14] Vgl. Droysen, 1910, S. 227. Siehe auch Abschn. 6.3.

[15] Wolff an Manteuffel am 20. Januar 1740 zitiert nach Droysen, 1910, S. 228 u. 229.

Du Châtelet hatte Wolff von ihrer Lektüre seiner metaphysischen Werke berichtet.[16] Wolff war voller Enthusiasmus für du Châtelet. Manteuffel hingegen blieb skeptisch, da er den Diplomaten von Suhm persönlich kannte und nicht viel von der Qualität seiner Übersetzung der *Deutschen Metaphysik*, auf die du Châtelets Lektüre vermutlich basierte, hielt. Man könne sich der metaphysischen Kenntnisse du Châtelets nicht sicher sein, so Manteuffel.[17] Wolff zerstreute die Bedenken seines Freundes im April 1740:

> Unterdessen bezeiget sie große Lust zu meiner Philosophie und erkläret sich, alle ihre adoptirten Meinungen derselben aufzuopfern, wie sie bereits mit der Newtonschen Attraction gemachet, verlanget auch von mir einen Rath, wie sie es recht anzufangen habe, damit sie wohl darin zurecht komme, und möchte gerne einen haben, der ihren Sohn in der Mathematik und meiner Philosophie unterrichte; ja sie erkläret sich sogar, sie wolle die deutsche Sprache lernen, um meine deutschen Schriften lesen zu können.[18]

Die hier ausgesprochene Bitte an Wolff, ihr einen geeigneten Lehrer zu vermitteln, wiederholte du Châtelet in einem Brief am 22. September 1741.[19]

Obwohl sie 1741 die Arbeit an den *Institutions de physique* abgeschlossen hatte, interessierte sie sich weiterhin für Wolffs philosophische Schriften. Sie bat um Teile der *Horae subsecivae Marburgenses* (1729, 1730 und 1731). Ferner erbat sie für ihren deutschlernenden Sohn ein Exemplar von Louise Adelgunde Gottscheds (1713–1762) Übersetzung des Briefwechsels mit Mairan.[20] Außerdem interessierte sie Wolffs Haltung zu James Jurins (1684–1750) Einwänden gegen die ‚vis viva'.[21]

Im April 1740 war Wolff überzeugt, dass du Châtelet tatsächlich sein Instrument werden könne, mit dessen Hilfe sich seine Philosophie in Frankreich verbreiten ließe. Manteuffel hatte Auszüge aus den *Institutions de physique* gelesen.[22] Du Châtelet hatte sie an Friedrich II. gesandt,[23] der sie wiederum an den Konsistorialrat und Propst Johann Gustav Reinbeck (1683–1741) geschickt hatte. Reinbeck war ein lutherischer Theologe, der in Halle bei Wolff studiert hatte. Er war an der Rückberufung des exilierten Wolffs nach Halle 1740 aktiv beteiligt.[24] Von Manteuffel hatte du Châtelets Text bei Reinbeck gelesen. Er schilderte seine Eindrücke:

---

[16] Vgl. Droysen, 1910, S. 228.

[17] Vgl. Droysen, 1910, S. 229.

[18] Wolff an Manteuffel am 3. April 1740. Zitiert nach Droysen, 1910, S. 229.

[19] Vgl. du Châtelet an Wolff, am 22. September 1741, Bestermann, 1958, Bd. 2, Brief 281, S. 73.

[20] Siehe auch Abschn. 12.5.

[21] Vgl. du Châtelet an Wolff, 22. September 1741, Bestermann, 1958, Bd. 2, Brief 281, S. 73.

[22] Die Auszüge, von denen Titel und Schluss fehlen, sind in einem *Recueil de diverses pièces* der Königlichen Bibliothek Berlin erschienen. Der 12. Abschnitt über die Bedeutung der Metaphysik aus du Châtelets Vorwort ist handschriftlich ergänzt. Es handelt sich um insgesamt 178 Seiten aus dem ersten Teil des Lehrbuchs (vgl. Droysen, 1910, S. 230).

[23] Vgl. du Châtelet an Friedrich II, Versailles, 25. April 1740, Bestermann, 1958, Bd. 2, Brief 237, S. 13.

[24] Vgl. Bautz, 2008, Spalten 1149–1164, Autor: Andres Straßberger.

> Wir haben gerade einige Blätter davon gelesen, von denen wir entzückt waren, da sie mit
> einer Art sehr hübschen und klaren Zusammenfassung Ihrer Metaphysik beginnen, auf Prin-
> zipien, auf denen der Autor die gesamte Abhandlung aufzubauen scheint.[25]

Von Manteuffel lobte besonders du Châtelets demonstrative Art, mit der sie die Einheit von Geist und Materie ablehnt und sich damit auch gegen Voltaires Argumentation stellte.[26] Dieser Auszug veranlasste von Manteuffel dazu, seine skeptische
Haltung zu du Châtelet aufzugeben:

> Wenn das gesamte Buch dem entspricht, was wir gelesen haben, dann ist es der Wahrheit
> und der Philosophie dienlicher, als alles was man in Deutschland hätte tun und schreiben
> können, um deren Evidenz und Nützlichkeit zu unterbreiten ... was sicher ist und ins Auge
> springt, ist, dass sie, wie sie vor einiger Zeit gesagt hat, all den Chimären ihres Freundes Vol-
> taire entsagt hat, den sie an Genauigkeit und Klarheit der Ideen hundertfach übertrumpft.[27]

Im Juni 1740 erhielt Wolff ein Exemplar der *Institutions de physique* von du Châtelet
persönlich. Sie hatte es mit der Bitte versehen, über ihre Autorenschaft zu schwei-
gen.[28] Sie wusste nicht, dass die deutschen Wolffianer längst über ihr Buchprojekt
Kenntnis und es bereits Auszüge gelesen hatten.

Das Lehrbuch bestärkte Wolffs Hoffnung, in du Châtelet eine prominente Vertreterin seiner Philosophie in Frankreich zu haben:[29]

> Mich wundert, daß diese Dame mit so großer Deutlichkeit die Sachen vortragen kann und
> wenn sie ihrem Versprechen nach meine ganze Philosophie auf gleiche Art in einem Auszug
> bringen wollte, zweifle ich nicht, daß ich sie in Frankreich für meinen Apostel erkennen
> müßte, wie sie sich erkläret, daß sie sein wolle. Ich halte sie viel stärker als Voltaire an
> Verstande, der als ein Poet mehr Imagination als judicum hat und schlecht philosophiret.[30]

Es war vor allem du Châtelets Schreibstil, der ihn beeindruckte. Er verglich ihn
mit seinem eigenen und formulierte den Wunsch, du Châtelet möge sich ganz der
Verbreitung seiner Philosophie widmen:

> Ich wundere mich über die Deutlichkeit, damit sie auch die subtilsten Sachen vorträgt. Wo
> sie von dem redet, was ich in meiner Metaphysik vorgetragen, ist es nicht anders, als wenn

---

[25] „Nous venons d'en lire quelques feuilles, dont nous avons été charmés, puisqu'elles débutent par
un espèce d'abrégé très joli et très clair de votre métaphysique, sur les principes de laquelle l'auteur
semble bâtir tout son traité." von Manteuffel an Wolff am 6. Juni 1740, zitiert nach Droysen, 1910,
S. 230. Die Korrespondenz zwischen Wolff und von Manteuffel war zweisprachig. Wolff verstand
zwar Französisch, konnte es aber nicht schreiben. Von Manteuffel sprach und schrieb als Aristokrat
besser Französisch. Daher formulierte er seine Antworten an Wolff auf Französisch.

[26] Vgl. Droysen, 1910, S. 230.

[27] „Enfin si tout le livre répond à ce que nous en avons lu, il rendra plus de service à la vérité et à
la philosophie que tout ce qu'on eût pu faire et écrire en Allemangne, pour en étaler l'évidence et
l'utilité ... ce qu'il y a de sûr, c'est qu'il saute aux yeux qu'elle a renoncé, comme elle vous l'avait
mandé il y a quelque temps, à toutes les chimères de son ami Voltaire, qu'elle surpasse en cent
piques dans la justesse et la netteté des idées." von Manteuffel an Wolff am 6. Juni 1740, zitiert
nach Droysen, 1910, S. 230.

[28] Vgl. Droysen, 1910, S. 231.

[29] Vgl. Droysen, 1910, S. 231.

[30] Wolff an von Manteuffel am 7. Mai 1741. Zitiert nach Droysen, 1910, S. 233.

ich mich selbst in Kollegiis reden hörte ... Ich wollte wünschen, daß sie nicht durch Kontroversieren abgehalten würde, ihre Institutionen zustande zu bringen, damit sie meine ganze Philosophie, wie sie vorhat, nach dem Begriffe der Franzosen abhandeln könnte. Ich will sie dazu aufmuntern, denn es ist niemand unter den Franzosen geschickter dazu als sie.[31]

Die Ähnlichkeit zu Wolffs Texten griff von Manteuffel auf. Er er berichtete, dass sie auch Johann Christoph Gottsched bei Kapitel V Über den Raum aufgefallen sei.[32] Die Nähe zu seinen Texten erklärte sich Wolff damit, dass sich du Châtelet zu stark an ihren Vorlagen orientiert habe.[33]

Wolff und von Manteuffel konnten sich nicht allzu lange an der Vorstellung erfreuen, du Châtelet würde dem Wolffianismus in Frankreich zum Durchbruch verhelfen. Im Januar 1742 kursierte das Gerücht, du Châtelet habe sich von Wolffs Metaphysik distanziert. Manteuffel fragte entgeistert: „Ist es wahr oder falsch, dass Madame du Châtelet sich wieder von Ihrer Philosophie abgewendet hat?"[34] Wolff, der längere Zeit keine persönliche Nachricht mehr von du Châtelet erhalten hatte, konnte die Frage nicht beantworten. Aber auch er befürchtete, du Châtelet hätte unter Voltaires Einfluss ihren philosophischen Standpunkt wieder geändert. Die zweite Ausgabe der *Institutions de physique* zerstreute die Zweifel Wolffs und von Manteuffels an du Châtelets philosophischer Haltung vorerst.[35]

Über ein Jahr fiel der Name du Châtelet in den Briefen Wolffs und von Manteuffels nicht. Erst Mitte 1743 zeigte Wolff deutlich, wie sehr seine in du Châtelet gesetzten Hoffnungen enttäuscht waren:

Man hat mir geschrieben, daß in Paris Herr Maupertuis und Clairaut, welche von Philosophie nichts verstehen und daher am leichtesten mit der sogenannten philosophia Newtoniana zurecht kommen können, die Marquise du Châtelet wieder umgekehret, daß sie ihr altes Lied singet, nachdem ich ihr niemanden verschaffen können, der sie bei den Gedanken erhalten, auf welche sie Herr König gebracht, dem das meiste von ihren *Institutiones physicae* zuzuschreiben ist, und sie auf die Art für sich nicht fortsetzen kann, wie das Werk angefangen. Es wird also wohl unsere Korrespondenz aufgehoben sein, die ich meines Ortes bei den Umständen nicht fortsetzen mag. Die Flüchtigkeit ihrer Landsleute, die sie mir als ein Hindernis angegeben, sich auf meine Philosophie zu legen, wird auch wohl ihr eigentümlich verblieben sein.[36]

Das Urteil der beiden über du Châtelet basierte allein auf Gerüchten. Zwar befasste sich du Châtelet 1743 intensiv mit Newtons Hauptwerk, das sie übersetzen wollte, aber von der Leibniz-Wolffschen Philosophie war sie nach wie vor angetan. Sie bedauerte sogar, die Theorie der Monaden in einer Preisfrage der Berliner Akademie der Wissenschaften nicht verteidigen zu können.[37]

---

[31] Wolff an von Manteuffel am 14. Juni 1741, zitiert nach Droysen, 1910, 233.

[32] Vgl. Droysen, 1910, S. 234.

[33] Vgl. Droysen, 1910, S. 234.

[34] „Est-il vrai ou faux que la Madame du Câtelet ait apostasié par rapport à votre philosophie?" von Manteuffel an Wolff am 25. Januar 1742, zitiert nach Droysen, 1910, S. 234.

[35] Vgl. Droysen, 1910, S. 234.

[36] Wolff an von Manteuffel am 18. Juni 1743, zitiert nach Droysen, 1910, S. 235.

[37] Siehe Abschn. 10.1.

Bemerkenswert ist, dass 1741 die argumentative und textliche Nähe du Châtelets zu Wolff weder für Wolff noch für von Manteuffel problematisch war. Auch der Plagiatsvorwurf Königs schien gänzlich unbedeutend zu sein. Aber 1743 nahmen sie Königs Vorwurf zum Anlass, die Kompetenz und wissenschaftliche Eigenständigkeit du Châtelets völlig in Frage zu stellen. Du Châtelet sei eine leicht zu beeinflussende Person, meinten sie nun, ohne innerliche Überzeugung von ihrem philosophischen Standpunkt. So lange sie meinten, Einfluss auf die Gelehrte nehmen zu können, waren die beiden voll des Lobes für die Französin. Sie fürchteten aber immer wieder einen negativen Einfluss Voltaires, den sie durch König unterbunden sahen. Dessen positive Wirkung, meinten sie, hatten schließlich Maupertuis und Clairaut zunichte gemacht.

Weder Wolff, noch von Manteuffel war klar, dass es für du Châtelet nicht um ein Entweder-Oder ging, sondern um die Verbindung von Leibniz-Wolffscher Metaphysik mit Newtons Physik.[38]

Der seiner Meinung nach schwache Charakter du Châtelets erschien von Manteuffel um so bedauerlicher, da er die besondere didaktische Fähigkeit du Châtelets anerkannte, abstrakte Themen verständlich darzustellen:

> Ich bin sehr verärgert zu wissen, dass Madame du Châtelet sich korrumpieren hat lassen. Ich kenne kaum eine ebenso saubere Feder wie die ihre, um in einem klaren und zugleich so eleganten Stil die abstraktesten Wahrheiten zu erklären.[39]

12.3 Wolffianer: Die „Sozietät der Alethophilen"

Zu Beginn der 1740er Jahre beschäftigten sich die Anhänger Wolffs mit du Châtelet, ihrem Lehrbuch und ihrer Haltung im Streit um das wahre Kraftmaß bewegter Körper. Einige von ihnen hatten sich zur Verbreitung und Unterstützung der Wolffschen Philosophie zur „Sozietät der Alethophilen" zusammengefunden. Namhafte Persönlichkeiten gehörten ihr an oder standen ihr nahe, darunter Jean Deschamps (1709–1767), Luise Adelgunde Gottsched, genannt die Gottschedin, und Wolf Balthasar Adolph von Steinwehr (1704–1771). Von ihnen handeln die Abschn. 12.4, 12.5 und 12.6.

Die Alethophilen betrachteten den Satz vom zureichenden Grund als Grundlage jeglicher Wahrheit. Die *Institutions de physique*, die ihre Argumentation in weiten Teilen auf diesen Satz stützt, fanden daher ihren Beifall. Sie sahen ihre Weltanschauung durch die Französin bestätigt. In Brandenburg-Preußen hatte das Prinzip vom zureichenden Grund zu einem Konflikt zwischen Wolff, seinen Anhängern und den pietistischen und orthodoxen Theologen geführt. Letztere warfen Wolff vor, mit

---

[38] Siehe Kap. 11.

[39] „Je suis bien fâché de savoir que Madame du Châtelet se soit laissée corrompre. Je ne connais guère des plumes aussi propres que la sienne à éxpliquer clairement et en même temps dans un stile élégant les vérités les plus abstraites." Von Manteuffel an Wolff am 19. Juni 1743, zitiert nach Droysen, 1910, S. 235.

dem Satz die christliche Offenbarungslehre in Frage zu stellen. Immer wieder mussten die Wolffianer erklären, warum Wolffs Philosophie der Offenbarungslehre nicht
widerspricht. In diesem Kontext kam es zu dem Skandal um die Wertheimer Bibel. In dessen Folge waren viele Wolffianer in Brandenburg-Preußen gezwungen,
sich von Wolffs Philosophie zu distanzieren, um ihre bürgerliche Existenz nicht zu
gefährden.[40]

Es waren von Manteuffel und Reinbeck, die die „Sozietät der Alethophilen" 1736
in Berlin gründeten.[41] Zu dieser Zeit griffen die Gegner Wolffs am Berliner Hof den
Philosophen immer vehementer an. Die Pietisten warfen ihm vor, dem Deismus und
Rationalismus das Wort zu reden, da seine Philosophie zu stark zwischen Wissen
und Glauben trenne. Einige Theologen lehnten Wolffs wissenschaftliche Methode
ab, weil sie sich ihrer Meinung nach formal zu stark an der Mathematik orientiere.
Seine Weltweisheit schien ihnen dadurch zu weltlich, zu wenig im Glauben verankert zu sein. Wolff selber verstand seine Philosophie als Wissenschaft vom Möglichen als Möglichen. Er trennte tatsächlich deutlich Glaube und Wissen.[42]

Die Vorwürfe gegen Wolff begannen mit seiner Prorektoratsrede (Oratio de Sina-
rum) an der Hallischen Universität 1721. In ihr versuchte er sich an dem Nachweis,
dass ethische Prinzipien religionsunabhängig sind, weil sie sich aus reinen Vernunft-
gründen als richtig erweisen. Die Hallenser Theologen Joachim Justus Breithaupt
(1658–1732) und August Herman Francke (1663–1727) kritisierten Wolff öffentlich. Nach der Kritik der beiden pietistischen Theologen musste Wolff die Universität Halle, an der er seit 1706 Professor für Mathematik und Philosophie war, 1723
verlassen. 1736 forderte der Pietist Joachim Lange (1670–1744) Wolffs Vertreibung
aus Brandenburg-Preußen am Berliner Hof. Friedrich Wilhelm I., der dem Pietis-
mus nahe stand, veranlasste schließlich, dass Wolff Preußen binnen 48 Stunden zu
verlassen hatte. Bis 1727 standen Wolffs Schriften in Preußen auf dem Index. Re-
habilitiert wurde er erst als Friedrich II. 1740 den Thron bestieg. Wolff konnte im
gleichen Jahr an die Universität Halle mit einer Professur für Mathematik, Natur-
und Völkerrecht zurückkehren.[43]

Die Alethophilengesellschaft fand sich zusammen, um die Philosophie Wolffs,
die ihnen einzig Gewissheit und Wahrheit zu lehren schien, zu verteidigen, zu verbreiten und zu etablieren. Nach ihren Grundsätzen unterschied sich diese Sozietät
nicht von anderen Aufklärungsgesellschaften: Zweifel an allen Autoritäten, Vertrau-
en in die Kraft der Vernunft und das Bestreben, die Wahrheit zu verbreiten.[44] Eher
untypisch war, dass sie Frauen aufnahm, weil sie sich, so Döring (2000a), an den
französischen, höfischen Gesellschaften des 17. und frühen 18. Jahrhunderts orientierte.[45]

---

[40] Vgl. Döring, 2000a, S. 129–139 u. Goldenbaum, 2004.

[41] Zur Geschichte dieser Sozietät vgl. Döring, 2000a.

[42] Vgl. Bautz, 1998, Spalten 1509–1527, Autor: Christoph Schmitt.

[43] Vgl. Bautz, 1998, Spalten 1509–1527, Autor: Christoph Schmitt.

[44] Vgl. Döring, 2000a, S. 98.

[45] Vgl. Döring, 2000a, S. 114.

Aus ihrer Liebe zur Wahrheit leiteten die Alethophilen den Namen ihrer Sozietät ab. Der Alethophile ist der Wahrheitsliebende. Ihre Liebe vertraten die Mitglieder missionarisch und dogmatisch. Wer sich nicht bekehren ließ oder gar die Philosophie Wolffs kritisierte, galt als Feind.[46]

Bis 1740 hatte die Gesellschaft, dank des vortrefflichen Beziehungsnetzwerkes ihres Gründers Manteuffel, in Brandenburg-Preußen und Sachsen großen Einfluss. Von Manteuffel gehörte zum politisch mächtigen deutschen Adel und konnte seine Verbindungen am Berliner Hof zu Gunsten Wolffs und der Interessen der Alethophilen nutzen.[47] Unter seiner Wirkung revidierte Friedrich Wilhelm I seine Einstellung zu Wolff, was für die Verbreitung seiner Ideen unter den Beamten und Klerikern seiner Länder führte. Zahlreiche Vertreter des Berliner Hofes und Teile der mächtigen Berliner Hugenottenkolonie bekannten sich zum Wolffianismus.[48] Aber als Friedrich II den Thron 1740 bestieg, schwand Manteuffels Einfluss. Er wurde aus Preußen ausgewiesen und ging nach Leipzig, wohin er auch den Sitz der Sozietät verlegte.[49]

Durch den Umzug änderte sich die Struktur der Gesellschaft. Während sie anfänglich sehr politisch und publizistisch offensiv agierte, ähnelte sie ab 1740 mehr und mehr einer französischen Rokokogesellschaft. Geselligkeit und Unterhaltung standen nunmehr im Vordergrund der Aktivitäten.[50] Mit dem Tode von Manteuffels am 30. Januar 1749 verloren die Alethophilen den Zusammenhalt und lösten sich auf.[51]

Zwischen 1736 und 1740 gehörten zu den Sozietätsmitglieder hohe Geistliche, Aristokraten der Hofgesellschaft und der Berliner Hugenottenkolonie. Zu den bekannten Hugenotten unter den Alethophilen zählten der protestantische Pfarrer Jean Deschamps (1709–1767), zu ihm siehe Abschn. 12.4, und der reformierte Pfarrer Johann Heinrich Samuel Formey (Jean Henri Samuel) (1711–1797). Letzterer war der Sohn eines hugenottischen Pfarrers aus Mecklenburg. Er war zwischen 1727 und 1729 ein Schüler Wolffs in Marburg. Formey kannte von Manteuffel seit 1732, er korrespondierte mit ihm ab 1735 und fand schon 1736 Aufnahme in die Sozietät der Alethophilen.[52] In Berlin war er ab 1744 Sekretär der Berliner Akademie der Wissenschaften. 1747 siedelte er nach London über.[53]

Formey widmete einen großen Teil seiner Arbeit der Vermittlung und Verbreitung der Leibniz-Wolffschen Philosophie. Bekannt ist er heute noch wegen seines sechsbändigen, philosophischen Romans *La belle Wolffienne* (1741–1753), dessen Ziel es war, Wolffs Philosophie allgemeinverständlich darzustellen. Desweiteren arbeitete er an einer Enzyklopädie des gesamten Wissens seiner Zeit. Teile seiner

---

[46] Vgl. Döring, 2000a, S. 124 u. 143–150.

[47] Vgl. Döring, 2000a, S. 103.

[48] Vgl. Döring, 2000a, S. 149 u. 150.

[49] Vgl. Döring, 2000a, S. 105.

[50] Vgl. Döring, 2001, S. 65 f.

[51] Vgl. Döring, 2000a, S. 108 u. 109, 113.

[52] Vgl. Formey, 1789, Bd. 1, S. 40 u. Häseler, 2003, S. 15.

[53] Vgl. Barber, 1955, S. 128.

Arbeit, ca. 81 Artikel, wurden in die *Encyclopédie* von Diderot und d'Alembert aufgenommen.[54]

Nach dem Umzug der Sozietät der Alethophilen nach Leipzig veränderte sich die Zusammensetzung der Mitglieder. Immer stärker kamen sie aus dem Umfeld der philosophischen Fakultät der Leipziger Universität.[55] Die wichtigsten Mitglieder waren das Ehepaar Johann Christoph Gottsched (1700–1766) und Luise Adelgunde Victorie Gottsched (1713–1762), die Dichterin Marianne von Ziegler (1695–1760) und ihr Mann Wolf Balthasar Adolph von Steinwehr (1704–1771).

Die Aktivitäten der Gesellschaft zielten darauf ab, die Philosophie Wolffs zu propagieren. Die Zusammenkünfte nutzten ihre Mitglieder, um über die Wolffsche Philosophie als eine vernünftige Form über die Dinge nachzudenken zu sprechen. Ein Ziel war es, die Damen von ihr zu überzeugen, um sie noch mehr zu verbreiten.[56] Formey beispielsweise hielt beliebte öffentliche Lesungen. Außerdem waren er und Deschamps mit ihren Wolffschen Predigten ausgesprochen erfolgreich.[57] Weniger offensiv war die Verbreitung des Wolffianismus durch die Publikationen der Sozietät. Durch die Vergabe von Aufträgen steuerte sie Veröffentlichungen, wie die von Louise Gottsched verfassten antiklerikalen Satiren und Theaterstücke über die Gegner des Wolffianismus.[58]

Um öffentlich mehr Aufmerksamkeit zu erregen, verlieh die Gesellschaft eine Medaille. Von Manteuffel hatte sie 1736 in Gold und Silber prägen lassen. Entworfen hatte sie der Leipziger Privatgelehrte Johann Georg Wächter (1673–1757).[59] Abb. 12.1 zeigt die Medaille.[60] Zu sehen ist der Kopf der Göttin Minerva, an deren Helm die Bildnisse von Leibniz und Wolff prangen. Über dem Kopf steht der auf Horaz zurückzuführende Ausspruch: „sapere aude" (Wage zu wissen).[61]

Mit der Medaille zeichneten die Alethophilen Einzelpersonen aus, die sich um den Wolffianismus verdient gemacht hatten. Mit ihr drückten sie ihre Wertschätzung aus. Für ihre Übersetzung des Châtelet-Mairan Briefwechsels erhielt die Gottschedin die goldene Medaille.[62] Christian Wolff selber bekam von von Manteuffel 1740 gleich mehrere Medaillen. Eine davon sollte Wolff du Châtelet verehren. Zu dieser Zeit glaubten Wolff und von Manteuffel noch, dass du Châtelet Wolffs Ideen in Frankreich verbreiten würde.[63]

Bemerkenswert ist, dass Wolff die Sozietät der Alethophilen erstmals wahrnahm, als von Manteuffel ihm die Medaillen zusandte. Er bat von Manteuffel um nähere Informationen. Eine enge Beziehung zwischen Wolff und der Gesellschaft entwickelte

---

[54] Vgl. Bautz, 2001, Bd. 19, Spalten 419–427, Autor: Erich Wenneker.

[55] Vgl. Döring, 2000a, S. 109.

[56] Vgl. Döring, 2000a, Fußnote 79, S. 114.

[57] Vgl. Döring, 2000a, S. 104.

[58] Vgl. Döring, 2000a, S. 124 u. Döring, 2001, S. 69.

[59] Vgl. Döring, 2001, S. 64.

[60] An dieser Stelle danke ich John Iverson, der mir eine Fotokopie der Medaille aus Gottsched, 1763, S. 5 zukommen ließ.

[61] Vgl. Döring, 2000a, S. 126–128.

[62] Vgl. Wolff, 1895, S. 223 u. zur Übersetzung vgl. Abschn. 12.5.

[63] Vgl. Wolff, 1895, S. 218, Droysen, 1910, S. 230 u. Janssens-Knorsch, 1986, S. 261.

Abb. 12.1 Die Medaille der Alethophilen

sich nicht. Möglicherweise passte die gesellige Gesellschaft nicht zu dem strengen und trockenen Charakter von Wolff.[64] Ob du Châtelet die Auszeichnung tatsächlich erhielt ist, nicht bekannt. In ihren Briefen ist sie mit keinem Wort erwähnt.

12.4 Deschamps: Konkurrenz

Im 18. Jahrhundert war Jean Deschamps der bedeutendste Popularisator der Wolff-schen Philosophie in französischer Sprache.[65] Von ihm stammte die Übersetzung der *Deutsche Logik*. Mit seinem *Cours abrégé de la philosophie Wolfienne en formes de lettres* (1743–1747), dessen Titelseite Abb. 12.2 zeigt, wollte er die Metaphysik Wolffs allgemeinverständlich zusammenfassen.[66]

Deschamps entstammte einer reichen Aristokratenfamilie, die wegen der Huge-nottenverfolgung in Frankreich aus dem Périgord nach Mecklenburg übersiedelte.[67] Gemeinsam mit seinem Bruder studierte er in Genf Philosophie und Theologie bei Wolff in Marburg. Dort arbeitete er an seiner Übersetzung der *Deutschen Logik*, wegen der er Wolff persönlich kontaktierte. Deschamps lebte ab 1731 in Berlin, wo

---

[64] Vgl. Döring, 2000a, S. 141–142.

[65] Vgl. Janssens, 2002, S. 114.

[66] Vgl. Deschamps, 1991, Vorwort.

[67] Zur Biographie Deschamps vgl. Janssens-Knorsch, 1990, S. 1–56.

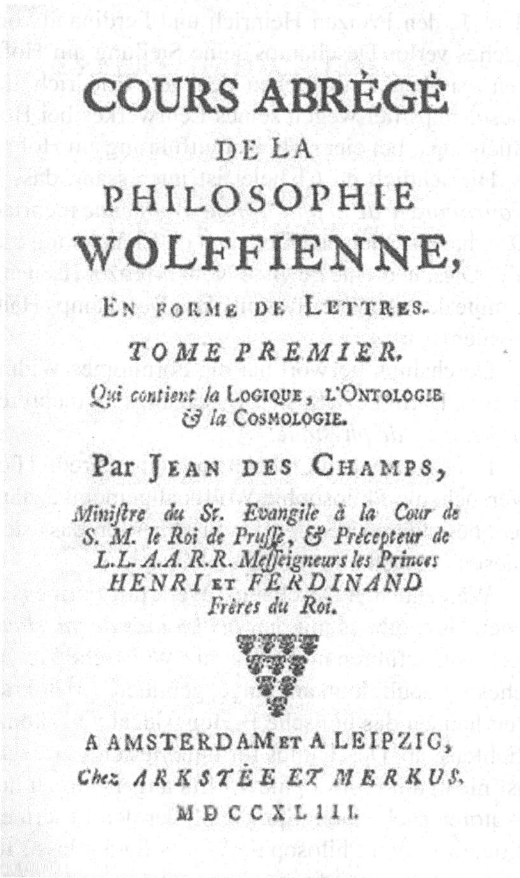

Abb. 12.2 Titelblatt des
Cours abrégé de la philoso-
phie Wolfienne en formes de
lettres (1743–1747)

COURS ABRÈGÈ

DE LA

PHILOSOPHIE

WOLFFIENNE,

EN FORME DE LETTRES.

TOME PREMIER.

Qui contient la LOGIQUE, L'ONTOLOGIE
& la COSMOLOGIE.

Par JEAN DES CHAMPS,

Miniſtre du St. Evangile à la Cour de
S. M. le Roi de Pruſſe, & Précepteur de
L.L. A.A. R.R. Meſſeigneurs les Princes
HENRI ET *FERDINAND*
Frères du Roi.

A AMSTERDAM ET A LEIPZIG,
Chez ARKSTÉE ET MERKUS.

M D C C X L I I L.

der die kleine „Société Amusante" gründete.[68] In Berlin machte er die Bekanntschaft von von Manteuffel. Dieser machte Deschamps wegen seiner französischen
Übersetzung der *Deutschen Logik* mit dem Preußischen Thronfolger, dem späteren
Friedrich II., bekannt, der besser Französisch als Deutsch las. Durch die Protekti-
on von von Manteuffel wurde Deschamps Hofkaplan in Reinsberg, der Residenz
des Kronprinzen und dessen Frau Elisabeth Christine (1715–1797). In Reinsberg
blieb Deschamps vier Jahre. Er hielt Wolffianische Predigten und fertigte weitere
Übersetzungen von Wolffs Texten an. Deschamps galt als Experte der Wolffschen
Philosophie.[69] Seit 1736 war Deschamps Mitglied der Sozietät der Alethophilen.[70]

Deschamps *Cours abrégé de la philosophie Wolfienne en formes de lettres*
(1743–1747) beruht auf dem Unterricht der beiden jüngeren Brüder von Fried-

---

[68] Vgl. Janssens-Knorsch, 1990, S. 23.

[69] Vgl. Janssens, 2002, S. 114–115.

[70] Vgl. Janssens-Knorsch, 1986, S. 23–24.

rich II., den Prinzen Heinrich und Ferdinand von Preußen.[71] Wegen dieses Lehrbuches verlor Deschamps seine Stellung am Hof, da er darin neben anderen zeitgenössischen Philosophen den von Friedrich II. verehrten Voltaire kritisierte.[72] Deschamps fiel wegen seines Lehrwerkes bei Hofe so weit in Ungnade, dass sein Buch sogar bei einer Theateraufführung am Hofe lächerlich gemacht wurde.[73]

Hinsichtlich du Châtelet ist interessant, dass Deschamps sich im Vorwort des *Cours abrégé de la philosophie Wolffienne* mehrfach auf sie bezieht. Zu der Zeit, als Deschamps Buch erschien, galt du Châtelet unter den Wolffianern schon als abtrünnig. Dies, und eine gewisse Konkurrenz zwischen den inhaltlich ähnlichen Werken, könnte der Grund dafür sein, dass Deschamps Haltung gegenüber der Marquise ambivalent war.

Deschamps Vorwort hat die Form eines Widmungsbriefes an die Brüder Friedrich II. Darin bezieht sich Deschamps an mehreren Stellen auf du Châtelet und die *Institutions de physique*.

Er bezeichnet du Châtelet und seinen Freund Formey als seine Vorgänger bei dem Versuch, die Philosophie Wolffs allgemeinverständlich darzustellen. Als du Châtelets besonderen Verdienst hebt er hervor, dass sie die erste Person gewesen sei, die diesen Versuch unternommen habe.[74]

Während sich Deschamps Werk mit Formeys *La belle Wolffienne* kaum vergleichen lässt, gibt es mit den *Institutions de physique* einige Gemeinsamkeiten. Beide Lehrwerke führen in die Leibniz-Wolffsche Metyphysik ein. Sie sprachen ein ähnliches Lesepublikum an, junge, gebildete Aristokraten oder Großbürger. Beide Autoren lehnten das höfische Bildungsideal und -konzept des ‚Unterhaltens und Unterrichtens' ab. Deschamps formulierte seine Ablehnung folgendermaßen: „Mein Ziel ist nicht, die Philosophie Wolffs angenehm zu machen."[75] Dennoch suchten beide Autoren nach einem Sprachstil, der den Lesern einen leichteren Zugang zu der rationalistischen Philosophie Wolffs finden lässt. Ihr Stil sollte weniger trocken und streng als der Wolffs sein.[76]

In seinem Widmungsbrief schrieb Deschamps, dass er eher zufällig Kenntnis von den *Institutions de physique* bekommen hätte:

> Seit ich mein Werk vollendet habe, ist mir ein Buch in die Hände gefallen, von dem man nicht genug des Guten sagen kann. Es ist die *Einführung in die Physik* der Frau Marquisin du Châtelet.[77]

---

[71] Vgl. Droysen, 1910, S. 236 u. Janssens-Knorsch, 1986, S. 257–258.

[72] Vgl. Janssens, 2002, S. 116.

[73] Vgl. Janssens-Knorsch, 1990, S. 26.

[74] Deschamps, 1991, S. 4.

[75] „Mon but n'est point de rendre la Philosophie Wolffienne agréable." Deschamps, 1991, S. 4. Zu du Châtelets Wortwahl siehe das Zitat in Abschn. 11.5.

[76] Vgl. Deschamps, 1991, S. 4. Zu du Châtelets Wortwahl siehe das Zitat in Abschn. 11.5.

[77] „Depuis que mon ouvrage a été achevé, il m'est tombé entre les mains un Livre dont on ne peut assez dire de bien; c'est l'*Institution de physique* de Madame la Marquise *du Châtelet*" Deschamps, 1991, S. 6.

Zu Beginn des Vorworts zeigte er sich voll des Lobes für du Châtelet und ihr Buch:

> Ich habe mit Freude gesehen, dass eine bekannte Französin ihrer Nation als Beispiel dient und den Gelehrten unter ihren Landsleuten den Zugang zu einer Philosophie eröffnet, den noch keiner unter ihnen zu betreten gewagt hat und die sie fast als unentschlüsselbar betrachteten.[78]

Weiterhin bezeichnete er du Châtelets Lehrbuchprojekt als verdienstvoll und vorbildlich:

> Sicher kann man Frau du Châtelet nicht genug loben und sie hat das Recht, jedwede Dankbarkeit zu erwarten nicht nur von Herrn Wolff, sondern auch von der gesamten Gelehrtenrepublik.[79]

Deschamps betrachtete du Châtelet auch als eine pädagogische Figur, die für die Verständlichkeit der Wolffschen Philosophie steht.[80] Als weibliches Vorbild motiviere sie besonders dazu, sich mit der als schwer verständlich angesehenen Philosophie zu befassen. Wenn eine Dame Wolff versteht und sogar erklärt, dann siganlisiert dies die Zugänglichkeit und Verständlichkeit der Philosophie:

> Sie können von nun an den Wolffianismus weder der Obskurität, noch der undurchschaubaren Tiefgründigkeit beschuldigen, da eine Dame ihn sehr gut verstanden und in ihrer Sprache sehr klar erklärt hat.[81]

Nach diesem Lob erwartet man keine Kritik an du Châtelet und ihrem Buch. Aber nur wenige Sätze weiter kritisierte Deschamps ihren Sprachstil. Sie hätte einen weniger diffusen und mit Ornamenten überladenen Stil verwenden sollen, schrieb er.[82] In metaphysischen Werken seien Präzision und Klarheit absolut notwendig. Die Stilelemente du Châtelets empfand er als deplaziert. Zwar verleihe der elegant-charmante Stil der Autorin der Metaphysik Grazie, die in der Philosophie aber nicht konveniere. Vielmehr berge er die Gefahr, sinnentstellend und mehrdeutig zu sein.[83]

Gleichzeitig und im Widerspruch zu seiner Kritik machte er du Châtelet den Vorwurf des Plagiats. Sie habe wortwörtlich aus den Originaltexten – er erwähnt die *Ontologie, Cosmologie, Psychologie* und *Theologie Naturelle* – übersetzt, ohne dies zu vermerken:

---

[78] „J'y ai vu avec des transports de joie, une illustre *Françoise* donner l'exemple à sa Nation, & ouvrir aux *Savans* ses compatriotes, l'entrée à une *Philosophie*, qu'aucun d'eux n'avoit encore osé aborder, & qu'ils regardoient presque comme *indéchifrable*." Deschamps, 1991, S. 6.

[79] „Assurément on ne sauroit trop louer Madame *du Chatelet*, & elle a droit de s'attendre à tout la gratitude, non seulement de Mr. *Woff*, mais même de toute la *République des Lettres*." Deschamps, 1991, S. 6.

[80] Zur pädagogischen Figur bei du Châtelet siehe Abschn. 11.5.

[81] „Ils ne pourront plus desormais taxer le *Wolffianisme*, d'obscurité, ni de profondeur impénétrable, puisqu'une Dame l'a très bien compris, & très clairement expliqué dans sa Langue." Deschamps, 1991, S. 6.

[82] „un peu moins diffus, & moins chargé d'ornements" Deschamps, 1991, S. 6.

[83] Vgl. Deschamps, 1991, S. 6.

Häufig scheinen Abschnitte über eine ganze Seite Wort für Wort aus den Originalen übersetzt zu sein. Ich weiß, dass die meisten Leser zu Gunsten von Frau du Châtelet sprechen
werden, aber ich weiß ebenso, dass die Wahrheit und die Offenkundigkeit darüber murren
werden.[84]

Trifft Deschamps Kritik zu, sind Teile der *Institutions de physique* zu nah an Wolffs
Texten? In der ersten Ausgabe nannte du Châtelet ihre Quellen. Sie wies auf Wolffs
Werke als Grundlage ihrer Ausführungen hin.[85]

Deschamps präzisierte seinen Plagiatsvorwurf nicht. Die Frage, welche Passagen
er diffus und unpräzise fand und welche er für übernommen hielt, bleibt offen. Möglich, dass Deschamps Gottscheds Bemerkung über die Ähnlichkeit von du Châtelets
und Wolffs Texten übernommen hat.[86]

Die Vorwürfe Deschamps gegen du Châtelet hörte man im 18. Jahrhundert häufiger. Sie hängen auch mit dem damaligen Verständnis von Urheberschaft und geis-
tigem Eigentum zusammen. Die Idee, dass die Urheber geistigen Eigentums Rechte
an diesem haben, entwickelte sich erst im Laufe des 18. Jahrhunderts. Selbst der berühmte Gottsched war einem Plagiatsvorwurf ausgesetzt. Es hieß, dass seine *Ersten
Gründe der gesamten Weltweisheit* (1731) Ludwig Philipp Thümmigs *Institutiones
Philosophiae Wolfiane* (1725–1726) zu sehr glichen. Gottsched erklärte dies damit,
dass sowohl Thümmig als auch er sich auf Wolffs philosophisches System bezö-
gen.[87]

Schließlich kritisierte Deschamps, dass du Châtelet Wolff nicht ausreichend würdige. Sie vermittele den Eindruck, ausschließlich Leibniz Metaphysik zu folgen,
obwohl sie tatsächlich Wolffs philosophisches System darstelle:

> Eine andere Bemerkung, die ich zu diesem Werk zu machen habe, ist, dass es vollständig
> nach dem System von Herrn Wolff gestaltet ist. Zumindest was die Philosophie betrifft,
> die es ausschließlich Herrn Leibniz zuschreibt. … Ich hätte daher gewünscht, dass Frau du
> Châtelet, die Auszüge aus der Ontologie, Cosmologie, Psychologie und natürlichen Theo-
> logie publiziert, sich nicht damit zufrieden gegeben hätte, kalt in einer Anmerkung zu sa-
> gen, der berühmte Herr Wolff hat all diese Werke geschrieben. Vielmehr hätte sie zugeben
> sollen, dass ausschließlich aus den Abhandlungen des Herrn Wolff stammt, was sie der Öf-
> fentlichkeit zu diesem Thema übergab, und aus keiner des Herrn Leibniz, der niemals eine
> Metaphysik zusammengestellt hat.
>
> Alle Ehren gehen hier an Herrn Leibniz, der als Erfinder und Autor all der Doktrinen gilt,
> die man hier anbietet, obwohl man sie Herrn Wolff selbst verdankt, da man sie aus seinen
> Schriften entnommen hat und in Wirklichkeit er ihr Urheber ist.[88]

---

[84] „Il y a souvent des périodes d'une page entière, & qui semblent être traduite mot pour mot
de l'Original. Je sai que la plupart des Lecteurs plaideront ici en faveur du stile de Madame *du
Chatelet*, mais je sai bien que la *Vérité & l'Evidence* en murmureront." Deschamps, 1991, S. 7.

[85] Siehe Abschn. 11.7, Fussnote 11.7.

[86] Siehe Abschn. 12.2.

[87] Vgl. Schatzberg, 1968, S. 758.

[88] „Un autre remarque que j'ai à faire sur cet Ouvrage, c'est que formé tout entier du *Système* de M.
Wolff, au moins pour ce qui regarde sa *Philosophie*, il ne laisse pas d'être attibué uniquement à M.
de Leibniz. … J'aurois donc souhaité, qu'en publiant des *Extraits* de l'*Ontologie, de la Cosmologie,
des Psychologies et de la Théologie Naturelle* de Mr. *Wolff*, Madame *du Chatelet* ne se fût pas
contentée de dire froidement dans une Note, que le *célèbre* Mr. *Wolff* a *composé tous ces Ouvrages*;
mais qu'elle eût avoué en même tems que tout ce qu'elle donnoit au Public sur ce sujet, étoit

Am Ende seines Vorwortes sprach sich Deschamps deutlich gegen die *Institutions de physique* aus, die er nicht als Einführung in die Metaphysik Wolffs empfahl. Vielmehr riet er zu Emerich de Vattels (1714–1767) *Défense du Système Leibnitien contre les Objection de Mr. de Coruzas, & de Mr. Roques* (1741), die „unvergleichbar klarer und zugänglicher seien, als die *Institutions de physique*"[89]

Warum vollzog Deschamps diesen Wandel? Möglicherweise musste er du Châtelet und ihr Buch erwähnen, weil sie bei den deutschen Wolffianern so bekannt waren. Möglich ist auch, dass er sich auf sie beziehen musste, weil die Marquise eine Briefpartnerin Friedrich II. war und die Lebensgefährtin Voltaires, der ein Freund und Vertrauter des Königs war. Mutmaßen kann man auch, dass Deschamps das relativ erfolgreiche Konkurrenzwerk kritisierte, um sein Buch aufzuwerten, das bei Hofe in Berlin keine gute Aufnahme gefunden hatte. Sogar sein Freund Formey verfasste eine anonyme, negative Rezension des *Cours abrégé*. Sie erschien im Dezember 1742 in der *Nouvelle Bibliothèque Germanique*. Deschamps, der erfuhr, wer ihn da kritisierte, war einigermaßen über das Urteil seines Freundes entsetzt.[90]

12.5 Gottschedin: Die deutsche du Châtelet

Zu den weiblichen Anhängern Wolffs gehörte die Schriftstellerin und Gelehrte Louise Adelgunde Victorie Gottsched, geborene Kulmus, genannt die Gottschedin. Sie ist in Abb. 12.3 zu sehen. Sie und ihr Mann, Professor Johann Christoph Gottsched, prägten das geistige und kulturelle Leben Leipzigs. Den Alethophilen stand sie seit 1738 nahe. In diesem Jahr wurde sie auswärtiges Mitglied der Sozietät. Nach dem Umzug der Gesellschaft nach Leipzig 1740 war sie ein aktives Mitglied.[91] Als entschiedene und engagierte Wolffianerin verfasste sie im Auftrag der Sozietät Spottschriften über die Gegner der „gesunden Vernunft". Sie nutzte den von ihrem Mann maßgeblich bestimmten Literaturbetrieb in Leipzig, um ihren Wolffianischen Standpunkt zu verbreiten und zu vermitteln.[92]

Die Gottschedin begeisterte sich für die Naturphilosophin du Châtelet nicht nur wegen deren Wolffianismus, sondern auch weil sie sich ebenfalls für naturwissenschaftliche Themen interessierte und sich mit der Französin identifizierte. In ihrem Besitz befand sich sogar ein Exemplar der *Institutions de physique*.[93]

---

uniquement tiré de ces Traités de Mr. *Wolff*, & non d'aucun Mr. de *Leibniz*, qui n'a jamais composé de Métaphysique.

Tous les honneurs sont ici pour Mr. de *Leibniz*, que l'on donne pour l'Inventeur et l'Auteur de toutes les Doctrines que l'on débite; & cependant c'est à Mr. *Wolff* proprement que l'on est redevable, puisque c'est de ses propres Ecrits qu'on les a tirées, & que c'est lui en effet, qui en est l'Auteur." Deschamps, 1991, S. 7–9.

[89] „incomparablement plus clair & plus intelligible que ses *Institutions de Physique*." Deschamps, 1991, S. 13. Zu Vattels Buch vgl. Barber, 1955, 119–121.

[90] Vgl. Janssens-Knorsch, 1990, S. 26–27.

[91] Vgl. Janssens-Knorsch, 1986, S. 260.

[92] Vgl. Döring, 2000b, S. 62.

[93] Vgl. Ball, 2006, S. 236.

Abb. 12.3 *Louise Adelgunde Victorie Gottsched* (um 1750) von Elias Gottlob Haußmann

Um 1740/41 trug sie sich mit dem Gedanken, du Châtelets Buch ins Deutsche zu übertragen, wie von Manteuffel im April 1741 an Reinbeck schrieb.[94] Mit dem Buch wollte sie sich als deutsche du Châtelet profilieren.[95] Die Übersetzung fertigte schließlich Wolf Balthasar Adolph von Steinwehr an.[96] Die Gründe, warum sie das Projekt nicht verwirklichte, sind bis heute unbekannt.

Ob du Châtelet von dem Vorhaben der Gottschedin wusste? In einem Brief an Wolff im September 1741 schrieb sie, dass sie ihrem Amsterdamer Verleger Pierre Mortier zwei Ausgaben ihres Buches mitgäbe, wenn dieser seine geplante Reise nach Leipzig unternähme. Eine Ausgabe sei für Wolff, die andere für den Übersetzer.[97] Dies legt nahe, dass ihr das Vorhaben der Gottschedin bekannt war. Das Exemplar, das die Gottschedin besaß, könnte eines der Exemplare gewesen sein, das der Amsterdamer Verleger nach Leipzig bringen sollte.

---

[94] Vgl. Droysen, 1910, S. 233.

[95] Vgl Droysen, 1910, S. 233.

[96] Siehe Abschn. 12.6.

[97] Vgl. du Châtelet an Wolff, September 1741, Bestermann, 1958, Bd. 2, Brief 281, S. 73.

Statt der *Institutions de physique* fertigte die Gottschedin eine Übersetzung des du Châtelet-Mairan Briefwechsels an:[98] *Zwo Schriften, welche von der Frau Marquis von Chatelet, gebohrner Baronessinn von Bretueil und dem Herrn von Mairan, beständigenn Sekretär bey der französischen Akademie des Wissenschaften, das Maaß der lebendigen Kräfte betreffend, gewechselt worden.* Von dieser Übersetzung wusste du Châtelet.[99] Zu einem persönlichen Kontakt zwischen den beiden Frauen kam es deswegen allerdings nicht.

Durch das Vorwort erweist sich die Gottschedin als Kennerin des wissenschaftlichen Disputs um das wahre Kraftmaß bewegter Körper. Sich selbst präsentierte sie als Anhängerin der Theorie der ‚lebendigen Kräfte‘. Sie skizzierte darin den wissenschaftlichen Streit um die lebendigen Kräfte, erwähnte Leibniz Schriften, die *Theoriamotus abstracti* und *Theoria motus concreti*, in denen Leibniz noch kartesianisch argumentiert. Sie nannte auch den *Kurzen Beweis eines merkwürdigen Irrtums des Descartes und anderer in Bezug auf ein Naturgesetz, das auch in der Mechanik uneingeschränkt angewendet wird, demzufolge Gott nach ihrer Meinung stets dieselbe Bewegungsgrösse bewahrt* (1686), in dem Leibniz Descartes kritisierte und zwischen der Größe und der Kraft einer Bewegung differenzierte.

Sie kritisierte Leibniz, weil er keine systematische Darstellung seiner Dynamik verfasst hat, verteidigte aber seinen naturphilosophischen Standpunkt. Den Kartesianern jedoch widersprach sie vehement und zitierte zur Unterstützung ihrer Haltung viel Literatur:

- Christian Wolffs *Elementia Matheseos Universæ*, Bd. 2., Mechanica
- Christian Huygens' *Journal des Sçavans* (1690) S. 451
- Jacob Hermanns *Phoronomia* Buch I, Kap. 6, S. 113[100]
- Willem Jacob's Gravesande *Introduction ad Philosophiam Newtonianam* (1720), *Essai d'une nouvelle theorie du choc des corps, fondée sur l'experience* (1722)
- Petrus van Muschenbroek *Epitome elementorum physico-mathematicorum*[101] Kap. XV de Viribus corporum Motorum (1726)
- Stübner in diversen Abhandlungen.[102]

Generell warf sie den Kartesianern und Franzosen falsch verstandenen Nationalismus vor, indem sie an den Prinzipien der mechanistischen Philosophie festhielten. Die löbliche Ausnahme bei der Vermittlung der wissenschaftlichen Wahrheit sei du Châtelet.Sie sei eine wahrhafte Rationalistin, die sich nicht von patriotischen Gefühlen leiten lasse. Sie folge einzig der Vernunft, verpflichtet allein der Wahrheit.

Ähnlich wie Wolff und von Manteuffel verband die Gottschedin mit du Châtelet folgende Hoffnung:

---

[98] Vgl. Wolff, 1897, S. 136 u. Wolff, 1895, S. 223.

[99] Vgl. Wolff, 1897, S. 136 u. Abschn. 12.2.

[100] Vgl. Gillispie, 1970–1980, Artikel zu Jacob Hermann (1678–1733).

[101] Die *Epitome* übersetzte Johann Gottfried Gottsched 1747 ins Deutsche, vgl. Musschenbroek, 1747.

[102] Zu dem Mathematiker und Philosophen Friedrich Wilhelm Stübner (1710–1736) vgl. Zedler, 1744, S. 1305.

> Doch vielleicht werden sich die Cartesianer lieber von einer Dame, und zwar von einer Dame, die noch dazu ihre Landsmännin ist, bekehren lassen; als irgend einem ausländischen und wohl gar deutschen Weltweisen Gehör geben.[103]

Für du Châtelet hegte die Gottschedin große Bewunderung. Ausgesprochen deutlich formuliert sie dies im Widmungsbrief, der ihrer Übersetzung beigefügt ist:

> Geneigter Leser,
> Man überliefert dir hiermit eine Uebersetzung, welche dir nicht nur wegen ihres tieffsinnigen Innhalts angenehm seyn muß, sondern auch wegen des Theiles, den die Frau von Chatelet daran hat; eine Frau, die, so wie sie in demjenigen Theile der Gelehrsamkeit, darinnen sie es so hoch gebracht, bisher noch keine Vorgängerinn gehabt hat, allem Ansehen nach auch keine Nachfolgerinn haben wird, die es ihr darinn zuvor thun sollte. Diese Frau von Chatelet hatte in ihren *Institutions de Physique*, die sie zum Unterrichte ihres Sohnes geschrieben, in dem letzten Kapitel, wo sie von den lebendigen Kräften handelt, die Meynung des Herrn von Leibniz, wegen des Maßes derselben, angenommen.[104]

Die französische Gelehrte betrachtete sie als einzigartig – ohne Vorgängerin, ohne Nachfolgerin. Mit dieser Charakterisierung machte sie du Châtelet eigentlich zu einem unerreichbaren Idol weiblicher Gelehrsamkeit. Diese Unerreichbarkeit war aber nicht ihre Intention:

> So sind der guten Sache und dem Aufnehmen der Wahrheit dergleichen Anfälle noch oftmals zu gönnen; und ich weis nicht, was ich hier zur Ehre der deutschen Weltweisheit, und des weiblichen Geschlechts bessers wünschen sollte.[105]

Für die Gottschedin hing du Châtelets Besonderheit natürlich mit deren Geschlecht zusammen, aber auch mit deren Interesse für die von der Gottschedin als deutsche Naturphilosophie bezeichneten und favorisierten Philosophie Leibniz' und Wolffs.

Im gleichen Jahr in dem ihre Übersetzung erschien, 1741, formulierte die Gottschedin ein *Sendschreiben an Du Châtelet*. 1754 bezeichnete sie es als einen ihrer gelungensten poetischen Texte.[106] Das Gedicht zeigt, dass sie du Châtelet als aufgeklärte Naturphilosophin wahrgenommen hat:[107]

> Erhabene *Chatelet*, o fahre ferner fort
> Der Wahrheit nachzugehn. Sie hängt an keinem Ort:
> Und wer in Afrika, und in beeisten Norden
> Auf ihre Spuren lauscht, gehört zum Weisenorden.
> Verdenkt es Dir der Neid, Daß Deine Feder frey
> Die Wahrheit Wahrheit nennt, sie sey von wem sie sey:

Sowohl den Widmungsbrief als auch das Sendschreiben dominieren vier Motive: weibliche Gelehrtheit, Wahrheitsliebe, Konkurrenz Deutschlands zu Frankreich und Nationalstolz:

---

[103] Gottsched, 1741, S. 4–5.

[104] Gottsched, 1741, S. 1.

[105] Gottsched, 1741, S. 6.

[106] Vgl. Gottsched, 1771, Teil 2, Brief 154.

[107] Gottsched, 1771, Brief 77.

- weibliche Gelehrtheit

> Frau,
> deren kühner Geist mit Männerstärke denkt,
> Frau, deren Fähigkeit sich in die Tiefen senkt,

- Wahrheitsliebe

> Vernimm von deutscher Hand ein *wahrheitsliebend* Lied,
> Das, so wie Du gethan, die Vorurtheile flieht;

- Konkurrenz Deutschlands zu Frankreich

> Du wunderst Dich vielleicht, daß dieses fremde Blatt,
> Indem es Dich erhebt, dein Volk getadelt hat.
> Allein, Du weißt es wohl, die Wahrheit kann nicht heucheln,
> Und wer ihr dient, muß nie dem Unrecht sclavisch schmeicheln.
> Ganz Deutschland denkt wie ich, seit eine Afterbrut
> Auf Frankreichs alten Ruhm so keck und trotzig thut,
> Und da nicht Witz, nicht Recht das kalte Blatt begeistert,
> Sich selbst zum *Midas* setzt, und beßre Völker meistert.

- Nationalstolz.[108]

> *Keppler*, was *Hugen* und *Hevel* ausgedacht,
> Hat keine neue Zeit noch in Verfall gebracht.
> Und was die halbe Welt von *Leibnizt* neu gelernet,
> Hat unser großer *Wolf* noch besser ausgekörnet.
> Was *Tschirnhaus* sich erwarb, was *Gerkens* Nachruhm nährt,
> Hat *Herrmanns* tiefer Geist durch Trägheit nicht entehrt.
> Kurz, Deutschland steiget stets, und hat nicht zu besorgen;
> Daß es sein Wissen darf von seichten Nachbarn borgen.

Bemerkenswert ist, dass die Gottschedin, die sicherlich das Gerücht kannte, du Châtelet habe sich von der Wolffschen Philosophie abgewandt, ihr Vorbild, anders als die Gelehrten um sie herum, nicht verurteilte. Noch im Sommer 1755 erwähnte sie die „vortreffliche Marquise" in einem Brief an eine Freundin. Im gleichen Schreiben zitierte sie Voltaires Sinngedicht zu du Châtelets Ableben:[109]

> Früh hat des Todes Hand Emilien entrissen,
> Um sie weint Wahrheit, Scherz, und aller Künste Chor.
> Die Götter zierten sie mit allen ihrem Wissen,
> Nur die Unsterblichkeit behielten sie sich vor.

---

[108] Der in folgenden Stück erwähnte Johannes Hevelius (1611–1687) galt als einer der besten beobachtenden Astronomen seiner Zeit und der ebenfalls genannte Ehrenfried Walther von Tschirnhaus (1651–1708) experimentierte mit Glaslinsen und entwickelte das sogenannte Böttger-Porzellan und weiße Porzellan.

[109] Das Zitat stammt aus Gottsched, 1771, Teil 2, Brief 166.

12.6 Von Steinwehr: Wolffianer, Sprachapologet und Übersetzer

Während die Alethophilen die *Institutions de physique* vor allem wegen ihres Wolffianischen Inhalts übersetzen wollten, fanden die Sprachapologeten Gefallen an du Châtelets eleganten, klaren und verständlichen Sprachstil. Beide Aspekte waren Grund genug für den Alethophilen und Sprachapologeten Wolf Balthasar Adolph von Steinwehr eine deutsche Fassung anzufertigen. 1743 erschienen *Der Frau Marquisinn von Chastellet Naturlehre an ihren Sohn* in seiner Übersetzung, deren Titelseite in Abb. 12.4 zu sehen ist.

Über das Leben und Wirken von von Steinwehr ist wenig bekannt. Er wurde 1704 in Deez bei Soldin geboren und starb 1771 in Frankfurt an der Oder. Er studierte in Wittenberg, wo er 1725 die Magisterwürde erhielt. 1732 ging er als Assessor an die Universität von Leipzig und im August des gleichen Jahres trat er der dort ansässigen „Deutschen Gesellschaft" bei.[110] Außerdem war er Mitglied der „Sozietät der Alethophilen". Die genauen Umstände seines Beitritts und seines Mitgliedschaft liegen im Dunkeln.[111]

Über die Universität, die „Deutsche Gesellschaft" und die Alethophilen lernte er das Ehepaar Gottsched kennen. Anfänglich war er mit ihm freundschaftlich verbunden und er lernte in ihrem Kreis seine spätere Frau, die Dichterin Marianne von Ziegler, kennen.[112]

Ab Mitte der 1730er Jahre arbeitete er als Redakteur der *Neuen Zeitungen von gelehrten Sachen*. Seine redaktionelle Arbeit fiel in die Zeit der Auseinandersetzungen zwischen Wolffianern und Anti-Wolffianern, die sich im Skandal um die Wertheimer Bibel zuspitzten.[113] Steinwehr gab außerdem die *Beyträge zur Critischen Historie Der Deutschen Sprache und Beredsamkeit* mit heraus. Auf Empfehlung der „Deutschen Gesellschaft" ging er 1738 als Extraordinarius nach Göttingen, wo er 1738/39 Vorlesungen zur deutschen Stilistik und Rhetorik anbot.[114] Im gleichen Jahr wurde er auswärtiges Mitglied der Königlich Preußischen Akademie der Wissenschaften.[115] Hier verfasste er seine sprachapologetische Schrift *Von dem Nutzen den gelehrter Teutscher aus seiner gelehrten Erkenntnis aus seiner Muttersprache schöpfet* (1740).

In Göttingen übernahm er außerdem von Januar 1739 bis Oktober 1740 die Redaktion der *Göttingischen Zeitungen von gelehrten Sachen*. Nach ihm übernahm der Rechtsgelehrte Ludwig Martin Kahle (1712–1775) die Redaktion. Unter ihm erschien im April 1741 die Anzeige, dass die *Institutions physiques* in Paris erschie-

---

[110] Vgl. Fabian, 1986, Eintrag: Steinwehr.

[111] Vgl. Schneider, 1997, Kap. 3.2.

[112] Vgl. Schneider, 1997, Kap. 3.2. Wolff, 1897 erwähnt einen Briefwechsel zwischen Marianne Ziegler und von Steinwehr, der leider verschollen ist. Er könnte Aufschluss über die Person von Steinwehrs geben und Hinweise zu seiner Übersetzungsarbeit an den *Institutions de physique*.

[113] Vgl. Goldenbaum, 2004, Bd. 1, S. 255–278 u. 330–385.

[114] Vgl. Mittler, 2004, Kap. 5, S. 112.

[115] Vgl. Mitgliederverzeichnis der preußischen Akademie unter http://www.bbaw.de/bbaw/MitgliederderVorgaengerakademien/alphabetisch.html [28.09.2006].

Abb. 12.4 Titelblatt *Der Frau Marquisinn von Chastellet Naturlehre an ihren Sohn* (1743)

nen seien.[116] Wenn von Steinwehr von du Châtelets Buch nicht schon vorher wusste, hat er möglicherweise durch diese Anzeige von dessen Erscheinen erfahren.

Während von Steinwehrs Jahre in Göttingen kühlte das Verhältnis zu Gottsched ab. Nach Wolff (1897) war der Grund hierfür von Steinwehrs Tätigkeit bei den *Göttingischen Zeitungen*, da sie auch Gegnern Wolffs ein Forum boten, was Gottsched nicht akzeptierte.[117] Ein anderer Grund könnten von Steinwehrs Besuche der Sprachgesellschaft in Göttingen gewesen sein, die zu dem einflussreichen Senior Gottsched ein gespanntes Verhältnis hatte.[118]

1742 siedelte von Steinwehr als preußischer Hofrath für Geschichte, die Altertümer, das Natur- und Völkerrecht nach Frankfurt an der Oder über. An der dortigen Universität wirkte er gleichzeitig als Bibliothekar.[119]

1743 gründet er nach dem Vorbild der Leipziger und Göttinger „Deutschen Gesellschaft" eine Sprachsozietät in Frankfurt an der Oder. Über die Arbeit dieser

---

[116] Vgl. http://idrz18.adw-goettingen.gwdg.de/zeitschriften_detail/goettingische-zeitungen.html [28.09.2006].

[117] Wolff, 1897, S 174.

[118] Vgl. Mittler, 2004, Kap. 5, S. 105.

[119] Vgl. Fabian, 1986, Eintrag: Steinwehr.

Sprachgesellschaft weiß man fast nichts. Bekannt ist, dass sie sich unter von Steinwehr dafür einsetzte, dass die Theater in Frankfurt an der Oder ausschließlich Stücke
aufführten, die den Regeln und Mustern der französischen Klassik folgen, um form-
bildend zu wirken.[120]

Über die Jahre hin betätigte sich von Steinwehr als Übersetzer.[121] Einen Teil
seiner zahlreichen Übersetzungsarbeiten zeigt die folgende Liste:

- Franz Hedelin, Abtes von Aubignac, Gründlicher Unterricht von Ausübung der
  Theatralischen Dichtkunst (Hamburg 1737),[122]
- Des Herrn von Fontenelle unter dem Namen des Chevalier d'Her*** herausge-
  gebene Briefe (Leipzig 1738),[123]
- Anti-Machiavel oder Prüfung der Regeln Nic. Machiavells von der Regierungs-
  kunst eines Fürsten mit historischen und politischen Anmerkungen; Aus dem
  Frantzösischen übersetzt (Göttingen 1741).[124]
- Des Reichs-Frey und Edlen Herrn von Wolff Vernünftige Gedancken von der
  nützlichen Erlernung und Anwendung der mathematischen Wissenschaften (Halle 1747),[125]
- Der Königl. Akademie der Wissenschaften in Paris Physische Abhandlungen,
  Erster bis Fünfter, Zwölfter, Dreyzehnter Theil, welcher die Jahre [...] in sich
  halt. Aus dem Französischen übersetzet (Breslau 1748–1759),[126]
- Kern scharfsinniger Gedanken der Julie; zum Besten des gesellschaftlichen Lebens und insonderheit der Jugend. Aus dem Französischen übersetzet (Berlin
  1762),[127]
- Von der besten Gattung der Redner, in: Der deutschen Gesellschaft in Leipzig eigene Schriften und Übersetzungen in gebundener und ungebundener
  Schreibart.[128]

Die Umstände, die zu von Steinwehrs Übersetzung der *Institutions de physique* führten, sind, nicht näher bekannt. Die Geschichte dieser Übersetzung hängt sicher mit
dem deutschen Wolffianismus zusammen. Die Übersetzung ist aber auch in den historischen und kulturellen Kontext der „Deutschen Gesellschaften" einzuordnen.

---

[120] Vgl. http://www.frankfurt-oder.de/data/stadtarchiv/bes_ang/ffo/024.htm [28.09.2006]. Zur Bedeutung der französischen Klassik in den Sprachgesellschaften vgl. Brandes, 2006, S. 193–206.

[121] Vgl. Fabian, 1986, Eintrag: Steinwehr.

[122] François Hédelin, abbé d'Aubignac La pratique du théâtre (1657).

[123] Bernard Le Bovier de Fontenelle *Lettres galantes de monsieur le chevalier d'Her**** (La Haye
1727).

[124] Frédéric II *Anti-Machiavel, ou essai de critique sur le prince de Machiavel*, herausgegeben von
Voltaire (Göttingen 1741).

[125] Christian Wolff *Comentatio de stuio mathematico recte instituendo*.

[126] Eine partielle Übersetzung der *Histoire de l'Académie Royale des Sciences: avec les mémoires
de mathématique et de physique pour la même année*.

[127] Jean Henri Samuel Formey *L'esprit de Julie, ou extrait de la Nouvelle Héloïse. Ouvrage utile
à la Société et particulièrement à la Jeunesse.* (Berlin 1762). Der bibliographische Nachweis von
Formeys Buch und Steinwehrs Überstzung führt Häseler, 2003, S. 440 an.

[128] Marcus Tullius Cicero *De optimo genere oratorum*.

Im 18. Jahrhundert entstanden neben vielen anderen Gesellschaften und Sozietä-ten auch die deutschen Sprachgesellschaften. Eine der bedeutendsten Sprachgesell-schaften war die „Deutsche Gesellschaft" in Leipzig. Sie beeinflusste die Entwick-lung der deutschen Sprache sprachtheoretisch, sprachkritisch und literarisch.[129] Ab 1726 leitete sie der Sprachtheoretiker Gottsched. Unter ihm entfaltete sie ihren über-regionalen Einfluss auf die deutsche Sprachentwicklung.[130]

Die Bedeutung der Sprachgesellschaft, das kulturelle und literarische Wirken des Ehepaars Gottsched sowie deren Engagement in der Sozietät der Alethophilen führ-ten dazu, dass viele Mitglieder der „Sozietät der Alethophilen" auch der Sprachge-sellschaft angehörten, so auch Wolf Balthasar Adolph von Steinwehr.

Die „Deutsche Gesellschaft" orientierte sich an der „Académie Française". Sie versuchte, sich als wissenschaftliche Institution der deutschen Sprache und Dich-tung zu profilieren.[131] Sie richtete eine Bibliothek der deutschsprachigen Litera-tur ein und stellte sprachliche Grundregeln auf. Diese Sprachregeln mussten ihre Mitglieder berücksichtigen. Neue Mitglieder mussten eine Probe ihres sprachlichen Könnens nach diesen Regeln vorlegen.[132] Als von Steinwehr 1732 der Sprachge-sellschaft beitrat, präsentierte er die *Abhandlung von den Vortheilen des Vorlesens seiner Schriften*.[133]

Nach dem französischen Vorbild war es das Ziel der Sprachgesellschaft, die deut-sche Sprache zu einer Kultur-, Literatur- und Wissenschaftssprache zu entwickeln. Wie wichtig Gottsched die Verwendung der deutschen Sprache war, zeigt folgende Episode:

Während der Werbungsphase korrespondierte er mit seiner späteren Frau Luise Adelgunde Victorie Kulmus. Die junge Frau schrieb ihre Briefe auf Französisch. Gottsched bat sie, ihm künftig auf Deutsch zu schreiben. Sie entsprach seinem Wunsch. Ihre Antwort spiegelt aber auch die Haltung, die die wohlhabenden und gebildeten Schichten in Deutschland gegenüber ihrer Muttersprache einnahmen. Sie vermittelt auch einen Eindruck von der Leistung, die die Sprachgesellschaft zu voll-bringen hatte, um das Deutsche als Kultursprache zu etablieren:

> Zu welchem Ende erlernen wir die französische Sprache, wenn wir uns nicht darin üben und unsere Fertigkeit zeigen sollen? Sie sagen, es sei unverantwortlich, in einer fremden Sprache besser als in seiner eigenen zu schreiben, und meine Lehrmeister haben mich versichert, es sei Nichts gemeiner als teutsche Briefe, all wohlgesittete Leute schrieben Französisch. Ich weiß nicht, was mich verleitet, Ihnen mehr als jenen zu glauben. Aber so viel weiß ich, ich habe mir nun vorgenommen, immer teutsch zu schreiben.[134]

Als ein Mittel, Deutsch zur Kultur- und Wissenschaftssprache fortzuentwickeln, galt die Übersetzung stilistisch eleganter, literarisch, philosophisch und wissenschaftlich

---

[129] Zu den deutschen Sprachgesellschaften vgl. Mittler, 2004, Kap. 3.

[130] Zum Wirken Gottscheds und den Sprachgesellschaften in Leipzig vgl. Mittler, 2004, Kap. 4, S. 77–104.

[131] Vgl. Mittler, 2004, Kap. 3, S. 65–66 u. Kap. 4, S. 84.

[132] Vgl. Mittler, 2004, Kap. 4, S. 86.

[133] Vgl. Fabian, 1986, Eintrag: Steinwehr.

[134] Gottsched, 1771, Brief 3.

bedeutender Texte aus dem Lateinischen, Griechischen und Französischen ins Deutsche.[135] Leipzig mit seinem hochentwickelten Buchwesen bot für solche Übersetzungsarbeiten günstige Bedingungen.[136] Seit der Renaissance gehörte das Übersetzen zu den gelehrten und wissenschaftlichen Tätigkeiten, die sprachapologetische und pädagogische Ziele verfolgten.[137] Während man im 16. und 17. Jahrhundert mit ihnen Bildung und Gelehrtheit verband und der Übersetzer als Gelehrter hohes Ansehen genoss, zählte die Arbeit des Übersetzen im 18. Jahrhundert zu den niederen intellektuellen Arbeiten. In diesem Jahrhundert begann man die individuelle, literarische oder wissenschaftliche Produktion als die eigentlich gelehrte Tätigkeit anzusehen. Übersetzen wurde zum Broterwerb und daher sozial herabgesetzt.[138] Mit diesem Prestigeverlust traten Frauen mehr und mehr als Übersetzerinnen in Erscheinung. Sie kamen meist aus den wohlhabenden Schichten und übersetzten zumeist nicht, um Geld zu verdienen. Diese Form der sprachlichen Arbeit der Frauen war eine weitgehend akzeptierte Art der Teilhabe an der gelehrten, wissenschaftlichen Kultur. Du Châtelets Übersetzung der *Principia* und die Übersetzungsarbeiten der Gottschedin sind nur zwei Beispiele dafür, dass sich Frauen über dieses Tätigkeit an den Wissenschaften beteiligten. Als Übersetzerinnen traten sie nicht in Konkurrenz mit den männlichen Gelehrten und Wissenschaftlern. Wegen ihrer Tätigkeit betrachtete man sie nicht als Gelehrte oder Wissenschaftlerinnen.[139]

1740 blühte das Übersetzungswesen in Leipzig. Die „Deutsche Gesellschaft" und die „Sozietät der Alethophilen" nutzten es für ihre Zwecke.[140] Die Alethophilen vergaben Übersetzungsaufträge, um die Philosophie Wolffs zu verbreiten. Gottsched publizierte viele eigene Übersetzungen.[141]

Oft wurden junge Gelehrte und Studenten engagiert, um ihnen eine Verdienstmöglichkeit zu bieten. Problematisch war, dass sie häufig nicht über die notwendigen Qualifikationen verfügten. So entstanden neben exzellenten sprachlichen Übertragungen auch äußerst mangelhafte.[142]

Die „Deutsche Gesellschaft" förderte und kanalisierte die Übersetzungen und untermauerte sie sprachtheoretisch. Die Arbeit des Übersetzens betrachtete Gottsched als eine mittelfristige Arbeit mit und an der deutschen Sprache. Außerdem sah er in ihr ein probates Mittel zur Bildung der Ungebildeten:[143]

> Es ist aber allerdings nützlich, wenn auch unstudierte Leute und Frauenzimmer sich eine Kenntnis der Alten in ihrer Muttersprache zuweg bringen können.[144]

---

[135] Vgl. Mittler, 2004, S. 51–52. Zur Bedeutung der französischen Kultur und die Übersetzung französischer Werke für das Ehepaar Gottsched vgl. Brandes, 2006.

[136] Vgl. Mittler, 2004, Kap. 4, S. 92–94.

[137] Vgl. Fränzel, 1914, Kap. 3, S. 32–33.

[138] Vgl Fränzel, 1914, Kap. 2, S. 8–24.

[139] Vgl. Fränzel, 1914, Kap. 3, S. 25–57.

[140] Vgl. Döring, 2000b, S. 70.

[141] Vgl. Döring, 2000b, S. 76.

[142] Vgl. Döring, 2000b, S. 76.

[143] Vgl. Fränzel, 1914, Kap. 3, S. 25–57.

[144] Zitiert nach Fränzel, 1914, S. 26.

In diesem kulturellen Umfeld entstand die Übersetzung der *Institutions de physique*. Als sie 1743 in Halle erschien zeigten die *Göttingische Zeitungen von gelehrten Sachen* dies an:

> Wir freuen uns, daß der Herr Hofrath sich die Mühe geben wollen dieses nützliche und beliebte Buch zum besten unserer Landesleute, welche der französischen Sprache nicht kundig sind, zu übersetzen.[145]

Der Rezensent lobte die Übersetzung als „Muster einer guten Uebersetzung".[146] Die Qualität der Übersetzung belegte er mit der Qualifikation des Übersetzers: „die schönen und vielen Proben von dessen besonderer Geschicklichkeit in der Deutschen und anderen Sprachen liegen jedermann vor Augen."[147]

Viel mehr ist über die deutschen *Institutions de physique* nicht bekannt. Drei Motive, die von Steinwehr bewogen haben könnten, die Übersetzung anzufertigen, lassen sich aus den vorangegangenen Betrachtungen herausfiltern: Von Steinwehr war Wolffianer, Sprachapologet und näher bekannt mit der Gottschedin. Vermutlich haben die *Institutions de physique* dem Wolffianer von Steinwehr inhaltlich angesprochen und entsprochen. Außerdem galten sie als stilistisch gelungen und wurden deswegen allenthalben gelobt. Grund genug für den Sprachapologeten von Steinwehr, das Werk zu übersetzen. Möglicherweise erschien seine Übersetzung erst 1743, weil er mit der Übersetzung zögerte, da er wusste, dass sich die Gottschedin mit dem Gedanken trug, das Buch zu übersetzen. Andererseits könnte die Gottschedin das Übersetzungsprojekt auch an von Steinwehr abgetreten haben.

12.7 Zusammenfassung

Das Kap. 12 über die Rezeption der *Institutions de physique* in Brandenburg-Preußen belegt, dass das Lehrbuch als probates mittel der Vermittlung der Wolffschen Metaphysik zumindest von den Wolffianern im deutschsprachigen Raum betrachtet wurde. Bei ihnen stieß es auf positive Resonanz.

Abschnitt 12.1 zeigt die Verbreitungswege auf, die das Lehrbuch nach Brandenburg-Preußen brachten. So war es einerseits du Châtelet selbst, die es verteilte. Sie verschenkte großzügig Exemplare an Freunde und Bekannte. Andererseits halfen die deutschen Rezensionsjournale und Bruckers Gelehrtenporträts, die Aufmerksamkeit der gelehrten Öffentlichkeit auf das Buch zu lenken. Du Châtelet wurde dem deutschsprachigen Lesepublikum als gelehrte Leibnizianerin und Wolffianerin vorgestellt.

Mit der Reaktion Wolffs auf das Lehrbuch und seine Autorin ist in Abschn. 12.2 ein wichtiger Aspekt der Wissensvermittlung durch Lehrbücher angesprochen. Hier zeigt sich, wie mit einem Lehrbuch der Wunsch verbunden sein kann, eine ganz bestimmte Philosophie zu verbreiten und zu etablieren. So war Wolff anfänglich

---

[145] Goettingsche Zeitungen, Februar 1743, S. 126.

[146] Goettingsche Zeitungen, Februar 1743, S. 126.

[147] Goettingsche Zeitungen, Februar 1743, S. 126.

begeistert von der französischen Gelehrten und ihrem Buch. Mir ihnen verband er die Hoffnung, seiner Metaphysik in Frankreich zum Durchbruch zu verhelfen. Verärgert reagierte er, als er diese enttäuscht sah. Seine Verärgerung brachte ihn dazu, du Châtelet abzulehnen. In ähnlicher Weise reagierten die männlichen Mitglieder der „Sozietät der Alethophilen", die Abschn. 12.3 vorstellt. Diese Gesellschaft bemühte sich fast missionarisch um die Verbreitung und Etablierung der Lehren der Philosophie Leibniz' und Wolffs im deutschsprachigen Raum.

Dass du Châtelets Lehrbuch von einem Autor, der ebenfalls ein Lehrbuch der Wolffianischen Philosophie verfasst hat, in Brandenburg-Preußen nicht ignoriert werden konnte, zeigt das Beispiel Deschamps in Abschn. 12.4. Sein allgemeinverständlichen *Cours abrégé de la philosophie Wolffienne* zeigt gegenüber der Gelehrten du Châtelet und deren Werk eine ambivalentes Verhältnis. Einerseits wird sie für ihr Unterfangen, die Metaphysik von Leibniz und Wolff dem französischsprachigen Lesepublikum verständlich und zugänglich zu machen gelobt und als Vorbild für Lerner dieser Philosophie dargestellt; andererseits wird eine Lektüre du Châtelets Lehrbuch nicht empfohlen.

Mit Abschn. 12.5 wird eine Bewunderin du Châtelets vorgestellt: Louise Adelgunde Victorie Gottsched. Diese Gelehrte wäre gerne die deutsche du Châtelet geworden. Sie interessierte sich wie ihr Vorbild für die moderne Naturphilosophie. Obwohl sie als Mitglied der Alethophilen Leibniz und Wolff verehrte, wandte sie sich von der französischen Gelehrten nicht ab, als man der Meinung war, sie hätte sich von der Wolffschen Philosophie abgewandt.

Wegen seines guten sprachlichen Stils und seines Inhalts wollte die Gottschedin ursprünglich die *Institutions de physique* ins Deutsche übertragen. Dieses Projekt wurde schließlich von einem anderen Mitglied der Alethophilen und der „Deutschen Sprachgesellschaft" übernommen. Der Gelehrte Wolf Balthasar Adolph von Steinwehr, von dem Abschn. 12.6 erzählt, machte mit seiner Übersetzung du Châtelets Lehrwerk der modernen Naturphilosophie einem deutschsprachigen Lesepublikum zugänglich.

Kapitel 13
Schluss

Nachdem in den vorangegangenen Kapiteln du Châtelets Bildungsweg und ihre Wissenszugänge umfassend dargestellt sind, soll hier in groben Zügen die Geschichte ihres ‚magnum opus‘, die Übersetzung der *Principia*, als Endpunkt ihres wissenschaftlichen Bildungswegs wiedergegeben werden.

In die Übersetzungs- und Kommentierungsarbeit floss ihr gesamtes mathematisches und naturphilosophisches Wissen und Können ein. Die *Principes mathématiques de la philosophie naturelle de Newton* sind das letzte abgeschlossene wissenschaftliche Projekt der Marquise.

Begonnen hatte sie die Arbeit 1744. Bereits im Oktober 1737 sprach sie in einem Brief von der Principiaausgabe Edmund Halleys (1656–1742).[1] Im Januar 1739 wollte sie eine, wie sie sagte, schöne, ledergebundene Ausgabe erwerben.[2] Ob dies schon die Ausgabe war, die ihrer Arbeit zugrunde lag?

Ihre Arbeit basierte auf der dritten, lateinischen Ausgabe von 1726, die der englische Arzt, Mathematiker und Naturphilosoph Henry Pemberton (1694–1771), ein Freund Newtons, herausgegeben hatte und dessen allgemeinverständliches Lehrbuch über Newtons Philosophie du Châtelet gut kannte.[3] Ihr wissenschaftlicher Freund, der Schweizer Mathematiker Johann II Bernoulli hatte sie ihr beschafft.[4]

Ende 1745 hatte sie die Übersetzung weitgehend fertig. Bevor sie die Arbeit an dem Kommentar aufnahm, sandte sie im Dezember 1745 Teile dieser Übersetzung an ihren Verleger, der mit den Vorarbeiten zum Druck begann.[5] Zuvor hatte du

---

[1] Vgl. Du Châtelet an Nicolas Claude Thierot, Cirey, 21. Oktober 1736, Bestermann, 1958, Bd. 1, Brief 78, S. 133–136.

[2] Vgl. Du Châtelet an Prault, Cirey, 16. Februar 1739, Bestermann, 1958, Bd. 1, Brief 186, S. 328–331.

[3] Siehe Abschn. 9.5.2.

[4] Vgl. Châtelet an Johann II Bernoulli, Paris, 6. September 1746, Bestermann, 1958, Bd. 2, Brief 357, S. 153 und die Einleitung des Herausgebers in Newton, 1966. Zinsser (2001) gibt als Grundlage für du Châtelets Übersetzung die erste und zweite lateinische Ausgabe an (vgl. Zinsser, 2001, S. 229). Leider erwähnt sie die Quelle, auf die sie sich beruft, nicht.

[5] Vgl. Du Châtelet an Jacquiers, Paris, 12. November 1745, Bestermann, 1958, Bd. 2, Brief 347, S. 145.

F. Böttcher, *Das mathematische und naturphilosophische Lernen und Arbeiten der Marquise du Châtelet (1706–1749)*, DOI 10.1007/978-3-642-32487-1_13,
© Springer-Verlag Berlin Heidelberg 2013

Châtelets Mentor, der Mathematiker Clairaut, beim königlichen Zensor den Druck empfohlen.[6] 1746 wurde mit der Gravur der Figuren begonnen.[7] Ab 1746 schrieb sie an ihrem Newtonkommentar *Demonstration par analyse des principales propositions du Ier livre des prinicipes qui ont raport du sisteme du monde lection Iere des trajectoires dans toutes sortes d'hypotheses de pesanteur.*[8] Sie orientierte sich an dem Newtonkommentar von François Jacquier, mit dem sie befreundet war und der auch ein Freund Clairauts war.[9]

Sie hatte Jacquiers durch Clairaut kennengelernt und stand mit ihm mindestens seit 1744 in persönlichem Kontakt. Jacquiers Kommentar hatte ihr Johann II Bernoulli über den Schweizer Buchhändler und Drucker Marc Michel Bousquet (1696–1762) und ihren Buchhändler Pierre Gilles Le Mercier (1698–1773) verschafft.[10] Jacquiers hielt große Stücke auf du Châtelet und unterstützte ihre Aufnahme in die „Accademia Reale delle Scienze dell'Istituto di Bologna".[11]

Im Frühherbst 1746 war sie mit der Übersetzungstätigkeit, dem Kommentar und der Drucklegung vollauf beschäftigt:[12]

> Mein Newton, der bald druckfertig ist, aber beständig Arbeit erfordert, beschäftigt mich vollständig.[13]

Die Druckfahnen des ersten Teils der Übersetzung lagen im Sommer 1747 vor.[14] Du Châtelet korrigierte sie und arbeitete weiter an ihrem Kommentar:

> Ich überprüfe die Beweise, was sehr langweilig ist und ich arbeite an dem Kommentar, was sehr schwierig ist.[15]

Du Châtelets Übersetzung war die zweite vulgärsprachliche Version von Newtons Hauptwerk. Eine englische Fassung des Mathematikers Andrew Motte (1696–1734)

---

[6] Vgl. Zinsser, 2001, S. 230.

[7] Vgl. du Châtelet an Jacquier aus Versailles, 17. Dezember 1745, Bestermann, 1958, Bd.2, Brief 351, S. 148 u. Zinsser, 2001, S. 230.

[8] Das handgeschriebene Manuskript umfasst 193 Seiten. Es befindet sich in der „Bibliothèque Nationale, Paris". Darin sind viele Verweise und Zitate mit Seitenangaben zu finden, sowie kleine Zettel, Nebenrechnungen, durchgestrichene Berechnungen, Demonstrationen und Kommentare. Eine genaue Untersuchung dieses Manuskriptes steht noch aus.

[9] Vgl. Gillispie, 1970–1980, Eintrag: Clairaut, Bd. 3, S. 282.

[10] Vgl. Châtelet an Johann II Bernoulli, Paris, 6. September 1746, Bestermann, 1958, Bd. 2, Brief 357, S. 153 u. du Châtelet an Jacquier, Paris, 13. April 1747, Bestermann, 1958, Bd. 2, Brief 360, S. 156.

[11] Siehe Abschn. 8.2.2.

[12] Vgl. du Châtelet an Johann II Bernoulli, Paris, 6. September 1746, Bestermann, 1958, Bd. 2, Brief 357, S. 152.

[13] „Mon Neuton qui sera beintôt à l'impression, mais qui demande un travail continuel m'occupe toute entière." Du Châtelet an Johann II Bernoulli, Paris, 6. September 1746, Bestermann, 1958, Bd. 2, Brief 357, S. 152.

[14] Vgl. du Châtelet an Jacquiers, Paris, 1. Juli 1747, Bestermann, 1958, Bd. 2, Brief 361, S. 157.

[15] „Je revois les épreuves, ce qui est fort ennuyeux, et je travaille au commentaire, ce qui est fort difficile." Du Châtelet an Jacquier, Paris, 13. April 1747, Bestermann, 1958, Bd. 2, Brief 360, S. 155–156.

war schon 1729 erschienen. Bis heute ist du Châtelets Version die einzige französische Fassung. Ein Grund hierfür ist, dass den lateinischsprechenden Gelehrten das Original genügte. Einen weiteren Grund sieht Passeron (2001) darin, dass sich die Mathematik und Physik im Laufe des 18. Jahrhunderts derart veränderten, dass eine originäre Lektüre der *Principia* den Gelehrten und Wissenschaftlern nicht mehr notwendig erschien. Darüber hinaus gaben die *Principia* keine Antworten auf die drängenden Fragen nach Zeit, Raum und Materie, mit denen sich du Châtelet auch intensiv befasst hatte.[16]

Der Kommentar von du Châtelet umfasst etwa zwei Drittel des zweiten Bandes der Übersetzung. In dessen ersten Teil fasste du Châtelet im *Exposée abrégée du système du monde* die ersten drei Bücher von Newtons *De mundi systemate liber* (1728) zusammen. Darin beschrieb sie die wichtigsten Entdeckungen und Probleme seiner Theorie. Im zweiten Teil, der *Solution analytique des principaux problemes qui concernent le système du monde* präsentierte sie einige analytische Lösungen von Sätzen und Problemen der *Principia*. Darin erklärte sie auch, wie sich die Anziehungskraft auf die Form der Erde auswirkt und wie die Gezeiten durch die Wirkung von Sonne und Mond entstehen. In diesem Teil bezog sie sich hauptsächlich auf den *Traité sur le flux et le reflux de la mer* (1740) von Daniel Bernoulli (1700–1782).[17] Sie selbst bezeichnete die *Solutions analytique* als einen Auszug aus Clairauts *Théorie de la figure de la terre* (1743).[18] Allerdings hatte du Châtelet auch *Sur les explications cartésienne et newtonienne de la réfraction de la lumière* und die *Figure de la terre* von Clairaut bei der Abfassung verwendet. Seine Arbeiten fasste sie auf ca. 60 Seiten zusammen.[19]

Ihren Kommentar hatte sie 1748 wegen der ‚Zerstreuungen des Lebens' für fast ein Jahr bis Februar 1749 unterbrochen.[20] In diesem Jahr hatte sie sich in Jean Francois Marquis de Saint Lambert (1716–1803) verliebt, mit dem sie ein Liebesverhältnis begann. Nachdem sie Anfang 1749 bemerkte, dass sie schwanger war, nahm sie die Arbeit an ihrem Kommentar wieder auf. Diese beendete sie Ende August 1749, nur wenige Tage vor ihrer Niederkunft und ihrem Tod.[21] Wahrscheinlich am 1. September 1749, neun Tage vor ihrem Ableben, sandte sie das Manuskript mit folgenden Worten an den königlichen Bibliothekar Claude Sallier (1685–1761).[22]

Ich gebrauche die mir von ihnen gegebene Freiheit mein Herr, um in ihre Hände die Manuskripte zu übergeben, an denen ich großes Interesse habe, dass sie nach mir bestehen

---

[16] Vgl. Passeron, 2001, S. 197.

[17] Zu du Châtelets Newtonkommentar vgl. Debever, 1987, S. 521–523 u. Zinsser, 2001, S. 232–235.

[18] Vgl. du Châtelet an Jacquier, Paris, 1. Juli 1747, Bestermann, 1958, Bd. 2, Brief 361, S. 157.

[19] Vgl. Gillispie, 1970–1980, Eintrag: Clairaut, Bd. 3, S. 281.

[20] Vgl. du Châtelet an Jacquier, Paris, 13. Februar 1749, Bestermann, 1958, Bd. 2, Brief 448, S. 239. Zur Chronologie ihrer Arbeit an den *Principia* vgl. auch Debever, 1987, S. 515–520.

[21] Vgl. du Châtelet an Johann II Bernoulli, Paris 15. Februar 1749, Bestermann, 1958, Bd. 2, Brief 449, S. 240.

[22] Vgl. Du Châtelet an Sallier, den 1. September 1749, Bestermann, 1958, Bd. 2, Brief 486, S. 306–307.

bleiben. Ich hoffe sehr, dass ich ihnen noch für diesen Dienst danken werde und meine Niederkunft, die ich jeden Moment erwarte, nicht so verhängnisvoll wird, wie ich befürchte.[23]

Nach ihrem Tod kümmerte sich Clairaut um ihre Übersetzung und den Kommentar. Sie erschienen zuerst 1756 in einer noch unvollständigen Fassung und schließlich 1759 komplett.[24] 1966 kam sie als Faksimile bei Blanchard in Paris heraus: *Principes mathématiques de la philosophie naturelle. Traduction de la Marquise du Chastellet augmentée des commentaires de Clairaut.* Der Titel suggeriert, dass Clairaut der Verfasser des Kommentars ist. Das ursprüngliche Manuskript hingegen lässt vermuten, dass die Kommentare aus du Châtelets Feder stammen. Sein Untertitel lautet: *traduits en francois par madame la marquise de chastellet avec un commentaire sur les propositions qui ont rapport au sisteme du monde.*

In der Tat ist der Anteil Clairauts an dem Kommentar bis heute strittig. Der Herausgeber von du Châtelets Briefen, Bestermann (1958), weist die Handschrift des Manuskriptes vollständig du Châtelet zu. Auch die neueren Studien von Zinsser (2001), Emch-Dériaz und Emch (2006) sehen in Clairaut vor allem einen Berater und Revisor.

Die Frage, wie weit Clairauts fachliche Unterstützung ging, wird, ähnlich wie der Plagiatsvorwurf Königs, nicht abschließend zu klären sein. Unbestritten bleibt aber, dass sich Émilie du Châtelet mit ihrer Übertragung von Teilen der *Principia* in das von Guicciardini (1999) beschriebene Projekt europäischer Mathematiker um Johann II Bernoulli einreihte, die Newtons Hauptwerk in die Sprache des Leibnizschen Kalkulus übertrugen.[25]

Der Sinn ihrer Übersetzung aber lag für du Châtelet darin, dem nicht-lateinischsprechenden Lesepublikum Zugänge zu Newtons Hauptwerk zu ermöglichen:

> Ich glaube, es ist vor allem für die Franzosen nützlich, denn das Latein von Herrn Newton ist nur eine Schwierigkeit.[26]

Durch ihren Kommentar bot sie den Lesern unterschiedliche Zugänge zu Newtons Himmelsmechanik.[27] Dies ist gerade für die vorliegende Arbeit bemerkenswert und bedeutungsvoll. Denn darin spiegeln sich nicht nur ihre eigenen Zugänge zur Naturphilosophie. Mit ihrem Newtonprojekt versuchte sie auch anderen einen Zugang zu Newtons Naturphilosopie zu ermöglichen, indem sie dem französischen Lesepublikum jenseits der Gelehrtensprache Latein einen direkten Zugang zur Newtons geometrischer naturphilosophischer Darstellungsform eröffnete. Mit dem nicht-mathematischen Teil ihres Kommentars erschloss sie einen mathematisch voraussetzungslosen Weg zur Newtonschen Himmelsmechanik und für einen Teil des wissenschaftlichen Publikums hat sie die Newtonschen Astronomie, zumindest partiell, in die analytische Sprache der Mathematik übertragen. Damit bewies

---

[23] Zitiert nach Böttcher, im Druck.

[24] Vgl. Debever, 1987, S. 520–521 u. Zinsser, 2001, S. 238.

[25] Vgl. Guicciardini, 1999, S. 5.

[26] „Je crois qu'il sera utile surtout aux Français, car le latin de m. Neuton en est une des difficultés." Du Châtelet an Johann II Bernoulli, Prais, 8. Januar 1746, Bestermann, 1958, Bd. 2, Brief 352, S. 149.

[27] Vgl. auch Zinsser, 2001, S. 234.

sie nicht nur ihre Fähigkeiten als Naturphilosophin und Mathematikerin, sie zeigte damit auch ihr didaktisches Talent, das sie schon mit ihrem Lehrbuch, den *Institutions de physique* (1740), unter Beweis gestellt hatte.

Wie facettenreich der Bildungsweg und die Wissenszugänge von du Châtelet waren, die sie schließlich und letztlich zu der eben beschriebenen Leistung führten, hat die vorliegende Arbeit gezeigt. Abschließend möchte ich zu der Frage aus der Einleitung, ob du Châtelet eine Ausnahmeerscheinung war, folgendes bemerken.

Émilie du Châtelet war im Frankreich des 18. Jahrhunderts sicher nicht die einzige mathematisch und naturphilosophisch gebildete Dame. Vermutlich gab es viel mehr gebildete Frauen als heute bekannt ist, da sie den Mantel des Schweigens über ihre Bildungswege und ihre Gelehrtheit legten. Das Besondere an du Châtelet ist nicht nur der Bildungsweg, den sie eingeschlagen hatte. Das Besondere ist, dass sie ihn offen gegangen ist und ihren Willen zum Wissen nicht verborgen hat. Sie hatte außerdem die Fähigkeit, die Wissenszugänge, die sich ihr boten, zu nutzen. Dabei musste sie die akademische Wissenschaft durch die Hintertür betreten. Wichtig ist, dass sie in der akademischen Welt des Wissens durchaus ankam. So wurde sie zu der, zu ihrer Zeit, anerkannten und heute noch berühmten Naturphilosophin und scheinbaren Ausnahmeerscheinung.

Literatur

Adelson, Robert: La belle Issé: Mme Du Châtelet musicienne. In: *Émilie Du Châtelet. Éclairages et documents nouveaux*, Ferney-Voltaire: Centre International d'Étude du XVIIIe Siècle, S. 127–134. 2008.

Alder, Ken: Stepson of the enlightenment: The duc du châtelet, the colonel who „caused" the french revolution. In: *Eighteenth-Century Studies*, Band 32(1): S. 1–18, 1998.

Algarotti, Francesco: *Il Newtonianismo per le dame, ovvero Dialoghi sopra la luce e i colori*. Napoli [Milano]: legat ipsa Lycoris. Virg. Egl. X, 1737.

Algarotti, Francesco: *Sir Isaac Newton's philosophy explain'd for the use of the ladies. In six dialogues on light and colours. From the Italian*, Band 1 & 2. London: E. Cave, 1739. Translated by Elizabeth Carter.

Allgemeine: *Allgemeine Deutsche Biographie*. Historischen Kommission der Bayerischen Akademie der Wissenschaften, 1875–1912. München, Leipzig: Duncker & Humblot. Digitale Volltext-Ausgabe, URL http://de.wikisource.org/w/index.php?title=ADB.

Altmayer, Claus: *Aufklärung als Popularphilosophie; bürgerliches Individuum und Öffentlichkeit bei Christian Grave*. St. Ingbert: Röhrig, 1992. Saarbrückener Beiträge zur Literaturwissenschaft, Bd. 36.

Anonym: An account of some books: Elemens de geometrie, regnerus de graaf de succo pancreatioco, physico mathesis de limin, coloribis & iride, &c., marci meibomii de fabrica tiremium liber. In: *Philosophical Transactions (1665–1678)*, Band 6: S. 3064–3074, 1671.

Anonym: Rezension *Institutions de physique* (1740). In: *Journal des sçavans*, Band 76: S. 737–754, 1740.

Anonym: Rezension *Institutions de physique* (1740). In: *Mémoire pour l'histoire des sciences & des beaux arts*, S. 894–927, 1741.

Arato, Franco: Minerva and Venus-Algarotti's *Newton's Philosophy for the Ladies*. In: *Men, women, and the birthing of modern science*, DeKalb, Illinois: Northern Illinois University Press, S. 111–120. 2005.

Autorenkollektiv (Hg.): *Meyers Konversationslexikon*. Leipzig und Wien: Verlag des Bibliographischen Instituts, 1885–1892.

F. Böttcher, *Das mathematische und naturphilosophische Lernen und Arbeiten der Marquise du Châtelet (1706–1749)*, DOI 10.1007/978-3-642-32487-1,
© Springer-Verlag Berlin Heidelberg 2013

Azouvi, François: Une duchesse cartésienne? In: *La duchesse du Maine (1676–1753). Une mécène à la croisée des arts et des siècles*, Brüssel: Les Editions de l'Université de Bruxelles, S. 155–159. 2003.

Baader, Renate: Die verlorene weibliche Aufklärung. Die französische Salonkultur des 17. Jahrhunderts und ihre Autorinnen. In: Gnüg, Hiltrud und Möhrman, Renate (Hg.) *Frauen Literatur Geschichte*, Stuttgart: Metzler, S. 58–82. 1985.

Baader, Renate: *Dames de lettres. Autorinnen des preziösen, hocharistokratischen und 'modernen' Salons (1619–1698): Mlle de Scudéry, Mlle de Montpensier, Mme d'Aulnoy*, Band 5 von *Romantische Abhandlungen*. Stuttgart: Metzler, 1986.

Babtist, Peter: Johann Bernoulli und das Brachistochronenproblem. In: *Beiträge zum Leibniz-Forum*, Altdorf-Nürnberg. im Erscheinen. URL http://did.mat. uni-bayreuth.de/~karin/bernoulli/.

Badinter, Elisabeth: *Die Mutterliebe. Geschichte eines Gefühls vom 17. Jahrhundert bis heute*. München, Zürich: R. Piper & Co., 1981.

Badinter, Elisabeth: *Émilie, Émilie: l'ambition féminine au XVIIIe siècle*. Paris: Flammarion, 1983.

Badinter, Elisabeth: *Les passions intellectuelles*, Band I *Désir de gloire*. Paris: Fayard, 1999.

Badinter, Elisabeth: Portrait de Mme Du Châtelet. In: *Émilie Du Châtelet, éclairages et documents nouveaux*, Ferney-Voltaire: Centre International d'Étude du XVIIIe Siècle, S. 13–23. 2008.

Ball, Gabriele: Die Büchersammlungen der beiden Gottscheds: Annäherungen im Blick auf die livres philosophiques L. A. V. Gottscheds, geb. Kulmus. In: Ball, Gabriele, Brandes, Helga und Goddman, Katherine R. (Hg.) *Diskurse der Aufklärung. Luise Adelgunde Victorie und Johann Christoph Gottsched*, Wiesbaden: Harrassowitz Verlag, Band 112 von *Wolfenbüttler Forschungen*, S. 213–282. 2006.

Barber, William Henry: *Leibniz in France. From Arnauld to Voltaire. A study in French reactions to Leinizianism, 1670–1760*. Oxford: Clarendon Press, 1955.

Barber, William Henry: „Mme Du Châtelet and Leibnizianism. The genesis of the Institutions de Physique". In: Barber, W. H. et al. (Hg.) *The Age of Enlightenment. Studies Presented to Theodore Besterman*, Edinburgh, London: Oliver & Boyd, S. 200–222. 1967.

Baron, Jean: Éloge de Clairaut. In: *Mémoires de l'Académie d'Amiens*, Band 46: S. 282–286, 1900. Redigiert 1768 und publiziert 1900.

Baumann, Joh. Julius: *Die Lehren von Raum, Zeit und Mathematik in der neueren Philosophie nach ihrem ganzen Einfluss dargestellt und beurtheilt*, Band 1 & 2. Frankfurt/Main: Minerva Verlag GmbH, 1981. Unveränderter Nachdruck der Ausgabe Berlin 1886.

Bautz, Traugott (Hg.): *Biographisch-Bibliographisches Kirchenlexikon*, Band 13. Nordhausen: Verlag Traugott Bautz GmbH, 1998.

Bautz, Traugott (Hg.): *Biographisch-Bibliographisches Kirchenlexikon*, Band 19. Nordhausen: Verlag Traugott Bautz GmbH, 2001.

Bautz, Traugott (Hg.): *Biographisch-Bibliographisches Kirchenlexikon*, Band 29. Nordhausen: Verlag Traugott Bautz GmbH, 2008.

Becker-Cantarino, Barbara: *Der lange Weg zur Mündigkeit. Frau und Literatur (1500–1800)*. München: dtv, 1989.

Beeson, David: *Maupertuis: an Intellectual Biography*, Band 299 von *Studies on Voltaire and the eighteenth century*. Oxford: The Voltaire Foundation at the Taylor Institution, 1992.

Belhoste, Bruno: Pour une réévaluation du rôle de l'enseignement dans l'histoire des mathématiques. In: *Revue d'histoire des mathématiques*, Band 4: S. 289–304, 1998.

Benjamin, Marina: Elbow room: women writers on science, 1790–1840. In: Benjamin, Marina (Hg.) *Science and Sensibility: Gender and Scientific Enquiry, 1780–1945*, Oxford: Blackwell, S. 27–59. 1991.

Bertoloni, Meli D.: Caroline, Leibniz, and Clarke (Caroline, Leibniz et Clarke). In: *Journal of the history of ideas*, Band 60(3): S. 469–486, 1999.

Bestermann, Theodore (Hg.): *Lettres de la Marquise du Châtelet*, Band 1 & 2. Genève: Institut et Musée Voltaire Les Delices, 1958.

Beyssade, Jean-Marie (Hg.): *Correspondance avec Elisabeth et autres lettres*. Paris: Flammarion, 1989.

Blanc, Olivier: *Olympe de Gouges*. Wien: Promedia Verlag, 1989.

Blay, Michel und Halleux, Robert (Hg.): *La science classique. XVIIe–XVIIIe siècle. Dictonnaire critique*. Paris: Flammarion, 1998.

Bodanis, David: *Passionate Minds: Emilie Du Châtelet, Voltaire, and the Great Love Affair of the Enlightenment*. New York: Three Rivers Press, 2007.

Böhm, Winfried: *Wörterbuch der Pädagogik*. Kröners Taschenausgabe; Bd. 94. Stuttgart: Kröner, 14. Auflage, 1994. Begründet von Wilhelm Hehlmann.

Bonnel, Roland: La correspondances scientifique de la marquise Du Châtelet: la ,lettre-laboratoire'. In: Silver, Marie-France und Swiderski, Maire-Laure (Hg.) *Femmes en toutes lettres. Les épistolières du XVIIIe siècle*, Oxford: Voltaire Foundation, Band 4 von *Studies on Voltaire and the eighteenth century*, S. 79–95. 2000.

Bonnel, Roland und Rubinger, Catherine: *Femmes savantes et femmes d'esprit: Women Intellectuals of the French Eighteenth Century*. New York [u. a.]: Lang, 1994.

Bonnycastle, John: *Introduction to astronomy, in a series of letters*. London, 1786.

Borzeszkowski, Horst-Heino und Wahsner, Renate (Hg.): *Voltaire: Elemente der Philosophie Newtons. Verteidigung des Newtonianismus. Die Metaphysik des Neuton*. Berlin, New York: de Gryter, 1997. Hrsg. von Renate Wagner und Horst Heino von Borzeszkowski.

Bos, Henk J. M.: *Redefining geometrical exactness. Descartes' transformation of the early modern concept of construction*. Sources and Studies in the History of Mathematics and Physical Sciences. New York et al: Springer, 2001.

Bost, Hubert: *Un intellectuel avant la lettre: le journaliste Pierre Bayle (1647–1706). L'actualité religieuse dans les Nouvelles de la RéBrookpublique des Lettres (1684–1687)*. Amsterdam, Maarssen: APA/Holland University Press, 1994.

Böttcher, Frauke: Formen mathematischer und naturwissenschaftlicher Wissensvermittlung im 17. Jahrhundert in Frankreich. In: Musolff, Hans-Ulrich und Göing,

Anja (Hg.) *Anfänge und Grundlegungen moderner Pädagogik im 16. und 17. Jahrhundert*. Köln, Weimar, Wien: Böhlau, 2003, S. 189–212.

Böttcher, Frauke: La réception des *Institutions de physique* en Allemagne. In: Kölving, Ulla und Courcelle, Olivier (Hg.) *Émilie du Châtelet. Éclairages et documents nouveaux*, Ferney-Voltaire: Centre International d'Étude du XVIIIe Siècle, Band 21 von *Publications du Centre international d'étude sur le XVIIIe siècle*, S. 243–254. 2008.

Böttcher, Frauke: Die Rezeption der *Institutions de physique* in Deutschland. In: *Emilie du Châtelet und die deutsche Aufklärung*, Hildesheim u.a.: Olms. im Druck.

Bovenschen, Silvia: *Die imaginierte Weiblichkeit: Exemplarische Untersuchungen zu kulturgeschichtlichen und literarischen Präsentationsformen des Weiblichen*. Frankfurt/Main: Suhrkamp, 1979.

Boyer, Carl Benjamin: *History of Analytic Geometry*. Amsterdam: Scripta Mathematica, 1956.

Brandes, Helga: Im Westen viel Neues. Die französische Kultur im Blickpunkt der beiden Gottscheds. In: Ball, Gabriele, Brandes, Helga und Goddman, Katherine R. (Hg.) *Diskurse der Aufklärung. Luise Adelgunde Victorie und Johann Christoph Gottsched*, Wiesbaden: Harrassowitz Verlag, Band 112 von *Wolfenbüttler Forschungen*, S. 191–212. 2006.

Breger, Herbert: Der mechanistische Denkstil in der Mathematik des 17. Jahrhunderts. In: Hecht, Hartmut (Hg.) *Gottfried Wilhelm Leibniz im philosophischen Diskurs über Geometrie und Erfahrung*, Berlin: Akademie Verlag, S. 15–184. 1991.

Brockliss, Laurence W. B.: *French higher education in the seventeenth and eighteenth centuries*. Oxford: Clarendon Press, 1987.

Brockliss, Laurence W. B.: Der Philosophieunterricht in Frankreich. In: Schobinger, Jean-Pierre (Hg.) *Grundriß der Geschichte der Philosophie. Die Philosophie des 17. Jahrhunderts*, Basel: Schwabe, Band 2, S. 3–32. 1993.

Brokmann-Nooren, Christiane: *Weibliche Bildung im 18. Jahrhundert: »gelehrtes Frauenzimmer« und »gefällige Gattin«*, Band 2 von *Beiträge zur Sozialgeschichte der Erziehung*. Oldenburg: Bibliotheks- und Informationssystem der Universität, 1994.

Brown, Andrew und Kölving, Ulla: À la recherche des livres d'Émilie Du Châtelet. In: *Émilie Du Châtelet, éclairages et documents nouveaux*, Ferney-Voltaire: Centre International d'Étude du XVIIIe Siècle, S. 111–120. 2008.

Brubacher, John S.: *A History of the Problems of Education*. New York, London: McGraw-Hill, 1947.

Brucker, Jacob und Haid, Johann Jacob (Hg.): *Bilder-sal heutiges Tages lebender, und durch Gelahrtheit berühmter Schrifft-Steller in welchem derselbigen nach wahren Original-malereyen entworfene Bildnisse in schwarzer Kunst, in natürlicher Aehnlichkeit vorgestellet, und ihre Lebens-umstände, Verdienste um die Wissenschafften, und Schrifften aus glaubwürdigen Nachrichten erzählet werden von Jacob Brucker, der königl. Preuß Societät der Wissenschafften Mitglied und Johann Jacob Haid Malern und Kupffernstechern*. Augsburg: Haid, 1741–46.

Brunet, Pierre: *L'introduction des théories de Newton en France aus XVIIIe siècle avant 1737*. Paris: Blanchard, 1931.

Brunet, Pierre: *La vie et l'œuvre de Clairaut (1713–1765)*. Paris: Presses universitaire de France, 1952.

Bryan, Margaret: *A Compendious System of Astronomy in a Course of Familiar Lectures; in which the Principles of that Science are Clearly Elucidated, so as to be Intelligible to Those Who have not Studied the Mathematics also Trigonometrical and Celestial Problems, with a Key to the Ephemeris, and a Vocabulary of the Term of Science use in the Lectures. Which Latter are Explained Agreeably to their Application in them*. London: Printed for the Author, And fold by Leigh and Sotherby, York Street, Covent Garden; And G. Kearsley, No. 46, Fleet Street, 1797.

Cajori, Florian: *A history of elementary mathematics with hints on methods of teaching*. New York: The Macmillan Company, 1917.

Calmet, Augustin: *Histoire généalogique de la maison Du Châtelet branch pruînée de la maison de Lorraine*. Nancy: Cusson, 1741. Écrit par le Révérend père Dom Augustin Calmet, Abbé de Se.

Cantor, Moritz: Artikel: Bernoulli, Johann II. In: *Allgemeine Deutsche Biographie*, Band 2: S. 480 – 482, 1875.

Cantor, Moritz: *Vorlesungen über Geschichte der Mathematik*, Band 2: 1200–1668. Leipzig: Teubner, 1892.

Capefigue, Jean-Baptiste: *La Marquise Du Châtelet et les amies des philosophes du XVIIIe*. Paris: Amyot, 1868.

Carboncini-Gavanelli, Sonia: Christian Wolff in Frankreich. Zum Verhältnis von französischer und deutscher Aufklärung. In: Schneiders, Werner (Hg.) *Aufklärung als Mission. Akzeptanzprobleme und Kommunikationsdefizite*, Marburg: Hitzeroth, S. 114–128. 1993.

Cavazza, Marta: The institute of science of Bologna and the Royal Society in the eighteenth century. In: *Notes & Records. The Royal Society*, Band 56(1): S. 3–25, 2002.

Charrière, Isabelle Agnès Elisabeth de: *Œuvres complètes*, Band 1–10. Amsterdam: G. A. van Oorschot, kritische Auflage, 1979–1984. Hg. von Jean-Daniel Candeaux, C. P. Courtney, Pierre H. Bubois, Simone Dubois-De Bruyn u. a.

Chris, Yvan (Hg.): *L'Ile Saint-Louis, L'Ile de la cité, Le Quartier de l'ancienne université, »Paris et ses quartiers«*. Paris: Editions Henri Veyrie, 1984.

Châtelet, Émilie du: Lettre sur les Elémens de la philosophie de Neuton. In: *Journal des sçavans*, S. 534–541, 1738.

Châtelet, Émilie du: *Institutions de physique*. Paris: Prault fils, 1740.

Châtelet, Émilie du: *Der Frau Marquisinn von DuChastelet Naturlehre an Ihren Sohn. Erster Theil*. Halle u. Leipzig: Renger, 1743. Nach der zweyten Französischen Ausgabe übersetzt von Wolf Balthasar Adolph von Steinwehr königl. Preuß. Hofrath, der Historie, und Alterthümer, wie auch des Natur und Völkerrechts Prof. Publ. Ord. auf der Universitet zu Frankfurth an der Oder, derselven Bibliothecario, und der königl. Preußischen Societet der Wissenschaften Mitgliede.

Châtelet, Émilie du: *Dissertation sur la nature et la propagation du feu.* Paris: Prault, Fils Quai de Cont, vis-à-vis la descente du Pont-Neuf, à la Charité, 1744. *cet ouvrage fut réimprimé dans le* Recueil des pièces qui ont remporté le prix de l'Académie royale des sciences, depuis leur fondation jusqu'à présent, avec les pièces qui y ont conouru (Paris 1752), iv. 87–170 (*avec une longue liste d'errata, pp. 220–221*).

Châtelet, Émilie du: *Principes mathématique de la philosophie naturelle*, Band 1 & 2. Paris: Chez Desaint & Saillant et Lambert, 1756.

Châtelet, Émilie du: La fable des abeilles. In: Wade, Ira O. (Hg.) *Studies on Voltaire.* Princeton: Univ. Press, 1947, S. 131–187. Cette traduction incomplète de la *Fable of the bees* de Bernard Mandeville a été publiée, d'après le manuscrit de Leningrad.

Châtelet, Émilie du: *Principes mathématiques de la philosophie naturelle de Newton*, Band 1 & 2. Paris: Blanchard, facsimile Auflage, 1966. Aus dem Lateinischen von Mme Du Châtelet, mit einem Vorwort von Costes und der *Éloge historique de la Madame de Voltaire*, Paris: Desaint et Saillant, 1759.

Châtelet, Émilie du: Institutions physiques. In: *Christian Wolff. Gesammelte Werke*, Hildesheim, Zürich, New York: Olms, Band 28; Abt. 3. Nouv. éd. (1742), Nachdr. d. Ausg. Amsterdam Auflage, 1988.

Châtelet, Émilie du: *Rede vom Glück. Discours sur le bonheur. Mit einer Anzahl Briefe der Mme du Châtelet an den Marquis de Saint-Lambert.* Berlin: Friedenauer Presse, 1999.

Conrads, Norbert: *Ritterakademien der frühen Neuzeit: Bildung als Standesprivileg im 16. und 17. Jahrhundert*, Band 21 von *Schriftenreihe der Historischen Kommission bei der Bayerischen Akademie der Wissenschaften.* Göttingen: Vandenhoeck & Ruprecht, 1982.

Costabel, Pierre: *L' enseignement classique au XVIIIe siècle: collèges et universités.* Paris: Hermann, 1986.

Costabel, Pierre und Martinet, Monette: *Quelques savants et amateurs de Science au XVIIe siècle. Sept notices biographiques caractéritiques.* Nummer 14 in Cahiers d'histoire et de philosophie des sciences. Nouvelle série. Paris: Société Française d'Histoire des Sciences et des Techniques, 1986.

Couvreur, Mauel: Voltaire chez la duchesse ou le goût à l'épreuve. In: *La duchesse du Maine (1676–1753). Une mécène à la croisée des arts et des siècles*, Brüssel: Les Editions de l'Université de Bruxelles, S. 231– 248. 2003.

Créqui, Renée Caroline de Froulay de: *Souvenirs de la marquise de Créquy 1710 à 1800*, Band 1–7. Paris: Fournier, 1834. Angeblicher Verf.: Renée Caroline de Froulay de Créquy; mutmaßlicher Verf.: Maurice Cousin de Courchamps. URL: http://penelope.uchicago.edu/crequy/index.shtml [21.03.2006].

Dainard, J. A. (Hg.): *Correspondance de Madame de Graffigny*, Band 1: 1716–17 17. Juni 1739, Briefe 1–144. Oxford: The Voltaire Foundation Taylor Institution, 1985.

Dainard, J. A. (Hg.): *Correspondance de Madame de Graffigny*, Band 2, 19. Juni 1739–24. September 1740: lettres 145–308. Oxford: The Voltaire Foundation Taylor Institution, 1989.

Dainville, François de: L'enseignement des mathématiques dans les colléges jésuites de France du XVIe au XVIIIe siècle. In: *Revue d'Histoire des Sciences*, Band 7: S. 6–21, 106–123, 1954.

Dainville, François de: L'enseignement scientifique dans les collèges des jésuites. In: Taton, René (Hg.) *L'enseignement et diffusion des sciences en France du dix-huitième siècle*, Paris: Hermann, S. 27–65. 1964.

Damme, Stéphane Van: *Paris, Capitale Philosophique de la fronde à la Révolution*. Paris: Odile Jacob, 2005.

Dear, Peter Robert: *Discipline & experience: the mathematical way in the scientific revolution*. Chicago, London: Univ. of Chicago Press, 1995.

Debever, Robert: La marquise du Châtelet traduit et commente les Principia de Newton. In: *Académie royale des sciences, des lettres et des beaux-arts de Belgique, Brussels. Classe des sciences. Bulletin*, Band 73(12): S. 509–527, 1987.

Delon, Michel: La marquise et le philosophe. In: *Revues des sciences humaines*, Band 54: S. 65–78, 1981.

Desaguliers, John Theophilus: *A Course of Experimental Philosophy*, Band 1. London, 1734.

Deschamps, Jean: *Cours abrégé de la philosophie Wolffienne*. In: École, Jean et al (Hg.) *Christian Wolff gesammelte Werke, Materialien und Dokumente*. Hildesheim, Zürich, New York: Georg Olms Verlag, 1991, Band 13.

Descotes, Dominique: *Blaise Pascal. Litérature et Géométrie*. Clermont-Ferrand: Presses Universitaires Blaise Pascal, 2001. Centre d'études sur les réformes, l'humanisme et l'âge classique. Centre international Blaise Pascal.

Diderot, Denis und Alembert, Jean le Rond d' (Hg.): *Encyclopédie ou Dictionnaire raisonné des sciences, des arts et des métiers*, Band 1 [A-Azyme]. Paris: chez Briasson, 1751.

Diderot, Denis und Alembert, Jean le Rond d' (Hg.): *Encyclopédie ou Dictionnaire raisonné des sciences, des arts et des métiers*, Band 4 [Conjonctif-Discussion]. Paris: chez Briasson, 1754.

Diderot, Denis und Alembert, Jean le Rond d' (Hg.): *Encyclopédie ou Dictionnaire raisonné des sciences, des arts et des métiers*, Band 5 [Discussion-Esquinancie]. Paris: chez Briasson, 1755.

Diderot, Denis und Alembert, Jean le Rond d' (Hg.): *Encyclopédie ou Dictionnaire raisonné des sciences, des arts et des métiers*, Band 7 [Foang- Gythium]. Paris: chez Briasson, 1757.

Diderot, Denis und Alembert, Jean le Rond d' (Hg.): *Encyclopédie ou Dictionnaire raisonné des sciences, des arts et des métiers*, Band 12 [PARL-POL]. Neufchastel: Chez Samuel Faulche, 1765a.

Diderot, Denis und Alembert, Jean le Rond d' (Hg.): *Encyclopédie ou Dictionnaire raisonné des sciences, des arts et des métiers*, Band 9 [JU-MAM]. Paris: chez Briasson, 1765b.

Diderot, Denis und Alembert, Jean le Rond d' (Hg.): *Encyclopédie ou Dictionnaire raisonné des sciences, des arts et des métiers*, Band 8 [H - Itzehoa]. Paris: chez Briasson, 1765c.

Diffusion: *Diffusion du savoir et affrontement des idées 1600–1770. Actes du colloque de Montbrison 1992.* Montbrison, 1993.

Dolch, Josef: *Lehrplan des Abendlandes. Zweieinhalb Jahrtausende seiner Geschichte.* Ratingen: Aloys Henn, 1959.

Dollinger, Petra: *„Frauenzimmer Gesprächsspiele" Salonkultur zwischen Literatur und Gesellschaftsspiel.* München: Gesellschaft der Bibliophilen e.V., 1996. Festvortrag zur 97. Jahresversammlung der Gesellschaft der Bibliophilen e.V. am 9. Juni 1996 in Münster.

Döring, Detlef: Beiträge zur Geschichte der Gesellschaft der Alethophilen in Leipzig. In: Döring, Detlef und Nowak, Kurt (Hg.) *Gelehrte Gesellschaften im mitteldeutschen Raum (1650–1820). Teil I. Wissenschaftliche Tagung der Sächsischen Akademie der Wissenschaften zu Leipzig vom 18.–19. Februar 1998*, Suttgart, Leipzig: Hirzel, Band 76 von *Abhandlungen der Sächsischen Akademie der Wissenschaften zu Leipzig, Phil.-hist. Klasse*, S. 95–150. 2000a.

Döring, Detlef: *Johann Christoph Gottsched in Leipzig: Ausstellung in der Universitätsbibliothek Leipzig zum 300. Geburtstag von J. Chr. Gottsched.* Sächsische Akademie der Wissenschaften zu Leipzig. Leipzig: Hirzel, 2000b.

Döring, Detlef: Der Wolffianismus in Leipzig. Anhänger und Gegner. In: Gerlach, Hans-Martin (Hg.) *Christian Wolff: seine Schule und seine Gegner*, Hamburg: Meiner, Band 12 von *Aufklärung*, S. 51–76. 2001.

Dorr, Priscilla: Elizabeth Carter (1717–1806). In: *Tulsa Studies in Women's Literature*, Band 5(1): S. 138–140, 1986.

Droysen, Hans: Die Marquise Du Châtelet, Voltaire und der Philosoph Christian Wolff. In: *Zeitschrift für französische Sprache und Literatur*, Band 35: S. 226–248, 1910.

Dubroca, J.-F.: *Entretiens d'un père avec ses enfans sur l'histoire naturelle ornés de quatre cents figures. Ouvrage élementaire.* Paris: Des Essarts, 1797.

Dulong, Claude: Salonkultur und Literatur von Frauen. In: Duby, Georges und Perrot, Michelle (Hg.) *Geschichte der Frauen*, Frankfurt/Main, New York: Campus, Band 3, S. 415–440. 1994.

Eamon, William: *Science and the Secrets of Nature. Books of Secrets in Medieval and Early Modern Culture.* Princeton, New Jersey: Princeton University Press, 1994.

École, Jean: A propos du projet de Wolff d'écrire une «Philosopie des Dames». In: *Studia Leibniziana*, Band 15: S. 46–57, 1983.

École, Jean: Des différentes parties de la métaphysique selon Wolff. In: Schneiders, Werner (Hg.) *Christian Wolff 1679–1754*, Hamburg: Meiner, Band 4 von *Studien zum achtzehnten Jahrhundert*, S. 121–128. 1986.

École, Jean: Les pièces les plus originales de la métaphysique de Christian Wolff (1679–1754), le «Professeur de genre humain». In: Schneiders, Werner (Hg.) *Aufklärung als Mission. La mission des Lumières. Akzeptanzprobleme und Kommunikationsdefizite. Accueil réciproque et difficultés de communication*, Marburg: Hitzeroth, S. 103–113. 1993.

Ehrmann, Esther: *Mme Du Châtelet. Scientist, Philosopher and Feminist of the Enlightenment.* Oxford: Oxford University Press, 1986.

Elias, Norbert: *Die höfische Gesellschaft: Untersuchung zur Soziologie des Königtums und der höfischen Aristokratie*, Band 423 von *Suhrkamp-Taschenbuch Wissenschaft*. Frankfurt/Main: Suhrkamp, 9. Auflage, 1999.

Emch-Dériaz, Antoinette und Emch, Gérard G.: On Newton's French translator: how faithful was Mme Du Châtelet. In: Zinsser, Judith P. und Hayes, Julie Candler (Hg.) *Emilie Du Châtelet: rewriting enlightenment philosophy and science*, Oxford: Voltaire Foundation, Band 2006:01 von *Studies on Voltaire and the Eighteenth Century*, S. 226–251. 2006.

Engler, Winfried: *Lexikon der französischen Literatur*. Kröners Taschenausgabe; Bd. 388. Stuttgart: Kröner, 1984.

Euklid: *Die Elemente. Buch I–XIII*. Darmstadt: Wissenschaftliche Buchgesellschaft, 1962.

Euklid: *Die Elemente*, Band 235 von *Oswald Klassiker der exakten Wissenschaften*. Frankfurt/Main: Verlag Harri Deutsch, 2003. Aus dem Griechischen übersetzt.

Euler, Leonhard: *Lettres à une princesse d'Allemagne sur divers sujets de physique & de philosophie*. St Petersburg, 1768–1774.

Evers, Dirk: *Raum–Materie–Zeit: Schöpfungstheologie im Dialog mit naturwissenschaftlicher Kosmologie*. Tübingen: Mohr Siebeck, 2000.

Fabian, Bernhard (Hg.): *Deutsches biographisches Archiv*. München [u. a.] : Saur, 1986. Eine Kumulation aus 254 der wichtigsten biographischen Nachschlagewerke für den deutschen Bereich bis zum Ausgang des 19. Jahrhunderts.

Fara, Patricia: Elizabeth Tollet. A New Newtonian Woman. In: *History of science*, Band 40(128): S. 169–187, 2002.

Fara, Patricia: *Pandora's Breeches. Women, Science and Power in the Enlightenment*. London: Pimlico, 2004.

Farnham, Fern: *Madame Dacier. Scholar and humanist*. Monterey, CA: Angel Press, 1976.

Favreau, Marc: L'inventaire après décès de la duchesse du Maine. Études et commentaires. In: *La duchesse du Maine (1676–1753). Une mécène à la croisée des arts et des siècles*, Brüssel: Les Editions de l'Université de Bruxelles, S. 51–64. 2003.

Fehér, Màrta: The triumphal march of a paradigm. Algarotti, ambassador of the Newtonian Empire. In: Fehér, Màrta (Hg.) *Changing Tools. Case Studies in the History of Scientific Methodology*, Budapest: Akadémiaikiado Kiadó, S. 123–147. 1995.

Feldhay, Rivka: The cultural field of jesuit science. In: O'Malley, John W. et al. (Hg.) *The Jesuits: Cultures, sciences, and the arts, 1540–1773*, Toronto, Buffalo, London: Toronto University Press, S. 107–130. 1999.

Fellmann, Emil A.: Leonhard Euler – Ein Essay über Leben und Werk. In: *Leonhad Euler, 1707–1783: Beiträge zu Leben und Werk*, Basel, Boston, Stuttgart: Birkhäuser. 1983.

Findlen, Paula: Becoming a scientist: gender and knowledge in eighteenth-century Italy. In: *Science in Context*, Band 16(1): S. 59–87, 2003.

Fontenelle, Bernard le Bovier de: *Entretiens sur la pluralité des mondes*. Paris: M. Guérout, 1687.

Fontenelle, Bernard le Bovier de: Rezension *Application de l'algèbre à la géométrie*. In: *Journal des sçavans*, Band 41(12): S. 348–350, 1705.

Fontenelle, Bernard le Bovier de: Eloge de M. De Montmort. In: *Histoire de l'Académie royale des sciences avec les mémoires de mathématique et de physique pour la même année tirés des registres de cette académie*, S. 83–93, 1719.

Fontenelle, Bernard le Bovier de: Éloge de Nicolas Malézieu. In: *Histoire de l'Académie royale des sciences*, S. 145–151, 1727.

Fontenelle, Bernard le Bovier de: *Entretiens sur la Pluralité des Mondes*. Paris: Librairie Marcel Didier, 1966. Nach der Erstausgabe von 1686 herausgegeben und mit einem Vorwort versehen von Alexandre Calame.

Formey, Jean Henri Samuel: *La Belle Wolfienne, ou Abrégé de la Philosophie Wolfienne*, Band 1–6. La Haye: Charle Vier, 1741–1753.

Formey, Jean Henri Samuel: *Souvenir d'un citoyen*, Band 1 & 2. Berlin: Chez François de la Garde, 1789.

Formey, Jean Louis Samuel: La belle Wolfienne I *(Bd. 1–3)*, Band 16 von *Christian Wolff gesammelte Werke, Materialen und Dokumente*. Hildesheim, Zürich, New York: Georg Olms Verlag, 1983. Hrsg. École, Jean.

Fouchy, Jean-Paul Grandjean de: Éloge de M. Clairaut. In: *Histoire de l'Académie royale des Sciences [de Paris] pour l'année 1765*, Paris, S. 144–159. 1765.

Fox Keller, Evelyn: *Barbara McClintock*. Lebensgeschichten aus der Wissenschaft. Basel, Bonn, Berlin: Bikhäuser, 1995.

Fränzel, Walter: *Geschichte des Übersetzens im 18. Jahrhundert*. Beiträge zur Kultur- und Universalgeschichte. Leipzig: R. Voigtländer Verlag, 1914.

Galilei, Galileo: *Il Saggiatore, 1623*, Band 6 von *Edition Nazionale*. Florenz, 1896.

Gandt, François de: *Force and geometry in Newton's Principia*. Princeton, New Jersey: Princeton University Press, 1995.

Gandt, François de (Hg.): *Cirey dans la vie intellectuelle. La réception de Newton en France*, Band 11 von *Studies on Voltaire and the Eighteenth Century*. Oxford: Voltaire Foundation, 2001.

Gardies, Jean-Louis: Arnauld et la reconstruction de la géométrie euclidienne. In: Pariente, Jean Claude und Garides, Jean-Louis (Hg.) *Antoine Arnauld, philosophie du langage et de la connaissance*, Paris: Vrin, S. 13–31. 1995.

Gardiner, Linda: Mme Du Châtelet traductrice. In: *Émilie Du Châtelet, éclairages et documents nouveaux*, Ferney-Voltaire: Centre International d'Étude du XVIIIe Siècle, S. 167–172. 2008.

Gardiner Janik, Linda: Searching for the metaphysics of science: the structure and composition of Madame Du Châtelet's Institution de Physiques, 1737–1740. In: *Studies on Voltaire and the Eighteenth Century*, Band 201: S. 85–113, 1982.

Gärtner, Barbara: *Johannes Widmanns «Behende vund hubsche Rechenung». Die Textsorte ‹Rechenbuch›ß in der Frühen Neuzeit*, Band 222 von *Reihe Germanistische Linguistik*. Tübingen: Niemeyer, 2000.

Gauvin, Jean-François: Le cabinet de physique du château de Cirey et la philosophie naturelle de Mme Du Châtelet et de Voltaire. In: Zinsser, Judith P. und Hayes, Julie Candler (Hg.) *Emilie Du Châtelet: rewriting enlightenment philosophy and science*, Oxford: Voltaire Foundation, Band 2006:01 von *Studies on Voltaire and the Eighteenth Century*, S. 165–202. 2006.

Gehler, Johann Samuel Traugott: *Physikalisches Wörterbuch oder Versuch einer Erklärung der vornehmsten Begriffe und Kunstwörter der Naturlehre mit kurzen Nachrichten von der Geschichte der Erfindungen und Beschreibungen der Werkzeuge begleitet in alphabetischer Ordnung*, Band 1 (A bis Epo) 1787, 2 (Erd bis Lin) 1789, 3 (Liq bis Sed) 1790, 4 (See bis Z) 1778, 5 (Supplements A–Z) 1793, 6 (vier Register für das gesamte Wörterbuch), 1796. 1787–1796.

Gerhardt, Carl Immanuel (Hg.): *Leibniz, Gottfried Wilhelm: Die philosophischen Schriften von Gottfried Wilhelm Leibniz*, Band 7. Hildesheim u. a.: Olms, 1961. Nachdruck der Ausgabe Berlin 1890.

Gericke, Helmuth: *Mathematik in Antike, Orient und Abendland*. Wiesbaden: Fourier Verlag, 2003.

Gillispie, Charles Coulston (Hg.): *Dictionary of scientific biography*, Band 1–16. New York: Scribner & Sons, 1970–1980.

Gipper, Andreas: *Wunderbare Wissenschaft. Literarische Strategien naturwissenschaftlicher Vulgarisierung in Frankreich. Von Cyrano de Bergerac bis zur Encyclopédie*. München: Wilhelm Fink Verlag, 2002.

Gireau-Geneaux, Annie: Mme Du Châtelet entre Leibniz et Newton: matière, force et substance. In: de Gandt, François (Hg.) *Cirey dans la vie intellectuelle. La réception de Newton en France*, Oxford: Voltaire Foundation, Band 11 von *Studies on Voltaire and the Eighteenth Century*, S. 173–186. 2001.

Goettingsche Zeitungen: Göttingische Zeitungen von gelehrten Sachen. 1739–1752.

Goldenbaum, Ursula (Hg.): *Appell an das Publikum. Die öffentliche Debatte in der deutschen Aufklärung 1687–1796*, Band 1 & 2. Berlin: Akademie Verlag, 2004. Mit Beiträgen von Frank Grunert, Peter Weber, Gerda Heinrich, Brigitte Erker und Winfied Siebers.

Goldgar, Anne: *Impolite Learning. Conduct and Community in the Republic of Letters, 1680–1750*. New Haven, London: Yale University Press, 1995.

Goldsmith, Elizabeth und Goodman, Dena (Hg.): *Going Public: Women and Publishing in Early Modern France*. Ithaca, London: Cornell Univ. Press, 1995.

Goodman, Dena: Enlightenment salons. The convergence of female and philosophic ambitions. In: *Eighteenth-Century Studies*, Band 22(3): S. 329–350, 1989.

Goodman, Dena: *The Republic of Letters: A Cultural History of the French Enlightenment*. Ithaca, London: Cornell University Press, 1994.

Gordon, Evelyn Bodek: Salonières and bluestockings: educational obsolescence and germinating feminism. In: *Feminist Studies*, Band 3: S. 185–199, 1975/76.

Gottsched, Luise Adelgunde Viktoria: *Sämmtliche Kleinere Gedichte, nebst dem von vielen vornehmen Standespersonen, Gönnern und Freunden beyderlei Geschlechts, Ihr gestifteten Ehrenmaale, und ihrem Leben, herausgegeben von Ihrem hinterbliebenen Ehegatten*. Leipzig: Breitkopf, 1763.

Gottsched, Louise Adelgunde Victorie: *Zwo Schriften, welche von der Frau Marquis. von Chatelet und dem Herrn von Mairan, das Maaß der lebendigen Kräfte betreffend, gewechselt worden. Aus dem Französ. übers. von Louise Adelgunde Victoria Gottsched*. Leipzig: Breitkopf, 1741.

Gottsched, Louise Adelgunde Victorie: *Briefe der Frau Louise Adelgunde Victorie Gottsched gebohrene Kulmus. Erster Theil*. Dresden: Harpeter, 1771.

Gottsched, Luise Adelgunde Victorie: *Mit der Feder in der Hand: Briefe aus den Jahren 1730–1762*. Darmstadt: Wissenschaftliche Buchgesellschaft, 1999. Hrsg. von Inka Kording.

Gravesande, Willem Jacob's: *Physices Elementa Mathematica experimentis confirmata. Sive Introductio ad Philosophiam Newtonianam*. Leiden, 1720–1721.

Gregory, Mary Efrosini: *Diderot and the metamorphosis of species*. CRC Press, 2006.

Guicciardini, Niccolò: *Reading the Principia: The Debate on Newton's Mathematical Methods for Natural Philosophy from 1687 to 1736*. Cambridge and others: Cambridge University Press, 1999.

Guisnée, Nicolas: *Application de l'algèbre à la géométrie, ou méhode de démontrer par l'algèbre, les theorême des geometrie, & d'en résoudre & construire tous les problèmes. L'on y a joint une introduction qui contient les règles du calcul algebrique*. Paris: Jean Boudot und Jacque Quillau, 1705.

Guisnée, Nicolas: *Application de l'algèbre à la géométrie, ou méthode de démontrer par l'algèbre, les theorême des géométrie, & d'en résoudre & construire tous les problèmes. L'on y a joint une introduction qui contient les règles du calcul algébrique. Par Monsieur Guisnée de l'Academie Royale des Sciences, Professeur Royal de Mathematique, & ancien Ingenieru ordinaire du Roy*. A Paris, Chez Quillau, Imprimeur-Juré. Libraire de l'Université, rue Galande, près la place Maubert, à l'Annonciation, 1733. Seconde Edition, revûe, corrigée & considérablement augmentée par l'Auteur.

Habermas, Jürgen: *Strukturwandel der Öffentlichkeit: Untersuchungen zu einer Kategorie der bürgerlichen Gesellschaft*. Suhrkamp-Taschenbuch Wissenschaft; Bd. 891. Frankfurt am Main: Suhrkamp, fünfte Auflage, 1996.

Hahn, Roger: *The anatomy of a scientific institution. The Paris Academy of Sciences, 1666–1803*. Berkeley, Los Angeles, London: University of California Press, 1971.

Hammermayer, Ludwig: Europäische Akademiebewegung und italienische Aufklärung. In: *Historisches Jahrbuch*, Band 81: S. 247–263, 1962.

Hamou, Philippe: Algarotti vulgarisateur. In: de Gandt, François (Hg.) *Cirey dans la vie intellectuelle. La réception de Newton en France*, Oxford: Voltaire Foundation, Band 11 von *Studies on Voltaire and the Eighteenth Century*, S. 73–89. 2001.

Hankins, Thomas Leroy: The influence of Malebranche on the science of mechanics during the eighteenth century. In: *Journal of the History of Ideas*, Band 28(2): S. 193–210, 1967.

Hankins, Thomas Leroy: *Science and the Enlightenment*. Cambridge, London, New York, 1985.

Hankins, Thomas Leroy: *Jean d'Alembert. Science and the Enlightenment*. Oxford: Taylor & Francis, 1990.

Hardach-Pinke, Irene: *Die Gouvernante. Geschichte eines Frauenberufs.* Reihe Geschichte der Geschlechter/Sonderband. Frankfurt/Main, New York: Campus, 1993.

Harth, Erica: *Cartesian Women. Version and Subversion of Rational Discourse in the Old Regime.* Ithaca, London: Cornell University Press, 1992.

Häseler, Jens (Hg.): *La Correspondance de Jean Henri Samuel Formey (1711–1797): Inventaire alphabétique.* Paris: Honoré Champion, 2003. Établi sous la direction de Jens Häseler avec la Bibliographie des écrits de Jean Henri Samuel Formey établie par Rolf Geissler.

Häseler, Jens: Friedrich II. von Preußen – oder wie viel Wissenschaft verträgt höfische Kultur? In: Wehinger, Brunhilde (Hg.) *Geist und Macht: Friedrich der Grosse im Kontext der europäischen Kulturgeschichte*, Akademie Verlag, S. 73–81. 2005.

Hennig, John: *Goethes Europakunde. Goethes Kenntnisse des nicht deutschsprachigen Europas; ausgewählte Aufsätze*, Band 73 von *Amsterdamer Publikationen zur Sprache und Literatur.* Amsterdam: Rodopi B.V., 1987.

Hentschel, Klaus: Die Pariser Preisschriften Voltaires und der Marquise du Châtelet von 1738 über die Natur und Ausbreitung des Feuers. In: *Acta Historia Leopoldina*, Band 45: S. 175–186, 2005. Physica et historia. Festschrift für Andreas Kleinert zum 65. Geburtstag.

Hermann, Jakob: *Phoronomia, sive de Viribus et Motibus Corporum solidorum et fluidorum libri duo.* Amsterdam: Rod. & Gerh. Wetsten, 1716.

Hirzel, Rudolf: *Der Dialog. Ein literarischer Versuch*, Band 1 & 2. Leipzig: Hirzel, 1895.

Hoppe, Brigitte: Naturwissenschaftliche Fachgespräche zur Zeit der Aufklärung in Europa. Tübingen: Niemeyer, Konzepte der Sprach- und Literaturwissenschaft; Bd. 47, S. 115–167. 1989.

Hutton, Sarah: Emilie du Châtelet's Institutions de physique as a document in the history of French Newtonianism. In: *Studies in History and Philosophy of Science*, Band 34: S. 515–531, 2004.

Iltis, Carolyn: The decline of cartesianism in mechanics: the leibnizian-cartesian debates. In: *ISIS*, Band 64: S. 356– 373, 1973.

Iltis, Carolyn: Madame du châtelet's metaphysics and mechanics. In: *Studies in History and Philosophy of Science*, Band 8: S. 29–48, 1977.

Itard, Jean: La géométrie de Port-Royal. In: *L'enseignement mathématique*, Band 38: S. 27–38, 1939–1940.

Itard, Jean: Quelques remarques sur les méthodes infinitésimales chez Euclide et Archimède. In: *Revue d'histoire des sciences et de leurs applications*, Band 3(3): S. 210–213, 1950.

Iverson, John R.: A female member of the Republic of Letters: Du Châtelet's portrait in the *Bilder-Saal [...] berühmter Schriftsteller.* In: Zinsser, Judith P. und Hayes, Julie Candler (Hg.) *Emilie Du Châtelet. Rewriting enlightenment philosophy and science*, Oxford: Voltaire Foundation, Band 1 von *Studies on Voltaire and the eighteenth century*, S. 35–51. 2006.

Jacoby, Brigitte: *Studien zur Ikonographie des Phaetonmythos*. Dissertation, Bonn, 1971.

Jammer, Max: *Das Problem des Raumes. Die Entwicklung der Raumtheorien*. Darmstadt: Wissenschaftliche Buchgesellschaft, 1960.

Janssens, Uta: »Learned agents of cultural transmission«, or the ideal translator as »morning star«. In: *La Vie intellectuelle aux refuges protestants*, Paris: Honoré Champion, Band 2 Huguenots traducteurs. 2002. Actes de la Table ronde de Dublin, juillet 1999, édités par Jens Häseler et Antony Mc Kenna.

Janssens-Knorsch, Uta: Jean Deschamps, Wolff-Übersetzer und »Aléthophile français« am Hofe Friedrichs des Großen. In: Schneiders, Werner (Hg.) *Christian Wolff 1679–1754*, Hamburg: Meiner, Band 4 von *Studien zum achtzehnten Jahrhundert*, S. 254–265. 1986.

Janssens-Knorsch, Uta (Hg.): *The life and 'mémoires secrets' of Jean Des Champs (1707–1767). Journalist, minister, and man of feeling*. Huguenot Society new series no. 1. London: Huguenot Society of Great Britain and Ireland, 1990.

Joly, Bernard: Les théories du feu de Voltaire et de Mme Du Châtelet. In: de Gandt, François (Hg.) *Cirey dans la vie intellectuelle. La réception de Newton en France*, Oxford: Voltaire Foundation, Band 11 von *Studies on Voltaire and the Eighteenth Century*, S. 212–237. 2001.

Journal: Journal des sçavans. 1665–1792. URL http://gallica.bnf.fr/ark:/12148/cb343488023/date.

Kawashima, Keiko: La participation de Madame Du Châtelet à la querelle sur les forces vives. In: *Historia scientiarum*, Band 40: S. 9–28, 1990.

Kawashima, Keiko: Madame Du Châtelet dans le journalisme. In: *LLULL*, Band 18: S. 471–491, 1995.

Kawashima, Keiko: The issue of gender and science: a case study of Madame du Châtelet's *Dissertation sur le feu*. In: *Historia scientiarum*, Band 15: S. 23–43, 2005.

King, Margaret L.: *Frauen in der Renaissance*. München: Beck, 1993.

Klein, Lawrence E.: Liberty, manners and politeness in early eighteenth century England. In: *The Historical Journal*, Band 32: S. 583–605, 1989.

Klein, Lawrence E.: Gender, conversation and the public sphere in early eighteenth century England. In: Still, Judy und Worton, Michael (Hg.) *Textuality and Sexuality: Reading Theories and Practices*, Manchester, S. 100–115. 1993.

Klein, Lawrence E.: Politeness for plebs. Consumption and social identity in early eighteenth century England. In: *The Consumption of Culture, 1600–1800*, London: Routledge, Consumption & Culture in 17th & 18th Centuries Series, S. 362–382. 1997.

Kleinau, Elke und Opitz, Claudia: *Geschichte der Mädchen- und Frauenbildung*, Band 1 & 2. Frankfurt/Main: Campus, 1995.

Kleinert, Andreas: *Die allgemeinverständlichen Physikbücher der französischen Aufklärung*. Veröffentlichungen der schweizerischen Gesellschaft für Geschichte der Medizin und der Naturwissenschaft; Bd. 28. Aarau: Sauerländer, 1974.

Kleinert, Andreas: Un jésuite du XVIIIe s. au service de la vulgarisation scientifique: „Les Entretiens physiques d'Ariste et d'eudoce" de Noël Regnault. In:

Isaac, Marie-Thérès und Sorgeloos, Claude (Hg.) *La diffusion du savoir scientifique. XVIe-XIXe s.*, Brüssel: Archives et Bibliothèques de Belgique, S. 113–124. 1996. Actes du colloque de l'Université de Mons-Hainaut, 22 septembre 1995.

Klens, Ulrike: *Mathematikerinnen im 18. Jahrhundert: Maria Gaetana Agnesi, Gabrielle-Emilie Du Châtelet, Sophie Germain: Fallstudien zur Wechselwirkung von Wissenschaft und Philosophie im Zeitalter der Aufklärung*. Pfaffenweiler: Centaurus, 1994.

Kölving, Ulla und Courcelle, Olivier (Hg.): *Émilie Du Châtelelet. Éclairages et documents nouveaux*, Band 21 von *Publications du Centre International d'Étude du XVIIIe Siècle*. Ferney-Voltaire: Centre International d'Étude du XVIIIe Siècle, 2008.

Koser, Reinhold und Droysen, Hans (Hg.): *Briefwechsel Friedrichs des Großen mit Voltaire*, Band 1: 1736–1740. Leipzig: Verlag von S. Hirzel, 1908.

Koyré, Alexandre: *Von der geschlossenen Welt zum unendlichen Universum*. Frankfurt/Main, 1980.

Krause, Julia: *Rollkurven und ihre Didaktik*. Staatsexamensarbeit, Universität Bonn, 2004.

Lacoarret, M. und Ter-Menassian: Les universités. In: Costabel, Pierre (Hg.) *L'enseignement classique aux XIIIe siècle: Collèges et universités*, Paris: Hermann, Kapitel V, S. 125–163. 1986.

Lacroix, Silvestre-François: *Essais sur l'enseignement en général, et sur celui des mathématiques en particulier*. Paris: Bachelier, successeur de Mme V. Courcier, dritte Auflage, 1828.

Lamy, Bernard: *Elemens des mathématiques ou traité de la grandeur en général, qui comprend l'arithmétique, l'algébre, l'analyse, et les principes de toutes les sciences qui ont la grandeur pour objet*. Paris: Denys Du Puis, dritte Auflage, 1680, 1704.

Lathuillère, Roger: *La Préciosité. Étude historique et linguistique*. Genève: Droz, 1966.

Launay, Marguerite de: *Collection des mémoires relatifs à l'histoire de France, depuis l'avénement de Henri IV jusqu'à la pais de Paris conclue en 1763; avec des notices sur chaque auteur, et des observations sur chaque ouvrage*, Paris: Foucault, Band 67, Kapitel Mémoire de Madame de Staal, S. 193–526. 1829.

Le Tourneur, Pierre-Prime-Félicien: Éloge historique de M. Clairaut. In: *Le nécrologe des hommes célèbres de France*, Band 1: S. 235–251, 1766.

Lechner, Elmar: Vom Befehl zum Beweis. Der mathematisch-naturwissenschaftlich-technische Unterricht als Phänomen und Instrument der »kopernikanischen Wende« der Pädagogik im Zeitalter der Frühaufklärung. In: von Hohenzollern, Johann Georg Prinz und Liedtke, Max (Hg.) *Naturwissenschaftlicher Unterricht und Wissenskumulation*, Bad Heilbrunn/Obb.: Klinkhardt, S. 212–236. 1988.

Leduc, Guyonne (Hg.): *L'éducation des femmes en Europe et en Amérique du nord de la renaissance à 1848*. Paris: L'Harmattan, 1997.

Leibniz, Gottfried Wilhelm: *Neue Abhandlungen über den menschlichen Verstand*. Philosophische Bibliothek, Bd. 69. Leipzig: Dürr, zweite Auflage, 1904. Ins

Deutsche übersetzt, mit Einleitung, Lebensbeschreibung des Verfassers und erläuternden Anmerkungen versehen von C. Schaarschmidt.

Lemoin, Robert: L'enseignement scientifique dans les collèges bénédictins. In: Costabel, Pierre (Hg.) *L'enseignement classique aux XIIIe siècle: Collèges et universités*, Paris: Hermann, Kapitel IV, S. 101–124. 1986.

L'Hôpital, Guillaume-François-Antoine de: *Analyse des infiniment petits, pour l'intelligence des lignes courbes*. Paris: Imprimerie Royale, par les soins de Jean Anisson, 1696.

Lind, Gunter: *Physik im Lehrbuch 1700–1850. Zur Geschichte der Physik und ihrer Didaktik in Deutschland*. Berlin u. a.: Springer, 1992.

Locke, John: Some thoughts concerning education (1692). In: *English philosophers of the seventeenth and eighteenth centuries*, New York, P. F. Collier & son, Band 36 von *Harvard classics*. 1910. Online source: http://www.bartleby.com/ 37/1/ [29.11.2008].

Locke, John: *Gedanken über Erziehung*. Stuttgart: Philipp Reclam Jun., 1980. Übersetzung, Anmerkung und Nachwort von Heinz Wohlers.

Lorenz, Andreas: *Gewissheit versus Hypothese. Postmetaphysische Untersuchungen zur Philosophieauffassung bei Kant, Newton und Schopenhauer*. Inaugural–Dissertation, Heinrich-Heine-Universität Düsseldorf, 2001.

Lougee, Carolyn C.: „*Le Paradis des Femmes.*" *Women, Salons and Social Stratification in Seventeenth Century France*. Princeton, New Jersey: Princeton Univ. Press, 1976.

Lowengard, Sarah: *The Creation of Color in Eighteenth Century Europe*. Columbia University Press–American Historical Association, 2006. E-Buch unter http:// www.gutenberg-e.org zugänglich.

Mairan, Jean Jacques de: *Dissertation sur l'estimation et la mesure des forces motrices des corps*. Paris: Charles-Antoine Jombert, zweite Auflage, 1741.

Makin, Bathusa: *An Essay to Revive the Ancient Education of Gentlewomen in Religion, Manners, Arts & Tongues, with An Answer to the Objections against this Way of Education*. London: Printed by J. D. to be sold by Tho. Parkhurst, at the Bible and Crown at the lower end of Cheapside, 1673. Online: http://www.pinn. net/~sunshine/book-sum/makin1.html [26.11.2008].

Marcet, Jane: *Conversation on Chemistry*. London, 1806.

Marcet, Jane: *Conversation on Natural Philosophy*. London, 1819.

Martins, Louis Aimé: *Lettres à Sophie sur la physique, la chimie et l'histoire naturelle*. Paris, 12. Auflage, 1842.

Mason, Amelia Gere: *The Women of the French Salon*. Seattle, Washington, USA: The World Wide School, 2000. URL http://www.worldwideschool.org/library/ books/lit/historical/TheWomenoftheFrenchSalons/toc.html.

Mason, Hayden Trevoir: Algarotti and Voltaire. In: *Melanges à la memoire de Franco Simone. France et Italie dans la culture européene, II, XVIIe et XVIIIe*, Genf: Edition Slatkine, S. 467–480. 1981.

Mason, Stephen F.: *Geschichte der Naturwissenschaft in der Entwicklung ihrer Denkweisen*. Stuttgart: Alfred Körner Verlag, 1961.

Maugras, Gaston: *La Cour de Lunéville au XVIIIe siècle: les marquises de Boufflers et Du Châtelet, Voltaire, Devau, Saint-Lambert, etc.* Paris: Libraires Plon, fünfte Auflage, 1904.

Maupertuis, Pierre-Louis Moreau de: Sur les loix des de l'attraction. In: *Histoire de l'Académie royale des sciences avec les mémoires de mathématique et de physique pour la même année tirés des registres de cette académie*, S. 343–362, 1732.

Maupertuis, Pierre-Louis Moreau de: Sur les figures des corps célestes. In: *Histoire de l'Académie royale des sciences avec les mémoires de mathématique et de physique pour la même année tirés des registres de cette académie*, S. 55–100, 1734.

Maupertuis, Pierre-Louis Moreau de: *La Figure de la Terre, déterminée par les Observations de Messieurs Maupertuis, Clairaut, Camus, Le Monnier & de M. l'Abbé Outhier accompagnés de M. Celsius.* Paris: Imprimerie Royale, 1738.

May, Peter: Schulen und Unterricht der Schreib- und Rechenmeister. Beispiel: Nürnberg. In: Liedtke, Max (Hg.) *Handbuch der Geschichte des bayrischen Bildungswesens*, Bad Heilbrunn/Obb.: Klinkhardt, Band 1, S. 291–296. 1991. Geschichte der Schule in Bayern: von den Anfängen bis 1800.

Mayor, Paul R.: *The physical researches of J.T. Desaguliers.* Dissertation, Universität London, 1962.

Mazzotti, Massimo: Newton for ladies: gentility, gender and radical culture. In: *The British journal for the history of science*, Band 37: S. 119–146, 2004.

Mercier, Gilbert: *Madame Voltaire.* Paris: Le livre de poche, 2004.

Meyer, Gerald Dennis: *The Scientific Lady in England 1650–1760.* Berkeley, Los Angeles: University Press California, 1955.

Mittler, Elmar (Hg.): *Sprachkritik als Aufklärung. Die Deutsche Gesellschaft in Göttingen im 18. Jahrhundert.* Göttingen: Niedersächsische Staats- und Universitätsbibliothek, 2004.

Motley, Mark Edward: *Becoming a French aristocrat: the education of the court nobility, 1580–1715.* Princeton: Univ. Press, 1990.

Mouy, Paul: *Le développement de la physique cartésienne. 1646–1712.* Paris: Librairie Philosophique J. Vrin, 1934.

Mullan, John: Gendered knowledge, gendered minds: Women and newtonianism. 1690–1760. In: Benjamin, Marina (Hg.) *A Question of Identity. Women, Science and Literature*, New Brunswick, S. 41–56. 1993.

Musschenbroek, Peter: *Grundlehren der Naturwissenschaft. Nach der zweyten lateinischen Ausgabe, nebst einigen neuen Zusätzen des Verfassers, ins Deutsche übersetzt. Mit einer Vorrede ans Licht gestellt von Johann Christoph Gottscheden.* Leipzig, 1747. Übersetzung aus dem Lateinischen von Johann Christoph Gottsched.

Nagel, Fritz: „Sancti Bernoulli, orate pro nobis." Emilie du Châtelet und die Basler Mathematiker. In: *Emilie du Châtelet und die deutsche Aufklärung*, Hildesheim u. a.: Olms. im Druck.

Neumann, Hans-Peter: Zwischen Materialismus und Idealismus – Gottfried Ploucquet und die Monadologie. In: Neumann, Hans-Peter (Hg.) *Der Monadenbegriff zwischen Spätrenaissance und Aufklärung*, Berlin: Walter de Gruyter. 2009.

Newton, Isaac: *Opticks, or, A treatise of the reflections, refractions, inflections and colours of light also two treatises of the species and magnitude of curvilinear figures.* London: Smith & Walford, 1704.

Newton, Isaac: *Principes mathématiques de la philosophie naturelle. Traduction de la Marquise du Chastellet, augmenté des Commentaires de Clairaut*, Band 1 & 2. Paris: Blanchard, 1966.

Niemeyer, Beatrix: Ausschluß oder Ausgrenzung? Frauen im Umkreis der Universitäten im 18. Jahrhundert. In: Kleinau, Elke und Opitz, Claudia (Hg.) *Geschichte der Frauen und Mädchenbildung*, Frankfurt/Main: Campus Verlag, Band 1: Vom Mittelalter bis zur Aufklärung, S. 275–294. 1996.

Nieser, Bruno: *Aufklärung und Bildung. Studien zur Entstehung und gesellschaftlichen Bedeutung von Bildungskonzeptionen in Frankreich und Deutschland im Jahrhundert der Aufklärung*, Band 20 von *Studien zur Philosophie und Theorie der Bildung*. Weinheim: Deutscher Studienverlag, 1992.

Nobre, Sergio: Christian Wolffs Beitrag zur Popularisierung der Mathematik in Deutschland, europäischen und außereuropäischen Ländern. MPI – History of Science Preprint 258, 2004.

Oakes, Elizabeth H.: Châtelet, Gabrielle-Emilie du. In: *International Encyclopedia of Women Scientists*. New York: Facts on File, Inc., 2002. Facts on File, Inc. *Science Online* ‹www.fofweb.com›.

Ogilvie, Marilyn Bailey und Harvey, Joy Dorothy (Hg.): *The Biographical Dictionary of Women in Science: Pioneering Lives from Ancient Times to the Mid-20th Century*. London: Routledge, 1999.

Panckoucke, Charles-Louis-Fleury (Hg.): *Dictionnaire des sciences médicales. Biographies médicales*, Band 5. Paris: Panckoucke, 1822.

Passeron, Irène: Maupertuis, passeur d'intelligibilité. De la cycloïde à l'ellipsoïde aplati en passant par le „newtonianisme": années parisiennes. In: Hecht, Hartmut (Hg.) *Pierre Louis Moreau de Maupertuis: eine Bilanz nach 300 Jahren*. Baden-Baden: Nomos Verlagsges., 1999, Band 3 von *Schriftenreihe des Frankreichs-Zentrums der Technischen Universität Berlin*, S. 17–33.

Passeron, Irène: Muse ou élève? Sur les lettres de Clairaut à Mme Du Châtelet. In: de Gandt, François (Hg.) *Cirey dans la vie intellectuelle. La réception de Newton en France*, Oxford: Voltaire Foundation, Band 11 von *Studies on Voltaire and the Eighteenth Century*, S. 187–197. 2001.

Paul, Charles B.: *Science and immortality. The Éloges of the Paris Academy of Sciences (1699–1791)*. Berkeley, Los Angeles, London: University of California Press, 1980.

Paulian, Aimé-Henri: *La physique à la portée de tout le monde*, Band 1. Nimes: Gaude et Ce, zweite Auflage, 1791.

Peiffer, Jeanne: Les notes marginales de Montesquieu dans un manuel mathématique: des traces d'un savoir livresque. Im Erscheinen.

Peiffer, Jeanne: L'engouement des femmes pour les sciences au xviiie siècle. In: Haase-Dubosc, Danielle und Viennot, Eliane (Hg.) *Femmes et pouvoirs sous l'ancien régime*, Paris: Édition Rivages, S. 196– 222. 1991.

Peiffer, Jeanne: Damenwissenschaften in der französischen Aufklärung - einfacher Zeitvertreib oder Teilnahme an der Gelehrsamkeit? In: Grabosch, Annette und Zwölfer, Almuth (Hg.) *Frauen und Mathematik. Die allmähliche Rückeroberung der Normalität*, Tübingen: Attempto-Verlag, S. 212–239. 1992a.

Peiffer, Jeanne: L'engouement des femmes pour les sciences au xviiie siècle. In: *Chronique Féministe*, Band 42: S. 27–37, 1992b.

Peiffer, Jeanne: Faire des mathématiques par lettres. In: *Revue d'histoire des mathématiques*, Band 4: S. 143–157, 1998.

Pemberton, Henry: *A View of Sir I. Newton's Philosophy. (A poem on Sir I. Newton [by R. Glover].).* London: L. P., 1728.

Perry, Ruth: *The Celebrated Mary Astell. An Early English Feminist.* Chicago, London: University of Chicago Press, 1986.

Petrovich Crnjanski, Vesna: Women and the Paris Academy of Sciences. In: *Eighteenth-Century Studies*, Band 32(3): S. 383–390, 1999.

Phillips, Patricia: *The Scientific Lady: A Social History of Women's Scientific Interests, 1520–1918.* London: Butler & Tanner, 1990.

Pomeau, René: Voltaire et Mme Du Châtelet à Cirey: amour et travail. In: de Gandt, François (Hg.) *Cirey dans la vie intellectuelle. La réception de Newton en France*, Oxford, UK: Voltaire Foundation, Band 11 von *Studies on Voltaire and the Eighteenth Century*, S. 9–15. 2001.

Pravicini, Werner und Wettlaufer, Jörg (Hg.): *Erziehung und Bildung bei Hofe.* Stuttgart: Jan Thorbecke Verlag, 2002.

Prestet, Jean: *Nouveaux Elémens des mathématiques ou principes généraux de toutes les sciences qui ont les grandeurs pour objet*, Band 1–3. Paris : Pralard, plus ample et mieux digérée Auflage, 1695.

Preyat, Fabrice, Couvreur, Manuel und Cessac, Catherine (Hg.): *La duchesse du Maine (1676–1753). Une mécène à la croisée des arts et des siècles.* Collection Etudes sur le XVIIIe siècle. Brüssel: Les Editions de l' Université de Bruxelles, 2003.

Pujol, Stéphane: Science et sociabilité dans les dialogues de vulgarisation scientifique au XVIIIe siècle de Fontenelle à l'Abbé Pluche. In: *Diffusion du savoir et affrontement des idées 1600–1770. Festival d'Histoire de Montbrison, 30 septembre au 4 octobre 1992. Association du Centre Culturel de la Ville de Montbrison.* Montbrison, 1993, S. 79–95.

Pujol, Stéphane: De la conversation à l'entretien littéraire. In: Montandon, Alain (Hg.) *Du goût de la conversation et des femmes*, Clermont-Ferrand: Fac. des Lettres et Science Humaines, S. 131–147. 1994.

Pulte, Helmut: *Das Prinzip der kleinsten Wirkung und die Kraftkonzeptionen der rationalen Mechanik.* Stuttgart: Franz Steiner Verlag, 1989.

Pyenson, Lewis und Gauvin, Jean-François (Hg.): *L'Art d'enseigner la physique. Les appareils de démonstrations de Jean-Antoine Nollet, 1700–1770.* Sillery (Québec): Septentrion, 2002.

Rancy, de ***: *Essai de physique en forme de lettres à l'usage des jeunes personnes de l'un et de l'autre sexe; augmenté d'une lettre sur l'aimant, de réflexions sur l'électricité, & d'un petit traité sur le planétaire.* Paris: Chez Hérissant fils, 1768.

Rang, Brita: From the One to the Many. Pluralismus als Lehr- und Lernkonzept in Fontenelles „Entretiens sur la pluralité des mondes" von 1686. In: Heyting, Frieda und Tenorth, Heinz-Elmar (Hg.) *Pädagogik und Pluralismus*, Weinheim: Deutscher-Studien-Verlag. 1994.

Reichenberger, Andrea: Emilie du Châtelets *Institutions* im Kontext des Streits um das wahre Kraftmaß. In: *Emilie du Châtelet und die deutsche Aufklärung*, Hildesheim u. a.: Olms. im Druck.

Rey, Anne-Lise: La figure du leibnizianisme dans les *Institutions de physique*. In: Kölving, Ulla und Courcelle, Olivier (Hg.) *Émilie du Châtelet. Éclairages et documents nouveaux*, Ferney-Voltaire: Centre International d'Étude du XVIIIe Siècle, S. 231–242. 2008.

Reyneau, Charles-René: *Analyse demontrée*. Paris, 1708.

Reyneau, Charles-René Prêtre de l'Oratoire: *Analyse demontrée ou la méthode de résoudre les problèmes des mathematiques, et d'apprendre facilement ces sciences. Expliquée & démonntrée dans le premier volume & appliquée, dans le second, à découvrir les proprietez des figures de la géométrie simple & composée; à résoudre les problèmes de ces sciences & les problèmes des sciences physico-mathématiques, en employant le calcul differentiel & les calcul intégral. Ces derniers calculs y sont aussi expliquez & démontrez. Dediée à Monsigneur le Duc de Burgogne.*, Band I & II. Paris: Quillau, Imprimeur-Juré-Libraire de l'Universitée, rue Galande, près la Place Mauvert, à l'Amonciation, 1736. Augmentée des remarques de M. de Varignon.

Rivard, Dominique François: *Traité de la sphère et du calendrier*. Paris: Librairie économique, 6. Auflage, 1804.

Rogers, Moira R.: *Newtonianism for the Ladies and Other Uneducated Souls: the Popularization of Science in Leipzig, 1687–1750*. Women in German Literature Series. New York, Bern: Peter Lang, 2003.

Rohault, Jacques: *Traité de Physique*, Band 1 & 2. Paris: Chez Guillaume Desprez, 6. Auflage, 1792.

Rossi, Paolo: Der Wissenschaftler. In: Villari, Rosario (Hg.) *Der Mensch im Barock*, Frankfurt/Main, New York: Campus, Kapitel 8, S. 264–295. 1997.

Rousseau, George Sebastian: Science books and their readers in the eighteenth century. In: Rivers, Isabel (Hg.) *Books and their readers in eighteenth–century England*, Leicester: University Press, S. 197–255. 1982.

Rousseau, Jean-Jacques: *Lettres élémentaire sur la Botanique à Madame de L*****. Paris: Poinsot, 1789.

Rullmann, Marit: *Philosophinnen. Von der Antike bis zur Aufklärung*. Zürich, Dortmund, 1993.

Sainte-Beuve, Charles Augustin de: *Causeries du Lundi*, Band 3. Paris: Garnier frères, dritte Auflage, 1857.

Sander, Hans-Joachim: *Die Lehrbücher „Eléments de Géométrie" und „Eléments d'Algèbre" von Alexis-Claude Clairaut. Eine Untersuchung über die Anwendung der heuristischen Methode in zwei mathematischen Lehrbüchern des 18. Jahrhunderts*. Dissertation, Universität Dortmund, 1982.

Schaffer, Simon: Natural philosophy and public spectacle in the eigheenth century. In: *History of Science*, Band 21: S. 1–43, 1983.

Schatzberg, Walter: Gottsched as a popularizer of science. In: *Modern Language Notes*, Band 83(5): S. 752–770, 1968.

Scheffers, Henning: *Höfische Konvention und die Aufklärung. Wandlungen des* honnête-homme-*Ideals im 17. und 18. Jahrhundert.* Bonn: Bouvier Verlag, 1980.

Schiebinger, Londa: *Schöne Geister. Frauen in den Anfängen der modernen Wissenschaft.* Stuttgart: Klett-Cotta, 1993.

Schiebinger, Londa: Wissenschaftlerinnen im Zeitalter der Aufklärung. In: Kleinau, Elke und Opitz, Claudia (Hg.) *Geschichte der Mädchen- und Frauenbildung*, Frankfurt/Main: Campus, Band 1, S. 295–308. 1996.

Schiffler, Horst: Kopfrechnen schwach – Einblicke in die Geschichte des Rechen- und Mathematikunterrichts. Begleitschrift zur Ausstellung 27. Februar 2004, 2004. Online-Quelle: http://www.schulmuseum-ottweiler.net/mason/site/view.html?section=archiv-rechnen [10.03.2006].

Schlote, Karl-Heinz: *Chronologie der Naturwissenschaften: der Weg der Mathematik und der Naturwissenschaften von den Anfängen in das 21. Jahrhundert.* Frankfurt/Main: Harri Deutsch, 2002.

Schlüter, Gisela: Die europäische Gelehrtenrepublik. Eine Skizze. In: *Aufklärung und Kritik*, Band 1: S. 122–137, 2001.

Schneider, Susanne: Lebensgeschichte und literarisches Werk als Wechselbeziehung. Zur Frage der Geschlechter in den Texten der Dichterin Christiana Marianne von Ziegler (1695–1760), 1997. Magistraarbeit im Fach Mittlere und Neuere Geschichte, Universität Gesamthochschule Kassel.

Scholer, Walter: *Geschichte des naturwissenschaftlichen Unterrichts im 17. bis 19. Jahrhundert. Erziehungstheoretische Grundlegung und schulgeschichtliche Entwicklung.* Berlin: W. de Gruyter, 1970.

Scholz, Erhard (Hg.): *Geschichte der Algebra: eine Einführung*, Band 16 von *Lehrbücher und Monographien zur Didaktik der Mathematik; Bd. 16.* Mannheim, Wien, Zürich: BI-Wissenschafs-Verlag, 1990.

Schubring, Gert: *Conflicts between generalization, rigor, and intuition: number concepts underlying the development of analysis in 17th-19th century France and Germany.* Heidelberg: Springer, 2005.

Schüller, Volkmar (Hg.): *Leibniz, Gottfried Wilhelm: Der Leibniz-Clarke Briefwechsel.* Philosophiehistorische Texte. Berlin: Akademie Verlag, 1991.

Schumacher, Hans: Kommunikationsformen bei Francesco Algarotti. In: Bräutigam, Bernd und Damerau, Burghard (Hg.) *Offene Formen. Beiträge zur Literatur, Philosophie und Wissenschaft im 18. Jahrhundert*, Bern, Frankfurt am Main, New York: Peter Lang, Band 17 von *Berliner Beiträge zur neueren deutschen Literaturgeschichte*. 1996. URL http://www.algarotti.de.

Schwarzbach, Bertram Eugene: Les études biblique à cirey. In: de Gandt, François (Hg.) *Cirey dans la vie intellectuelle. La réception de Newton en France*, Oxford: Voltaire Foundation, Band 2001:11 von *Studies on Voltaire and the Eighteenth Century*, S. 26–54. 2001.

Schwarzbach, Bertram Eugene: Mme Du Châtelet et la Bible. In: Kölving, Ulla und Courcelle, Olivier (Hg.) *Émilie du Châtelet. Éclairages et documents nouveaux*, Ferney-Voltaire: Centre International d'Étude du XVIIIe Siècle, S. 197–212. 2008.

Scriba, Christoph J.: Die mathematischen Wissenschaften im mittelalterlichen Bildungskanon der Sieben Freien Künste. In: *Acta historica Leopoldina*, Band 16: S. 25–54, 1985.

Scudder, Samuel H.: *Catalogue of Scientific Serials of all countries including the transactions of learned societies in the natural physical and mathematical sciences: 1633–1876*. Cambridge: Library of Harvard University, 1879.

Sgard, Jean de: *Dictionnaire des Journaux 1600–1789*, Band 1& 2. Paris, London: Universalias & Voltaire Foundation, 1991.

Shank, J. B.: *The Newton Wars and the Beginning of the French Enlightenment*. Chicago: University of Chicago Press, 2008.

Shapin, Steven: Science and the public. In: Olby, Robert Cecil et al. (Hg.) *Companion to the history of modern science*, London: Routledge, S. 990–1007. 1990.

Shapin, Steven: *A Social History of Truth: Civility and Science in Seventeenth-Century England.* Science and its Conceptual Foundation. Chicago, London:Chicago Univ. Press, 1994.

Shapiro, Alan E.: Artist's colors and Newton's colors. In: *Isis*, Band 85(4): S. 600–630, 1994.

Shetir, Ann B.: Botanical dialogues: Maria Jacson and women's popular science writing in England. In: *Eighteenth Century studies*, Band XXII: S. 301–317, 1989/90.

Shortland, Michael und Yeo, Richard (Hg.): *Telling lives in science: essays on scientific biography*. Cambridge: University Press, 1996.

Showalter, English: *Françoise de Graffigny. Her life and works*, Band 2004:11 von *Studies on Voltaire and the Eighteenth Century*. Oxford: Voltaire Foundation, 2004.

Snyders, Georges: *Pédagogie en France aux XVIIᵉ et XVIIIᵉ siècle*. Paderborn: Schöningh, 1971.

Sommerhoff-Benner, Silvia: *Christian Wolff als Mathematiker und Universitätslehrer des 18. Jahrhunderts*. Aachen: Shaker, 2002.

Sonnet, Martine: *L'éducation des filles au temps des Lumières*. Paris: Cerf, 1987.

Sonnet, Martine: Mädchenerziehung. In: Duby, Georges und Perrot, Michelle (Hg.) *Geschichte der Frauen*, Frankfurt/Main: Campus, Band 3, S. 119–150. 1994.

Speiser, David: Pierre Louis Moreau de Maupertuis (1698–1759). In: Hecht, Hartmut (Hg.) *Pierre Louis Moreau de Maupertuis: eine Bilanz nach 300 Jahren*, Berlin: Berlin Verlag A. Spitz, Band 3 von *Schriftenreihe des Frankreich-Zentrums der Technischen Universität*, S. 341–362. 1999.

Stafford, Barbara Maria: *Artful Science: Enlightenment and the Eclipse of Visual Education*. Cambridge (Mass.), London: MIT Press, 1994.

Steck, Max: *Bibliographia Euclidiana. Die Geisteslinien der Tradition in den Editionen der „Elemente" des Euklid (um 365–300)*, Band 1 von *Arbor scientia-*

rum. Beiträge zur Wissenschaftsgeschichte Reihe C: Bibliographien. Hildesheim: Gerstenberg Verlag, 1981.

Stein, Dorothy: *Ada Augusta Lovelace. Eine Frau am Anfang der Moderne.* Berlin: Kulturverlag Kadmos, 1999.

Steinbrügge, Lieselotte: Vom Aufstieg und Fall der gelehrten Frau. Einige Aspekte der *Querelle des femmes* im XVIII. Jahrhundert. In: *Lendemains: Zeitschrift für Frauenforschung und Französischstudium,* (25/26): S. 157–167, 1982.

Steinbrügge, Lieselotte: *Das moralische Geschlecht. Theorien und literarische Entwürfe über die Natur der Frau in der französischen Aufklärung.* Ergebnisse der Frauenforschung; Bd. 11. Stuttgart: Metzler, zweite Auflage, 1992.

Stewart, Larry: *The Rise of Public Science: Rhetoric, Technology, and Natural Philosophy in Newtonian Britain, 1660–1750.* Cambridge: Cambridge Univ. Press, 1992.

Stichweh, Rudolf (Hg.): *Zur Entstehung des modernen Systems wissenschaftlicher Disziplinen. Physik in Deutschland 1740–1890.* Frankfurt/Main: Suhrkamp, 1984.

Stichweh, Rudolf: Differenzierung der Wissenschaft. In: ders. (Hg.) *Wissenschaft, Universität, Professionen: soziologische Analysen,* Frankfurt/Main: Suhrkamp, S. 15–51. 1994.

Stichweh, Rudolf: Die vielfältigen Publika der Wissenschaft: Inklusion und Popularisierung. In: *Inklusion und Exklusion. Studien zur Gesellschaftstheorie,* Bielefeld: transcript, S. 95–111. 2005.

Stille, Oswald: *Die Pädagogik John Lockes in der Tradition der Gentleman-Erziehung.* Dissertation, Philosophische Fakultät der Friedrich-Alexander-Universität zu Erlangen-Nürnberg, 1970.

Strauss, Elisabeth (Hg.): *Dilettanten und Wissenschaft: zur Geschichte und Aktualität eines wechselvollen Verhältnisses,* Band 4 von *Philosophie & Repräsentation,* Amsterdam, Atlanta: Rodopi, 1996a.

Strauss, Elisabeth: Zwischen Originalität und Trivialität. Die Rolle der *virtuosi* für das Wissenschaftsprogramm der Royal Society. In: *Dilettanten und Wissenschaft: zur Geschichte und Aktualität eines wechselvollen Verhältnisses,* Amsterdam, Atlanta: Rodopi, Band 4 von *Philosophie & Repräsentation,* S. 69–82. 1996b.

Strien-Chardonneau, Madelein van: Isabelle de Charrière (Belle de Zuylen) et l'éducation des femmes. In: *L'éducation des femmes en Europe et en Amerique du nord de la renaissance à 1848,* Paris: L'Harmattan, Des idées et des femmes, S. 216–229. 1997.

Strosetzki, Christoph: *Konversation. Ein Kapitel gesellschaftlicher und literarischer Pragmatik im Frankreich des 17. Jahrhunderts,* Band 7 von *Studia Romanica et Linguistica.* Frankfurt/Main, Bern, Las Vegas: Peter Lang, 1978.

Strosetzki, Christoph: *Konversation und Literatur: zu Regeln der Rhetorik und Rezeption in Spanien und Frankreich,* Band 22 von *Studia Romanica et linguistica.* Frankfurt/Main [u. a.]: Peter Lang, 1988.

Strosetzki, Christoph: Die geometrische Anordnung des Wissens. Von Pascals „esprit de géométrie" zu Diderots und d'Alemberts Enzyklopädie und Buffons Naturgeschichte. In: Schlieben-Lange, Brigitte (Hg.) *Fachgespräche in Aufklärung und Revolution*, Tübingen: Max Niemeyer Verlag, Band 47 von *Konzepte der Sprach- und Literaturwissenschaft*, S. 169–195. 1989.

Sturdy, David J.: *Science and social status. The members of the Academie des Sciences, 1666–1750*. Woodbridge: The Boydell Press, 1995.

Sutton, Geoffrey V.: *Science for a polite society: gender, culture and the demonstration of enlightenment*. Colorado, Oxford: Westview Press, 1995.

Szabó, István: *Geschichte der mechanischen Prinzipien und ihrer wichtigsten Anwendungen*. Basel, Boston, Berlin: Birkhäuser, dritte Auflage, 1996.

Taton, René (Hg.): *The beginnings of modern science from 1450 to 1800*. London: Thames and Hudson, 1964.

Taton, René (Hg.): *L'enseignement et diffusion des sciences en France au dix-huitième siècle*. Histoire de la pensèe, Bd. XI. Paris: Hermann, zweite Auflage, 1986.

Tenorth, Heinz-Elmar: *Geschichte der Erziehung: Einführung in die Grundzüge ihrer neuzeitlichen Entwicklung*. Juventa, vierte Auflage, 2000.

Tereza, Jindrákova und Folta, Jaroslav: Die Rolle von Mme du Châtelet in der Anwendung des Infinitesimalkalküls in Newtons Principia. In: Pichler, Franz (Hg.) *Von den Planetentheorien zur Himmelsmechanik*, Linz: Trauner, Band 4 von *Schriftenreihe Geschichte der Naturwissenschaften und der Technik*, S. 156–161. 2004.

Terrall, Mary: Emilie du Châtelet and the gendering of science. In: *History of Science*, Band 33: S. 28–310, 1995a.

Terrall, Mary: Gendered spaces, gendered audiences: inside and outside the Paris Academy of Sciences. In: *Configurations*, Band 2: S. 207–232, 1995b.

Terrall, Mary: *The man who flattened the earth. Maupertuis and the sciences in the Enlightenement*. Chicago: University Press, 2002.

Terrall, Mary: Vis Viva revisted. In: *History of Sciences*, Band 42(136): S. 189–209, 2004.

Thieme, Hugo Paul: *Women of modern France. Women in all ages and in all countries*. Philadelphia: The Ritthouse Press, 1907/1908. URL http://www.gutenberg.org/files/17159/17159-h/17159-h.htm.

Tollefsen, Deborah: Princess Elisabeth and the Problem of Mind-Body Interaction. In: *Hypatia*, Band 14(3): S. 59–77, 1999.

Vaillot, René: *Madame du Châtelet*. Paris: Albin Michel, 1978.

Verbeek, Theo, Bos, Erik-Jan und Van De Ven, Jeroen (Hg.): *The Correspondence of René Descartes 1643*, Band 45 von *Questiones Infinitae*. Utrecht: Zeno Institute for Philosophy, The Leiden-Utrecht Research Institute, Heidelberglaan 8, 3584 CS Utrecht, Netherlands, 2003. Mit Beiträgen von Henk Bos, Carla Rita Palmerino und Corinna Vermeulen.

Vissiere, Isabelle: Une intellectuelle face au mariage. Belle de Zuylen (Madame de Charrière). In: Bonnel, Roland und Rubinger, Catherine (Hg.) *Femmes savantes er femmes d'esprit. Women Intellectuals of the French Eighteenth Century*, New York [u. a.]: Peter Lang, Band 1 von *Eighteenth Century French Intellectual History*, S. 273–295. 1994.

Volkert, Klaus: *Geschichte der Analysis.* Mannheim, Wien, Zürich: BI-Wissenschafs-Verlag, 1987.

Voltaire: *Elémens de la Philosophie de Neuton, mis à la portée de tout le monde.* Amsterdam: Jacques Desbordes, 1738a.

Voltaire: *Élémens de la Philosophie de Neuton, mis é la portée de tout le monde.* Amsterdam: Étienne Ledet & C^{is}, 1738b. S. 399, 8°.

Voltaire: Exposition du livre des Institutions physiques, dans laquelle on examine les idées de Leibniz. In: *Œuvres complètes de Voltaire. Physique,* Paris: Chez Antoine-Augustin Renouard, S. 431–456. 1819.

Voltaire: Éloge historique de madame la marquise du Châtelet (1752). In: Beuchot, M. (Hg.) *Œuvres de Voltaire,* Paris: Chez Lefèvre, Band 39, Mélanges – Band 3, S. 411–421. 1830.

Voltaire: *Correspondance,* Band II (janvier 1739–décembre 1748). Paris: Gallimard, 1977. Edition Theodore Besterman.

Voltaire: *Paméla – Mémoires pour servir à la vie de Monsieur de Voltaire, écrits par lui-même,* Band 45C von *Œuvres complètes de Voltaire.* Oxford: Voltaire Foundation, 2010. Band Hrsg.: Jonathan Mallinson, Serien Hrsg.: Nicholas Cronk.

Vorländer, Karl: *Geschichte der Philosophie,* Band 1–5. Hamburg: Rowohlt, 1963–67.

Voss, Jürgen: Die akademien als organisationsträger der wissenschaften im 18. jahrhundert. In: *Historische Zeitschrift,* Band 231: S. 43–74, 1980.

Voss, Jürgen: Die französischen Universitäten und die Aufklärung. In: Hammerstein, Notker (Hg.) *Universität und Aufklärung,* Göttingen: Wallenstein-Verlag, Band 3 von *Das achtzehnte Jahrhundert: Supplementa,* S. 207–220. 1995.

Vovelle, Michel (Hg.): *Der Mensch der Aufklärung.* Frankfurt/Main, New York: Campus, 1996.

Wade, Ira O.: *Voltaire and Madame Du Châtelet: an essay on the intellectual activity at Cirey.* Princeton: University Press; London: Humphrey Milford, Osford University Press universitaires de France, 1941.

Wade, Ira O.: *Studies on Voltaire with Some Unpublished Papers of Mme Du Châtelet.* New York: Russell & Russell, 1947.

Wade, Ira O.: *The Intellectual development of Voltaire.* Princeton, New Jersey: Princeton University Press, 1969.

Wade, Ira O.: *The Structure and Form of the French Enlightenment,* Band 1 & 2. Princeton, New Jersey: Princeton University Press, 1977.

Wagenschein, Martin: *Verstehen lehren: genetisch–sokratisch–exemplarisch.* Pädagogische Bibliothek Beltz; Bd. 1. Weinheim, Basel: Beltz, 8. Auflage, 1989.

Walters, Alice N.: Conversation pieces: science and politeness in eighteenth-century England. In: *History of Science,* Band 35: S. 121–154, 1997.

Walters, Robert L.: La querelle des forces vives et le rôle de Mme Du Châtelet. In: de Gandt, François (Hg.) *Cirey dans la vie intellectuelle. La réception de Newton en France,* Oxford: Voltaire Foundation, Band 2001:11 von *Studies on Voltaire and the Eighteenth Century,* S. 198–211. 2001.

Warner, Deborah Jean: The Leiden cabinet of physics: a descriptive catalogue. In: *Technology and Culture,* Band 40(1): S. 136–137, 1999.

Weckel, Ulrike (Hg.): *Ordnung, Politik und Geselligkeit der Geschlechter im 18. Jahrhundert*. Göttingen: Wallstein-Verlag, 1998.

Westfall, Richard S.: *Isaac Newton. Eine Biographie*. Heidelberg, Berlin, Oxford: Akademischer Verlag Spektrum, 1996.

Wobbe, Theresa (Hg.): *Frauen in Akademie und Wissenschaft: Arbeitsorte und Forschungspraktiken 1700–2000*, Band 10 von *Interdisziplinäre Arbeitsgruppen*. Berlin: Akademie Verlag, 2002.

Wolff, Christian: *Christiani Wolffii Philosophia prima sive ontologia*, Band 3 von *Gesammelte Werke von Christian Wolff. Abt. 2. Lateinische Schriften*. Hildesheim [u. a.] : Olms, 1977. Nachdruck der Ausgabe Frankfurt und Leipzig 1736. Online-Ausgabe: Göttinger Digitalisierungszentrum, 2006.

Wolff, Christian: *Vernünfftige Gedancken von Gott, der Welt und der Seele des Menschen, auch allen Dingen überhaupt*, Band 2,1 von *Gesammelte Werke von Christian Wolff: Abt. 1. Deutsche Schriften*. Hildesheim [u. a.]: Olms, 2003. Nachdruck der Ausgabe Halle 1751. Online-Ausg.: Göttinger Digitalisierungszentrum, 2006.

Wolff, Eugen: *Gottscheds Stellung im deutschen Bildungsleben*, Band 1. Kiel und Leipzig: Verlag von Lipsins Fischer, 1895.

Wolff, Eugen: *Gottscheds Stellung im deutschen Bildungsleben*, Band 2. Kiel und Leipzig: Verlag von Lipsins Fischer, 1897.

Zedler, Johann Heinrich (Hg.): *Zedler, Großes Universallexikon aller Künste und Wissenschaften*, Band 40. Leipzig-Halle, 1744.

Zeuthen, Hieronymus Georg: *Geschichte der Mathemaik im 16. und 17. Jahrhundert*, Band 13 von *Bibliotheca mathematica Teubneriana*. New York: Johnson Reprint, 1966.

Zinsser, Judith P.: Emilie du Châtelet: genius, gender, and intellectual authority. In: Smith, Hilda L. (Hg.) *Women writers and the early modern British political tradition*, Cambridge u. a.: Cambridge Univ. Press, S. 168–190. 1998.

Zinsser, Judith P.: Translating Newton's *Principia*: The Marquise du Châtelet's revisions and additions for a french audience. In: *Notes and records of the Royal Society of London*, Band 55(2): S. 227–245, 2001.

Zinsser, Judith P.: The many representations of the Marquise Du Châtelet. In: *Men, women, and the birthing of modern science*, DeKalb, Illinois: Northern Illinois University Press, S. 48–67. 2005.

Zinsser, Judith P.: *Emilie du Châtelet. Daring genius of the enlightenment*. New York: Penguin Books, 2006. Vorheriger Titel *La Dame d'esprit*. New York: Viking, 2006.

Zinsser, Judith P.: Mentors, the marquise Du Châtelet and historical memory. In: *Notes and records of the Royal Society of London*, Band 61(2): S. 89–108, 2007.

Zinsser, Judith P. und Hayes, Julie Candler (Hg.): *Émilie Du Châtelet: Rewriting Enlightenment Philosophy and Science*, Band 2006:01 von *Studies on Voltaire and the Eighteenth Century*. Oxford: Voltaire Foundation, 2006.

Zinsser, Judth P. und Courcelle, Olivier: A remarkable collaboration: the marquise Du Châtelet and Alexis Clairaut. In: *History of the book*, Oxford: Voltaire Foundation, Band 2003:12 von *Studies on Voltaire and the Eighteenth Century*, S. 107–120. 2003.

Zoppi, Sergio: Louise-Bénédicte de Bourbon, Princesse de Condé Duchesse du Maine (1676–1753). In: *Femmes de paroles, paroles de femmes. Hommage à Giorgio de Piaggi, Publif@rum*, Band 3: S. 1–11, 2006. URL http://farum.it/publifarumv/n/03/zoppi.php.